# 先进直升机气弹动力学

Advanced Helicopter Aeroelastic Dynamics

夏品奇　尚丽娜　张俊豪　李治权　著

科学出版社

北京

# 内 容 简 介

直升机气弹动力学一直是直升机领域研究的重点、难点和热点,无铰式旋翼和无轴承旋翼是先进直升机的标志,倾转旋翼是高速远程先进直升机的发展方向。本书系统提出和阐述了无铰式旋翼、无轴承旋翼和倾转旋翼直升机气弹动力学的理论和方法,全面反映了作者近十多年来取得的一系列国际先进的研究成果。本书共 14 章,第 1 章主要介绍了先进直升机气弹动力学研究现状;第 2、3 章分别阐述了旋翼桨叶和可变翼型桨叶动态失速气动力模型;第 4、5 章分别阐述了复合材料梁和复合材料旋翼桨叶几何精确结构力学;第 6、7 章分别阐述了悬停和前飞状态下复合材料旋翼桨叶几何精确气弹动力学;第 8~10 章分别阐述了无轴承旋翼/机体耦合结构气动机械动力学以及含不同桨尖形状和黏弹减摆器的无轴承旋翼/机体耦合结构气动机械动力学;第 11~14 章分别阐述了倾转旋翼直升机气弹动力学建模与求解方法、动态倾转旋翼气弹分析、转换飞行时倾转旋翼直升机气弹分析和螺旋桨飞机模式前飞时倾转旋翼直升机气弹动力学。

本书是国内外第一部系统阐述先进直升机气弹动力学的专著,适用于航空、航天、力学、机械等领域,特别是直升机领域和飞行器设计领域的高校师生和相关研究院所等单位的科技工作者。

**图书在版编目(CIP)数据**

先进直升机气弹动力学 / 夏品奇等著. -- 北京:
科学出版社,2024. 10. -- ISBN 978-7-03-079613-4

Ⅰ. V211. 52

中国国家版本馆 CIP 数据核字第 2024WE2354 号

责任编辑:胡文治 / 责任校对:谭宏宇
责任印制:黄晓鸣 / 封面设计:殷 靓

科学出版社 出版

北京东黄城根北街 16 号
邮政编码:100717
http://www.sciencep.com

南京展望文化发展有限公司排版
苏州市越洋印刷有限公司印刷
科学出版社发行 各地新华书店经销

\*

2024 年 10 月第 一 版 开本:B5(720×1000)
2024 年 10 月第一次印刷 印张:29 3/4
字数:583 000

**定价:230.00 元**
(如有印装质量问题,我社负责调换)

# 前　　言

　　直升机是以旋翼为主要特征、能垂直起降、空中悬停的航空飞行器,在航空飞行器中具有不可替代的作用。旋翼是直升机的核心部件,发展至今已形成了铰接式、无铰式和无轴承式三种构型。铰接式旋翼是最早出现的旋翼构型,技术相对简单也较成熟,现在的绝大部分直升机都采用铰接式旋翼。铰接式旋翼的桨毂由挥舞铰、摆振铰和变距铰组成,旋翼桨叶绕三个铰做刚性的挥舞运动、摆振运动和变距运动,桨叶气弹动力学问题相对简单。铰接式桨毂结构复杂,且存在结构重量大、气动阻力大、维护性差、可靠性低等诸多问题,旋翼性能也不够理想。无铰式旋翼的桨毂取消了挥舞铰和摆振铰,仍保留变距铰,挥舞铰和摆振铰由桨叶根部的复合材料柔性梁代替,桨叶依靠柔性梁在挥舞方向和摆振方向的弹性变形来实现桨叶的挥舞运动和摆振运动。无铰式桨毂结构比铰接式桨毂结构要简单很多,桨毂阻力和桨毂维护性要好很多。无铰式旋翼随着桨根柔性梁的使用,桨叶挥舞/变距耦合和摆振/变距耦合明显增加,使得无铰式旋翼桨叶的气弹动力学问题变得复杂很多,气弹动力学特性也发生很大变化。无轴承旋翼桨毂全部取消了挥舞铰、摆振铰和变距铰,三个铰由桨叶根部的一根复合材料柔性梁代替,桨叶依靠一根柔性梁在三个方向的弹性变形实现挥舞运动、摆振运动和扭转运动,桨毂结构更加简单。无轴承旋翼桨叶会产生挥舞/摆振/扭转/拉伸的多向耦合,桨叶结构建模更为复杂。但是,通过复合材料柔性梁和桨叶的铺层与结构优化设计,无轴承旋翼可具有优异的性能。随着直升机性能要求的不断提高和复合材料无轴承旋翼设计技术的不断进步,无轴承旋翼在先进直升机上的应用必将越来越多。

　　直升机旋翼旋转时桨叶处于非常复杂的非定常气动力环境中。直升机前飞时,在桨叶旋转一周过程中,桨叶剖面在不同方位角和不同半径处的气流速度都不相同,因而桨叶剖面在不同方位角的气动力也不相同,导致旋翼桨盘左右两侧的升力不平衡,造成旋翼桨盘向一侧倾翻。为了保持桨盘两侧升力的平衡,桨叶在旋转过程中要做周期性的挥舞运动、摆振运动和变距运动,桨叶上的升力也随之做周期性的变化,形成非常复杂的非定常气动力环境。

　　现代直升机旋翼由多片复合材料桨叶组成,桨叶是一种具有翼型剖面的细长柔性梁结构。旋翼旋转时,旋翼桨叶上产生的气动力引起弹性桨叶的变形,桨叶变形又反过来改变桨叶上的气动力,因此,桨叶上的气动力与桨叶的弹性变形相互耦合、相互影响,形成了旋翼气弹动力学问题,包括气弹动特性、气弹动响应和气弹稳定性;旋翼旋转时,桨叶受到离心力的作用,显著增加了桨叶的刚度,进而对旋翼桨叶气弹动力学又产生了显著的影响。因此,直升机旋翼气弹动力学是一种气动力、离心力、惯性力、弹性力和阻尼力相互耦合、相互作用的复杂动力学问题。直升机前飞时,桨叶在旋转一周过程中的气弹载荷会产生周期性的变化,叠加到桨毂中心会形成交变的振动载荷,使直升机机体产生强烈的振动。当桨叶的两个或两个以上的运动自由度相互激励产生振动,且桨叶阻尼又不足以消耗振动的能量时,桨叶会发生振动发散的动不稳定性,导致桨叶在极短时间内遭受破坏,造成灾难性事故,因此,这种桨叶的气弹不稳定性危害极大,在设计和使用时必须加以避免。旋翼通过桨毂与机体连接,由于旋翼在旋转平面内的阻尼较小,当旋翼在旋转平面内的自由度与机体的俯仰或滚转自由度相耦合,且旋翼面内阻尼和机体结构阻尼(包括起落架阻尼)又不能消耗耦合运动的能量而抑制耦合运动的发散时,直升机将会发生灾难性的旋翼/机体耦合结构气动机械动不稳定性,即在地面工作时的"地面共振"和在空中工作时的"空中共振"。

　　直升机旋翼气弹动力学分析需要建立旋翼桨叶气动力模型和桨叶结构模型,再将两个模型相耦合建立桨叶气弹动力学模型和旋翼/机体耦合结构气弹动力学模型,并建立气弹动力学模型的求解方法,分析气弹动特性、气弹动响应和气弹动稳定性。在旋翼桨叶气弹动力学分析中,气动力模型需要把桨叶变形作为输入来计算环量和气动力,结构模型需要气动力作为输入来计算桨叶变形。旋翼桨叶气动力模型的建立十分复杂,需要根据直升机的飞行状态和计算精度要求,考虑非定常、非均匀入流分布、反流区及动态失速等气动效应。目前,从简单的升力线模型到复杂的动态失速模型,已有多种气动力模型用于旋翼桨叶气动力的计算。为了考虑旋翼的尾迹效应,已有均匀入流、线性入流、动态入流、预定尾迹、自由尾迹等模型用于计算尾迹引起的诱导速度及其对旋翼流场的影响。复合材料桨叶结构建模十分复杂,通常把桨叶结构分析分解为一维非线性梁分析和二维梁剖面分析两部分。目前用于复合材料桨叶气弹建模与分析的桨叶结构建模方法主要有四种:一是一维非线性梁分析采用中等变形梁理论,二维剖面结构特性计算采用直接分析法;二是一维非线性梁分析采用中等变形梁理论,二维剖面结构特性计算采用有限元法;三是一维非线性梁分析采用几何精确非线性梁理论,二维剖面结构特性计算采用直接分析法;四是一维非线性梁分析采用几何精确非线性梁理论,二维剖面结构特性计算采用有限元法。复合材料桨叶可以通过结构优化与铺层设计得到先进的几何形状和有利的弹性耦合,以改善桨叶的气弹动特性、气弹动响应和气弹动稳定性。因此,先进直升机采用无铰式或无轴承复合材料旋翼可显著提高旋翼的气动力性能和气弹动力学性能,从而显著提高先进直升机的飞行性能。

　　倾转旋翼直升机是一种兼具直升机和螺旋桨飞机飞行能力的飞行器,在机翼端部安装的旋翼可在水平与垂直位置之间倾转,可在空中实现直升机和螺旋桨飞机两种飞行模式的转换。当旋翼轴(或短舱)处于垂直位置时,倾转旋翼直升机可垂直起降、空中悬停和小速度飞行;当旋翼轴倾转到水平位置时,倾转旋翼直升机能像螺旋桨飞机一样比常规直升机飞得更快更远,且倾转旋翼直升机的噪声和振动要远小于常规直升机。因此,与常规直升机和螺旋桨飞机相比,倾转旋翼直升机具有极大的优势,是高速远程直升机发展的重要方向。但是,由于倾转旋翼直升机的旋翼安装在机翼端部,会产生比常规直升机和螺旋桨飞机更加复杂的气弹动力学问题,如旋翼动态倾转时的气动力问题和气弹动力学问题、旋翼/短舱/机翼/机体耦合结构的气弹动力学问题、前飞时的回转颤振问题等。因此,倾转旋翼直升机气弹动力学是一个更具挑战性的问题。

　　针对直升机存在的复杂气弹动力学问题,我们系统深入地研究了无铰式旋翼、无轴承旋翼和倾转旋翼直升机的气动力建模、结构建模、气弹建模和气弹求解的理论和方法,提出了可变翼形气动力建模与求解、复合材料旋翼桨叶几何精确气弹建模与求解、带桨尖形状和黏弹减摆器的无轴承旋翼/机体耦合结构的气动机械建模与求解、倾转旋翼尾迹动态弯曲气动力建模与求解、倾转旋翼直升机多体耦合结构的气动机械建模与求解等理论和方法,取得了一系列国际先进的科研成果,分别在国际直升机领域、国际航空航天领域、国际飞行器领域的顶尖期刊 *Journal of the American Helicopter Society*、*AIAA Journal*、*Journal of Aircraft* 发表了系列高水平学术论文。在系统深入研究的基础上,作者撰写了系统反映国际先进研究水平的《先进直升机气弹动力学》,这是国内外第一部系统阐述先进直升机气弹动力学的专著。本书对发展无铰式旋翼、无轴承旋翼和倾转旋翼直升机的气弹动力学理论和方法、解决先进直升机复杂的旋翼气弹动力学问题和旋翼/机体耦合结构的气动机械动力学问题、推动先进直升机技术发展等都具有很高的学术价值,对研究旋翼类飞行器以及旋转机械的气弹动力学问题和气动机械动力学问题都具有重要的应用价值,为航空、航天、力学、机械等领域,特别是直升机领域和飞行器设计领域的高校师生和研究院所等企事业单位的科技工作者提供了一本具有很高价值的参考书。本书也可作为研究生教材使用。

　　我们真诚希望广大读者对本书提出宝贵建议,共同推动先进直升机气弹动力学的发展和先进直升机技术的进步。

夏品奇

南京航空航天大学

直升机动力学全国重点实验室,航空学院,航空宇航工程研究院

于 2024 年 2 月 10 日,甲辰龙年春节

# 目　　录

## 第 10 章　有黏弹减摆器的无轴承旋翼/机体耦合结构气动机械动力学

## 第 11 章　倾转旋翼直升机气弹动力学

## 第 12 章　动态倾转旋翼气弹分析

## 第 13 章　转换飞行时倾转旋翼直升机气弹分析

## 第 14 章　螺旋桨飞机模式前飞时倾转旋翼直升机气弹动力学

# 第1章
# 绪　论

## 1.1　引言

　　直升机能垂直起降、空中悬停,在航空飞行器中具有不可替代的作用。直升机的主要构型特点是旋翼,直升机发展至今已形成了铰接式、无铰式和无轴承式三种构型的旋翼,其中无铰式和无轴承复合材料旋翼因旋翼结构简单、维护性好、安全性高、可剪裁设计等优点已成为先进直升机的标志。无铰式和无轴承复合材料旋翼桨叶存在挥/摆/扭结构耦合,摆振柔软复合材料旋翼的面内运动自由度与机体俯仰和滚转运动自由度之间存在旋翼/机体结构耦合,这些结构耦合、运动耦合和柔性桨叶与气动力之间的气弹耦合会产生复杂的直升机气弹动力学问题。倾转旋翼是旋翼的一种使用模式,安装在倾转旋翼直升机的机翼端部,旋翼可在水平与垂直位置之间进行倾转,因此,倾转旋翼直升机既能像常规直升机那样垂直起降、空中悬停,又能像螺旋桨飞机那样快速远程地飞行,已成为快速远程直升机的发展方向。倾转旋翼直升机存在倾转旋翼/短舱/机翼/机体之间的结构耦合,会产生极其复杂的气弹动力学问题和气动机械动力学问题。本章主要介绍直升机旋翼构型及特点、直升机旋翼气弹动力学研究现状、直升机旋翼/机体耦合结构气动机械动力学研究现状、倾转旋翼直升机气弹动力学研究现状和本书特色及内容安排。

## 1.2　直升机旋翼构型及特点

　　直升机是以旋翼为升力面和飞行控制面的航空飞行器,由旋翼、机体、尾桨、传动系统、操纵系统、起落装置、发动机、机载设备等组成,其中旋翼是直升机的核心部件。直升机通过旋翼旋转产生升力,可以垂直起降、空中悬停、贴地飞行,通过旋翼桨盘(即旋翼旋转平面)的倾斜实现直升机向任意方向的飞行,因此,直升机在航空飞行器中具有不可替代的作用。

　　直升机铰接式旋翼由挥舞铰、摆振铰和变距铰组成。图 1.1 是 Westland Wessex 直升机铰接式桨毂示意图(Bramwell et al., 2001),桨叶根部通过挥舞铰(或水平铰)、摆振铰(或垂直铰)和变距铰(或轴向铰)与桨毂相连接,实现桨叶的挥舞运动、摆振运动和扭转运动。图 1.2 是挥舞铰、摆振铰、变距铰的布局及运动示意图(Bramwell et al., 2001),其中挥舞铰和摆振铰可以交叉重叠也可以不重叠,三个铰的位置顺序沿桨叶轴由里向外一般是挥舞铰、摆振铰、变距铰。铰接式旋翼是最早出现的旋翼构型,技术相对简单也较成熟,现在的绝大部分直升机都采用铰接式旋翼。但是,如图 1.1 所示,铰接式旋翼的桨毂结构复杂,且存在结构重量大、气动阻力大、维护性差、可靠性低等诸多问题,旋翼性能也不理想。

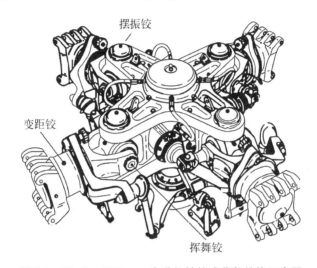

图 1.1　Westland Wessex 直升机铰接式桨毂结构示意图

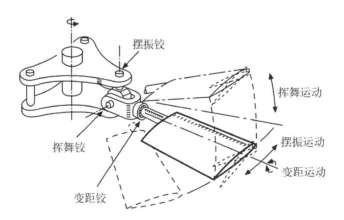

图 1.2　挥舞铰、摆振铰、变距铰的布局及运动示意图

　　无铰式旋翼桨毂取消了挥舞铰和摆振铰,仍保留变距铰,挥舞铰和摆振铰由桨叶根部的柔性梁代替,桨叶依靠柔性梁在挥舞方向和摆振方向的弹性变形实现桨叶的挥舞运动和摆振运动,图 1.3 是 Westland Lynx 直升机无铰式桨毂示意图

（Bramwell et al., 2001）。比较图 1.1 和图 1.3 可以看出,无铰式桨毂结构比铰接式桨毂结构要简单很多,因此,无铰式桨毂的阻力较小,维护性要好很多。但是,随着无铰式旋翼桨根柔性片的使用,桨叶的挥舞/变距耦合和摆振/变距耦合明显增加,使得无铰式旋翼桨叶的气弹动力学问题变得复杂很多,气弹动力学特性也发生很大变化。

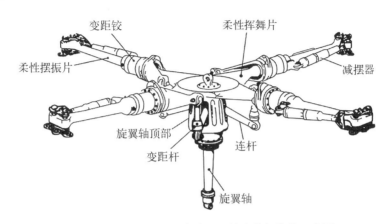

**图 1.3　Westland Lynx 直升机无铰式桨毂结构示意图**

　　无轴承旋翼桨毂全部取消了挥舞铰、摆振铰和变距铰,三个铰由桨叶根部的柔性梁代替,桨叶依靠柔性梁在三个方向的弹性变形实现挥舞运动、摆振运动和扭转运动,图 1.4 是无轴承旋翼结构的示意图。无轴承旋翼桨叶根部柔性梁的周围装有扭转刚硬的袖套或扭管,变距操纵通过袖套或扭管传递给桨叶,操纵效率高;在柔性梁的根部安装黏弹减摆器用来增加桨叶的摆振阻尼,提高桨叶的气弹稳定性。无轴承旋翼桨叶根部仅有一根复合材料柔性梁,实现桨叶的挥舞运动、摆振运动和

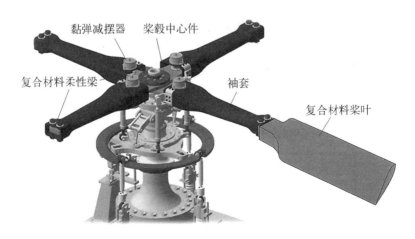

**图 1.4　无轴承旋翼结构示意图**

扭转运动,因此,无轴承旋翼桨叶会产生挥舞/摆振/扭转/拉伸的多向耦合,桨叶结构建模更为复杂。但是,无轴承旋翼具有优异的性能,随着对直升机性能要求的不断提高和对无轴承旋翼技术研究的不断深入,无轴承旋翼在直升机上的应用必将越来越多。

　　从三种旋翼桨毂构型的示意图可以看出,铰接式旋翼桨毂结构最为复杂,因而维护性最差,桨毂气动阻力也最大;无轴承旋翼桨毂结构最为简单,维护性最好,桨毂气动阻力最小,已成为先进直升机的重要标志。无轴承旋翼自诞生以来已成功应用于多款直升机,如美国贝尔公司的 UH-1Y、麦道公司的 MD900、欧直公司的EC135 以及波音公司和西科斯基公司联合研制的 RAH66"科曼奇"直升机。图 1.5是 EC135 直升机的无轴承旋翼照片,从照片中可以看到扭管、与扭管连接的变距拉杆、黏弹减摆器。国际上对无轴承旋翼的研究开始于 20 世纪 70 年代,在研究初期,关注的焦点集中在无轴承旋翼的构型特点对旋翼动力学性能的影响。Bielawa(Bielawa, 1976)分析了无轴承旋翼扭管构型对旋翼气弹响应和桨根载荷的影响,提出了三种桨距操纵力传递到桨叶的方式。美国波音公司设计了一种双柔性梁无轴承旋翼(bearingless main rotor, BMR)(Dixon et al., 1980),将扭管平行布置在两根柔性梁之间,实现对桨叶的操纵。波音公司对 BMR 进行了风洞试验,分析了操纵线系刚度和柔性梁阻尼对旋翼气弹稳定性的影响(Warmbrodt, 1981),并将 BMR安装在 BO105 直升机上进行了飞行试验(Mirick, 1983)。

图 1.5　EC135 直升机的无轴承旋翼照片

　　美国贝尔公司研发了 M680 无轴承旋翼(Weller, 1982),桨叶通过一根柔性梁与桨毂中心件相连,桨距操纵通过包裹在柔性梁周围、扭转刚硬的袖套传递到桨叶上,为了提高旋翼气弹稳定性,将黏弹阻尼器布置在柔性梁与袖套之间。美国麦道公司研发出了 HARP 无轴承旋翼(Sorensen et al., 1988)和 MDART 无轴承旋翼(Mcnulty et al., 1993; Nguyen et al., 1993),通过大量的理论分析与试验研究,最终将 MDART 旋翼成功应用于 MD900 直升机。西科斯基公司以 S76 直升机为验证机,研发了具有 5 片桨叶的无轴承旋翼,并对全尺寸模型进行了风洞试验,研究该无轴承旋翼的气弹稳定性、桨毂振动载荷和旋翼性能(Wang et al., 1993;Norman et al., 1993)。西科斯基公司研发的 RAH66"科曼奇"直升机也采用了无轴承旋翼。

德国 MBB 公司将无轴承旋翼应用于 BO108 直升机(Huber et al., 1990),在 MBB 公司与法国宇航直升机部合并成立欧洲直升机公司之后,BO108 直升机做了一系列的改进并被重新命名为 EC135(Kampa et al., 1999)。无轴承旋翼的成功应用保证了 EC135 直升机出色的飞行性能,使其在世界范围内得到广泛应用。

倾转旋翼是旋翼的一种使用模式,安装在倾转旋翼直升机的机翼端部,旋翼可在水平与垂直位置之间进行倾转,使倾转旋翼直升机兼具常规直升机和螺旋桨飞机两种飞行模式。因此,倾转旋翼直升机既能像常规直升机那样垂直起降、空中悬停,又能像螺旋桨飞机那样快速远程地飞行,已成为快速远程直升机的发展方向。目前,典型的倾转旋翼直升机有 Bell 公司的 XV‑15 倾转旋翼直升机、Bell 公司和 Boeing 公司联合研制的 V‑22"鱼鹰"倾转旋翼直升机、Agusta 公司研制的 BA609 民用倾转旋翼直升机、Bell 直升机公司和洛马公司联合研制的 V‑280 倾转旋翼直升机。

## 1.3　直升机旋翼气弹动力学研究现状

### 1.3.1　旋翼气动力环境及气弹动力学特点

直升机旋翼旋转时,桨叶处于非定常气动力环境中,桨叶周围的流场十分复杂。直升机前飞时,桨叶在旋转一周过程中,桨叶剖面上在不同方位角和不同半径处的气流速度都不相同,图 1.6 是直升机前飞时旋翼桨叶剖面上气流速度的分布示意图,因而桨叶上的气动力也不相同。桨叶转向直升机前方称为前行桨叶,前行区是方位角从 $\psi = 0°$ 到 $\psi = 180°$,前行桨叶剖面上流过的气流速度等于桨叶旋转速度与直升机前飞速度在旋转切向的分量相加,前行桨叶剖面上的气流速度从 $\psi = 0°$ 时的旋转速度开始逐渐增加,到 $\psi = 90°$ 时增加到最大(等于旋转速度加上前飞速度),随后开始逐渐减小,到 $\psi = 180°$ 时减小到等于旋转速度。桨叶转向直升机后方称为后行桨叶,后行桨叶剖面上流过的气流速度等于旋转速度与前飞速度在旋转切向的分量相减,后行桨叶剖面上的气流速度从 $\psi = 180°$ 时的旋转速度开始逐渐减小,到 $\psi = 270°$ 时减小到最小(等于旋转速度减去前飞速度),随后开始逐渐增加,到 $\psi = 0°$ 时增加到等于旋转速度。因此,前行桨叶与后行桨叶上的气流速度不相等,导致桨叶在桨盘前行侧与后行侧的升力不平衡,造成旋翼桨盘向左倾翻。因此,桨叶在旋转过程中需要改变桨叶变距角来保持桨盘前行侧与后行侧的升力平衡,前行桨叶的桨距从 $\psi = 0°$ 时的初始桨距开始逐渐减小,到 $\psi = 90°$ 时减小到最小,随后开始逐渐增加,到 $\psi = 180°$ 时增加到初始桨距。后行桨叶的桨距从 $\psi =$

180° 时的初始桨距开始逐渐增加,到 $\psi = 270°$ 时增加到最大,随后开始逐渐减小,到 $\psi = 0°$ 时减小到初始桨距。因此,桨叶在旋转过程中,桨叶上的升力呈现周期性的变化,升力增加,桨叶做向上的挥舞运动;升力减小,桨叶做向下的挥舞运动。旋转桨叶在做上下挥舞运动的同时,桨叶在科氏力的作用下会做前后摆振运动。桨根安装挥舞铰、摆振铰和变距铰就是为了使桨叶能够实现挥舞运动、摆振运动和变距运动。随着直升机前飞速度的增加,$\psi = 90°$ 附近的前行桨叶的桨尖区进入跨声速流场中,在桨尖区形成压缩激波,产生激增的激波阻力;$\psi = 270°$ 附近的后行桨叶的桨根区的气流从后缘流向前缘,形成反流区,产生向下的气动力,同时,$\psi = 270°$ 附近的后行桨叶处于大迎角状态,出现动态失速,在桨叶上产生强烈的振动载荷。因此,前行桨叶的压缩激波和后行桨叶的动态失速,是限制直升机前飞速度的两个主要原因。

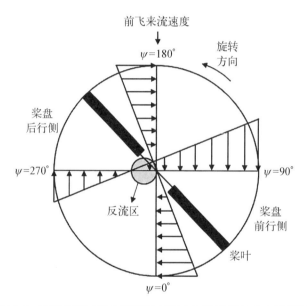

**图 1.6  直升机前飞时旋翼桨叶剖面上气流速度的分布示意图**

现代直升机旋翼由多片复合材料桨叶组成,桨叶是一种具有翼型剖面的细长的柔性梁结构。旋翼旋转时,旋翼桨叶上产生气动力,气动力引起弹性桨叶的变形,桨叶变形又反过来改变桨叶上的气动力,因此,桨叶上的气动力与桨叶的弹性变形相互耦合、相互影响,形成了旋翼桨叶气弹动力学问题,包括气弹动特性、气弹动响应和气弹动稳定性;旋翼旋转时,桨叶还同时受到离心力的作用,显著增加了桨叶的刚度,进而对旋翼桨叶气弹动力学问题又产生了显著的影响。因此,直升机旋翼气弹动力学是一个气动力、离心力、惯性力、弹性力和阻尼力相互耦合、相互作用的复杂动力学问题。当桨叶的两个或两个以上的运动自由度相互激励产生振动,且桨叶阻尼又不足以消耗振动的能量时,桨叶将发生振动发散的动不稳定性,导致桨叶在极短时间内遭受破坏,造成灾难性事故,因此,这种桨叶的动不稳定性危害极大,在设计和使用时必须加以避免。

直升机旋翼桨叶气弹动力学分析需要建立桨叶气动力模型和结构模型,再将两个模型结合起来建立桨叶气弹模型,并建立气弹模型的求解方法,分析桨叶的气弹动特性、气弹动响应和气弹动稳定性。旋翼桨叶气动模型的建立十分复杂,需要根据直升机的飞行状态和计算精度需求,考虑非定常、非均匀入流分布、反流区及动态失速等效应。目前,从简单的升力线模型到复杂的动态失速模型已有多种气动力模型用于旋翼桨叶气动力的计算。为了考虑旋翼的尾迹效应,有均匀入流、线性入流、动态入流、预定尾迹、自由尾迹等模型用于计算尾迹引起的诱导速度及其对桨叶流场的影响。

在旋翼桨叶气弹动力学分析中,气动模型和结构模型的相互影响和相互作用流程如图 1.7 所示。气动力模型需要桨叶变形作为输入来计算环量和气动力,结构模型需要气动力作为输入来计算桨叶变形。研究表明,先进的旋翼桨叶几何形状可提高桨叶的气动性能;合理安排沿桨叶径向的翼型分布可提高桨叶的升阻比并减轻桨叶的失速效应;沿桨叶径向的非线性扭转分布可降低桨叶的诱导阻力;先进的桨尖形状不仅可以改善前行桨叶的压缩激波和后行桨叶的动态失速,还可以降低桨叶的振动;复合材料剪裁得到的桨叶弹性耦合可改善旋翼桨叶的气弹动特性、气弹稳定性和气动效率。目前,复合材料的制造工艺和剪裁已使旋翼桨叶的先进几何形状和气弹耦合设计成为可能。因此,现代直升机绝大多数采用复合材料旋翼桨叶,极大地提高了旋翼性能。复合材料桨叶结构建模十分复杂,导致气弹建模和求解非常复杂,因此,复合材料旋翼桨叶气弹动力学研究一直是直升机技术领域的研究热点和难点。

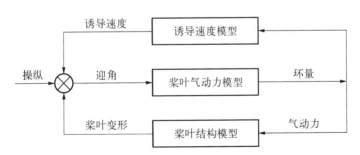

**图 1.7　旋翼桨叶气动模型和结构模型的相互影响和相互作用流程**

直升机旋翼桨叶结构建模与桨叶材料紧密相关。早期的旋翼桨叶都采用各向同性的金属材料,考虑弹性变形的桨叶结构建模基于中等变形梁理论,采用单轴应力及 Bernoulli‐Euler 假设的 Hodges‐Dowell 模型(Hodges et al., 1974)。随着复合材料技术的发展,复合材料具有比金属材料更高的强度和刚度、更强的抗腐蚀性、更好的损伤容限和疲劳特性,直升机旋翼桨叶已广泛采用复合材料。与金属材料的旋翼桨叶结构建模不同,复合材料旋翼桨叶结构建模除需考虑几何非线性外,还需考虑横向剪切变形、剖面翘曲及弹性耦合等由复合材料各向异性引起的非经典效应。因此,复合材料旋翼桨叶结构建模十分复杂。目前,已有薄壁盒形梁模型、考虑翼型剖面的几何精确非线性模型等多种模型用于复合材料旋翼桨叶的结构建模。

### 1.3.2    复合材料旋翼桨叶气弹研究现状

复合材料旋翼桨叶气弹研究中最复杂的内容是复合材料旋翼桨叶气弹建模,其关键是复合材料桨叶结构建模。复合材料旋翼桨叶的一种典型剖面结构示意图如图 1.8 所示,桨叶剖面中的 D 形梁、腹板和蒙皮由复合材料制成,这些复合材料结构可使桨叶产生垂直弯曲/弦向弯曲/轴向扭转/轴向拉伸的弹性耦合,在气动力作用下可产生中等变形或大变形。复合材料桨叶剖面有单腔盒形、单腔 D 形、双腔盒形/D 形等结构形式。复合材料旋翼桨叶结构建模十分复杂,通常把桨叶结构分析分解为一维非线性梁分析和二维梁剖面分析两部分,根据采用的两部分分析方法的不同,目前有如下四种复合材料旋翼桨叶结构建模方法可用于复合材料桨叶的气弹建模与分析。

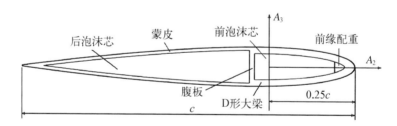

**图 1.8    复合材料旋翼桨叶的一种典型剖面示意图**

第一种复合材料桨叶结构建模方法是一维非线性梁分析采用中等变形梁理论,二维剖面结构特性计算采用直接分析法。采用这种桨叶结构建模方法进行桨叶气弹研究的有: Hong 等(Hong et al., 1985)将复合材料桨叶简化为单腔薄壁盒形梁,研究了悬停状态下弹性耦合对无铰式旋翼气弹稳定性的影响,其结构模型采用单轴应力假设和 Hodges 等(Hodges et al., 1974)基于中等变形的应变位移关系,未考虑横向剪切变形等与材料各向异性有关的非经典效应。Panda 等(Panda et al., 1987)采用 Hong 等(Hong et al., 1985)的复合材料桨叶结构模型,分析了前飞状态下复合材料旋翼桨叶气弹响应和气弹稳定性,研究表明,弹性耦合会影响前飞时无铰式旋翼桨叶振动载荷和气弹稳定性。Smith 等(Smith et al., 1991)把与扭转有关的面外翘曲、横向剪切变形和二维面内弹性这三种非经典效应加入 Hong 等（Hong et al.，1985）的结构模型对其进行了改进。Smith 等（Smith et al.，1993a，1993b）采用此改进的结构模型对摆振柔软无铰式旋翼进行气弹建模，研究了前飞状态下弹性耦合提高气弹稳定性和降低振动载荷的能力。Smith（Smith，1994）还把自由尾迹模型（用于气弹响应计算）和动态入流模型（用于气弹稳定性计算）加入上述气弹模型，分析了悬停及前飞状态下复合材料弹性耦合对摆振刚硬无铰式旋翼桨叶气弹响应和气弹稳定性的影响，研究进一步表明了弹性耦合对复合材料旋翼桨叶气弹稳定性和桨毂振动载荷有着重要的影响。Tracy 等（Tracy et al.，1995）建立了改进的翘曲模型用于研究无轴承复合材料旋翼桨叶气弹稳定性，桨叶柔性梁采用复合材料薄壁 H 形剖面梁，其结构分析包括扭转引起的面外翘曲和翘曲的边界效应，面外翘曲模型假设翘曲沿截面按四阶多项式分布，通过改变沿柔性梁展向的扭转刚度分布来考虑对翘曲的边界约束，研究表明，柔性梁弦向弯曲/扭转耦合可提高悬停和前飞状态下桨叶摆振模态的稳定性，柔性梁中引入弦向弯曲/扭转耦合对部分桨毂振动载荷有适当影响。Floros 等（Floros et al.，2000；Floros，2000）通过采用不同的大梁铺层合理布置桨叶气弹诱导的扭转分布，降低了旋翼桨叶的动态失速和振动载荷。其桨叶结构建模采用改进的 Vlasov 理论，适用于任意形状多腔封闭剖面桨叶的结构建模。研究表明，在某些飞行状态下，采用准定常气动模型的计算结果和采用非定常气动模型的计算结果之间存在显著差别；引入弹性扭转耦合可降低后行桨叶的迎角高达 2°，从而显著减缓桨叶动态失速的发生；复合材料弹性耦合并不能同时显著减少所有的桨毂振动载荷，二阶挥舞频率和弹性耦合是减少桨毂振动载荷的关键因素。Bao 等（Bao et al.，2008，2006；Bao，2004；Bao et al.，2003）采用 Jung 等（Jung et al.，2002）建立的桨叶结构模型，忽略剖面的面内翘曲和沿翼型轮廓线切向的正应力，研究了悬停和前飞状态下不同弹性耦合（无弹性耦合、正和负挥舞弯曲/扭转耦合及混合挥舞弯曲/扭转耦合）的马赫数相似铰接式复合材料旋翼桨叶的气弹响应特性，研究表明，与单一挥舞弯曲/扭转耦合相比，混合挥舞弯曲/扭转耦合可更好地降低桨毂振动载荷；与无弹性耦合桨叶相比，混合挥舞弯曲/扭转耦合桨叶的挥舞变形基本不变，扭转变形会发生很大变化；在前进比为 0.3 时，与无弹性耦合桨叶相比，从桨根到桨尖分别采用负/无/正混合挥舞弯曲/扭转耦合的桨叶，垂向桨毂力、桨毂阻力和俯仰桨毂力矩分别降低了 14%、22% 和 18%；从桨根到桨尖分别采用负/正混合挥舞弯曲/扭转耦合的桨叶，垂向桨毂力、桨毂阻力和俯仰桨毂力矩分别降低了 4%、24% 和 25%。

　　第二种复合材料桨叶结构建模方法是一维非线性梁分析采用中等变形梁理论，二维剖面结构特性计算采用有限元法。采用这种桨叶结构建模方法进行桨叶气弹研究的有：Yuan 等（Yuan et al.，1994a，1994b，1992a，1992b）基于中等变形梁理论，分析了复合材料无铰式旋翼的气弹响应和稳定性，其结构模型虽然考虑了预扭转、横向剪切变形和剖面面外翘曲等效应,但采用了单轴应力假设,且未考虑剖面面内变形;Friedmann 等(Friedmann et al., 2002)还将预定尾迹模型加入其气弹模型,进一步研究了悬停状态下材料铺层角改变引起的弹性耦合对复合材料旋翼气弹稳定性的影响。Friedmann 等(Friedmann et al., 2008)和 Glaz 等(Glaz et al., 2009)在验证了其气弹模型与变分渐近梁剖面分析(variational asymptotic beam sectional analysis, VABS)结合的基础上,将 VABS 加入其气弹模型,进一步对复合材料旋翼的气弹设计进行了研究。Murugan 等(Murugan et al., 2011, 2008, 2007)采用 Monte Carlo 统计方法(Vinckenroy et al., 1995)研究了材料参数不确定性对复合材料旋翼桨叶气弹响应和气弹稳定性的影响,其结构模型基于中等变形梁理论,分别采用 VABS(Hodges, 2006)及 Smith 等(Smith et al., 1991)的模型计算桨叶剖面特性。剖面气动载荷采用非定常模型计算,采用自由尾迹模型计算旋翼诱导速度。研究表明,将材料属性不确定性纳入桨叶气弹分析具有重要性和必要性,材料属性不确定性使复合材料旋翼桨叶的剖面特性、不旋转固有频率、旋转固有频率和气弹响应均出现不确定性,会在一定范围内变化;旋转固有频率的不确定性可使其接近旋翼转速的整数倍,带来严重的共振问题;气弹响应的不确定性使桨毂振动载荷和桨叶气弹稳定性难以准确预测。

第三种复合材料桨叶结构建模方法是一维非线性梁分析采用几何精确非线性梁理论,二维剖面结构特性计算采用直接分析法。采用这种桨叶结构建模方法进行桨叶气弹研究的有:Fulton 等(Fulton et al., 1993a, 1993b)分析了悬停状态下复合材料无铰式旋翼的气弹稳定性,其采用 Hodges(Hodges, 1990)混合变分形式的几何精确非线性梁理论进行一维梁分析,除小应变假设外,不限制桨叶的变形和转动,采用 Rehfield 等(Rehfield et al., 1987)或 Berdichevsky 等(Berdichevsky et al., 1992)的直接分析法计算桨叶剖面的刚度矩阵。

第四种复合材料桨叶结构建模方法是一维非线性梁分析采用几何精确非线性梁理论,二维剖面结构特性计算采用有限元法。采用这种桨叶结构建模方法进行桨叶气弹研究的有:Shang 等(Shang et al., 1999, 1996, 1995; Shang, 1995)将 Peters 三维有限状态动态入流模型(Peters et al., 1989)加入 Fulton 等(Fulton et al., 1993a, 1993b)的气弹模型,研究了悬停状态下复合材料无铰式旋翼的气弹响应和稳定性。其采用 Cesnik 等(Cesnik et al., 1997)建立的 VABS 计算桨叶剖面的刚度矩阵,并假设剪切刚度无限大。VABS 包括了横向剪切变形、剖面任意翘曲和弹性耦合等由材料各向异性引起的非经典效应,并可计算任意几何形状和任意材料分布桨叶剖面的结构特性。为了进一步提高复合材料桨叶剖面结构特性的计算精度和通用性,Hodges(Hodges, 2015, 2006)、Ho 等(Ho et al., 2010)和 Yu 等(Yu et al., 2012)对 VABS 进行了不断地改进。本专著作者 Shang 等(Shang et al., 2019, 2018)采用最新的 VABS 和 Hodges 混合变分形式的几何精确非线性梁理论,建立了复合材料桨叶几何精确结构模型,计算不同弹性耦合复合材料桨叶剖面的结构特性,建立了悬停状态和前飞状态下复合材料旋翼桨叶几何精确气弹模型和求解方法,研究了复合材料旋翼桨叶几何精确气弹响应和气弹稳定性及其受横向剪切变形等非经典效应和参数的影响。

从上述四种复合材料桨叶结构建模方法可见,复合材料桨叶一维梁分析采用中等变形梁理论或大变形梁理论,二维剖面分析采用直接分析法或有限元法。中等变形梁理论采用忽略高阶项的量级分析,将应变-位移关系以及变形与未变形坐标系之间的转换关系由位移及其导数表出,建立的梁运动方程含有的项数较多、较复杂,而且在拉力较高的情况下,误差较大。几何精确非线性梁理论除小应变假设外,未采用任何变形和角度假设,可处理大变形范畴的问题;而且采用混合变分形式,建立的方程形式紧凑,求解简单。直接分析法基于板壳理论,假设特定的复合材料桨叶剖面翘曲分布,将实际的复合材料桨叶简化为薄壁或厚壁梁。有限元法可对任意几何形状和任意材料分布的复合材料桨叶进行精确建模。Hodges 等采用变分渐近方法将三维几何非线性弹性分析降维为二维剖面分析和一维几何精确非线性分析,并在降维过程中确定剖面的任意翘曲。因此,最新的 VABS 与混合变分形式一维方程结合的几何精确非线性梁模型,不仅可用于桨叶大变形的情况,而且可精确处理复合材料桨叶剖面任意几何形状和任意材料分布及由复合材料各向异性引起的横向剪切变形、剖面翘曲和弹性耦合等非经典效应,其在复合材料旋翼桨叶结构建模和气弹建模中具有广阔的应用潜力。

随着科学技术的发展和直升机应用需求的提高,高速、重载、大机动已成为未来先进直升机的发展方向和追求目标。在这些飞行状态下,承受大载荷的复合材料旋翼桨叶会产生非线性的垂向弯曲大变形和轴向扭转大变形。同时,旋翼桨叶的复合材料各向异性还会引起桨叶的横向剪切、剖面翘曲、挥舞/摆振/扭转/拉伸之间的弹性耦合等非经典形变效应,这些非经典形变效应不仅影响旋翼桨叶的弹性变形,而且由于旋翼桨叶的气弹耦合效应,还会影响旋翼桨叶的气动载荷,从而影响旋翼桨叶的气动性能和气弹动力学性能,最终影响到旋翼飞行器的飞行性能和飞行安全。从物理上讲,忽略剖面翘曲或横向剪切,意味着给剖面主方向增加了约束,因此计算的主方向变形会比考虑剖面翘曲或横向剪切时要小。弹性耦合对复合材料旋翼桨叶的变形影响很大,尤其对桨叶的气弹稳定性影响很大。弯/扭耦合、拉/扭耦合会改变桨叶的扭转角,从而改变桨叶的气动迎角,进而改变桨叶上的气动力,改变桨叶的气弹响应。弹性耦合会引起桨叶耦合自由度之间的自激振动,带来桨叶的气弹稳定性问题,影响桨叶安全,为此需要进行复合材料桨叶的剪裁设计,确保有利的弹性耦合。

通过复合材料的铺层设计或剪裁设计可以进行桨叶气弹优化,使桨叶获得优化的气弹性能,这是使用复合材料旋翼桨叶的一个优势。Ganguli 等(Ganguli et al.,1996a,1996b,1995a,1995b,1994)分别采用 Smith 等(Smith et al.,1991)及 Chandra 等(Chandra et al.,1992a,1992b)建立的复合材料桨叶结构模型对摆振柔软无铰式旋翼桨叶进行了气弹优化研究。旋翼桨叶分别被简化为单腔和双腔复合材料盒形梁,以旋翼桨叶盒形剖面壁的纤维铺层角为设计参数,以桨毂振动载荷和桨叶根部载荷的加权组合为目标函数,对气弹稳定性和频率分布进行约束。气动模型采用准定常薄翼理论计算气动载荷,假设诱导速度按 Drees 线性模型分布。研究表明,优化的挥舞弯曲/扭转耦合可使桨毂振动载荷比无耦合时显著降低;弦向弯曲/扭转耦合对桨毂振动载荷几乎没有影响,弦向弯曲/扭转耦合使摆振模态的阻尼显著增加。Ganguli 等(Ganguli et al.,1997,1995a,1995b)对先进几何形状的复合材料旋翼桨叶进行了气弹优化设计。设计参数包括桨尖后掠角、下反角、尖削及剖面壁的铺层分布,目标函数为桨毂振动载荷和桨叶振动载荷的加权组合,其研究也验证了挥舞弯曲/扭转耦合对减少桨毂振动载荷的重要作用。Murugan 等(Murugan et al.,2005)将 Leishman - Beddoes 线性附着流非定常气动模型加入上述气弹模型,采用分层优化方法对复合材料旋翼桨叶进行了气弹优化研究。

Yuan 等(Yuan et al.,1998,1995,1994a,1994b)对无铰式复合材料旋翼桨叶进行了结构优化分析。采用准定常 Greenberg 理论计算气动载荷,假设诱导速度定常、均匀分布。设计参数包括旋翼桨叶剖面的铺层分布及桨尖后掠角和下反角,对桨叶气弹稳定性和频率分布进行约束。研究表明,当垂向桨毂力作为目标函数优化时,垂向桨毂力显著降低,其他桨毂载荷增加,因此,选择全部桨毂振动载荷的加权组合作为目标函数更加合适;桨尖后掠角对桨毂振动载荷的降低起着关键作用,通过选择合适的剖面铺层分布及桨尖后掠角和下反角,优化后可降低对桨尖后掠角的要求。Friedmann 等(Friedmann et al.,2008)和 Glaz 等(Glaz et al.,2009)在验证了其气弹模型与 VABS 结合可行性的基础上,将 VABS、非定常空气动力学模型、自由尾迹模型及 ONERA 动态失速模型加入其气弹模型,对复合材料旋翼桨叶气弹优化设计进行了研究。

Li 等(Li et al.,2008;Li,2008;Li et al.,2007)采用序列二次规划(Boggs et al.,1996)和遗传算法相结合的混合优化方法对带制造约束的无铰式复合材料旋翼桨叶进行了研究。旋翼桨叶按实际几何形状和材料分布进行结构建模,采用 VABS(Hodges,2006)计算桨叶剖面的刚度矩阵。采用 Dymore(Bauchau,2006)进行桨叶气弹分析,悬停时采用动量/叶素组合理论计算气动载荷,前飞时采用非定常气动载荷模型和有限状态动态入流理论分别计算气动载荷和诱导速度。以 D 形梁的铺层角和厚度、蒙皮的铺层角和厚度、腹板的铺层角和厚度及 D 形梁的位置和角度为设计参数,采用不同的约束条件和目标函数,在旋翼桨叶剖面外形、内部拓扑和材料参数确定的情况下,研究了改变剖面内部构件尺寸和位置的影响。考虑到制造限制,把设计参数铺层角的取值范围设定为制造可行的离散值。研究表明,铺层角取离散值得到的优化结果与全部设计参数均取连续值得到的优化结果有很大不同,表明了将制造约束等实际限制加入复合材料桨叶结构优化的必要性和重要性。

Rohl 等(Rohl et al., 2012)将用于计算剖面结构特性的 UM/VABS(Palacios et al., 2008, 2005)和用于气弹分析的 RCAS(Bir, 2005;Tangler et al., 2004)相结合,采用遗传优化算法研究了铰接式复合材料旋翼桨叶的气弹响应问题。把剖面剪心和质心位置、剖面质量、剖面轴向应力和剪切应力及桨叶的一阶扭转频率设定为约束条件,研究了剖面铺层厚度和角度、腹板位置及配重质量和位置对旋翼频率为 4 次/转的垂向桨毂力的影响。研究表明,通过遗传优化算法对以上设计参数进行优化选择,在前进比为 0.24 时,可以使 NASA/Army/MIT 共同研制的复合材料旋翼 4 次/转的垂向桨毂力降低近 50%。

复合材料旋翼气弹分析十分复杂,其准确性需要通过气弹试验来验证。旋翼气弹试验在模型旋翼试验台和风洞中进行。Bao 等(Bao et al., 2008, 2006;Bao, 2004;Bao et al., 2003)研制了五种马赫数相似的铰接式复合材料旋翼,研制的复合材料旋翼桨叶剖面和展向的结构如图 1.9 所示。五种复合材料旋翼桨叶分别对应 0、P、N、N/P 和 N/0/P 的弹性耦合,弹性耦合由桨叶大梁铺层分布的改变引起,其中 0 代表无弹性耦合,P 代表正挥舞弯曲/扭转耦合,N 代表负挥舞弯曲/扭转耦合。Bao 等对研制的复合材料旋翼桨叶进行了一系列的结构试验和气弹试验,包括:① 测量了各弹性耦合复合材料桨叶在根部固支、自由端受垂向力和扭矩作用时的挥舞弯曲斜率和扭转角;② 将各弹性耦合复合材料桨叶安装于铰接式旋翼桨毂(Bi, 1991),测量了各桨叶不旋转基阶的扭转固有频率;③ 测量了悬停状态下 0 和 P/N 弹性耦合复合材料旋翼在不同总距角和旋翼转速时的旋翼拉力;④ 测量了前飞状态下各弹性耦合复合材料旋翼在不同拉力、旋翼转速、前进比和旋翼轴倾角时的桨毂振动载荷及某些情况下桨叶的挥舞弯矩。试验照片如图 1.10 所示。试验结果表明,合理设计复合材料桨叶的弹性耦合及其沿桨叶展向的分布,可显著降低旋翼桨毂的振动载荷。

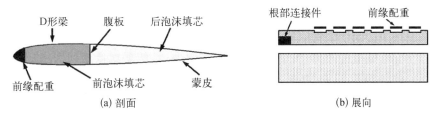

图 1.9　Bao 等研制的复合材料旋翼桨叶示意图

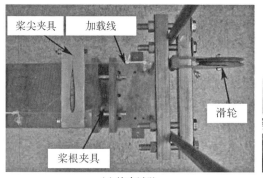

(a) 静态试验

(b) 固有频率试验

(c) 悬停试验装置

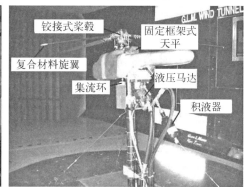

(d) 前飞试验装置

图 1.10　Bao 等进行的旋翼桨叶结构和气弹试验照片

## 1.4　直升机旋翼/机体耦合结构气动机械动力学研究现状

### 1.4.1　旋翼/机体耦合结构动力学特点

直升机旋翼与机体通过旋翼轴相连,旋翼运动与机体运动在旋翼桨毂上的运动耦合和相互作用会产生旋翼/机体耦合结构的机械稳定性或气动机械稳定性问题,直升机在地面发生这种稳定性问题时称为"地面共振",直升机在空中发生这种稳定性问题时称为"空中共振"。直升机旋翼/机体耦合结构稳定性是直升机气弹动力学问题中最为复杂的问题,直接影响直升机的运行安全,一直以来都是直升机研发过程中必须解决的问题。直升机在地面工作时,旋翼后退型摆振运动模态与机体在起落架上的俯仰和滚转运动模态相耦合,且旋翼后退型摆振运动的阻尼和起落架的阻尼不足以消耗旋翼与机体耦合运动的能量时,将导致耦合运动的发散,造成不稳定运动,即发生"地面共振",直升机将在几十秒甚至更短的时间内遭到严重损毁,图 1.11 显示了直升机发生"地面共振"后损毁的照片。对于铰接式旋翼直升机,由于桨叶的挥舞/摆振耦合很小或没有耦合,且摆振方向的气动阻尼很小,因此,"地面共振"分析不需要考虑旋翼气动力问题,可归结为机械稳定性问题。对于无铰式和无轴承式旋翼直升机,由于桨叶的挥舞/摆振耦合较大,桨叶的挥舞气动阻尼对摆振影响较大,因此,"地面共振"分析需要考虑旋翼气动力问题,归结为气动机械稳定性问题。直升机在空中悬停或飞行时,旋翼周期型的摆振运动和挥舞运动与机体俯仰运动和滚转运动相耦合,且旋翼摆振阻尼不足以消耗这种耦合运动的能量时,将导致耦合运动的发散,造成不稳定运动,即发生"空中共振"。为了抑制"地面共振"和"空中共振"的发生,直升机旋翼需要安装减摆器,以增加旋翼摆振方向的阻尼。一般情况下,"空中共振"没有"地面共振"那样剧烈,但对直升机的飞行品质和飞行安全有着重要的影响。"地面共振"和"空中共振"大多出现于摆振柔软(桨叶一阶摆振模态频率小于旋翼旋转频率,即 $\bar{\omega}_\zeta = \omega_\zeta / \Omega < 1$)的无铰式和无轴承旋翼直升机,在研发此类直升机时,必须进行旋翼/机体耦合结构的气动机械稳定性分析,以免发生"地面共振"和"空中共振"。

**图 1.11　直升机发生"地面共振"后损毁的照片**

### 1.4.2　"地面共振"和"空中共振"研究现状

直升机"地面共振"是由于旋翼后退型摆振运动与机体在起落架上的俯仰或滚转运动相耦合,当旋翼后退型摆振运动的频率与机体俯仰或滚转运动的频率相近或相同时,旋翼后退型的摆振运动阻尼或机体在起落架上的运动阻尼不足而造成的。避免发生直升机"地面共振"的措施是提高旋翼后退型摆振运动阻尼和起落架阻尼,以及调节桨叶摆振模态频率和机体模态频率,使旋翼/机体耦合结构不稳定时的旋翼转速不落在工作转速范围内。图 1.12 是直升机"地面共振"和悬停"空中共振"频率-转速示意图,图中圆形的阴影部分是"地面共振"区和"空中共振"区,旋翼转速到达这两个区域时,旋翼后退型摆振模态频率与机体滚转模态频率或机体俯仰模态频率相交,产生"地面共振"和悬停"空中共振"。

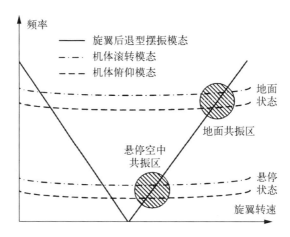

**图 1.12　"地面共振"和悬停"空中共振"频率-转速示意图**

直升机"空中共振"是直升机在空中时,由于机体的俯仰或滚转运动与旋翼后退型挥舞及摆振运动相耦合,而旋翼后退型的摆振运动阻尼不足而造成的。为了避免直升机发生"空中共振",可以利用桨叶各运动间的气弹耦合和布置桨叶减摆器来提高旋翼后退型摆振运动的阻尼。

直升机"地面共振"和"空中共振"稳定性的分析方法有两种,一种是特征值分析方法,分别在旋转坐标系下建立桨叶运动方程,在固定坐标系下建立机体运动方程,然后通过多桨叶坐标变换,即 Coleman 变换(Coleman et al., 1958),将桨叶自由度转换到固定坐标系下,采用常系数近似或者 Floquet 理论,进行微分方程的特征值分析判断动力学系统的稳定性。另一种分析方法是瞬态扰动分析方法,给系统施加桨叶一阶后退型摆振频率的激励,在激励持续一段时间后撤去激励,利用数值算法计算桨叶一阶摆振自由度的时间响应历程,再对历程进行阻尼识别,确定系统"地面共振"和"空中共振"的稳定性。该方法实际上是模拟试验过程的一种方法,对系统施加特定频率的激励,在激励撤去后测量时间响应信号,对信号进行处理,识别系统响应信号的频率和阻尼。如果在建立直升机旋翼/机体耦合气弹动力学模型时,采用了动态失速模型或非线性黏弹减摆器模型,相比于第一种方法,第二种方法不需要对动力学方程中的非线性项进行线化处理,可提高计算精度。

早期研究多采用较为简单的旋翼模型,通过分析主要参数对旋翼/机体耦合气弹稳定性的影响来选择合适参数,以避免"地面共振"和"空中共振"的发生。在 20世纪 70 年代,波音公司和 MBB 公司对无铰式旋翼直升机 BO105 的"地面共振"和"空中共振"进行了大量的理论分析和试验研究。Lytwyn 等(Lytwyn et al., 1971)

结合 BO105 直升机的试验数据,分析计算了"地面共振"和悬停状态下的"空中共振"稳定性。其指出气动阻尼使 BO105 即使在大转速悬停状态下依然不会发生"空中共振",机体姿态状态反馈控制会降低无铰式旋翼的气动阻尼。Burkam 等(Burkam et al., 1972)对 BO105 的"空中共振"稳定性进行了参数敏感性分析,并结合试验结果对提高无铰式旋翼直升机"空中共振"稳定性给出了非常有意义的设计建议。Miao(Miao, 1974)采用瞬态扰动分析方法分析了 BO105 简化模型在前飞状态下的"空中共振"稳定性。研究结果表明,与爬升飞行相比,下滑飞行时 BO105 具有更好的"空中共振"稳定性;随着前飞速度的增加,"空中共振"稳定性会逐渐增强。Ormiston(Ormiston, 1977)采用简单的带弹性约束的刚性桨叶/机体耦合模型,对无铰式旋翼直升机"地面共振"和悬停状态"空中共振"的机理进行了研究。通过参数影响分析发现,增加机体惯性和减小桨叶总距能提高"地面共振"和"空中共振"的稳定性;可通过负的变距-摆振和挥舞-摆振气弹耦合来增强直升机"地面共振"和"空中共振"的稳定性;当气弹耦合无法满足稳定性的要求时,需要借助于布置减摆器等方式来增加桨叶摆振运动的阻尼。

自 20 世纪 80 年代开始,随着弹性桨叶建模技术的发展,开始采用弹性桨叶模型分析旋翼/机体耦合气弹稳定性。同时,由于旋翼气弹综合分析软件的不断完善,如 CAMRAD、UMARC 等,计算效率和求解精度也得到了进一步的提高。Warmbrodt 等(Warmbrodt et al., 1979)建立了弹性桨叶/刚性机体耦合动力学方程,得到了可用来进行旋翼/机体耦合气弹响应与气弹稳定性分析的微分方程组。Yeager 等(Yeager et al., 1987, 1983)分析了悬停与前飞状态下无铰式旋翼直升机的"空中共振"稳定性。其采用 NASA Langley 中心的 9 种不同参数配置的无铰式旋翼的试验数据,验证了旋翼气弹综合分析软件 CAMRAD 的准确性,并且分析比较了桨叶下垂角、后掠角、预锥角以及桨叶的变距挥舞几何耦合对直升机"空中共振"稳定性的影响。Hodges 等(Hodges et al., 1987)利用美国军方开发的直升机气动机械稳定性分析软件 GRASP,采用大变形梁理论对柔性梁与桨叶建模,分析了无轴承旋翼直升机"地面共振"和悬停状态"空中共振"的稳定性,并将计算结果与试验结果进行比较,证明了计算结果的有效性。Jang 等(Jang et al., 1988)在分析无轴承旋翼/机体耦合气弹稳定性时,考虑了动力入流带来的非定常气动力的影响,研究了摆振销位置与变距拉杆刚度对"地面共振"和悬停状态"空中共振"稳定性的影响。其指出减小变距拉杆刚度可以提高旋翼/机体耦合气弹稳定性。Zhang(Zhang, 1993)根据简化的旋翼桨叶结构模型,采用复数坐标系及互激励方法,研究了直升机"空中共振"的机理,分析了影响"空中共振"稳定性的主要因素。Ormiston 等(Ormiston et al., 1995)将 Gandhi 等(Gandhi et al., 1996a, 1996b)的非线性时域黏弹减摆器模型引入直升机综合分析软件 2GCHAS,分析了黏弹减摆器对无铰式和无轴承旋翼直升机"空中共振"稳定性的影响,并比较了动态入流模型中状态变量个数和桨叶有限元个数对计算结果的影响。本书作者 Zhang 等(Zhang et al., 2021, 2017a)研究了无轴承旋翼/机体耦合结构气弹动力学,建立了含不同桨尖形状和黏弹减摆器的无轴承旋翼/机体耦合结构的气弹动力学分析模型和瞬态求解方法,提出了识别非线性迟滞气弹动力学模型参数的改进粒子群算法,研究了桨尖形状和黏弹减摆器的非线性动力学特性对无轴承旋翼/机体耦合结构气弹稳定性的影响。

为了避免发生"地面共振"和"空中共振",可采用被动增稳和主动增稳两类方法来提高直升机旋翼/机体耦合气弹稳定性。被动增稳是指通过选取合适的旋翼参数,利用旋翼桨叶各运动之间的气弹耦合,实现桨叶摆振阻尼的提高,从而提高直升机旋翼/机体耦合气弹稳定性。通过布置旋翼减摆器,选择减摆器合理的参数,以提高旋翼/机体耦合气弹稳定性,也是被动增稳常用的一种方式。Smith 等(Smith et al., 1993a, 1993b)和 Tracy 等(Tracy et al., 1993)通过设计复合材料桨叶的铺层方式,引入负的摆振-扭转耦合,从而增加桨叶摆振运动的阻尼,提高旋翼/机体耦合气弹稳定性。Han 等(Han et al., 2003)的研究表明,不采用减摆器,仅依靠桨叶气弹耦合也能保证"空中共振"稳定性,但还需要进行更全面的理论与试验研究。主动增稳(Straub et al., 1985)是指将桨叶或机体的运动参数作为状态变量,通过主动改变桨叶变距或后缘小翼偏转等方式实现状态反馈控制,从而提高直升机旋翼/机体耦合气弹稳定性。根据布置传感器和作动器的坐标系,可以将主动增稳分为增稳系统、单片桨叶控制和优化控制三类。增稳系统(Panda et al., 2004; Weller, 1996; Takahashi et al., 1991)是指传感器和作动器均布置在固定坐标系,以机体运动参数作为状态变量,通过操作自动倾斜器实现状态反馈控制。单片桨叶控制是指传感器和作动器均布置在旋转坐标系,以桨叶运动参数为状态变量,通过操作各片桨叶的小拉杆(Hathaway et al., 1998)或者后缘小翼(Maurice et al., 2013)实现状态反馈控制。优化控制(Straub et al., 1985)是指在固定坐标系和旋转坐标系均布置传感器,作动器布置在固定坐标系,以桨叶和机体运动参数作为状态变量,通过操作自动倾斜器实现状态反馈控制。虽然主动增稳能提高旋翼/机体耦合气弹稳定性,但在驱动装置的可靠性以及不同飞行状态下的有效性方面还存在问题,主动增稳在直升机上尚未得到实际应用。

## 1.5　倾转旋翼直升机气弹动力学研究现状

### 1.5.1　倾转旋翼直升机构型及特点

倾转旋翼直升机是一种兼具常规直升机和螺旋桨飞机飞行能力的飞行器,安装在机翼端部的旋翼可在水平与垂直位置之间倾转,以实现常规直升机和螺旋桨飞机两种飞行模式的转换。图 1.13 显示了倾转旋翼直升机的三种典型飞行模式:直升机飞行模式、转换过渡飞行模式和螺旋桨飞机飞行模式。当旋翼短舱(或旋翼轴)处于垂直位置时,倾转旋翼直升机的构型类似于横列式直升机,可垂直起降、空中悬停和小速度前、后、侧飞;当旋翼短舱处于水平位置时,倾转旋翼直升机类似于螺旋桨飞机,机翼提供升力,旋翼提供前飞拉力,能比常规直升机飞得更快、飞得更远。与同吨位的常规直升机相比,倾转旋翼直升机的巡航速度大约是常规直升机的 2 倍,航程大约是常规直升机的 3~4 倍;倾转旋翼直升机的大多数飞行状态处于螺旋桨飞机飞行模式,倾转旋翼直升机的噪声和振动水平要远小于常规直升机;倾转旋翼直升机的机翼产生升力,油耗要比常规直升机的低。与螺旋桨飞机相比,倾转旋翼直升机具有垂直起降功能,无需起降跑道,可以在任何空地上甚至楼顶上起降。因此,与常规直升机和同吨位的螺旋桨飞机相比,倾转旋翼直升机都具有极大的竞争力,是高速远程直升机发展的重要方向。

**图 1.13　倾转旋翼直升机的三种典型飞行模式**

(a) 直升机飞行模式;(b) 转换过渡飞行模式;(c) 螺旋桨飞机飞行模式

　　常规直升机能垂直起降和空中悬停,但以较高速度飞行时,前行桨叶的气流压缩效应明显增加,会产生激波阻力;后行桨叶会出现动态失速,产生强烈振动。这些问题严重制约了常规直升机飞行速度的提高。螺旋桨飞机虽然具有较大的航速和航程,但不具备垂直起降和空中悬停的飞行能力。为了兼顾常规直升机和螺旋桨飞机的两种飞行能力,研究人员先后设计出包括倾转机翼直升机、倾转旋翼直升机、复合式直升机、升力风扇式直升机和矢量推进喷气式飞机等具有垂直起降功能的飞行器,其中倾转旋翼直升机是发展得较为成熟的一种。虽然倾转旋翼直升机兼具较好的垂直飞行和前飞能力,但存在比常规直升机和螺旋桨飞机更为复杂的气弹动力学问题:在直升机飞行模式下,存在旋翼与机体耦合的"地面共振"和"空中共振"、桨叶弯/扭耦合的颤振以及桨叶挥/摆/扭耦合的气弹稳定性等问题;在螺旋桨飞机飞行模式下,旋翼桨盘平面会产生较大气动力,并对旋翼轴安装点产生较大力矩,带来回转颤振和机翼颤振等气弹稳定性问题,限制了倾转旋翼直升机的飞行速度;倾转旋翼直升机的桨叶比螺旋桨的桨叶要柔软,桨叶的弹性变形与短舱运动和机翼的弹性变形相耦合,导致倾转旋翼直升机在螺旋桨飞机模式下的前飞稳定性问题比常规螺旋桨飞机更加复杂;在短舱动态倾转时,倾转旋翼直升机处在转换飞行模式,虽然经历时间很短,但是旋翼处于复杂的非定常气动力和入流环境中,引起强烈的气弹振动和气弹稳定性问题。因此,倾转旋翼直升机的气弹动力学问题会严重影响倾转旋翼直升机的性能和安全。

1947 年,美国 Transcendental 飞机公司研制出世界首架倾转旋翼直升机 Model 1-G,并于 1954 年 7 月 6 日在美国特拉华州纽卡斯尔市完成首飞。同年 12 月成功实现旋翼倾转,并以螺旋桨飞机模式进行巡航飞行。该倾转旋翼直升机采用三片桨叶的铰接式旋翼,一年内经过 100 多次累计超过 23 小时的飞行,但因操作失误导致坠机。该公司于 1956 年和 1957 年又研制了 Model 2 和 Model 3 两种机型,增加了外形尺寸和发动机功率,但最终没能完成飞行试验。

1950 年,美国 Bell 直升机公司正式宣布研制 XV-3 倾转旋翼直升机,其典型构型包括安装在机翼端部的两副可倾转旋翼系统和安装在尾部的水平尾翼、垂直尾翼、方向舵和升降舵。1955 年 8 月 11 日,第一架 XV-3 倾转旋翼试验机首次垂直起降飞行。在直升机飞行模式过程中,旋翼动力学不稳定性问题对旋翼和机体造成了损坏,迫使 Bell 公司开始采用计算与试验相结合的方法研究旋翼/短舱/机翼耦合系统的稳定性问题。在经过多次转换飞行模式的飞行试验和设计修改后,1958 年 12 月 18 日,XV-3 倾转旋翼直升机首次实现由直升机飞行模式向飞机飞行模式的完全转换。1962 年,在全尺寸模型的风洞吹风试验中,发生了旋翼/短舱/机翼耦合系统的回转颤振不稳定现象(Quigley et al., 1961)。XV-3 倾转旋翼直升机的成功试飞,验证了一种旋翼飞行器可以兼具常规直升机和螺旋桨飞机两种飞行能力的可行性,也验证了最大巡航速度受限于旋翼/短舱/机翼耦合系统的动力学不稳定性问题。

1965 年,Bell 公司在 XV-3 研究成果的基础上,开始研制 Bell Model 266 倾转旋翼直升机,并进行了大量关于动力学稳定性和振动特性的理论分析和风洞试验研究。1968 年,Bell 公司又开始研制 Model 300 倾转旋翼直升机,该机采用三片桨叶的万向铰旋翼。同期,Boeing 公司研制了 Boeing Model 222 倾转旋翼直升机试验机,采用无铰式摆振柔软旋翼。NASA 在进行大量理论分析和风洞试验后,确定在 Bell 直升机公司 Model 300 的基础上,继续研制验证机,并命名为 Model 301,这也是 Bell XV-15 倾转旋翼直升机的前身。1981 年 7 月,第一架 XV-15 原型机在巴黎航展展出,如图 1.14 所示。随后美国军方开展了一系列关于改善 XV-15 倾转旋翼直升机稳定性问题的研究(Conner et al., 1993; Alexander et al., 1986; Johnson, 1984)。XV-15 被认为是第一代倾转旋翼直升机。

图 1.14　XV‐15 倾转旋翼直升机

　　1983 年 4 月 26 日,Bell 公司和 Boeing 公司开始联合研制 V‐22"鱼鹰"倾转旋翼直升机,如图 1.15 所示。该机型于 1989 年 3 月 19 日完成首次试飞,同年 9 月 15日首次完成直升机模式飞行向飞机模式飞行的转换。1990 年 4 月开始进行 V‐22倾转旋翼直升机的起飞着陆、机翼失速、单发试飞和高速巡航等试飞。2007 年,V‐22"鱼鹰"倾转旋翼直升机开始服役。V‐22 的巡航速度可达 396 km/h,最大速度可达 509 km/h。在保持巡航速度下,航程可达 1 627 km,最大航程可达 4 476 km。V‐22 被认为是第二代倾转旋翼直升机。

图 1.15　V‐22"鱼鹰"倾转旋翼直升机

　　1996 年 2 月,Bell 公司和 Boeing 公司开始联合研制民用型倾转旋翼直升机D‐600。1998 年 3 月,Boeing 公司撤出该计划,Bell 公司与意大利 Agusta 公司对该项目联合研发,机型改为 BA609 倾转旋翼直升机,如图 1.16 所示,该机型采用 T 型尾翼,以减小转换飞行模式时产生的俯仰力矩,于 2003 年 3 月 6 日完成首飞。2011 年 11 月,Bell 公司撤出其股份,Agusta 公司拥有 BA609 的全部所有权,并将型

图 1.16　BA609 倾转旋翼直升机

号改为 **AW**609 倾转旋翼直升机。2017 年, AW609 获得 FAA 适航认证, 于 2018 年开始交付使用。

V-280 倾转旋翼直升机由 Bell 直升机公司和洛马公司联合研制, 如图 1.17 所示, 2013 年首次公布 V-280 倾转旋翼直升机研发计划。V-280 的一个显著特点是旋翼倾转而发动机短舱不倾转。V-280 在低速灵活性、高速大过载机动性能、燃油效率等方面都优于 V-22; 巡航速度可达 519 km/h; 在保持巡航速度条件下, 航程可达 1 480 km; 最大航程可达 3 890 km。2022 年 12 月 6 日, V-280 倾转旋翼直升机中标"未来远程突击飞机"项目。V-280 被认为是第三代倾转旋翼直升机。

图 1.17　V-280 倾转旋翼直升机

### 1.5.2　螺旋桨飞机模式前飞时的气弹动力学研究现状

倾转旋翼直升机的机翼端部安装发动机和旋翼后,使得机翼的固有频率显著降低,旋翼/短舱/机翼之间的耦合显著增强,旋翼/短舱/机翼耦合结构的气弹动力学显著复杂。倾转旋翼直升机气弹动力学研究最早开始于螺旋桨飞机飞行模式下的回转颤振研究。Reed (Reed, 1966) 总结了早期对螺旋桨飞机回转颤振的研究,描述了螺旋桨回转颤振的形成机理,并对螺旋桨系统回转颤振的临界速度边界以及相关参数影响进行了计算分析。Young 等 (Young et al., 1967) 研究指出,可以通过调节旋翼系统的挥舞频率来增加螺旋桨系统的稳定性,但增加挥舞频率会增大旋翼桨盘载荷。Kaza (Kaza, 1973) 研究了桨叶挥舞频率和系统阻尼对回转颤振临界速度的影响。Delarm (Delarm, 1969) 研究指出,增加短舱的支撑刚度和旋翼挥舞频率可以增加系统稳定性。Gaffey (Gaffey, 1969) 研究认为,旋翼挥舞调节系数对旋翼系统稳定性有明显影响。上述这些研究采用的模型是单独的旋翼/短舱两自由度模型,未考虑机翼变形对旋翼气动力和陀螺力矩等的影响。Edenborough (Edenborough, 1968) 考虑机翼的垂向弯曲自由度,建立了 XV-3 倾转旋翼直升机缩比实验模型的动力学模型,提高了分析的准确性。

Johnson (Johnson, 1975) 建立了螺旋桨飞机飞行模式下倾转旋翼直升机的 9 自由度模型。如图 1.18 所示,该模型包括铰接式旋翼、刚性短舱和弹性机翼,其中短舱与机翼之间为刚性连接,用于研究倾转旋翼直升机在螺旋桨飞机飞行模式下旋翼/短舱/机翼耦合结构的气弹稳定性问题。该 9 自由度模型包括旋翼的 6 个运动自由度和机翼运动的 3 个自由度,其中旋翼自由度包括旋翼一阶整体挥舞和摆振运动模态。旋翼的桨毂力和力矩以及机翼的气动力共同引起机翼的弹性弯曲和扭转运动,同时,机翼的弹性运动又反过来引起桨毂运动,改变旋翼气动力。旋翼的运动方程和机翼的运动方程通过以上气弹耦合共同组成旋翼/机翼耦合结构的整体运动方程。Johnson 9 自由度模型的计算结果与 Bell 公司和 Boeing 公司的试验数据吻合较好。Johnson 在研究中还指出,桨叶的摆振运动对耦合结构的稳定性会产生较大影响。Johnson 在随后的研究中,通过考虑桨叶的弹性以及短舱倾转角的变化,对 9 自由度模型进行了完善,用于分析倾转旋翼直升机在直升机飞行模式和转换过渡模式下的气弹稳定性,并形成了旋翼飞行器空气动力学和动力学综合分析软件 CAMRAD 的理论基础 (Johnson, 1980)。

在 Johnson 9 自由度模型研究基础上,学者们对倾转旋翼直升机在螺旋桨飞机模式下的前飞气弹稳定性问题进一步开展了研究。Nixon (Nixon, 1992) 将机翼视为弹性欧拉梁,采用结构有限元方法对机翼进行建模,计算分析了摆振频率和机翼的前掠角等结构参数对耦合系统稳定性的影响。Singh 等 (Singh et al., 2003) 分析了两片桨叶跷跷板式旋翼的倾转旋翼直升机前飞状态下的回转颤振。其指出,与三片桨叶构型不同,跷跷板式倾转旋翼直升机机翼的扭转模态也会发生前飞不稳

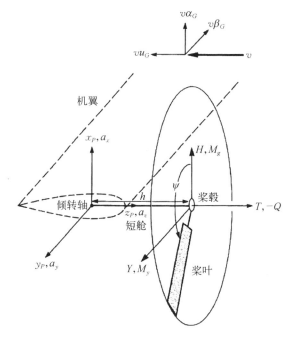

**图 1.18　Johnson 前飞 9 自由度结构模型**

定现象。Kim 等(Kim et al., 2009)采用非定常气动力模型建立系统动力学方程，在时域和频域中对系统稳定性进行分析，并与准定常气动力模型的计算结果进行了对比。Ghiringhelli 等(Ghiringhelli et al., 1999)考虑倾转旋翼直升机的桨毂、桨盘和变距拉杆等小部件的自由度，采用多体动力学方法对倾转旋翼直升机半展结构风洞试验模型(图 1.19)进行动力学建模，使倾转旋翼直升机动力学模型得以改善。

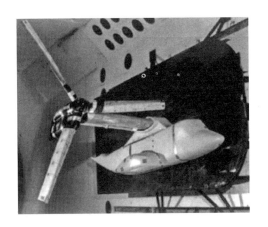

**图 1.19　倾转旋翼直升机半展结构风洞试验模型**

随着复合材料和先进制造工艺技术的发展,采用复合材料的倾转旋翼直升机前飞性能得到改善,相关研究也不断开展。Nixon(Nixon,1993)和 Nixon 等(Nixon et al.,2000)的研究表明,采用弯扭耦合特性的复合材料桨叶和机翼能够有效地改善倾转旋翼直升机的回转颤振和气弹稳定性。Zhang 等(Zhang et al.,2015,2013)在建模中考虑了桨叶扭转自由度,研究表明桨叶的扭转运动对倾转旋翼直升机前飞性能产生不利影响;在机翼安装小翼和外伸机翼等可以增大倾转旋翼直升机的前飞临界失稳速度。Barkai 等(Barkai et al.,1998)研究表明,除了采用复合材料桨叶,采用带弦向弯曲/扭转耦合的机翼结构同样可以推迟倾转旋翼直升机前飞不稳定现象的发生。David 等(David et al.,1995)采用薄机翼(相对厚度18%),通过复合材料气弹剪裁保证 V–22 倾转旋翼直升机(机翼原始相对厚度23%)的结构刚度和稳定性,进而降低机翼的重量,提高飞行性能。Slaby 等(Slaby et al.,2011)通过改变短舱外形、安装位置和机翼前掠角等方法改善倾转旋翼直升机的前飞稳定性。Srinivas 等(Srinivas et al.,1998a,1998b,1998c)采用先进几何外形桨叶改善倾转旋翼直升机前飞时的气弹稳定性。其研究表明,桨叶采用前掠和桨尖下反能增加倾转旋翼直升机前飞稳定性,采用梯形桨叶会降低前飞稳定性。Acree 等(Acree et al.,2001)研究了不同桨叶几何参数,包括桨叶剖面气动中心和重心位置及桨叶前后掠角、上反角和尖削角等对回转颤振边界的影响。

在倾转旋翼直升机试验研究方面,Popelka 等(Popelka et al.,1987)对 V–22 倾转旋翼直升机半展 1/5 缩比模型进行了吹风试验,研究并验证了桨毂设计、桨叶弯曲刚度、机翼弯曲刚度、挥舞调节系数和短舱布局等参数对倾转旋翼直升机气弹稳定性的影响,为 V–22 倾转旋翼直升机提供了数据支持。Piatak 等(Piatak et al.,2001)采用 V–22 倾转旋翼直升机半展 1/5 缩比模型进行了倾转旋翼直升机回转颤振风洞试验研究,发现挥舞调节系数会降低系统稳定性。Bilger 等(Bilger et al.,1982)对 XV–15 倾转旋翼直升机进行了飞行测试试验,并对旋翼和机身载荷、旋翼/短舱/机翼动力学建模等进行了分析和验证。Settle 等(Settle et al.,1992)总结了 V–22 倾转旋翼直升机 1/5 缩比模型在不同风速下的风洞试验,并提出了一些改善气弹稳定性的措施。

倾转旋翼直升机在直升机飞行模式存在"地面共振"和"空中共振"等稳定性问题。Howard(Howard,2001)研究表明,采用摆振柔软旋翼可以降低桨盘载荷和桨叶根部交变应力,利用桨叶和机翼的弹性弯扭耦合特性可以改善倾转旋翼机的"空中共振",其还通过建立基于刚性桨叶的全展结构模型,分析了倾转旋翼直升机发生"地面共振"的可能性。

### 1.5.3 转换飞行时的气弹动力学研究现状

倾转旋翼直升机在转换飞行时,除了短舱的动态倾转运动,还有旋翼整体挥舞运动和变距运动,导致旋翼处于非定常入流中,旋翼本身产生各种涡流,旋翼动态倾转运动还会导致旋翼尾迹发生动态弯曲,因此,转换飞行时倾转旋翼直升机的气弹动力学问题十分复杂。传统的用于分析旋翼气弹动力学问题的入流模型没有考虑上述各种非定常现象,在计算分析中产生较大误差。正确模拟旋翼倾转时的入流情况,是分析倾转旋翼直升机转换飞行时气弹动力学问题的关键。早期关于倾转旋翼直升机气动特性的研究,主要通过试验方法获得倾转旋翼直升机的入流(Felker et al., 1986a, 1986b; Johnson et al., 1986)。

在倾转旋翼直升机气弹动力学研究的动态入流模型中,早期采用固定尾迹模型和预定尾迹模型(Kocurek et al., 1977; Landgrebe, 1972)计算桨盘入流,得到旋翼诱导速度的解析式。后来采用自由尾迹模型(Bhagwat et al., 2003; Bagai et al., 1999),相比固定尾迹模型和预定尾迹模型,其气动假设更少,模拟精度更高。自由尾迹模型能计算桨叶的气动参数和沿桨叶展向的非均布诱导入流,模拟入流尾迹的具体形态,体现各片桨叶之间的尾迹干扰,具有较高的精度,但自由尾迹模型数学表达复杂,需要大量的公式推导和计算迭代。考虑倾转旋翼直升机各部件包含大量运动和变形自由度,为兼顾不同飞行模式下气弹动特性的计算效率和准确性,本书主要采用解析的数学模型计算模拟倾转旋翼直升机在转换飞行模式下的非定常诱导入流。Pitt－Peters 动态入流模型(Pitt et al., 1981; Peters et al., 1980)采用三个与桨叶方位角和径向位置相关的入流参数,模拟桨盘平面诱导入流的线性分布,常用于直升机飞行动力学模型的简单计算(Gaonkar et al., 1988, 1986a, 1986b)。Peters－He 广义动态入流模型(Peters et al., 2015, 2003)基于 Pitt－Peters 动态入流模型,采用更高阶谐波分量表达入流沿方位角的分布,采用高阶形函数多项式的形式表示入流沿径向的变化,同时可以和非定常气动力相结合,更准确地模拟旋翼的非定常动态诱导入流的分布。Keller(Keller, 1996)在动态入流模型的基础上,考虑旋翼进行机动飞行时所造成的尾迹弯曲,对入流模型进行修正,为建立倾转旋翼直升机在转换飞行模式下旋翼倾转时的入流模型提供了理论基础。

倾转旋翼直升机在转换飞行模式下,旋翼连续动态倾转,旋翼处在非定常气动力环境中,旋翼非定常气动特性的研究主要基于二维翼型的非定常气动力理论。常用的非定常气动力模型包括 Leishman－Beddoes 非定常气动力模型(Pierce et al., 1995)、Johnson 非定常气动力模型(Johnson, 1998)和 ONERA 非定常气动力模型(Petot, 1989; Leishman, 1989)。Leishman－Beddoes 非定常气动力模型是用于预测桨叶动态失速和载荷计算的半经验非定常气动力模型,其采用指数响应函数来描述翼型的非定常效应(Leishman et al., 1989; Beddoes, 1976),从而建立状态空间下的非定常气动力模型,可用于研究旋翼桨叶或机翼结构动力学相耦合的气弹稳定性问题(Shao et al., 2011)。Johnson 非定常气动力模型利用桨叶气动载荷的试验结果进行气动力建模,优点在于模型对旋翼气动载荷的计算预测值与试验测量值误差较小,但不适用于倾转旋翼直升机等多体模型。ONERA 非定常气动力模型通过微分方程的形式对翼型的非定常气动力进行模拟,方程的经验系数也通过翼型的非定常气动载荷系数得到。

本书作者团队结合理论计算和试验方法,对倾转旋翼直升机旋翼/短舱/机翼半展耦合结构的前飞稳定性进行了一系列研究(李治权等,2014;杨朝敏等,2011a,2011b;岳海龙等,2007);在半展模型基础上,加入机体运动自由度,对倾转旋翼直升机全展耦合结构的前飞稳定性进行了分析(Li et al., 2017);考虑倾转旋翼直升机在转换飞行模式下旋翼尾迹动态弯曲入流和非定常气动力的影响,提出了旋翼尾迹动态弯曲入流模型(岳海龙等,2009),并研究了转换飞行模式下半展耦合结构的气弹响应和气弹稳定性问题(Li et al., 2018;李治权,2017;岳海龙,2010);考虑前飞状态下非定常气动力的影响,研究了倾转旋翼直升机前飞状态下改进的耦合结构非定常气弹动力学模型和气弹稳定性(李治权等,2018)。

## 1.6 本书特色及内容安排

无铰式旋翼和无轴承旋翼是先进直升机的标志,倾转旋翼是现代高速远程直升机的发展方向。近十多年来,本书作者针对无铰式旋翼、无轴承旋翼和倾转旋翼直升机气弹动力学的国际前沿问题,在可变翼型气动力建模与求解、倾转旋翼尾迹动态弯曲气动力建模与求解、复合材料旋翼桨叶几何精确气弹建模与求解、无轴承旋翼/机体耦合结构气动机械动力学建模与求解、含桨尖形状和黏弹减摆器的无轴承旋翼/机体耦合结构气动机械动力学建模与求解、动态倾转旋翼气弹建模与求解、倾转旋翼直升机旋翼/短舱/机翼/机体耦合结构气弹动力学建模与求解等方面开展了系统深入的研究并取得了国际先进的研究成果。本书作者在总结这些研究成果的基础上,撰写了系统反映当代国际最新研究水平的《先进直升机气弹动力学》。因此,本书的特色是前沿性、创新性和系统性,作者期望本书能为从事先进直升机气弹动力学研究的科技工作者和研究生提供有益的借鉴和参考,为促进先进直升机气弹动力学的发展和直升机技术的进步做出重要贡献。本书共 14 章,各章内容安排如下:

第 1 章 绪论。主要介绍直升机旋翼构型及特点、旋翼气弹动力学、旋翼/机体耦合结构机械和气动机械动力学、倾转旋翼直升机气弹动力学的研究现状以及本书特色。

第 2 章 旋翼桨叶动态失速气动力与入流模型。主要阐述用于旋翼气弹动力学建模的桨叶动态失速气动力模型和动态入流模型。气动力模型包括 Peters 有限状态气动力模型、ONERA 动态失速气动力模型和 Leishman - Beddoes 动态失速气动力模型。动态入流模型包括动态失速二维动态入流模型、Peters‐He 三维有限状态动态入流模型、旋翼自由尾迹入流模型和倾转旋翼尾迹动态弯曲入流模型。

第 3 章 可变翼型桨叶动态失速气动力模型。主要阐述把改进的 ONERA 动态失速气动力模型和 Peters‐He 三维有限状态动态入流模型相结合,建立适用于可变翼型桨叶的气动力模型与求解方法,对多种可变翼型气动力进行了计算与验证。

第 4 章 复合材料梁几何精确结构力学。主要阐述广义 Timoshenko 梁几何精确结构力学建模方法、一维梁几何精确运动方程建立与求解方法、复合材料梁几何精确结构力学模型验证,计算了弹性耦合梁的非线性变形。

第 5 章 复合材料桨叶几何精确结构力学。主要阐述采用第 4 章建立的复合材料梁几何精确模型,对弹性耦合复合材料桨叶进行静力学和动力学计算与验证,研究剖面翘曲和横向剪切变形对复合材料桨叶静动力特性的影响。

第 6 章 悬停状态下复合材料桨叶几何精确气弹动力学。主要阐述悬停状态下复合材料旋翼桨叶几何精确气弹建模方法以及几何精确气弹响应和气弹稳定性求解方法,计算分析了悬停状态下复合材料桨叶剖面翘曲和横向剪切变形对几何精确气弹响应的影响以及横向剪切变形和桨叶预弯曲对几何精确气弹稳定性的影响。

第 7 章 前飞状态下复合材料桨叶几何精确气弹动力学。主要阐述前飞状态下复合材料旋翼桨叶几何精确气弹建模方法以及几何精确气弹响应和气弹稳定性求解方法,阐述了前飞状态下采用 Newmark 数值积分法求解桨叶几何精确气弹响应的收敛性,计算分析了前飞状态下弹性耦合效应和横向剪切变形对桨叶几何精确气弹响应的影响、桨叶横向剪切变形和桨叶预弯曲对桨叶几何精确气弹稳定性的影响。

第 8 章 无轴承旋翼/机体耦合结构气动机械动力学。主要阐述无轴承旋翼/机体耦合结构气动机械动力学建模方法、旋翼/机体耦合结构动力学方程有限元离散方法、无轴承旋翼/机体耦合结构气动机械稳定性瞬态求解与验证。

第 9 章 不同桨尖形状无轴承旋翼/机体耦合结构气动机械动力学。主要阐述不同桨尖形状无轴承旋翼/机体耦合结构气动机械动力学建模与分析方法,计算分析了单折桨尖无轴承旋翼/机体耦合结构气动机械稳定性和不同单折桨尖形状对耦合结构气动机械稳定性的影响,计算分析了双折桨尖无轴承旋翼/机体耦合结构气动机械稳定性和不同双折桨尖形状对耦合结构气动机械稳定性的影响。

第 10 章 有黏弹减摆器的无轴承旋翼/机体耦合结构气动机械动力学。主要阐述黏弹减摆器非线性滞弹位移场(anelastic displacement field, ADF)模型和黏弹减摆器非线性 ADF 模型集成,计算分析了地面工作时、悬停状态下和前飞状态下有黏弹减摆器的无轴承旋翼/机体耦合结构气动机械稳定性。

第 11 章 倾转旋翼直升机气弹动力学。主要阐述倾转旋翼直升机坐标系、各部件结构动力学建模方法、基于 ONERA 非定常气动力模型的倾转旋翼气动力模型与修正、倾转旋翼直升机气弹动力学方程组集与求解方法。

第 12 章 动态倾转旋翼气弹分析。主要阐述动态倾转旋翼配平操纵计算方法,计算分析了动态倾转旋翼气动载荷、气弹响应和气弹稳定性。

第 13 章 转换飞行时倾转旋翼直升机气弹分析。主要阐述转换飞行时倾转旋翼直升机配平操纵计算方法,计算分析了转换飞行时倾转旋翼直升机气动载荷、气弹响应和气弹稳定性。

第 14 章 螺旋桨飞机模式前飞时倾转旋翼直升机气弹动力学。主要阐述前飞时半展和全展耦合结构气弹动力学建模与分析方法,计算分析了半展耦合结构回转颤振运动图像、含机体自由度和机翼弯扭耦合特性的半展耦合结构气弹稳定性、前飞时全展耦合结构气弹稳定性及结构参数的影响。

# 第 2 章
# 旋翼桨叶动态失速气动力与入流模型

## 2.1 引言

翼型气动力与迎角之间的静态关系是早已明确的气动问题,但是当迎角变化时,翼型气动力的变化是一个复杂的动态过程。在大多数飞行状态下,即使是稳定前飞状态,桨叶各剖面也是工作在非定常的气动环境中,其迎角及速度都随时间不断变化。在机动飞行或接近飞行包线的飞行中,迎角变化尤为剧烈,并且有相当一部分桨叶剖面要经历动态失速。此时,翼型气动力随迎角变化的动态规律对旋翼气动力预测有较大影响,不能简单地按定常方式计算,必须考虑翼型的非定常气动力特性(Aviv,2004a,2004b)。翼型气动力的计算是旋翼气动模型的最内层循环,应力求简单、精确。目前的非定常动态失速气动力模型主要有四种:Peters 模型(Peters et al.,2007)、ONERA 模型(Petot,1989,1983)、Leishman - Beddoes 模型(Leishman et al.,1986)和 Johnson 模型(Johnson,1998),其中常用的模型是 Peters 模型、ONERA 模型和 Leishman - Beddoes 模型。气动力模型中包含诱导速度,需要建立计算诱导速度的入流模型,较为精确的入流模型有动态失速的二维动态入流模型(Gaonkar et al.,1988)、Peters - He 三维有限状态动态入流模型(He,1989)和旋翼自由尾迹入流模型(Leishman,2006)。

## 2.2 动态失速气动力模型

直升机前飞状态,桨叶各剖面处在非定常的气动环境中,其迎角及速度都随桨叶方位角做周期性变化,使得桨叶剖面的气动力随之发生动态变化。在大迎角周期变化状态下,翼型上方产生脱落涡,出现动态失速现象,使得桨叶气动载荷发生明显变化。因而在对桨叶进行气动建模时,必须考虑翼型的非定常气动力特性,采用合适的动态失速模型来模拟桨叶剖面的气动载荷,保证桨叶气动建模的准确性。在旋翼气弹动力学分析中常用的动态失速气动力模型是 Peters 模型、ONERA 模型和 Leishman - Beddoes 模型,其中后两种模型属于半经验模型,模型参数需要通过试验结果或计算流体力学(computational fluid dynamics,CFD)的计算结果进行识别。

### 2.2.1　Peters 有限状态气动力模型

Peters 有限状态气动力模型(Peters et al., 2007)可处理非定常来流、任意翼型运动及可变翼型剖面形状,且可与任意诱导速度模型结合来考虑尾迹对气动力的影响,用于计算翼型剖面的广义气动力。

任意形状薄翼型在静止流场中处于任意运动状态,翼型剖面坐标系如图 2.1 所示。坐标系原点位于弦线中点,因此 $-b \leqslant x \leqslant b$, $b$ 表示翼型半弦长。由非定常来流和翼型任意运动引起的、相对于翼型剖面的气流速度,其水平方向的分量是 $u_0$、垂直方向的分量是 $v_0$、旋转方向的分量是 $v_1$,正方向如图 2.1 所示。翼型剖面可在坐标系内产生相对较小的变形 $h$: $h \ll b$, $\partial h/\partial x \ll 1$, $\partial h/\partial t \ll u_0$。 环量沿着 $x$ 轴逸出。虽然翼型剖面在坐标系内仅限产生小变形,但坐标系可做任意运动,因此所得理论适用于直升机旋翼分析。

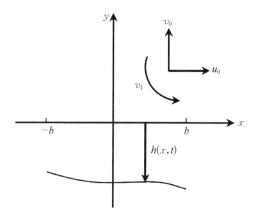

**图 2.1　翼型剖面坐标系**

像经典薄翼理论一样,此理论受到翼型表面不可穿透边界条件的限制。不可穿透边界条件可表示为

$$w = \bar{v} + \lambda = u_0 \frac{\partial h}{\partial x} + \frac{\partial h}{\partial t} + v_0 + v_1 \frac{x}{b} \tag{2.1}$$

式中, $w$ 表示总诱导速度, $\bar{v}$ 表示附着环量 $\gamma_b$ 引起的诱导速度, $\lambda$ 表示逸出环量 $\gamma_w$ 引起的诱导速度。式(2.1)右边前两项来自翼型中弧线的影响,后两项来自坐标系运动的影响。显然,此理论捕捉到了翼型的运动和变形,适用于可变翼型的分析。

由 Biot‐Savart 定律, $\bar{v}$ 可由单位长度附着环量 $\gamma_b$ 表示为

$$\bar{v} = -\frac{1}{2\pi} \int_{-b}^{b} \frac{\gamma_b(\eta, t)}{x - \eta} \mathrm{d}\eta \tag{2.2}$$

附着环量 $\gamma_b$ 引起的压强差可由涡量方程得出如下:

$$\Delta P = \rho_\infty u_0 \gamma_b + \rho_\infty \int_{-b}^{x} \frac{\partial \gamma_b}{\partial t} \mathrm{d}\xi \ (-b \leqslant x \leqslant b) \tag{2.3}$$

式中，$\rho_\infty$ 是空气密度。

逸出环量引起的诱导速度 $\lambda$ 的空间梯度和时间梯度之间存在如下关系式：

$$\frac{\partial \lambda}{\partial t} + u_0 \frac{\partial \lambda}{\partial x} = \frac{1}{2\pi} \frac{\mathrm{d}\Gamma/\mathrm{d}t}{b - x} \tag{2.4}$$

式中，$\Gamma$ 表示翼型的附着环量如下：

$$\Gamma = \int_{-b}^{b} \gamma_b \mathrm{d}x \tag{2.5}$$

将坐标 $x$、附着环量 $\gamma_b$ 和压强差 $\Delta P$ 均表示为 Glauert 变量 $\varphi$ 的展开式：

$$x = b\cos\varphi \ (-b \leqslant x \leqslant b, \ 0 \leqslant \varphi \leqslant \pi) \tag{2.6}$$

$$\gamma_b = 2\left[ \frac{\gamma_s}{\sin\varphi} - \frac{\gamma_0 \cos\varphi}{\sin\varphi} + \sum_{n=1}^{\infty} \gamma_n \sin(n\varphi) \right] \tag{2.7}$$

$$\Delta P = 2\rho_\infty \left[ \frac{\tau_s}{\sin\varphi} - \frac{\tau_0 \cos\varphi}{\sin\varphi} + \sum_{n=1}^{\infty} \tau_n \sin(n\varphi) \right] \tag{2.8}$$

将式(2.7)代入式(2.2)可得

$$\bar{v} = \sum_{n=0}^{\infty} \gamma_n \cos(n\varphi) \tag{2.9}$$

将式(2.7)代入式(2.5)可得

$$\Gamma = 2\pi b\left( \gamma_s + \frac{1}{2}\gamma_0 \right) \tag{2.10}$$

类似地，翼型变形 $h$、总诱导速度 $w$ 和逸出环量引起的诱导速度 $\lambda$ 也可表示为 Glauert 变量 $\varphi$ 的展开式：

$$h = \sum_{n=0}^{\infty} h_n \cos(n\varphi) \tag{2.11}$$

$$\frac{\partial h}{\partial x} = \sum_{n=0}^{\infty} h_n \frac{n\sin(n\varphi)}{b\sin\varphi} = \sum_{n=1,3,5}^{\infty} \frac{nh_n}{b} + \sum_{m=1}^{\infty} \cos(m\varphi)\left( \sum_{n=m+1,m+3}^{\infty} \frac{2nh_n}{b} \right) \tag{2.12}$$

$$w = \sum_{n=0}^{\infty} w_n \cos(n\varphi) \tag{2.13}$$

$$\lambda = \sum_{n=0}^{\infty} \lambda_n \cos(n\varphi) \tag{2.14}$$

形函数 $\cos(n\varphi)$ 等价于 Chebychev 多项式 $T_n(x/b)$。这些形函数具有直观的物理意义,如图 2.2 所示,前三项分别对应于垂直、变距和拱形运动。

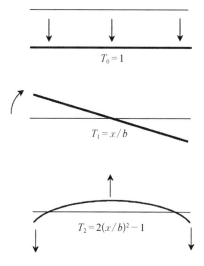

**图 2.2　前三项形函数的物理意义**

将式(2.7)和式(2.8)代入式(2.3),$\tau_n$ 可由 $\gamma_n$ 和 $\dot{\gamma}_n$ 表示为

$$\begin{cases} u_0\gamma_s = \tau_s \\ u_0\gamma_0 = \tau_0 \\ b\left(\dot{\gamma}_0 - \dfrac{1}{2}\dot{\gamma}_2\right) + u_0\gamma_1 = \tau_1 - \dfrac{1}{\pi}\dot{\Gamma} \\ \dfrac{b}{2n}(\dot{\gamma}_{n-1} - \dot{\gamma}_{n+1}) + u_0\gamma_n = \tau_n - \dfrac{1}{n\pi}\dot{\Gamma} \quad (n \geqslant 2) \end{cases} \tag{2.15}$$

式中,$(\cdot)$ 表示对时间 $t$ 求导。

由龙格库塔条件得

$$\tau_s = f\tau_0 \tag{2.16}$$

式中,$f$ 是反流参数。当翼型剖面遇到反流时,$f$ 的取值应使翼型后缘处 $\Delta P = 0$。$f$ 有多种选择来考虑反流的影响:$f = \operatorname{sgn}(u_0)$,载荷随着流动情况随时改变符号,为完全反流模型;对于渐变反流模型,$f = u_0 / \sqrt{u_0^2 + (v_0 + \dot{h}_0 - \lambda_0)^2}$;也可以选择 $f = 1$,忽略反流区的影响。

将式(2.6)和式(2.14)代入式(2.4),可得诱导速度系数和附着环量的如下关系式:

$$\begin{cases} b\left(\dot{\lambda}_0 - \dfrac{1}{2}\dot{\lambda}_2\right) + u_0\lambda_1 = \dfrac{1}{\pi}\dot{\Gamma} \\ \dfrac{b}{2n}(\dot{\lambda}_{n-1} - \dot{\lambda}_{n+1}) + u_0\lambda_n = \dfrac{1}{n\pi}\dot{\Gamma} \quad (n \geqslant 2) \end{cases} \tag{2.17}$$

将式(2.9)、式(2.13)和式(2.14)代入式(2.1)可得

$$\gamma_n = w_n - \lambda_n \qquad (2.18)$$

将式(2.15)和式(2.17)相加,并利用式(2.18)可进一步得

$$\begin{cases} u_0(w_0 - \lambda_0) = \tau_0 \\ b\left(\dot{w}_0 - \dfrac{1}{2}\dot{w}_2\right) + u_0 w_1 = \tau_1 \\ \dfrac{b}{2n}(\dot{w}_{n-1} - \dot{w}_{n+1}) + u_0 w_n = \tau_n \quad (n \geqslant 2) \end{cases} \qquad (2.19)$$

广义气动载荷可表示为

$$L_n = -\int_{-b}^{b} \Delta P \cos(n\varphi)\,\mathrm{d}x = -\int_{0}^{\pi} b\Delta P \cos(n\varphi)\sin\varphi\,\mathrm{d}\varphi \qquad (2.20)$$

将式(2.19)代入式(2.20)可将广义气动载荷进一步表示为

$$\begin{cases} L_0 = -2\pi\rho_\infty bf u_0(w_0 - \lambda_0) - \pi\rho_\infty b u_0 w_1 - \pi\rho_\infty b^2\left(\dot{w}_0 - \dfrac{1}{2}\dot{w}_2\right) \\ L_1 = \pi\rho_\infty bf u_0(w_0 - \lambda_0) - \dfrac{1}{2}\pi\rho_\infty b u_0 w_2 - \dfrac{1}{8}\pi\rho_\infty b^2(\dot{w}_1 - \dot{w}_3) \\ L_2 = \dfrac{1}{2}\pi\rho_\infty b u_0(w_1 - w_3) + \dfrac{1}{2}\pi\rho_\infty b^2\left(\dot{w}_0 - \dfrac{1}{2}\dot{w}_2\right) - \dfrac{1}{12}\pi\rho_\infty b^2(\dot{w}_2 - \dot{w}_4) \\ L_n = \dfrac{1}{2}\pi\rho_\infty b u_0(w_{n-1} - w_{n+1}) + \dfrac{1}{4(n-1)}\pi\rho_\infty b^2(\dot{w}_{n-2} - \dot{w}_n) \\ \qquad - \dfrac{1}{4(n+1)}\pi\rho_\infty b^2(\dot{w}_n - \dot{w}_{n+2}) \end{cases}$$

$$(2.21)$$

式中,$L_0$ 是作用于 $y$ 轴负方向的均力,即传统升力的负值;$L_1$ 是线性分布的作用力,$L_1 b$ 表示对翼型弦线中点的抬头力矩。这两项广义气动载荷能够确定关于翼型任一点的升力和力矩。若要计算其他载荷,例如关于后缘小翼挥舞铰的铰链力矩,则需用到其他广义气动载荷展开项。

将式(2.18)代入式(2.10),附着环量可表示为

$$\Gamma = 2\pi b\left[f(w_0 - \lambda_0) + \dfrac{1}{2}w_1 - \dfrac{1}{2}\lambda_1\right] \qquad (2.22)$$

诱导阻力可表示为

$$D = \int_0^\pi b(\Delta P)\left(\dfrac{\partial h}{\partial x}\right)\sin\varphi\,\mathrm{d}\varphi - 2\pi\rho_\infty bf(w_0 - \lambda_0)^2 \qquad (2.23)$$

类似广义气动载荷 $L_n$ 的推导过程，诱导阻力 $D$ 也可表示为 $w_n$ 和 $\lambda_n$ 的函数。采用式(2.6)、式(2.11)和式(2.12)，式(2.1)可写为翼型运动和变形的表达式如下：

$$
\begin{cases}
w_0 = v_0 + \dot{h}_0 + u_0 \sum_{n=1,3,5}^{\infty} \dfrac{nh_n}{b} \\[2mm]
w_1 = v_1 + \dot{h}_1 + 2u_0 \sum_{n=2,4,6}^{\infty} \dfrac{nh_n}{b} \\[2mm]
w_m = \dot{h}_m + 2u_0 \sum_{n=m+1,m+3}^{\infty} \dfrac{nh_n}{b} \quad (m \geq 2)
\end{cases}
\tag{2.24}
$$

将式(2.24)代入式(2.21)式(2.23)，可得矩阵形式的广义气动载荷、附着环量和诱导阻力：

$$
\begin{cases}
\dfrac{1}{2\pi\rho_{\infty}} L_n = -b^2 M(\ddot{\boldsymbol{h}}_n + \dot{\boldsymbol{v}}_n) - bu_0 C(\dot{\boldsymbol{h}}_n + \boldsymbol{v}_n - \boldsymbol{\lambda}_0) - u_0^2 K \boldsymbol{h}_n \\[1mm]
\qquad\qquad - bG(\dot{u}_0 \boldsymbol{h}_n - u_0 \boldsymbol{v}_n + u_0 \boldsymbol{\lambda}_0) \\[2mm]
\dfrac{1}{2\pi} \Gamma = b\boldsymbol{I}^{\mathrm{T}}(\boldsymbol{C} - \boldsymbol{G})(\dot{\boldsymbol{h}}_n + \boldsymbol{v}_n - \boldsymbol{\lambda}_1) + u_0 \boldsymbol{I}^{\mathrm{T}} K \boldsymbol{h}_n \\[2mm]
\dfrac{1}{2\pi\rho_{\infty}} D = -b(\dot{\boldsymbol{h}}_n + \boldsymbol{v}_n - \boldsymbol{\lambda}_0)^{\mathrm{T}} S(\dot{\boldsymbol{h}}_n + \boldsymbol{v}_n - \boldsymbol{\lambda}_0) + b(\ddot{\boldsymbol{h}}_n + \dot{\boldsymbol{v}}_n)^{\mathrm{T}} G\boldsymbol{h}_n \\[1mm]
\qquad\qquad - u_0(\dot{\boldsymbol{h}}_n + \boldsymbol{v}_n - \boldsymbol{\lambda}_0)^{\mathrm{T}}(\boldsymbol{K} - \boldsymbol{H})\boldsymbol{h}_n + (\dot{u}_0 \boldsymbol{h}_n - u_0 \boldsymbol{v}_n + u_0 \boldsymbol{\lambda}_0)^{\mathrm{T}} H\boldsymbol{h}_n
\end{cases}
\tag{2.25}
$$

式中，相关矩阵和向量的定义如下：$\boldsymbol{I} = \{1, 0, 0, 0, \cdots\}^{\mathrm{T}}$, $\boldsymbol{h}_n = \{h_0, h_1, \cdots, h_{M-1},$ $h_M\}^{\mathrm{T}}$, $\boldsymbol{v}_n = \{v_0, v_1, 0, 0, \cdots\}^{\mathrm{T}}$, $\dot{\boldsymbol{v}}_n + \ddot{\boldsymbol{h}}_n = \{\dot{v}_0 + \ddot{h}_0, \dot{v}_1 + \ddot{h}_1, \ddot{h}_2, \ddot{h}_3, \cdots, \ddot{h}_{M-1},$ $\ddot{h}_M\}^{\mathrm{T}}$, $\boldsymbol{\lambda}_0 = \{\lambda_0, 0, 0, 0, \cdots\}^{\mathrm{T}}$, $\boldsymbol{\lambda}_1 = \{\lambda_0, \lambda_1, 0, 0, \cdots\}^{\mathrm{T}}$, $\boldsymbol{C} =$

$$
\begin{bmatrix}
f & 1 & 0 & 0 & 0 & \cdots \\
-\frac{1}{2} & 0 & \frac{1}{2} & 0 & 0 & \cdots \\
0 & -\frac{1}{2} & 0 & \frac{1}{2} & 0 & \cdots \\
0 & 0 & -\frac{1}{2} & 0 & \frac{1}{2} & \ddots \\
0 & 0 & 0 & -\frac{1}{2} & 0 & \ddots \\
\vdots & \vdots & \vdots & \ddots & \ddots & \ddots
\end{bmatrix},\ \boldsymbol{G} =
\begin{bmatrix}
0 & \frac{1}{2} & 0 & 0 & 0 & \cdots \\
0 & 0 & \frac{1}{4} & 0 & 0 & \cdots \\
0 & -\frac{1}{4} & 0 & \frac{1}{4} & 0 & \ddots \\
0 & 0 & -\frac{1}{4} & 0 & \frac{1}{4} & \ddots \\
0 & 0 & 0 & -\frac{1}{4} & 0 & \ddots \\
\vdots & \vdots & \vdots & \ddots & \ddots & \ddots
\end{bmatrix},
$$

$$
\boldsymbol{H} = \begin{bmatrix} 0 & 0 & 0 & 0 & 0 & \cdots \\ 0 & \dfrac{1}{2} & 0 & 0 & 0 & \cdots \\ 0 & 0 & \dfrac{2}{2} & 0 & 0 & \cdots \\ 0 & 0 & 0 & \dfrac{3}{2} & 0 & \cdots \\ 0 & 0 & 0 & 0 & \dfrac{4}{2} & \\ \vdots & \vdots & \vdots & \vdots & \vdots & \ddots \end{bmatrix}, \quad \boldsymbol{K} = \begin{bmatrix} 0 & f & 2 & 3f & 4 & \cdots \\ 0 & -\dfrac{1}{2} & 0 & 0 & 0 & \cdots \\ 0 & 0 & -\dfrac{2}{2} & 0 & 0 & \cdots \\ 0 & 0 & 0 & -\dfrac{3}{2} & 0 & \ddots \\ 0 & 0 & 0 & 0 & \ddots & \ddots \\ \vdots & \vdots & \vdots & \vdots & \ddots & -\dfrac{M}{2} \end{bmatrix},
$$

$$
\boldsymbol{M} = \begin{bmatrix} \dfrac{1}{2} & 0 & -\dfrac{1}{4} & 0 & 0 & \cdots \\ 0 & \dfrac{1}{16} & 0 & -\dfrac{1}{16} & 0 & \cdots \\ -\dfrac{1}{4} & 0 & \dfrac{1}{6} & 0 & \ddots & \ddots \\ 0 & -\dfrac{1}{16} & 0 & \ddots & 0 & \ddots \\ 0 & 0 & \ddots & 0 & \ddots & \ddots \\ \vdots & \vdots & \ddots & -\dfrac{1}{8M} & \ddots & \dfrac{M}{4(M^2-1)} \end{bmatrix}
$$
,矩阵 $\boldsymbol{M}$ 中的 $M$ 表示

Glauert 序列展开的项数,
$$
\boldsymbol{S} = \begin{bmatrix} f & 0 & 0 & 0 & 0 & \cdots \\ 0 & 0 & 0 & 0 & 0 & \cdots \\ 0 & 0 & 0 & 0 & 0 & \cdots \\ 0 & 0 & 0 & 0 & 0 & \cdots \\ 0 & 0 & 0 & 0 & 0 & \cdots \\ \vdots & \vdots & \vdots & \vdots & \vdots & \ddots \end{bmatrix}
$$
。

### 2.2.2　ONERA 动态失速气动力模型

　　ONERA 模型由法国宇航局的科研人员最早提出,该模型给出了计算翼型动态失速状态下翼型升力 $L$、力矩 $M$ 和阻力 $D$ 的计算方法,把翼型气动载荷分为环量载荷、非环量载荷和动态失速附加载荷。对于前方来流速度为 $V$ 的翼型,翼型升力 $L$、力矩 $M$ 和阻力 $D$ 的计算方法(Laxman et al., 2007)如下。

　　1. 翼型升力 $L$

　　翼型升力 $L$ 的计算公式如下:

$$L = \frac{1}{2}\rho \tilde{S}\left(sb\dot{W}_0 + \tilde{k}b\dot{W}_1 + V\dot{\Gamma}_1 + V\dot{\Gamma}_2\right) \tag{2.26}$$

式中,第一项和第二项是非环量载荷,第三项和第四项是环量载荷, $\tilde{S}$ 是翼型面积, $b$ 是弦长的一半, $\rho$ 是空气密度, $W_0$ 和 $W_1$ 是翼型剖面垂向速度。对于迎角 $\theta$ 动态变化的翼型, $W_0 = V\theta$ ,表示来流速度的垂向分量; $W_1 = b\dot{\theta}$ ,表示迎角动态变化引起的垂向速度。环量 $\Gamma_1$ 和环量 $\Gamma_2$ 分别满足如下方程:

$$\dot{\Gamma}_1 + \lambda\left(\frac{V}{b}\right)\Gamma_1 = \lambda\left(\frac{V}{b}\right)\frac{\partial C_{z_L}}{\partial\theta}W_0 + \lambda\sigma\left(\frac{V}{b}\right)W_1 + \left(\tilde{\alpha}\frac{\partial C_{z_L}}{\partial\theta} + d\right)\dot{W}_0 + \tilde{\alpha}\sigma\,\dot{W}_1 \tag{2.27}$$

$$\ddot{\Gamma}_2 + a\left(\frac{V}{b}\right)\dot{\Gamma}_2 + r\left(\frac{V}{b}\right)^2\Gamma_2 = -\left[\lambda\left(\frac{V}{b}\right)^2 V\Delta C_{zl\,W_0/V} + E\left(\frac{V}{b}\right)\dot{W}_0\right] \tag{2.28}$$

式(2.27)和式(2.28)中, $\lambda = 0.17 - 0.13M_a$ , $M_a$ 是来流马赫数,其他参数是经过压缩修正的系数,这些系数是 Prandtl – Glauert 气流压缩因子 $\beta = \sqrt{1 - M_a^2}$ 的函数,表达式如下:

$$\begin{cases} s = \left[\pi + 5\pi(\beta^{0.285} - 1)\right]\dfrac{\pi}{180} \\[2mm] \tilde{k} = \left[\dfrac{\pi}{2} + 1.96\pi(\beta - 1)\right]\dfrac{\pi}{180} \\[2mm] \sigma = \dfrac{2\pi}{\beta}\dfrac{\pi}{180} \\[2mm] \tilde{\alpha} = 0.53 + 0.25(\beta - 1) \end{cases} \tag{2.29}$$

$\dfrac{\partial C_{z_L}}{\partial\theta}$ 是升力系数在线性区关于迎角的斜率即升力线斜率, $\Delta C_{zl\,W_0/V}$ 是线性升力系数外推到失速区的迎角 $W_0/V$ 即 $\theta$ 时的升力系数与实际值的差值,与 $\Delta C_z$ 有关的参数是

$$\begin{cases} d = d_1 \mid \Delta C_z \mid \\[1mm] a = a_0 + a_1\Delta C_z^2 \\[1mm] r = r_0 + r_1\Delta C_z^2 \\[1mm] E = E_1\Delta C_z^2 \end{cases} \tag{2.30}$$

**2. 翼型力矩 $M$**

翼型力矩 $M$ 的计算公式如下:

$$M = \rho \tilde{S} b \left[ V^2 C_{m_{L| W_0/V}} + (\bar{\sigma}_m + d_m) b \dot{W}_0 + \sigma_m V W_1 + s_m b \dot{W}_1 + V \Gamma_{m2} \right] \quad (2.31)$$

式中,环量 $\Gamma_{m2}$ 满足如下方程:

$$\ddot{\Gamma}_{m2} + a_m \left( \frac{V}{b} \right) \dot{\Gamma}_{m2} + r_m \left( \frac{V}{b} \right)^2 \Gamma_{m2} = - \left[ r_m \left( \frac{V}{b} \right)^2 V \Delta C_{m| W_0/V} + E_m \left( \frac{V}{b} \right) \dot{W}_0 \right]$$

$$(2.32)$$

式(2.31)和式(2.32)中,与来流马赫数有关的参数是

$$\begin{cases} s_m = - \dfrac{3\pi}{16} \left\{ - 1.26 - 1.53 \tan^{-1} \left[ 15(M_a - 0.7) \right] \right\} \dfrac{\pi}{180} \\ \bar{\sigma}_m = - \dfrac{\pi}{4} (1 + 1.4 M_a^2) \dfrac{\pi}{180} \\ \sigma_{0m} = 2 \bar{\sigma}_m - s_m \end{cases} \quad (2.33)$$

其他与 $\Delta C_z$ 有关的参数是

$$\begin{cases} d_m = \sigma_{1m} | \Delta C_z | \\ \sigma_m = \sigma_{0m} + d_m \\ a_m = a_{m0} + a_{m1} \Delta C_z^2 \\ \sqrt{r_m} = r_{m0} + r_{m1} \Delta C_z^2 \\ E_m = E_{m1} \Delta C_z^2 \end{cases} \quad (2.34)$$

式中, $\sigma_{1m}$ 是区间 $[0, 0.15]$ 内随翼型形状变化的参数。

3. 翼型阻力 $D$

翼型阻力 $D$ 的计算公式如下:

$$D = \frac{1}{2} \rho \tilde{S} (V^2 C_{d_{L| W_0/V}} + \sigma_d b \dot{W}_0 + V \Gamma_{d2}) \quad (2.35)$$

式中,环量 $\Gamma_{d2}$ 满足如下方程:

$$\ddot{\Gamma}_{d2} + a_d \left( \frac{V}{b} \right) \dot{\Gamma}_{d2} + r_d \left( \frac{V}{b} \right)^2 \Gamma_{d2} = - \left[ r_d \left( \frac{V}{b} \right)^2 V \Delta C_{d| W_0/V} + E_d \left( \frac{V}{b} \right) \dot{W}_0 \right]$$

$$(2.36)$$

式(2.35)和式(2.36)中, $\sigma_{0d} = 0.003$ ,其他与 $\Delta C_z$ 有关的参数是

$$\begin{cases} \sigma_d = \sigma_{0d} + \sigma_{1d} | \Delta C_z | \\ a_d = a_{d0} + a_{d1} \Delta C_z^2 \\ \sqrt{r_d} = r_{d0} + r_{d1} \Delta C_z^2 \\ E_d = E_{d1} \Delta C_z^2 \end{cases} \quad (2.37)$$

式中，$\sigma_{1d}$ 是区间 $[-0.05, 0]$ 内随翼型形状变化的参数。式 (2.30)、式 (2.34) 和式 (2.37) 中，需要根据翼型迎角动态变化下的升力试验数据识别 6 个参数：$d_1$、$a_0$、$a_1$、$r_0$、$r_1$ 和 $E_1$，需要根据翼型力矩试验数据识别 6 个参数：$\sigma_{1m}$、$a_{m0}$、$a_{m1}$、$r_{m0}$、$r_{m1}$ 和 $E_{m1}$，需要根据翼型阻力试验数据识别 6 个参数：$\sigma_{1d}$、$a_{d0}$、$a_{d1}$、$r_{d0}$、$r_{d1}$ 和 $E_{d1}$，共计 18 个参数。

与环量 $\Gamma_1$、$\Gamma_2$、$\Gamma_{m2}$ 和 $\Gamma_{d2}$ 有关的式 (2.27)、式 (2.28)、式 (2.32) 和式 (2.36) 可以写成如下矩阵形式：

$$\dot{\boldsymbol{\Gamma}} + \boldsymbol{A}\boldsymbol{\Gamma} = \boldsymbol{B} \tag{2.38}$$

式中，列阵 $\boldsymbol{\Gamma} = \{ \Gamma_1, \dot{\Gamma}_2, \dot{\Gamma}_{m2}, \dot{\Gamma}_{d2}, \Gamma_2, \Gamma_{m2}, \Gamma_{d2} \}^{\mathrm{T}}$，矩阵 $\boldsymbol{A}$ 和列阵 $\boldsymbol{B}$ 定义为

$$\boldsymbol{A} = \begin{bmatrix} \lambda\left(\dfrac{V}{b}\right) & \boldsymbol{0}_{1\times 3} & \boldsymbol{0}_{1\times 3} \\ \boldsymbol{0}_{3\times 1} & \boldsymbol{A}_1 & \boldsymbol{A}_2 \\ \boldsymbol{0}_{3\times 1} & -\boldsymbol{I}_1 & \boldsymbol{0}_{3\times 3} \end{bmatrix}, \quad \boldsymbol{B} = \begin{bmatrix} b_1 \\ \boldsymbol{B}_2 \\ \boldsymbol{0}_{3\times 1} \end{bmatrix} \tag{2.39}$$

式中，$\boldsymbol{I}_1$ 是 3 维单位矩阵，$b_1 = \lambda\left(\dfrac{V}{b}\right)\dfrac{\partial C_{z_L}}{\partial \theta}W_0 + \lambda\sigma\left(\dfrac{V}{b}\right)W_1 + \left(\tilde{\alpha}\,\dfrac{\partial C_{z_L}}{\partial \theta} + d\right)\dot{W}_0 +$

$\tilde{\alpha}\sigma\,\dot{W}_1$，$\boldsymbol{A}_1 = \dfrac{V}{b}\begin{bmatrix} a & 0 & 0 \\ 0 & a_m & 0 \\ 0 & 0 & a_d \end{bmatrix}$，$\boldsymbol{A}_2 = \dfrac{V^2}{b^2}\begin{bmatrix} r & 0 & 0 \\ 0 & r_m & 0 \\ 0 & 0 & r_d \end{bmatrix}$，$\boldsymbol{B}_2 = -\dfrac{V^3}{b^2}\begin{bmatrix} \lambda\,\Delta C_{zl\,|\,W_0/V} \\ r_m\,\Delta C_{ml\,|\,W_0/V} \\ r_d\,\Delta C_{dl\,|\,W_0/V} \end{bmatrix} -$

$\dfrac{V}{b}\dot{W}_0\begin{bmatrix} E \\ E_m \\ E_d \end{bmatrix}$。

在确定了 ONERA 模型的 18 个待识别参数后，采用数值方法求解式 (2.38)，便可确定环量 $\Gamma_1$、$\Gamma_2$、$\Gamma_{m2}$ 和 $\Gamma_{d2}$，将其代入式 (2.26)、式 (2.31) 和式 (2.35) 便可确定翼型升力、力矩和阻力随迎角的变化。

### 2.2.3　Leishman‑Beddoes 动态失速气动力模型

Leishman 和 Beddoes 建立的动态失速半经验模型 (Leishman et al., 1989) 把处于动态失速状态的翼型分为三部分状态：附着流状态、分离流状态和动态失速状态。

1. 附着流状态

对于附着流状态，气流平滑地流过翼型表面，不发生气流分离。翼型法向力系数 $C_{N_n}^{\mathrm{p}}$ 由环量部分 $C_{N_n}^{\mathrm{c}}$ 和非环量部分 $C_{N_n}^{\mathrm{i}}$ 构成如下：

$$C_{N_n}^{p} = C_{N_n}^{c} + C_{N_n}^{i} \tag{2.40}$$

式中,环量法向力系数 $C_{N_n}^{c}$ 的递推公式是

$$C_{N_n}^{c} = C_{N_\alpha}(\alpha_n - X_n - Y_n) \tag{2.41}$$

式中, $C_{N_\alpha}$ 是待识别的翼型升力线斜率, $\alpha_n$ 是翼型迎角, $X_n$ 和 $Y_n$ 是缺损函数,其表达式分别如下:

$$X_n = X_{n-1}\exp(-0.14\beta^2\Delta S) + 0.3\Delta\alpha_n\exp(-0.14\beta^2\Delta S/2) \tag{2.42}$$

$$Y_n = Y_{n-1}\exp(-0.53\beta^2\Delta S) + 0.7\Delta\alpha_n\exp(-0.53\beta^2\Delta S/2) \tag{2.43}$$

式中, $\Delta S$ 是无量纲化的时间参数, $\Delta S = 2V\Delta t/c$ , $V$ 是来流速度, $\Delta t$ 是时间步长, $c$ 是翼型弦长。 $\beta$ 是 Prandtl - Glauert 气流压缩因子, $\beta = \sqrt{1 - M_a^2}$ , $M_a$ 是来流马赫数。

非环量法向力系数 $C_{N_n}^{i}$ 的递推公式是

$$C_{N_n}^{i} = \frac{4K_\alpha T_i}{M_a}\left(\frac{\Delta\alpha_n}{\Delta t} - D_n\right) \tag{2.44}$$

式中, $T_i = c/a$ , $a$ 是声速。 $K_\alpha$ 是缺损非环量时间系数,计算公式如下:

$$K_\alpha = \frac{0.75}{(1 - M_a) + 1.3\beta^2 M_a^2} \tag{2.45}$$

式(2.44)中, $D_n$ 是缺损函数,计算公式如下:

$$D_n = D_{n-1}\exp\left(-\frac{\Delta t}{K_\alpha T_i}\right) + \frac{\Delta\alpha_n - \Delta\alpha_{n-1}}{\Delta t}\exp\left(-\frac{\Delta t}{2K_\alpha T_i}\right) \tag{2.46}$$

翼型弦向力系数 $C_{C_n}$ 的计算公式如下:

$$C_{C_n} = C_{N_\alpha}(\alpha_n - X_n - Y_n)^2 \tag{2.47}$$

式中, $X_n$ 和 $Y_n$ 由式(2.42)和式(2.43)给出。将翼型的法向力系数 $C_{N_n}^{p}$ 和弦向力系数 $C_{C_n}$ 转换合成到平行于来流方向,即可得到翼型的阻力系数 $C_{D_n}$ 如下:

$$C_{D_n} = C_{N_n}^{p}\sin\alpha_n - C_{C_n}\cos\alpha_n \tag{2.48}$$

2. 分离流状态

对于分离流状态,Leishman 和 Beddoes 借鉴了 Kirchhoff 静态气流分离理论,首先对附着流状态计算得到的环量法向力系数 $C_{N_n}^{c}$ 进行如下延迟处理:

$$C_{N_n}' = C_{N_n}^{c} - D_{p_n} \tag{2.49}$$

式中，$D_{p_n}$ 是缺损函数，计算如下：

$$D_{p_n} = D_{p_{n-1}} \exp\left( \frac{-\Delta S}{T_p} \right) + \left( C_{N_n}^c - C_{N_{n-1}}^c \right) \exp\left( \frac{-\Delta S}{2T_p} \right) \tag{2.50}$$

式中，$T_p$ 是待识别的时间常数。进一步可以得出翼型的有效迎角如下：

$$\alpha_{f_n} = \frac{C_{N_n}'}{C_{N_\alpha}} \tag{2.51}$$

将有效迎角 $\alpha_{f_n}$ 代入 Kirchhoff 静态气流分离理论中，确定的气流分离点 $f_n'$ 是

$$f_n' = \begin{cases} 1 - 0.3\exp\left[ (\alpha_{f_n} - \alpha_1)/S_1 \right] & (\alpha_{f_n} \leqslant \alpha_1) \\ 0.04 + 0.66\exp\left[ (\alpha_1 - \alpha_{f_n})/S_2 \right] & (\alpha_{f_n} > \alpha_1) \end{cases} \tag{2.52}$$

式中，$\alpha_1$、$S_1$ 和 $S_2$ 是三个待识别的气流分离参数，其中 $\alpha_1$ 是气流分离点 $f_n' = 0.7$ 时的迎角。

其次，对气流分离点 $f_n'$ 进行延迟处理，确定修正后的分离点 $f_n''$ 是

$$f_n'' = f_n' - F_{f_n} \tag{2.53}$$

式中，$F_{f_n}$ 是缺损函数，计算公式如下：

$$F_{f_n} = F_{f_{n-1}} \exp\left( \frac{-\Delta S}{T_f} \right) + (f_n' - f_{n-1}') \exp\left( \frac{-\Delta S}{2T_f} \right) \tag{2.54}$$

式中，$T_f$ 是待识别的时间常数。依据 Kirchhoff 理论，气流分离状态下的法向力系数 $C_{N_n}^f$ 是

$$C_{N_n}^f = \frac{1}{4} C_{N_n}^c \left( 1 + \sqrt{f_n''} \right)^2 + C_{N_n}^i \tag{2.55}$$

考虑气流分离状态下分离点的影响，翼型弦向力系数由下式求得

$$C_{C_n}^f = \eta_f C_{N_\alpha} (\alpha_n - X_n - Y_n)^2 \sqrt{f_n''} \tag{2.56}$$

式中，$\eta_f$ 是恢复系数，取 0.95。

考虑气流分离状态下分离点的影响，翼型力矩系数由下式求得

$$C_{M_n}^f = \left\{ K_0 + K_1(1 - f_n'') + K_2\sin\left[ \pi(f_n'')^m \right] \right\} C_{N_n}^c + C_{M_0} \tag{2.57}$$

式中，$K_0$、$K_1$、$K_2$、$m$ 和零升力矩系数 $C_{M_0}$ 是需要根据翼型力矩系数随迎角动态变化的试验结果或 CFD 计算结果识别的系数。其中，$K_0 = 0.25 - x_{ac}$ 是翼型气动中心距 1/4 弦线处的距离。对于附着流状态，后缘分离点是 1，此时式（2.57）转化为下式：

$$C_{M_n} = K_0 C_{N_n}^c + C_{M_0} \qquad (2.58)$$

### 3. 动态失速状态

翼型迎角在大角度下动态变化时,翼型前缘上方形成脱落涡,脱落涡沿翼型上表面向后缘移动,最终脱离翼型,导致动态失速的发生。Leishman 和 Beddoes 考虑脱落涡对翼型气动力的影响,对动态失速下翼型的气动载荷进行了模拟。当式(2.49)中经过滞后修正的环量法向力系数 $C_{N_n}'$ 超过待识别的法向力临界值 $C_{N_1}$ 时,翼型前缘发生气流分离,即气流在翼型前缘点开始分离,形成脱落涡,并沿翼型上表面向后缘移动。此时所产生的翼型法向力系数等于附着流状态环量法向力系数与分离流状态环量法向力系数之差,即

$$C_{v_n} = C_{N_n}^c \left[ 1 - \frac{1}{4} (1 + \sqrt{f_n''})^2 \right] \qquad (2.59)$$

如果脱落涡在翼型前缘产生时的无量纲时间记为 $\tau = 0$,那么在脱落涡到达翼型后缘之前,即 $0 < \tau < T_{vl}$ 时,脱落涡产生的法向力 $C_{v_n}$ 不断积累;当脱落涡到达翼型后缘后,即 $\tau > T_{vl}$ 时,$C_{v_n}$ 停止积累。$T_{vl}$ 是脱落涡从翼型前缘移动到后缘的时间,是待识别的时间常数。

在脱落涡产生的法向力 $C_{v_n}$ 的作用下,翼型所产生的涡诱导法向力系数 $C_{N_n}^v$ 记为

$$C_{N_n}^v = C_{N_{n-1}}^v \exp\left(- \frac{\Delta S}{T_v}\right) + (C_{v_n} - C_{v_{n-1}}) \exp\left(- \frac{\Delta S}{2 T_v}\right) \qquad (2.60)$$

式中,$T_v$ 是待识别的时间常数。在动态失速状态下,翼型总的法向力系数 $C_{N_n}$ 是分离流状态下的法向力系数 $C_{N_n}^f$ 与动态失速状态下的涡诱导法向力系数 $C_{N_n}^v$ 之和,即

$$C_{N_n} = C_{N_n}^f + C_{N_n}^v \qquad (2.61)$$

对于动态失速状态下翼型的力矩系数,脱落涡沿翼型上表面移动的位置改变会引起涡诱导法向力到压力中心的距离变化,从而影响力矩系数的变化。Leishman 和 Beddoes 基于大量的试验数据用如下经验公式计算涡诱导法向力到压力中心的距离 $D_{CP_v}$ 随脱落涡移动时间 $\tau_v$ 的变化:

$$D_{CP_v} = 0.2\left(1 - \cos\frac{\pi \tau_v}{T_{vl}}\right) \qquad (2.62)$$

脱落涡移动过程中对翼型气动力矩系数的变化是脱落涡产生的法向力系数与压力中心距离的乘积,即

$$C_{M_n}^v = - D_{CP_v} C_{N_n}^v \qquad (2.63)$$

将式(2.57)和式(2.63)联立到一起,可得到动态失速状态下翼型的力矩系数如下:

$$C_{M_n} = C_{M_n}^f + C_{M_n}^v \tag{2.64}$$

以上三种状态下,计算 $C_{N_n}$ 需要识别 9 个模型参数:附着流状态的翼型升力线斜率 $C_{N_\alpha}$,分离流状态的气流分离系数 $\alpha_1$、$S_1$ 和 $S_2$ 以及时间常数 $T_p$ 和 $T_f$,动态失速状态的法向力临界值 $C_{N_1}$ 以及时间常数 $T_{vl}$ 和 $T_v$,这 9 个待识别参数随来流马赫数和翼型而改变。计算 $C_{M_n}$ 需要识别 5 个模型参数:附着流状态的 $K_0$ 和 $C_{M_0}$ 以及分离流状态的 $K_1$、$K_2$ 和 $m$。

## 2.3　动态入流模型

气动力模型中包含诱导速度,需要建立计算诱导速度的入流模型。简单的入流模型有诱导速度沿半径不变的均匀入流模型和诱导速度沿半径线性变化的解析入流模型。这些简单的入流模型计算出的诱导速度精度不高。较为精确的入流模型有动态失速的二维动态入流模型(Gaonkar et al., 1988)、Peters - He 三维有限状态动态入流模型(He, 1989)和旋翼自由尾迹入流模型(Leishman, 2006)。

### 2.3.1　动态失速的二维动态入流模型

由式(2.17)可见,各诱导速度系数受到附着环量对时间导数的影响。动态失速时,这个附着环量是 Peters 有限状态气动载荷理论的附着环量和动态失速引起的环量之和。因此,分析动态失速时,诱导速度和动态失速之间存在耦合关系。式(2.17)适用于任意尾迹形状,是关于 $N + 1$ 个 Glauert 诱导速度系数 $\lambda_0$, $\lambda_1$, $\cdots$, $\lambda_{N-1}$, $\lambda_N$ 的 $N$ 个微分方程,因此需要一个基于尾迹几何形状的附加方程。Peters 等(Peters et al., 1995a, 1995b)指出,对于平板尾迹,$\lambda_0$ 可以近似表示为

$$\lambda_0 = \frac{1}{2} \sum_{n=1}^{N} b_n \lambda_n \tag{2.65}$$

式中,$\sum b_n = 1$。虽然 $b_n$ 有多种选择,扩展最小二乘法可以给出经典空气动力学理论的最好近似为

$$\begin{cases} b_n = (-1)^{n-1} \dfrac{(N+n-1)!}{(N-n-1)!} \dfrac{1}{(n!)^2} \\ b_N = (-1)^{(N+1)} \end{cases} \tag{2.66}$$

式中,$n = 1, 2, \cdots, N-2, N-1$。

式(2.22)和式(2.65)联立,并加入动态失速引起的环量可得

$$\dot{\Gamma} = 2\pi b \left[ f \left( \dot{w}_0 - \frac{1}{2} \boldsymbol{b}^{\mathrm{T}} \dot{\boldsymbol{\lambda}} \right) + \frac{(\dot{w}_1 - \dot{\lambda}_1)}{2} \right] + \dot{\Gamma}_0 \qquad (2.67)$$

式中，$\Gamma_0$ 是动态失速引起的环量。将式(2.67)代入式(2.17)可得

$$\begin{cases} \left( \frac{1}{2} + f \right) \boldsymbol{b}^{\mathrm{T}} \dot{\boldsymbol{\lambda}} + \dot{\lambda}_1 - \frac{1}{2} \dot{\lambda}_2 = 2 \left( f \dot{w}_0 + \frac{1}{2} \dot{w}_1 \right) + \frac{1}{b\pi} \dot{\Gamma}_0 - \frac{u_0}{b} \lambda_1 \quad (n = 1) \\ \frac{f}{2} \boldsymbol{b}^{\mathrm{T}} \dot{\boldsymbol{\lambda}} + \frac{3}{4} \dot{\lambda}_1 - \frac{1}{4} \dot{\lambda}_3 = \left( f \dot{w}_0 + \frac{1}{2} \dot{w}_1 \right) + \frac{1}{2b\pi} \dot{\Gamma}_0 - \frac{u_0}{b} \lambda_2 \quad (n = 2) \\ \frac{f}{n} \boldsymbol{b}^{\mathrm{T}} \dot{\boldsymbol{\lambda}} + \frac{1}{n} \dot{\lambda}_1 + \frac{1}{2n} \dot{\lambda}_{n-1} - \frac{1}{2n} \dot{\lambda}_{n+1} = \frac{2}{n} \left( f \dot{w}_0 + \frac{1}{2} \dot{w}_1 \right) + \frac{1}{nb\pi} \dot{\Gamma}_0 - \frac{u_0}{b} \lambda_n \end{cases}$$
$$(2.68)$$

式(2.68)可以写成如下矩阵形式：

$$\boldsymbol{A} \dot{\boldsymbol{\lambda}} = \boldsymbol{c} \left( f \dot{w}_0 + \frac{1}{2} \dot{w}_1 \right) + \frac{1}{2b\pi} \boldsymbol{c} \dot{\Gamma}_0 - \frac{u_0}{b} \boldsymbol{\lambda} \qquad (2.69)$$

将式(2.24)代入式(2.69)可得

$$\dot{\boldsymbol{\lambda}} = \boldsymbol{A}^{-1} \left[ \boldsymbol{c} \left( \boldsymbol{e}^{\mathrm{T}} (\dot{\boldsymbol{v}}_n + \ddot{\boldsymbol{h}}_n) + \frac{u_0}{b} \boldsymbol{f}^{\mathrm{T}} \dot{\boldsymbol{h}}_n + \frac{\dot{u}_0}{b} \boldsymbol{f}^{\mathrm{T}} \boldsymbol{h}_n + \frac{\dot{\Gamma}_0}{2b\pi} \right) - \frac{u_0}{b} \boldsymbol{\lambda} \right] \qquad (2.70)$$

对于非定常来流 $u_0$，式(2.70)的系数随时间变化。式(2.67)至式(2.70)中的矩阵和向量定义如下：$\boldsymbol{b} = \{ b_1, b_2, \cdots, b_{N-1}, b_N \}^{\mathrm{T}}$，$\boldsymbol{c} = \left\{ 2, 1, \frac{2}{3}, \cdots, \frac{2}{N-1}, \frac{2}{N} \right\}^{\mathrm{T}}$，$\boldsymbol{e} = \left\{ f, \frac{1}{2}, 0, 0, \cdots \right\}^{\mathrm{T}}$，$\boldsymbol{f} = \{ 0, f, 2, \cdots, M-1, M \}^{\mathrm{T}}$，$\boldsymbol{h}_n = \{ h_0, h_1, \cdots, h_{M-1},$ $h_M \}^{\mathrm{T}}$，$\boldsymbol{v}_n = \{ v_0, v_1, 0, 0, \cdots \}^{\mathrm{T}}$，$\dot{\boldsymbol{v}}_n + \ddot{\boldsymbol{h}}_n = \{ \dot{v}_0 + \ddot{h}_0, \dot{v}_1 + \ddot{h}_1, \ddot{h}_2, \ddot{h}_3, \cdots, \ddot{h}_{M-1},$ $\ddot{h}_M \}^{\mathrm{T}}$，$\boldsymbol{A} = \boldsymbol{D} + \boldsymbol{d}\boldsymbol{b}^{\mathrm{T}} + \boldsymbol{c}\boldsymbol{d}^{\mathrm{T}} + \frac{1}{2} f\boldsymbol{c}\boldsymbol{b}^{\mathrm{T}}$。

### 2.3.2　Peters‑He 三维有限状态动态入流模型

Peters‑He 三维有限状态动态入流模型基于势流守恒定律，详细的理论推导见参考文献(He, 1989)。根据 Peters‑He 三维有限状态动态入流模型，桨盘处的诱导速度 $\bar{\lambda}$ 可表示为

$$\bar{\lambda}(\bar{r}, \psi, \bar{t}) = \sum_{m=0}^{\infty} \sum_{n=m+1, m+3\cdots}^{\infty} \varphi_{mn}(\bar{r}) [ \alpha_{mn}(\bar{t}) \cos(m\psi) + \beta_{mn}(\bar{t}) \sin(m\psi) ] \qquad (2.71)$$

式中，$\bar{\lambda}$ 表示用悬停时桨尖速度 $\Omega R$ 无量纲化后的诱导速度，$\Omega$ 表示旋翼转速，$R$ 表

示旋翼半径, $\bar{r}$ 表示无量纲的径向坐标 $r/R$, $\psi$ 表示参考桨叶的方位角, $\bar{t}$ 表示无量纲时间 $\Omega t$, $\alpha_{mn}(\bar{t})$ 和 $\beta_{mn}(\bar{t})$ 表示诱导速度展开系数, 径向展开函数 $\varphi_{mn}(\bar{r})$ 可表示为

$$\varphi_{mn}(\bar{r}) = \sqrt{(2n+1)H_{mn}} \sum_{q=m,\,m+2\cdots}^{n-1} \bar{r}^q \frac{(-1)^{(q-m)/2}(n+q)!!}{(q-m)!!\,(q+m)!!\,(n-q-1)!!}$$

$$(2.72)$$

式中, $H_{mn} = \dfrac{(n+m-1)!!\,(n-m-1)!!}{(n+m)!!\,(n-m)!!}$。

在前飞状态下, 基于势流守恒定律可得关于未知诱导速度展开系数 $\alpha_{mn}(\bar{t})$ 和 $\beta_{mn}(\bar{t})$ 的微分方程组如下:

$$\boldsymbol{M}\begin{Bmatrix} \vdots \\ \alpha_{mn} \\ \vdots \end{Bmatrix}^* + \boldsymbol{V}[\bar{\boldsymbol{L}}^{\mathrm{c}}]^{-1}\begin{Bmatrix} \vdots \\ \alpha_{mn} \\ \vdots \end{Bmatrix} = \frac{1}{2}\begin{Bmatrix} \vdots \\ \tau_{ij}^{\mathrm{c}} \\ \vdots \end{Bmatrix} \tag{2.73}$$

$$\boldsymbol{M}\begin{Bmatrix} \vdots \\ \beta_{mn} \\ \vdots \end{Bmatrix}^* + \boldsymbol{V}[\bar{\boldsymbol{L}}^{\mathrm{s}}]^{-1}\begin{Bmatrix} \vdots \\ \beta_{mn} \\ \vdots \end{Bmatrix} = \frac{1}{2}\begin{Bmatrix} \vdots \\ \tau_{ij}^{\mathrm{s}} \\ \vdots \end{Bmatrix} \tag{2.74}$$

式中,

$$(\quad)^* = \frac{\mathrm{d}}{\mathrm{d}\bar{t}} \tag{2.75}$$

$$\boldsymbol{M} = \begin{bmatrix} \ddots & & \\ & K_{mn} & \\ & & \ddots \end{bmatrix} \tag{2.76}$$

$$K_{mn} = \frac{2}{\pi}H_{mn} \tag{2.77}$$

$$\boldsymbol{V} = \begin{bmatrix} \ddots & & \\ & V_{mn} & \\ & & \ddots \end{bmatrix} \tag{2.78}$$

$$V_{01} = \sqrt{\mu^2 + \lambda_{\mathrm{t}}^2} \tag{2.79}$$

$$V_{mn} = \frac{\mu^2 + (\lambda_{\mathrm{t}} + \lambda_{\mathrm{M}})\lambda_{\mathrm{t}}}{\sqrt{\mu^2 + \lambda_{\mathrm{t}}^2}} \quad (m \neq 0,\, n \neq 1) \tag{2.80}$$

$$\bar{\boldsymbol{L}}_{0nij}^{\mathrm{c}} = Z^i \Gamma_{0nij} \tag{2.81}$$

$$\bar{\boldsymbol{L}}_{mnij}^{\mathrm{c}} = [Z^{|i-m|} + (-1)^l Z^{|i+m|}]\Gamma_{mnij} \tag{2.82}$$

$$\overline{\boldsymbol{L}}^{\mathrm{s}}_{mnij} = \left[ Z^{|i-m|} - (-1)^l Z^{|i+m|} \right] \Gamma_{mnij} \tag{2.83}$$

式(2.79)和式(2.80)中，$\mu$ 是前进比，$\lambda_{\mathrm{M}}$ 是动量理论入流比，$\lambda_{\mathrm{t}}$ 是总入流比。若用 $\Omega R$ 无量纲化后的前飞速度是 $V_{\infty}$，旋翼桨盘与前飞速度之间的夹角是 $\alpha_{\mathrm{s}}$，则前进比 $\mu = V_{\infty}\cos\alpha_{\mathrm{s}}$，入流比 $\lambda_{\mathrm{i}} = V_{\infty}\sin\alpha_{\mathrm{s}}$，$\lambda_{\mathrm{t}} = \lambda_{\mathrm{i}} + \lambda_{\mathrm{M}}$，且 $\lambda_{\mathrm{M}} = \sqrt{3}\,\alpha_{01}$。

式(2.81)至式(2.83)中，$l = \min(m, i)$，$Z = \tan\left|\dfrac{\chi}{2}\right|$，$\chi = \dfrac{\pi}{2} - \alpha_e$，$\alpha_e = \tan^{-1}\left(\dfrac{\lambda_{\mathrm{t}}}{\mu}\right)$，且

当 $m + i$ 是偶数时，$\Gamma_{mnij} = \dfrac{(-1)^{\frac{j+n-2m}{2}}}{\sqrt{H_{ij}H_{mn}}} \dfrac{2\sqrt{(2j+1)(2n+1)}}{(n+j)(n+j+2)\left[(n-j)^2-1\right]}$；

当 $m + i$ 是奇数且 $n = j \pm 1$ 时，$\Gamma_{mnij} = \dfrac{\pi}{2\sqrt{H_{ij}H_{mn}}} \dfrac{\operatorname{sgn}(m-i)}{\sqrt{(2j+1)(2n+1)}}$；

当 $m + i$ 是奇数且 $n \neq j \pm 1$ 时，$\Gamma_{mnij} = 0$。

式(2.73)和式(2.74)中右边的压强积分项可表示为

$$\tau^{\mathrm{c}}_{0j} = \frac{1}{2\pi}\sum_{q=1}^{Q}\left[\int_0^1 \frac{L_q}{\rho_{\infty}\Omega^2 R^3}\varphi_{0j}(\bar r)\,\mathrm{d}\bar r\right] \tag{2.84}$$

$$\tau^{\mathrm{c}}_{ij} = \frac{1}{\pi}\sum_{q=1}^{Q}\left[\int_0^1 \frac{L_q}{\rho_{\infty}\Omega^2 R^3}\varphi_{ij}(\bar r)\,\mathrm{d}\bar r\right]\cos(i\psi_q) \tag{2.85}$$

$$\tau^{\mathrm{s}}_{ij} = \frac{1}{\pi}\sum_{q=1}^{Q}\left[\int_0^1 \frac{L_q}{\rho_{\infty}\Omega^2 R^3}\varphi_{ij}(\bar r)\,\mathrm{d}\bar r\right]\sin(i\psi_q) \tag{2.86}$$

式(2.84)至式(2.86)中，$Q$ 表示桨叶片数，$L_q$ 表示第 $q$ 片桨叶剖面产生尾迹的升力，$\psi_q$ 表示第 $q$ 片桨叶的方位角。

悬停状态下，关于未知诱导速度展开系数 $\alpha_{mn}(\bar t)$ 和 $\beta_{mn}(\bar t)$ 的微分方程组可由式(2.73)和式(2.74)简化得到如下形式：

$$\boldsymbol{M}\begin{Bmatrix}\vdots \\ \alpha_{mn} \\ \vdots\end{Bmatrix}^{*} + \boldsymbol{B}_{mnt}\boldsymbol{V}_{mn}\begin{Bmatrix}\vdots \\ \alpha_{mt} \\ \vdots\end{Bmatrix} = \frac{1}{2}\begin{Bmatrix}\vdots \\ \tau^{\mathrm{c}}_{ij} \\ \vdots\end{Bmatrix} \tag{2.87}$$

$$\boldsymbol{M}\begin{Bmatrix}\vdots \\ \beta_{mn} \\ \vdots\end{Bmatrix}^{*} + \boldsymbol{B}_{mnt}\boldsymbol{V}_{mn}\begin{Bmatrix}\vdots \\ \beta_{mt} \\ \vdots\end{Bmatrix} = \frac{1}{2}\begin{Bmatrix}\vdots \\ \tau^{\mathrm{s}}_{ij} \\ \vdots\end{Bmatrix} \tag{2.88}$$

式中，对角矩阵 $\boldsymbol{V}_{mn}$ 的对角元素 $V_{01} = \sqrt{3}\,\alpha_{01}$，$V_{mn} = 2\sqrt{3}\,\alpha_{01}(m \neq 0, n \neq 1)$，矩阵

$B_{mnt}$ 的元素可表示为

$$B_{mnt} = (-1)^{(n+t-2m-2)/2} \sqrt{\frac{H_{mn}}{H_{mt}}} \sqrt{(2n+1)(2t+1)} \sum_{q=m, m+2\cdots}^{n-1} H_{mq} \frac{2q+1}{(t-q)(t+q+1)} \tag{2.89}$$

式(2.87)和式(2.88)是非旋转坐标系下的诱导速度方程。悬停状态下,将其转化到旋转坐标系后,方程右边 $\tau_{ij}^{c}$ 和 $\tau_{ij}^{s}$ 中的周期系数可消除,得到的旋转坐标系下的诱导速度方程更简单。

选定任意一片桨叶为参考桨叶,假设其在非旋转坐标系下的方位角是 $\bar{t}$,则第 $q$ 片桨叶在非旋转坐标系下的方位角 $\psi_{q}$ 可表示为

$$\psi_{q} = \bar{t} + \hat{\psi}_{q} \tag{2.90}$$

式中,$\hat{\psi}_{q}$ 表示第 $q$ 片桨叶在旋转坐标系下的方位角,且 $\hat{\psi}_{q} = 2\pi(q-1)/Q$。

因此,式(2.71)可重写为

$$\bar{\lambda}(\bar{r}, \hat{\psi}, \bar{t}) = \sum_{m=0}^{\infty} \sum_{n=m+1, m+3\cdots}^{\infty} \varphi_{mn}(\bar{r})\left[a_{mn}(\bar{t})\cos(m\hat{\psi}) + b_{mn}(\bar{t})\sin(m\hat{\psi})\right] \tag{2.91}$$

式中,

$$\begin{Bmatrix} a_{mn} \\ b_{mn} \end{Bmatrix} = \begin{bmatrix} \cos(m\bar{t}) & \sin(m\bar{t}) \\ -\sin(m\bar{t}) & \cos(m\bar{t}) \end{bmatrix} \begin{Bmatrix} \alpha_{mn} \\ \beta_{mn} \end{Bmatrix} \tag{2.92}$$

将式(2.92)代入式(2.87)和式(2.88),并进行简化,可得旋转坐标系下的诱导速度方程为

$$\begin{bmatrix} \ddots & & & \\ & K_{mn} & & \\ & & \ddots & \\ & & & K_{mn} \\ & & & & \ddots \end{bmatrix} \begin{Bmatrix} \vdots \\ a_{mn} \\ \vdots \\ \vdots \\ b_{mn} \\ \vdots \end{Bmatrix}^{*}$$

$$+ \begin{bmatrix} \ddots & & \ddots & \\ B_{mnt}V_{mn} & & -mK_{mn} & \\ & \ddots & & \ddots \\ \ddots & & \ddots & \\ mK_{mn} & & B_{mnt}V_{mn} & \\ & \ddots & & \ddots \end{bmatrix} \begin{Bmatrix} \vdots \\ a_{mt} \\ \vdots \\ \vdots \\ b_{mt} \\ \vdots \end{Bmatrix} = \frac{1}{2} \begin{Bmatrix} \vdots \\ \hat{\tau}_{ij}^{c} \\ \vdots \\ \vdots \\ \hat{\tau}_{ij}^{s} \\ \vdots \end{Bmatrix} \tag{2.93}$$

式中,

$$\hat{\tau}_{0j}^c = \frac{1}{2\pi} \sum_{q=1}^{Q} \left[ \int_0^1 \frac{L_q}{\rho_\infty \Omega^2 R^3} \varphi_{0j}(\bar{r}) \mathrm{d}\bar{r} \right] \tag{2.94}$$

$$\hat{\tau}_{ij}^c = \frac{1}{\pi} \sum_{q=1}^{Q} \left[ \int_0^1 \frac{L_q}{\rho_\infty \Omega^2 R^3} \varphi_{ij}(\bar{r}) \mathrm{d}\bar{r} \right] \cos(i\hat{\psi}_q) \tag{2.95}$$

$$\hat{\tau}_{ij}^s = \frac{1}{\pi} \sum_{q=1}^{Q} \left[ \int_0^1 \frac{L_q}{\rho_\infty \Omega^2 R^3} \varphi_{ij}(\bar{r}) \mathrm{d}\bar{r} \right] \sin(i\hat{\psi}_q) \tag{2.96}$$

### 2.3.3　旋翼自由尾迹入流模型

除了采用动态入流模型计算诱导速度,还可以采用涡方法来计算旋翼桨盘的入流分布,利用从桨叶后缘脱出的涡线(Bhagwat et al.,2001)或涡粒子(Singh et al.,2018)来模拟旋翼流场。根据旋翼桨尖涡线的形状又可以将涡线模型分为固定尾迹模型、预定尾迹模型和自由尾迹模型(Leishman,2006)。固定尾迹模型出现最早,计算简单,未考虑尾迹畸变,属于理想化模型,与实际尾迹形状存在一定差距。预定尾迹模型基于试验结果总结归纳出尾迹形状的经验公式,能够考虑旋翼尾迹收缩,通过对桨叶涡量分布进行迭代计算,确定收敛的结果。自由尾迹模型通过求解涡线控制方程确定桨尖涡的尾迹形状,通过分别对尾迹形状和桨叶涡量分布进行迭代计算,确定最终的计算结果。

在自由尾迹模型中,对旋翼桨尖涡尾迹形状进行计算之前,需要首先对桨叶进行气动建模,模拟桨叶对流场的作用,传统方法是采用升力线方法或者升力面/涡格法来对桨叶进行建模,应用较广泛的是 Weissinger-L 桨叶升力面模型(Miller,1982)。该模型是一种简化的升力面模型,能够简化计算的复杂度,提高计算效率,并且可以保证计算精度。

Weissinger-L 桨叶升力面模型将桨叶离散为若干微段,如图 2.3 所示,在每一个微段上,将附着涡布置于 1/4 弦线上,前飞状态每一个微段的附着涡环量随方位角改变,每个微段中间剖面的 3/4 弦线处布置控制点。相邻微段交界处脱出尾随涡,尾随涡环量大小是相邻微段附着涡环量的差值。各个微段的尾随涡线自桨叶后缘拖出 30°尾迹角后,汇聚为一根由靠近桨尖位置拖出的桨尖涡,尾迹角 30°以内的各个尾随涡构成近尾迹,桨尖涡构成远尾迹。一般而言,远尾迹中桨尖涡线拖出的圈数需大于等于 3 圈,桨尖涡线越多,计算量越大,计算效率越低。

在对桨叶进行分段时,需要考虑桨尖区域附着涡环量变化大,对靠近桨尖的区域划分更密。可以利用 cos 方法按照下式对桨叶进行划分,确定各微段的长度如下:

$$\Delta r_i = \cos\left(\frac{i+1}{2M}\pi\right) - \cos\left(\frac{i}{2M}\pi\right) \tag{2.97}$$

式中，$M$ 是桨叶分段数。假设各微段附着涡环量是 $\Gamma_i$，则相邻微段间的尾随涡环量是 $\Gamma_{i-1} - \Gamma_i$。

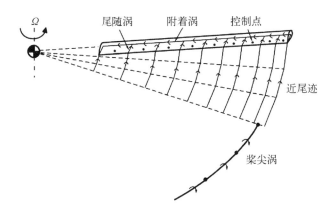

**图 2.3　Weissinger‑L 桨叶升力面模型**

确定附着涡环量需要利用各微段控制点处的物面不可穿透条件或者库塔-茹科夫斯基升力定理进行求解，在此对第二种方法进行介绍。库塔-茹科夫斯基升力定理可避免利用不同公式计算得到气动载荷不一致的问题（Bagai，1995）。对于第 $i$ 个微段上的气动升力，可按库塔-茹科夫斯基升力定理计算，即

$$L_i \mathrm{d}r = \rho V_i \Gamma_i \mathrm{d}r \tag{2.98}$$

式中，$\rho$ 是空气密度，$V_i$ 是来流速度，$\Gamma_i$ 是附着涡环量。另外可按升力系数公式计算微段气动升力，即

$$L_i \mathrm{d}r = \frac{1}{2}\rho V_i^2 c C_l^\alpha \alpha_{ei} \mathrm{d}r \tag{2.99}$$

式中，$c$ 是桨叶弦长，$C_l^\alpha$ 是翼型升力线斜率，$\alpha_{ei}$ 是有效迎角。联合式（2.98）和式（2.99）可得

$$\Gamma_i = \frac{1}{2}V_i c C_l^\alpha \alpha_{ei} \tag{2.100}$$

有效迎角 $\alpha_{ei}$ 来自桨叶几何迎角 $\theta_i$（桨叶负扭转和旋翼操纵）和气流诱导迎角 $\alpha_{\mathrm{ind}}$ 两部分，可采用小角度假设将有效迎角 $\alpha_{ei}$ 近似为如下形式：

$$\alpha_{ei} = \theta_i + \alpha_{\mathrm{ind}} = \theta_i + \tan\frac{V_z^i}{V_y^i} \approx \theta_i + \frac{V_z^i}{V_y^i} \tag{2.101}$$

式中，$V_z^i$ 和 $V_y^i$ 分别是第 $i$ 个微段控制点的垂直方向和水平方向的气流速度，如图 2.4 所示。

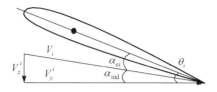

**图 2.4 控制点剖面有效迎角示意图**

垂直方向的气流速度 $V_z^i$ 来自自由来流 $V_\infty^i$ 以及各个附着涡、尾随涡和桨尖涡在控制点处产生的垂向诱导速度 $V_b^i$、$V_n^i$ 和 $V_t^i$，即

$$V_z^i = V_\infty^i + V_b^i + V_n^i + V_t^i \tag{2.102}$$

附着涡和尾随涡在桨叶第 $i$ 个控制点的垂向诱导速度 $V_b^i$ 和 $V_n^i$ 与附着涡环量直接相关，可按毕奥-萨伐尔公式进行如下计算：

$$V_b^i = \sum_{j=1}^{M \times N_b} I_b^{ij} \Gamma_j \tag{2.103}$$

$$V_n^i = \sum_{j=1}^{M \times N_b} I_n^{ij} \Gamma_j \tag{2.104}$$

式中，$I_b^{ij}$ 是第 $j$ 个微段的附着涡在桨叶第 $i$ 个控制点产生垂向诱导速度的影响因子，$I_n^{ij}$ 是第 $j$ 个微段的尾随涡在桨叶第 $i$ 个控制点产生垂向诱导速度的影响因子。

将式（2.101）至式（2.104）代入式（2.100），整理后得到第 $i$ 个微段控制点处的控制方程如下：

$$\Gamma_i - \frac{V_i c C_l^\alpha}{2V_y^i} \sum_{j=1}^{M \times N_b} I_b^{ij} \Gamma_j - \frac{V_i c C_l^\alpha}{2V_y^i} \sum_{j=1}^{M \times N_b} I_n^{ij} \Gamma_j = \frac{1}{2} V_i c C_l^\alpha \left( \theta_i + \frac{V_\infty^i}{V_y^i} + \frac{V_t^i}{V_y^i} \right) \tag{2.105}$$

以矩阵形式写出所有控制点的附着涡环量控制方程如下：

$$(\boldsymbol{I} - \boldsymbol{B} - \boldsymbol{C})\boldsymbol{\Gamma} = \boldsymbol{A} \tag{2.106}$$

式中，$\boldsymbol{I}$ 是 $M \times N_b$ 阶单位矩阵，$\boldsymbol{\Gamma} = (\Gamma_1, \Gamma_2, \Gamma_3, \cdots, \Gamma_{M \times N_b})$ 是各片桨叶附着涡环量的列向量。列向量 $\boldsymbol{A}$、矩阵 $\boldsymbol{B}$ 和 $\boldsymbol{C}$ 中各元素的表达式如下：

$$A_i = \frac{1}{2} c C_l^\alpha V_i \left( \theta_i + \frac{V_\infty^i}{V_y^i} + \frac{V_t^i}{V_y^i} \right) \tag{2.107}$$

$$B_{ij} = \frac{1}{2}cC_l^{\alpha} \frac{V_i}{2V_y^i}I_b^{ij} \tag{2.108}$$

$$C_{ij} = \frac{1}{2}cC_l^{\alpha} \frac{V_i}{2V_y^i}I_n^{ij} \tag{2.109}$$

对线性方程组(2.106)进行求解,即可确定桨叶附着涡环量分布。在求解此线性方程组时,还需确定附着涡和尾随涡在控制点的影响因子 $I_b^{ij}$ 和 $I_n^{ij}$,求解这些影响因子需要用到毕奥-萨伐尔公式。对于三维空间中一条环量为 $\Gamma$ 的涡线,它对空间中任意一点处的诱导速度为

$$\boldsymbol{V}(\boldsymbol{r}) = \frac{\Gamma}{4\pi}\int \frac{\mathrm{d}\boldsymbol{l} \times \boldsymbol{r}}{|\boldsymbol{r}^3|} \tag{2.110}$$

式中, $\mathrm{d}\boldsymbol{l}$ 是这一涡线上的微段矢量, $\boldsymbol{r}$ 是此微段到空间待求点的方向矢量。对于空间中有限长度的直涡线,如图 2.5 所示,空间一点 $S$ 处的诱导速度可简化为

$$\boldsymbol{V}(r) = \frac{\Gamma}{4\pi}\int \frac{\mathrm{d}l}{r^2}\sin\theta\boldsymbol{e}_v \tag{2.111}$$

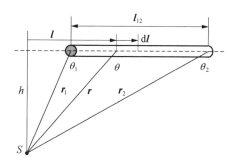

图 2.5　有限长度直涡线毕奥-萨伐尔公式计算示意图

式中,单位矢量 $\boldsymbol{e}_v = \dfrac{\mathrm{d}\boldsymbol{l} \times \boldsymbol{r}}{\|\mathrm{d}\boldsymbol{l} \times \boldsymbol{r}\|}$。 对 $l$ 进行替换和取微分如下:

$$l = h\cot(\pi - \theta) = -h\cot\theta \tag{2.112}$$

$$\mathrm{d}l = \frac{h}{\sin^2\theta}\mathrm{d}\theta \tag{2.113}$$

将式(2.113)代入式(2.111),即可将诱导速度计算转为关于 $\theta$ 的函数如下:

$$\boldsymbol{V}(r) = \frac{\Gamma}{4\pi h}\int_{\theta_1}^{\theta_2}\sin\theta\mathrm{d}\theta\boldsymbol{e}_v = \frac{\Gamma}{4\pi h}(\cos\theta_2 - \cos\theta_1)\boldsymbol{e}_v \tag{2.114}$$

式中, $\theta_1$ 和 $\theta_2$ 的余弦可以利用矢量内积的公式进行计算,即

$$\cos \theta_1 = \frac{\boldsymbol{r}_1 \cdot \boldsymbol{l}_{12}}{\| \boldsymbol{r}_1 \| \ \| \boldsymbol{l}_{12} \|} = \frac{r_{1x}l_{12x} + r_{1y}l_{12y} + r_{1z}l_{12z}}{\sqrt{r_{1x}^2 + r_{1y}^2 + r_{1z}^2} \sqrt{l_{12x}^2 + l_{12y}^2 + l_{12z}^2}} \qquad (2.115)$$

$$\cos \theta_2 = \frac{\boldsymbol{r}_2 \cdot \boldsymbol{l}_{12}}{\| \boldsymbol{r}_2 \| \ \| \boldsymbol{l}_{12} \|} = \frac{r_{2x}l_{12x} + r_{2y}l_{12y} + r_{2z}l_{12z}}{\sqrt{r_{2x}^2 + r_{2y}^2 + r_{2z}^2} \sqrt{l_{12x}^2 + l_{12y}^2 + l_{12z}^2}} \qquad (2.116)$$

式中,三个矢量 $\boldsymbol{r}_1 = (r_{1x}, r_{1y}, r_{1z})$ , $\boldsymbol{r}_2 = (r_{2x}, r_{2y}, r_{2z})$ , $\boldsymbol{l}_{12} = (l_{12x}, l_{12y}, l_{12z})$ 。 单位矢量 $\boldsymbol{e}_v$,其方向垂直于 $\boldsymbol{l}_{12}$ 和空间点 $S$ 所构成的平面,可以通过如下计算 $\boldsymbol{l}_{12} \times \boldsymbol{r}_1$ 的单位方向矢量来确定:

$$\boldsymbol{l}_{12} \times \boldsymbol{r}_1 = (l_{12y}r_{1z} - l_{12z}r_{1y})\boldsymbol{i} + (l_{12z}r_{1x} - l_{12x}r_{1z})\boldsymbol{j} + (l_{12x}r_{1y} - l_{12y}r_{1x})\boldsymbol{k}$$
$$(2.117)$$

$$\boldsymbol{e}_v = \frac{(l_{12y}r_{1z} - l_{12z}r_{1y})\boldsymbol{i} + (l_{12z}r_{1x} - l_{12x}r_{1z})\boldsymbol{j} + (l_{12x}r_{1y} - l_{12y}r_{1x})\boldsymbol{k}}{\sqrt{(l_{12y}r_{1z} - l_{12z}r_{1y})^2 + (l_{12z}r_{1x} - l_{12x}r_{1z})^2 + (l_{12x}r_{1y} - l_{12y}r_{1x})^2}} \qquad (2.118)$$

空间点 $S$ 到涡的直线距离 $h$,可利用 $\theta_1$ 和 $\| \boldsymbol{r}_1 \|$ 直接求得如下:

$$h = \| \boldsymbol{r}_1 \| \sin \theta_1 = (r_{1x}^2 + r_{1y}^2 + r_{1z}^2) \sin \theta_1 \qquad (2.119)$$

将式(2.115)、式(2.116)、式(2.118)和(2.119)代入式(2.114)即可确定有限长度直线涡对空间中任意一点的诱导速度,从而进一步确定求解附着涡环量控制方程中所需要的影响因子矩阵。附着涡环量控制方程中的列向量 $\boldsymbol{A}$ 需要确定桨尖涡对控制点的诱导速度,这需要首先确定桨尖涡的环量和在桨叶上的释放位置。桨尖涡环量的求解需要先假设桨尖涡是由附着涡坏量最大处至桨尖的所有尾随涡汇聚到一起形成的。如图 2.6 所示,假设 $\Gamma_i$ 是附着涡环量的最大值,所处展向位置

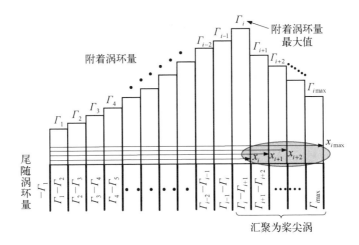

图 2.6 桨尖涡环量大小和释放位置示意图

是 $x_i$。桨尖涡环量大小是汇聚桨尖涡的尾随涡的环量之和,即

$$\Gamma_t = (\Gamma_i - \Gamma_{i+1}) + (\Gamma_{i+1} - \Gamma_{i+2}) + \cdots + (\Gamma_{imax-1} - \Gamma_{imax}) + \Gamma_{imax} = \Gamma_i$$

$$(2.120)$$

由式(2.120)可以看出,桨尖涡环量大小即为附着涡环量的最大值。桨尖涡在桨叶上的释放位置可以根据汇聚桨尖涡的所有尾随涡沿桨叶展向的重心来确定,即

$$x_c = \frac{(\Gamma_i - \Gamma_{i+1})x_i + (\Gamma_{i+1} - \Gamma_{i+2})x_{i+1} + \cdots + (\Gamma_{imax-1} - \Gamma_{imax})x_{imax-1} + \Gamma_{imax}x_{imax}}{\Gamma_i}$$

$$(2.121)$$

在前方来流作用下,桨叶剖面来流速度随方位角周期性变化,因而桨叶附着涡环量、桨尖涡环量、桨尖涡释放位置均会发生周期性变化。另外,由于毕奥-萨伐尔公式是基于不可压势流假设得出的,在靠近涡线的位置,诱导速度会明显增大。当待计算的位置正好落在涡线上时,诱导速度计算会出现奇点,因而需要采用考虑黏性的涡核模型,对原有公式进行修正。在旋翼尾迹分析中常用到的是属于涡核模型系列的 Leishman-Bagai 涡核模型(Bagai et al., 1995),其诱导速度计算公式是

$$v_\theta(h) = \frac{\Gamma h}{2\pi\sqrt{r_c^4 + h^4}}$$

$$(2.122)$$

此时,式(2.114)可改写为

$$\boldsymbol{V}(r) = \frac{\Gamma h}{4\pi\sqrt{r_c^4 + h^4}}(\cos\theta_2 - \cos\theta_1)\boldsymbol{e}_v$$

$$(2.123)$$

式中, $r_c$ 是涡核半径,对于旋翼桨尖涡而言,其涡核半径会随着尾迹角的增加而逐步增大,出现涡核耗散现象。Leishman 和 Bagai 在旋翼尾迹分析中采用了源自 Lamb-Oseen 涡核模型的涡核耗散形式(Bagai et al., 1995),利用下式计算涡核半径:

$$r_c = 2.24\sqrt{\nu\delta t}$$

$$(2.124)$$

式中, $\nu$ 是运动黏性系数,取 $1.46 \times 10^{-4}$,$\delta$ 是相对等效黏性系数,即

$$\delta = 1 + a\frac{\Gamma_{avg}}{\nu}$$

$$(2.125)$$

式中, $\Gamma_{avg}$ 是桨尖涡环量在不同方位角下的平均值,$a$ 是经验参数,取 0.1。

上面着重介绍了采用自由尾迹进行旋翼入流计算时,如何采用桨叶控制点的

控制方程确定桨叶附着涡环量。在自由尾迹分析中,另一个重要的环节是确定桨尖涡的尾迹形状。对于桨尖涡线上的任意一点,其位置变化是由于前方来流和各片桨叶的附着涡、尾随涡和桨尖涡产生的诱导速度共同影响的,控制方程可以写为

$$\frac{\mathrm{d}\boldsymbol{r}}{\mathrm{d}t} = \boldsymbol{V}_\infty + \boldsymbol{V}_\mathrm{I} \tag{2.126}$$

式中,$\boldsymbol{r}$ 是旋翼尾迹节点的空间位置,$\boldsymbol{V}_\infty$ 是前飞来流速度,$\boldsymbol{V}_\mathrm{I}$ 是桨叶附着涡、近尾迹和远尾迹共同在 $\boldsymbol{r}$ 处产生的诱导速度。采用非拉格朗日形式的尾迹控制方程,可将式(2.126)表示为关于方位角 $\psi$ 和尾迹寿命角 $\zeta$ 的方程,即

$$\frac{\partial \boldsymbol{r}}{\partial \psi} + \frac{\partial \boldsymbol{r}}{\partial \zeta} = \frac{\boldsymbol{V}_\infty + \boldsymbol{V}_\mathrm{I}}{\Omega} \tag{2.127}$$

此涡线控制方程是偏微分方程,需要采用一定的数值方法进行求解。在旋翼尾迹分析中多采用有限差分法对上式进行离散求解。Leishman 和 Bagai 提出了求解上述旋翼尾迹控制方程稳态周期解的伪隐式预估-校正法(Bagai et al., 1995),该方法具有较好的收敛性,采用五点中心差分格式对式(2.127)的偏微分项进行近似,即

$$\frac{\partial \boldsymbol{r}}{\partial \psi}\bigg|_{\left(l+\frac{1}{2},\, k+\frac{1}{2}\right)} = \frac{\boldsymbol{r}_{l+1,\, k} - \boldsymbol{r}_{l,\, k} + \boldsymbol{r}_{l+1,\, k+1} - \boldsymbol{r}_{l,\, k+1}}{2\Delta\psi} \tag{2.128}$$

$$\frac{\partial \boldsymbol{r}}{\partial \zeta}\bigg|_{\left(l+\frac{1}{2},\, k+\frac{1}{2}\right)} = \frac{\boldsymbol{r}_{l,\, k+1} - \boldsymbol{r}_{l,\, k} + \boldsymbol{r}_{l+1,\, k+1} - \boldsymbol{r}_{l+1,\, k}}{2\Delta\zeta} \tag{2.129}$$

速度项则采用周围四节点平均的方法近似如下:

$$\boldsymbol{V}\bigg|_{\left(l+\frac{1}{2},\, k+\frac{1}{2}\right)} = \boldsymbol{V}_\infty + \frac{1}{4}\left[\boldsymbol{V}_\mathrm{I}(\boldsymbol{r}_{l+1,\, k}) + \boldsymbol{V}_\mathrm{I}(\boldsymbol{r}_{l,\, k}) + \boldsymbol{V}_\mathrm{I}(\boldsymbol{r}_{l+1,\, k+1}) + \boldsymbol{V}_\mathrm{I}(\boldsymbol{r}_{l,\, k+1})\right] \tag{2.130}$$

将式(2.128)至式(2.130)代入式(2.127)后,并采用 $\Delta\psi = \Delta\zeta$,可得到 $\boldsymbol{r}_{l+1,\, k+1}$ 的表达式为

$$\begin{aligned} \boldsymbol{r}_{l+1,\, k+1} = \boldsymbol{r}_{l,\, k} + \frac{\Delta\psi}{\Omega}\Big\{ &\boldsymbol{V}_\infty + \frac{1}{4}\big[\boldsymbol{V}_\mathrm{I}(\boldsymbol{r}_{l+1,\, k}) + \boldsymbol{V}_\mathrm{I}(\boldsymbol{r}_{l,\, k}) \\ &+ \boldsymbol{V}_\mathrm{I}(\boldsymbol{r}_{l+1,\, k+1}) + \boldsymbol{V}_\mathrm{I}(\boldsymbol{r}_{l,\, k+1})\big]\Big\} \end{aligned} \tag{2.131}$$

在计算周期稳态解时,首先利用上一迭代步的结果计算预估步如下:

$$\hat{\boldsymbol{r}}_{l+1,\, k+1}^n = \hat{\boldsymbol{r}}_{l,\, k}^n + \frac{\Delta\psi}{\Omega}\Big\{\boldsymbol{V}_\infty + \frac{1}{4}\big[\boldsymbol{V}_\mathrm{I}(\boldsymbol{r}_{l+1,\, k}^{n-1}) + \boldsymbol{V}_\mathrm{I}(\boldsymbol{r}_{l,\, k}^{n-1})$$

$$+ \, V_{\mathrm{I}}(r_{l+1,\,k+1}^{n-1}) + V_{\mathrm{I}}(r_{l,\,k+1}^{n-1}) \, ] \, \Big\} \qquad (2.132)$$

采用上一迭代步诱导速度计算值和预估步诱导速度计算结果加权平均作为校正步中的诱导速度,校正步表示为

$$r_{l+1,\,k+1}^{n} = r_{l,\,k}^{n} + \frac{\Delta \psi}{\Omega} \Big\{ V_{\infty} + \frac{1}{4} \big[ \hat{V}_{\mathrm{I}}(r_{l+1,\,k}) + \hat{V}_{\mathrm{I}}(r_{l,\,k})$$

$$+ \, \hat{V}_{\mathrm{I}}(r_{l+1,\,k+1}) + \hat{V}_{\mathrm{I}}(r_{l,\,k+1}) \, \big] \, \Big\} \qquad (2.133)$$

式中, $\hat{V}_{\mathrm{I}}(r_{l,\,k}) = \omega V_{\mathrm{I}}(r_{l,\,k}^{n}) + (1 - \omega) V_{\mathrm{I}}(r_{l,\,k}^{n-1})$, $\hat{V}_{\mathrm{I}}(r_{l,\,k+1}) = \omega V_{\mathrm{I}}(r_{l,\,k+1}^{n}) + (1 - \omega) V_{\mathrm{I}}(r_{l,\,k+1}^{n-1})$, $\hat{V}_{\mathrm{I}}(r_{l+1,\,k}) = \omega V_{\mathrm{I}}(r_{l+1,\,k}^{n}) + (1 - \omega) V_{\mathrm{I}}(r_{l+1,\,k}^{n-1})$, $\hat{V}_{\mathrm{I}}(r_{l+1,\,k+1}) = \omega V_{\mathrm{I}}(r_{l+1,\,k+1}^{n}) + (1 - \omega) V_{\mathrm{I}}(r_{l+1,\,k+1}^{n-1})$, $\omega$ 是松弛因子,一般取 0.5。

采用步进方法进行迭代求解时,还需要确定初始条件和边界条件。旋翼尾迹计算问题的初始条件是尾迹角等于 0 时,尾迹节点的空间位置是桨叶上桨尖涡释放点的空间位置。边界条件是对于旋翼稳态尾迹,其方位角是 $\psi$ 时的尾迹形状与方位角是 $\psi + 2\pi$ 时的尾迹形状一样,即

$$r(\psi, \xi) = r(\psi + 2\pi, \xi) \qquad (2.134)$$

步进迭代计算中不同方位角和尾迹角下的信息传递如图 2.7 所示,利用周期边界条件和初始条件,按照伪隐式预估-校正算法,不断计算从而得到整个计算域的结果。当此迭代步的计算结果与上一迭代步的计算结果满足收敛准则时,表明尾迹形状收敛,迭代停止,收敛准则如下:

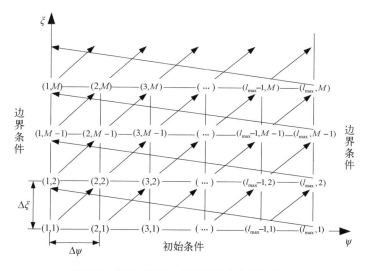

图 2.7　伪隐式预估-校正法信息传递示意图

$$RMS = \frac{1}{l_{\max}M} \sqrt{\sum_{l=1}^{l_{\max}} \sum_{k=1}^{M} (\boldsymbol{r}_{l,k}^{n} - \boldsymbol{r}_{l,k}^{n-1})^2} < \varepsilon \qquad (2.135)$$

式中，$RMS$ 是均方根值，$\varepsilon$ 是给定的小量。

### 2.3.4　倾转旋翼尾迹动态弯曲入流模型

　　倾转旋翼直升机在悬停状态，旋翼尾迹处于轴流状态；在直升机前飞状态，旋翼尾迹处于斜流状态；在旋翼倾转时的转换飞行状态，旋翼尾迹处于弯曲状态。倾转旋翼直升机在转换飞行模式下，由于旋翼的气动力变化是复杂的非定常过程，因此尾迹的弯曲会给入流带来较大影响。转换飞行模式下，来流不是垂直流过桨盘，而与垂直于桨盘的诱导速度产生相互作用，使流入桨盘的气流产生一个尾迹倾斜角。同时，转换飞行模式时旋翼倾转的角速度会引起尾迹的弯曲，进而影响诱导速度在桨盘的分布。图 2.8 是倾转旋翼尾迹弯曲示意图，旋翼倾转时，旋翼尾迹发生弯曲，$O$ 点是动态尾迹弯曲中心，尾迹的弯曲程度可用尾迹中线的曲率 $\kappa$ 表示，称为旋翼尾迹弯曲的当量曲率，这与直升机模式悬停时旋翼尾迹呈轴流状态和直升机模式前飞时旋翼尾迹呈斜流状态都不相同。

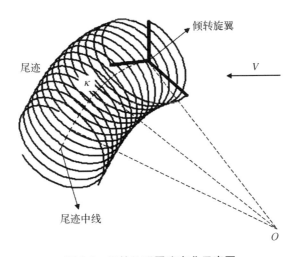

**图 2.8　倾转旋翼尾迹弯曲示意图**

　　倾转旋翼直升机在旋翼倾转过程中，旋翼的气动力变化是个复杂的非定常过程，尾迹弯曲给入流带来的影响不可忽略（Johnson，1980）。Peters‑He 三维有限状态动态入流模型虽然考虑了尾迹倾斜角的影响，但是没有加入尾迹弯曲对入流带来的影响，因而 Peters‑He 三维有限状态动态入流模型不能用于计算倾转旋翼的动态入流。对此，本书作者团队（Yue et al.，2009）通过对 Peters‑He 三维有限状态动态入流模型进行动态尾迹弯曲的修正，提出了倾转旋翼尾迹动态弯曲入流模型。图 2.9 是倾转旋翼纵向尾迹弯曲的平面示意图,旋翼在前飞时的来流并不是垂直流过桨盘,气流来流速度 $V$ 与垂直桨盘的诱导速度的叠加使流入桨盘的气流产生一个尾迹倾斜角 $\alpha_w$ ,如果此时桨盘又同时存在一个倾转角速度,就会引起尾迹的弯曲,倾转旋翼直升机的旋翼倾转过程就是这种情况。图 2.9 中, $\kappa_c$ 表示纵向尾迹弯曲的当量曲率。

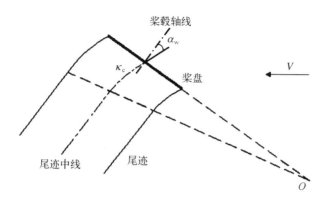

**图 2.9　倾转旋翼纵向尾迹弯曲的平面示意图**

　　Keller(Keller,1996)运用简单的涡管分析得出一个模型,将轴向入流周期项的余弦系数 $\lambda_{1c}$ 和旋翼桨毂俯仰角速率 $q_h$ 联系起来,并依据悬停时的预定尾迹几何结构,用尾迹弯曲参数 $K_R$ 模拟入流耦合:

$$\frac{\lambda_{1c}}{\lambda_0} = K_R \kappa_c = K_R \left( \frac{q_h - \dot{\beta}_{1c}}{\lambda_0 + \bar{V}_c} \right) \tag{2.136}$$

式中, $\lambda_0$ 是轴向入流的常数项, $K_R$ 是尾迹弯曲参数,表示旋翼轴的倾转角速度对桨盘入流倾斜度的影响,它是一个经验参数,其取值要根据实验数据修正,常规取 $K_R = 1$ (Keller,1996)。 $\bar{V}_c$ 是爬升速度,此参数的影响可通过对比悬停和垂直上升时旋翼的俯仰运动来体现。例如直升机垂直上升时做稳定俯仰运动,轴向流速的增大使得尾迹拉长,即增大预定尾迹的曲率半径。 $\dot{\beta}_{1c}$ 是桨盘桨尖轨迹平面的纵向角速度,这样本书在 Keller 模型基础上计入了旋翼整体倾转(挥舞)运动对尾迹弯曲的影响。同理,轴向入流正弦系数 $\lambda_{1s}$ 与旋翼轴滚转角速度 $p_h$ 联系起来,表示为

$$\frac{\lambda_{1s}}{\lambda_0} = K_R \kappa_s = K_R \left( \frac{p_h - \dot{\beta}_{1s}}{\lambda_0 + \bar{V}_c} \right) \tag{2.137}$$

式中, $\dot{\beta}_{1s}$ 是桨盘桨尖轨迹平面的横向角速度。

　　但是,以上假定附着环量均匀分布,仅考虑从桨盘边缘脱出的单个涡管模型不足以精确体现实际旋翼的桨盘载荷情况。因此,应采用环量不均匀分布的涡系模

型,此时从桨根到桨盘边缘脱落出无限个同心涡管,附着环量的径向变化决定每个涡管的强度。

设半径是 $\bar{r}_d$ 的涡管顶面上均匀分布着大小是 $\mathrm{d}\,\bar{\Gamma}_B$ 的环量,则对应的时均诱导入流是 $\mathrm{d}\,\bar{\Gamma}_B/(2\lambda_s)$ (Kuethe et al., 1959),其中 $\lambda_s = \bar{V}_c + \lambda_0$。对于旋翼任一径向位置 $\bar{r}$ 处,轴向时均入流是从 $\bar{r}$ 至 1 的各同心涡管诱导作用的总和,即

$$\lambda_0(\bar{r}) = -\frac{1}{2\lambda_s}\int_{\bar{r}}^{1}\mathrm{d}\,\bar{\Gamma}_B(\bar{r}_d) \tag{2.138}$$

式中,$\bar{r}_d$ 是为径向积分而设的虚变量。由旋翼时均与一次谐波入流分布之间的关系式(2.136),得出做俯仰运动的旋翼的一次谐波入流分布如下:

$$\lambda_{1c}(\bar{r}) = -\frac{\kappa_c K_R}{2\lambda_s}\int_{\bar{r}}^{1}\mathrm{d}\,\bar{\Gamma}_B(\bar{r}_d) \tag{2.139}$$

若利用椭圆坐标系坐标 $v = \sqrt{1-\bar{r}^2}$,则时均环量的径向分布为

$$\bar{\Gamma}_B(v) = \sum_k \tau_{0k}\,\bar{P}_{0k}(v) \tag{2.140}$$

如果把一次谐波入流表达为归一化的第一类连带 Legendre 函数的组合形式,则

$$\lambda_{1c}(v) = \sum \alpha_{1p}\frac{\bar{P}_{1p}(v)}{v} \tag{2.141}$$

那么入流分布系数可通过归一化的第一类连带 Legendre 函数的正交性求出如下:

$$\alpha_{1p} = \int_0^1 \lambda_{1c}(\bar{r})\,\bar{P}_{1p}(v)v\mathrm{d}v \tag{2.142}$$

有了以上关系式,就可以将尾迹弯曲与 Peters – He 有限状态动态入流模型的一阶诱导入流状态变量联系起来。为了与图 2.9 相对应,取尾迹纵向弯曲为例进行分析,得到如下矩阵形式:

$$\boldsymbol{\alpha}_{1p} = \frac{\kappa_c K_R}{\lambda_0 + \bar{V}_c}\boldsymbol{C}_{pk}\boldsymbol{\tau}_{0k} \tag{2.143}$$

式中,下标 1 和 0 是谐波次数,下标 $p$ 和 $k$ 是形函数个数,$\boldsymbol{C}_{pk}$ 是尾迹弯曲入流耦合参数矩阵,其取值可以通过涡管分析先求得 $\boldsymbol{\alpha}_{1p}$,再根据式(2.143)反求出 $\boldsymbol{C}_{pk}$。矩阵 $\boldsymbol{C}_{pk}$ 的下标 $p$ 表示 1 阶谐波入流分布的径向分布形函数的阶次,下标 $k$ 表示平均环量分布的径向分布形函数的阶次。表 2.1 所列是本书在计算转换飞行状态下倾

转旋翼直升机气弹稳定性时 1 阶谐波入流分布阶次和平均环量分布阶次中各元素的值。

**表 2.1  谐波入流分布和平均环量分布各阶次 $C_{pk}$ 各元素值**

| $C_{pk}$ | $k = 1$ | $k = 3$ | $k = 5$ |
|---|---|---|---|
| $p = 2$ | 0.445 33 | −0.022 08 | −0.124 34 |
| $p = 4$ | 0.165 99 | 0.464 84 | −0.078 26 |
| $p = 6$ | −0.005 35 | 0.257 59 | 0.462 51 |

尾迹弯曲引起的一阶入流分量可以添加到增益矩阵的余弦项 $L_c$ 中，其表达式如下：

$$L_c = \bar{L}_c + \frac{\kappa_c K_R}{\lambda_0 + \bar{V}_c} C_{pk} \tag{2.144}$$

同理，尾迹横向弯曲的影响也可以加入增益矩阵的正弦项 $L_s$ 中。这样，把尾迹弯曲引入 Peters – He 有限状态动态入流模型得到如下形式的矩阵表达式：

$$M \begin{Bmatrix} \dot{\alpha}_{rj} \\ \dot{\beta}_{rj} \end{Bmatrix} + VL^{-1} \begin{Bmatrix} \alpha_{rj} \\ \beta_{rj} \end{Bmatrix} = \begin{Bmatrix} \tau_{mn}^c \\ \tau_{mn}^s \end{Bmatrix} \tag{2.145}$$

式中，

$$M = \begin{bmatrix} M_c & 0 \\ 0 & M_s \end{bmatrix} \tag{2.146}$$

$$V = \begin{bmatrix} V_c & 0 \\ 0 & V_s \end{bmatrix} \tag{2.147}$$

$$L = \begin{bmatrix} \bar{L}_c & 0 \\ 0 & \bar{L}_s \end{bmatrix} + CK_R \tag{2.148}$$

$$C = \begin{bmatrix} 0 & \kappa_c C_{pk}^T/2 & 0 & \kappa_s C_{pk}^T/2 & 0 \\ \kappa_c C_{pk}^T & 0 & 0 & 0 & 0 \\ 0 & 0 & 0 & 0 & 0 \\ \kappa_s C_{pk}^T & 0 & 0 & 0 & 0 \\ 0 & 0 & 0 & 0 & 0 \end{bmatrix} \tag{2.149}$$

对于有侧滑角 $\beta_w$ 的情况，可以引入如下矩阵 $T$ 来计入侧滑角的影响：

$$T = \begin{bmatrix} \boldsymbol{I} & 0 & 0 \\ 0 & [\cos(m\beta_{\mathrm{w}})] & [\sin(m\beta_{\mathrm{w}})] \\ 0 & [-\sin(m\beta_{\mathrm{w}})] & [\cos(m\beta_{\mathrm{w}})] \end{bmatrix} \qquad (2.150)$$

式中,$[\sin(m\beta_{\mathrm{w}})]$ 和 $[\cos(m\beta_{\mathrm{w}})]$ 是对角阵,单位阵 $\boldsymbol{I}$ 代表零次谐波的影响。

最后,得到包含尾迹弯曲效应的有限状态动态入流模型的矩阵表达式为

$$\boldsymbol{M} \begin{Bmatrix} \dot{\alpha}_{rj} \\ \dot{\beta}_{rj} \end{Bmatrix} + \boldsymbol{T}^{\mathrm{T}} \boldsymbol{V} \boldsymbol{L}^{-1} \boldsymbol{T} \begin{Bmatrix} \alpha_{rj} \\ \beta_{rj} \end{Bmatrix} = \begin{Bmatrix} \tau_{mn}^{\mathrm{c}} \\ \tau_{mn}^{\mathrm{s}} \end{Bmatrix} \qquad (2.151)$$

# 第 3 章
# 可变翼型桨叶动态失速气动力模型

## 3.1  引言

　　将 Peters 有限状态气动载荷模型(Peters et al.，2007)、改进的 ONERA 动态失速模型(Petot，1989)和 Peters‐He 三维有限状态动态入流模型(Peters et al.，1987)相结合，建立适用于可变翼型桨叶的气动建模方法。采用 Peters 有限状态气动载荷模型计算可变翼型桨叶的广义气动载荷；采用改进的 ONERA 动态失速模型计算可变翼型桨叶由动态失速引起的附加气动载荷；采用 Peters‐He 三维有限状态动态入流模型计算溢出尾迹引起的诱导速度。采用二维翼型实验数据对建立的气动载荷计算方法进行验证时，二维动态入流模型用于计算诱导速度。根据可变翼型的构型对 ONERA 动态失速模型作以下改进，使其适用于可变翼型桨叶动态失速附加气动载荷的计算：采用可变翼型的静态损失作为动态失速微分方程的激励，且可变翼型的静态损失曲线由未变形翼型的静态损失曲线平移得到；动态失速微分方程的系数计入可变翼型形状变化的影响。计算二维翼型动态失速情况下的气动载荷时，将动态失速引起的环量加入二维动态入流模型。采用建立的气动载荷计算模型和二维动态入流模型，计算后缘小翼做简谐偏转运动但翼型不做变距运动、未变形翼型动态失速、后缘小翼做简谐偏转运动且翼型做变距运动三种情况下的翼型气动载荷，并将计算结果与相应实验结果进行对比，以验证气动载荷计算方法。将 Peters‐He 三维有限状态诱导速度方程与桨叶刚性挥舞运动方程及 Auto‐Pilot 配平方程联立，计算旋翼前飞状态下的诱导速度分布，并将计算结果与相应实验结果进行对比，以验证根据 Peters‐He 三维有限状态动态入流模型计算的诱导速度。Peters 有限状态气动载荷模型和 Peters‐He 三维有限状态动态入流模型已在第 2 章阐述。

## 3.2  ONERA 动态失速气动力模型的改进

　　采用 ONERA 动态失速模型的有量纲形式，由动态失速引起的气动载荷中的修正量 $\Gamma_n$ 可表示为如下形式的 ONERA 动态失速微分方程：

$$\frac{b^2}{u_T^2}\ddot{\Gamma}_n + \eta\,\frac{b}{u_T}\,\dot{\Gamma}_n + \omega^2\Gamma_n = -bu_T\omega^2\left[\Delta C_n + e\,\frac{\mathrm{d}(\Delta C_n)}{\mathrm{d}t}\,\frac{b}{u_T}\right] \quad (3.1)$$

式中，$\eta$、$\omega$ 和 $e$ 是动态失速系数，可根据实验确定。全微分 $\mathrm{d}(\Delta C_n)/\mathrm{d}t$ 对各个变量进行复合求导。于是，由动态失速引起的附加气动载荷 $L_{D0}$ 和 $L_{D1}$ 表示为

$$L_{D0} = \rho_\infty u_T \Gamma_0 \quad (3.2)$$

$$L_{D1} = 2b\rho_\infty u_T \Gamma_1 \quad (3.3)$$

由方程(3.1)，静态损失 $\Delta C_n$ 作为激励，驱动 ONERA 动态失速微分方程，因此，如何确定静态损失 $\Delta C_n$ 直接决定了动态失速模型的计算精度。图 3.1 给出了典型的静态失速升力系数对迎角 $\theta$ 的曲线。在静态失速迎角 $\theta_{ss}$ 以下，可用薄翼理论计算升力。超过 $\theta_{ss}$ 之后，翼型开始静态失速，薄翼理论计算的升力和实际升力之间存在差异，这个差异正是升力静态损失 $\Delta C_L$，如图 3.2 所示。类似地，用 $\Delta C_n$ 表示翼型静态失速引起的气动载荷的静态损失。

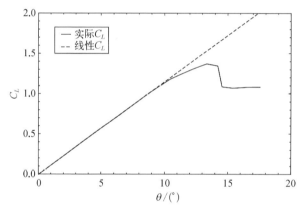

图 3.1　升力静态损失曲线

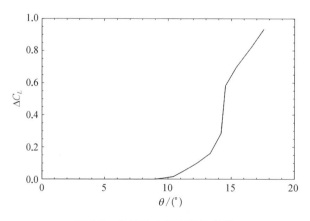

图 3.2　失速升力静态损失曲线

气动载荷的静态损失 $\Delta C_n$ 与翼型形状密切相关。对于固定形状翼型,升力、力矩和阻力静态损失作为迎角的函数,可由已发表的翼型表格、风洞实验数据、边界层分析程序或者其他方式获得。但可变翼型的静态损失随着翼型形状的改变即时变化,且可变翼型没有已发表的翼型表格,只有有限的风洞实验数据。本章采用 Ahaus(Ahaus, 2010)的方法来获得可变翼型的静态损失 $\Delta C_n$:把未变形翼型的静态损失曲线 $\theta - \Delta C_n$ 沿横坐标平移得到曲线 $[\theta + g(h'_n)] - \Delta C_n$,近似为可变翼型的静态损失曲线。其中,$(\ )'$ 表示对 $x$ 求导,$g(h'_n)$ 表示 $h'_n$ 的函数,根据已有的相关实验数据总结得出。因此,本章 ONERA 动态失速模型采用随可变翼型形状变化而变化的静态损失 $\Delta C_n$ 作为动态失速微分方程(3.1)的激励,即根据可变翼型的构型对 ONERA 动态失速模型进行改进。

研究表明,当动态失速气动载荷沿着平均来流速度方向时,计算结果与实验数据吻合最好。因此,式(3.1)至式(3.3)中的 $u_T$ 取为总平均来流速度,即平均水平和垂直速度分量的合速度,可通过如下公式求得

$$\begin{cases} \left(T\dfrac{b}{u_T}\right)\dot{\bar{v}}_L + \bar{v}_L = w_0 - \lambda_0 \\[2mm] \left(T\dfrac{b}{u_T}\right)\dot{\bar{u}}_0 + \bar{u}_0 = u_0 \\[2mm] u_T = \sqrt{\bar{u}_0^2 + \bar{v}_L^2} \end{cases} \quad (3.4)$$

式中,$T$ 是一个无量纲特征时间常数,本章取 $T = 15\pi$。由式(3.4)可见,计算总平均来流速度 $u_T$ 时,$w_0$ 和 $\lambda_0$ 均与可变翼型的变形参数有关,即计入了可变翼型形状变化的影响,这也是本章对 ONERA 动态失速模型的改进。

## 3.3  翼型总气动力

翼型总气动载荷的计算流程如图 3.3 所示。变距角 $\alpha$ 和翼型变形 $h$ 通过矩阵 $\boldsymbol{T}$ 转换为一组广义坐标及其对空间的导数 $h_n$、$h'_n$。使用广义坐标可以使建立的气动载荷模型独立于特定的翼型变形几何形状。这些广义坐标与流场速度 $u_0$、$v_0$、$v_1$ 及逸出尾迹引起的诱导速度系数 $\lambda_n$ 组合提供了建立气动载荷模型所必需的边界条件。气动载荷模型根据翼型表面不可穿透边界条件计算得到附着环量和广义气动载荷 $L_n$。以广义气动载荷和动态失速引起的修正 $\Gamma_n$ 作为输入,采用诱导速度模型计算得到尾迹引起的诱导速度系数 $\lambda_n$。广义坐标及其对空间的导数与未变形翼型的非线性静态失速数据共同确定可变翼型的非线性静态失速修正 $\Delta C_n$。以静态失速修正作为输入,由动态失速模型计算得到动态失速引起的修正 $\Gamma_n$。最后,广义气动载荷 $L_n$ 和动态失速引起的修正 $\Gamma_n$ 组合即可得到总气动载荷 $L_{n(\text{total})}$。

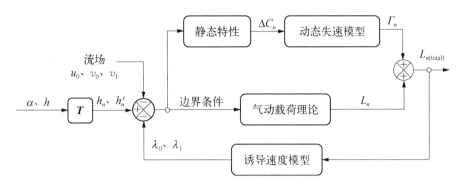

图 3.3 翼型总气动载荷的计算框图

典型翼型的气动载荷如图 3.4 所示,翼型的总升力系数和关于翼型弦线中点前 $a$ 处的总力矩系数可表示为

$$C_L = -\frac{L_0}{\rho_\infty u_0^2 b} + \frac{\Gamma_0}{u_T b} \tag{3.5}$$

$$C_M = \frac{L_1 b + L_0 a}{2\rho_\infty u_0^2 b^2} + \frac{\Gamma_1}{u_T b} \tag{3.6}$$

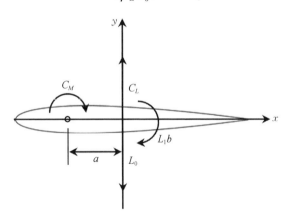

图 3.4 典型翼型的气动载荷

## 3.4 可变翼型气动载荷计算与验证

本节根据图 3.3 所示的计算流程,编程计算三种情况下的翼型气动载荷:① 后缘小翼做简谐偏转运动但翼型不做变距运动;② 未变形翼型动态失速;③ 后缘小翼做简谐偏转运动且翼型做变距运动。将计算结果与相应实验结果进行对比,以验证本章的气动载荷计算方法。

### 3.4.1　翼型坐标系及翼型形状改变

本章翼型气动载荷计算模型可选择任意的翼型坐标系(图 3.4),只需翼型变形在选定坐标系内相对较小即可。对处于来流 $u_0$ 中,变距中心位于弦线中点后 $a$ 处,变距角是 $\alpha$,并作垂直运动 $h$ 的翼型,选定翼型坐标系使得 $v_0 = v_1 = 0$, $h_0 = h - a\alpha$, $h_1 = b\alpha$, $h_n = 0$ $(n \geqslant 2)$。

对图 3.5 所示的带后缘小翼的翼型,偏转铰位于弦线中点后 $d$ 处,后缘小翼偏转角是 $\beta$,将翼型因后缘小翼偏转引起的形状改变用 Glauert 序列进行如下展开:

$$h_0 = \frac{1}{\pi}\int_0^\pi h\mathrm{d}\varphi$$

$$h_n = \frac{2}{\pi}\int_0^\pi h\cos(n\varphi)\mathrm{d}\varphi \tag{3.7}$$

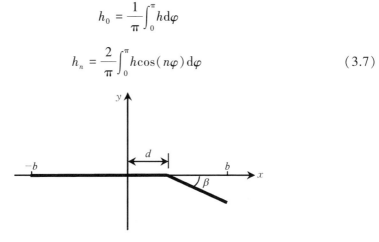

**图 3.5　带后缘小翼的翼型**

可得

$$\begin{cases} h_0 = \dfrac{\beta b}{\pi}(\sin\varphi_m - \varphi_m\cos\varphi_m) \\[2mm] h_1 = \dfrac{\beta b}{\pi}(\varphi_m - \sin\varphi_m\cos\varphi_m) \\[2mm] h_n = \dfrac{\beta b}{\pi}\left\{ \dfrac{1}{n+1}\sin[(n+1)\varphi_m] + \dfrac{1}{n-1}\sin[(n-1)\varphi_m] \right. \\[2mm] \qquad \left. - \dfrac{2}{n}\cos\varphi_m\sin(n\varphi_m) \right\} \quad (n \geqslant 2) \end{cases} \tag{3.8}$$

式中, $\varphi_m = \arccos(d/b)$。对带后缘小翼的翼型,采用式(3.7)和式(3.8)可将 $h_n$ 组成的向量 $\boldsymbol{h}_n$ 由垂直运动 $h$、变距角 $\alpha$ 和后缘小翼偏转角 $\beta$ 表示如下:

$$\boldsymbol{h}_n = \boldsymbol{T}\begin{Bmatrix} h \\ \alpha \\ \beta \end{Bmatrix} \tag{3.9}$$

式中,

$$
\boldsymbol{T} = \begin{bmatrix} 1 & -a & (b/\pi)(\sin\varphi_m - \varphi_m\cos\varphi_m) \\ 0 & b & (b/\pi)(\varphi_m - \sin\varphi_m\cos\varphi_m) \\ 0 & 0 & (b/\pi)\begin{bmatrix} \dfrac{1}{n+1}\sin[(n+1)\varphi_m] + \dfrac{1}{n-1}\sin[(n-1)\varphi_m] \\ -\dfrac{2}{n}\cos\varphi_m\sin(n\varphi_m) \end{bmatrix} \\ \vdots & \vdots & \vdots \end{bmatrix}
$$

对应于垂直运动 $h$、变距角 $\alpha$ 和后缘小翼偏转角 $\beta$ 的气动载荷分别是负升力、关于变距中心的俯仰力矩和关于后缘小翼偏转铰的铰链力矩。这些气动载荷可由 Peters 有限状态气动载荷模型计算得到的广义气动载荷得到：$\boldsymbol{T}^\mathrm{T}\boldsymbol{L}_n$。对出现动态失速的情况，再将由 $\boldsymbol{T}^\mathrm{T}\boldsymbol{L}_n$ 计算的气动载荷叠加由 ONERA 动态失速模型计算的相应气动载荷。

### 3.4.2 后缘小翼偏转但翼型不做变距运动的可变翼型

Hariharan 等（Hariharan et al., 1996）提供了后缘小翼做简谐偏转运动、翼型不做变距运动时的可变翼型，在 $Ma = 0.5$、$k = 0.098$ 和 $Ma = 0.748$、$k = 0.268$ 两种情况下，NACA64A006 翼型的升力系数、力矩系数和关于后缘小翼偏转铰的铰链力矩系数的实验曲线。实验参数是 $\alpha = 0$、$\beta = 2.5°\sin k\tau$、$d = 0.5$ 和 $a = -0.5b$。

本章翼型气动载荷模型计算结果与 Hariharan 相应实验结果的对比如图 3.6 至图 3.11 所示。在 $Ma = 0.5$、$k = 0.098$ 时，后缘小翼做简谐偏转、翼型不做变距运动的可变翼型的升力系数 $C_L$、力矩系数 $C_M$ 和铰链力矩系数 $C_\beta$ 分别如图 3.6、图 3.7 和图 3.8 所示；在 $Ma = 0.748$、$k = 0.268$ 时，后缘小翼做简谐偏转、翼型不做变距运动的可变翼型的升力系数 $C_L$、力矩系数 $C_M$ 和铰链力矩系数 $C_\beta$ 分别如图 3.9、图 3.10

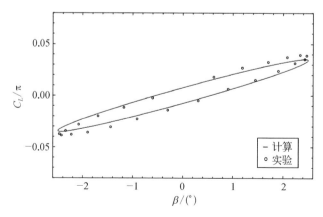

图 3.6 后缘小翼偏转但翼型不做变距运动的可变翼型的
升力系数 $C_L$（$Ma = 0.5$，$k = 0.098$）

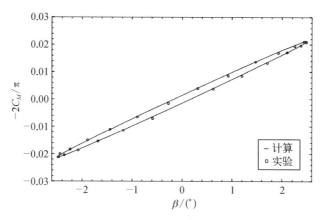

图 3.7　后缘小翼偏转但翼型不做变距运动的可变翼型的
力矩系数 $C_M$（$Ma = 0.5$，$k = 0.098$）

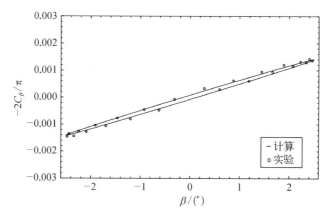

图 3.8　后缘小翼偏转但翼型不做变距运动的可变翼型
铰链力矩系数 $C_\beta$（$Ma = 0.5$，$k = 0.098$）

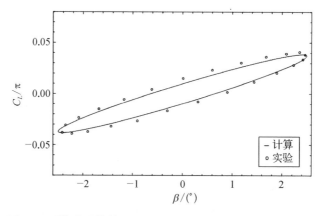

图 3.9　后缘小翼偏转但翼型不做变距运动的可变翼型升力
系数 $C_L$（$Ma = 0.748$，$k = 0.268$）

和图3.11所示。由图可见,本章计算的气动载荷较准确地反映了气动载荷曲线的斜率和厚度,计算结果与实验结果较一致,验证了本章后缘小翼做简谐偏转运动、翼型不做变距运动的可变翼型的气动载荷计算的准确性。

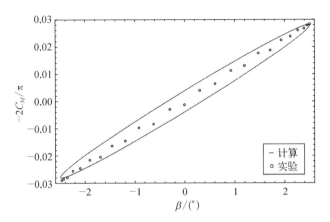

图 3.10　后缘小翼偏转但翼型不做变距运动的可变翼型力矩系数 $C_M$($Ma=0.748$, $k=0.268$)

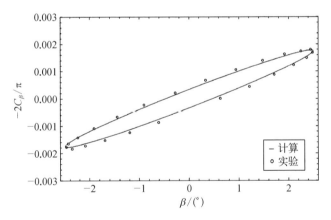

图 3.11　后缘小翼偏转但翼型不做变距运动的可变翼型铰链力矩系数 $C_\beta$($Ma=0.748$, $k=0.268$)

### 3.4.3　未变形翼型动态失速

McCroskey(McCroskey, 1981)提供了 NACA0012 翼型在不同马赫数、折合频率和迎角状态下的动态失速升力系数实验曲线。采用本章气动载荷计算方法计算了 $\alpha = 10° + 5°\sin k\tau$, $\beta = 0°$, $a = -0.5b$ 时的升力系数,并与相应的实验数据进行了对比,图 3.12 和图 3.13 分别对应 $k = 0.025$ 和 $k = 0.10$ 时的 NACA0012 翼型动态失速升力系数。

根据静态实验数据,ONERA 动态失速模型使用的静态升力损失如表 3.1 所示,表中 $\theta$ 表示迎角。失速模型采用由最小二乘法优化得到失速系数: $\omega = 0.27 + 0.13(\Delta C_L)^2$、$\eta = 0.52 + 0.22(\Delta C_L)^2$、$e = -0.10(\Delta C_L)^2$。

**表 3.1　NACA0012 翼型静态升力损失**

| $\theta/\mathrm{rad}$ | $\Delta C_L$ | $\theta/\mathrm{rad}$ | $\Delta C_L$ |
|---|---|---|---|
| -0.500 0 | 0.000 0 | 0.246 9 | 0.382 9 |
| 0.174 5 | 0.000 0 | 0.248 0 | 0.466 5 |
| 0.204 7 | 0.025 8 | 0.251 8 | 0.537 2 |
| 0.213 0 | 0.056 2 | 0.259 1 | 0.605 1 |
| 0.220 2 | 0.083 7 | 0.271 0 | 0.684 1 |
| 0.228 4 | 0.114 1 | 0.280 3 | 0.735 7 |
| 0.237 7 | 0.151 0 | 0.289 1 | 0.787 7 |
| 0.243 0 | 0.238 8 | 0.297 3 | 0.832 8 |
| 0.246 2 | 0.309 9 | 0.500 0 | 1.500 0 |

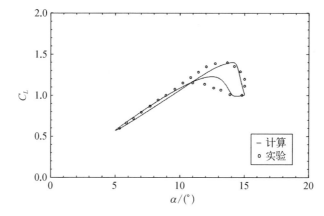

**图 3.12　NACA0012 翼型动态失速升力系数 $C_L(k=0.025)$**

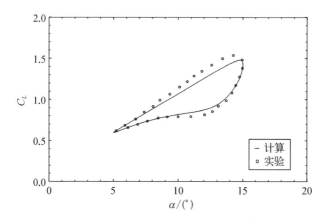

**图 3.13　NACA0012 翼型动态失速升力系数 $C_L(k=0.10)$**

由图 3.12 和图 3.13 的结果可见,本章计算的气动载荷成功地呈现了动态失速升力系数曲线的形状及时间延迟和过增等翼型动态失速的典型特性,与实验数据吻合良好,验证了本章未变形翼型动态失速气动载荷计算的准确性。

### 3.4.4　后缘小翼偏转且翼型做变距运动的可变翼型

Krzysiak 等(Krzysiak et al., 2006)提供了 NACA0012 翼型在不同变距角 $\alpha$、后缘小翼偏转角 $\beta$ 及两者不同相位差情况下的升力系数和力矩系数实验曲线。实验参数是 $\alpha = \alpha_0 + \alpha_1 \sin k_1 \tau$、$\beta = \beta_0 + \beta_1 \sin(k_2 \tau - \phi)$、$a = -0.3b$ 和 $d = 0.548b$。

采用本章建立的气动载荷计算模型,选取不同的翼型变距角、后缘小翼偏转角及两者的相位差,共计算了 7 种不同的状态,如表 3.2 所示。表中的 $\alpha$、$\beta$ 仅是实验设计参数,由于实验条件的限制,实际的 $\alpha$、$\beta$ 曲线更为复杂。本章将实际的实验曲线离散化得到的对应于离散时间点的 $\alpha$、$\beta$ 作为输入参数。计算过程中对时间的微分采用三点中心差分方法近似。带后缘小翼的 NACA0012 翼型的升力和力矩静态损失 $\Delta C_L$ 和 $\Delta C_M$ 如表 3.3 所示。

表 3.2　后缘小翼偏转且翼型做变距运动的可变翼型的计算状态

| 状　态 | 翼型变距角 $\alpha/(\degree)$ | 小翼偏转角 $\beta/(\degree)$ |
|---|---|---|
| 1 | $6\sin 0.021\tau$ | $0.5 + 5.5\sin(0.042\tau - 59)$ |
| 2 | $6\sin 0.021\tau$ | $0.5 + 5.5\sin(0.042\tau - 122)$ |
| 3 | $6\sin 0.021\tau$ | $0.5 + 5.5\sin(0.042\tau - 239)$ |
| 4 | $5 + 5.5\sin 0.021\tau$ | $5\sin(0.042\tau - 148)$ |
| 5 | $4.5 + 5.75\sin 0.021\tau$ | $5\sin(0.042\tau - 206)$ |
| 6 | $4.25 + 5.75\sin 0.021\tau$ | $-0.5 + 5.5\sin(0.042\tau - 298)$ |
| 7 | $11 + 5.5\sin 0.021\tau$ | $5.25\sin(0.042\tau - 177)$ |

表 3.3　带后缘小翼的 NACA0012 翼型的升力和力矩静态损失

| $\theta - \alpha_{0L} - \alpha_{\text{shift}}/\text{rad}$ | $\Delta C_L$ | $\Delta C_M$ | $\theta - \alpha_{0L} - \alpha_{\text{shift}}/\text{rad}$ | $\Delta C_L$ | $\Delta C_M$ |
|---|---|---|---|---|---|
| $-0.5000$ | $0.0000$ | $0.0000$ | $0.2469$ | $0.3829$ | $0.0347$ |
| $0.1745$ | $0.0000$ | $0.0000$ | $0.2480$ | $0.4665$ | $0.0361$ |
| $0.2047$ | $0.0258$ | $0.0000$ | $0.2518$ | $0.5372$ | $0.0406$ |
| $0.2130$ | $0.0562$ | $0.0027$ | $0.2591$ | $0.6051$ | $0.0495$ |
| $0.2202$ | $0.0837$ | $0.0072$ | $0.2710$ | $0.6841$ | $0.0629$ |
| $0.2284$ | $0.1141$ | $0.0143$ | $0.2803$ | $0.7357$ | $0.0698$ |
| $0.2377$ | $0.1510$ | $0.0240$ | $0.2891$ | $0.7877$ | $0.0720$ |
| $0.2430$ | $0.2388$ | $0.0301$ | $0.2973$ | $0.8328$ | $0.0741$ |
| $0.2462$ | $0.3099$ | $0.0339$ | $0.5000$ | $1.5000$ | $0.1250$ |

Ahaus(Ahaus, 2010)指出,可变翼型的静态损失曲线 $(\theta - \alpha_{0L} - \alpha_{\text{shift}}) - \Delta C_n$ 与未变形翼型的静态损失曲线 $\theta - \Delta C_n$ 近似一致,且对于带后缘小翼的 NACA0012 翼型有如下关系式:$h_0' = \dfrac{\beta\varphi_m}{\pi}$, $h_1' = \dfrac{2\beta}{\pi}\sin\varphi_m$, $h_2' = \dfrac{\beta}{\pi}\sin 2\varphi_m$, $\alpha_{\text{shift}} = 0.336h_1' + 0.403h_2'$, $\alpha_{0L} = -0.87(h_0' + 1/2h_1') + 0.087h_2'$, $\theta = \dfrac{1}{u_0}\left(v_0 + \dot{h}_0 + u_0\sum_{n=1}^{\infty}nh_n/b + \dfrac{1}{2}v_1 + \dfrac{1}{2}\dot{h}_1 - \lambda_0\right)$。

本章结合这些关系式并采用表 3.3 所示的升力、力矩静态损失计算带后缘小翼的 NACA0012 翼型的静态损失。表 3.2 列出的 7 种计算状态中,状态 1 至 3 对应于翼型做小变距运动、未动态失速,状态 4 至 6 对应于翼型做中等变距运动、近动态失速,状态 7 对应于翼型做大变距运动、动态失速。这 7 种状态下,后缘小翼的偏转角、翼型升力系数、翼型力矩系数随翼型变距角变化的计算结果与实验结果分别如图 3.14 至图 3.34 所示。

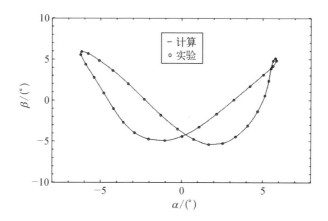

**图 3.14**　状态 1 的后缘小翼偏转角 $\beta$ 随翼型变距角 $\alpha$ 的变化

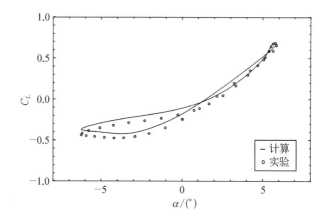

**图 3.15**　状态 1 的翼型升力系数 $C_L$ 随翼型变距角 $\alpha$ 的变化

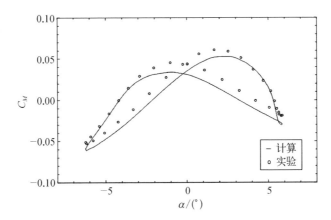

图 3.16    状态 1 的翼型力矩系数 $C_M$ 随翼型变距角 $\alpha$ 的变化

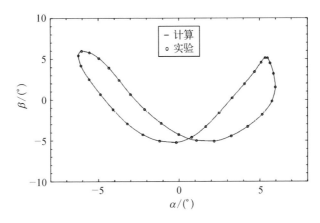

图 3.17    状态 2 的后缘小翼偏转角 $\beta$ 随翼型变距角 $\alpha$ 的变化

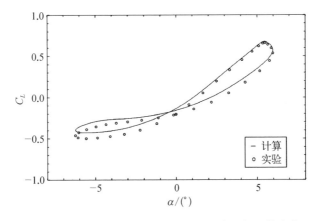

图 3.18    状态 2 的翼型升力系数 $C_L$ 随翼型变距角 $\alpha$ 的变化

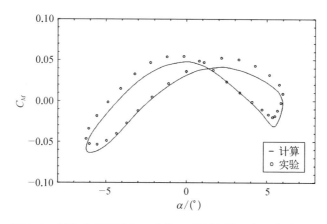

**图 3.19**　状态 2 的翼型力矩系数 $C_M$ 随翼型变距角 $\alpha$ 的变化

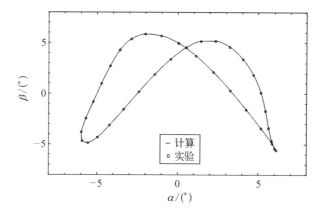

**图 3.20**　状态 3 的后缘小翼偏转角 $\beta$ 随翼型变距角 $\alpha$ 的变化

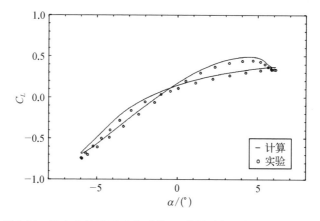

**图 3.21**　状态 3 的翼型升力系数 $C_L$ 随翼型变距角 $\alpha$ 的变化

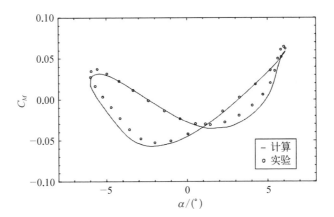

**图 3.22　状态 3 的翼型力矩系数 $C_M$ 随翼型变距角 $\alpha$ 的变化**

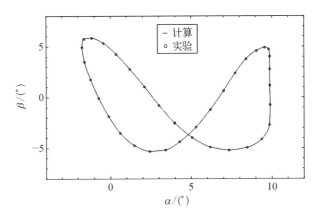

**图 3.23　状态 4 的后缘小翼偏转角 $\beta$ 随翼型变距角 $\alpha$ 的变化**

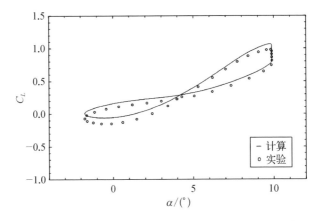

**图 3.24　状态 4 的翼型升力系数 $C_L$ 随翼型变距角 $\alpha$ 的变化**

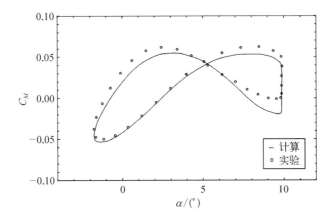

**图 3.25** 状态 4 的翼型力矩系数 $C_M$ 随翼型变距角 $\alpha$ 的变化

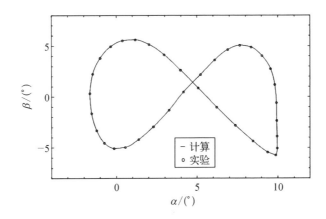

**图 3.26** 状态 5 的后缘小翼偏转角 $\beta$ 随翼型变距角 $\alpha$ 的变化

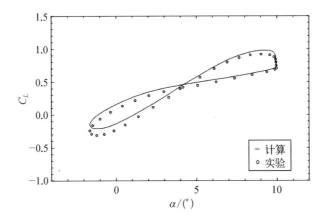

**图 3.27** 状态 5 的翼型升力系数 $C_L$ 随翼型变距角 $\alpha$ 的变化

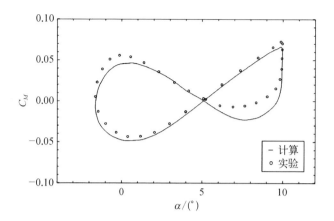

图 3.28 状态 5 的翼型力矩系数 $C_M$ 随翼型变距角 $\alpha$ 的变化

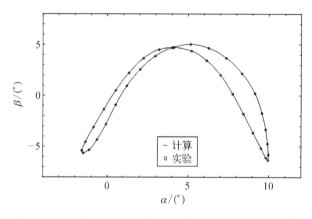

图 3.29 状态 6 的后缘小翼偏转角 $\beta$ 随翼型变距角 $\alpha$ 的变化

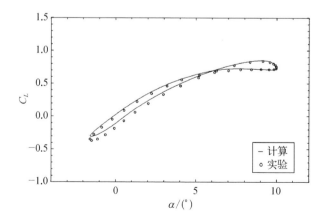

图 3.30 状态 6 的翼型升力系数 $C_L$ 随翼型变距角 $\alpha$ 的变化

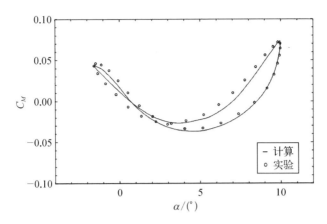

图 3.31　状态 6 的翼型力矩系数 $C_M$ 随翼型变距角 $\alpha$ 的变化

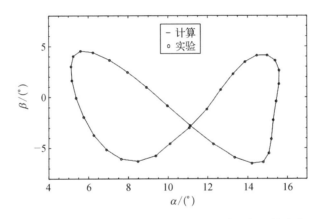

图 3.32　状态 7 的后缘小翼偏转角 $\beta$ 随翼型变距角 $\alpha$ 的变化

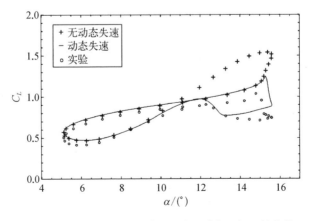

图 3.33　状态 7 的翼型升力系数 $C_L$ 随翼型变距角 $\alpha$ 的变化

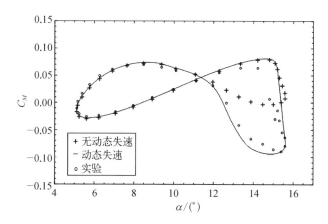

图 3.34　状态 7 的翼型力矩系数 $C_M$ 随翼型变距角 $\alpha$ 的变化

　　由本章气动载荷模型计算结果与实验结果对比可见,对于各种不同的翼型变距角、后缘小翼偏转角及两者相位差组合,计算结果与实验结果均很一致。为了考察动态失速模型对翼型升力系数和力矩系数的影响,对状态 7 的图 3.33 和图 3.34 分别给出了包括动态失速模型和不包括动态失速模型两种计算结果。从图中可以看出,计算结果在动态失速区的差别很大。从图 3.33 看出,不包括动态失速模型时,升力系数在动态失速区出现过增;包括动态失速模型和实验时,升力系数在动态失速区都出现突降,因此,在动态失速区,动态失速模型极其重要。从图 3.34 看出,尽管不包括动态失速模型、包括动态失速模型和实验的力矩系数在动态失速区都出现突降,但不包括动态失速模型时的突降程度较小,包括动态失速模型和实验时的突降较大,且两者很接近。综上所述,本章建立的气动力模型能准确地计算后缘小翼偏转且翼型做变距运动的可变翼型在未动态失速和动态失速状态下的升力系数和力矩系数,计算结果与实验结果吻合较好,验证了本章气动力计算方法计算后缘小翼做偏转运动且翼型做变距运动的可变翼型的气动载荷的准确性。

## 3.5　Peters‒He 三维有限状态动态入流计算与验证

　　本节将 Peters‒He 三维有限状态诱导速度方程与桨叶刚性挥舞运动方程及 Auto‒Pilot 配平方程联立,编程计算旋翼前飞状态下的诱导速度分布,并将计算结果与相应实验结果进行对比,以验证本书根据 Peters‒He 三维有限状态动态入流模型计算诱导速度的准确性。

　　式(2.84)至式(2.86)中无量纲化的 $L_q$ 可表示为

$$\frac{L_q}{\rho_\infty \Omega^2 R^3} = \frac{1}{2} a \, \bar{c} (\bar{r} + \mu \sin \psi_q) \left[ \theta_q (\bar{r} + \mu \sin \psi_q) - (\lambda + \lambda_i \right.$$

$$+ \bar{r} \dot{\beta}_q + \mu \beta_q \cos \psi_q) + \frac{1}{2} \bar{c} \dot{\theta}_q \Big] \tag{3.10}$$

式中，$\theta_q$ 是第 $q$ 片桨叶的变距角，$\beta_q$ 是第 $q$ 片桨叶的挥舞角，可分别表示为

$$\theta_q = \theta_0 + \theta_t \bar{r} + \theta_{1c} \cos \psi_q + \theta_{1s} \sin \psi_q \tag{3.11}$$

$$\beta_q = a_0 + a_1 \cos \psi_q + b_1 \sin \psi_q + a_d (-1)^q \tag{3.12}$$

式（3.10）至式（3.12）中，$a$ 是升力线斜率，$\bar{c}$ 是无量纲桨叶弦长 $c/R$，$\theta_0$ 是桨叶的总距操纵，$\theta_t$ 是桨叶的线性预扭，$\theta_{1c}$ 是桨叶的横向周期变距操纵，$\theta_{1s}$ 是桨叶的纵向周期变距操纵，$a_0$、$a_1$、$b_1$ 和 $a_d$ 分别是对应于桨叶共锥、纵向周期挥舞、横向周期挥舞和差动挥舞模态的挥舞系数。

第 $q$ 片桨叶的刚性挥舞运动方程可表示为

$$\ddot{\beta}_q + p^2 \beta_q = \frac{\gamma}{2 \bar{c}} (M_\theta - M_\lambda + M_p + M_{nc}) \tag{3.13}$$

式中，

$$M_\theta = \int_{\bar{e}_r}^1 \bar{c} (\bar{r} - \bar{e}) (\bar{r} + \mu \sin \psi_q)^2 \theta_q d\bar{r} \tag{3.14}$$

$$M_\lambda = \int_{\bar{e}_r}^1 \bar{c} (\bar{r} - \bar{e}) (\bar{r} + \mu \sin \psi_q) \big[ \lambda + \lambda_i + (\bar{r} - \bar{e}) \dot{\beta}_q + \mu \beta_q \cos \psi_q \big] d\bar{r} \tag{3.15}$$

$$M_p = \frac{1}{2} \int_{\bar{e}_r}^1 \bar{c}^2 (\bar{r} - \bar{e}) (\bar{r} + \mu \sin \psi_q) \Big( \theta_{1s} \cos \psi_q - \theta_{1c} \sin \psi_q + \frac{1}{2} \beta_q \Big) d\bar{r} \tag{3.16}$$

$$M_{nc} = \frac{1}{4} \int_{\bar{e}_r}^1 \bar{c}^2 (\bar{r} - \bar{e}) \Big[ \bar{r} (\dot{\theta}_q - \ddot{\beta}_q) + \mu \sin \psi_q (\dot{\theta}_q - \beta_q)$$
$$+ \mu \cos \psi_q (\theta_q + \dot{\beta}_q) + \frac{1}{4} \bar{c} \ddot{\theta}_q \Big] d\bar{r} \tag{3.17}$$

式（3.13）至式（3.17）中，$p$ 是无量纲桨叶挥舞频率，$\gamma$ 是旋翼洛克数，$\bar{e}$ 是无量纲挥舞铰偏置量，$\bar{e}_r$ 是无量纲桨叶根切。

采用式（3.12）对式（3.13）进行多桨叶坐标转换，可得

$$\boldsymbol{M}^\beta \begin{Bmatrix} \ddot{a}_0 \\ \ddot{a}_1 \\ \ddot{b}_1 \\ \ddot{a}_d \end{Bmatrix} + \boldsymbol{C}^\beta \begin{Bmatrix} \dot{a}_0 \\ \dot{a}_1 \\ \dot{b}_1 \\ \dot{a}_d \end{Bmatrix} + \boldsymbol{K}^\beta \begin{Bmatrix} a_0 \\ a_1 \\ b_1 \\ a_d \end{Bmatrix} = \begin{Bmatrix} \rho_0 \\ \rho_a \\ \rho_b \\ \rho_d \end{Bmatrix} \tag{3.18}$$

Auto‑Pilot 配平方程可表示为

$$
\begin{bmatrix} \tau_0 & 0 & 0 \\ 0 & \tau_1 & 0 \\ 0 & 0 & \tau_1 \end{bmatrix} \begin{Bmatrix} \ddot{\theta}_0 \\ \ddot{\theta}_{1s} \\ \ddot{\theta}_{1c} \end{Bmatrix} + \begin{Bmatrix} \dot{\theta}_0 \\ \dot{\theta}_{1s} \\ \dot{\theta}_{1c} \end{Bmatrix}
$$

$$
= \begin{bmatrix} K_0 & 0 & 0 \\ 0 & K_1 & 0 \\ 0 & 0 & K_1 \end{bmatrix} \begin{bmatrix} \dfrac{6}{a\sigma} & 0 & 0 \\ 0 & \dfrac{8(p^2-1)}{\gamma} & -1 \\ 0 & 1 & \dfrac{8(p^2-1)}{\gamma} \end{bmatrix} \begin{Bmatrix} \bar{C}_T - C_T \\ \bar{b}_1 - b_1 \\ \bar{a}_1 - a_1 \end{Bmatrix} \tag{3.19}
$$

式中, $\sigma$ 是旋翼实度, $C_T$ 是拉力系数, $\bar{C}_T$、$\bar{b}_1$ 和 $\bar{a}_1$ 是配平目标值, $\tau_0 = 2.88$, $\tau_1 = 0.15$, $K_0 = 0.30$, $K_1 = 0.18$。

采用 4 阶 Runge - Kutta 方法求解式(2.73)、式(2.74)、式(3.18)和式(3.19)组成的微分方程组,求得诱导速度展开系数,进而利用式(2.71)获得诱导速度的分布。

Susan 等(Susan et al., 1988)测量了带尖削桨叶的旋翼在不同前进比时的诱导速度分布,旋翼参数和测量条件如表 3.4 所示。尖削桨叶 75% 半径处的 $\bar{c}$ 是 0.097,75% 半径处到桨尖的尖削比是 3∶1。

**表 3.4 旋翼参数和测量条件**

| 参 数 名 称 | 参数符号 | 取 值 |
|---|---|---|
| 桨叶片数 | $Q$ | 4 |
| 升力线斜率 | $a$ | 5.73 |
| 无量纲挥舞铰偏置量 | $\bar{e}$ | 0.06 |
| 无量纲桨叶根切 | $\bar{e}_r$ | 0.25 |
| 线性预扭 | $\theta_t$ | $-13°$ |
| 旋翼实度 | $\sigma$ | 0.097 7 |
| 无量纲桨叶弦长 | $\bar{c}$ | 0.097 |
| 旋翼桨盘与前飞速度间的夹角 | $\alpha_s$ | 3° |
| 拉力系数配平目标值 | $\bar{C}_T$ | 0.006 4 |
| 纵向周期挥舞系数配平目标值 | $\bar{a}_1$ | 0 |
| 横向周期挥舞系数配平目标值 | $\bar{b}_1$ | 0 |
| 前进比 | $\mu$ | 0.15/0.23 |

对带尖削桨叶的旋翼在不同前进比时的诱导速度分布,采用本节方法所得计算结果和相应实验结果的对比分别如图 3.35 至图 3.38 所示。由图可见,本节计算所得的诱导速度分布曲线与相应的实验曲线吻合较好,验证了本节根据 Peters - He 三维有限状态动态入流模型计算诱导速度的准确性。

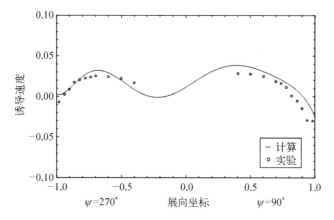

**图 3.35　带尖削桨叶的旋翼的诱导速度横向分布($\mu = 0.15$)**

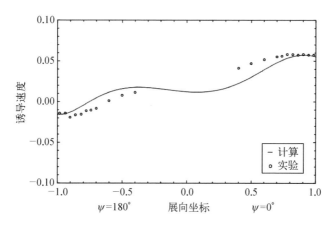

**图 3.36　带尖削桨叶的旋翼的诱导速度纵向分布($\mu = 0.15$)**

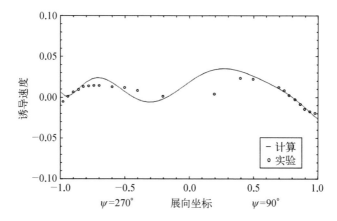

**图 3.37　带尖削桨叶的旋翼的诱导速度横向分布($\mu = 0.23$)**

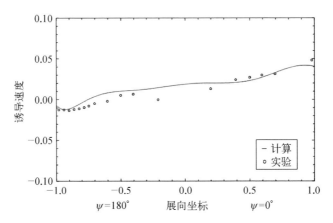

图 3.38 带尖削桨叶的旋翼的诱导速度纵向分布($\mu = 0.23$)

# 第 4 章
# 复合材料梁几何精确结构力学

## 4.1 引言

　　直升机旋翼桨叶的结构特征是细长柔性梁,因此,梁的结构非线性建模与分析是桨叶结构建模与分析的基础。本章基于 Hodges 等的几何精确非线性梁理论,将改进的变分渐近梁剖面分析 VABS 和 Hodges 混合变分形式的几何精确非线性梁运动方程组合,对复合材料梁进行几何精确非线性力学建模,计算流程如图 4.1 所示。几何非线性三维弹性分析时,采用旋转张量分解法计算梁内任意一点的应变,并将其由经典一维广义应变和剖面任意翘曲表示。二维剖面分析时,采用变分渐近法对基于三维应变的应变能进行分析,并将剖面的任意翘曲和二次渐近精确应变能由经典一维广义应变表出;采用 Timoshenko 一维广义应变与经典一维广义应变之间的关系和平衡方程,导出剖面的广义 Timoshenko 应变能。一维梁分析时,采用广义 Hamilton 原理和广义 Timoshenko 应变能建立梁的几何精确非线性运动方程。目前的变分渐近梁剖面分析多采用 Yu(Yu, 2002)建立的扰动方法将二次渐近精确应变能转化为广义 Timoshenko 应变能,该方法忽略了二次渐近精确应变能中的高阶项,并将直梁的二次渐近精确应变能对应的剖面刚度矩阵与广义 Timoshenko 应变能对应的剖面刚度矩阵之间的关系式扩展用于带初始扭转和曲率

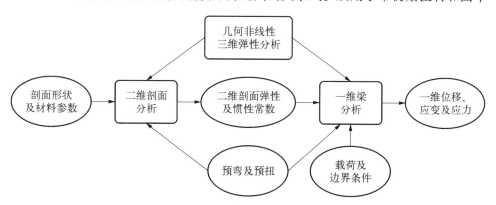

**图 4.1　复合材料梁几何精确结构力学建模流程**

的梁。后来 Ho 等(Ho et al., 2010; Ho, 2009)的研究表明,Yu 采用的以上简化,对某些梁结构影响较大,并不成立。因此,本章在将二次渐近精确应变能转化为广义 Timoshenko 应变能的过程中,舍弃 Yu 采用的以上简化,求解二次渐近精确应变能和广义 Timoshenko 应变能组成的精确非线性方程组。以 Chandra 等(Chandra et al., 1992a, 1992b, 1990)研制的各薄壁复合材料盒形梁为研究对象,通过与 Chandra 等的实验和计算结果的对比,验证本章力学建模方法的准确性;对 Chandra 等薄壁复合材料盒形梁的静力分析扩展到大变形范畴,验证本章力学建模方法可用于复合材料梁的大变形分析。

## 4.2　广义 Timoshenko 梁几何精确结构力学建模

本书中广义 Timoshenko 梁是指考虑横向剪切变形和复合材料引起的所有耦合变形,且并未对变形进行任何限制的梁。几何精确是指精确表示梁的变形,包括梁轴线的位移和梁剖面坐标系的旋转。

### 4.2.1　几何非线性三维弹性分析

几何非线性三维弹性分析是指从梁的二维变形出发,推导梁内任意一点的二维应变,并将其由经典一维广义应变和剖面任意翘曲表示。本书定义的经典一维广义应变是指将横向剪切变形归入翘曲,变形后的梁剖面垂直于变形后的梁轴线时的一维广义应变。

图 4.2 是梁由变形前状态到变形后状态的示意图。$x_1$ 表示沿变形前梁轴线 **r** 的弧长坐标,任意 $x_1$ 处的梁剖面 $\Sigma(x_1)$,其法线沿轴线 **r** 的切线方向,剖面 $\Sigma(x_1)$

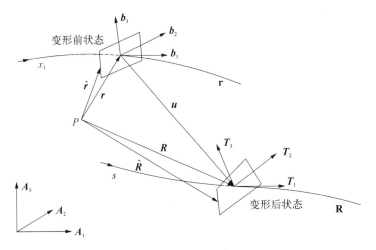

**图 4.2　梁变形示意图**

内任意点的坐标用 $x_2$、$x_3$ 表示。$s$ 表示沿变形后梁轴线 $\mathbf{R}$ 的弧长坐标。引入变形绝对坐标系 $A$、局部变形前坐标系 $b$ 和局部变形后坐标系 $T$ 描述梁的变形,这三个坐标系对应的正交单位基向量分别是 $A_i$、$b_i$、$T_i (i = 1, 2, 3)$。基向量 $b_1$ 沿轴线 $\mathbf{r}$ 的切线方向,$b_2$、$b_3$ 分别沿坐标轴 $x_2$、$x_3$ 方向。基向量 $T_1$ 沿轴线 $\mathbf{R}$ 的切线方向,将横向剪切变形归入翘曲。

假设变形前梁轴线上任意一点相对坐标系 $A$ 内某定点 $P$ 的位置向量是 $r$,则梁轴线上该点的变形前剖面内任意一点相对 $P$ 点的位置向量 $\hat{r}$ 可表示为

$$\hat{r} = r + x_\alpha b_\alpha \tag{4.1}$$

式中,下标 $\alpha = 2$、3。变形前位置向量为 $r$ 的点,变形后的位置向量是 $\mathbf{R}$,则变形前位置向量是 $\hat{r}$ 的点,变形后的位置向量 $\hat{R}$ 可表示为

$$\hat{R} = R + \underline{C}^{Tb}(\boldsymbol{\xi} + w) = r + u + x_\alpha T_\alpha + w_i T_i \tag{4.2}$$

式中,$R = r + u$ 表示梁轴线上任意一点变形后的位置向量,$u = u_{T_i} T_i = u_{A_i} A_i = u_i b_i$ 表示梁轴线上任意一点的位移,$\boldsymbol{\xi} = x_\alpha b_\alpha$,$w = w_i b_i$ 表示剖面的任意翘曲,$\underline{C}^{Tb}$ 表示坐标系 $T$ 与坐标系 $b$ 之间的转动张量:

$$\underline{C}^{Tb} = T_i b_i \tag{4.3}$$

$$T_i = \underline{C}^{Tb} \cdot b_i = C_{ij}^{Tb} b_j \tag{4.4}$$

$$C_{ij}^{Tb} = T_i \cdot b_j \tag{4.5}$$

式(4.4)和式(4.5)中,$\cdot$ 表示两个向量的点乘。式(4.2)表示的位移场有四个多余的自由度,为了使位移场唯一确定,对剖面翘曲施加如下四个约束:

$$\int_S (w^{\mathrm{T}} \boldsymbol{\psi}) \mathrm{d}x_2 \mathrm{d}x_3 = 0 \tag{4.6}$$

$$\boldsymbol{\psi} = \begin{bmatrix} 1 & 0 & 0 & 0 \\ 0 & 1 & 0 & -x_3 \\ 0 & 0 & 1 & x_2 \end{bmatrix} \tag{4.7}$$

式(4.6)中,$w = \{w_1, w_2, w_3\}^{\mathrm{T}}$,$S$ 表示梁剖面面积,式(4.6)的约束表示剖面翘曲不会引起剖面的刚体位移及剖面绕 $T_1$ 轴的刚体转动。

定义经典一维广义应变:

$$\bar{\boldsymbol{\gamma}} = \underline{C}^{bT} R' - r' = \bar{\gamma}_{11} b_1 \tag{4.8}$$

$$\bar{\boldsymbol{\kappa}} = \underline{C}^{bT} \bar{K} - k = \bar{\kappa}_1 b_1 + \bar{\kappa}_2 b_2 + \bar{\kappa}_3 b_3 \tag{4.9}$$

式(4.8)中,( )′ 表示对 $x_1$ 求导。$k = k_i b_i$ 和 $\bar{K} = \bar{K}_i T_i$ 分别表示变形前和变形后梁的

曲率。$\bar{\gamma}_{11}$、$\bar{\kappa}_1$、$\bar{\kappa}_2$、$\bar{\kappa}_3$ 分别表示梁变形后对应于拉伸、扭转和两个方向弯曲的经典一维广义应变,令 $\bar{\varepsilon} = \{\bar{\gamma}_{11}, \bar{\kappa}_1, \bar{\kappa}_2, \bar{\kappa}_3\}^{\mathrm{T}}$。

根据式(4.1)、式(4.2)、式(4.8)和式(4.9),采用旋转张量分解法(Danielson et al., 1987)计算梁内任意一点的 Jaumann – Biot – Cauchy 应变,将其表示在坐标系 $b$ 下可得

$$\boldsymbol{\Gamma} = \boldsymbol{\Gamma}_a \boldsymbol{w} + \boldsymbol{\Gamma}_\varepsilon \bar{\boldsymbol{\varepsilon}} + \boldsymbol{\Gamma}_R \boldsymbol{w} + \boldsymbol{\Gamma}_l \boldsymbol{w}' \tag{4.10}$$

式中,$\boldsymbol{\Gamma} = \{\Gamma_{11}, 2\Gamma_{12}, 2\Gamma_{13}, \Gamma_{22}, 2\Gamma_{23}, \Gamma_{33}\}^{\mathrm{T}}$,系数矩阵是 $\boldsymbol{\Gamma}_a =$

$$\begin{bmatrix} 0 & \dfrac{\partial}{\partial x_2} & \dfrac{\partial}{\partial x_3} & 0 & 0 & 0 \\ 0 & 0 & \dfrac{\partial}{\partial x_2} & \dfrac{\partial}{\partial x_3} & 0 & 0 \\ 0 & 0 & 0 & 0 & \dfrac{\partial}{\partial x_2} & \dfrac{\partial}{\partial x_3} \end{bmatrix}^{\mathrm{T}}, \quad \boldsymbol{\Gamma}_\varepsilon = \dfrac{1}{\sqrt{g}} \begin{bmatrix} 1 & 0 & 0 & 0 & 0 & 0 \\ 0 & -x_3 & x_2 & 0 & 0 & 0 \\ x_3 & 0 & 0 & 0 & 0 & 0 \\ -x_2 & 0 & 0 & 0 & 0 & 0 \end{bmatrix}^{\mathrm{T}},$$

$$\boldsymbol{\Gamma}_R = \dfrac{1}{\sqrt{g}} \begin{bmatrix} \tilde{k} + \boldsymbol{\Delta} \cdot k_1 \left( x_3 \dfrac{\partial}{\partial x_2} - x_2 \dfrac{\partial}{\partial x_3} \right) \\ \boldsymbol{O}_3 \end{bmatrix}, \quad \boldsymbol{\Gamma}_l = \dfrac{1}{\sqrt{g}} \begin{bmatrix} \boldsymbol{\Delta} \\ \boldsymbol{O}_3 \end{bmatrix}。\quad 其中,\boldsymbol{k} = \{k_1, k_2,$$

$k_3\}^{\mathrm{T}}$,$\tilde{k}$ 表示 3×3 的矩阵且 $\tilde{k}_{ij} = -e_{ijn}(k)_n$,上标~表示等式右边的数学运算,后面出现的上标~都表示该数学运算。$\boldsymbol{\Delta}$ 表示单位矩阵,$\boldsymbol{O}_3$ 表示 3×3 零矩阵,$\sqrt{g} = 1 - x_2 k_3 + x_3 k_2$。在式(4.10)的推导过程中采用小应变假设,忽略翘曲和经典一维广义应变的乘积项。

### 4.2.2　二次渐近精确应变能

由式(4.10)定义的应变,剖面应变能可表示为

$$U = \dfrac{1}{2} \langle\langle \boldsymbol{\Gamma}^{\mathrm{T}} \boldsymbol{D} \boldsymbol{\Gamma} \rangle\rangle \tag{4.11}$$

式中,$\boldsymbol{D}$ 表示材料的刚度系数矩阵,$\langle\langle * \rangle\rangle = \int_S (*) \sqrt{g} \, \mathrm{d}x_2 \mathrm{d}x_3$。

为建立适用于任意剖面形状和材料分布的梁模型,采用有限元法离散剖面翘曲如下:

$$\boldsymbol{w}(x_1, x_2, x_3) = \boldsymbol{N}(x_2, x_3) \boldsymbol{V}(x_1) \tag{4.12}$$

式中,$\boldsymbol{N}(x_2, x_3)$ 表示形函数矩阵,$\boldsymbol{V}(x_1)$ 表示剖面所有节点未知翘曲变形组成的向量。

将式(4.12)代入式(4.10),Jaumann – Biot – Cauchy 应变 $\boldsymbol{\Gamma}$ 可进一步表示为

$$\boldsymbol{\Gamma} = \boldsymbol{\Gamma}_a \boldsymbol{N} \boldsymbol{V} + \boldsymbol{\Gamma}_\varepsilon \bar{\boldsymbol{\varepsilon}} + \boldsymbol{\Gamma}_R \boldsymbol{N} \boldsymbol{V} + \boldsymbol{\Gamma}_l \boldsymbol{N} \boldsymbol{V}' \tag{4.13}$$

利用式(4.13),式(4.11)应变能可进一步表示为

$$2U = \boldsymbol{V}^{\mathrm{T}} \boldsymbol{E} \boldsymbol{V} + 2\boldsymbol{V}^{\mathrm{T}} (\boldsymbol{D}_{a\varepsilon} \bar{\boldsymbol{\varepsilon}} + \boldsymbol{D}_{aR} \boldsymbol{V} + \boldsymbol{D}_{al} \boldsymbol{V}') + \bar{\boldsymbol{\varepsilon}}^{\mathrm{T}} \boldsymbol{D}_{\varepsilon\varepsilon} \bar{\boldsymbol{\varepsilon}} + \boldsymbol{V}^{\mathrm{T}} \boldsymbol{D}_{RR} \boldsymbol{V}$$
$$+ \boldsymbol{V}'^{\mathrm{T}} \boldsymbol{D}_{ll} \boldsymbol{V}' + 2\boldsymbol{V}^{\mathrm{T}} \boldsymbol{D}_{R\varepsilon} \bar{\boldsymbol{\varepsilon}} + 2\boldsymbol{V}'^{\mathrm{T}} \boldsymbol{D}_{l\varepsilon} \bar{\boldsymbol{\varepsilon}} + 2\boldsymbol{V}^{\mathrm{T}} \boldsymbol{D}_{Rl} \boldsymbol{V}' \tag{4.14}$$

式中, $\boldsymbol{E} = \langle\langle \boldsymbol{N}^{\mathrm{T}} \boldsymbol{\Gamma}_a^{\mathrm{T}} \boldsymbol{D} \boldsymbol{\Gamma}_a \boldsymbol{N} \rangle\rangle$, $\boldsymbol{D}_{a\varepsilon} = \langle\langle \boldsymbol{N}^{\mathrm{T}} \boldsymbol{\Gamma}_a^{\mathrm{T}} \boldsymbol{D} \boldsymbol{\Gamma}_\varepsilon \rangle\rangle$, $\boldsymbol{D}_{aR} = \langle\langle \boldsymbol{N}^{\mathrm{T}} \boldsymbol{\Gamma}_a^{\mathrm{T}} \boldsymbol{D} \boldsymbol{\Gamma}_R \boldsymbol{N} \rangle\rangle$, $\boldsymbol{D}_{al} = \langle\langle \boldsymbol{N}^{\mathrm{T}} \boldsymbol{\Gamma}_a^{\mathrm{T}} \boldsymbol{D} \boldsymbol{\Gamma}_l \boldsymbol{N} \rangle\rangle$, $\boldsymbol{D}_{\varepsilon\varepsilon} = \langle\langle \boldsymbol{\Gamma}_\varepsilon^{\mathrm{T}} \boldsymbol{D} \boldsymbol{\Gamma}_\varepsilon \rangle\rangle$, $\boldsymbol{D}_{RR} = \langle\langle \boldsymbol{N}^{\mathrm{T}} \boldsymbol{\Gamma}_R^{\mathrm{T}} \boldsymbol{D} \boldsymbol{\Gamma}_R \boldsymbol{N} \rangle\rangle$, $\boldsymbol{D}_{ll} = \langle\langle \boldsymbol{N}^{\mathrm{T}} \boldsymbol{\Gamma}_l^{\mathrm{T}} \boldsymbol{D} \boldsymbol{\Gamma}_l \boldsymbol{N} \rangle\rangle$, $\boldsymbol{D}_{R\varepsilon} = \langle\langle \boldsymbol{N}^{\mathrm{T}} \boldsymbol{\Gamma}_R^{\mathrm{T}} \boldsymbol{D} \boldsymbol{\Gamma}_\varepsilon \rangle\rangle$, $\boldsymbol{D}_{l\varepsilon} = \langle\langle \boldsymbol{N}^{\mathrm{T}} \boldsymbol{\Gamma}_l^{\mathrm{T}} \boldsymbol{D} \boldsymbol{\Gamma}_\varepsilon \rangle\rangle$, $\boldsymbol{D}_{Rl} = \langle\langle \boldsymbol{N}^{\mathrm{T}} \boldsymbol{\Gamma}_R^{\mathrm{T}} \boldsymbol{D} \boldsymbol{\Gamma}_l \boldsymbol{N} \rangle\rangle$。

利用同样的形函数矩阵 $\boldsymbol{N}(x_2, x_3)$ 对 $\boldsymbol{\psi}$ 进行离散,即 $\boldsymbol{\psi} = \boldsymbol{N}(x_2, x_3)\boldsymbol{\Psi}$, 则约束方程(4.6)变为

$$\boldsymbol{V}^{\mathrm{T}} \int_S (\boldsymbol{N}^{\mathrm{T}} \boldsymbol{N}) \, \mathrm{d}x_2 \mathrm{d}x_3 \boldsymbol{\Psi} = 0 \tag{4.15}$$

令 $\boldsymbol{H} = \int_S \left[ \boldsymbol{N}(x_2, x_3)^{\mathrm{T}} \boldsymbol{N}(x_2, x_3) \right] \mathrm{d}x_2 \mathrm{d}x_3$, 式(4.15)可进一步表示为

$$\boldsymbol{V}^{\mathrm{T}} \boldsymbol{H} \boldsymbol{\Psi} = 0 \tag{4.16}$$

采用变分渐近方法确定 $\boldsymbol{V}(x_1)$, 使得式(4.14)应变能在式(4.16)约束下取得最小值。变分渐近方法利用一个或多个小量,通过逐渐增加小量的阶次来渐近求得泛函的驻点。

为此,引入量级规定:材料弹性常数的量级为 $\mu$, 剖面尺寸的量级为 $h$, $\bar{\gamma}_{11}$ 和 $\bar{\kappa}_i$ 的量级分别为 $\hat{\varepsilon}$ 和 $\hat{\varepsilon}/h$, ( )′ 和 $k_i$ 的量级为 $1/\hat{R}$。对于一般梁结构, $\hat{\varepsilon}$ 和 $h/\hat{R}$ 为小量。对应变能的零次近似应变能 $U_0$, $\boldsymbol{V}$ 的量级是 $h\hat{\varepsilon}$。分析式(4.14)应变能中各项的量级保留至 $\mu h^2 \hat{\varepsilon}^2$, 零次近似的应变能 $U_0$ 表示为

$$2U_0 = \boldsymbol{V}^{\mathrm{T}} \boldsymbol{E} \boldsymbol{V} + 2\boldsymbol{V}^{\mathrm{T}} \boldsymbol{D}_{a\varepsilon} \bar{\boldsymbol{\varepsilon}} + \bar{\boldsymbol{\varepsilon}}^{\mathrm{T}} \boldsymbol{D}_{\varepsilon\varepsilon} \bar{\boldsymbol{\varepsilon}} \tag{4.17}$$

采用变分法求解式(4.17)应变能在式(4.16)约束下的最小值,可确定 $\boldsymbol{V} = \hat{\boldsymbol{V}}_0 \bar{\boldsymbol{\varepsilon}}$, 即剖面所有节点未知翘曲变形 $\boldsymbol{V}$ 由经典一维广义应变 $\bar{\boldsymbol{\varepsilon}}$ 表出。零次近似的应变能 $U_0$ 进而可表示为

$$2U_0 = \bar{\boldsymbol{\varepsilon}}^{\mathrm{T}} (\hat{\boldsymbol{V}}_0^{\mathrm{T}} \boldsymbol{D}_{a\varepsilon} + \boldsymbol{D}_{\varepsilon\varepsilon}) \bar{\boldsymbol{\varepsilon}} \tag{4.18}$$

渐近精确的零次应变能 $U_0$ 不包括初始曲率和扭转的修正。为了考虑初始曲率和扭转效应,对应变能进行二次近似,此时剖面所有节点未知翘曲变形 $\boldsymbol{V}$ 可表示为

$$\boldsymbol{V} = \boldsymbol{V}_0 + \boldsymbol{V}_1 + \boldsymbol{V}_2 \tag{4.19}$$

式中, $\boldsymbol{V}_0$、$\boldsymbol{V}_1$ 和 $\boldsymbol{V}_2$ 的量级分别是 $h\hat{\varepsilon}$、$(h/\hat{R})h\hat{\varepsilon}$ 和 $(h/\hat{R})^2 h\hat{\varepsilon}$, 且 $\boldsymbol{V}_0$ 是对应于零

次近似应变能的 $V$, 即 $V_0 = \hat{V}_0\,\bar{\varepsilon}$。将式(4.19)代入式(4.14),保留至量级为 $(h/\hat{R})^2\mu h^2\,\hat{\bar{\varepsilon}}^2$,二次近似的应变能 $U_2$ 可表示为

$$2U_2 = \bar{\varepsilon}^{\mathrm{T}}(\hat{V}_0^{\mathrm{T}}D_{a\varepsilon} + D_{\varepsilon\varepsilon})\,\bar{\varepsilon} + 2(V_0^{\mathrm{T}}D_{aR}V_0 + V_0^{\mathrm{T}}D_{al}V_0' + V_0^{\mathrm{T}}D_{R\varepsilon}\,\bar{\varepsilon} + V_0'^{\mathrm{T}}D_{l\varepsilon}\,\bar{\varepsilon})$$
$$+ V_1^{\mathrm{T}}EV_1 + 2V_1^{\mathrm{T}}(D_{aR}V_0 + D_{aR}^{\mathrm{T}}V_0 + D_{R\varepsilon}\,\bar{\varepsilon}) + 2V_1^{\mathrm{T}}D_{al}V_0' + 2V_0^{\mathrm{T}}D_{al}V_1'$$
$$+ 2V_1'^{\mathrm{T}}D_{l\varepsilon}\,\bar{\varepsilon} + V_0^{\mathrm{T}}D_{RR}V_0 + 2V_0^{\mathrm{T}}D_{Rl}V_0' + V_0'^{\mathrm{T}}D_{ll}V_0' \qquad (4.20)$$

使用分部积分消掉式(4.20)中的 $V_1'$,并仅保留其非常数项可得

$$2U_2 = V_1^{\mathrm{T}}EV_1 + 2V_1^{\mathrm{T}}D_R\,\bar{\varepsilon} + 2V_1^{\mathrm{T}}D_S\,\bar{\varepsilon}' \qquad (4.21)$$

式中,

$$D_R = D_{aR}\,\hat{V}_0 + D_{aR}^{\mathrm{T}}\,\hat{V}_0 + D_{R\varepsilon} \qquad (4.22)$$

$$D_S = D_{al}\,\hat{V}_0 - D_{al}^{\mathrm{T}}\,\hat{V}_0 - D_{l\varepsilon} \qquad (4.23)$$

采用变分法求解式(4.21)应变能在式(4.16)约束下的最小值,可确定 $V_1 = V_{1R}\,\bar{\varepsilon} + V_{1S}\,\bar{\varepsilon}'$。此时,$V_0$ 和 $V_1$ 均已由经典一维广义应变 $\bar{\varepsilon}$ 表出,将表达式代入式(4.20),此二次渐近精确应变能即剖面应变能 $U$ 为

$$2U = \bar{\varepsilon}^{\mathrm{T}}A\,\bar{\varepsilon} + 2\bar{\varepsilon}^{\mathrm{T}}B\,\bar{\varepsilon}' + \bar{\varepsilon}'^{\mathrm{T}}C\,\bar{\varepsilon}' + 2\bar{\varepsilon}^{\mathrm{T}}D\,\bar{\varepsilon}'' \qquad (4.24)$$

式中,$A = \hat{V}_0^{\mathrm{T}}D_{a\varepsilon} + D_{\varepsilon\varepsilon} + \hat{V}_0^{\mathrm{T}}(D_{aR} + D_{aR}^{\mathrm{T}} + D_{RR})\,\hat{V}_0 + \hat{V}_0^{\mathrm{T}}D_{R\varepsilon} + D_{R\varepsilon}^{\mathrm{T}}\,\hat{V}_0 + D_R^{\mathrm{T}}V_{1R}$,$B = \hat{V}_0^{\mathrm{T}}D_{al}\,\hat{V}_0 + D_{l\varepsilon}^{\mathrm{T}}\,\hat{V}_0 + \hat{V}_0^{\mathrm{T}}D_{al}V_{1R} + D_{l\varepsilon}^{\mathrm{T}}V_{1R} + \hat{V}_0^{\mathrm{T}}D_{Rl}\,\hat{V}_0 + \dfrac{1}{2}(D_R^{\mathrm{T}}V_{1S} + V_{1R}^{\mathrm{T}}D_{al}\,\hat{V}_0 + V_{1R}^{\mathrm{T}}D_{al}^{\mathrm{T}}\,\hat{V}_0 + V_{1R}^{\mathrm{T}}D_{l\varepsilon})$,$C = \hat{V}_0^{\mathrm{T}}D_{al}^{\mathrm{T}}V_{1S} + V_{1S}^{\mathrm{T}}D_{al}\,\hat{V}_0 + V_{1S}^{\mathrm{T}}D_{l\varepsilon} + \hat{V}_0^{\mathrm{T}}D_{ll}\,\hat{V}_0$,$D = (D_{l\varepsilon}^{\mathrm{T}} + \hat{V}_0^{\mathrm{T}}D_{al})V_{1S}$。

式(4.24)表示的应变能虽然二次渐近精确,但因含有经典一维广义应变 $\bar{\varepsilon}$ 对 $x_1$ 的导数,边界条件较复杂,不便于实际应用,需将其转化为广义 Timoshenko 应变能。

### 4.2.3　广义 Timoshenko 应变能

本节引入含有一维广义剪切应变的 Timoshenko 一维广义应变,并根据 Timoshenko 一维广义应变与经典一维广义应变之间的关系和平衡方程,由二次渐近精确应变能导出广义 Timoshenko 应变能。本书定义的 Timoshenko 一维广义应变是指考虑横向剪切变形,变形后梁剖面的法线与变形后的梁轴线存在由横向剪切变形引起的转动时的一维广义应变。

在变形后梁轴线 $\mathbf{R}$ 任意点处引入变形坐标系 $B$,其正交单位基向量是 $\mathbf{B}_i$,且 $\mathbf{B}_1$ 垂直于变形后的剖面。定义 Timoshenko 一维广义应变如下:

$$\boldsymbol{\gamma} = \underline{\boldsymbol{C}}^{bB}\boldsymbol{R}' - \boldsymbol{r}' = \gamma_{11}\boldsymbol{b}_1 + 2\gamma_{12}\boldsymbol{b}_2 + 2\gamma_{13}\boldsymbol{b}_3 \tag{4.25}$$

$$\boldsymbol{\kappa} = \underline{\boldsymbol{C}}^{bB}\boldsymbol{K} - \boldsymbol{k} = \kappa_1\boldsymbol{b}_1 + \kappa_2\boldsymbol{b}_2 + \kappa_3\boldsymbol{b}_3 \tag{4.26}$$

式中，$\boldsymbol{K} = K_i\boldsymbol{B}_i$ 表示考虑横向剪切变形后梁的曲率，$\underline{\boldsymbol{C}}^{bB}$ 表示坐标系 $b$ 与坐标系 $B$ 之间的转动张量。$\gamma_{11}$、$2\gamma_{12}$、$2\gamma_{13}$、$\kappa_1$、$\kappa_2$、$\kappa_3$ 分别表示梁变形后对应于拉伸、两个方向横向剪切、扭转和两个方向弯曲的 Timoshenko 一维广义应变，令 $\boldsymbol{\varepsilon} = \{\gamma_{11},\ \kappa_1,\ \kappa_2,\ \kappa_3\}^{\mathrm{T}}$，$\boldsymbol{\gamma}_s = \{2\gamma_{12},\ 2\gamma_{13}\}^{\mathrm{T}}$，$\boldsymbol{\gamma} = \{\gamma_{11},\ 2\gamma_{12},\ 2\gamma_{13}\}^{\mathrm{T}}$，$\boldsymbol{\kappa} = \{\kappa_1,\ \kappa_2,\ \kappa_3\}^{\mathrm{T}}$。

变形坐标系 $B$ 相对于变形坐标系 $T$ 的转动由横向剪切变形引起，采用小应变假设，基向量 $\boldsymbol{B}_i$ 与 $\boldsymbol{T}_i$ 之间存在如下转换关系：

$$\begin{Bmatrix} \boldsymbol{B}_1 \\ \boldsymbol{B}_2 \\ \boldsymbol{B}_3 \end{Bmatrix} = \begin{bmatrix} 1 & -2\gamma_{12} & -2\gamma_{13} \\ 2\gamma_{12} & 1 & 0 \\ 2\gamma_{13} & 0 & 1 \end{bmatrix} \begin{Bmatrix} \boldsymbol{T}_1 \\ \boldsymbol{T}_2 \\ \boldsymbol{T}_3 \end{Bmatrix} \tag{4.27}$$

由经典一维广义应变与 Timoshenko 一维广义应变的定义和式（4.27），可得坐标系 $b$ 下表示的经典一维广义应变与 Timoshenko 一维广义应变的转换关系如下：

$$\bar{\boldsymbol{\varepsilon}} = \boldsymbol{\varepsilon} + \boldsymbol{Q}\boldsymbol{\gamma}_s' + \boldsymbol{P}\boldsymbol{\gamma}_s \tag{4.28}$$

式中，$\boldsymbol{Q} = \begin{bmatrix} 0 & 0 & 0 & 1 \\ 0 & 0 & -1 & 0 \end{bmatrix}^{\mathrm{T}}$，$\boldsymbol{P} = \begin{bmatrix} 0 & k_2 & -k_1 & 0 \\ 0 & k_3 & 0 & -k_1 \end{bmatrix}^{\mathrm{T}}$。

将式（4.28）代入式（4.24），可得由 Timoshenko 一维广义应变 $\boldsymbol{\varepsilon}$ 和 $\boldsymbol{\gamma}_s$ 表示的二次渐近精确应变能如下：

$$\begin{aligned} 2U = &(\boldsymbol{\varepsilon} + \boldsymbol{Q}\boldsymbol{\gamma}_s' + \boldsymbol{P}\boldsymbol{\gamma}_s)^{\mathrm{T}}A(\boldsymbol{\varepsilon} + \boldsymbol{Q}\boldsymbol{\gamma}_s' + \boldsymbol{P}\boldsymbol{\gamma}_s) + 2(\boldsymbol{\varepsilon} + \boldsymbol{Q}\boldsymbol{\gamma}_s' + \boldsymbol{P}\boldsymbol{\gamma}_s)^{\mathrm{T}} \\ &B(\boldsymbol{\varepsilon} + \boldsymbol{Q}\boldsymbol{\gamma}_s' + \boldsymbol{P}\boldsymbol{\gamma}_s)' + (\boldsymbol{\varepsilon} + \boldsymbol{Q}\boldsymbol{\gamma}_s' + \boldsymbol{P}\boldsymbol{\gamma}_s)'^{\mathrm{T}}C(\boldsymbol{\varepsilon} + \boldsymbol{Q}\boldsymbol{\gamma}_s' + \boldsymbol{P}\boldsymbol{\gamma}_s)' \\ &+ 2(\boldsymbol{\varepsilon} + \boldsymbol{Q}\boldsymbol{\gamma}_s' + \boldsymbol{P}\boldsymbol{\gamma}_s)^{\mathrm{T}}D(\boldsymbol{\varepsilon} + \boldsymbol{Q}\boldsymbol{\gamma}_s' + \boldsymbol{P}\boldsymbol{\gamma}_s)'' \end{aligned} \tag{4.29}$$

广义 Timoshenko 应变能的标准形式为

$$2U = \boldsymbol{\varepsilon}^{\mathrm{T}}\boldsymbol{X}\boldsymbol{\varepsilon} + 2\boldsymbol{\varepsilon}^{\mathrm{T}}\boldsymbol{Y}\boldsymbol{\gamma}_s + \boldsymbol{\gamma}_s^{\mathrm{T}}\boldsymbol{G}\boldsymbol{\gamma}_s \tag{4.30}$$

其对应的本构方程为

$$\{F_1,\ M_1,\ M_2,\ M_3,\ F_2,\ F_3\}^{\mathrm{T}} = \begin{bmatrix} \boldsymbol{X} & \boldsymbol{Y} \\ \boldsymbol{Y}^{\mathrm{T}} & \boldsymbol{G} \end{bmatrix} \begin{Bmatrix} \boldsymbol{\varepsilon} \\ \boldsymbol{\gamma}_s \end{Bmatrix} \tag{4.31}$$

式中，$F_i$、$M_i$ 是坐标系 $B$ 下的剖面合力和合力矩。

为使式（4.30）表示的广义 Timoshenko 应变能渐近精确，其应与式（4.29）表示的二次渐近精确应变能相等。因此，为获得渐近精确的广义 Timoshenko 应变能，需联立式(4.29)和式(4.30)求解未知矩阵 $\boldsymbol{X}$、$\boldsymbol{Y}$ 和 $\boldsymbol{G}$。式(4.29)中含有 Timoshenko 一维广义应变对 $x_1$ 的导数,为将其转化为式(4.30)的形式,本书采用平衡方程将 Timoshenko 一维广义应变对 $x_1$ 的导数由 Timoshenko 一维广义应变表达。

忽略外部和惯性分布载荷,带初始扭转和曲率复合材料梁的一维非线性平衡方程可表示为

$$\begin{cases} \boldsymbol{F}' + (\tilde{\boldsymbol{k}} + \tilde{\boldsymbol{\kappa}})\boldsymbol{F} = 0 \\ \boldsymbol{M}' + (\tilde{\boldsymbol{k}} + \tilde{\boldsymbol{\kappa}})\boldsymbol{M} + (\tilde{\boldsymbol{e}}_1 + \tilde{\boldsymbol{\gamma}})\boldsymbol{F} = 0 \end{cases} \tag{4.32}$$

式中,$\boldsymbol{F} = \{F_1, F_2, F_3\}^{\mathrm{T}}$,$\boldsymbol{M} = \{M_1, M_2, M_3\}^{\mathrm{T}}$,$\boldsymbol{e}_1 = \{1, 0, 0\}^{\mathrm{T}}$。

根据采用的量级规定,式(4.32)中的非线性项是高阶项,可忽略不计,由此平衡方程可简化为

$$\{F_2', F_3'\}^{\mathrm{T}} + \boldsymbol{D}_1\{F_2, F_3\}^{\mathrm{T}} + \boldsymbol{D}_2\{F_1, M_1, M_2, M_3\}^{\mathrm{T}} = 0 \tag{4.33}$$

$$\{F_1', M_1', M_2', M_3'\}^{\mathrm{T}} + \boldsymbol{D}_3\{F_1, M_1, M_2, M_3\}^{\mathrm{T}} + \boldsymbol{D}_4\{F_2, F_3\}^{\mathrm{T}} = 0 \tag{4.34}$$

式中,$\boldsymbol{D}_1 = \begin{bmatrix} 0 & -k_1 \\ k_1 & 0 \end{bmatrix}$,$\boldsymbol{D}_2 = \begin{bmatrix} k_3 & 0 & 0 & 0 \\ -k_2 & 0 & 0 & 0 \end{bmatrix}$,$\boldsymbol{D}_3 = \begin{bmatrix} 0 & 0 & 0 & 0 \\ 0 & 0 & -k_3 & k_2 \\ 0 & k_3 & 0 & -k_1 \\ 0 & -k_2 & k_1 & 0 \end{bmatrix}$,

$\boldsymbol{D}_4 = \boldsymbol{Q} - \boldsymbol{D}_2^{\mathrm{T}}$。

将式(4.31)代入式(4.33)和式(4.34)可得

$$\boldsymbol{Y}^{\mathrm{T}}\boldsymbol{\varepsilon}' + \boldsymbol{G}\boldsymbol{\gamma}_s' + \boldsymbol{D}_1(\boldsymbol{Y}^{\mathrm{T}}\boldsymbol{\varepsilon} + \boldsymbol{G}\boldsymbol{\gamma}_s) + \boldsymbol{D}_2(\boldsymbol{X}\boldsymbol{\varepsilon} + \boldsymbol{Y}\boldsymbol{\gamma}_s) = 0 \tag{4.35}$$

$$\boldsymbol{X}\boldsymbol{\varepsilon}' + \boldsymbol{Y}\boldsymbol{\gamma}_s' + \boldsymbol{D}_3(\boldsymbol{X}\boldsymbol{\varepsilon} + \boldsymbol{Y}\boldsymbol{\gamma}_s) + \boldsymbol{D}_4(\boldsymbol{Y}^{\mathrm{T}}\boldsymbol{\varepsilon} + \boldsymbol{G}\boldsymbol{\gamma}_s) = 0 \tag{4.36}$$

采用式(4.35)和式(4.36)可将 Timoshenko 一维广义应变对 $x_1$ 的导数由 Timoshenko 一维广义应变表出,然后联立式(4.29)和式(4.30),可得到仅关于未知矩阵 $\boldsymbol{X}$、$\boldsymbol{Y}$ 和 $\boldsymbol{G}$ 的非线性方程组。

以上所得关于 $\boldsymbol{X}$、$\boldsymbol{Y}$ 和 $\boldsymbol{G}$ 的非线性方程组比较复杂,求解困难。Yu(Yu, 2002)认为式(4.29)中的高阶项可忽略不计,仅保留至二次项将式(4.29)简化为

$$2U = \boldsymbol{\varepsilon}^{\mathrm{T}}\boldsymbol{A}\boldsymbol{\varepsilon} + 2\boldsymbol{\varepsilon}^{\mathrm{T}}\boldsymbol{A}\boldsymbol{Q}\boldsymbol{\gamma}_s' + 2\boldsymbol{\varepsilon}^{\mathrm{T}}\boldsymbol{A}\boldsymbol{P}\boldsymbol{\gamma}_s + 2\boldsymbol{\varepsilon}^{\mathrm{T}}\boldsymbol{B}\boldsymbol{\varepsilon}' + \boldsymbol{\varepsilon}'^{\mathrm{T}}\boldsymbol{C}\boldsymbol{\varepsilon}' + 2\boldsymbol{\varepsilon}^{\mathrm{T}}\boldsymbol{D}\boldsymbol{\varepsilon}'' \tag{4.37}$$

而且,Yu(Yu, 2002)还将仅对直梁精确成立的下式推广用于带初始扭转和曲率的梁:

$$\boldsymbol{A} = \boldsymbol{X} - \boldsymbol{Y}\boldsymbol{G}^{-1}\boldsymbol{Y}^{\mathrm{T}} \tag{4.38}$$

Yu(Yu, 2002)在以上两个简化的基础上建立了求解关于 $\boldsymbol{X}$、$\boldsymbol{Y}$ 和 $\boldsymbol{G}$ 非线性方

程组的扰动方法,获得了形如式(4.30)的广义 Timoshenko 应变能。Ho 等(Ho et al., 2010; Ho, 2009)指出,Yu(Yu, 2002)采用的以上两个简化对某些梁结构影响较大,并不成立。因此,本书在将二次渐近精确应变能转化为广义 Timoshenko 应变能的过程中,舍弃 Yu(Yu, 2002)的以上两个简化,求解关于 $\boldsymbol{X}$、$\boldsymbol{Y}$ 和 $\boldsymbol{G}$ 的精确非线性方程组。

将式(4.30)和式(4.31)中的 $\boldsymbol{X}$、$\boldsymbol{Y}$ 和 $\boldsymbol{G}$ 矩阵重组,广义 Timoshenko 应变能及其对应的本构方程可分别表示为

$$2U = \begin{Bmatrix} \gamma_{11} \\ 2\gamma_{12} \\ 2\gamma_{13} \\ \kappa_1 \\ \kappa_2 \\ \kappa_3 \end{Bmatrix}^{\mathrm{T}} \begin{bmatrix} S_{11} & S_{12} & S_{13} & S_{14} & S_{15} & S_{16} \\ S_{12} & S_{22} & S_{23} & S_{24} & S_{25} & S_{26} \\ S_{13} & S_{23} & S_{33} & S_{34} & S_{35} & S_{36} \\ S_{14} & S_{24} & S_{34} & S_{44} & S_{45} & S_{46} \\ S_{15} & S_{25} & S_{35} & S_{45} & S_{55} & S_{56} \\ S_{16} & S_{26} & S_{36} & S_{46} & S_{56} & S_{66} \end{bmatrix} \begin{Bmatrix} \gamma_{11} \\ 2\gamma_{12} \\ 2\gamma_{13} \\ \kappa_1 \\ \kappa_2 \\ \kappa_3 \end{Bmatrix} \quad (4.39)$$

$$\begin{Bmatrix} F_1 \\ F_2 \\ F_3 \\ M_1 \\ M_2 \\ M_3 \end{Bmatrix} = \begin{bmatrix} S_{11} & S_{12} & S_{13} & S_{14} & S_{15} & S_{16} \\ S_{12} & S_{22} & S_{23} & S_{24} & S_{25} & S_{26} \\ S_{13} & S_{23} & S_{33} & S_{34} & S_{35} & S_{36} \\ S_{14} & S_{24} & S_{34} & S_{44} & S_{45} & S_{46} \\ S_{15} & S_{25} & S_{35} & S_{45} & S_{55} & S_{56} \\ S_{16} & S_{26} & S_{36} & S_{46} & S_{56} & S_{66} \end{bmatrix} \begin{Bmatrix} \gamma_{11} \\ 2\gamma_{12} \\ 2\gamma_{13} \\ \kappa_1 \\ \kappa_2 \\ \kappa_3 \end{Bmatrix} \quad (4.40)$$

式(4.39)和式(4.40)中的矩阵 $\boldsymbol{S}$ 即通常所说的剖面刚度矩阵。下标 1 表示拉伸,2 和 3 表示剪切,4 表示扭转,5 和 6 表示弯曲。对角元素 $S_{ii}(i=1, 2, 3, 4, 5, 6)$ 分别表示拉伸刚度系数、两个方向的剪切刚度系数、扭转刚度系数及两个方向的弯曲刚度系数。非对角元素 $S_{ij}(i, j=1, 2, 3, 4, 5, 6, i \neq j)$ 表示对应的耦合刚度系数。例如,$S_{14}$ 表示拉伸/扭转耦合刚度系数,$S_{45}$ 表示扭转/弯曲耦合刚度系数。利用由式(4.39)和式(4.40)表示的广义 Timoshenko 应变能及其对应的本构方程,即可推导一维梁的几何精确非线性运动方程。

## 4.3  一维梁几何精确运动方程及求解

采用如下广义 Hamilton 原理建立一维梁的几何精确非线性运动方程:

$$\int_{t_1}^{t_2} \int_0^l \left[ \delta(T - U) + \delta\overline{W} \right] \mathrm{d}x_1 \mathrm{d}t = \delta\overline{\Lambda} \quad (4.41)$$

式中，$T$ 和 $U$ 分别表示单位长度梁的动能和应变能，$\delta \overline{W}$ 表示单位长度梁上外载荷所做的虚功。单位长度梁的应变能 $U$ 已在 4.2.2 节和 4.2.3 节作了详细介绍，下面首先介绍本书描述梁上任意点速度的方法，在此基础上建立单位长度梁动能 $T$ 的表达式。

梁上任意一点 $M$ 在惯性坐标系 $I$ 中的速度可表示为

$$v^{MI} = v^{b*I} + \boldsymbol{\omega}^{bI} \times p^{B*/b*} + {}^b \dot{p}^{B*/b*} + \boldsymbol{\omega}^{BI} \times p^{M/B*} + {}^B \dot{p}^{M/B*} \tag{4.42}$$

式中，$\times$ 表示两个向量的叉乘，$v$ 表示速度向量，$\boldsymbol{\omega}$ 表示角速度向量，$p$ 表示位置向量，$\boldsymbol{\omega}^{BI} = \boldsymbol{\omega}^{Bb} + \boldsymbol{\omega}^{bI}$，$b^*$ 表示变形前梁轴线上任意一点，$B^*$ 表示变形后梁轴线上对应于 $b^*$ 的点，左上标 $b$ 和 $B$ 分别表示在 $b$ 和 $B$ 坐标系下求导，$p^{B*/b*}$ 表示从 $b^*$ 点到 $B^*$ 点的位置向量，$p^{M/B*}$ 表示从 $B^*$ 点到 $M$ 点的位置向量。翘曲相对于剖面尺寸来说要小得多，因此计算速度时忽略翘曲的影响，即式（4.42）最后一项可忽略不计。$p^{B*/b*}$ 是梁轴线上任意一点从变形前到变形后的位移向量 $u$，因此式（4.42）可进一步表示为

$$v^{MI} = v^{b*I} + \boldsymbol{\omega}^{bI} \times u + {}^b \dot{u} + \boldsymbol{\omega}^{BI} \times (x_2 \boldsymbol{B}_2 + x_3 \boldsymbol{B}_3) \tag{4.43}$$

将式（4.43）中的位移向量、速度向量和角速度向量分别表示在坐标系 $b$ 或坐标系 $B$ 中，式（4.43）可表示为

$$v_B^{MI} = \boldsymbol{V} + \tilde{\boldsymbol{\Omega}} \boldsymbol{\xi} \tag{4.44}$$

$$\boldsymbol{V} = \boldsymbol{C}^{Bb} (v + \dot{u} + \tilde{\omega} u) \tag{4.45}$$

$$\tilde{\boldsymbol{\Omega}} = -\dot{\boldsymbol{C}}^{BI} \boldsymbol{C}^{IB} \tag{4.46}$$

式中，$v_B^{MI}$ 表示梁上任意一点 $M$ 的速度向量，$\boldsymbol{V}$ 表示点 $M$ 对应的变形后梁轴线上点的速度向量，$\boldsymbol{\Omega}$ 表示坐标系 $B$ 的角速度向量，$\boldsymbol{C}^{Bb}$ 表示坐标系 $B$ 与坐标系 $b$ 之间的转换矩阵，$v$ 表示点 $M$ 对应的变形前梁轴线上点的速度向量，$\omega$ 表示坐标系 $b$ 的角速度向量，$\boldsymbol{\xi} = \{0, x_2, x_3\}^{\mathrm{T}}$。$v_B^{MI}$、$\boldsymbol{V}$ 和 $\boldsymbol{\Omega}$ 是坐标系 $B$ 下的向量，$v$ 和 $\omega$ 是坐标系 $b$ 下的向量。

单位长度梁的动能表达式为

$$T = \frac{1}{2} \langle \langle \rho (v_B^{MI})^{\mathrm{T}} v_B^{MI} \rangle \rangle \tag{4.47}$$

式中，$\rho$ 是材料密度。

将式（4.44）代入式（4.47），可将单位长度梁的动能进一步表示为

$$T = \frac{1}{2} (\mu \boldsymbol{V}^{\mathrm{T}} \boldsymbol{V} - 2 \boldsymbol{\Omega}^{\mathrm{T}} \tilde{\boldsymbol{V}} \mu \bar{\boldsymbol{\xi}} + \boldsymbol{\Omega}^{\mathrm{T}} i \boldsymbol{\Omega}) \tag{4.48}$$

式中，$\mu = \langle\langle \rho \rangle\rangle$，$\mu\bar{\boldsymbol{\xi}} = \langle\langle \rho\boldsymbol{\xi} \rangle\rangle$，$i = \langle\langle \rho(\boldsymbol{\xi}^{\mathrm{T}}\boldsymbol{\xi}\Delta - \boldsymbol{\xi}\boldsymbol{\xi}^{\mathrm{T}}) \rangle\rangle$。

由式（4.39）、式（4.40）和式（4.48），应变能和动能的变分可分别表示为

$$\int_0^l \delta U \mathrm{d}x_1 = \int_0^l \left[ (\delta\boldsymbol{\gamma})^{\mathrm{T}}\boldsymbol{F} + (\delta\boldsymbol{\kappa})^{\mathrm{T}}\boldsymbol{M} \right] \mathrm{d}x_1 \tag{4.49}$$

$$\int_0^l \delta T \mathrm{d}x_1 = \int_0^l \left[ (\delta\boldsymbol{V})^{\mathrm{T}}\boldsymbol{P} + (\delta\boldsymbol{\Omega})^{\mathrm{T}}\boldsymbol{H} \right] \mathrm{d}x_1 \tag{4.50}$$

式中，$\boldsymbol{P} = \mu\boldsymbol{V} - \mu\bar{\boldsymbol{\xi}}\boldsymbol{\Omega}$，$\boldsymbol{H} = i\boldsymbol{\Omega} + \mu\bar{\boldsymbol{\xi}}\boldsymbol{V}$ 是坐标系 $B$ 下的剖面线动量和角动量。

为建立梁的本征运动方程，引入坐标系 $B$ 下的虚位移 $\delta\bar{\boldsymbol{q}}$ 和虚转动 $\delta\bar{\boldsymbol{\varphi}}$ 如下：

$$\delta\bar{\boldsymbol{q}} = \boldsymbol{C}^{Bb}\delta\boldsymbol{u} \tag{4.51}$$

$$\delta\tilde{\bar{\boldsymbol{\varphi}}} = -\delta\boldsymbol{C}^{Bb}(\boldsymbol{C}^{Bb})^{\mathrm{T}} \tag{4.52}$$

采用式（4.51）和式（4.52），对式（4.25）、式（4.26）、式（4.45）和式（4.46）表示的 $\boldsymbol{\gamma}$、$\boldsymbol{\kappa}$、$\boldsymbol{V}$ 和 $\boldsymbol{\Omega}$ 取变分可得

$$\delta\boldsymbol{\gamma} = \delta\bar{\boldsymbol{q}}' + \tilde{\boldsymbol{K}}\delta\bar{\boldsymbol{q}} + (\tilde{\boldsymbol{e}}_1 + \tilde{\boldsymbol{\gamma}})\delta\bar{\boldsymbol{\varphi}} \tag{4.53}$$

$$\delta\boldsymbol{\kappa} = \delta\bar{\boldsymbol{\varphi}}' + \tilde{\boldsymbol{K}}\delta\bar{\boldsymbol{\varphi}} \tag{4.54}$$

$$\delta\boldsymbol{V} = \delta\dot{\bar{\boldsymbol{q}}} + \tilde{\boldsymbol{\Omega}}\delta\bar{\boldsymbol{q}} + \tilde{\boldsymbol{V}}\delta\bar{\boldsymbol{\varphi}} \tag{4.55}$$

$$\delta\boldsymbol{\Omega} = \delta\dot{\bar{\boldsymbol{\varphi}}} + \tilde{\boldsymbol{\Omega}}\delta\bar{\boldsymbol{\varphi}} \tag{4.56}$$

由式（4.53）至式（4.56），单位长度梁应变能和动能的变分可分别表示为

$$\delta U = \left[ (\delta\bar{\boldsymbol{q}}')^{\mathrm{T}} - (\delta\bar{\boldsymbol{q}})^{\mathrm{T}}\tilde{\boldsymbol{K}} - (\delta\bar{\boldsymbol{\varphi}})^{\mathrm{T}}(\tilde{\boldsymbol{e}}_1 + \tilde{\boldsymbol{\gamma}}) \right]\boldsymbol{F} + \left[ (\delta\bar{\boldsymbol{\varphi}}')^{\mathrm{T}} - (\delta\bar{\boldsymbol{\varphi}})^{\mathrm{T}}\tilde{\boldsymbol{K}} \right]\boldsymbol{M} \tag{4.57}$$

$$\delta T = \left[ (\delta\dot{\bar{\boldsymbol{q}}})^{\mathrm{T}} - (\delta\bar{\boldsymbol{q}})^{\mathrm{T}}\tilde{\boldsymbol{\Omega}} - (\delta\bar{\boldsymbol{\varphi}})^{\mathrm{T}}\tilde{\boldsymbol{V}} \right]\boldsymbol{P} + \left[ (\delta\dot{\bar{\boldsymbol{\varphi}}})^{\mathrm{T}} - (\delta\bar{\boldsymbol{\varphi}})^{\mathrm{T}}\tilde{\boldsymbol{\Omega}} \right]\boldsymbol{H} \tag{4.58}$$

单位长度梁上外部分布力向量 $\boldsymbol{f}$ 和分布力矩向量 $\boldsymbol{m}$ 所做虚功为

$$\delta\overline{W} = (\delta\bar{\boldsymbol{q}})^{\mathrm{T}}\boldsymbol{f} + (\delta\bar{\boldsymbol{\varphi}})^{\mathrm{T}}\boldsymbol{m} \tag{4.59}$$

将式（4.57）至式（4.59）代入式（4.41），可将一维梁的几何精确本征运动方程表示为如下最弱形式：

$$\int_{t_1}^{t_2}\int_0^l \left\{ \left[ (\delta\dot{\bar{\boldsymbol{q}}})^{\mathrm{T}} - (\delta\bar{\boldsymbol{q}})^{\mathrm{T}}\tilde{\boldsymbol{\Omega}} - (\delta\bar{\boldsymbol{\varphi}})^{\mathrm{T}}\tilde{\boldsymbol{V}} \right]\boldsymbol{P} + \left[ (\delta\dot{\bar{\boldsymbol{\varphi}}})^{\mathrm{T}} - (\delta\bar{\boldsymbol{\varphi}})^{\mathrm{T}}\tilde{\boldsymbol{\Omega}} \right]\boldsymbol{H} \right.$$
$$- \left[ (\delta\bar{\boldsymbol{q}}')^{\mathrm{T}} - (\delta\bar{\boldsymbol{q}})^{\mathrm{T}}\tilde{\boldsymbol{K}} - (\delta\bar{\boldsymbol{\varphi}})^{\mathrm{T}}(\tilde{\boldsymbol{e}}_1 + \tilde{\boldsymbol{\gamma}}) \right]\boldsymbol{F} - \left[ (\delta\bar{\boldsymbol{\varphi}}')^{\mathrm{T}} - (\delta\bar{\boldsymbol{\varphi}})^{\mathrm{T}}\tilde{\boldsymbol{K}} \right]\boldsymbol{M}$$
$$\left. + (\delta\bar{\boldsymbol{q}})^{\mathrm{T}}\boldsymbol{f} + (\delta\bar{\boldsymbol{\varphi}})^{\mathrm{T}}\boldsymbol{m} \right\} \mathrm{d}x_1 \mathrm{d}t$$
$$= \int_0^l \left[ (\delta\bar{\boldsymbol{q}})^{\mathrm{T}}\hat{\boldsymbol{P}} + (\delta\bar{\boldsymbol{\varphi}})^{\mathrm{T}}\hat{\boldsymbol{H}} \right]\bigg|_{t_1}^{t_2}\mathrm{d}x_1 - \int_{t_1}^{t_2} \left[ (\delta\bar{\boldsymbol{q}})^{\mathrm{T}}\hat{\boldsymbol{F}} + (\delta\bar{\boldsymbol{\varphi}})^{\mathrm{T}}\hat{\boldsymbol{M}} \right]\bigg|_0^l\mathrm{d}t \tag{4.60}$$

对式(4.60)进行分部积分可得

$$
\begin{aligned}
\int_{t_1}^{t_2} \int_0^l \{ (\delta \bar{q})^{\mathrm{T}} ( F' + \tilde{K}F + f - \dot{P} - \tilde{\Omega}P ) + (\delta \bar{\varphi})^{\mathrm{T}} [ M' \\
+ \tilde{K}M + ( \tilde{e}_1 + \tilde{\gamma} )F + m - H - \tilde{\Omega}H - \tilde{V}P ] \} \mathrm{d}x_1 \mathrm{d}t \\
= \int_0^l [ ( \delta \bar{q} )^{\mathrm{T}} ( \hat{P} - P ) + ( \delta \bar{\varphi} )^{\mathrm{T}} ( \hat{H} - H ) ] \Big|_{t_1}^{t_2} \mathrm{d}x_1 \\
- \int_{t_1}^{t_2} [ ( \delta \bar{q} )^{\mathrm{T}} ( \hat{F} - F ) + ( \delta \bar{\varphi} )^{\mathrm{T}} ( \hat{M} - M ) ] \Big|_0^l \mathrm{d}t
\end{aligned}
\tag{4.61}
$$

式(4.61)对应的 Euler – Lagrange 方程为

$$
F' + \tilde{K}F + f = \dot{P} + \tilde{\Omega}P
$$

$$
M' + \tilde{K}M + ( \tilde{e}_1 + \tilde{\gamma} )F + m = H + \tilde{\Omega}H + \tilde{V}P
\tag{4.62}
$$

式(4.62)表示的一维梁几何精确本征运动方程在推导过程中用到了式(4.25)、式(4.26)、式(4.45)和式(4.46)表示的 $\gamma$、$\kappa$、$V$ 和 $\Omega$，因此以上五个方程必须联立求解。利用 Lagrange 乘子法，把式(4.25)、式(4.26)、式(4.45)和式(4.46)当作附加约束处理。采用 Rodrigues 参数 $\theta = \{ \theta_1, \theta_2, \theta_3 \}^{\mathrm{T}}$ 表示坐标系 $B$ 与坐标系 $b$ 之间的方向余弦矩阵如下：

$$
C^{Bb} = \frac{[ 1 - (1/4)\theta^{\mathrm{T}}\theta ]\Delta - \tilde{\theta} + (1/2)\theta\theta^{\mathrm{T}}}{1 + (1/4)\theta^{\mathrm{T}}\theta}
\tag{4.63}
$$

则由式(4.25)、式(4.26)、式(4.45)、式(4.46)和式(4.63)可将 $u'$、$\dot{u}$、$\theta'$ 和 $\dot{\theta}$ 表示为

$$
u' = ( C^{Bb} )^{\mathrm{T}} ( e_1 + \gamma ) - e_1 - \tilde{k}u
\tag{4.64}
$$

$$
\dot{u} = ( C^{Bb} )^{\mathrm{T}} V - v - \tilde{\omega}u
\tag{4.65}
$$

$$
\theta' = \left( \Delta + \frac{1}{2} \tilde{\theta} + \frac{1}{4}\theta\theta^{\mathrm{T}} \right) ( \kappa + k - C^{Bb}k )
\tag{4.66}
$$

$$
\dot{\theta} = \left( \Delta + \frac{1}{2} \tilde{\theta} + \frac{1}{4}\theta\theta^{\mathrm{T}} \right) ( \Omega - C^{Bb}\omega )
\tag{4.67}
$$

采用 Lagrange 乘子法，把式(4.64)至式(4.67)当作附加约束加入式(4.61)，可得如下一维梁的几何精确非线性运动方程：

$$
\begin{aligned}
\int_{t_1}^{t_2} \int_0^l \{ [ ( \delta \bar{q}' )^{\mathrm{T}} - ( \delta \bar{q} )^{\mathrm{T}} \tilde{K} - ( \delta \bar{\varphi} )^{\mathrm{T}} ( \tilde{e}_1 + \tilde{\gamma} ) ]F + [ ( \delta \bar{\varphi}' )^{\mathrm{T}} - ( \delta \bar{\varphi} )^{\mathrm{T}} \tilde{K} ]M \\
- [ ( \delta \dot{\bar{q}} )^{\mathrm{T}} - ( \delta \bar{q} )^{\mathrm{T}} \tilde{\Omega} - ( \delta \bar{\varphi} )^{\mathrm{T}} \tilde{V} ]P - [ ( \delta \dot{\bar{\varphi}} )^{\mathrm{T}} - ( \delta \bar{\varphi} )^{\mathrm{T}} \tilde{\Omega} ]H
\end{aligned}
$$

$$+ (\delta \boldsymbol{\gamma})^{\mathrm{T}} \left[ \left( \frac{\delta U}{\delta \boldsymbol{\gamma}} \right)^{\mathrm{T}} - \boldsymbol{F} \right] + (\delta \boldsymbol{\kappa})^{\mathrm{T}} \left[ \left( \frac{\delta U}{\delta \boldsymbol{\kappa}} \right)^{\mathrm{T}} - \boldsymbol{M} \right] - (\delta \boldsymbol{V})^{\mathrm{T}} [\mu \boldsymbol{V} - \mu \tilde{\bar{\boldsymbol{\xi}}} \boldsymbol{\Omega} - \boldsymbol{P}]$$

$$- (\delta \boldsymbol{\Omega})^{\mathrm{T}} [i \boldsymbol{\Omega} + \mu \tilde{\bar{\boldsymbol{\xi}}} \boldsymbol{V} - \boldsymbol{H}] + (\delta \overline{\boldsymbol{F}})^{\mathrm{T}} [\boldsymbol{e}_1 + \tilde{\boldsymbol{k}} \boldsymbol{u} - (\boldsymbol{C}^{Bb})^{\mathrm{T}} (\boldsymbol{e}_1 + \boldsymbol{\gamma})]$$

$$- (\delta \overline{\boldsymbol{F}}')^{\mathrm{T}} \boldsymbol{u} - (\delta \overline{\boldsymbol{P}})^{\mathrm{T}} [\boldsymbol{v} + \tilde{\boldsymbol{\omega}} \boldsymbol{u} - (\boldsymbol{C}^{Bb})^{\mathrm{T}} \boldsymbol{V}] + (\delta \dot{\boldsymbol{P}})^{\mathrm{T}} \boldsymbol{u}$$

$$+ (\delta \overline{\boldsymbol{M}})^{\mathrm{T}} \left( \Delta + \frac{1}{2} \tilde{\boldsymbol{\theta}} + \frac{1}{4} \boldsymbol{\theta} \boldsymbol{\theta}^{\mathrm{T}} \right) (\boldsymbol{C}^{Bb} \boldsymbol{k} - \boldsymbol{\kappa} - \boldsymbol{k}) - (\delta \overline{\boldsymbol{M}}')^{\mathrm{T}} \boldsymbol{\theta}$$

$$- (\delta \overline{\boldsymbol{H}})^{\mathrm{T}} \left( \Delta + \frac{1}{2} \tilde{\boldsymbol{\theta}} + \frac{1}{4} \boldsymbol{\theta} \boldsymbol{\theta}^{\mathrm{T}} \right) (\boldsymbol{C}^{Bb} \boldsymbol{\omega} - \boldsymbol{\Omega}) + (\delta \dot{\boldsymbol{H}})^{\mathrm{T}} \boldsymbol{\theta} - (\delta \bar{\boldsymbol{q}})^{\mathrm{T}} \boldsymbol{f}$$

$$- (\delta \bar{\boldsymbol{\varphi}})^{\mathrm{T}} \boldsymbol{m} \} \, \mathrm{d} x_1 \mathrm{d} t$$

$$= - \int_0^l \left[ (\delta \bar{\boldsymbol{q}})^{\mathrm{T}} \hat{\boldsymbol{P}} + (\delta \bar{\boldsymbol{\varphi}})^{\mathrm{T}} \hat{\boldsymbol{H}} - (\delta \overline{\boldsymbol{P}})^{\mathrm{T}} \hat{\boldsymbol{u}} - (\delta \overline{\boldsymbol{H}})^{\mathrm{T}} \hat{\boldsymbol{\theta}} \right] \Big|_{t_1}^{t_2} \mathrm{d} x_1$$

$$+ \int_{t_1}^{t_2} \left[ (\delta \bar{\boldsymbol{q}})^{\mathrm{T}} \hat{\boldsymbol{F}} + (\delta \bar{\boldsymbol{\varphi}})^{\mathrm{T}} \hat{\boldsymbol{M}} - (\delta \overline{\boldsymbol{F}})^{\mathrm{T}} \hat{\boldsymbol{u}} - (\delta \overline{\boldsymbol{M}})^{\mathrm{T}} \hat{\boldsymbol{\theta}} \right] \Big|_0^l \mathrm{d} t \tag{4.68}$$

本书采用有限元法求解几何精确非线性运动方程(4.68)。由于方程(4.68)中的未知量均表示在局部坐标系 $b$ 或坐标系 $B$ 下,单元之间的连接比较复杂。因此,将相关的参数均转化至总体坐标系 $A$ 下,使得单元之间的连接可通过直接叠加实现。经过转换,总体坐标系 $A$ 下的一维梁的几何精确非线性运动方程可表示为

$$\int_0^l \{ (\delta \boldsymbol{u}'_A)^{\mathrm{T}} \boldsymbol{C}^{\mathrm{T}} \boldsymbol{C}^{Ab} \boldsymbol{F} + (\delta \bar{\boldsymbol{\varphi}}'_A)^{\mathrm{T}} \boldsymbol{C}^{\mathrm{T}} \boldsymbol{C}^{Ab} \boldsymbol{M} - (\delta \bar{\boldsymbol{\varphi}}_A)^{\mathrm{T}} \boldsymbol{C}^{\mathrm{T}} \boldsymbol{C}^{Ab} (\tilde{\boldsymbol{e}}_1 + \tilde{\boldsymbol{\gamma}}) \boldsymbol{F}$$

$$+ (\delta \boldsymbol{u}_A)^{\mathrm{T}} (\boldsymbol{C}^{\mathrm{T}} \boldsymbol{C}^{Ab} \boldsymbol{P})^{\cdot} + (\delta \boldsymbol{u}_A)^{\mathrm{T}} \tilde{\boldsymbol{\omega}}_A \boldsymbol{C}^{\mathrm{T}} \boldsymbol{C}^{Ab} \boldsymbol{P} + (\delta \bar{\boldsymbol{\varphi}}_A)^{\mathrm{T}} (\boldsymbol{C}^{\mathrm{T}} \boldsymbol{C}^{Ab} \boldsymbol{H})^{\cdot}$$

$$+ (\delta \bar{\boldsymbol{\varphi}}_A)^{\mathrm{T}} \tilde{\boldsymbol{\omega}}_A \boldsymbol{C}^{\mathrm{T}} \boldsymbol{C}^{Ab} \boldsymbol{H} + (\delta \bar{\boldsymbol{\varphi}}_A)^{\mathrm{T}} \boldsymbol{C}^{\mathrm{T}} \boldsymbol{C}^{Ab} \tilde{\boldsymbol{V}} \boldsymbol{P} - (\delta \overline{\boldsymbol{F}}_A)^{\mathrm{T}} [\boldsymbol{C}^{\mathrm{T}} \boldsymbol{C}^{Ab} (\boldsymbol{e}_1 + \boldsymbol{\gamma}) - \boldsymbol{C}^{Ab} \boldsymbol{e}_1]$$

$$- (\delta \overline{\boldsymbol{F}}'_A)^{\mathrm{T}} \boldsymbol{u}_A - (\delta \overline{\boldsymbol{M}}_A)^{\mathrm{T}} \left( \Delta + \frac{1}{2} \tilde{\boldsymbol{\theta}}_A + \frac{1}{4} \boldsymbol{\theta}_A \boldsymbol{\theta}_A^{\mathrm{T}} \right) \boldsymbol{C}^{Ab} \boldsymbol{\kappa} - (\delta \overline{\boldsymbol{M}}'_A)^{\mathrm{T}} \boldsymbol{\theta}_A$$

$$+ (\delta \overline{\boldsymbol{P}}_A)^{\mathrm{T}} (\boldsymbol{C}^{\mathrm{T}} \boldsymbol{C}^{Ab} \boldsymbol{V} - \boldsymbol{v}_A - \tilde{\boldsymbol{\omega}}_A \boldsymbol{u}_A)$$

$$- (\delta \overline{\boldsymbol{P}}_A)^{\mathrm{T}} \dot{\boldsymbol{u}}_A + (\delta \overline{\boldsymbol{H}}_A)^{\mathrm{T}} \left( \Delta - \frac{1}{2} \tilde{\boldsymbol{\theta}}_A + \frac{1}{4} \boldsymbol{\theta}_A \boldsymbol{\theta}_A^{\mathrm{T}} \right) (\boldsymbol{C}^{\mathrm{T}} \boldsymbol{C}^{Ab} \boldsymbol{\Omega} - \boldsymbol{\omega}_A)$$

$$- (\delta \overline{\boldsymbol{H}}_A)^{\mathrm{T}} \dot{\boldsymbol{\theta}}_A - (\delta \boldsymbol{u}_A)^{\mathrm{T}} \boldsymbol{f}_A - (\delta \bar{\boldsymbol{\varphi}}_A)^{\mathrm{T}} \boldsymbol{m}_A \} \, \mathrm{d} x_1$$

$$= \left[ (\delta \boldsymbol{u}_A)^{\mathrm{T}} \hat{\boldsymbol{F}}_A + (\delta \bar{\boldsymbol{\varphi}}_A)^{\mathrm{T}} \hat{\boldsymbol{M}}_A - (\delta \overline{\boldsymbol{F}}_A)^{\mathrm{T}} \hat{\boldsymbol{u}}_A - (\delta \overline{\boldsymbol{M}}_A)^{\mathrm{T}} \hat{\boldsymbol{\theta}}_A \right] \Big|_0^l \tag{4.69}$$

式中,

$$\begin{Bmatrix} \boldsymbol{\gamma} \\ \boldsymbol{\kappa} \end{Bmatrix} = [\boldsymbol{S}]^{-1} \begin{Bmatrix} \boldsymbol{F} \\ \boldsymbol{M} \end{Bmatrix} \tag{4.70}$$

$$\begin{Bmatrix} \boldsymbol{V} \\ \boldsymbol{\Omega} \end{Bmatrix} = \begin{bmatrix} \mu \Delta & -\mu \tilde{\bar{\boldsymbol{\xi}}} \\ \mu \tilde{\bar{\boldsymbol{\xi}}} & i \end{bmatrix}^{-1} \begin{Bmatrix} \boldsymbol{P} \\ \boldsymbol{H} \end{Bmatrix} \tag{4.71}$$

$$C = \frac{\left[ 1 - (1/4)\boldsymbol{\theta}_A^{\mathrm{T}}\boldsymbol{\theta}_A \right]\Delta - \tilde{\boldsymbol{\theta}}_A + (1/2)\boldsymbol{\theta}_A\boldsymbol{\theta}_A^{\mathrm{T}}}{1 + (1/4)\boldsymbol{\theta}_A^{\mathrm{T}}\boldsymbol{\theta}_A} \tag{4.72}$$

运动方程(4.69)中,带下标 $A$ 的参数是坐标系 $A$ 下的向量。除 $\boldsymbol{\omega}$ 与 $\boldsymbol{\omega}_A$ 外,其他带不同下标参数的物理意义不变。例如,$\boldsymbol{u}$ 和 $\boldsymbol{u}_A$ 均表示梁轴线上任意一点的位移,前者是坐标系 $b$ 下的位移,而后者是坐标系 $A$ 下的位移。而 $\boldsymbol{\omega}$ 与 $\boldsymbol{\omega}_A$ 的物理意义不同,$\boldsymbol{\omega}$ 是坐标系 $b$ 下坐标系 $b$ 的角速度,$\boldsymbol{\omega}_A$ 是坐标系 $A$ 下坐标系 $A$ 的角速度。

运动方程(4.69)仍是最弱形式,采用如下简单的形函数对其进行有限元离散:

$$
\begin{aligned}
\delta\boldsymbol{u}_A &= \delta\boldsymbol{u}_i(1 - \zeta) + \delta\boldsymbol{u}_j\zeta & \boldsymbol{u}_A &= \boldsymbol{u}_i \\
\delta\bar{\boldsymbol{\varphi}}_A &= \delta\bar{\boldsymbol{\varphi}}_i(1 - \zeta) + \delta\bar{\boldsymbol{\varphi}}_j\zeta & \boldsymbol{\varphi}_A &= \boldsymbol{\varphi}_i \\
\delta\bar{\boldsymbol{F}}_A &= \delta\bar{\boldsymbol{F}}_i(1 - \zeta) + \delta\bar{\boldsymbol{F}}_j\zeta & \boldsymbol{F}_A &= \boldsymbol{F} \\
\delta\bar{\boldsymbol{M}}_A &= \delta\bar{\boldsymbol{M}}_i(1 - \zeta) + \delta\bar{\boldsymbol{M}}_j\zeta & \boldsymbol{M}_A &= \boldsymbol{M}_i \\
\delta\bar{\boldsymbol{P}}_A &= \delta\bar{\boldsymbol{P}}_i & \boldsymbol{P}_A &= \boldsymbol{P}_i \\
\delta\bar{\boldsymbol{H}}_A &= \delta\bar{\boldsymbol{H}}_i & \boldsymbol{H}_A &= \boldsymbol{H}_i
\end{aligned}
\tag{4.73}
$$

将梁划分为 $N$ 个单元,离散后的运动方程为

$$
\begin{aligned}
\sum_{i=1}^{N} & \left\{ (\delta\boldsymbol{u}_i)^{\mathrm{T}}\boldsymbol{f}_{ui} + (\delta\bar{\boldsymbol{\varphi}}_i)^{\mathrm{T}}\boldsymbol{f}_{\varphi i} + (\delta\bar{\boldsymbol{F}}_i)^{\mathrm{T}}\boldsymbol{f}_{Fi} + (\delta\bar{\boldsymbol{M}}_i)^{\mathrm{T}}\boldsymbol{f}_{Mi} + (\delta\bar{\boldsymbol{P}}_i)^{\mathrm{T}}\boldsymbol{f}_{Pi} \right. \\
& \left. + (\delta\bar{\boldsymbol{H}}_i)^{\mathrm{T}}\boldsymbol{f}_{Hi}(\delta\boldsymbol{u}_{i+1})^{\mathrm{T}}\boldsymbol{f}_{u(i+1)} + (\delta\bar{\boldsymbol{\varphi}}_{i+1})^{\mathrm{T}}\boldsymbol{f}_{\varphi(i+1)} + (\delta\bar{\boldsymbol{F}}_{i+1})^{\mathrm{T}}\boldsymbol{f}_{F(i+1)} + (\delta\bar{\boldsymbol{M}}_{i+1})^{\mathrm{T}}\boldsymbol{f}_{M(i+1)} \right\} \\
&= (\delta\boldsymbol{u}_{N+1})^{\mathrm{T}}\hat{\boldsymbol{F}}_{N+1} + (\delta\bar{\boldsymbol{\varphi}}_{N+1})^{\mathrm{T}}\hat{\boldsymbol{M}}_{N+1} - (\delta\bar{\boldsymbol{F}}_{N+1})^{\mathrm{T}}\hat{\boldsymbol{u}}_{N+1} - (\delta\bar{\boldsymbol{M}}_{N+1})^{\mathrm{T}}\hat{\boldsymbol{\theta}}_{N+1} \\
& - (\delta\boldsymbol{u}_1)^{\mathrm{T}}\hat{\boldsymbol{F}}_1 - (\delta\bar{\boldsymbol{\varphi}}_1)^{\mathrm{T}}\hat{\boldsymbol{M}}_1 + (\delta\bar{\boldsymbol{F}}_1)^{\mathrm{T}}\hat{\boldsymbol{u}}_1 + (\delta\bar{\boldsymbol{M}}_1)^{\mathrm{T}}\hat{\boldsymbol{\theta}}_1
\end{aligned}
\tag{4.74}
$$

式中,所有的 $\delta(\ )$ 相互独立,得以下非线性方程组:

$$\bar{\boldsymbol{G}}(\bar{\boldsymbol{X}}, \dot{\bar{\boldsymbol{X}}}, \bar{\boldsymbol{F}}) = 0 \tag{4.75}$$

式中,$\bar{\boldsymbol{F}}$ 是有效节点载荷列阵。

对于悬臂梁,未知量列阵 $\bar{\boldsymbol{X}}$ 为

$$
\begin{aligned}
\bar{\boldsymbol{X}}^{\mathrm{T}} = \big[ & \hat{\boldsymbol{F}}_1^{\mathrm{T}}, \hat{\boldsymbol{M}}_1^{\mathrm{T}}, \boldsymbol{u}_1^{\mathrm{T}}, \boldsymbol{\theta}_1^{\mathrm{T}}, \boldsymbol{F}_1^{\mathrm{T}}, \boldsymbol{M}_1^{\mathrm{T}}, \boldsymbol{P}_1^{\mathrm{T}}, \boldsymbol{H}_1^{\mathrm{T}}, \cdots, \\
& \boldsymbol{u}_N^{\mathrm{T}}, \boldsymbol{\theta}_N^{\mathrm{T}}, \boldsymbol{F}_N^{\mathrm{T}}, \boldsymbol{M}_N^{\mathrm{T}}, \boldsymbol{P}_N^{\mathrm{T}}, \boldsymbol{H}_N^{\mathrm{T}}, \hat{\boldsymbol{u}}_{N+1}^{\mathrm{T}}, \hat{\boldsymbol{\theta}}_{N+1}^{\mathrm{T}} \big]
\end{aligned}
\tag{4.76}
$$

对静力分析,$\dot{\bar{\boldsymbol{X}}} = 0$,采用 Newton-Raphson 方法求解非线性方程组 $\bar{\boldsymbol{G}}(\bar{\boldsymbol{X}}, \bar{\boldsymbol{F}}) = 0$ 即可。对求解固有频率和振型的动力学分析,若稳态解为 $\hat{\boldsymbol{X}}$,则对于小扰动 $\check{\boldsymbol{X}}$,对应于方程组(4.75)的扰动方程组为

$$\frac{\partial\bar{\boldsymbol{G}}}{\partial\dot{\bar{\boldsymbol{X}}}}\dot{\check{\boldsymbol{X}}} + \frac{\partial\bar{\boldsymbol{G}}}{\partial\bar{\boldsymbol{X}}}\check{\boldsymbol{X}} = 0 \tag{4.77}$$

式中，$\bar{X} = \hat{X}$，$\dot{\bar{X}} = 0$。求方程组（4.77）的特征值和特征向量，即得固有频率和振型。

## 4.4　复合材料梁几何精确结构力学模型验证

### 4.4.1　复合材料薄壁盒形梁算例验证

本节将 4.2 节和 4.3 节的结构力学建模方法进行编制计算程序，应用于计算由 Chandra 等（Chandra et al.，1992a，1992b，1990）研制的各薄壁复合材料盒形梁，并将计算结果与 Chandra 等的实验和计算结果进行对比，以验证结构力学建模方法。然后，对 Chandra 等薄壁复合材料盒形梁的静力分析扩展到大变形范畴，以验证结构力学建模方法可用于复合材料梁的大变形分析。

Chandra 等研究的复合材料薄壁盒形梁的示意图如图 4.3 所示，梁根部固支，自由端承受外力作用。薄壁盒形梁的外形尺寸和材料属性如表 4.1 所示。表 4.2 给出了 Chandra 等静态测试各薄壁盒形梁的铺层和受载情况，Sym.表示对称铺层，Asym.表示反对称铺层，B、T 和 E 分别代表弯曲、扭转和轴向拉伸载荷。薄壁盒形梁上壁板和左壁板纤维正方向如图 4.4 所示。对称铺层是指上壁板和下壁板，左壁板和右壁板的纤维铺层方向分别相同；反对称铺层是指上壁板和下壁板，左壁板和右壁板的纤维铺层方向分别相反。

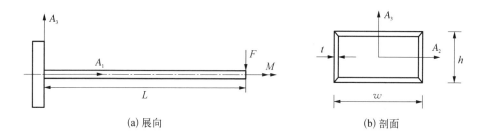

(a) 展向　　　　　　　　　　　　　　(b) 剖面

**图 4.3　复合材料薄壁盒形梁示意图**

**表 4.1　薄壁盒形梁的外形尺寸和材料属性**

| 参　数 | 取　值 | 参　数 | 取　值 |
|---|---|---|---|
| $E_{11}$/GPa | 141.9 | 外宽 $w$/m | 0.024 2 |
| $E_{22}$，$E_{33}$/GPa | 9.8 | 外高 $h$/m | 0.013 6 |
| $G_{12}$，$G_{13}$，$G_{23}$/GPa | 6.1 | 壁厚 $t$/m | 0.000 76 |
| $\nu_{12}$，$\nu_{13}$，$\nu_{23}$ | 0.42 | 梁长 $L$/m | 0.762 |
| 密度 $\rho$/（kg·m$^{-3}$） | 36.7 | | |

表 4.2　薄壁盒形梁的铺层和受载情况

| 铺　层 | 上壁板 | 左壁板 | 载　荷 |
|---|---|---|---|
| Sym. 1 | $(15°)_6$ | $(15°/-15°)_3$ | B/T |
| Sym. 2 | $(30°)_6$ | $(30°/-30°)_3$ | B/T |
| Sym. 3 | $(45°)_6$ | $(45°/-45°)_3$ | B/T |
| Asym. 1 | $(15°)_6$ | $(15°)_6$ | T/E |
| Asym. 2 | $(0°/30°)_3$ | $(0°/30°)_3$ | T/E |
| Asym. 3 | $(0°/45°)_3$ | $(0°/45°)_3$ | T/E |

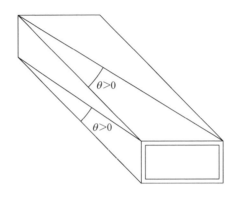

图 4.4　纤维正方向的定义

　　首先使用 Patran 软件进行薄壁盒形梁剖面的几何模型建立、材料属性定义和有限元离散。然后,利用 Patran 提供的节点、单元和单元属性信息,根据 4.2.2 节和 4.2.3 节的二维剖面分析编制计算程序,计算梁剖面的刚度矩阵和质量矩阵。最后,利用计算所得的剖面刚度矩阵和质量矩阵,根据 4.3 节的一维梁几何精确非线性分析编制计算程序,计算薄壁盒形梁在静力作用下的变形和真空状态下的固有频率和振型。表 4.2 所示各薄壁盒形梁计算所得的剖面刚度矩阵和质量矩阵见本章附录。

### 4.4.2　弯曲斜率和扭转角验证

　　对称铺层梁 1(Sym. 1)在自由端单位垂向力和扭矩作用下弯曲斜率和扭转角沿梁长度方向变化的计算结果与实验结果如图 4.5 至图 4.8 所示。反对称铺层梁 1(Asym. 1)在自由端单位扭矩和轴向拉力作用下扭转角沿梁长度方向变化的计算结果与实验结果如图 4.9 和图 4.10 所示。从图中可以看出,与 Chandra 等(Chandra et al., 1990)、Smith 等(Smith et al., 1991)及 Jung 等(Jung et al., 2002)的计算结果相比,本书的计算结果更接近于实验结果(Chandra et al., 1990)。Chandra 等 (Chandra et al., 1990)采用简化的 Hong 等(Hong et al., 1985)梁模型,未考虑横向剪切变形,近似处理与扭转有关的面外翘曲(Hodges et al., 1974);Smith 等(Smith et al., 1991)的梁模型考虑了横向剪切变形,基于 Megson(Megson, 1974)的方法处理与扭转有关的面外翘曲;Jung 等(Jung et al., 2002)除考虑了横向剪切变形和与扭转有关的面外翘曲,还考虑了与弯曲有关的面外翘曲,且在建立基于壳理论的梁模型的过程中获得剖面翘曲的封闭表达式。其他对称和反对称铺层情况的结果,分别如图 4.11 至图 4.22 所示。

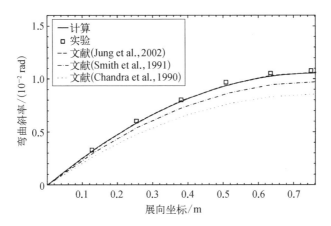

**图 4.5　对称铺层梁 1 自由端单位垂向力作用下弯曲斜率的变化**

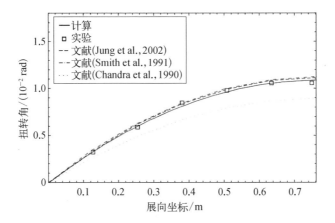

**图 4.6　对称铺层梁 1 自由端单位垂向力作用下扭转角的变化**

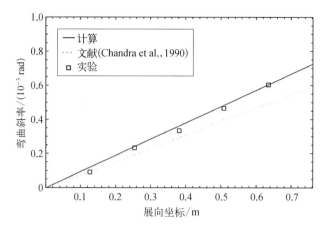

图 4.7  对称铺层梁 1 自由端单位扭矩作用下弯曲斜率的变化

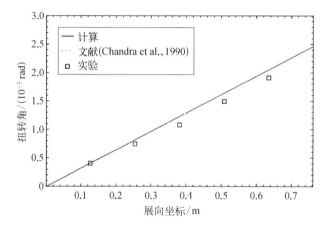

图 4.8  对称铺层梁 1 自由端单位扭矩作用下扭转角的变化

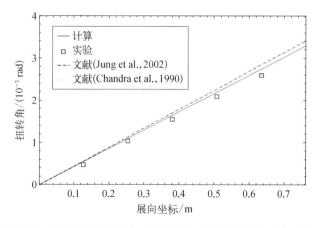

图 4.9  反对称铺层梁 1 自由端单位扭矩作用下扭转角的变化

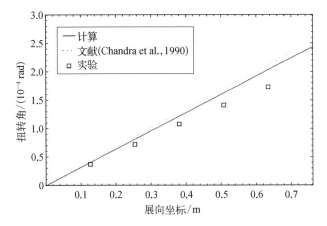

**图 4.10**　反对称铺层梁 1 自由端单位轴向拉力作用下扭转角的变化

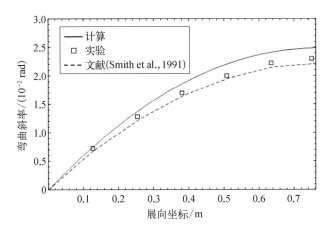

**图 4.11**　对称铺层梁 2 自由端单位垂向力作用下弯曲斜率的变化

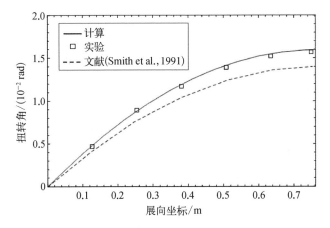

**图 4.12**　对称铺层梁 2 自由端单位垂向力作用下扭转角的变化

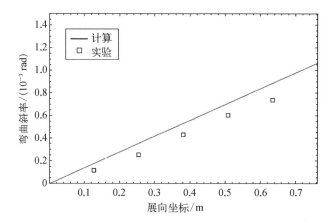

**图 4.13　对称铺层梁 2 自由端单位扭矩作用下弯曲斜率的变化**

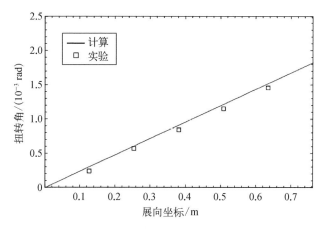

**图 4.14　对称铺层梁 2 自由端单位扭矩作用下扭转角的变化**

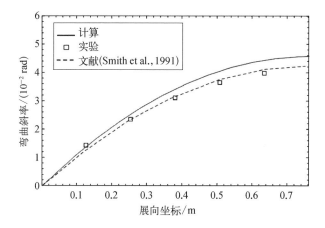

**图 4.15　对称铺层梁 3 自由端单位垂向力作用下弯曲斜率的变化**

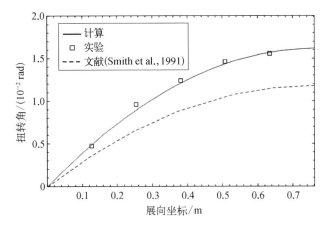

**图 4.16**　对称铺层梁 3 自由端单位垂向力作用下扭转角的变化

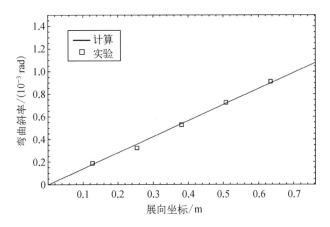

**图 4.17**　对称铺层梁 3 自由端单位扭矩作用下弯曲斜率的变化

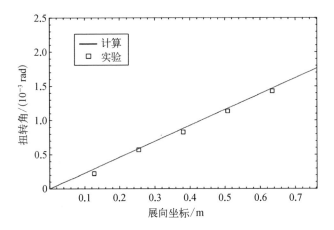

**图 4.18**　对称铺层梁 3 自由端单位扭矩作用下扭转角的变化

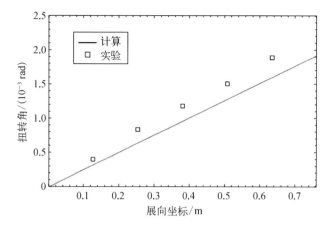

**图 4.19**　反对称铺层梁 2 自由端单位扭矩作用下扭转角的变化

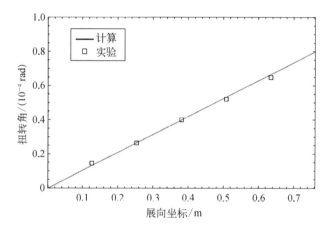

**图 4.20**　反对称铺层梁 2 自由端单位轴向拉力作用下扭转角的变化

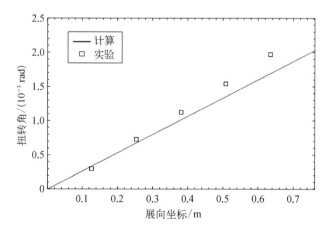

**图 4.21**　反对称铺层梁 3 自由端单位扭矩作用下扭转角的变化

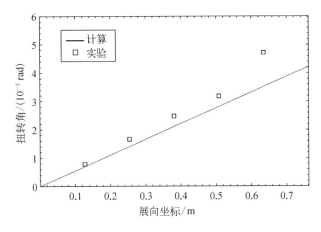

**图 4.22**　反对称铺层梁 3 自由端单位轴向拉力
作用下扭转角的变化

　　总体来说,本书与 Jung 等(Jung et al., 2002)的计算结果几乎相同,且与实验结果的吻合度明显优于 Smith 等(Smith et al., 1991)及 Chandra 等(Chandra et al., 1990)的计算结果。通过计算还发现,对称铺层薄壁盒形梁剖面刚度矩阵 $S$ 中的非对角元素 $S_{12}$、$S_{45}$ 不为零,存在拉伸/剪切和扭转/弯曲这两种弹性耦合;反对称铺层薄壁盒形梁剖面刚度矩阵 $S$ 中的非对角元素 $S_{14}$、$S_{25}$ 和 $S_{36}$ 不为零,存在拉伸/扭转和剪切/弯曲这两种弹性耦合。

### 4.4.3　旋转梁固有频率验证

　　对称铺层梁 1(Sym. 1)和反对称铺层梁 1(Asym. 1)绕图 4.3(a)所示 $A_3$ 轴旋转,转速为 1 002 r/min 时前 5 阶固有频率的计算结果如表 4.3 和表 4.4 所示。表中,VB 表示垂向弯曲,HB 表示水平弯曲,T 表示扭转。由于两种铺层梁均有弹性耦合,同一固有频率对应的振型之间存在耦合。本书各固有频率对应的模态为主模态。为了比较验证,表 4.3 和表 4.4 还给出了 Chandra 等(Chandra et al., 1992a, 1992b)、Smith 等(Smith et al., 1991)、Jung 等(Jung et al., 2001)的计算结果及 Chandra 等(Chandra et al., 1992a, 1992b)的实验结果。通过对比可见,本书计算的前 3 阶固有频率与实验结果较吻合。对称铺层梁 2(Sym. 2)和对称铺层梁 3(Sym. 3)的前 3 阶固有频率随转速变化的计算结果和实验结果分别如图 4.23 和图 4.24 所示。由图可见,本章计算结果和实验结果之间吻合良好。值得指出的是,本章与 Jung 等的前 5 阶固有频率计算结果差异很小。

表 4.3　对称铺层梁 1 转速为 1 002 r/min 时的固有频率(单位: Hz)

| 频　率 | 文献(Chandra et al., 1992a, 1992b) | | 文献(Smith et al., 1991) | 文献(Jung et al., 2001) | 本书计算结果 |
| --- | --- | --- | --- | --- | --- |
| | 实　验 | 计　算 | | | |
| $1^{st}$ VB | 35.2 | 35.4 | 36.9 | 35.6 | 35.6 |
| $1^{st}$ HB | 53.8 | 56.0 | 62.5 | 56.4 | 56.5 |
| $2^{nd}$ VB | 188.0 | 194.0 | 203.0 | 193.8 | 194.9 |
| $2^{nd}$ HB | N/A | N/A | 378.9 | 343.4 | 346.4 |
| $1^{st}$ T | N/A | N/A | 729.2 | 701.7 | 706.9 |

表 4.4　反对称铺层梁 1 转速为 1 002 r/min 时的固有频率(单位: Hz)

| 频　率 | 文献(Chandra et al., 1992a, 1992b) | | 文献(Smith et al., 1991) | 文献(Jung et al., 2001) | 本书计算结果 |
| --- | --- | --- | --- | --- | --- |
| | 实　验 | 计　算 | | | |
| $1^{st}$ VB | 33.6 | 34.0 | 36.5 | 33.9 | 34.1 |
| $1^{st}$ HB | 46.6 | 45.9 | 53.7 | 45.5 | 46.0 |
| $2^{nd}$ VB | 184.0 | 185.0 | 202.2 | 182.1 | 185.3 |
| $2^{nd}$ HB | N/A | N/A | 328.2 | 277.5 | 283.3 |
| $1^{st}$ T | N/A | N/A | 493.7 | 495.5 | 501.4 |

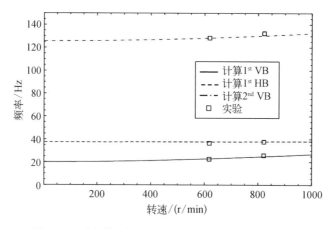

图 4.23　对称铺层梁 2 前 3 阶固有频率随转速的变化

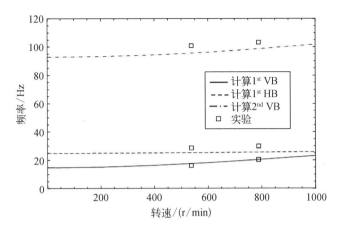

**图 4.24　对称铺层梁 3 前 3 阶固有频率随转速的变化**

### 4.4.4　弹性耦合梁非线性变形

在以上验证的基础上,本章计算了大变形情况下各弹性耦合薄壁梁的变形随自由端所受载荷的变化。图 4.25 至图 4.30 给出了各对称铺层弹性耦合薄壁梁的自由端弯曲变形随自由端所受载荷的变化曲线。图中,实线表示非线性变化曲线,虚线表示相应的线性变化曲线。由对比可见,本书建模方法成功计算出了复合材料梁大变形情况下的几何非线性,且变形越大非线性越明显。

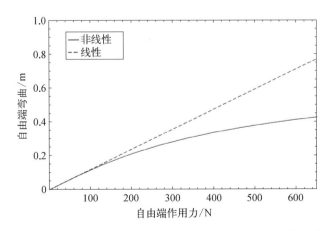

**图 4.25　对称铺层梁 1 自由端弯曲变形随自由端垂向力的变化**

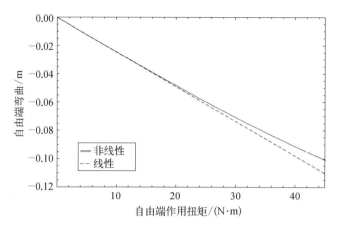

**图 4.26　对称铺层梁 1 自由端弯曲变形随自由端扭矩的变化**

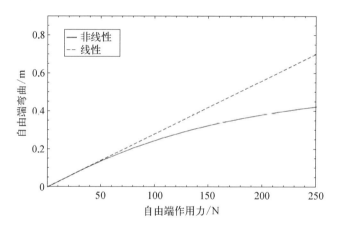

**图 4.27　对称铺层梁 2 自由端弯曲变形随自由端垂向力的变化**

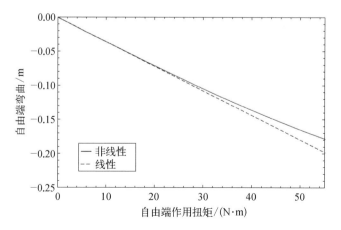

**图 4.28　对称铺层梁 2 自由端弯曲变形随自由端扭矩的变化**

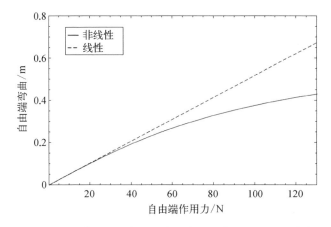

**图 4.29** 对称铺层梁 3 自由端弯曲变形随自由端垂向力的变化

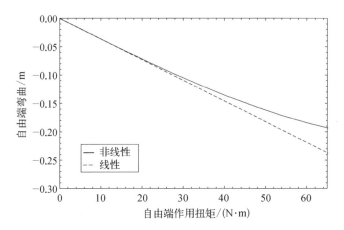

**图 4.30** 对称铺层梁 3 自由端弯曲变形随自由端扭矩的变化

# 本章附录——各薄壁盒形梁的剖面矩阵

以下列出了表 4.2 所示各薄壁盒形梁计算所得的剖面刚度矩阵和质量矩阵,$S$ 表示剖面刚度矩阵,$M$ 表示剖面质量矩阵。

(1) Sym. 1 铺层薄壁盒形梁:

$$S = \begin{bmatrix} 1\,376\,668 & 183\,332 & -128 & 0.0 & 0.0 & 0.0 \\ 183\,332 & 88\,905 & -79 & 0.0 & 0.0 & 0.0 \\ -128 & -79 & 39\,806 & 0.0 & 0.0 & 0.0 \\ 0.0 & 0.0 & 0.0 & 17\,440 & -17\,959 & -359 \\ 0.0 & 0.0 & 0.0 & -17\,959 & 61\,024 & 371 \\ 0.0 & 0.0 & 0.0 & -359 & 371 & 143\,377 \end{bmatrix}$$

$$M = \begin{bmatrix} 0.116\,002 & 0.0 & 0.0 & 0.0 & 0.0 & 0.0 \\ 0.0 & 0.116\,002 & 0.0 & 0.0 & 0.0 & 0.0 \\ 0.0 & 0.0 & 0.116\,002 & 0.0 & 0.0 & 0.0 \\ 0.0 & 0.0 & 0.0 & 0.019\,802\,4 & 0.0 & 0.0 \\ 0.0 & 0.0 & 0.0 & 0.0 & 0.005\,707\,41 & 0.0 \\ 0.0 & 0.0 & 0.0 & 0.0 & 0.0 & 0.014\,095\,0 \end{bmatrix} \times 10^{-4}$$

（2）Sym. 2 铺层薄壁盒形梁：

$$S = \begin{bmatrix} 635\,183 & 154\,914 & -119 & 0.0 & 0.0 & 0.0 \\ 154\,914 & 120\,545 & -151 & 0.0 & 0.0 & 0.0 \\ -119 & -151 & 68\,013 & 0.0 & 0.0 & 0.0 \\ 0.0 & 0.0 & 0.0 & 26\,228 & -16\,845 & -298 \\ 0.0 & 0.0 & 0.0 & -16\,845 & 28\,885 & 183 \\ 0.0 & 0.0 & 0.0 & -298 & 183 & 64\,319 \end{bmatrix}$$

$$M = \begin{bmatrix} 0.116\,002 & 0.0 & 0.0 & 0.0 & 0.0 & 0.0 \\ 0.0 & 0.116\,002 & 0.0 & 0.0 & 0.0 & 0.0 \\ 0.0 & 0.0 & 0.116\,002 & 0.0 & 0.0 & 0.0 \\ 0.0 & 0.0 & 0.0 & 0.019\,802\,4 & 0.0 & 0.0 \\ 0.0 & 0.0 & 0.0 & 0.0 & 0.005\,707\,41 & 0.0 \\ 0.0 & 0.0 & 0.0 & 0.0 & 0.0 & 0.014\,095\,0 \end{bmatrix} \times 10^{-4}$$

（3）Sym. 3 铺层薄壁盒形梁：

$$S = \begin{bmatrix} 261\,696 & 65\,906 & -2 & 0.0 & 0.0 & 0.0 \\ 65\,906 & 92\,964 & -65 & 0.0 & 0.0 & 0.0 \\ -2 & -65 & 69\,145 & 0.0 & 0.0 & 0.0 \\ 0.0 & 0.0 & 0.0 & 21\,625 & -7\,653 & -116 \\ 0.0 & 0.0 & 0.0 & -7\,653 & 12\,521 & 37 \\ 0.0 & 0.0 & 0.0 & -116 & 37 & 28\,693 \end{bmatrix}$$

$$M = \begin{bmatrix} 0.116\,002 & 0.0 & 0.0 & 0.0 & 0.0 & 0.0 \\ 0.0 & 0.116\,002 & 0.0 & 0.0 & 0.0 & 0.0 \\ 0.0 & 0.0 & 0.116\,002 & 0.0 & 0.0 & 0.0 \\ 0.0 & 0.0 & 0.0 & 0.019\,802\,4 & 0.0 & 0.0 \\ 0.0 & 0.0 & 0.0 & 0.0 & 0.005\,707\,41 & 0.0 \\ 0.0 & 0.0 & 0.0 & 0.0 & 0.0 & 0.014\,095\,0 \end{bmatrix} \times 10^{-4}$$

（4）Asym. 1 铺层薄壁盒形梁：

$$
\boldsymbol{S} = \begin{bmatrix}
1\,432\,302 & 0.0 & 0.0 & -106\,038 & 0.0 & 0.0 \\
0.0 & 89\,144 & 0.0 & 0.0 & 51\,547 & 0.0 \\
0.0 & 0.0 & 39\,531 & 0.0 & 0.0 & 55\,616 \\
-106\,038 & 0.0 & 0.0 & 16\,936 & 0.0 & 0.0 \\
0.0 & 51\,547 & 0.0 & 0.0 & 67\,829 & 0.0 \\
0.0 & 0.0 & 55\,616 & 0.0 & 0.0 & 172\,589
\end{bmatrix}
$$

$$
\boldsymbol{M} = \begin{bmatrix}
0.116\,002 & 0.0 & 0.0 & 0.0 & 0.0 & 0.0 \\
0.0 & 0.116\,002 & 0.0 & 0.0 & 0.0 & 0.0 \\
0.0 & 0.0 & 0.116\,002 & 0.0 & 0.0 & 0.0 \\
0.0 & 0.0 & 0.0 & 0.019\,802\,4 & 0.0 & 0.0 \\
0.0 & 0.0 & 0.0 & 0.0 & 0.005\,707\,41 & 0.0 \\
0.0 & 0.0 & 0.0 & 0.0 & 0.0 & 0.014\,095\,0
\end{bmatrix} \times 10^{-4}
$$

（5）Asym. 2 铺层薄壁盒形梁：

$$
\boldsymbol{S} = \begin{bmatrix}
1\,247\,969 & 0.0 & 0.0 & -52\,037 & 0.0 & 0.0 \\
0.0 & 98\,622 & 0.0 & 0.0 & 26\,365 & 0.0 \\
0.0 & 0.0 & 42\,598 & 0.0 & 0.0 & 27\,803 \\
-52\,037 & 0.0 & 0.0 & 17\,794 & 0.0 & 0.0 \\
0.0 & 26\,365 & 0.0 & 0.0 & 61\,526 & 0.0 \\
0.0 & 0.0 & 27\,803 & 0.0 & 0.0 & 152\,190
\end{bmatrix}
$$

$$
\boldsymbol{M} = \begin{bmatrix}
0.116\,002 & 0.0 & 0.0 & 0.0 & 0.0 & 0.0 \\
0.0 & 0.116\,002 & 0.0 & 0.0 & 0.0 & 0.0 \\
0.0 & 0.0 & 0.116\,002 & 0.0 & 0.0 & 0.0 \\
0.0 & 0.0 & 0.0 & 0.019\,802\,4 & 0.0 & 0.0 \\
0.0 & 0.0 & 0.0 & 0.0 & 0.005\,707\,41 & 0.0 \\
0.0 & 0.0 & 0.0 & 0.0 & 0.0 & 0.014\,095\,0
\end{bmatrix} \times 10^{-4}
$$

（6）Asym. 3 铺层薄壁盒形梁：

$$
\boldsymbol{S} = \begin{bmatrix}
1\,026\,195 & 0.0 & 0.0 & -21\,365 & 0.0 & 0.0 \\
0.0 & 84\,518 & 0.0 & 0.0 & 10\,885 & 0.0 \\
0.0 & 0.0 & 36\,343 & 0.0 & 0.0 & 11\,431 \\
-21\,365 & 0.0 & 0.0 & 15\,185 & 0.0 & 0.0 \\
0.0 & 10\,885 & 0.0 & 0.0 & 51\,115 & 0.0 \\
0.0 & 0.0 & 11\,431 & 0.0 & 0.0 & 125\,741
\end{bmatrix}
$$

$$M = \begin{bmatrix} 0.116\,002 & 0.0 & 0.0 & 0.0 & 0.0 & 0.0 \\ 0.0 & 0.116\,002 & 0.0 & 0.0 & 0.0 & 0.0 \\ 0.0 & 0.0 & 0.116\,002 & 0.0 & 0.0 & 0.0 \\ 0.0 & 0.0 & 0.0 & 0.019\,802\,4 & 0.0 & 0.0 \\ 0.0 & 0.0 & 0.0 & 0.0 & 0.005\,707\,41 & 0.0 \\ 0.0 & 0.0 & 0.0 & 0.0 & 0.0 & 0.014\,095\,0 \end{bmatrix} \times 10^{-4}$$

# 第5章
## 复合材料桨叶几何精确结构力学

## 5.1 引言

本章采用第 4 章建立的复合材料梁几何精确建模方法对 Bao 等(Bao et al., 2006, 2004, 2003)研制的各弹性耦合复合材料桨叶进行静力学和动力学分析,并将计算结果与相应实验结果进行对比,以验证本书复合材料梁几何精确结构建模方法用于复合材料桨叶结构分析的可行性。以 Bao 等研制的各弹性耦合复合材料桨叶为研究对象,研究剖面翘曲和横向剪切变形对复合材料桨叶静力学和动力学分析的影响。

首先使用 Patran 软件进行复合材料桨叶剖面的几何模型建立、材料属性定义和有限元离散。然后,利用 Patran 提供的节点、单元和单元属性信息,根据 4.2.2 节和 4.2.3 节的二维剖面分析编制计算程序,计算桨叶剖面的刚度矩阵和质量矩阵。最后,利用计算所得的剖面刚度矩阵和质量矩阵,根据 4.3 节的一维梁几何精确非线性分析编制计算程序,计算桨叶在静力作用下的变形和真空状态下的固有频率和振型。计算流程与图 4.1 所示相同。

## 5.2 复合材料桨叶静弯曲和静扭转

Bao 等(Bao et al., 2006, 2004, 2003)研制了五种复合材料桨叶,并测量了其在根部固支、自由端承受不同垂向力和扭矩情况下的弯曲斜率和扭转角。如图 5.1 所示,桨叶剖面由 IM7/8552 大梁、IM7/8552 ±45° 编织蒙皮、IM7/8552 腹板、Rohacell IG-71 前泡沫填芯和 Rohacell IG-31 后泡沫填芯组成。在桨叶的某些展向位置,剖面还含有 Tungsten 前缘配重,用来调整剖面质量的弦向分布以保证气弹稳定性。复合材料桨叶的外形尺寸如表 5.1 所示。五种不同弹性耦合的桨叶分别对应挥舞/扭转无耦合(FBT-0)、挥舞/扭转正耦合(FBT-P)、挥舞/扭转负耦合(FBT-N)、两段挥舞/扭转混合耦合(FBT-P/N)和三段挥舞/扭转混合耦合(FBT-P/O/N),且弹性耦合由桨叶大梁铺层分布的改变引起。FBT-P/N 桨叶的内侧 75% 是负耦合,外侧 25% 是正耦合;FBT-P/O/N 桨叶的内侧 55% 是负耦合,中间 20% 无耦合,外侧 25% 是正耦合。本书的挥舞/扭转正耦合是指向上的挥舞引起剖面前缘向下的扭转。表 5.2 给出了各弹性耦合桨叶剖面大梁、蒙皮和腹板的铺层情况。桨叶剖面各部件的材料属性如表 5.3 和表 5.4 所示。本书计算所得的各弹性耦合桨叶剖面刚度矩阵和质量矩阵见本章附录。

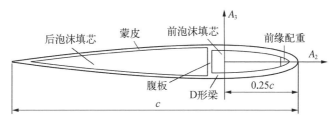

**图 5.1　复合材料桨叶剖面示意图**

**表 5.1　复合材料桨叶的外形尺寸**

| 参　数 | 取　值 |
|---|---|
| 桨叶长度/m | 0.777 2 |
| 桨叶翼型 | SC - 1 095 |
| 桨叶弦长/m | 0.067 7 |
| 桨叶预扭角度/(°) | 12 |

**表 5.2　各弹性耦合桨叶大梁、蒙皮和腹板的铺层情况**

| 部　件 | 铺　层 |
|---|---|
| 蒙　皮 | $[\pm 45°]$ 编织 |
| 挥舞/扭转无耦合(FBT - 0)大梁 | 上：$[\pm 15°]_s$；下：$[\mp 15°]_s$ |
| 挥舞/扭转正耦合(FBT - P)大梁 | 上：$[15°]_4$；下：$[-15°]_4$ |
| 挥舞/扭转负耦合(FBT - N)大梁 | 上：$[-15°]_4$；下：$[15°]_4$ |
| 腹　板 | $[\pm 15°]$ |

**表 5.3　大梁、腹板和蒙皮的材料属性**

| 参　数 | IM7/8552 | IM7/8552 $[0°/90°]$编织 | 参　数 | IM7/8552 | IM7/8552 $[0°/90°]$编织 |
|---|---|---|---|---|---|
| $E_{11}$/GPa | 169.6 | 80.2 | $G_{13}$/GPa | 8.3 | 6.26 |
| $E_{22}$/GPa | 10.3 | 80.2 | $\nu_{12}$ | 0.34 | 0.046 6 |
| $E_{33}$/GPa | 10.3 | 11.2 | $\nu_{23}$ | 0.34 | 0.32 |
| $G_{12}$/GPa | 8.3 | 6.26 | $\nu_{13}$ | 0.34 | 0.32 |
| $G_{23}$/GPa | 8.3 | 6.26 | 层厚/mm | 0.175 | 0.175 |

表 5.4　前缘配重和泡沫填芯的材料属性

| 参　数 | Tungsten | Rohacell IG-71 | Rohacell IG-31 |
|---|---|---|---|
| $E/\mathrm{GPa}$ | 395 | 0.092 | 0.036 |
| $\nu$ | 0.28 | 0.375 | 0.375 |

本书对 Bao 等研制的五种复合材料桨叶进行静力响应分析,各弹性耦合复合材料桨叶自由端弯曲斜率和扭转角随自由端所受垂向力和扭矩变化的计算结果与实验结果分别如图 5.2 至图 5.21 所示。对五种不同弹性耦合的复合材料桨叶,本书的计算结果与实验结果吻合较好,从而验证了本书的复合材料梁几何精确结构建模方法用于复合材料桨叶静力分析的可行性。对挥舞/扭转无耦合(FBT-0)桨叶,在垂向力作用下桨叶不发生扭转,在扭矩作用下桨叶不发生弯曲。对挥舞/扭转正耦合(FBT-P)和挥舞/扭转负耦合(FBT-N)桨叶,两者在相同垂向力作用下的自由端扭转大小几乎相同,两者在相同扭矩作用下的自由端弯曲大小也几乎相同,但方向均相反;两者在相同垂向力作用下的自由端弯曲大小几乎相同,两者在相同扭矩作用下的自由端扭转大小也几乎相同,且方向均相同。对两段挥舞/扭转混合耦合(FBT-P/N)和三段挥舞/扭转混合耦合(FBT-P/0/N)桨叶,两者表现出的耦合趋势与 FBT-N 桨叶相同,但三者的耦合大小各不相同。由以上分析,可以通过改变桨叶大梁的铺层分布及不同弹性耦合沿桨叶展向的分布这两种方式来设计复合材料桨叶,以使桨叶具有不同的弹性耦合。

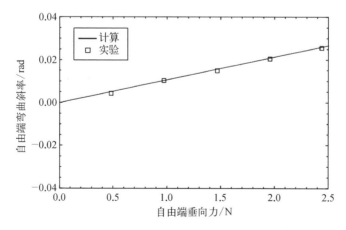

图 5.2　挥舞/扭转无耦合(FBT-0)桨叶自由端弯曲
斜率随自由端垂向力的变化

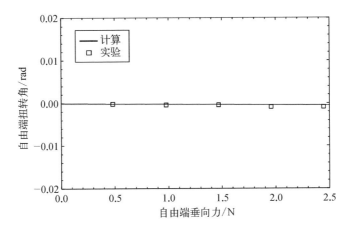

**图 5.3 挥舞/扭转无耦合(FBT‑0)桨叶自由端扭转角随自由端垂向力的变化**

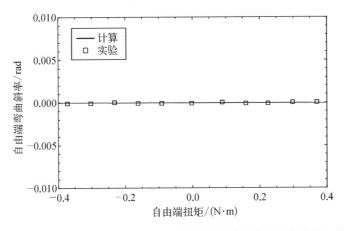

**图 5.4 挥舞/扭转无耦合(FBT‑0)桨叶自由端弯曲斜率随自由端扭矩的变化**

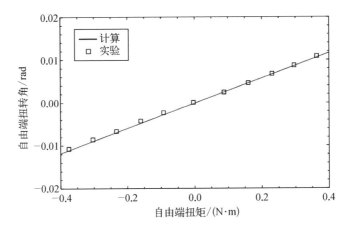

**图 5.5 挥舞/扭转无耦合(FBT‑0)桨叶自由端扭转角随自由端扭矩的变化**

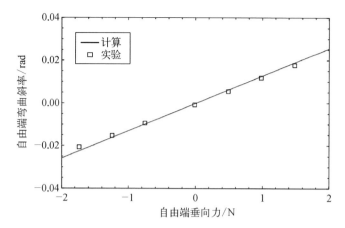

**图 5.6**　挥舞/扭转正耦合(**FBT‑P**)桨叶自由端弯曲斜率随自由端垂向力的变化

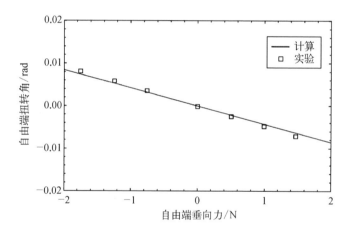

**图 5.7**　挥舞/扭转正耦合(**FBT‑P**)桨叶自由端扭转角随自由端垂向力的变化

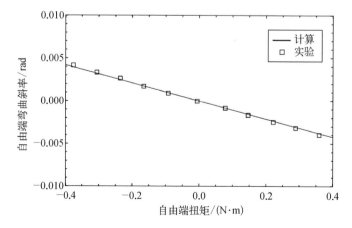

**图 5.8**　挥舞/扭转正耦合(**FBT‑P**)桨叶自由端弯曲斜率随自由端扭矩的变化

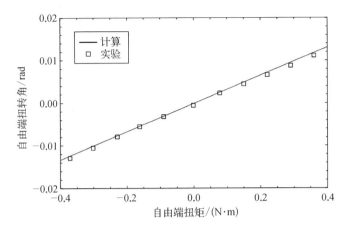

**图5.9    挥舞/扭转正耦合(FBT－P)桨叶自由端扭转角随自由端扭矩的变化**

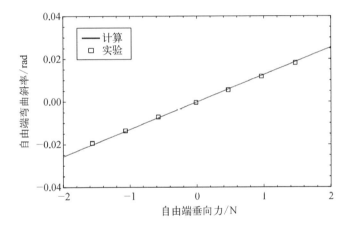

**图5.10    挥舞/扭转负耦合(FBT－N)桨叶自由端弯曲斜率随自由端垂向力的变化**

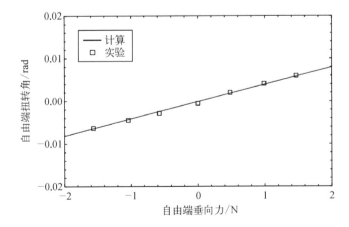

**图5.11    挥舞/扭转负耦合(FBT－N)桨叶自由端扭转角随自由端垂向力的变化**

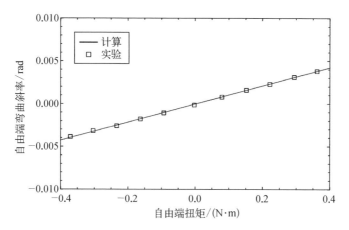

**图 5.12　挥舞/扭转负耦合(FBT‑N)桨叶自由端弯曲斜率随自由端扭矩的变化**

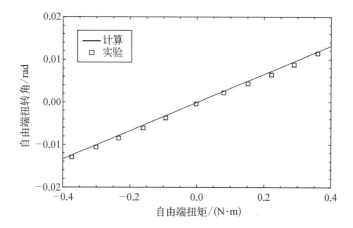

**图 5.13　挥舞/扭转负耦合(FBT‑N)桨叶自由端扭转角随自由端扭矩的变化**

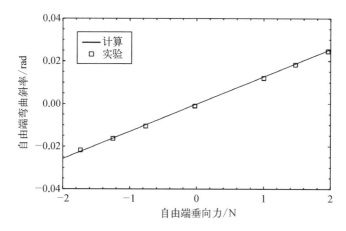

**图 5.14　两段挥舞/扭转混合耦合(FBT‑P/N)桨叶自由端弯曲斜率随自由端垂向力的变化**

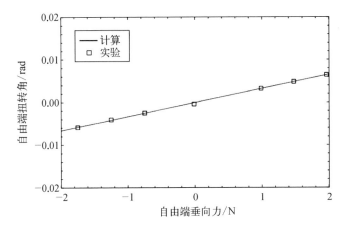

**图 5.15** 两段挥舞/扭转混合耦合（FBT－P/N）桨叶自由端扭转角随自由端垂向力的变化

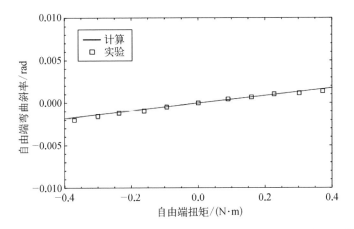

**图 5.16** 两段挥舞/扭转混合耦合（FBT－P/N）桨叶自由端弯曲斜率随自由端扭矩的变化

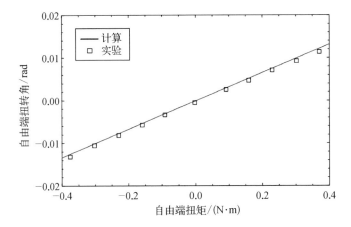

**图 5.17** 两段挥舞/扭转混合耦合（FBT－P/N）桨叶自由端扭转角随自由端扭矩的变化

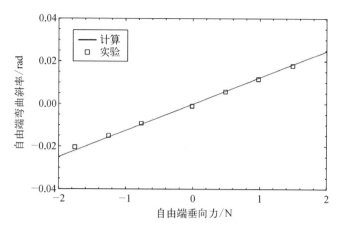

**图 5.18** 三段挥舞/扭转混合耦合(FBT‐P/0/N)桨叶自由端弯曲斜率随自由端垂向力的变化

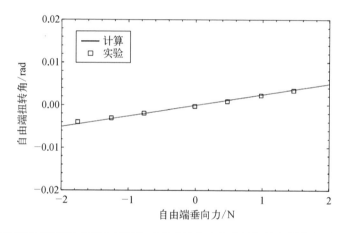

**图 5.19** 三段挥舞/扭转混合耦合(FBT‐P/0/N)桨叶自由端扭转角随自由端垂向力的变化

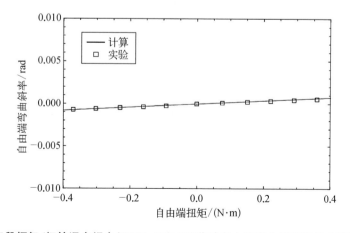

**图 5.20** 三段挥舞/扭转混合耦合(FBT‐P/0/N)桨叶自由端弯曲斜率随自由端扭矩的变化

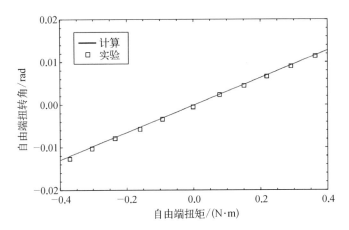

**图 5.21　三段挥舞/扭转混合耦合(FBT - P/0/N)桨叶**
**自由端扭转角随自由端扭矩的变化**

## 5.3　复合材料桨叶共振图

Bao 等(Bao et al., 2006, 2004, 2003)还将各弹性耦合复合材料桨叶分别安装于全铰接式旋翼桨毂(Bi, 1991),测量了各桨叶的基阶不旋转扭转固有频率。本书计算了相同条件下,各弹性耦合复合材料桨叶的共振图。由于弹性耦合的存在,同一固有频率对应的振型之间存在耦合。本书各固有频率对应的模态为主模态。各弹性耦合复合材料桨叶计算的共振图分别如图 5.22 至图 5.26 所示。由图 5.22 至图 5.26 可见,本书计算的挥舞/扭转无耦合(FBT - 0)、挥舞/扭转正耦合(FBT - P)、

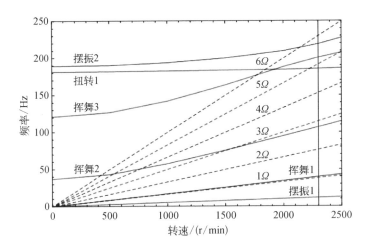

**图 5.22　挥舞/扭转无耦合(FBT - 0)桨叶共振图**

挥舞/扭转负耦合(FBT-N)、两段挥舞/扭转混合耦合(FBT-P/N)和三段挥舞/扭转混合耦合(FBT-P/O/N)复合材料桨叶基阶不旋转扭转固有频率分别是182Hz、178Hz、178Hz、178Hz 和 179Hz,与实验相应测得的 186 Hz、186Hz、188Hz、188.5Hz 和 187.5Hz 基本吻合,误差分别是-2.1%、-4.3%、-5.3%、-5.6%和-4.5%,从而验证了本书的复合材料梁几何精确结构建模方法用于复合材料桨叶动特性分析的可行性。对 Bao 等研制的各弹性耦合复合材料桨叶,旋翼转速 2 300 r/min 时的桨尖速度是 220 m/s。从各桨叶的共振图可以看出,当桨叶转速是 2 300 r/min 时,各固有频率与旋翼旋转频率整数倍之间的间隔适当,不存在共振问题。

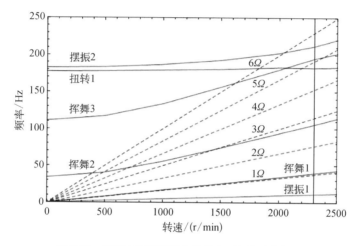

图 5.23　挥舞/扭转正耦合(FBT-P)桨叶共振图

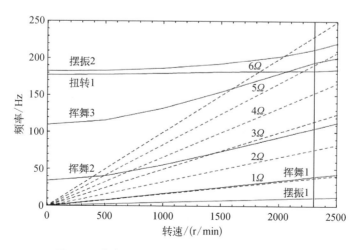

图 5.24　挥舞/扭转负耦合(FBT-N)桨叶共振图

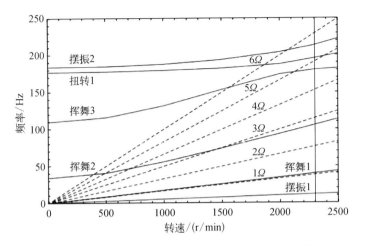

图 5.25　两段挥舞/扭转混合耦合(FBT‐P/N)桨叶共振图

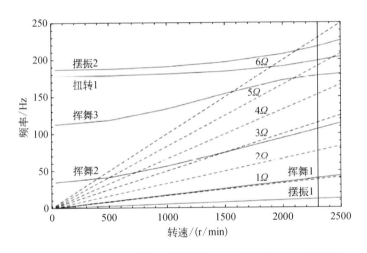

图 5.26　三段挥舞/扭转混合耦合(FBT‐P/0/N)桨叶共振图

## 5.4　复合材料桨叶非经典效应

本章研究的复合材料桨叶的非经典效应包括桨叶剖面翘曲和横向剪切变形。本节研究非经典效应对复合材料桨叶静力、动力学分析的影响。忽略剖面翘曲时,剖面的 6×6 简化柔度矩阵采用如下方法得到。对仅带预扭转的复合材料桨叶,忽略剖面翘曲时,任意一点的 Jaumann‐Biot‐Cauchy 应变 $\Gamma$ 可表示为

$$\Gamma = \left\{ \gamma_{11} + x_3\kappa_2 - x_2\kappa_3,\ 2\gamma_{12} - x_3\kappa_1,\ 2\gamma_{13} + x_2\kappa_1,\ 0,\ 0,\ 0 \right\}^{\mathrm{T}} \qquad (5.1)$$

将式(5.1)代入式(4.11),并进行整理,可将剖面应变能表示为

$$2U = \left\{ \begin{matrix} \gamma_{11} \\ 2\gamma_{12} \\ 2\gamma_{13} \\ \kappa_1 \\ \kappa_2 \\ \kappa_3 \end{matrix} \right\}^{\mathrm{T}} \langle\langle \boldsymbol{K} \rangle\rangle \left\{ \begin{matrix} \gamma_{11} \\ 2\gamma_{12} \\ 2\gamma_{13} \\ \kappa_1 \\ \kappa_2 \\ \kappa_3 \end{matrix} \right\} \qquad (5.2)$$

式中,$\boldsymbol{K}$ 可表示为

$$\boldsymbol{K} = \begin{bmatrix} D_{11} & D_{12} & D_{13} & D_{13}x_2 - D_{12}x_3 & D_{11}x_3 & -D_{11}x_2 \\ D_{12} & D_{22} & D_{23} & D_{23}x_2 - D_{22}x_3 & D_{12}x_3 & -D_{12}x_2 \\ D_{13} & D_{23} & D_{33} & D_{33}x_2 - D_{23}x_3 & D_{13}x_3 & -D_{13}x_2 \\ D_{13}x_2 - D_{12}x_3 & D_{23}x_2 - D_{22}x_3 & D_{33}x_2 - D_{23}x_3 & D_{33}x_2^2 - 2D_{23}x_2x_3 + D_{22}x_3^2 & D_{13}x_2x_3 - D_{12}x_3^2 & -D_{13}x_2^2 + D_{12}x_2x_3 \\ D_{11}x_3 & D_{12}x_3 & D_{13}x_3 & D_{13}x_2x_3 - D_{12}x_3^2 & D_{11}x_3^2 & -D_{11}x_2x_3 \\ -D_{11}x_2 & -D_{12}x_2 & -D_{13}x_2 & -D_{13}x_2^2 + D_{12}x_2x_3 & -D_{11}x_2x_3 & D_{11}x_2^2 \end{bmatrix}$$

式(5.2)中,$\langle\langle \boldsymbol{K} \rangle\rangle$ 的逆矩阵即是忽略剖面翘曲时剖面的简化柔度矩阵。

忽略横向剪切变形时,剖面的 6×6 简化柔度矩阵通过如下操作获得:

(1) 对 6×6 全耦合刚度矩阵取逆,得柔度矩阵;

(2) 柔度矩阵对应于一维广义横向剪切应变行、列的元素用零代替,得剖面简化柔度矩阵。

### 5.4.1　剖面翘曲

1. 剖面翘曲对刚度系数的影响

剖面翘曲对各弹性耦合复合材料桨叶主方向刚度系数的影响如表 5.5 所示。$S_{11}$ 表示拉伸刚度系数,$S_{22}$ 和 $S_{33}$ 表示两个方向的剪切刚度系数,$S_{44}$ 表示扭转刚度系数,$S_{55}$ 表示挥舞刚度系数,$S_{66}$ 表示摆振刚度系数。表 5.5 中的数值表示忽略剖面翘曲所得刚度系数与考虑剖面翘曲所得刚度系数的比值,比值均大于 1。从物理上讲,忽略剖面翘曲,意味着给剖面主方向增加了约束,因此计算的主方向刚度系数会比考虑剖面翘曲时要大。由表 5.5 可见,剖面翘曲对扭转刚度系数 $S_{44}$ 的影响较大,对摆振刚度系数 $S_{66}$ 的影响适中,对挥舞刚度系数 $S_{55}$ 的影响相对较小。

表 5.5    忽略与考虑剖面翘曲时主方向刚度系数的比值

| 挥舞/扭转耦合 | $S_{11}$ | $S_{22}$ | $S_{33}$ | $S_{44}$ | $S_{55}$ | $S_{66}$ |
|---|---|---|---|---|---|---|
| FBT – 0 | 1.2 | 1.2 | 8.7 | 5.3 | 1.2 | 1.7 |
| FBT – P | 1.5 | 1.3 | 9.8 | 5.4 | 1.3 | 1.9 |
| FBT – N | 1.5 | 1.3 | 9.9 | 5.4 | 1.3 | 1.9 |

2.  剖面翘曲对静弯曲和扭转的影响

图 5.27 至图 5.46 分别显示了剖面翘曲对各弹性耦合复合材料桨叶自由端弯曲斜率和扭转角随自由端所受垂向力和扭矩变化的影响。图中实线表示考虑任意剖面翘曲,虚线表示忽略剖面翘曲。由图中可见,考虑任意剖面翘曲的计算结果与实验结果高度一致,忽略剖面翘曲的计算结果偏离较大。

由表 5.5 给出的 Bao 等研制的复合材料桨叶的刚度系数数据看出,剖面翘曲对扭转刚度系数的影响较大,对挥舞刚度系数的影响相对较小。对各剖面,不考虑剖面翘曲计算所得的扭转刚度系数是考虑剖面翘曲时的 5.4 倍左右,不考虑剖面翘曲计算的挥舞刚度系数比考虑剖面翘曲的计算结果增加了 20% 到 30%。因此,如图 5.27 至图 5.46 所示,忽略剖面翘曲对 Bao 等研制的复合材料桨叶进行静力分析,在自由端施加扭矩时,扭转变形大幅减小,在自由端施加垂向力时,弯曲变形相应减小。对由挥舞/扭转耦合引起的耦合变形,由于扭转刚度系数产生了很大的变化,耦合变形也会相应地发生显著变化。综合以上分析,剖面翘曲对复合材料桨叶的静弯曲和扭转有显著的影响,不可忽略。

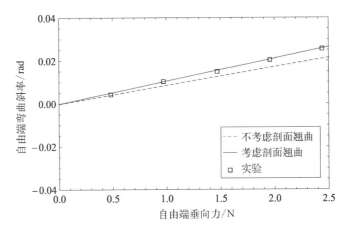

图 5.27    剖面翘曲对 FBT – 0 桨叶自由端弯曲斜率
随自由端垂向力变化的影响

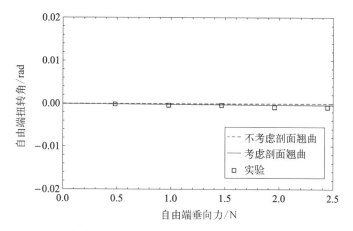

**图 5.28** 剖面翘曲对 **FBT－0** 桨叶自由端扭转角随自由端垂向力变化的影响

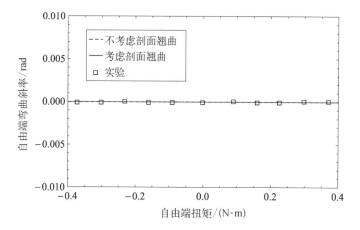

**图 5.29** 剖面翘曲对 **FBT－0** 桨叶自由端弯曲斜率随自由端扭矩变化的影响

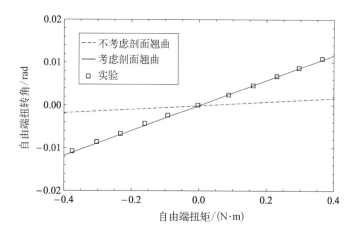

**图 5.30** 剖面翘曲对 **FBT－0** 桨叶自由端扭转角随自由端扭矩变化的影响

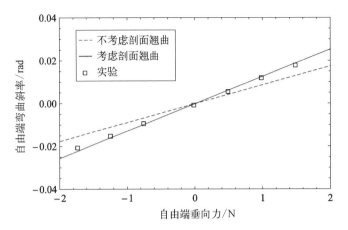

**图 5.31　剖面翘曲对 FBT - P 桨叶自由端弯曲斜率随自由端垂向力变化的影响**

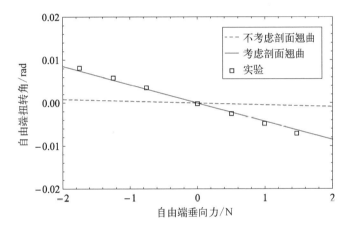

**图 5.32　剖面翘曲对 FBT - P 桨叶自由端扭转角随自由端垂向力变化的影响**

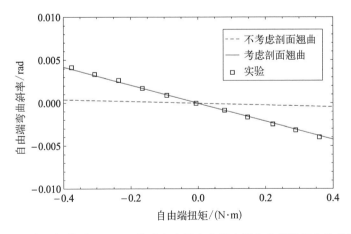

**图 5.33　剖面翘曲对 FBT - P 桨叶自由端弯曲斜率随自由端扭矩变化的影响**

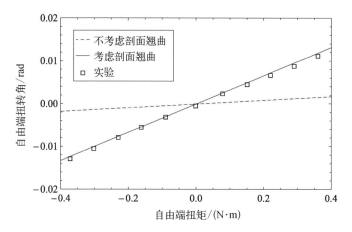

**图 5.34**　剖面翘曲对 **FBT‒P** 桨叶自由端扭转角随自由端扭矩变化的影响

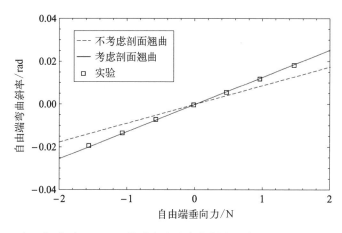

**图 5.35**　剖面翘曲对 **FBT‒N** 桨叶自由端弯曲斜率随自由端垂向力变化的影响

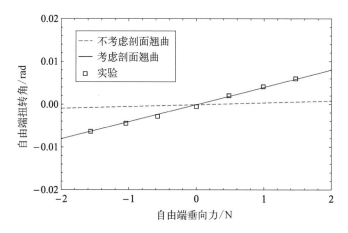

**图 5.36**　剖面翘曲对 **FBT‒N** 桨叶自由端扭转角随自由端垂向力变化的影响

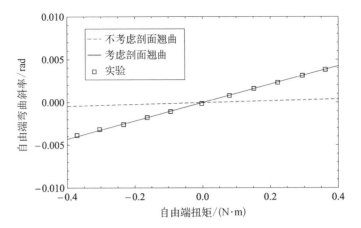

**图 5.37　剖面翘曲对 FBT－N 桨叶自由端弯曲斜率随自由端扭矩变化的影响**

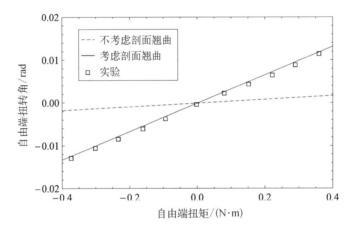

**图 5.38　剖面翘曲对 FBT－N 桨叶自由端扭转角随自由端扭矩变化的影响**

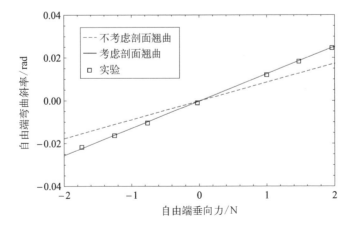

**图 5.39　剖面翘曲对 FBT－P/N 桨叶自由端弯曲斜率随自由端垂向力变化的影响**

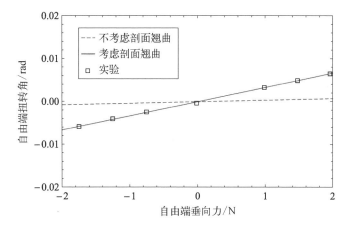

**图 5.40**　剖面翘曲对 **FBT－P/N** 桨叶自由端扭转角随自由端垂向力变化的影响

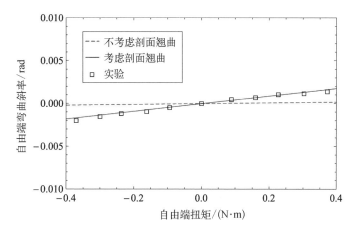

**图 5.41**　剖面翘曲对 **FBT－P/N** 桨叶自由端弯曲斜率随自由端扭矩变化的影响

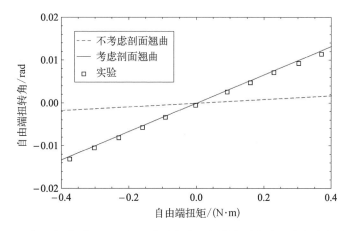

**图 5.42**　剖面翘曲对 **FBT－P/N** 桨叶自由端扭转角随自由端扭矩变化的影响

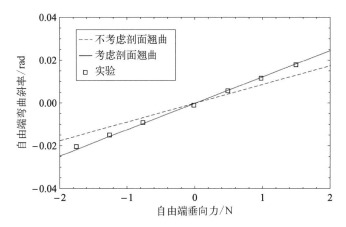

**图 5.43　剖面翘曲对 FBT－P/0/N 桨叶自由端弯曲斜率随自由端垂向力变化的影响**

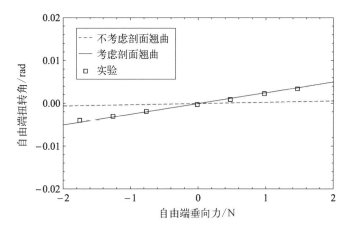

**图 5.44　剖面翘曲对 FBT－P/0/N 桨叶自由端扭转角随自由端垂向力变化的影响**

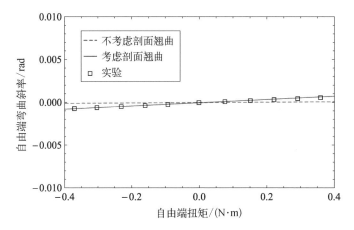

**图 5.45　剖面翘曲对 FBT－P/0/N 桨叶自由端弯曲斜率随自由端扭矩变化的影响**

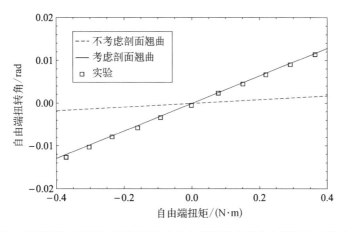

**图 5.46　剖面翘曲对 FBT‐P/0/N 桨叶自由端扭转角随自由端扭矩变化的影响**

3. 剖面翘曲对动特性的影响

剖面翘曲对各弹性耦合复合材料桨叶前 3 至 6 阶固有频率随转速变化的影响如图 5.47 至图 5.51 所示。前 2 阶固有频率分别对应于桨叶刚体摆振(摆振 1)和刚体挥舞(挥舞 1),不受剖面翘曲的影响,没有显示在图中。图中,实线表示考虑剖面翘曲的计算结果,虚线表示忽略剖面翘曲的计算结果。由表 5.5 中的刚度系数数据,剖面翘曲对扭转刚度系数的影响很大,对摆振刚度系数的影响较大,对挥舞刚度系数的影响较小。因此,如图 5.47 至图 5.51 所示,剖面翘曲对扭转固有频率的影响很大,对摆振固有频率的影响较大,对挥舞固有频率的影响较小。总体来说,忽略剖面翘曲计算的挥舞、扭转和摆振刚度系数与考虑剖面翘曲的计算结果相比有不同程度的增加,使得忽略剖面翘曲计算的固有频率比考虑剖面翘曲的有显著增加,因此,剖面翘曲对复合材料桨叶的动特性有显著影响,不可忽略。

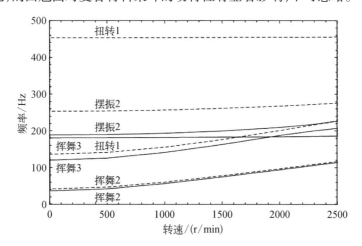

**图 5.47　剖面翘曲对 FBT‐0 桨叶固有频率随转速变化的影响**

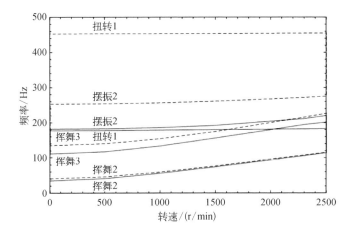

**图 5.48　剖面翘曲对 FBT－P 桨叶固有频率随转速变化的影响**

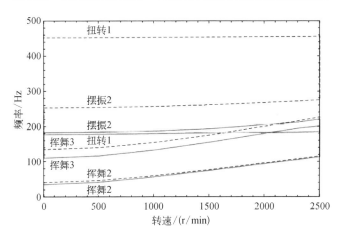

**图 5.49　剖面翘曲对 FBT－N 桨叶固有频率随转速变化的影响**

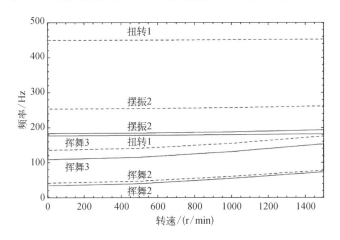

**图 5.50　剖面翘曲对 FBT－P/N 桨叶固有频率随转速变化的影响**

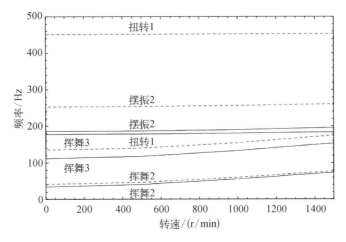

图 5.51　剖面翘曲对 **FBT‑P/0/N** 桨叶固有频率
随转速变化的影响

### 5.4.2　横向剪切变形

1. 横向剪切变形对静力响应的影响

对 Bao 等(Bao et al., 2006, 2004, 2003)研制的各弹性耦合复合材料桨叶,本节忽略横向剪切变形计算的静变形与图 5.2 至图 5.21 所示的考虑横向剪切变形计算的静变形几乎完全相同。因此,对 Bao 等研制的各弹性耦合复合材料桨叶,横向剪切变形对静变形的计算结果影响很小。大量研究表明,横向剪切变形的影响与梁的长度和剖面尺寸的相对大小有关,对于细长梁,横向剪切变形的影响很小。Bao 等研制的各弹性耦合复合材料桨叶,其长度/弦长比是 11.5,属细长梁,因此横向剪切变形的影响很小。为了进一步研究横向剪切变形的影响,保持弹性耦合复合材料桨叶的剖面尺寸和材料分布不变,仅改变桨叶的长度,计算不考虑横向剪切变形与考虑横向剪切变形的自由端变形比随桨叶长度/弦长比的变化曲线。在所有桨叶的自由端分别施加了 2.5 N 的垂向力和 0.4 N·m 的扭矩。图 5.52 至图 5.60 分别给出了各弹性耦合复合材料桨叶自由端弯曲变形比随桨叶长度/弦长比的变化曲线。

由各弹性耦合复合材料桨叶自由端变形比随桨叶长度/弦长比变化的曲线可得,对于长度/弦长比是 11.5 的复合材料桨叶,横向剪切变形对静变形的影响较小。在自由端垂向力作用下,不考虑横向剪切变形与考虑横向剪切变形的自由端弯曲变形比是 0.993 到 1.003;在自由端扭矩作用下,不考虑横向剪切变形与考虑横向剪切变形的自由端弯曲变形比是 0.968 到 1.055。当桨叶的长度/弦长比由 11.5 逐渐减小时,横向剪切变形对静变形的影响越来越大,变形比越来越偏离 1。

当长度/弦长比减小到 3.0 时,在自由端垂向力作用下,不考虑横向剪切变形与考虑横向剪切变形的自由端弯曲变形比是 0.945 到 0.983;在自由端扭矩作用下,不考虑横向剪切变形与考虑横向剪切变形的自由端弯曲变形比是 0.898 到 1.127。因此,横向剪切变形对复合材料桨叶静变形的影响与桨叶的长度/弦长比有关,桨叶的长度/弦长比越大,横向剪切变形的影响越小,当桨叶的长度/弦长比达到一定数值时,横向剪切变形的影响可忽略不计。

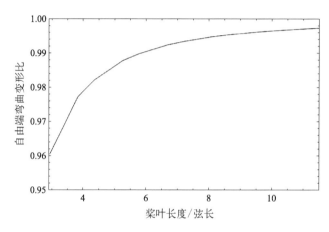

图 5.52    自由端垂向力下 FBT‐0 桨叶自由端弯曲变形比
随桨叶长度/弦长比的变化

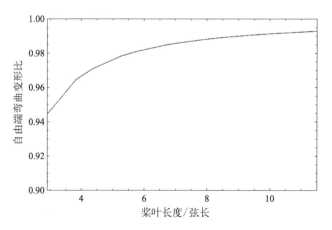

图 5.53    自由端垂向力下 FBT‐P 桨叶自由端弯曲变形比
随桨叶长度/弦长比的变化

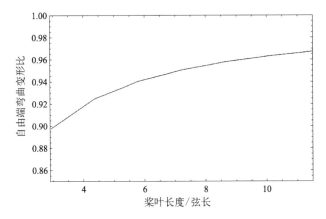

图 5.54　自由端扭矩下 **FBT－P** 桨叶自由端弯曲变形比
随桨叶长度/弦长比的变化

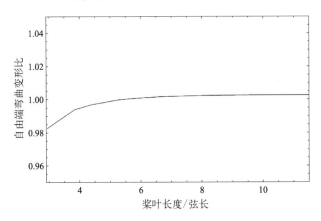

图 5.55　自由端垂向力下 **FBT－N** 桨叶自由端弯曲变形比
随桨叶长度/弦长比的变化

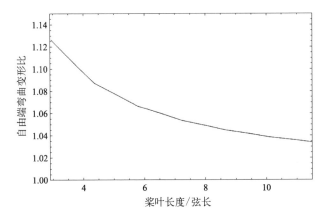

图 5.56　自由端扭矩下 **FBT－N** 桨叶自由端弯曲变形比
随桨叶长度/弦长比的变化

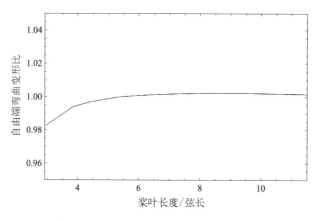

**图 5.57**　自由端垂向力下 **FBT－P/N** 桨叶自由端弯曲变形比
　　　　　随桨叶长度/弦长比的变化

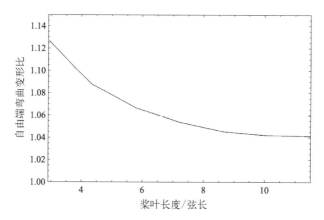

**图 5.58**　自由端扭矩下 **FBT－P/N** 桨叶自由端弯曲变形比
　　　　　随桨叶长度/弦长比的变化

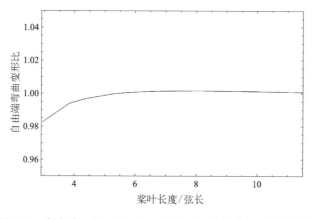

**图 5.59**　自由端垂向力下 **FBT－P/0/N** 桨叶自由端弯曲变形比
　　　　　随桨叶长度/弦长比的变化

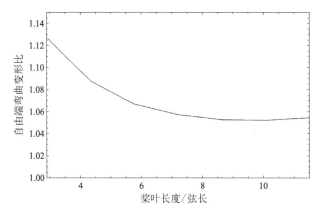

图 5.60 自由端扭矩下 FBT‒P/0/N 桨叶自由端弯曲变形比
随桨叶长度/弦长比的变化

**2. 横向剪切变形对动特性的影响**

对各弹性耦合复合材料桨叶,表 5.6 给出了忽略横向剪切变形引起的前 5 阶挥舞(F)、前 4 阶摆振(L)和 1 阶扭转(T)固有频率的误差。误差的计算公式是 $|\omega_{ns} - \omega_s| / \omega_s \times 100\%$,其中 $\omega_s$ 和 $\omega_{ns}$ 分别是考虑和忽略横向剪切变形的固有频率。由表 5.6 可见,对各弹性耦合复合材料桨叶,横向剪切变形对各低阶固有频率的影响很小(前 2 阶固有频率分别对应于刚体摆振和刚体挥舞,不受横向剪切变形的影响)。然而随着固有频率阶次的依次增加,横向剪切变形的影响依次增强,由此引起的误差也越来越大。此外,比较表 5.6 中不同转速下的固有频率误差,虽然不同转速时横向剪切变形对各固有频率影响的程度不同,但固有频率阶次越高横向剪切变形影响越强的趋势相同。总体来说,对于长度/弦长比是 11.5 的 Bao 等研制的复合材料桨叶,横向剪切变形虽然对低阶固有频率的影响较小,但随着固有频率阶次的依次增加,横向剪切变形的影响依次增强。

为了进一步研究横向剪切变形对固有频率的影响,保持弹性耦合复合材料桨叶的剖面尺寸和材料分布不变,仅改变桨叶的长度,计算了不同长度时忽略横向剪切变形引起的前 5 阶挥舞、前 4 阶摆振和 1 阶扭转固有频率的误差。FBT‒0、FBT‒P 和 FBT‒N 复合材料桨叶的计算结果如表 5.7 至表 5.9 所示。总体来说,对同一复合材料桨叶,固有频率的阶次越高横向剪切变形的影响越大;对剖面相同的复合材料桨叶,桨叶长度越小,横向剪切变形对固有频率的影响越大。

综合以上分析,横向剪切变形对复合材料桨叶固有频率的影响也与桨叶长度/弦长比有关。桨叶的长度/弦长比越大,横向剪切变形对固有频率的影响越小。当桨叶的长度/弦长比大到一定数值时,横向剪切变形对低阶固有频率的影响可忽略不计。但是,当需精确计算桨叶的高阶固有频率时,最好采用 6×6 全耦合刚度矩阵。

表 5.6　各弹性耦合桨叶忽略横向剪切变形引起的
固有频率误差(单位：%)

| 挥/扭耦合 | 转速/(r/min) | F1 | F2 | F3 | F4 | F5 | L1 | L2 | L3 | L4 | T1 |
|---|---|---|---|---|---|---|---|---|---|---|---|
| FBT－0 | 0 | 0.0 | 0.5 | 1.5 | 3.2 | 5.6 | 0.0 | 0.8 | 1.8 | 3.3 | 0.3 |
| | 1 000 | 0.0 | 0.2 | 1.1 | 2.7 | 5.1 | 0.0 | 0.7 | 1.8 | 3.3 | 0.2 |
| | 2 300 | 0.0 | 0.1 | 0.5 | 1.8 | 3.8 | 0.0 | 0.6 | 1.6 | 3.2 | 0.1 |
| FBT－P | 0 | 0.0 | 0.3 | 1.3 | 3.0 | 5.1 | 0.0 | 0.8 | 2.3 | 3.7 | 0.2 |
| | 1 000 | 0.0 | 0.2 | 0.9 | 2.5 | 4.5 | 0.0 | 0.6 | 1.8 | 3.4 | 0.1 |
| | 2 300 | 0.0 | 0.1 | 0.4 | 1.6 | 3.1 | 0.0 | 0.6 | 1.6 | 3.3 | 0.2 |
| FBT－N | 0 | 0.0 | 0.6 | 1.4 | 2.9 | 5.1 | 0.0 | 1.0 | 3.2 | 3.4 | 0.2 |
| | 1 000 | 0.0 | 0.2 | 0.9 | 2.4 | 4.6 | 0.0 | 0.9 | 2.2 | 3.3 | 0.2 |
| | 2 300 | 0.0 | 0.1 | 0.5 | 1.5 | 3.1 | 0.0 | 0.7 | 1.8 | 3.1 | 0.0 |
| FBT－P/N | 0 | 0.0 | 0.6 | 1.6 | 3.1 | 5.0 | 0.0 | 1.0 | 2.2 | 3.9 | 0.2 |
| | 1 500 | 0.0 | 0.1 | 0.8 | 2.1 | 3.9 | 0.0 | 0.9 | 2.0 | 3.4 | 0.1 |
| FBT－P/0/N | 0 | 0.0 | 0.6 | 1.4 | 3.0 | 5.3 | 0.0 | 1.1 | 2.6 | 3.6 | 0.1 |
| | 1 500 | 0.0 | 0.1 | 0.6 | 2.1 | 4.1 | 0.0 | 1.0 | 2.0 | 3.4 | 0.1 |

表 5.7　不同长度 FBT－0 桨叶忽略横向剪切变形引起的
固有频率误差(单位：%)

| 长度/m | F1 | F2 | F3 | F4 | F5 | L1 | L2 | L3 | L4 | T1 |
|---|---|---|---|---|---|---|---|---|---|---|
| 0.77 | 0.0 | 0.5 | 1.5 | 3.2 | 5.6 | 0.0 | 0.8 | 1.8 | 3.3 | 0.3 |
| 0.58 | 0.0 | 0.6 | 2.4 | 5.4 | 9.9 | 0.0 | 0.8 | 2.6 | 4.4 | 0.0 |
| 0.39 | 0.0 | 1.3 | 5.0 | 10.7 | 18.1 | 0.0 | 1.4 | 4.3 | 8.1 | 0.1 |
| 0.20 | 0.0 | 4.0 | 14.5 | 29.7 | 49.5 | 0.0 | 3.2 | 9.1 | 14.5 | 0.1 |

表 5.8　不同长度 FBT－P 桨叶忽略横向剪切变形引起的
固有频率误差(单位：%)

| 长度/m | F1 | F2 | F3 | F4 | F5 | L1 | L2 | L3 | L4 | T1 |
|---|---|---|---|---|---|---|---|---|---|---|
| 0.77 | 0.0 | 0.3 | 1.3 | 3.0 | 5.1 | 0.0 | 0.8 | 2.3 | 3.7 | 0.2 |
| 0.58 | 0.0 | 0.7 | 2.3 | 5.0 | 6.6 | 0.0 | 0.7 | 2.6 | 5.4 | 0.2 |
| 0.39 | 0.0 | 1.2 | 4.6 | 9.7 | 15.7 | 0.0 | 1.3 | 5.4 | 8.5 | 0.3 |
| 0.20 | 0.0 | 3.3 | 12.3 | 23.8 | 34.3 | 0.0 | 3.5 | 9.6 | 15.7 | 1.0 |

表 5.9　不同长度的 FBT‐N 桨叶忽略横向剪切变形引起的
固有频率误差(单位：%)

| 长度/m | F1 | F2 | F3 | F4 | F5 | L1 | L2 | L3 | L4 | T1 |
|---|---|---|---|---|---|---|---|---|---|---|
| 0.77 | 0.0 | 0.6 | 1.4 | 2.9 | 5.1 | 0.0 | 1.0 | 3.2 | 3.4 | 0.2 |
| 0.58 | 0.0 | 0.7 | 2.1 | 4.9 | 8.0 | 0.0 | 1.0 | 2.5 | 5.6 | 0.2 |
| 0.39 | 0.0 | 1.3 | 4.3 | 9.5 | 15.6 | 0.0 | 1.6 | 4.9 | 8.8 | 0.2 |
| 0.20 | 0.0 | 3.5 | 12.4 | 22.1 | 27.5 | 0.0 | 3.3 | 9.4 | 16.0 | 0.0 |

## 本章附录——各弹性耦合桨叶的剖面矩阵

以下列出了本章各弹性耦合桨叶剖面计算的刚度矩阵和质量矩阵，$S$ 表示刚度矩阵，$M$ 表示质量矩阵，FBT‐0 表示挥舞/扭转无耦合，FBT‐P 表示挥舞/扭转正耦合，FBT‐N 表示挥舞/扭转负耦合。

（1）无前缘配重 FBT‐0 桨叶剖面：

$$S = \begin{bmatrix} 5\,184\,467 & 993 & -1\,059 & -142 & 2\,297 & -14\,696 \\ 993 & 1\,202\,246 & -4\,507 & -769 & 25 & 31 \\ -1\,059 & -4\,507 & 55\,200 & 222 & 2 & 36 \\ -142 & -769 & 222 & 27 & 0.0 & -4 \\ 2\,297 & 25 & 2 & 0.0 & 28 & -4 \\ -14\,696 & 31 & 36 & -4 & -4 & 680 \end{bmatrix}$$

$$M = \begin{bmatrix} 0.18 & 0.0 & 0.0 & 0.0 & 0.79 \times 10^{-4} & 0.75 \times 10^{-3} \\ 0.0 & 0.18 & 0.0 & -0.79 \times 10^{-4} & 0.0 & 0.0 \\ 0.0 & 0.0 & 0.18 & -0.75 \times 10^{-3} & 0.0 & 0.0 \\ 0.0 & -0.79 \times 10^{-4} & -0.75 \times 10^{-3} & 0.59 \times 10^{-4} & 0.0 & 0.0 \\ 0.79 \times 10^{-4} & 0.0 & 0.0 & 0.0 & 0.10 \times 10^{-5} & 0.17 \times 10^{-6} \\ 0.75 \times 10^{-3} & 0.0 & 0.0 & 0.0 & 0.17 \times 10^{-6} & 0.58 \times 10^{-4} \end{bmatrix}$$

（2）带前缘配重 FBT‐0 桨叶剖面：

$$S = \begin{bmatrix} 6\,494\,179 & -3 & 162 & -143 & 2\,561 & -33\,832 \\ -3 & 1\,245\,611 & -6\,995 & -799 & 21 & 40 \\ 162 & -6\,995 & 66\,972 & 361 & 3 & -3 \\ -143 & -799 & 361 & 29 & 0.0 & -4 \\ 2\,561 & 21 & 3 & 0.0 & 29 & -8 \\ -33\,832 & 40 & -3 & -4 & -8 & 960 \end{bmatrix}$$

$$
M = \begin{bmatrix}
0.24 & 0.0 & 0.0 & 0.0 & 0.91 \times 10^{-4} & -0.11 \times 10^{-3} \\
0.0 & 0.24 & 0.0 & -0.91 \times 10^{-4} & 0.0 & 0.0 \\
0.0 & 0.0 & 0.24 & 0.11 \times 10^{-3} & 0.0 & 0.0 \\
0.0 & -0.91 \times 10^{-4} & 0.11 \times 10^{-3} & 0.72 \times 10^{-4} & 0.0 & 0.0 \\
0.91 \times 10^{-4} & 0.0 & 0.0 & 0.0 & 0.10 \times 10^{-5} & 0.20 \times 10^{-8} \\
-0.11 \times 10^{-3} & 0.0 & 0.0 & 0.0 & 0.20 \times 10^{-8} & 0.71 \times 10^{-4}
\end{bmatrix}
$$

（3）无前缘配重 FBT－P 桨叶剖面：

$$
S = \begin{bmatrix}
4\,388\,652 & 673\,523 & -12\,741 & -642 & 1\,994 & -9\,631 \\
673\,523 & 1\,140\,835 & -7\,359 & -749 & 353 & -2\,617 \\
-12\,741 & -7\,359 & 48\,705 & 176 & 3 & 108 \\
-642 & -749 & 176 & 26 & -8 & -1 \\
1\,994 & 353 & 3 & -8 & 26 & -3 \\
-9\,631 & -2\,617 & 108 & -1 & -3 & 598
\end{bmatrix}
$$

$$
M = \begin{bmatrix}
0.18 & 0.0 & 0.0 & 0.0 & 0.79 \times 10^{-4} & 0.75 \times 10^{-3} \\
0.0 & 0.18 & 0.0 & -0.79 \times 10^{-4} & 0.0 & 0.0 \\
0.0 & 0.0 & 0.18 & -0.75 \times 10^{-3} & 0.0 & 0.0 \\
0.0 & -0.79 \times 10^{-4} & -0.75 \times 10^{-3} & 0.59 \times 10^{-4} & 0.0 & 0.0 \\
0.79 \times 10^{-4} & 0.0 & 0.0 & 0.0 & 0.10 \times 10^{-5} & 0.17 \times 10^{-6} \\
0.75 \times 10^{-3} & 0.0 & 0.0 & 0.0 & 0.17 \times 10^{-6} & 0.58 \times 10^{-4}
\end{bmatrix}
$$

（4）带前缘配重 FBT－P 桨叶剖面：

$$
S = \begin{bmatrix}
5\,937\,778 & 827\,847 & -18\,502 & -779 & 2\,328 & -31\,033 \\
827\,847 & 1\,219\,623 & -13\,423 & -828 & 418 & -3\,956 \\
-18\,502 & -13\,423 & 58\,308 & 295 & -35 & 110 \\
-779 & -828 & 295 & 28 & -9 & 0.0 \\
2\,328 & 418 & -35 & -9 & 27 & -7 \\
-31\,033 & -3\,956 & 110 & 0.0 & -7 & 902
\end{bmatrix}
$$

$$
M = \begin{bmatrix}
0.24 & 0.0 & 0.0 & 0.0 & 0.91 \times 10^{-4} & -0.11 \times 10^{-3} \\
0.0 & 0.24 & 0.0 & -0.91 \times 10^{-4} & 0.0 & 0.0 \\
0.0 & 0.0 & 0.24 & 0.11 \times 10^{-3} & 0.0 & 0.0 \\
0.0 & -0.91 \times 10^{-4} & 0.11 \times 10^{-3} & 0.72 \times 10^{-4} & 0.0 & 0.0 \\
0.91 \times 10^{-4} & 0.0 & 0.0 & 0.0 & 0.10 \times 10^{-5} & 0.20 \times 10^{-8} \\
-0.11 \times 10^{-3} & 0.0 & 0.0 & 0.0 & 0.20 \times 10^{-8} & 0.71 \times 10^{-4}
\end{bmatrix}
$$

（5）无前缘配重 FBT－N 桨叶剖面：

$$S = \begin{bmatrix} 4\,378\,228 & -665\,134 & 5\,251 & 332 & 1\,947 & -9\,494 \\ -665\,134 & 1\,128\,497 & 1\,036 & -705 & -305 & 2\,566 \\ 5\,251 & 1\,036 & 48\,490 & 170 & -6 & -55 \\ 332 & -705 & 170 & 26 & 8 & -6 \\ 1\,947 & -305 & -6 & 8 & 26 & -4 \\ -9\,494 & 2\,566 & -55 & -6 & -4 & 598 \end{bmatrix}$$

$$M = \begin{bmatrix} 0.18 & 0.0 & 0.0 & 0.0 & 0.79 \times 10^{-4} & 0.75 \times 10^{-3} \\ 0.0 & 0.18 & 0.0 & -0.79 \times 10^{-4} & 0.0 & 0.0 \\ 0.0 & 0.0 & 0.18 & -0.75 \times 10^{-3} & 0.0 & 0.0 \\ 0.0 & -0.79 \times 10^{-4} & -0.75 \times 10^{-3} & 0.59 \times 10^{-4} & 0.0 & 0.0 \\ 0.79 \times 10^{-4} & 0.0 & 0.0 & 0.0 & 0.10 \times 10^{-5} & 0.17 \times 10^{-6} \\ 0.75 \times 10^{-3} & 0.0 & 0.0 & 0.0 & 0.17 \times 10^{-6} & 0.58 \times 10^{-4} \end{bmatrix}$$

（6）带前缘配重 FBT－N 桨叶剖面：

$$S = \begin{bmatrix} 5\,916\,135 & -813\,504 & 8\,114 & 410 & 2\,305 & -30\,797 \\ -813\,504 & 1\,201\,254 & 474 & -735 & -365 & 3\,860 \\ 8\,114 & 474 & 57\,958 & 284 & 29 & -101 \\ 410 & -735 & 284 & 28 & 8 & -7 \\ 2\,305 & -365 & 29 & 8 & 27 & -8 \\ -30\,797 & 3\,860 & -101 & -7 & -8 & 901 \end{bmatrix}$$

$$M = \begin{bmatrix} 0.24 & 0.0 & 0.0 & 0.0 & 0.91 \times 10^{-4} & -0.11 \times 10^{-3} \\ 0.0 & 0.24 & 0.0 & -0.91 \times 10^{-4} & 0.0 & 0.0 \\ 0.0 & 0.0 & 0.24 & 0.11 \times 10^{-3} & 0.0 & 0.0 \\ 0.0 & -0.91 \times 10^{-4} & 0.11 \times 10^{-3} & 0.72 \times 10^{-4} & 0.0 & 0.0 \\ 0.91 \times 10^{-4} & 0.0 & 0.0 & 0.0 & 0.10 \times 10^{-5} & 0.20 \times 10^{-8} \\ -0.11 \times 10^{-3} & 0.0 & 0.0 & 0.0 & 0.20 \times 10^{-8} & 0.71 \times 10^{-4} \end{bmatrix}$$

# 第6章

# 悬停状态下复合材料桨叶
# 几何精确气弹动力学

## 6.1　引言

　　复合材料旋翼桨叶可显著改善直升机的性能。然而,随着直升机高速、重载、大机动飞行,复合材料旋翼桨叶将承受大载荷、产生气弹大变形,并伴随由复合材料各向异性引起的横向剪切变形、剖面翘曲和弹性耦合等非经典效应。把复合材料桨叶的气动力模型与结构模型相耦合,可建立复合材料桨叶的气弹动力学模型,进行复合材料桨叶的气弹动响应和动稳定性分析。如第1章所述,复合材料旋翼桨叶结构建模通常分解为一维梁分析和二维剖面分析两部分,根据两部分采用不同的分析方法,目前用于复合材料旋翼桨叶气弹建模的桨叶结构建模方法可分为四种:第一种桨叶结构建模方法,基于中等变形梁理论和采用直接分析法计算桨叶剖面结构特性;第二种桨叶结构建模方法,基于中等变形梁理论和采用有限元法计算桨叶剖面结构特性;第三种桨叶结构建模方法,基于几何精确非线性梁理论和采用直接分析法计算桨叶剖面结构特性;第四种桨叶结构建模方法,基于几何精确非线性梁理论和采用有限元法计算桨叶剖面结构特性。采用第四种桨叶结构建模方法,并将最新的 VABS 和混合变分型式结合的几何精确非线性梁模型,不仅可用于桨叶大变形的情况,而且可以精确处理复合材料桨叶剖面任意几何形状和任意材料分布及由复合材料各向异性引起的横向剪切变形、剖面翘曲和弹性耦合等非经典效应,在复合材料旋翼桨叶结构建模和气弹建模中具有广阔的应用潜力。

　　本章把第2章和第3章的旋翼桨叶气动建模方法与第4章和第5章的桨叶几何精确结构建模方法相结合,建立悬停状态下复合材料桨叶几何精确气弹建模方法。采用三维非定常 Peters 有限状态气动载荷模型(Peters et al., 2007)计算桨叶运动方程中的气动载荷,采用 Peters – He 三维有限状态动态入流模型(Peters et al., 1989)计算气动载荷中的诱导速度。采用总体坐标系下的复合材料桨叶几何精确非线性运动方程计算桨叶在气动载荷作用下的气弹响应。采用 Newton – Raphson 方法求解由桨叶运动方程和诱导速度方程组成的复合材料桨叶气弹方程。采用建立的气弹建模方法,计算 Bao 等(Bao et al., 2006, 2004, 2003)研制的复合材料桨叶在悬停状态下的气弹响应,并将计算结果与相应实验结果进行对比,以验证本章建立的几何精确气弹响应计算方法。以 Bao 等研制的各弹性耦合复合材料桨叶为对象,研究悬停状态下剖面翘曲和横向剪切变形对复合材料桨叶气弹响应的影响。采用移动矩形窗法对桨叶在桨距激励下的摆振自由响应进行阻尼识别,从而计入非定常和非线性对稳定性的影响。通过与现有的试验数据对比,验证本章建立的桨叶气弹稳定性求解方法的准确性,并进一步研究横向剪切变形和桨叶预弯曲对复合材料桨叶气弹稳定性的影响。

## 6.2　复合材料桨叶几何精确气弹建模与响应求解方法

复合材料桨叶的气弹方程由桨叶的运动方程和诱导速度方程组成。桨叶的运动方程和诱导速度方程相互耦合,运动方程中的气动载荷项是诱导速度的函数,诱导速度方程右边的激励项与桨叶的运动有关。

由第 4 章和第 5 章的几何精确结构建模方法,总体坐标系 $A$ 下的复合材料桨叶几何精确非线性运动方程可表示为

$$
\begin{aligned}
&\int_0^l \left\{ (\delta \boldsymbol{u}_A')^{\mathrm{T}} \boldsymbol{C}^{\mathrm{T}} \boldsymbol{C}^{Ab} \boldsymbol{F} + (\delta \bar{\boldsymbol{\varphi}}_A')^{\mathrm{T}} \boldsymbol{C}^{\mathrm{T}} \boldsymbol{C}^{Ab} \boldsymbol{M} - (\delta \bar{\boldsymbol{\varphi}}_A)^{\mathrm{T}} \boldsymbol{C}^{\mathrm{T}} \boldsymbol{C}^{Ab} (\tilde{\boldsymbol{e}}_1 + \tilde{\boldsymbol{\gamma}}) \boldsymbol{F} \right. \\
&+ (\delta \boldsymbol{u}_A)^{\mathrm{T}} (\boldsymbol{C}^{\mathrm{T}} \boldsymbol{C}^{Ab} \boldsymbol{P})^{\cdot} + (\delta \boldsymbol{u}_A)^{\mathrm{T}} \tilde{\boldsymbol{\omega}}_A \boldsymbol{C}^{\mathrm{T}} \boldsymbol{C}^{Ab} \boldsymbol{P} + (\delta \bar{\boldsymbol{\varphi}}_A)^{\mathrm{T}} (\boldsymbol{C}^{\mathrm{T}} \boldsymbol{C}^{Ab} \boldsymbol{H})^{\cdot} \\
&+ (\delta \bar{\boldsymbol{\varphi}}_A)^{\mathrm{T}} \tilde{\boldsymbol{\omega}}_A \boldsymbol{C}^{\mathrm{T}} \boldsymbol{C}^{Ab} \boldsymbol{H} + (\delta \bar{\boldsymbol{\varphi}}_A)^{\mathrm{T}} \boldsymbol{C}^{\mathrm{T}} \boldsymbol{C}^{Ab} \tilde{\boldsymbol{V}} \boldsymbol{P} - (\delta \bar{\boldsymbol{F}}_A)^{\mathrm{T}} [\boldsymbol{C}^{\mathrm{T}} \boldsymbol{C}^{Ab} (\boldsymbol{e}_1 + \boldsymbol{\gamma}) - \boldsymbol{C}^{Ab} \boldsymbol{e}_1] \\
&- (\delta \bar{\boldsymbol{F}}_A')^{\mathrm{T}} \boldsymbol{u}_A - (\delta \bar{\boldsymbol{M}}_A)^{\mathrm{T}} \left( \boldsymbol{\Delta} + \frac{1}{2} \tilde{\boldsymbol{\theta}}_A + \frac{1}{4} \boldsymbol{\theta}_A \boldsymbol{\theta}_A^{\mathrm{T}} \right) \boldsymbol{C}^{Ab} \boldsymbol{\kappa} - (\delta \bar{\boldsymbol{M}}_A')^{\mathrm{T}} \boldsymbol{\theta}_A \\
&+ (\delta \bar{\boldsymbol{P}}_A)^{\mathrm{T}} (\boldsymbol{C}^{\mathrm{T}} \boldsymbol{C}^{Ab} \boldsymbol{V} - \boldsymbol{v}_A - \tilde{\boldsymbol{\omega}}_A \boldsymbol{u}_A) - (\delta \bar{\boldsymbol{P}}_A)^{\mathrm{T}} \dot{\boldsymbol{u}}_A + (\delta \bar{\boldsymbol{H}}_A)^{\mathrm{T}} \left( \boldsymbol{\Delta} - \frac{1}{2} \tilde{\boldsymbol{\theta}}_A \right. \\
&\left. + \frac{1}{4} \boldsymbol{\theta}_A \boldsymbol{\theta}_A^{\mathrm{T}} \right) (\boldsymbol{C}^{\mathrm{T}} \boldsymbol{C}^{Ab} \boldsymbol{\Omega} - \boldsymbol{\omega}_A) - (\delta \bar{\boldsymbol{H}}_A)^{\mathrm{T}} \dot{\boldsymbol{\theta}}_A - (\delta \boldsymbol{u}_A)^{\mathrm{T}} \boldsymbol{f}_A - (\delta \bar{\boldsymbol{\varphi}}_A)^{\mathrm{T}} \boldsymbol{m}_A \right\} \mathrm{d} x_1 \\
&= \left[ (\delta \boldsymbol{u}_A)^{\mathrm{T}} \hat{\boldsymbol{F}}_A + (\delta \bar{\boldsymbol{\varphi}}_A)^{\mathrm{T}} \hat{\boldsymbol{M}}_A - (\delta \bar{\boldsymbol{F}}_A)^{\mathrm{T}} \hat{\boldsymbol{u}}_A - (\delta \bar{\boldsymbol{M}}_A)^{\mathrm{T}} \hat{\boldsymbol{\theta}}_A \right] \Big|_0^l
\end{aligned} \tag{6.1}
$$

式(6.1)中的气动载荷项 $\boldsymbol{f}_A$ 和 $\boldsymbol{m}_A$ 由第 2 章的 Peters 有限状态气动载荷模型计算。对于传统的桨叶剖面,由 Peters 有限状态气动载荷模型,垂直于桨叶剖面弦向的升力 $L_0$、对桨叶剖面弦线中点的抬头力矩 $L_1 b$ 和沿桨叶剖面弦向的诱导阻力 $D_i$ 可分别表示为

$$
L_0 = 2\pi \rho_\infty b f u_0 (w_0 - \lambda_0) + \pi \rho_\infty b u_0 w_1 + \pi \rho_\infty b^2 \left( \dot{w}_0 - \frac{1}{2} \dot{w}_2 \right) \tag{6.2}
$$

$$
L_1 b = \pi \rho_\infty b^2 u_0 (w_0 - \lambda_0) - \frac{1}{2} \pi \rho_\infty b^2 u_0 w_2 - \frac{1}{8} \pi \rho_\infty b^3 (\dot{w}_1 - \dot{w}_3) \tag{6.3}
$$

$$D_i = -2\pi\rho_\infty bf(w_0 - \lambda_0)^2 \tag{6.4}$$

由空气动力学,总气流速度方向的型阻力 $D_p$ 可表示为

$$D_p = \rho_\infty bC_d[u_0^2 + (w_0 - \lambda_0)^2] \tag{6.5}$$

式中,$C_d$ 表示型阻系数。

升力 $L_0$、力矩 $L_1b$、阻力 $D_i$ 和 $D_p$ 在变形坐标系 $B$ 中的方向如图 6.1 所示。

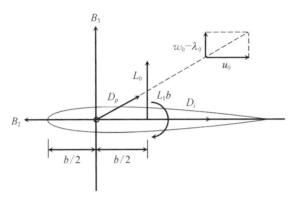

**图 6.1　桨叶剖面气动载荷方向**

将坐标系 $B$ 下桨叶剖面的气动力和力矩分别表示为 $\boldsymbol{f}_B = \{0, f_2, f_3\}^T$ 和 $\boldsymbol{m}_B = \{m_1, 0, 0\}^T$,采用第 4 章和第 5 章结构建模部分使用的运动学参数,引入翼型升力线斜率 $a$ 和桨叶弦长 $c$,由式(6.2)至式(6.5)可得

$$f_2 = \frac{1}{2}\rho_\infty ca\left(-W_3 + \frac{c}{4}\Omega_1\right)^2 - \frac{1}{2}\rho_\infty cC_d W_2\sqrt{W_2^2 + \left(-W_3 + \frac{c}{4}\Omega_1\right)^2} \tag{6.6}$$

$$f_3 = \frac{1}{2}\rho_\infty ca\left[\left(\frac{c}{2}\Omega_1 - W_3\right)W_2 - \frac{c}{4}\dot{V}_{V3} + \frac{c^2}{16}\dot{\Omega}_1\right]$$

$$+ \frac{1}{2}\rho_\infty cC_d\left(-W_3 + \frac{c}{4}\Omega_1\right)\sqrt{W_2^2 + \left(-W_3 + \frac{c}{4}\Omega_1\right)^2} \tag{6.7}$$

$$m_1 = -\frac{1}{32}\rho_\infty c^3 a\left(W_2\Omega_1 - \dot{V}_{V3} + \frac{3c}{8}\dot{\Omega}_1\right) \tag{6.8}$$

式中,$W_2 = \boldsymbol{e}_2^T(\boldsymbol{V} + \boldsymbol{C}^{bA}\boldsymbol{C}\lambda\boldsymbol{e}_3)$,$W_3 = \boldsymbol{e}_3^T(\boldsymbol{V} + \boldsymbol{C}^{bA}\boldsymbol{C}\lambda\boldsymbol{e}_3)$,$\lambda$ 由第 2 章的 Peters–He 有限状态动态入流模型求得。由坐标系 $B$ 下桨叶剖面的气动力 $\boldsymbol{f}_B$ 和气动力矩 $\boldsymbol{m}_B$,式(6.1)中的外力 $\boldsymbol{f}_A$ 和外力矩 $\boldsymbol{m}_A$ 可分别表示为

$$\boldsymbol{f}_A = \boldsymbol{C}^T\boldsymbol{C}^{Ab}\boldsymbol{f}_B \tag{6.9}$$

$$\boldsymbol{m}_A = \boldsymbol{C}^{\mathrm{T}} \boldsymbol{C}^{Ab} \boldsymbol{m}_B \tag{6.10}$$

由第 2 章的 Peters - He 有限状态动态入流模型,悬停状态下桨盘处的诱导速度 $\bar{\lambda}$ 可由展开系数 $a_{mn}(\bar{t})$ 和 $b_{mn}(\bar{t})$ 表示为

$$\bar{\lambda}(\bar{r}, \hat{\psi}, \bar{t}) = \sum_{m=0}^{\infty} \sum_{n=m+1, m+3\cdots}^{\infty} \varphi_{mn}(\bar{r}) \left[ a_{mn}(\bar{t}) \cos(m\hat{\psi}) + b_{mn}(\bar{t}) \sin(m\hat{\psi}) \right] \tag{6.11}$$

式中,展开系数 $a_{mn}(\bar{t})$ 和 $b_{mn}(\bar{t})$ 可通过求解如下诱导速度方程得到:

$$\begin{bmatrix} \ddots & & & & \\ & K_{mn} & & & \\ & & \ddots & & \\ & & & K_{mn} & \\ & & & & \ddots \end{bmatrix} \begin{Bmatrix} \vdots \\ a_{mn} \\ \vdots \\ \vdots \\ b_{mn} \\ \vdots \end{Bmatrix}^{*}$$

$$+ \begin{bmatrix} \ddots & & & \ddots & \\ & B_{mnt}V_{mn} & & -mK_{mn} & \\ & & \ddots & & \ddots \\ & \ddots & & \ddots & \\ & mK_{mn} & & B_{mnt}V_{mn} & \\ & & & & \ddots \end{bmatrix} \begin{Bmatrix} \vdots \\ a_{mt} \\ \vdots \\ \vdots \\ b_{mt} \\ \vdots \end{Bmatrix} = \frac{1}{2} \begin{Bmatrix} \vdots \\ \hat{\tau}_{ij}^{c} \\ \vdots \\ \vdots \\ \hat{\tau}_{ij}^{s} \\ \vdots \end{Bmatrix} \tag{6.12}$$

式中,$(\ )^{*}$ 表示对 $\bar{t}$ 求导;对角矩阵 $\boldsymbol{K}$ 的对角元素 $K_{mn} = \dfrac{2}{\pi} H_{mn}$ ;对角矩阵 $\boldsymbol{V}$ 的对角元素 $V_{01} = \sqrt{3} \mid \alpha_{01} \mid$ , $V_{mn} = 2\sqrt{3} \mid \alpha_{01} \mid$ ( $m \neq 0, n \neq 1$ );矩阵 $\boldsymbol{B}$ 的元素可表示为

$$B_{mnt} = (-1)^{(n+t-2m-2)/2} \sqrt{\frac{H_{mn}}{H_{mt}}} \sqrt{(2n+1)(2t+1)} \sum_{q=m, m+2\cdots}^{n-1} H_{mq} \frac{2q+1}{(t-q)(t+q+1)} \tag{6.13}$$

式(6.12)右边的压强积分项可表示为

$$\hat{\tau}_{0j}^{c} = \frac{1}{2\pi} \sum_{q=1}^{Q} \left[ \int_{0}^{1} \frac{L_q}{\rho_{\infty} \Omega^2 R^3} \varphi_{0j}(\bar{r}) \mathrm{d}\bar{r} \right] \tag{6.14}$$

$$\hat{\tau}_{ij}^{c} = \frac{1}{\pi} \sum_{q=1}^{Q} \left[ \int_{0}^{1} \frac{L_q}{\rho_{\infty} \Omega^2 R^3} \varphi_{ij}(\bar{r}) \mathrm{d}\bar{r} \right] \cos(i\hat{\psi}_q) \tag{6.15}$$

$$\hat{\tau}_{ij}^{s} = \frac{1}{\pi} \sum_{q=1}^{Q} \left[ \int_0^1 \frac{L_q}{\rho_\infty \Omega^2 R^3} \varphi_{ij}(\bar{r}) \, \mathrm{d}\bar{r} \right] \sin(i\,\hat{\psi}_q) \tag{6.16}$$

式中，$Q$ 表示旋翼桨叶片数。由式（6.7），式（6.14）式（6.16）中的 $\dfrac{L_q}{\rho_\infty \Omega^2 R^3}$ 可表示为

$$\frac{L_q}{\rho_\infty \Omega^2 R^3} = \frac{1}{2} \frac{ca}{\Omega^2 R^3} \left( \frac{c}{2} \Omega_1 - W_3 \right) W_2 \tag{6.17}$$

本节建立的桨叶几何精确气弹方程组由一维几何精确非线性运动方程式（6.1）和诱导速度方程式（6.12）组成。桨叶剖面的气动力和气动力矩式（6.9）和式（6.10）作为外作用力和外作用力矩需代入式（6.1）。求解时首先对桨叶的运动方程和诱导速度方程进行有限元空间离散。由于运动方程式（6.1）仍是最弱形式，可采用简单的形函数进行有限元空间离散。将桨叶划分为 $N$ 个单元，并采用式（4.73）形函数对式（6.1）和式（6.12）进行有限元离散，可得如下非线性方程组：

$$\begin{cases} F_{\mathrm{S}}(\boldsymbol{X},\, \dot{\boldsymbol{X}}) - F_L(\boldsymbol{X},\, \boldsymbol{Y},\, \dot{\boldsymbol{X}}) = 0 \\ F_{\mathrm{I}}(\boldsymbol{Y},\, \dot{\boldsymbol{Y}}) - F_P(\boldsymbol{X},\, \boldsymbol{Y},\, \dot{\boldsymbol{X}}) = 0 \end{cases} \tag{6.18}$$

式中，$F_L(\ )$ 表示桨叶运动方程 $F_{\mathrm{S}}(\ )$ 中与气动力和气动力矩有关的项，$F_P(\ )$ 表示诱导速度方程 $F_{\mathrm{I}}(\ )$ 中与压强有关的项，$\boldsymbol{X}$ 是与结构有关的未知变量组成的向量，$\boldsymbol{Y}$ 是由未知诱导速度展开系数组成的向量。根部固支的桨叶有如下表达式：

$$\boldsymbol{X} = [\, \hat{\boldsymbol{F}}_1^{\mathrm{T}} \quad \hat{\boldsymbol{M}}_1^{\mathrm{T}} \quad \boldsymbol{u}_1^{\mathrm{T}} \quad \boldsymbol{\theta}_1^{\mathrm{T}} \quad \boldsymbol{F}_1^{\mathrm{T}} \quad \boldsymbol{M}_1^{\mathrm{T}} \quad \boldsymbol{P}_1^{\mathrm{T}} \quad \boldsymbol{H}_1^{\mathrm{T}} \quad \cdots$$
$$\cdots \quad \boldsymbol{u}_N^{\mathrm{T}} \quad \boldsymbol{\theta}_N^{\mathrm{T}} \quad \boldsymbol{F}_N^{\mathrm{T}} \quad \boldsymbol{M}_N^{\mathrm{T}} \quad \boldsymbol{P}_N^{\mathrm{T}} \quad \boldsymbol{H}_N^{\mathrm{T}} \quad \hat{\boldsymbol{u}}_{(N+1)}^{\mathrm{T}} \quad \hat{\boldsymbol{\theta}}_{(N+1)}^{\mathrm{T}} \,]^{\mathrm{T}} \tag{6.19}$$

求解悬停响应时，略去式（6.18）中所有与时间有关的项，可得如下非线性方程组：

$$\begin{cases} F_{\mathrm{S}}(\bar{\boldsymbol{X}}) - F_L(\bar{\boldsymbol{X}},\, \bar{\boldsymbol{Y}}) = 0 \\ F_{\mathrm{I}}(\bar{\boldsymbol{Y}}) - F_P(\bar{\boldsymbol{X}},\, \bar{\boldsymbol{Y}}) = 0 \end{cases} \tag{6.20}$$

式中，$\bar{\boldsymbol{X}}$、$\bar{\boldsymbol{Y}}$ 表示悬停时的稳态响应。本书采用 Newton-Raphson 方法求解非线性方程组（6.20），保留了悬停状态下复合材料桨叶气弹稳态响应的高阶非线性成分。本书非线性气弹方程组包含未知数的个数比方程组的维数大 12。根据复合材料旋翼的构型，采用文献（Shang et al., 2019）的方法在桨叶根部和自由端各施加 6 个边界条件，使得未知数的个数与方程组的维数相等，方程组可解。在悬停状态下，各片桨叶的响应是与时间（即方位角）无关的稳态响应，计算诱导速度方程（6.12）右边的各片桨叶的压强积分项时，本书均采用参考桨叶来计算。因此，悬停状态下

的稳态响应求解时,仅求解参考桨叶运动方程和诱导速度方程即可,方程组的维数大大降低。值得指出的是,采用本章的桨叶气弹建模与气弹响应求解方法,式(6.19)未知向量 $X$ 中的 $F_N$ 和 $M_N$,即各桨叶剖面的合力和合力矩可直接求出,不需要使用传统的力积分法或模态叠加法求解。

## 6.3　桨叶几何精确气弹模型验证

本节采用 6.2 节建立的气弹建模方法,计算 Bao 等(Bao et al., 2006, 2004, 2003)研制的复合材料桨叶悬停状态下的气弹响应。Bao 等在旋翼台上测量了悬停状态下各弹性耦合复合材料旋翼桨叶在不同旋翼转速和总距下的旋翼拉力,旋翼桨毂均为铰接式,且挥舞铰和摆振铰重合。复合材料旋翼的主要参数如表 6.1 所示。

表 6.1　复合材料旋翼的主要参数

| 参　　数 | 值 | 参　　数 | 值 |
|---|---|---|---|
| 旋翼半径/m | 0.914 4 | 旋翼转速/(r/min) | 2 300 |
| 桨叶片数/片 | 4 | 铰偏置量 | 5.9% |
| 旋翼实度 | 0.094 3 | | |

对 FBT-0 和 FBT-P/N 复合材料旋翼,悬停状态下旋翼拉力随旋翼转速变化的计算结果和实验数据的对比分别如图 6.2 和图 6.3 所示。图 6.2 和图 6.3 中,$\theta$ 表示 75% 旋翼半径处的几何变距角。由图可见,本节的计算结果与实验数据吻合很好,从而验证了本书的气弹建模方法。

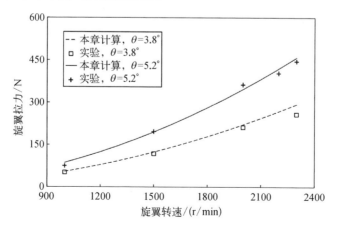

图 6.2　悬停状态下 FBT-0 复合材料旋翼拉力随旋翼转速的变化

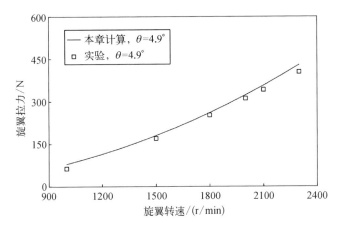

图 6.3　悬停状态下 FBT‑P/N 复合材料旋翼拉力随旋翼转速的变化

## 6.4　桨叶几何精确气弹响应

悬停状态下,FBT‑0 复合材料旋翼转速是 2 300 r/min,75% 旋翼桨叶半径处的几何变距角 $\theta$ 分别取 4° 和 10° 时,本节计算的桨叶迎角、诱导速度、挥舞向和摆振向的剪力、升力和阻力沿桨叶展向的变化分别如图 6.4 至图 6.9 所示。由图 6.4 至图 6.9 可见:$\theta = 4°$ 时,桨叶‑12° 预扭转影响显著,使得桨叶外段的迎角、诱导速度及升力和阻力小于或不大于桨叶中段;$\theta = 10°$ 时,诱导速度在桨尖附近出现突增,使得桨尖附近的升力和阻力突降,与实际升力和阻力的分布相符。其他弹性耦合复合材料桨叶,本节计算的迎角、诱导速度、挥舞向和摆振向的剪力、升力和阻力沿桨叶展向的变化分别如图 6.10 至图 6.33 所示,其与图 6.4 至图 6.9 所示 FBT‑0 复合材料桨叶的变化趋势类似。

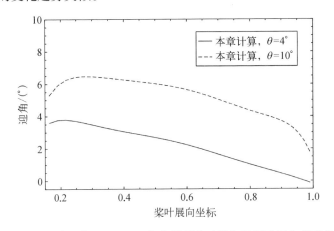

图 6.4　悬停状态下 FBT‑0 复合材料桨叶迎角沿桨叶展向的变化

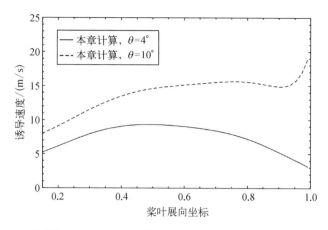

**图 6.5   悬停状态下 FBT－0 复合材料桨叶诱导速度沿桨叶展向的变化**

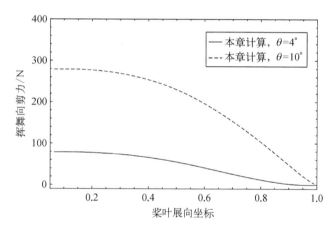

**图 6.6   悬停状态下 FBT－0 复合材料桨叶挥舞方向剪力沿桨叶展向的变化**

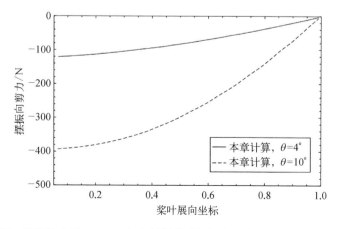

**图 6.7   悬停状态下 FBT－0 复合材料桨叶摆振方向剪力沿桨叶展向的变化**

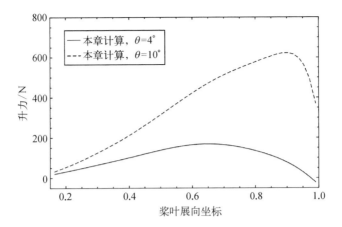

图 6.8    悬停状态下 FBT－0 复合材料桨叶升力沿桨叶展向的变化

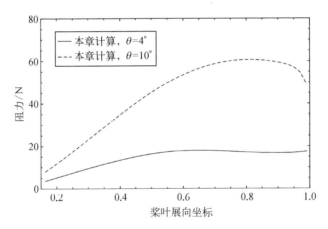

图 6.9    悬停状态下 FBT－0 复合材料桨叶阻力沿桨叶展向的变化

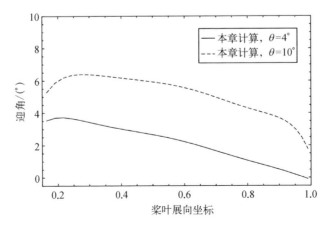

图 6.10    悬停状态下 FBT－P 复合材料桨叶迎角沿桨叶展向的变化

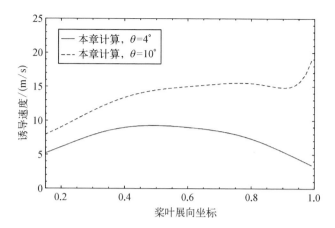

**图 6.11**　悬停状态下 **FBT－P** 复合材料桨叶诱导速度沿桨叶展向的变化

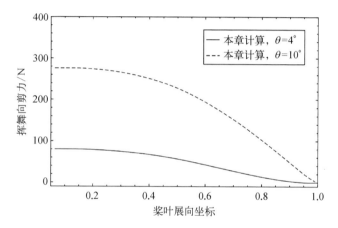

**图 6.12**　悬停状态下 **FBT－P** 复合材料桨叶挥舞方向剪力沿桨叶展向的变化

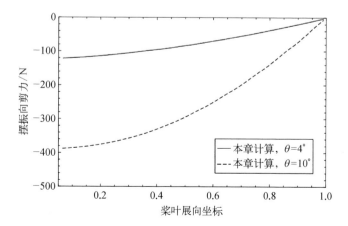

**图 6.13**　悬停状态下 **FBT－P** 复合材料桨叶摆振方向剪力沿桨叶展向的变化

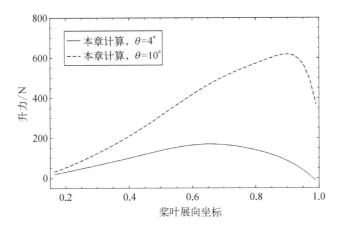

**图 6.14    悬停状态下 FBT‒P 复合材料桨叶升力沿桨叶展向的变化**

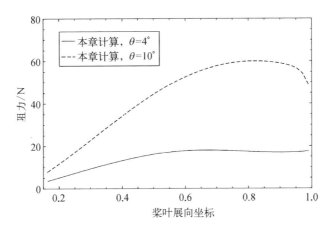

**图 6.15    悬停状态下 FBT‒P 复合材料桨叶阻力沿桨叶展向的变化**

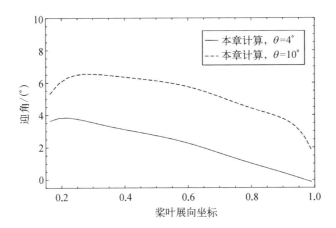

**图 6.16    悬停状态下 FBT‒N 复合材料桨叶迎角沿桨叶展向的变化**

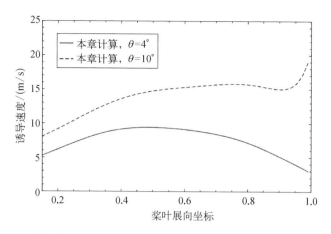

**图 6.17**　悬停状态下 FBT－N 复合材料桨叶诱导速度沿桨叶展向的变化

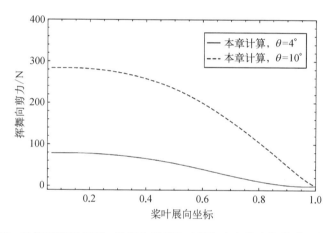

**图 6.18**　悬停状态下 FBT－N 复合材料桨叶挥舞方向剪力沿桨叶展向的变化

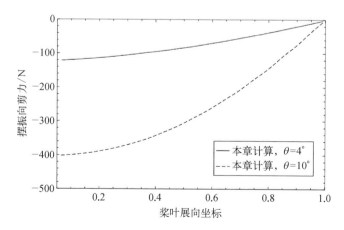

**图 6.19**　悬停状态下 FBT－N 复合材料桨叶摆振方向剪力沿桨叶展向的变化

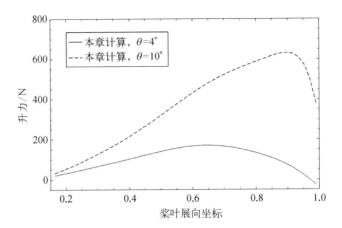

图 6.20 悬停状态下 FBT－N 复合材料桨叶升力沿桨叶展向的变化

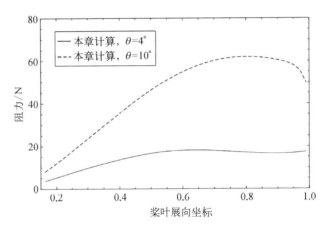

图 6.21 悬停状态下 FBT－N 复合材料桨叶阻力沿桨叶展向的变化

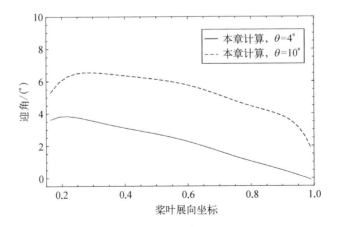

图 6.22 悬停状态下 FBT－P/N 复合材料桨叶迎角沿桨叶展向的变化

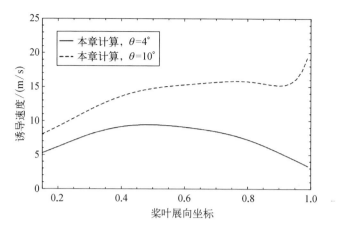

**图 6.23　悬停状态下 FBT‑P/N 复合材料桨叶诱导速度沿桨叶展向的变化**

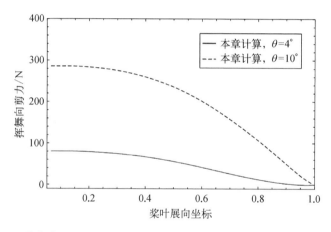

**图 6.24　悬停状态下 FBT‑P/N 复合材料桨叶挥舞方向剪力沿桨叶展向的变化**

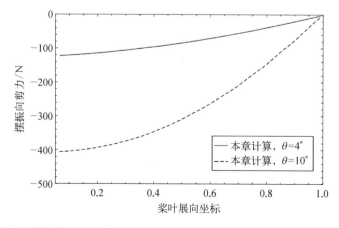

**图 6.25　悬停状态下 FBT‑P/N 复合材料桨叶摆振方向剪力沿桨叶展向的变化**

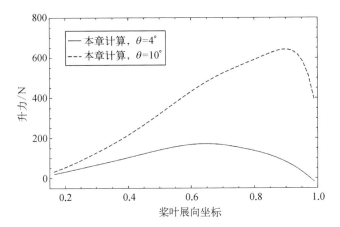

**图 6.26　悬停状态下 FBT‐P/N 复合材料桨叶升力沿桨叶展向的变化**

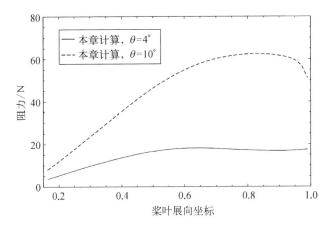

**图 6.27　悬停状态下 FBT‐P/N 复合材料桨叶阻力沿桨叶展向的变化**

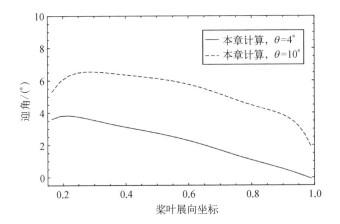

**图 6.28　悬停状态下 FBT‐P/0/N 复合材料桨叶迎角沿桨叶展向的变化**

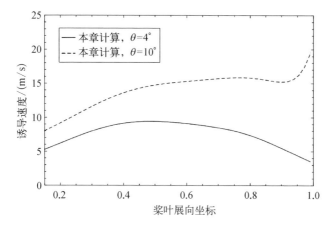

**图 6.29 悬停状态下 FBT - P/0/N 复合材料桨叶诱导速度沿桨叶展向的变化**

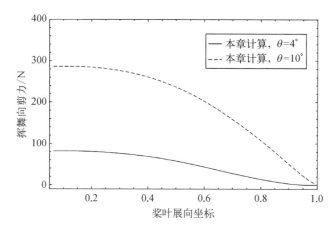

**图 6.30 悬停状态下 FBT - P/0/N 复合材料桨叶挥舞方向剪力沿桨叶展向的变化**

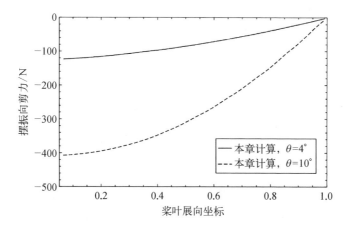

**图 6.31 悬停状态下 FBT - P/0/N 复合材料桨叶摆振方向剪力沿桨叶展向的变化**

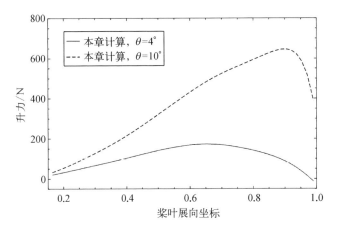

**图 6.32　悬停状态下 FBT‒P/0/N 复合材料桨叶升力沿桨叶展向的变化**

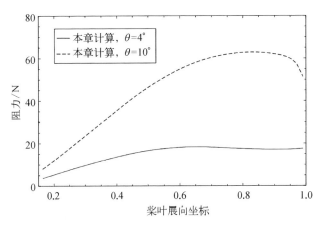

**图 6.33　悬停状态下 FBT‒P/0/N 复合材料桨叶阻力沿桨叶展向的变化**

## 6.5　非经典效应对几何精确气弹响应的影响

### 6.5.1　剖面翘曲对几何精确气弹响应的影响

对 Bao 等(Bao et al.,2006,2004,2003)研制的各弹性耦合复合材料桨叶组成的复合材料旋翼,悬停状态下旋翼转速是 2 300 r/min,$\theta$ 分别取 4° 和 10° 时,忽略剖面翘曲引起的复合材料旋翼桨根载荷和桨毂载荷的误差如表 6.2 所示。表 6.2 中,$F_1$、$F_2$ 和 $F_3$ 分别表示径向、摆振向和挥舞向的桨根力,$M_1$ 表示绕桨叶轴线的桨根力矩,$T$ 和 $P$ 分别表示旋翼桨毂拉力和反扭矩。以 $F_1$ 为例,误差的计算公式为 $|F_{1nw} - F_{1w}| / F_{1w} \times 100\%$,其中 $F_{1w}$ 和 $F_{1nw}$ 分别是考虑和忽略剖面翘曲时的径向桨根力。由表 6.2 可见,径向桨根力 $F_1$ 几乎不受剖面翘曲的影响,其他桨根载荷和桨毂载荷受剖面翘曲的影响不大,最大误差也在 10% 以内。

表 6.2　忽略剖面翘曲引起的复合材料旋翼桨根载荷和
桨毂载荷的误差（单位：%）

| 构　型 | $\theta$ | $F_1$ | $F_2$ | $F_3$ | $M_1$ | $T$ | $P$ |
|---|---|---|---|---|---|---|---|
| FBT－0 | 4° | 0.0 | 1.1 | 2.5 | 6.1 | 2.5 | 1.1 |
|  | 10° | 0.0 | 0.6 | 0.5 | 2.1 | 0.5 | 0.6 |
| FBT－P | 4° | 0.0 | 1.2 | 3.1 | 6.4 | 3.1 | 1.2 |
|  | 10° | 0.0 | 0.9 | 0.7 | 2.1 | 0.7 | 0.9 |
| FBT－N | 4° | 0.0 | 1.7 | 3.2 | 7.3 | 3.2 | 1.7 |
|  | 10° | 0.0 | 2.9 | 2.2 | 1.2 | 2.2 | 2.9 |
| FBT－P/N | 4° | 0.0 | 2.4 | 4.8 | 7.6 | 4.8 | 2.4 |
|  | 10° | 0.0 | 3.7 | 2.8 | 2.1 | 2.8 | 3.7 |
| FBT－P/0/N | 4° | 0.0 | 3.1 | 6.4 | 7.6 | 6.4 | 3.1 |
|  | 10° | 0.0 | 4.0 | 3.0 | 2.1 | 3.0 | 4.0 |

　　为了研究桨毂构型的影响,将 Bao 等研制的各复合材料旋翼的桨毂改为无铰式,其他参数均保持不变,分析对应的各无铰式复合材料旋翼,悬停状态下旋翼转速是 2 300 r/min, $\theta$ 分别取 4° 和 10° 时,忽略剖面翘曲引起的桨根载荷和桨毂载荷的误差,如表 6.3 所示。表 6.3 中, $M_2$ 和 $M_3$ 分别表示挥舞向和摆振向的桨根力矩。由表 6.3 可见,径向桨根力 $F_1$ 几乎不受剖面翘曲的影响;挥舞向桨根力 $F_3$、摆振向桨根力矩 $M_3$、旋翼桨毂拉力 $T$ 和反扭矩 $P$ 受剖面翘曲的影响较大,误差均在 20% 以内;摆振向桨根力 $F_2$、绕桨叶轴线的桨根力矩 $M_1$ 和挥舞向桨根力矩 $M_2$ 受剖面翘曲的影响很大,最大的误差超过 100%。

表 6.3　忽略剖面翘曲引起的无铰式复合材料旋翼桨根载荷和
桨毂载荷的误差（单位：%）

| 构　型 | $\theta$ | $F_1$ | $F_2$ | $F_3$ | $M_1$ | $M_2$ | $M_3$ | $T$ | $P$ |
|---|---|---|---|---|---|---|---|---|---|
| FBT－0 | 4° | 0.0 | 145.3 | 0.7 | 3.8 | 41.6 | 15.8 | 0.7 | 0.2 |
|  | 10° | 0.0 | 21.5 | 1.7 | 22.8 | 23.8 | 1.8 | 1.7 | 2.2 |
| FBT－P | 4° | 0.0 | 80.4 | 1.5 | 5.3 | 92.5 | 13.8 | 1.5 | 1.3 |
|  | 10° | 0.1 | 29.4 | 10.7 | 3.0 | 57.0 | 10.1 | 10.7 | 13.8 |
| FBT－N | 4° | 0.0 | 106.5 | 5.9 | 3.7 | 40.3 | 17.1 | 5.9 | 3.3 |
|  | 10° | 0.1 | 3.5 | 10.4 | 49.5 | 15.9 | 16.1 | 10.4 | 13.8 |
| FBT－P/N | 4° | 0.0 | 102.7 | 7.6 | 5.9 | 35.1 | 17.7 | 7.6 | 4.0 |
|  | 10° | 0.1 | 4.5 | 11.0 | 50.8 | 15.1 | 16.9 | 11.0 | 14.6 |
| FBT－P/0/N | 4° | 0.0 | 97.6 | 9.2 | 7.9 | 30.4 | 18.3 | 9.2 | 4.8 |
|  | 10° | 0.1 | 4.9 | 11.1 | 51.2 | 14.8 | 17.1 | 11.1 | 14.9 |

### 6.5.2　横向剪切变形对几何精确气弹响应的影响

对 Bao 等(Bao et al., 2006, 2004, 2003)研制的各弹性耦合复合材料桨叶组成的复合材料旋翼,悬停状态下旋翼转速为 2 300 r/min,$\theta$ 分别取 4°和 10°时,忽略横向剪切变形引起的桨根载荷和桨毂载荷的误差如表 6.4 所示。由表 6.4 可见,忽略横向剪切变形引起的所有载荷的误差均较小,在 2%以内。

表 6.4　忽略横向剪切变形引起的复合材料旋翼桨根载荷和桨毂载荷的误差(单位: %)

| 构　型 | $\theta$ | $F_1$ | $F_2$ | $F_3$ | $M_1$ | $T$ | $P$ |
|---|---|---|---|---|---|---|---|
| FBT - 0 | 4° | 0.0 | 0.6 | 1.1 | 0.0 | 1.1 | 0.6 |
|  | 10° | 0.0 | 0.6 | 0.4 | 0.0 | 0.4 | 0.6 |
| FBT - P | 4° | 0.0 | 0.9 | 1.7 | 0.0 | 1.7 | 0.9 |
|  | 10° | 0.0 | 0.9 | 0.6 | 0.0 | 0.6 | 0.9 |
| FBT - N | 4° | 0.0 | 0.4 | 0.6 | 0.0 | 0.6 | 0.4 |
|  | 10° | 0.0 | 0.4 | 0.3 | 0.0 | 0.3 | 0.4 |
| FBT - P/N | 4° | 0.0 | 0.3 | 0.7 | 0.0 | 0.7 | 0.3 |
|  | 10° | 0.0 | 0.4 | 0.3 | 0.0 | 0.3 | 0.4 |
| FBT - P/0/N | 4° | 0.0 | 0.4 | 0.6 | 0.0 | 0.6 | 0.4 |
|  | 10° | 0.0 | 0.4 | 0.3 | 0.0 | 0.3 | 0.4 |

为了研究桨毂构型的影响,将 Bao 等研制的各复合材料旋翼的桨毂改为无铰式,其他参数均保持不变,本节分析对应的各无铰式复合材料旋翼,悬停状态下旋翼转速为 2 300 r/min,$\theta$ 分别取 4°和 10°时,忽略横向剪切变形引起的桨根载荷和桨毂载荷的误差,如表 6.5 所示。由表 6.5 可见,径向桨根力 $F_1$ 几乎不受横向剪切变形的影响;挥舞向桨根力 $F_3$、摆振向桨根力矩 $M_3$、旋翼桨毂拉力 $T$ 和反扭矩 $P$ 受横向剪切变形的影响较小,误差均在 5%以内;摆振向桨根力 $F_2$、绕桨叶轴线的桨根力矩 $M_1$ 和挥舞向桨根力矩 $M_2$ 受横向剪切变形影响较大,最大的误差接近 30%。

表 6.5　忽略横向剪切变形引起的无铰式复合材料旋翼桨根载荷和桨毂载荷的误差(单位: %)

| 构　型 | $\theta$ | $F_1$ | $F_2$ | $F_3$ | $M_1$ | $M_2$ | $M_3$ | $T$ | $P$ |
|---|---|---|---|---|---|---|---|---|---|
| FBT - 0 | 4° | 0.0 | 0.0 | 2.5 | 0.9 | 17.4 | 1.4 | 2.5 | 1.3 |
|  | 10° | 0.0 | 2.6 | 3.0 | 10.6 | 10.4 | 4.3 | 3.0 | 4.0 |
| FBT - P | 4° | 0.0 | 17.2 | 2.1 | 2.5 | 29.8 | 4.5 | 2.1 | 1.0 |
|  | 10° | 0.0 | 4.5 | 2.2 | 14.6 | 14.2 | 4.5 | 2.2 | 2.8 |

续　表

| 构　型 | $\theta$ | $F_1$ | $F_2$ | $F_3$ | $M_1$ | $M_2$ | $M_3$ | $T$ | $P$ |
|---|---|---|---|---|---|---|---|---|---|
| FBT − N | 4° | 0.0 | 22.6 | 2.3 | 1.9 | 11.7 | 1.4 | 2.3 | 1.3 |
| | 10° | 0.0 | 7.3 | 3.2 | 7.1 | 8.2 | 3.8 | 3.2 | 4.4 |
| FBT − P/N | 4° | 0.0 | 21.5 | 2.3 | 2.2 | 11.4 | 1.3 | 2.3 | 1.3 |
| | 10° | 0.0 | 7.2 | 3.2 | 7.1 | 8.2 | 3.9 | 3.2 | 4.5 |
| FBT − P/0/N | 4° | 0.0 | 19.5 | 2.3 | 2.3 | 11.1 | 1.1 | 2.3 | 1.3 |
| | 10° | 0.0 | 6.9 | 3.2 | 7.4 | 8.1 | 3.9 | 3.2 | 4.5 |

## 6.6　桨叶几何精确气弹稳定性

### 6.6.1　桨叶几何精确气弹稳定性求解方法

旋翼桨叶气弹稳定性通过桨叶一阶摆振后退型模态的阻尼来衡量。为了保留复合材料桨叶的气弹高阶非线性,本节采用时间域瞬态扰动法计算桨叶一阶摆振后退型模态的阻尼,采用 6.2 节悬停状态下气弹响应求解方法,计算复合材料旋翼桨叶在总距角 $\theta_0$ 下的气弹稳态响应。以总距角 $\theta_0$ 下的气弹稳态响应为初始状态,对第 $i$ 片桨叶施加总距角激励如下:

$$\theta^i_{0\text{excite}} = 0.025\theta_0 \sin\left[\omega_\xi t + \frac{2\pi}{Q}(i-1)\right] \tag{6.21}$$

式中, $\omega_\xi$ 是桨叶一阶摆振模态的频率。对式(6.18)进行时间域步进积分,同时计算各片桨叶在不同相位的总距角激励下的瞬态响应。激励一段时间后,撤去激励,计算各片桨叶的自由响应。由于本章建立的气弹方程组包含了桨叶剖面的合力和合力矩等未知量,这些未知量在时间步进积分的过程中,会出现显著的高频振荡成分,这是一种高频干扰成分,会给气弹方程组的时间域求解带来严重的不收敛问题(Shang et al., 2019)。因此,对本章气弹方程组进行时间域步进积分的数值积分法中,需引入一定的数值阻尼,以有效耗散响应信号中的高频干扰成分。采用 Newmark 数值积分法执行此步进积分,通过选择合适的 Newmark 积分参数调节数值阻尼的大小,计算满足要求的桨叶激励下的稳态响应和激励撤离后的自由响应。计算得到各片桨叶的自由响应后,对各片桨叶的摆振自由响应 $\xi^i$ 进行多桨叶坐标变换,确定旋翼桨叶一阶摆振后退型模态的响应 $\xi_{1c}$ 如下:

$$\xi_{1c} = \frac{2}{Q} \sum_{i=1}^{Q} \xi^i \cos\left[\Omega t + \frac{2\pi}{Q}(i-1)\right] \tag{6.22}$$

采用移动矩形窗法从旋翼桨叶一阶摆振后退型模态的自由响应中识别旋翼桨叶一阶摆振后退型模态的阻尼。首先对 $\xi_{1c}$ 进行有限傅里叶变换,确定其有限傅里叶变换的幅值 $|F(\omega_\xi^{1c}, \tau)|$ 如下:

$$\begin{cases} F_c(\omega_\xi^{1c}, \tau) = \frac{1}{2} \int_\tau^{\tau+3T_\xi^{1c}} \xi_{1c}(t) \left[1 - \cos\left(\frac{2\pi(t-\tau)}{3T_\xi^{1c}}\right)\right] \cos(\omega_\xi^{1c} t)\,dt \\ F_s(\omega_\xi^{1c}, \tau) = \frac{1}{2} \int_\tau^{\tau+3T_\xi^{1c}} \xi_{1c}(t) \left[1 - \cos\left(\frac{2\pi(t-\tau)}{3T_\xi^{1c}}\right)\right] \sin(\omega_\xi^{1c} t)\,dt \\ |F(\omega_\xi^{1c}, \tau)| = \sqrt{F_c(\omega_\xi^{1c}, \tau)^2 + F_s(\omega_\xi^{1c}, \tau)^2} \end{cases} \tag{6.23}$$

式中,$\omega_\xi^{1c}$ 是旋翼桨叶一阶摆振后退型模态的频率,$\frac{1}{2}\left[1 - \cos\left(\frac{2\pi(t-\tau)}{3T_\xi^{1c}}\right)\right]$ 是为了提高阻尼识别精度施加的汉宁窗。对 $|F(\omega_\xi^{1c}, \tau)|$ 取自然对数得

$$\ln\left[|F(\omega_\xi^{1c}, \tau)|\right] = -\zeta_d \omega_\xi^{1c} \tau + \text{const} = -s\tau + \text{const} \tag{6.24}$$

式中,$\zeta_d$ 是模态阻尼比。采用粒子群优化算法,求 $\ln\left[|F(\omega_\xi^{1c}, \tau)|\right]$ 对时间 $\tau$ 的斜率,确定模态阻尼 $s$。当 $s > 0$ 时,系统稳定;当 $s < 0$ 时,系统不稳定。

### 6.6.2　桨叶几何精确气弹稳定性验证

为了对本章建立的复合材料旋翼桨叶几何精确气弹稳定性求解方法进行验证,分别采用 Sharp(Sharp, 1986)和 Maier 等(Maier et al., 1999)研究的旋翼计算悬停状态下旋翼桨叶的一阶摆振后退型模态的阻尼,并将计算结果与实验数据(Maier et al., 1999; Sharp, 1986)进行对比,验证本章气弹稳定性求解方法的准确性。Sharp 和 Maier 等研究的旋翼均包括常规旋翼和桨叶带预锥角旋翼两种构型。其中,对桨叶带预锥角旋翼构型的对比分析,除可验证本章方法对具有复杂展向外形旋翼桨叶气弹稳定性分析的精度和效率外,还可研究桨叶预锥角对气弹稳定性的影响。

1. Sharp 研究的旋翼桨叶气弹稳定性验证

Sharp 研究的旋翼主要参数如表 6.6 所示,该旋翼是面内刚硬的无铰式旋翼,桨叶可弹性扭转。通过调节桨毂结构,旋翼桨叶可具有不同的变距角和预锥角。旋翼桨毂有刚性变距和柔性变距两种结构形式,沿桨叶展向分布各剖面的刚度特性和质量特性分别如表 6.7 和表 6.8 所示。

表 6.6　Sharp 研究的旋翼主要参数

| 参　　数 | 数　值 | 参　　数 | 数　值 |
| --- | --- | --- | --- |
| 桨叶片数 | 2 | 桨叶预锥角/(°) | 0.0、5.0 |
| 桨叶翼型 | NACA0012 | 桨叶下垂角/(°) | 0.0、−5.0 |
| 旋翼转速/(r/min) | 1 000 | 桨叶预扭角/(°) | 0.0 |
| 桨叶弦长/m | 0.086 4 | 旋翼实度 | 0.057 2 |
| 旋翼半径/m | 0.961 5 | 洛克数 | 6.34 |
| 桨根偏置/m | 0.019 | | |

表 6.7　Sharp 研究的旋翼桨叶的结构特性（刚性变距）

| $r/R$ | $m$ /(kg/m) | $I_2 + I_3$ /(kg·m) | $EI_2$ /(N·m$^2$) | $EI_3$ /(N·m$^2$) | $GJ$ /(N·m$^2$) | $EA$/N |
| --- | --- | --- | --- | --- | --- | --- |
| 0.019 9~0.044 3 | 2.238 | $7.558\times10^{-4}$ | 6 613.47 | 5 788.74 | 17.040 | $1.590\times10^5$ |
| 0.044 3~0.056 8 | 10.272 | $2.086\times10^{-4}$ | 74 227 | 74 227 | 56 476.1 | $1.590\times10^5$ |
| 0.056 8~0.096 4 | 2.808 | $2.920\times10^{-4}$ | 7 546.12 | 62 570.4 | 6 911.62 | $1.590\times10^5$ |
| 0.096 4~0.548 7 | 0.343 | $2.068\times10^{-4}$ | 16.826 | 342.95 | 5.057 | $1.590\times10^5$ |
| 0.548 7~1.000 0 | 0.343 | $2.068\times10^{-4}$ | 16.826 | 342.95 | 5.057 | $1.590\times10^5$ |

表 6.8　Sharp 研究的旋翼桨叶的结构特性（柔性变距）

| $r/R$ | $m$ /(kg/m) | $I_2 + I_3$ /(kg·m) | $EI_2$ /(N·m$^2$) | $EI_3$ /(N·m$^2$) | $GJ$ /(N·m$^2$) | $EA$/N |
| --- | --- | --- | --- | --- | --- | --- |
| 0.019 9~0.044 3 | 2.238 | $7.558\times10^{-4}$ | 460.178 | 568.794 | 0.919 | $1.590\times10^5$ |
| 0.044 3~0.056 8 | 10.272 | $2.086\times10^{-4}$ | 74 227 | 74 227 | 56 476.1 | $1.590\times10^5$ |
| 0.056 8~0.096 4 | 2.808 | $2.920\times10^{-4}$ | 7 546.12 | 62 570.4 | 6 911.62 | $1.590\times10^5$ |
| 0.096 4~0.548 7 | 0.343 | $2.068\times10^{-4}$ | 16.826 | 342.95 | 5.057 | $1.590\times10^5$ |
| 0.548 7~1.000 0 | 0.343 | $2.068\times10^{-4}$ | 16.826 | 342.95 | 5.057 | $1.590\times10^5$ |

　　旋翼桨叶固有特性的计算精度直接影响甚至决定悬停状态下旋翼桨叶气弹稳定性的计算精度。因此，依次验证本章方法对 Sharp 研究的旋翼桨叶固有频率及悬停状态下气弹稳定性的计算精度。额定转速下刚性变距桨叶和柔性变距桨叶前三阶固有频率的计算结果分别如表 6.9 和表 6.10 所示。表 6.9 和表 6.10 除了列出 Sharp 的实验数据外，还列出了 Bir 等（Bir et al.，1994）采用中等变形梁理论的计算结果。由表 6.9 和表 6.10 中的数据可见，本章计算结果、Bir 等计算结果均与实验值高度吻合，且本章计算值与实验值更接近。

表 6.9　旋转桨叶固有频率(刚性变距)

| 模　态 | Sharp 实验值 | Bir 等计算值 | 本章计算值 |
| --- | --- | --- | --- |
| 一阶挥舞 | 1.15 | 1.18 | 1.17 |
| 一阶摆振 | 1.50 | 1.51 | 1.49 |
| 一阶扭转 | 2.85 | 2.86 | 2.84 |

表 6.10　旋转桨叶固有频率(柔性变距)

| 模　态 | Sharp 实验值 | Bir 等计算值 | 本章计算值 |
| --- | --- | --- | --- |
| 一阶挥舞 | 1.15 | 1.17 | 1.17 |
| 一阶摆振 | 1.38 | 1.46 | 1.43 |
| 一阶扭转 | 2.56 | 2.45 | 2.53 |

　　刚性变距桨叶在无预锥角和 5° 预锥角时,12% 径向位置处挥舞弯矩和摆振弯矩随总距角的变化曲线分别如图 6.34 至图 6.37 所示。柔性变距桨叶在无预锥角、2.5° 预锥角和 5° 预锥角时,12% 径向位置处挥舞弯矩和摆振弯矩随总距角的变化曲线分别如图 6.38 至图 6.43 所示。由图 6.34、图 6.35 和图 6.38 至图 6.40 可见,本章计算的挥舞弯矩随总距角的变化规律与 Sharp 实验数据一致。预锥角越大,离心力使桨叶向旋转平面内弯曲的作用越大,产生的挥舞弯矩负增量就越大。由图 6.36、图 6.37 和图 6.41 至图 6.43 可见,本章计算的摆振弯矩随总距角的变化趋势与实验数据基本一致。但随着总距角绝对值的逐渐增大,计算值与实验值的偏差也逐渐增大。由于离心力和挥舞/摆振结构耦合的综合作用,预锥角越大,摆振弯矩随总距角的变化梯度越大。

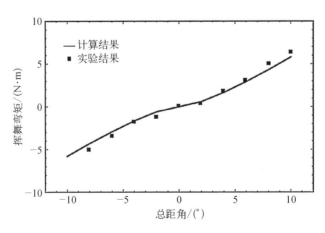

图 6.34　桨叶挥舞弯矩随总距角的变化(预锥角 0°,刚性变距)

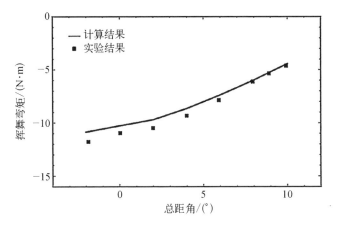

图 6.35 桨叶挥舞弯矩随总距角的变化(预锥角 5°,刚性变距)

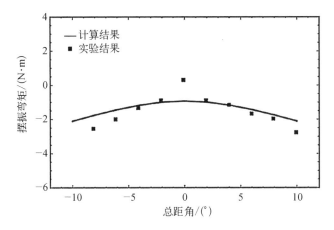

图 6.36 桨叶摆振弯矩随总距角的变化(预锥角 0°,刚性变距)

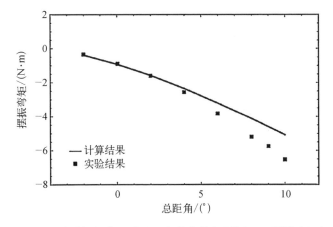

图 6.37 桨叶摆振弯矩随总距角的变化(预锥角 5°,刚性变距)

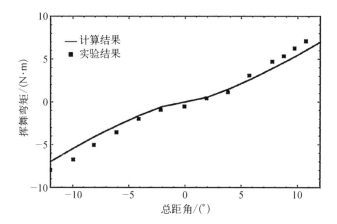

图 6.38　桨叶挥舞弯矩随总距角的变化(预锥角 0°,柔性变距)

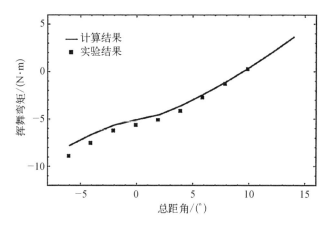

图 6.39　桨叶挥舞弯矩随总距角的变化(预锥角 2.5°,柔性变距)

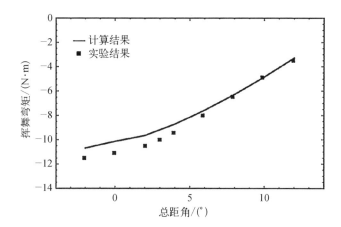

图 6.40　桨叶挥舞弯矩随总距角的变化(预锥角 5°,柔性变距)

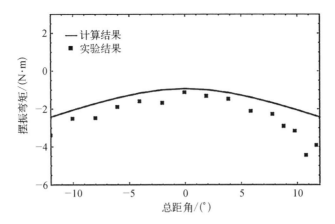

图 6.41　桨叶摆振弯矩随总距角的变化（预锥角 0°，柔性变距）

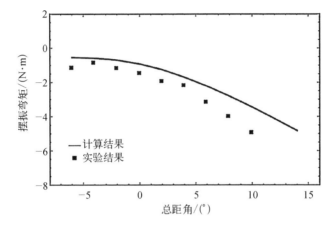

图 6.42　桨叶摆振弯矩随总距角的变化（预锥角 2.5°，柔性变距）

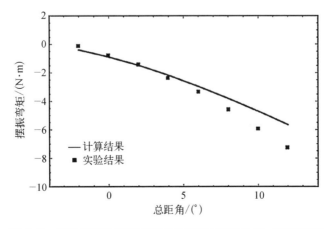

图 6.43　桨叶摆振弯矩随总距角的变化（预锥角 5°，柔性变距）

刚性变距桨叶 0°预锥角和 5°预锥角时,旋翼桨叶一阶摆振后退型模态阻尼随总距角的变化曲线如图 6.44 和图 6.45 所示。柔性变距桨叶 0°预锥角和 2.5°预锥角时,旋翼桨叶一阶摆振后退型模态阻尼随总距角的变化曲线如图 6.46 和图 6.47 所示。图中除 Sharp 的实验数据外,还对比了 Bir 等( Bir et al., 1994)采用中等变形梁理论的计算结果。如图 6.44 所示,对于 0°预锥角刚性变距桨叶,在总距角绝对值较小时,本章计算、Bir 等计算、实验三者的摆振阻尼高度一致,均在 0°总距角时最小,均随着总距角绝对值的增大而逐渐增加。在总距角绝对值超过 4°左右后,本章计算方法较好地计算出实验结果中摆振阻尼随总距角绝对值增大而增加变缓的趋势,而 Bir 等计算结果却随总距角绝对值增大而显著增大。如图 6.45 所示,对于 5°预锥角刚性变距桨叶,本章计算的摆振阻尼随总距角的变化趋势与实验结果基本一致,均在大约 4°总距角时阻尼最小,以 4°总距角为中心,总距角逐渐增大或逐渐减小,摆振阻尼都会逐渐增大。而 Bir 等计算结果与本章计算结果和实验结果的偏差均很大,甚至无法预测到实验结果显示的基本变化规律。同样地,由图 6.46 和图 6.47 可见,对于柔性变距桨叶,本章计算结果与实验结果具有较好的一致性,尤其对于 0°预锥角的柔性变距桨叶,在总距角绝对值超过 6°左右后,本章计算结果较好地计算出实验结果中摆振阻尼随总距角绝对值增大而增加变缓甚至下降的趋势,而 Bir 等的计算结果则出现了与实验结果相反的变化趋势。这充分表明,与采用中等变形梁理论研究桨叶气弹稳定性相比,本章采用大变形几何精确气弹方法计算桨叶气弹稳定性要准确得多。总体来说,无论对于刚性变距还是柔性变距桨叶,有预锥角和无预锥角的情况相比,摆振阻尼随总距角的变化曲线均向正总距角方向偏移,也即对于大部分总距角为正的悬停状态,预锥角的引入会使得相同总距角下的摆振阻尼降低,降低气弹稳定性。

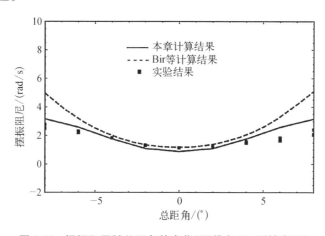

**图 6.44**    摆振阻尼随总距角的变化(预锥角 0°,刚性变距)

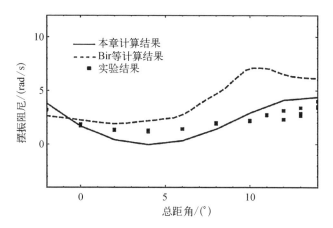

图 6.45　摆振阻尼随总距角的变化(预锥角 **5°**,刚性变距)

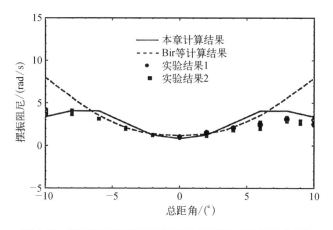

图 6.46　摆振阻尼随总距角的变化(预锥角 **0°**,柔性变距)

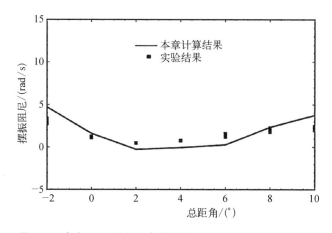

图 6.47　摆振阻尼随总距角的变化(预锥角 **2.5°**,柔性变距)

2. Maier 等研究的旋翼桨叶气弹稳定性验证

Maier 等(Maier et al., 1999)研究的旋翼的主要参数如表 6.11 所示。该旋翼是面内柔软的无铰式旋翼,桨叶可弹性扭转,桨叶预锥角可改变。桨叶从根部到尖部依次由四个不同的部分组成:弯曲刚度很大的桨毂变距铰部分、桨叶挥舞和摆振的根部柔性梁部分、柔性梁与桨叶翼型剖面之间的过渡部分及桨叶翼型剖面部分。各部分的刚度特性和质量特性如表 6.12 所示。由于 Maier 等未提供桨叶过渡部分的刚度参数,本章在计算时假设其刚度沿展向线性变化。

**表 6.11  Maier 等研究的旋翼主要参数**

| 参 数 | 数 值 | 参 数 | 数 值 |
|---|---|---|---|
| 桨叶片数/片 | 4 | 桨根偏置/m | 0.119 38 |
| 桨叶翼型 | NACA0012 | 桨叶预锥角/(°) | 0.0、2.0 |
| 旋翼转速/(r/min) | 1 700 | 桨叶预扭角/(°) | 0.0 |
| 桨叶弦长/m | 0.086 36 | 旋翼实度 | 0.096 |
| 旋翼半径/m | 1.143 | 洛克数 | 8.492 |

**表 6.12  Maier 等研究的旋翼桨叶的结构特性**

| $r/R$ | $m$ /(kg/m) | $I_2 + I_3$ /(kg·m) | $EI_2$ /(N·m$^2$) | $EI_3$ /(N·m$^2$) | $GJ$ /(N·m$^2$) | $EA$/N |
|---|---|---|---|---|---|---|
| 0.000·0.104 | — | — | Very high | Very high | Very high | Very high |
| 0.104~0.216 | 0.275 | $1.076\times10^{-5}$ | 21.506 | 110.918 | 9.163 | $4.543\times10^6$ |
| 0.216~0.306 | 0.470 | $1.833\times10^{-4}$ | — | — | — | — |
| 0.306~1.000 | 0.303 | $1.588\times10^{-4}$ | 22.189 | 701.612 | 10.901 | $21.320\times10^5$ |

Maier 等研究的旋翼桨叶无预锥角和 2°预锥角时,桨叶前四阶挥舞(Flap)模态、前二阶摆振(Lag)模态及前二阶扭转(Torsion)模态固有频率随旋翼转速的变化曲线分别如图 6.48 和图 6.49 所示。由图可见,不旋转状态下各基阶模态及不同旋翼转速下摆振基阶模态的本章计算值与 Maier 等实验值具有很好的一致性,且预锥角对桨叶的固有频率基本无影响。但对固有振型的分析表明,预锥角会影响某一固有频率对应的各变形之间的耦合关系。无预锥角时,任一固有频率对应的各变形之间无耦合。有预锥角时,某些固有频率对应的各变形之间存在少许耦合。

Maier 等研究的旋翼桨叶无预锥角和桨叶 2°预锥角时,旋翼桨叶一阶摆振后退型模态阻尼随总距角的变化曲线如图 6.50 和图 6.51 所示。由图可见,在总距角绝对值较小时,本章计算值与实验值高度一致。随总距角绝对值增大,本章计算值与

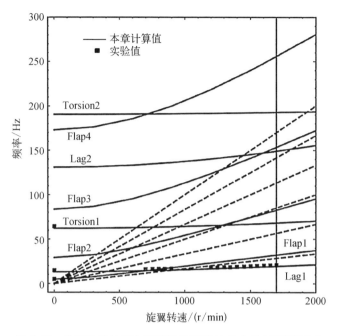

图 6.48　旋翼桨叶的固有频率随旋翼转速的变化(无预锥角)

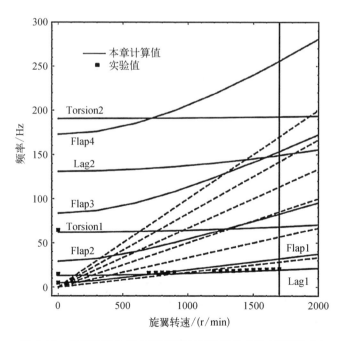

图 6.49　旋翼桨叶的固有频率随旋翼转速的变化(2°预锥角)

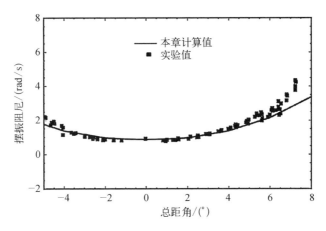

**图 6.50　旋翼桨叶一阶摆振后退型模态阻尼随总距角的变化(无预锥角)**

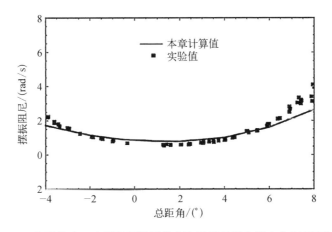

**图 6.51　旋翼桨叶一阶摆振后退型模态阻尼随总距角的变化(2°预锥角)**

实验值的偏差逐渐略有增大。桨叶无预锥时,0°总距角对应的摆振阻尼最小,以 0°总距角为中心,总距角逐渐正增大或逐渐负增大,摆振阻尼都会逐渐增大。桨叶 2°预锥时,大约 2°总距角对应的摆振阻尼最小,以 2°总距角为中心,总距角逐渐正增大或逐渐负增大,摆振阻尼都会逐渐增大。这与 Sharp 研究的旋翼桨叶的稳定性相类似,预锥角的引入降低气弹稳定性。

### 6.6.3　桨叶横向剪切变形对几何精确气弹稳定性的影响

目前,桨叶横向剪切变形对复合材料旋翼桨叶气弹稳定性的影响尚不清楚。因此,本节着重研究横向剪切变形对于悬停状态下复合材料旋翼桨叶气弹稳定性的影响。考虑横向剪切变形和忽略横向剪切变形时,剖面刚度矩阵的计算方法已在 5.4 节做了详细阐述。本章计算了弹性耦合对悬停状态下复合材料旋翼桨叶气弹稳定性的影响,为评价横向剪切变形的影响程度提供了参考。

1. 对铰接式复合材料旋翼桨叶的影响

对 Bao 等(Bao et al., 2006, 2004, 2003)研制的五种不同弹性耦合带预扭转桨叶的铰接式复合材料旋翼,本章计算的旋翼桨叶一阶摆振后退型模态阻尼随总距角的变化曲线如图 6.52 所示。由图 6.52 可见,由于弹性耦合和预扭转作用,各弹性耦合旋翼在总距角 10°左右时摆振模态阻尼最小,此时弹性耦合对摆振阻尼几乎无影响。以 10°总距角为中心,总距角逐渐增大或逐渐减小,摆振阻尼都会逐渐增大,弹性耦合对摆振阻尼的影响也逐渐增大。但是,对于旋翼拉力为正(总距角大于 10°)的悬停状态,弹性耦合对摆振阻尼的影响较小。例如,总距角为 18°时,相对于 FBT-0 桨叶,FBT-N、FBT-N/P、FBT-N/0/P 三种桨叶仅使摆振阻尼提高了 5%左右,FBT-P 桨叶使摆振阻尼降低了大约 3%。Bao 等研制的复合材料模型旋翼桨叶,仅靠改变 D 形梁的 4 层复合材料的铺层角度来设计桨叶的弹性耦合,可获得的弹性耦合效应有限。对于铰接式复合材料旋翼桨叶,桨叶的运动更接近于刚体运动,桨叶的弹性变形很小,弹性耦合的影响也很小。

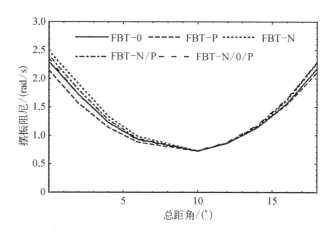

**图 6.52 不同弹性耦合的铰接式旋翼桨叶一阶摆振后退型模态阻尼随总距角的变化**

对 Bao 等研制的各铰接式复合材料旋翼,总距角分别取 6°、12°和 18°时,忽略横向剪切变形引起的摆振模态阻尼的误差如表 6.13 所示。表 6.13 中,误差的计算公式为 $(S_{ns} - S_s)/S_s \times 100\%$,式中 $S_s$ 和 $S_{ns}$ 分别是包括和忽略横向剪切变形时的摆振模态阻尼。由表 6.13 可见,忽略横向剪切变形引起的摆振模态阻尼的计算误差均较小,在-1.1%至 1.3%之间。与弹性耦合的影响类似,铰接式旋翼桨叶的弹性变形很小,因此引起的横向剪切变形也很小,其影响可忽略不计。

表 6.13　忽略横向剪切变形引起的铰接式复合材料旋翼
桨叶摆振模态阻尼的误差(单位：%)

| 总距角 | FBT-0 | FBT-P | FBT-N | FBT-N/P | FBT-N/0/P |
| --- | --- | --- | --- | --- | --- |
| 6° | -0.1 | -1.1 | 0.2 | 0.2 | 0.5 |
| 12° | 0.8 | 1.3 | 0.2 | 0.2 | 0.0 |
| 18° | 0.6 | 1.1 | 0.3 | 0.3 | 0.3 |

2. 对无铰式复合材料旋翼桨叶的影响

将 Bao 等(Bao et al., 2006, 2004, 2003)研制的带不同弹性耦合桨叶的铰接式复合材料旋翼改为无铰式,其他参数均保持不变,研究横向剪切变形对悬停状态下无铰式复合材料旋翼桨叶气弹稳定性的影响。本章计算的各无铰式复合材料旋翼桨叶的一阶摆振后退型模态阻尼随总距角的变化曲线如图 6.53 所示。由图6.53 可见,由于弹性耦合作用,各弹性耦合的旋翼在总距角为 2°左右时摆振模态阻尼最小,且都基本相同,表明此时弹性耦合对摆振阻尼几乎无影响。以 2°总距角为中心,总距角数值逐渐增大或逐渐减小,摆振阻尼都会逐渐增大,弹性耦合对摆振阻尼的影响也逐渐增大。对于旋翼拉力为正(总距角大于 2°)的悬停状态,当总距角达到 12°时,相对于 FBT-0 桨叶,FBT-P 桨叶使摆振阻尼提高了 16.6%,FBT-N、FBT-N/P、FBT-N/0/P 三种弹性耦合桨叶使摆振阻尼降低了 10%左右。各弹性耦合的无铰式复合材料旋翼桨叶同样靠改变 D 形梁的 4 层复合材料的铺层角度来设计桨叶的弹性耦合,可获得的弹性耦合效应有限。但是,与铰接式复合材料旋翼桨叶相比,无铰式复合材料旋翼桨叶产生更大的弹性变形,因而弹性耦合效应的影响更明显。

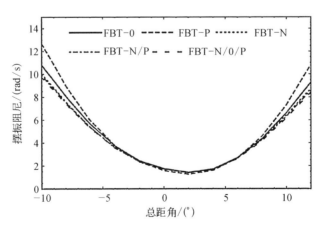

图 6.53　不同弹性耦合的无铰式旋翼桨叶一阶摆振
后退型模态阻尼随总距角的变化

对各弹性耦合的无铰式复合材料旋翼,总距角分别取−8°、−4°、4°和8°时,忽略横向剪切变形引起的桨叶摆振模态阻尼的误差如表6.14所示。由表6.14可见,总距角为负时,忽略横向剪切变形使得桨叶摆振模态阻尼降低;总距角为正时,忽略横向剪切变形使得桨叶摆振模态阻尼增加。对各弹性耦合的无铰式复合材料旋翼,总距角为4°时,忽略横向剪切变形引起的桨叶摆振模态阻尼的误差最大,最大误差达到18%。与铰接式复合材料旋翼桨叶相比,无铰式复合材料旋翼桨叶产生更大的弹性变形,引起的横向剪切变形也更大。因此,忽略横向剪切变形也会带来更大的误差。对比图6.53和表6.14中的数据可见,对各弹性耦合的无铰式复合材料旋翼,横向剪切变形与弹性耦合的影响同等重要,两者对复合材料旋翼桨叶悬停状态下摆振阻尼的影响都不可忽略。图6.53中,FBT−N/P、FBT−N/0/P、FBT−N三种弹性耦合对摆振阻尼的影响非常相似。表6.14中,忽略横向剪切变形引起的FBT−N/P、FBT−N/0/P、FBT−N三种弹性耦合的桨叶摆振阻尼的误差也很相近。因此,横向剪切变形的影响与弹性耦合有关,且由弹性耦合主导。

表 6.14　忽略横向剪切变形引起的无铰式复合材料旋翼
桨叶摆振模态阻尼的误差(单位:%)

| 总距角 | FBT − 0 | FBT − P | FBT − N | FBT − N/P | FBT − N/0/P |
|---|---|---|---|---|---|
| −8° | −8.7 | −7.2 | −8.3 | −8.3 | −8.4 |
| −4° | −8.6 | −6.5 | −9.1 | −9.3 | −9.1 |
| 4° | 13.8 | 18.0 | 11.8 | 12.2 | 11.6 |
| 8° | 7.2 | 10.1 | 7.1 | 6.8 | 6.7 |

### 6.6.4　桨叶预弯曲对几何精确气弹稳定性的影响

本书采用最新的VABS和混合变分形式的几何精确非线性梁运动方程对桨叶进行结构建模,可计入桨叶预弯曲的影响。Kovvali（Kovvali,2015）采用两种不同的方法验证了本书的结构建模方法可对带预弯曲的桨叶进行精确建模,且具有与三维有限元分析软件ABAQUS相同的计算精度。在此基础上,本节以前述五种带不同弹性耦合复合材料桨叶(Bao et al.,2008,2006)的无铰式旋翼为研究对象,研究悬停状态下桨叶预弯曲对无铰式复合材料旋翼气弹稳定性的影响。对于带预弯曲的桨叶,式(6.1)中的矩阵 $\boldsymbol{C}^{bA}$ 可表示为

$$\boldsymbol{C}^{bA} = \left\{ \left( \boldsymbol{\Delta} - \frac{\boldsymbol{k}\boldsymbol{k}^{\mathrm{T}}}{k_n^2} \right) \cos(k_n x_1) - \frac{\tilde{\boldsymbol{k}}}{k_n}\sin(k_n x_1) + \frac{\boldsymbol{k}\boldsymbol{k}^{\mathrm{T}}}{k_n^2} \right\} \boldsymbol{C}_0^{bA} \qquad (6.25)$$

桨叶未变形轴线上任意一点在坐标系 $A$ 下的坐标 $\boldsymbol{r}$ 可表示为

$$\boldsymbol{r}_A = \boldsymbol{r}_{A0} + \boldsymbol{C}_0^{Ab}\left\{\left(\frac{\boldsymbol{\Delta}}{k_n} - \frac{\boldsymbol{k}\boldsymbol{k}^\mathrm{T}}{k_n^3}\right)\sin(k_n x_1) + \frac{\tilde{\boldsymbol{k}}}{k_n^2}[1 - \cos(k_n x_1)] + \frac{\boldsymbol{k}\boldsymbol{k}^\mathrm{T}}{k_n^2}x_1\right\}\boldsymbol{e}_1$$

(6.26)

式(6.25)和式(6.26)中,下标 0 表示 $x_1 = 0$ 处的参数值,通常已知; $k_n = \sqrt{\boldsymbol{k}^\mathrm{T}\boldsymbol{k}}$, $\boldsymbol{k}$ 表示坐标系 $b$ 下桨叶的预弯曲向量,且 $\boldsymbol{k} = \{k_1, k_2, k_3\}^\mathrm{T}$,其中, $k_1$ 表示桨叶的预扭转, $k_2$ 表示桨叶的面外预弯曲, $k_3$ 表示桨叶的面内预弯曲。因此,当 $k_i = 0$ $(i = 1, 2, 3)$ 时,桨叶是直桨叶;当 $k_1 \neq 0$, $k_\alpha = 0$ $(\alpha = 2, 3)$ 时,桨叶仅有预扭转;当 $k_1 = 0$, $k_2 \neq 0$, $k_3 = 0$ 时,桨叶仅有面外预弯曲;当 $k_1 = 0$, $k_2 = 0$, $k_3 \neq 0$ 时,桨叶仅有面内预弯曲;当 $k_1 = 0$, $k_\alpha \neq 0$ $(\alpha = 2, 3)$ 时,桨叶仅有面内面外组合预弯曲;当 $k_i \neq 0$ $(i = 1, 2, 3)$ 时,桨叶既有预扭转又有面内面外组合预弯曲。本章分析桨叶预弯曲曲率的影响时,曲率($|k_2|$ 或 $|k_3|$)分别取 0.1/m、0.2/m 和 0.3/m,对于所研究的直径 0.914 4 m 的桨叶,桨尖分别产生 2.6°、5.2° 和 7.8° 的偏转。

对于仅有预弯曲、无预扭的桨叶($k_1 = 0$),坐标为 $\boldsymbol{r}_{A0}$ 和 $\boldsymbol{r}_A$ 两点间的桨叶长度 $L$ 为

$$L = \frac{2}{k_n}\arcsin\left(\frac{k_n|\boldsymbol{r}_A - \boldsymbol{r}_{A0}|}{2}\right)$$

(6.27)

对于直桨叶$[k_i = 0 \ (i = 1, 2, 3)]$或仅有预扭转的桨叶$[k_1 \neq 0, k_\alpha = 0 \ (\alpha = 2, 3)]$,坐标为 $\boldsymbol{r}_{A0}$ 和 $\boldsymbol{r}_A$ 两点间的桨叶长度 $L$ 为

$$L = |\boldsymbol{r}_A - \boldsymbol{r}_{A0}|$$

(6.28)

对于既有预扭转又有预弯曲的桨叶$[k_i \neq 0 \ (i = 1, 2, 3)]$,坐标为 $\boldsymbol{r}_{A0}$ 和 $\boldsymbol{r}_A$ 两点间的桨叶长度 $L$ 通过求解如下非线性方程得到:

$$(\boldsymbol{r}_A - \boldsymbol{r}_{A0})^\mathrm{T}(\boldsymbol{r}_A - \boldsymbol{r}_{A0}) = \frac{2(k_n^2 - k_1^2)[1 - \cos(k_n L)] + k_1^2(k_n L)^2}{k_n^4}$$

(6.29)

式中, $|\boldsymbol{r}_A - \boldsymbol{r}_{A0}| \leqslant L \leqslant \dfrac{|\boldsymbol{r}_A - \boldsymbol{r}_{A0}|k_n}{|k_1|}$。

1. 桨叶面内预弯曲的影响

当 $k_3 = 0.0/\mathrm{m}$, $k_3 = \pm 0.1/\mathrm{m}$, $k_3 = \pm 0.2/\mathrm{m}$, $k_3 = \pm 0.3/\mathrm{m}$ 时,本章计算的各无铰式复合材料旋翼桨叶一阶摆振阻尼随总距角的变化曲线如图 6.54 至图 6.58 所示。 $k_3 = 0.0/\mathrm{m}$ 时,桨叶无面内预弯曲; $k_3 > 0.0/\mathrm{m}$ 时,桨叶向前弯曲; $k_3 < 0.0/\mathrm{m}$ 时,桨叶向后弯曲。由图 6.54 至图 6.58 可见,对各无铰式复合材料

旋翼桨叶,与桨叶无面内预弯曲的情况相比,$k_3 < 0.0/\text{m}$ 时,桨叶一阶摆振阻尼增加,且 $k_3$ 越小,一阶摆振阻尼增加越多;$k_3 > 0.0/\text{m}$ 时,桨叶一阶摆振阻尼降低,且 $k_3$ 越大,一阶摆振阻尼降低越多。$k_3 \neq 0.0/\text{m}$ 时,桨叶向前弯曲或向后弯曲,这种外形的改变一方面使得桨叶弯曲和扭转模态的惯量发生改变,另一方面会引起桨叶挥舞和扭转模态之间的附加耦合。这些都会对摆振阻尼产生一定的影响。由图6.53可见,对于本节所研究的各无铰式复合材料旋翼桨叶,挥舞/扭转正耦合使一阶摆振阻尼增加,挥舞/扭转负耦合使一阶摆振阻尼降低。因此,桨叶向前弯曲引起了挥舞和扭转模态之间的附加负耦合,桨叶向后弯曲引起了挥舞和扭转模态之间的附加正耦合。

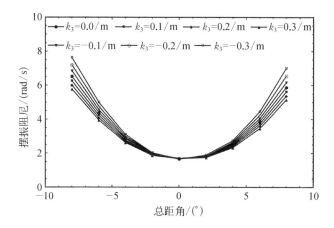

图 6.54　桨叶面内预弯曲对无铰式 FBT‐0 桨叶一阶摆振阻尼的影响

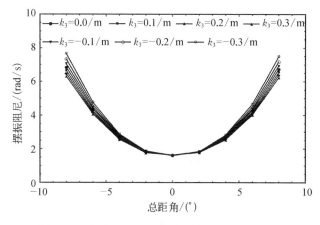

图 6.55　桨叶面内预弯曲对无铰式 FBT‐P 桨叶一阶摆振阻尼的影响

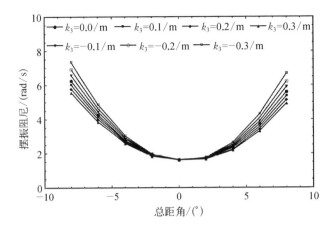

**图 6.56** 桨叶面内预弯曲对无铰式 FBT−N 桨叶一阶摆振阻尼的影响

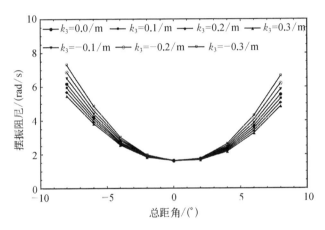

**图 6.57** 桨叶面内预弯曲对无铰式 FBT−N/P 桨叶一阶摆振阻尼的影响

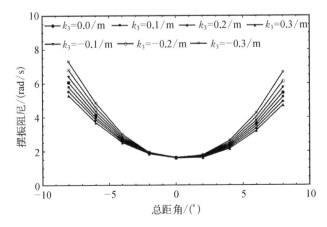

**图 6.58** 桨叶面内预弯曲对无铰式 FBT−N/0/P 桨叶一阶摆振阻尼的影响

2. 桨叶面外预弯曲的影响

当 $k_2 = 0.0/\text{m}$, $k_2 = \pm 0.1/\text{m}$, $k_2 = \pm 0.2/\text{m}$, $k_2 = \pm 0.3/\text{m}$ 时,本章计算的各无铰式复合材料旋翼桨叶一阶摆振阻尼随总距角的变化曲线如图 6.59 至图 6.63 所示。$k_2 = 0.0/\text{m}$ 时,桨叶无面外预弯曲; $k_2 > 0.0/\text{m}$ 时,桨叶向下弯曲; $k_2 < 0.0/\text{m}$ 时,桨叶向上弯曲。由图 6.59 和图 6.60 可见,桨叶面外预弯曲对 FBT - 0 桨叶和 FBT - P 桨叶一阶摆振阻尼的影响趋势相类似:总距角为正时,与桨叶无面外预弯曲的情况相比, $k_2 < 0.0/\text{m}$ 时,桨叶一阶摆振阻尼增加,且 $k_2$ 越小,摆振阻尼增加越多; $k_2 > 0.0/\text{m}$ 时,桨叶一阶摆振阻尼降低,且 $k_2$ 越大,摆振阻尼降低越多;总距角为负时,与桨叶无面外预弯曲的情况相比, $k_2 < 0.0/\text{m}$ 时,桨叶一阶摆振阻尼降低,且 $k_2$ 越小,一阶摆振阻尼降低越多; $k_2 > 0.0/\text{m}$ 时,桨叶一阶摆振阻尼增加,且 $k_2$ 越大,摆振阻尼增加越多。此外,桨叶面外预弯曲对 FBT - P 桨叶一阶摆振阻尼的影响程度较 FBT - 0 桨叶更显著。由图 6.61 至图 6.63 可见,桨叶面外预弯曲对 FBT - N 桨叶、FBT - N/P 桨叶和 FBT - N/0/P 桨叶一阶摆振阻尼的影响趋势相类似,仅影响程度稍有差别:总距角为正时,与桨叶无面外预弯曲的情况相比, $k_2 > 0.0/\text{m}$ 时,桨叶一阶摆振阻尼增加,且 $k_2$ 越大,一阶摆振阻尼增加越多; $k_2 < 0.0/\text{m}$ 时,桨叶一阶摆振阻尼降低,且 $k_2$ 越小,一阶摆振阻尼降低越多;总距角为负时,与桨叶无面外预弯曲的情况相比, $k_2 > 0.0/\text{m}$ 时,桨叶一阶摆振阻尼降低,且 $k_2$ 越大,一阶摆振阻尼降低越多; $k_2 < 0.0/\text{m}$ 时,桨叶一阶摆振阻尼增加,且 $k_2$ 越小,一阶摆振阻尼增加越多。$k_2 \neq 0.0/\text{m}$ 时,桨叶向上弯曲或向下弯曲,这种外形改变一方面使得桨叶弯曲和扭转模态的惯量发生改变,另一方面会引起摆振和扭转模态之间的附加耦合。这些都会对一阶摆振阻尼产生一定的影响。由图 6.59 至图 6.63 可见,桨叶面外预弯曲对 FBT - P 桨叶和 FBT - N 桨叶一阶摆振阻尼的影响趋势相

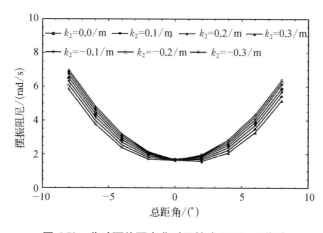

图 6.59　桨叶面外预弯曲对无铰式 FBT - 0 桨叶
一阶摆振阻尼的影响

反,对 FBT‑N/P 桨叶和 FBT‑N/0/P 桨叶一阶摆振阻尼的影响与对 FBT‑N 桨叶一阶摆振阻尼的影响大致相同。图 6.53 中,FBT‑N、FBT‑N/P、FBT‑N/0/P 三种弹性耦合对一阶摆振阻尼的影响相类似,且均与 FBT‑P 弹性耦合对一阶摆振阻尼的影响趋势相反。因此,桨叶面外预弯曲对桨叶一阶摆振阻尼的影响与弹性耦合有关。

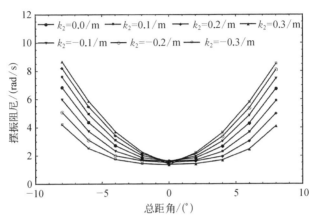

图 6.60　桨叶面外预弯曲对无铰式 FBT‑P 桨叶
一阶摆振阻尼的影响

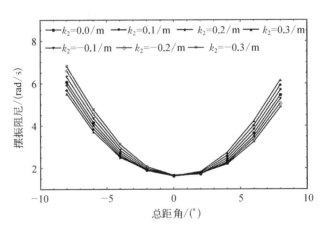

图 6.61　桨叶面外预弯曲对无铰式 FBT‑N 桨叶
一阶摆振阻尼的影响

3. 桨叶面内面外组合预弯曲的影响

桨叶面内面外组合预弯曲对各无铰式复合材料旋翼桨叶一阶摆振阻尼的影响如图 6.64 至图 6.68 所示。计算时,取总距角 $\theta_0 = 8°$、桨叶面外预弯曲 $-0.3/\text{m} \leqslant k_2 \leqslant 0.3/\text{m}$、桨叶面内预弯曲 $-0.3/\text{m} \leqslant k_3 \leqslant 0.3/\text{m}$。由图 6.64、图6.65 可见,$k_2 = -0.3/\text{m}$、$k_3 = -0.3/\text{m}$ 时(桨叶既向上弯曲又向后弯曲),FBT‑0 桨

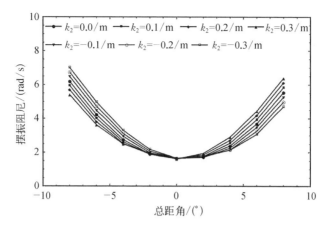

**图 6.62**　桨叶面外预弯曲对无铰式 **FBT‑N/P** 桨叶
一阶摆振阻尼的影响

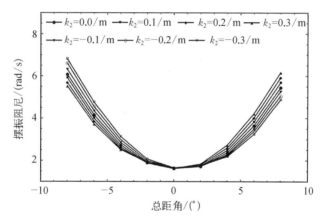

**图 6.63**　桨叶面外预弯曲对无铰式 **FBT‑N/0/P** 桨叶
一阶摆振阻尼的影响

叶和 FBT‑P 桨叶的一阶摆振阻尼最大；$k_2 = 0.3/m$、$k_3 = 0.3/m$ 时(桨叶既向下弯曲又向前弯曲)，FBT‑0 桨叶和 FBT‑P 桨叶的一阶摆振阻尼最小。由图 6.66 至图 6.68 可见，$k_2 = 0.3/m$、$k_3 = -0.3/m$ 时(桨叶既向下弯曲又向后弯曲)，FBT‑N 桨叶、FBT‑N/P 桨叶和 FBT‑N/0/P 桨叶的一阶摆振阻尼最大；$k_2 = -0.3/m$、$k_3 = 0.3/m$ 时(桨叶既向上弯曲又向前弯曲)，FBT‑N 桨叶、FBT‑N/P 桨叶和 FBT‑N/0/P 桨叶的一阶摆振阻尼最小。因此，不同桨叶面内面外预弯曲的组合对各无铰式复合材料旋翼桨叶的一阶摆振阻尼影响显著，通过调节桨叶面内面外预弯曲的大小改变其外形，可增加桨叶的一阶摆振阻尼。

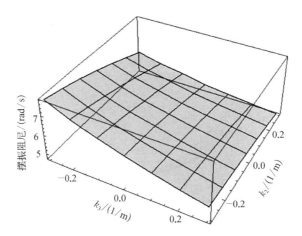

图 6.64　桨叶面内面外组合预弯曲对无铰式 **FBT－0** 桨叶一阶摆振阻尼的影响

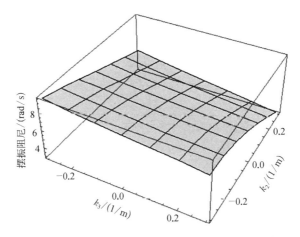

图 6.65　桨叶面内面外组合预弯曲对无铰式 **FBT－P** 桨叶一阶摆振阻尼的影响

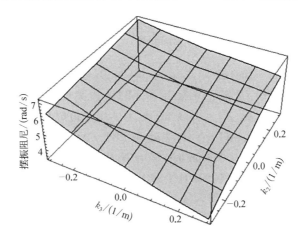

图 6.66　桨叶面内面外组合预弯曲对无铰式 **FBT－N** 桨叶一阶摆振阻尼的影响

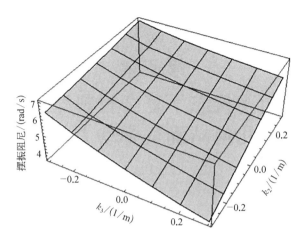

**图 6.67** 桨叶面内面外组合预弯曲对无铰式 FBT‑N/P 桨叶一阶摆振阻尼的影响

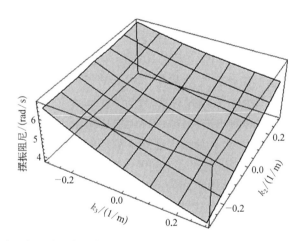

**图 6.68** 桨叶面内面外组合预弯曲对无铰式 FBT‑N/0/P 桨叶一阶摆振阻尼的影响

# 第 7 章
## 前飞状态下复合材料桨叶
## 几何精确气弹动力学

## 7.1 引言

本章阐述直升机前飞状态下基于几何精确非线性梁模型的复合材料旋翼桨叶气弹建模和分析方法。采用 Peters 有限状态气动载荷模型(Peters et al., 2007)计算前飞状态下的气动载荷。采用 Peters‐He 三维有限状态动态入流模型(Peters et al., 1989)计算前飞状态下的诱导速度。采用最新的变分渐近梁剖面分析 VABS 计算桨叶剖面的结构特性。采用 Hodges 混合变分形式的几何精确非线性梁理论计算前飞状态下桨叶在气动载荷作用下的气弹响应。以 SA349/2 直升机旋翼(Heffernan et al., 1986)为研究对象,分析 Newmark 数值积分法中不同的积分参数取值对气弹方程组时间步进积分收敛特性的影响。采用 Auto‐Pilot 配平算法(Peters et al., 1995a, 1995b)计算前飞状态下满足配平要求的旋翼桨叶变距操纵,以 Bao 等(Bao et al., 2006)研制的带不同弹性耦合桨叶的复合材料旋翼为研究对象,分析 Auto‐Pilot 配平算法中不同的经验参数对桨叶变距操纵收敛特性的影响。通过与 SA349/2 直升机飞行实测数据(Heffernan et al., 1986)对比,验证了本章气弹模型和分析方法的准确性。

需要特别指出的是,本章几何精确气弹建模方法与一般复合材料旋翼桨叶气弹建模方法最主要的不同之处在于采用混合变分形式的几何精确非线性运动方程来描述桨叶的运动,桨叶运动方程的未知量除了一般的位移、转动及其导数之外,还包括桨叶剖面的合力和合力矩以及线动量和角动量。此混合变分形式的桨叶运动方程,一方面可采用简单的形函数进行有限元空间离散,简化桨叶运动方程的求解过程;另一方面,桨叶的桨根载荷是运动方程的未知量,求解气弹方程组可直接得到桨根载荷,进而合成配平方程所需的桨毂载荷。此方法既省去了传统桨毂载荷求解过程中的积分运算,又避免了数值积分过程带来的桨毂载荷计算误差。传统的桨毂载荷计算方法,需先把桨叶各剖面的气动载荷和惯性载荷沿展向积分得到桨根载荷,再合成桨毂载荷,较复杂且存在积分误差。但是,正如 Bauchau(Bauchau, 1998)指出的,由于本章建立的气弹模型将桨叶剖面的合力和合力矩等也作为未知量,这些未知量在时间步进积分的过程中,会产生显著的高频振荡成分,会给气弹方程组的时域响应求解带来发散问题,难以获得周期变化的稳态收敛解。另外,Auto-Pilot 配平算法中相关参数的经验取值不再适用于这种采用混合变分形式的几何精确非线性桨叶运动方程的气弹求解,会导致桨叶变距操纵求解的发散问题。这两个发散问题在求解悬停状态下的桨叶几何精确气弹方程时不会出现(Shang et al., 2019),但在前飞状态下会出现。这两个发散问题在本章得到了解决。

## 7.2  前飞状态下桨叶几何精确气弹建模

### 7.2.1  前飞状态下桨叶几何精确结构建模

将复合材料旋翼桨叶简化为以定常角速度 $\Omega$ 旋转的复合材料弹性梁,采用式(4.69)建立桨叶混合变分形式的一维几何精确非线性运动方程,其中桨叶的剖面刚度矩阵和质量矩阵采用 4.2.2 节和 4.2.3 节建立的分析方法计算。在建模过程中,描述桨叶的几何位置和运动的相关坐标系的选取如下。

(1)惯性坐标系 $I$,坐标轴 $(X_I, Y_I, Z_I)$:定常前飞状态下,坐标原点位于桨毂中心,坐标轴 $X_I$ 与前飞方向相反,坐标轴 $Z_I$ 垂直于地面向上,坐标轴 $Y_I$ 指向前行桨叶一侧。

(2)桨毂固定坐标系 $F$,坐标轴 $(X_F, Y_F, Z_F)$:桨毂固定坐标系由惯性坐标系绕 $Y_I$ 转动 $\alpha_s$ 得到,$\alpha_s$ 是旋翼轴前倾角,则桨毂固定坐标系和惯性坐标系之间的转换矩阵 $\boldsymbol{C}^{FI}$ 如下:

$$\boldsymbol{C}^{FI} = \begin{bmatrix} \cos\alpha_s & 0 & \sin\alpha_s \\ 0 & 1 & 0 \\ -\sin\alpha_s & 0 & \cos\alpha_s \end{bmatrix} \tag{7.1}$$

(3)桨毂旋转坐标系 $R$,坐标轴 $(X_R, Y_R, Z_R)$:桨毂旋转坐标系由桨毂固定坐标系绕 $Z_F$ 转动 $\psi$ 得到,$\psi$ 是桨叶方位角,$\psi = \Omega t$,则桨毂旋转坐标系和桨毂固定坐标系之间的转换矩阵 $\boldsymbol{C}^{RF}$ 如下:

$$\boldsymbol{C}^{RF} = \begin{bmatrix} \cos\psi & \sin\psi & 0 \\ -\sin\psi & \cos\psi & 0 \\ 0 & 0 & 1 \end{bmatrix} \tag{7.2}$$

(4)桨叶总体坐标系 $A$,坐标轴 $(X_A, Y_A, Z_A)$:桨叶总体坐标系由桨毂旋转坐标系绕 $X_R$ 转动 $\theta$ 得到,$\theta$ 是桨叶变距操纵,$\theta = \theta_0 + \theta_{1c}\cos\psi + \theta_{1s}\sin\psi$,其中,$\theta_0$ 是总距操纵,$\theta_{1c}$ 是横向周期变距操纵,$\theta_{1s}$ 是纵向周期变距操纵,则桨叶总体坐标系

和桨毂旋转坐标系之间的转换矩阵 $\boldsymbol{C}^{AR}$ 如下：

$$\boldsymbol{C}^{AR} = \begin{bmatrix} 1 & 0 & 0 \\ 0 & \cos\theta & \sin\theta \\ 0 & -\sin\theta & \cos\theta \end{bmatrix} \tag{7.3}$$

（5）桨叶未变形坐标系 $b$，坐标轴 $(X_b, Y_b, Z_b)$：桨叶未变形坐标系由桨叶总体坐标系绕 $X_A$ 转动 $\theta_{pt}$ 得到，$\theta_{pt}$ 是桨叶预扭角，则桨叶未变形坐标系和桨叶总体坐标系之间的转换矩阵 $\boldsymbol{C}^{bA}$ 如下：

$$\boldsymbol{C}^{bA} = \begin{bmatrix} 1 & 0 & 0 \\ 0 & \cos\theta_{pt} & \sin\theta_{pt} \\ 0 & -\sin\theta_{pt} & \cos\theta_{pt} \end{bmatrix} \tag{7.4}$$

需要特别注意的是，Hodges 的几何精确非线性梁理论在推导过程中，假设 $\boldsymbol{C}^{bA}$ 不随时间变化，因此在选择桨叶总体坐标系 $A$ 和桨叶未变形坐标系 $b$ 时，应满足这一限制条件。

（6）桨叶变形坐标系 $B$，坐标轴 $(X_B, Y_B, Z_B)$：桨叶在变距操纵及气动载荷作用下产生复杂的挥舞、摆振、扭转和拉伸变形。桨叶变形坐标系是桨叶发生变形后的剖面参考坐标系，桨叶变形坐标系和桨叶未变形坐标系之间的转换矩阵 $\boldsymbol{C}^{Bb}$ 如下：

$$\boldsymbol{C}^{Bb} = \boldsymbol{C}^{bA} \boldsymbol{C} (\boldsymbol{C}^{bA})^{\mathrm{T}} \tag{7.5}$$

对于复合材料旋翼桨叶气弹建模与分析，桨叶混合变分形式的一维几何精确非线性运动方程式（4.69）中的外作用力 $\boldsymbol{f}_A$ 和外作用力矩 $\boldsymbol{m}_A$ 是桨叶剖面所受的气动力和气动力矩。因此，需要进行旋翼桨叶的气动建模以确定桨叶上的非定常气动载荷和非定常气动载荷中所包含的旋翼桨盘处的诱导速度。

### 7.2.2　前飞状态下桨叶气动力建模

根据第 6 章悬停状态下的气动载荷推导过程，前飞状态下坐标系 $B$ 下桨叶剖面的气动力 $\boldsymbol{f}_B = \{0, f_2, f_3\}^{\mathrm{T}}$ 和气动力矩 $\boldsymbol{m}_B = \{m_1, 0, 0\}^{\mathrm{T}}$ 的分量可分别表示为

$$f_2 = \frac{1}{2}\rho ca\left(-W_3 + \frac{c}{4}\Omega_1\right)^2 - \frac{1}{2}\rho c C_d W_2\sqrt{W_2^2 + \left(-W_3 + \frac{c}{4}\Omega_1\right)^2} \tag{7.6}$$

$$f_3 = \frac{1}{2}\rho ca\left[\left(\frac{c}{2}\Omega_1 - W_3\right)W_2 - \frac{c}{4}\dot{V}_{V3} + \frac{c^2}{16}\dot{\Omega}_1\right]$$

$$+ \frac{1}{2}\rho c C_d\left(-W_3 + \frac{c}{4}\Omega_1\right)\sqrt{W_2^2 + \left(-W_3 + \frac{c}{4}\Omega_1\right)^2} \tag{7.7}$$

$$m_1 = -\frac{1}{32}\rho c^3 a\left(W_2\Omega_1 - \dot{V}_{V3} + \frac{3c}{8}\dot{\Omega}_1\right) \tag{7.8}$$

式中，$W_2$ 和 $W_3$ 分别表示桨叶剖面的总来流速度沿坐标轴 $Y_B$ 和 $Z_B$ 的分量，取决于前飞速度、桨叶运动及旋翼桨盘处的诱导速度，$V_{V3}$ 表示由前飞速度和桨叶运动引起的桨叶剖面的来流速度沿坐标轴 $Z_B$ 的分量，$\Omega_1$ 表示坐标系 $B$ 的角速度沿坐标轴 $X_B$ 的分量，且有如下表达式：

$$W_2 = e_2^{\mathrm{T}}\left[C^{bA}CC^{AR}C^{RF}C^{FI}(-V_\infty e_1) + V + C^{bA}CC^{AR}\lambda e_3\right] \tag{7.9}$$

$$W_2 = e_3^{\mathrm{T}}\left[C^{bA}CC^{AR}C^{RF}C^{FI}(-V_\infty e_1) + V + C^{bA}CC^{AR}\lambda e_3\right] \tag{7.10}$$

$$V_{V3} = e_3^{\mathrm{T}}\left[C^{bA}CC^{AR}C^{RF}C^{FI}(-V_\infty e_1) + V\right] \tag{7.11}$$

式中，$V_\infty$ 表示前飞速度，$\lambda$ 表示旋翼桨盘处诱导速度。

旋翼桨盘处诱导速度由 Peters-He 三维有限状态动态入流模型计算，桨盘处用 $\Omega R$ 无量纲化后的诱导速度 $\bar{\lambda}$ 由求解第 2 章中式(2.73)和式(2.74)得到。第 2 章中表示压强积分项的式(2.84)、式(2.85)和式(2.86)中，第 $q$ 片桨叶的剖面环量升力 $L_q$ 可表示如下：

$$L_q = \frac{\rho ca}{2}\left(\frac{c}{2}\Omega_1 - W_3\right)W_2 \tag{7.12}$$

Peters-He 三维有限状态动态入流模型计算诱导速度时考虑实际的有限桨叶片数，因此在式(2.84)至式(2.86)表示的压强积分项中包括各片桨叶环量升力分布对入流的影响。若同时建立并求解各片桨叶的运动方程以计入各片桨叶环量升力分布对入流的影响，所需求解的非线性方程组的维数大大增加，求解效率会大大下降甚至无法获得收敛解。本章根据前飞状态下各片桨叶在一个周期内的运动完全相同的特点，只建立并求解参考桨叶的运动方程。在求解过程中，存储参考桨叶前一周期的环量升力分布，第 $q$ 片桨叶当前时刻的环量升力分布通过提取参考桨叶前一周期对应时刻的环量升力分布获得。这种处理方法虽然使得所需的计算周期增加，但相比于同时求解各片桨叶运动方程的处理方法，求解效率仍大大提高。

### 7.2.3 前飞状态下旋翼配平算法

气弹模型的最后一个组成部分是配平算法。由于目前的模型不包括机身，使用风洞配平算法，即在指定的旋翼轴前倾角下确定与指定的拉力系数、滚转力矩系数(或横向桨尖平面倾斜角)和俯仰力矩系数(或纵向桨尖平面倾斜角)相匹配的旋翼操纵量。风洞配平算法有 Newton-Raphson、Periodic Shooting 和 Auto-Pilot 等多种实现形式。由于使用的气弹模型的所有其他部分都采用微分方程的形式，在此采用 Auto‐Pilot 配平算法建立的微分方程来解决旋翼配平问题。由桨叶运动方程、诱导速度方程和配平方程组成的全耦合模型同时进行时间域积分求解,直到获得收敛的稳态周期解。

对于由 $m$ 个控制变量 $\theta_i$ 和 $m$ 个配平约束方程组成的通用配平问题,可将其表达为如下标准形式:

$$\Delta_j(\theta_i) = 0 \ (i, j = 1, \cdots, m) \tag{7.13}$$

定义一组控制方程,使产生的控制变量变化率与配平约束误差成如下比例:

$$[\tau_i]\{\ddot{\theta}_i\} + \{\dot{\theta}_i\} = [K_i][CM]\{\Delta_i\} \tag{7.14}$$

式中,矩阵 $[CM]$ 是一个耦合矩阵。为了消除配平约束误差 $\{\Delta_i\}$,矩阵 $[CM]$ 决定控制变量 $\{\theta_i\}$ 的预期变化量。矩阵 $[CM]$ 需提前确定,它不一定是精确的,但通常必须驱动控制变量 $\{\theta_i\}$ 朝正确的方向变化。因此,式(7.14)实际是使得控制变量 $\{\theta_i\}$ 的变化率等于增益矩阵 $[K_i]$ 乘以控制变量 $\{\theta_i\}$ 的预期变化量。$[\tau_i]\{\ddot{\theta}_i\}$ 是用于抑制配平约束误差 $\{\Delta_i\}$ 中高频振荡的过滤器,仅使 $\{\Delta_i\}$ 的平均值配平为零。矩阵 $[\tau_i]$ 和矩阵 $[K_i]$ 均为对角矩阵。

对于风洞配平算法,控制变量是旋翼总距操纵 $\theta_0$、纵向周期变距操纵 $\theta_{1s}$ 和横向周期变距操纵 $\theta_{1c}$。若以旋翼的拉力系数、滚转力矩系数和俯仰力矩系数为配平目标,则式(7.14)变为

$$\begin{bmatrix} \tau_0 & 0 & 0 \\ 0 & \tau_1 & 0 \\ 0 & 0 & \tau_1 \end{bmatrix}\begin{Bmatrix} \ddot{\theta}_0 \\ \ddot{\theta}_{1s} \\ \ddot{\theta}_{1c} \end{Bmatrix} + \begin{Bmatrix} \dot{\theta}_0 \\ \dot{\theta}_{1s} \\ \dot{\theta}_{1c} \end{Bmatrix} = \begin{bmatrix} K_0 & 0 & 0 \\ 0 & K_1 & 0 \\ 0 & 0 & K_1 \end{bmatrix}[CM]\begin{Bmatrix} \overline{C}_T - C_T \\ \overline{C}_L - C_L \\ \overline{C}_M - C_M \end{Bmatrix} \tag{7.15}$$

式中,总距时间常数 $\tau_0$、周期变距时间常数 $\tau_1$、总距增益 $K_0$ 和周期变距增益 $K_1$ 是与采用的气弹模型有关的经验参数。$C_T$ 表示拉力系数,$C_L$ 表示滚转力矩系数,$C_M$ 表示俯仰力矩系数,$\overline{C}_T$、$\overline{C}_L$ 和 $\overline{C}_M$ 是对应的配平目标值。通常,耦合矩阵 $[CM]$ 可表示为控制变量对配平参数的微分,即

$$[CM] = \begin{bmatrix} \dfrac{\mathrm{d}\theta_0}{C_T} & \dfrac{\mathrm{d}\theta_0}{C_L} & \dfrac{\mathrm{d}\theta_0}{C_M} \\[3mm] \dfrac{\mathrm{d}\theta_{1s}}{C_T} & \dfrac{\mathrm{d}\theta_{1s}}{C_L} & \dfrac{\mathrm{d}\theta_{1s}}{C_M} \\[3mm] \dfrac{\mathrm{d}\theta_{1c}}{C_T} & \dfrac{\mathrm{d}\theta_{1c}}{C_L} & \dfrac{\mathrm{d}\theta_{1c}}{C_M} \end{bmatrix} \tag{7.16}$$

对于简单的旋翼模型,悬停状态下,耦合矩阵 $[CM]$ 可推导为

$$[CM] = \begin{bmatrix} \dfrac{6}{a\sigma} & 0 & 0 \\[3mm] 0 & -\dfrac{16}{a\sigma} & \dfrac{2\gamma}{a\sigma(p^2-1)} \\[3mm] 0 & -\dfrac{2\gamma}{a\sigma(p^2-1)} & -\dfrac{16}{a\sigma} \end{bmatrix} \tag{7.17}$$

式中，$a$ 表示升力线斜率，$\sigma$ 表示旋翼实度，$p$ 表示无量纲桨叶挥舞频率，$\gamma$ 表示旋翼洛克数。

类似地，若以拉力系数、横向桨尖平面倾斜角和纵向桨尖平面倾斜角为配平目标，由 Auto‑Pilot 配平算法，可得如下关于旋翼总距操纵 $\theta_0$、纵向周期变距操纵 $\theta_{1s}$ 和横向周期变距操纵 $\theta_{1c}$ 的时间域常微分方程组：

$$\begin{bmatrix} \tau_0 & 0 & 0 \\ 0 & \tau_1 & 0 \\ 0 & 0 & \tau_1 \end{bmatrix} \begin{Bmatrix} \ddot{\theta}_0 \\ \ddot{\theta}_{1s} \\ \ddot{\theta}_{1c} \end{Bmatrix} + \begin{Bmatrix} \dot{\theta}_0 \\ \dot{\theta}_{1s} \\ \dot{\theta}_{1c} \end{Bmatrix}$$

$$= \begin{bmatrix} K_0 & 0 & 0 \\ 0 & K_1 & 0 \\ 0 & 0 & K_1 \end{bmatrix} \begin{bmatrix} \dfrac{6}{a\sigma} & 0 & 0 \\[3mm] 0 & \dfrac{8(p^2-1)}{\gamma} & -1 \\[3mm] 0 & 1 & \dfrac{8(p^2-1)}{\gamma} \end{bmatrix} \begin{Bmatrix} \bar{C}_T - C_T \\ \bar{b}_1 - b_1 \\ \bar{a}_1 - a_1 \end{Bmatrix} \tag{7.18}$$

式中，$b_1$ 表示横向桨尖平面倾斜角，$a_1$ 表示纵向桨尖平面倾斜角，$\bar{b}_1$ 和 $\bar{a}_1$ 是对应的配平目标值。

需要特别注意的是，式(7.17)和式(7.18)中的耦合矩阵 $[CM]$ 虽然是由悬停状态下的简单旋翼模型推导得到的，只要选择适合的总距时间常数 $\tau_0$、周期变距时间常数 $\tau_1$、总距增益 $K_0$ 和周期变距增益 $K_1$，对于前飞状态下的任意气弹模型其通常都能得到满足配平要求的旋翼操纵量。

在桨叶的运动方程式(4.69)中，未知数 $\hat{F}_A$ 和 $\hat{u}_A$ 分别表示桨叶根部或自由端的合力和位移，可通过求解桨叶的运动方程获得。有限元空间离散后，桨叶根部的合力表示为 $\hat{F}_1$，桨叶自由端的位移表示为 $\hat{u}_{N+1}$，则方程(7.18)右端的桨叶实际的配平参数可表示为

$$C_T = \frac{\dfrac{1}{2\pi}\displaystyle\int_0^{2\pi}\Big[\sum_{q=1}^{Q}(\boldsymbol{e}_3^{\mathrm{T}}\boldsymbol{C}^{RA}\hat{\boldsymbol{F}}_1)\Big]\mathrm{d}\psi}{\rho\pi R^2(\Omega R)^2} = \frac{Q\dfrac{1}{2\pi}\displaystyle\int_0^{2\pi}(\boldsymbol{e}_3^{\mathrm{T}}\boldsymbol{C}^{RA}\hat{\boldsymbol{F}}_1)\mathrm{d}\psi}{\rho\pi R^2(\Omega R)^2} \tag{7.19}$$

$$b_1 = \frac{1}{\pi} \int_0^{2\pi} \left( \frac{\boldsymbol{e}_3^{\mathrm{T}} \boldsymbol{C}^{RA} \hat{\boldsymbol{u}}_{N+1}}{R} \sin \psi \right) \mathrm{d}\psi \qquad (7.20)$$

$$a_1 = \frac{1}{\pi} \int_0^{2\pi} \left( \frac{\boldsymbol{e}_3^{\mathrm{T}} \boldsymbol{C}^{RA} \hat{\boldsymbol{u}}_{N+1}}{R} \cos \psi \right) \mathrm{d}\psi \qquad (7.21)$$

数值计算时,式(7.19)至式(7.21)表示的积分可通过如下离散求和运算得到:

$$C_T = \frac{\dfrac{Q}{J} \sum_{j=1}^{J} \left( \boldsymbol{e}_3^{\mathrm{T}} \boldsymbol{C}^{RA} \hat{\boldsymbol{F}}_1 \right)_{\psi = \psi_j}}{\rho \pi R^2 (\Omega R)^2} \qquad (7.22)$$

$$b_1 = \frac{2}{J} \sum_{j=1}^{J} \left( \frac{\boldsymbol{e}_3^{\mathrm{T}} \boldsymbol{C}^{RA} \hat{\boldsymbol{u}}_{N+1}}{R} \sin \psi \right)_{\psi = \psi_j} \qquad (7.23)$$

$$a_1 = \frac{2}{J} \sum_{j=1}^{J} \left( \frac{\boldsymbol{e}_3^{\mathrm{T}} \boldsymbol{C}^{RA} \hat{\boldsymbol{u}}_{N+1}}{R} \cos \psi \right)_{\psi = \psi_j} \qquad (7.24)$$

式中,$J$ 表示桨叶旋转一周内等距分布的离散点的个数,$\psi_j = j 2\pi / J$。

## 7.3　前飞状态下桨叶几何精确气弹响应

本章建立的复合材料旋翼桨叶气弹方程组由桨叶一维几何精确非线性运动方程式(4.69)、诱导速度方程式(2.73)和式(2.74)以及 Auto - Pilot 配平方程(7.18)组成。桨叶剖面的气动力和气动力矩式(7.6)至式(7.8)作为外作用力和外作用力矩需代入方程式(4.69)。气弹方程组中,桨叶的运动方程是关于空间和时间的偏微分方程组,诱导速度方程和 Auto - Pilot 配平方程是仅关于时间的常微分方程组。因此,求解时首先对桨叶的运动方程进行有限元空间离散,将其转化为仅关于时间的常微分方程组;然后采用 Newmark 数值积分方法,对由有限元空间离散后的桨叶运动方程、诱导速度方程和 Auto - Pilot 配平方程组成的带周期系数矩阵的强非线性时间域二阶常微分气弹方程组进行时间域步进积分,获得周期变化的稳态收敛解,即前飞状态下的气弹响应。

### 7.3.1　空间域有限元离散

混合变分形式的桨叶运动方程式(4.69)仍采用最弱形式,因此可采用简单的形函数对其进行有限元空间离散。将桨叶划分为 $N$ 个单元,并采用式(4.73)形函数对式(4.69)进行有限元空间离散,则有限元空间离散后的桨叶运动方程可表示为

$$G_s(\boldsymbol{X}_1, \boldsymbol{X}_2, \dot{\boldsymbol{X}}_2, \boldsymbol{X}_3, \dot{\boldsymbol{X}}_3, \ddot{\boldsymbol{X}}_3, \boldsymbol{Y}, \boldsymbol{Z}) = 0 \tag{7.25}$$

式中，

$$\boldsymbol{X}_1 = \{\hat{\boldsymbol{u}}_1^{\mathrm{T}}, \hat{\boldsymbol{\theta}}_1^{\mathrm{T}}, \hat{\boldsymbol{F}}_1^{\mathrm{T}}, \hat{\boldsymbol{M}}_1^{\mathrm{T}}, \boldsymbol{F}_1^{\mathrm{T}}, \boldsymbol{M}_1^{\mathrm{T}}, \cdots, \boldsymbol{F}_N^{\mathrm{T}}, \boldsymbol{M}_N^{\mathrm{T}}, \hat{\boldsymbol{u}}_{N+1}^{\mathrm{T}}, \hat{\boldsymbol{\theta}}_{N+1}^{\mathrm{T}}, \hat{\boldsymbol{F}}_{N+1}^{\mathrm{T}}, \hat{\boldsymbol{M}}_{N+1}^{\mathrm{T}}\}^{\mathrm{T}} \tag{7.26}$$

$$\boldsymbol{X}_2 = \{\boldsymbol{\theta}_1^{\mathrm{T}}, \boldsymbol{P}_1^{\mathrm{T}}, \boldsymbol{H}_1^{\mathrm{T}}, \cdots, \boldsymbol{\theta}_N^{\mathrm{T}}, \boldsymbol{P}_N^{\mathrm{T}}, \boldsymbol{H}_N^{\mathrm{T}}\}^{\mathrm{T}} \tag{7.27}$$

$$\boldsymbol{X}_3 = \{\boldsymbol{u}_1^{\mathrm{T}}, \cdots, \boldsymbol{u}_N^{\mathrm{T}}\}^{\mathrm{T}} \tag{7.28}$$

$$\boldsymbol{Y} = \{\cdots, \alpha_{mn}(\bar{t}), \cdots, \beta_{mn}(\bar{t}), \cdots\}^{\mathrm{T}} \tag{7.29}$$

$$\boldsymbol{Z} = \{\theta_0, \theta_{1c}, \theta_{1s}\}^{\mathrm{T}} \tag{7.30}$$

式(7.26)至式(7.28)中，带 $\wedge$ 符号的变量的下标表示单元节点编号，其他所有符号的下标均表示单元编号。

采用同样的单元划分方式和单元形函数计算诱导速度方程右边的压强积分项，诱导速度方程可进一步表示为

$$G_1(\boldsymbol{X}_2, \boldsymbol{X}_3, \dot{\boldsymbol{X}}_3, \boldsymbol{Y}, \dot{\boldsymbol{Y}}, \boldsymbol{Z}) = 0 \tag{7.31}$$

采用式(7.25)和式(7.31)，Auto-Pilot 配平方程可进一步表示为

$$G_{\mathrm{T}}(\boldsymbol{X}_1, \boldsymbol{Z}, \dot{\boldsymbol{Z}}, \ddot{\boldsymbol{Z}}) = 0 \tag{7.32}$$

因此，经过有限元空间离散后，复合材料旋翼的气弹方程组变换为由式(7.25)、式(7.31)和式(7.32)组成的带周期系数矩阵的强非线性时间域二阶常微分方程组。

### 7.3.2　Newmark 数值积分法气弹响应求解

本章建立的带周期系数矩阵的强非线性时间域二阶常微分气弹方程组，与传统的气弹方程组相比，未忽略各方程中的高阶非线性项，也未进行模态缩减处理，方程组的非线性特征明显。因此，采用数值积分方法，对此方程组进行时间域步进积分，直到获得周期变化的稳态收敛解，是最直接有效的时间域求解方法。除此之外，由于本章建立的气弹模型将桨叶剖面的合力和合力矩等也作为未知量，这些未知量在时间步进积分的过程中，会出现显著的高频振荡成分，给气弹方程组的时间域求解带来严重的不收敛问题。因此，针对本章时间域气弹方程组的数值积分方法，需引入适当的数值阻尼，既能有效耗散响应信号中的高频干扰成分，又不影响周期变化稳态响应信号的积分精度。本章采用 Newmark 数值积分法进行气弹方程组的时间步进积分，通过选择合适的 Newmark 积分参数来调节数值阻尼，从而获得满足积分精度要求的周期变化稳态收敛解，即前飞状态下的气弹响应。

由式(7.25)、式(7.31)和式(7.32),可将 $t_{n+1}$ 时刻的气弹方程组表示为如下形式:

$$G(\boldsymbol{X}_1^{n+1}, \boldsymbol{X}_2^{n+1}, \dot{\boldsymbol{X}}_2^{n+1}, \boldsymbol{X}_3^{n+1}, \dot{\boldsymbol{X}}_3^{n+1}, \ddot{\boldsymbol{X}}_3^{n+1}, \boldsymbol{Y}^{n+1}, \dot{\boldsymbol{Y}}^{n+1}, \boldsymbol{Z}^{n+1}, \dot{\boldsymbol{Z}}^{n+1}, \ddot{\boldsymbol{Z}}^{n+1}) = 0$$

$$(7.33)$$

对任一变量 $a$,由 Newmark 数值积分法,在 $t_n \sim t_{n+1}$ 时间区域内存在如下关系式:

$$\ddot{a}_{n+1} = c_0 a_{n+1} - c_0 a_n - c_2 \dot{a}_n - c_3 \ddot{a}_n \tag{7.34}$$

$$\dot{a}_{n+1} = c_1 a_{n+1} - c_1 a_n - c_4 \dot{a}_n - c_5 \ddot{a}_n \tag{7.35}$$

式中,$c_0 = \dfrac{1}{\alpha \Delta t^2}$,$c_1 = \dfrac{\delta}{\alpha \Delta t}$,$c_2 = \dfrac{1}{\alpha \Delta t}$,$c_3 = \dfrac{1}{2\alpha} - 1$,$c_4 = \dfrac{\delta}{\alpha} - 1$,$c_5 = \dfrac{\delta \Delta t}{2\alpha} - \Delta t$,$\Delta t = t_{n+1} - t_n$。其中,$\delta$ 和 $\alpha$ 是按积分精度和稳定性要求决定的 Newmark 积分参数。根据 Chung 等(Chung et al., 1993)的优化结果,本章对积分参数 $\delta$ 和 $\alpha$ 取值时,遵循如下关系式:

$$\delta = \frac{1}{2} - \alpha_m + \alpha_f \tag{7.36}$$

$$\alpha = \frac{1}{4}(1 - \alpha_m + \alpha_f)^2 \tag{7.37}$$

式中,$\alpha_m = \dfrac{2\rho_\infty - 1}{\rho_\infty + 1}$,$\alpha_f = \dfrac{\rho_\infty}{\rho_\infty + 1}$,$\rho_\infty \in [0, 1]$ 是谱半径。当 $\rho_\infty = 1$ 时,$\delta = 0.5$,$\alpha = 0.25$,Newmark 数值积分法无数值阻尼。$\rho_\infty$ 取值越小,Newmark 数值积分法的数值阻尼越大。

假设 $t_n$ 时刻气弹方程组(7.33)中所有变量及其对时间的二阶导数和一阶导数均已知,则在 $t_{n+1}$ 时刻,将式(7.33)中各变量对时间的二阶导数和一阶导数分别采用式(7.34)和式(7.35)的形式表出,$t_{n+1}$ 时刻的气弹方程组可进一步表示为

$$G(\boldsymbol{X}_1^{n+1}, \boldsymbol{X}_2^{n+1}, \boldsymbol{X}_3^{n+1}, \boldsymbol{Y}^{n+1}, \boldsymbol{Z}^{n+1}) = 0 \tag{7.38}$$

采用 Newton - Raphson 方法求解非线性方程组(7.38),可得 $t_{n+1}$ 时刻各变量的解。然后,采用式(7.34)和式(7.35),可确定 $t_{n+1}$ 时刻各变量对时间的二阶导数和一阶导数。不断重复上述过程对气弹方程组进行时间步进积分,直到获得周期变化的稳态收敛解,即得到前飞状态下的气弹响应。对于本章的气弹建模方法,桨叶的桨根力 $\hat{\boldsymbol{F}}_1$ 和桨根力矩 $\hat{\boldsymbol{M}}_1$ 是运动方程的未知量。因此,从所获得的气弹响应结果中,可直接得到一个周期内周期变化的桨根力和桨根力矩。采用类似式(7.19)至式(7.24)的处理方法,对各片桨叶的桨根力和桨根力矩在桨毂中心合成可得到

整个旋翼一个周期内周期变化的桨毂力和桨毂力矩；对此周期变化的桨毂力和桨毂力矩做谐波分析，可得到其相应的谐波振动分量。

需要特别指出的是，本章采用相同拉力系数时悬停状态下的气弹响应结果作为前飞状态下时间域求解时开始时刻各变量的初始值，以加快瞬态响应信号的衰减，减少获得周期变化的稳态收敛解的计算时间。对于 Newmark 数值积分法中积分参数的选择，将在后面章节详细讨论。

### 7.3.3　桨叶几何精确气弹响应的收敛性

采用本章建立的气弹模型与分析方法，以 SA349/2 直升机旋翼（Heffernan et al.，1986）为研究对象，分析 Newmark 数值积分法中不同的积分参数取值对气弹方程组时间步进积分收敛特性的影响；以 Bao 等（Bao et al.，2006）研制的带不同弹性耦合桨叶的复合材料旋翼为研究对象，分析 Auto-Pilot 配平算法中不同的经验参数取值对桨叶变距操纵收敛特性的影响。

1.　旋翼参数

SA349/2 直升机旋翼的主要参数如表 7.1 所列，旋翼桨叶剖面质量特性、挥舞刚度、摆振刚度和扭转刚度沿桨叶展向的分布见文献（Heffernan et al.，1986）。本章分析的 SA349/2 直升机 3 种前飞状态的配平参数如表 7.2 所列。Bao 等研制的 5 种带不同弹性耦合预扭转桨叶复合材料旋翼的模型参数见 5.2 节和 6.3 节。本章分析的 Bao 等研制的各复合材料旋翼 5 种前飞状态的配平参数如表 7.3 所列。

**表 7.1　SA349/2 直升机旋翼的主要参数**

| 参　　数 | 取　值 | 参　　数 | 取　值 |
|---|---|---|---|
| 桨叶片数 | 3 | 桨尖速度/(m/s) | 212.76 |
| 桨叶翼型 | OA209 | 洛克数 | 4.541 7 |
| 桨叶弦长/m | 0.35 | 挥舞铰外伸量/m | 0.11 |
| 旋翼半径/m | 5.25 | 摆振铰外伸量/m | 0.475 |
| 旋翼实度 | 0.063 66 | | |

**表 7.2　SA349/2 直升机 3 种前飞状态的配平参数**

| 序　号 | $\mu$ | $\alpha_s$ /(°) | $C_T/\sigma$ | $a_1$ /(°) | $b_1$ /(°) |
|---|---|---|---|---|---|
| 1 | 0.140 | 4 | 0.067 | −2.30 | −0.08 |
| 2 | 0.198 | 4 | 0.062 | −1.98 | −0.01 |
| 3 | 0.344 | 4 | 0.066 | −0.14 | 0.32 |

表 7.3　Bao 等研制的复合材料旋翼 5 种前飞状态的配平参数

| 序　号 | $\mu$ | $\alpha_{\mathrm{s}}/(°)$ | $C_T/\sigma$ | $a_1/(°)$ | $b_1/(°)$ |
|---|---|---|---|---|---|
| 1 | 0.1 | 4 | 0.077 | 0 | 0 |
| 2 | 0.2 | 4 | 0.075 | 0 | 0 |
| 3 | 0.3 | 4 | 0.061 | 0 | 0 |
| 4 | 0.35 | 8 | 0.033 | 0 | 0 |
| 5 | 0.38 | 8 | 0.024 | 0 | 0 |

2. Newmark 数值积分法参数对收敛的影响

Newmark 数值积分法中积分参数 $\delta$ 和 $\alpha$ 的取值会影响本章气弹模型时间域求解的收敛特性。采用本章的气弹建模与求解方法,针对不同的 $\delta$ 和 $\alpha$ 取值,计算 SA349/2 直升机旋翼在如表 7.2 所列 3 种前飞状态下的气弹响应。$\rho_\infty = 1$(即 $\delta = 0.5$、$\alpha = 0.25$)时,桨叶的径向桨根力、摆振向桨根力、挥舞向桨根力随桨叶转数的变化分别如图 7.1 至图 7.9 所示。为了更清楚地观察这些变化历程,图中还显示了发散前最后 1.5 个周期径向桨根力、摆振向桨根力、挥舞向桨根力随桨叶转数的变化。$\rho_\infty = 1$ 时,Newmark 数值积分法无数值阻尼,径向桨根力、摆振向桨根力、挥舞向桨根力均出现时间积分步长量级的高频振荡。这些高频振荡随着求解时间的增加逐渐增大,最终导致了时间域求解的发散。时间积分步长量级的高频振荡是由数值积分产生的高频干扰,与被分析对象的物理特性无关。在数值积分算法中引入适当的数值阻尼,高频振荡便可有效耗散掉。遵循式(7.36)和式(7.37)的关系式,在 Newmark 数值积分法中引入不同的数值阻尼,计算相同条件下的气弹响应。$\rho_\infty = 9/11$(即 $\delta = 0.6$、$\alpha = 0.3025$)、$\rho_\infty = 1/2$(即 $\delta = 0.833$、$\alpha = 0.444$)、$\rho_\infty = 0$(即 $\delta = 1.5$、$\alpha = 1.0$)时,桨叶的径向桨根力、摆振向桨根力、挥舞向桨根力的稳态收敛解随方位角的变化分别如图 7.10 至图 7.18 所示。由图可见,小量的数值阻尼(如 $\rho_\infty = 9/11$)便可有效耗散掉响应中的数值高频干扰,最终获得周期变化的稳态收敛解。随着 $\rho_\infty$ 由 1 到 0 逐渐减小,Newmark 数值积分法的数值阻尼逐渐增大,虽然响应中的数值高频干扰均被有效耗散掉,但响应中低频成分的积分精度却越来越低。例如,$\rho_\infty = 0$ 时的稳态摆振向桨根力与 $\rho_\infty = 9/11$ 和 $\rho_\infty = 1/2$ 时的相比,幅值和相位均受到了数值阻尼的显著影响,不满足数值积分精度的要求。因此,本章气弹模型时间域求解时,Newmark 积分参数取为 $\delta = 0.6$、$\alpha = 0.3025$,在有效耗散掉响应中的数值高频干扰的同时,对响应中低频成分积分精度的影响也尽可能小。

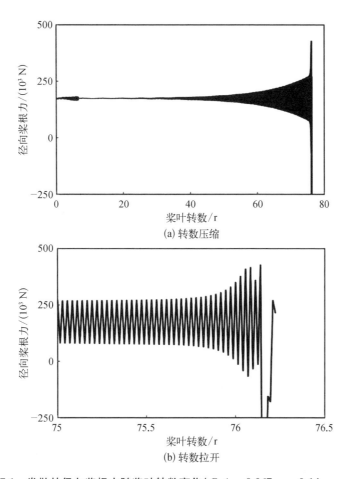

(a) 转数压缩

(b) 转数拉开

**图 7.1　发散的径向桨根力随桨叶转数变化（$C_T/\sigma = 0.067$, $\mu = 0.14$, $\rho_\infty = 1$）**

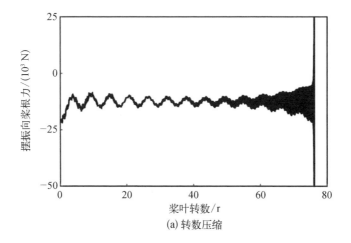

(a) 转数压缩

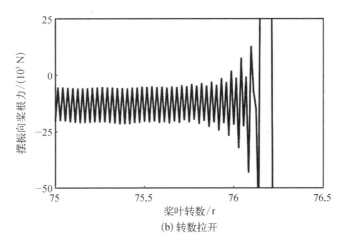

(b) 转数拉开

**图 7.2**　发散的摆振向桨根力随桨叶转数变化（$C_T/\sigma = 0.067$，$\mu = 0.14$，$\rho_\infty = 1$）

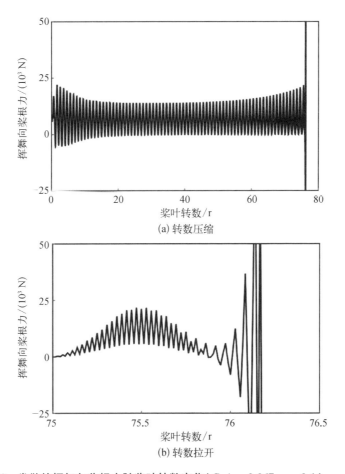

(a) 转数压缩

(b) 转数拉开

**图 7.3**　发散的挥舞向桨根力随桨叶转数变化（$C_T/\sigma = 0.067$，$\mu = 0.14$，$\rho_\infty = 1$）

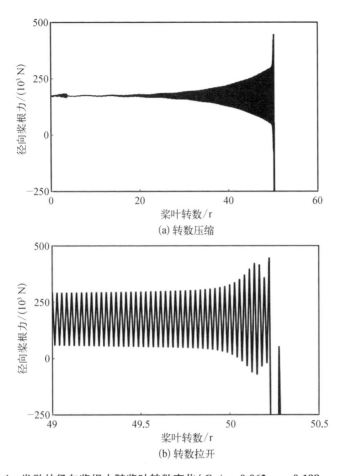

图 7.4　发散的径向桨根力随桨叶转数变化（$C_T/\sigma = 0.062$，$\mu = 0.198$，$\rho_\infty = 1$）

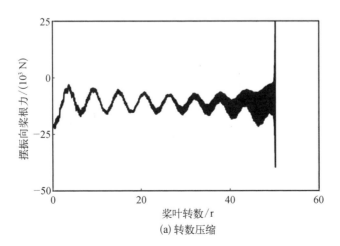

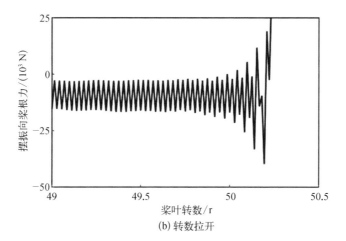

(b) 转数拉开

**图 7.5**    发散的摆振向桨根力随桨叶转数变化($C_T/\sigma = 0.062$, $\mu = 0.198$, $\rho_\infty = 1$)

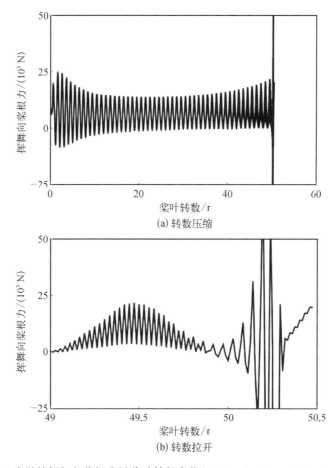

(a) 转数压缩

(b) 转数拉开

**图 7.6**    发散的挥舞向桨根力随桨叶转数变化($C_T/\sigma = 0.062$, $\mu = 0.198$, $\rho_\infty = 1$)

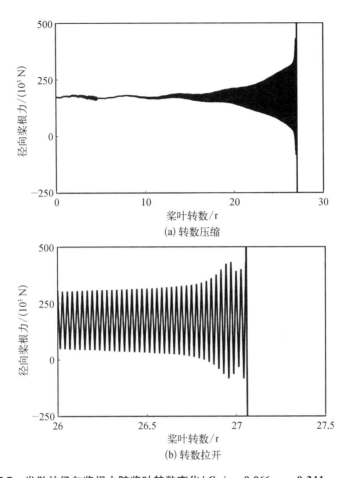

(a) 转数压缩

(b) 转数拉开

图 7.7  发散的径向桨根力随桨叶转数变化($C_T/\sigma = 0.066$, $\mu = 0.344$, $\rho_\infty = 1$)

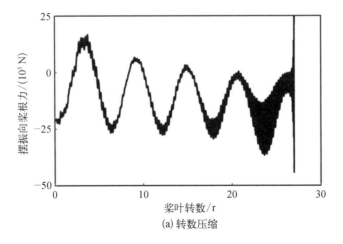

(a) 转数压缩

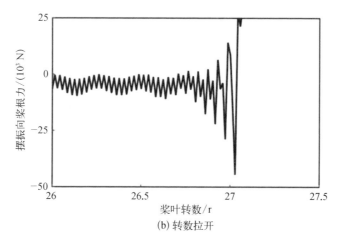

(b) 转数拉开

**图 7.8　发散的摆振向桨根力随桨叶转数变化（$C_T/\sigma = 0.066$，$\mu = 0.344$，$\rho_\infty = 1$）**

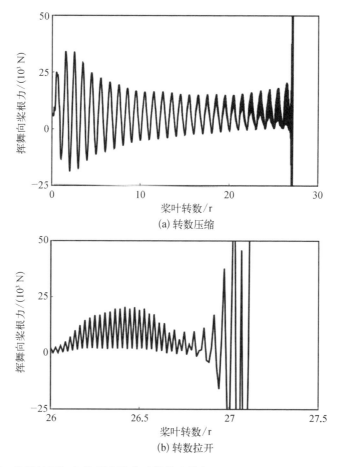

(a) 转数压缩

(b) 转数拉开

**图 7.9　发散的挥舞向桨根力随桨叶转数变化（$C_T/\sigma = 0.066$，$\mu = 0.344$，$\rho_\infty = 1$）**

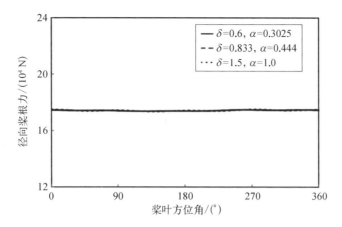

图 7.10　收敛的径向桨根力随方位角变化 $(C_T/\sigma=0.067, \mu=0.14)$

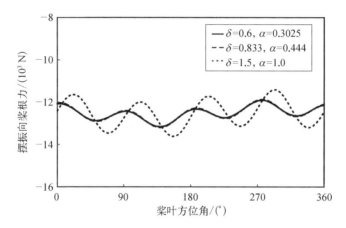

图 7.11　收敛的摆振向桨根力随方位角变化 $(C_T/\sigma=0.067, \mu=0.14)$

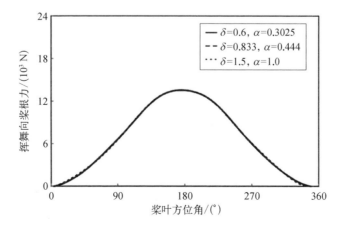

图 7.12　收敛的挥舞向桨根力随方位角变化 $(C_T/\sigma=0.067, \mu=0.14)$

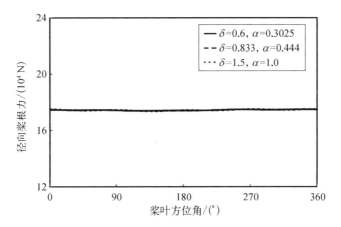

**图 7.13** 收敛的径向桨根力随方位角变化($C_T/\sigma = 0.062$，$\mu = 0.198$)

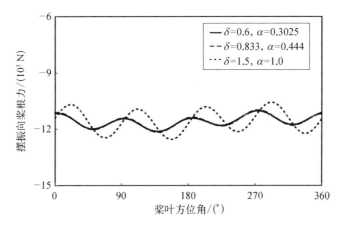

**图 7.14** 收敛的摆振向桨根力随方位角变化($C_T/\sigma = 0.062$，$\mu = 0.198$)

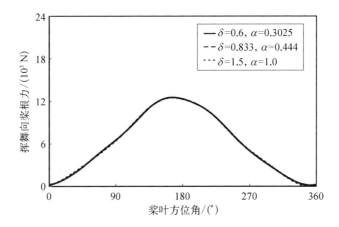

**图 7.15** 收敛的挥舞向桨根力随方位角变化($C_T/\sigma = 0.062$，$\mu = 0.198$)

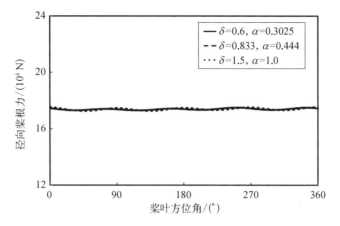

**图 7.16**　收敛的径向桨根力随方位角变化($C_T/\sigma = 0.066$, $\mu = 0.344$)

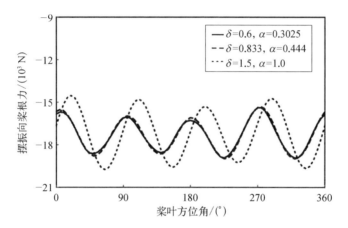

**图 7.17**　收敛的摆振向桨根力随方位角变化($C_T/\sigma = 0.066$, $\mu = 0.344$)

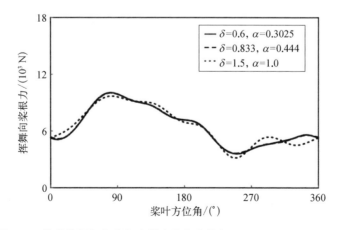

**图 7.18**　收敛的挥舞向桨根力随方位角变化($C_T/\sigma = 0.066$, $\mu = 0.344$)

### 3. 配平算法参数对收敛的影响

Auto-Pilot 配平算法中经验参数 $\tau_0$、$\tau_1$、$K_0$ 和 $K_1$ 的取值会影响本章气弹模型计算所得的桨叶变距操纵的收敛特性。采用本章的气弹建模与求解方法,针对不同的 $\tau_0$、$\tau_1$、$K_0$ 和 $K_1$ 的取值,计算了 Bao 等研制的带不同弹性耦合桨叶的复合材料旋翼桨叶在如表 7.3 所列的 5 种前飞状态下的桨叶气弹响应。在合理的取值范围内,$\tau_0$ 和 $\tau_1$ 的取值对桨叶变距操纵的收敛特性几乎没有影响。$K_0$ 和 $K_1$ 作为总距和周期变距的增益会显著影响桨叶变距操纵的收敛特性。分别取 $K_0 = 0.031\,25$、$K_0 = 0.125$ 和 $K_0 = 0.5$ 时,带 FBT-0 桨叶的复合材料旋翼在 $\mu = 0.2$ 时桨叶变距操纵随桨叶转数的变化分别如图 7.19 至图 7.24 所示。分别取 $K_1 = 0.002\,5$、$K_1 =$

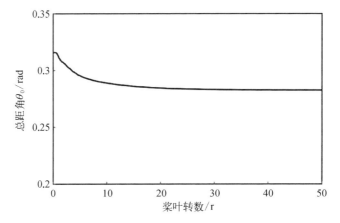

图 7.19　总距操纵随桨叶转数变化 ($\mu = 0.2$, $\tau_0 = 0.5$, $\tau_1 = 0.28$, $K_0 = 0.031\,25$, $K_1 = 0.05$)

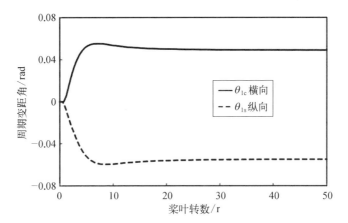

图 7.20　周期变距操纵随桨叶转数变化 ($\mu = 0.2$, $\tau_0 = 0.5$, $\tau_1 = 0.28$, $K_0 = 0.031\,25$, $K_1 = 0.05$)

0.05和$K_1 = 0.5$ 时,其他参数相同下的计算结果分别如图 7.25 和图 7.26、图 7.23 和图 7.24 及图 7.27 和图 7.28 所示。由图可见,当 $K_0$ 和 $K_1$ 取值太小时,如 $K_0 =$ 0.031 25、$K_1 = 0.002$ 5,桨叶变距操纵随着时间的推进收敛速度缓慢,获得稳态收敛解的计算时间很长甚至可能无限长;随着 $K_0$ 和 $K_1$ 逐渐增大,桨叶变距操纵的收敛性逐渐改善,如 $K_0 = 0.125$、$K_1 = 0.05$ 时,桨叶变距操纵在 10 个周期内便可收敛;然而随着 $K_0$ 和 $K_1$ 的进一步增大,如 $K_0 = 0.5$、$K_1 = 0.5$,桨叶变距操纵开始随时间增加产生不稳定的振荡,无法获得稳态收敛解。因此,为了尽快获得稳态气弹响应,$K_0$ 和 $K_1$ 的取值既不能太大也不能太小。经过对多次计算结果的比较分析,本章气弹模型最终取 $\tau_0 = 0.5$、$\tau_1 = 0.28$、$K_0 = 0.125$、$K_1 = 0.05$。

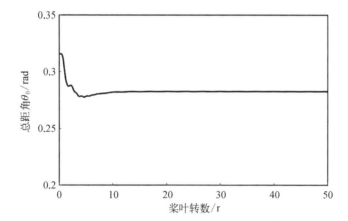

**图 7.21　总距操纵随桨叶转数变化($\mu = 0.2$, $\tau_0 = 0.5$, $\tau_1 = 0.28$, $K_0 = 0.125$, $K_1 = 0.05$)**

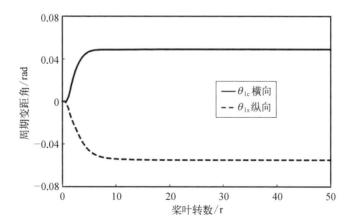

**图 7.22　周期变距操纵随桨叶转数变化($\mu = 0.2$, $\tau_0 = 0.5$, $\tau_1 = 0.28$, $K_0 = 0.125$, $K_1 = 0.05$)**

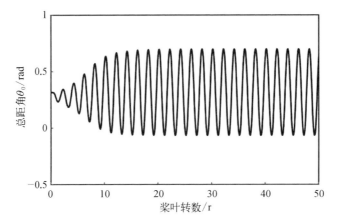

图 7.23　总距操纵随桨叶转数变化 ($\mu = 0.2$, $\tau_0 = 0.5$, $\tau_1 = 0.28$, $K_0 = 0.5$, $K_1 = 0.05$)

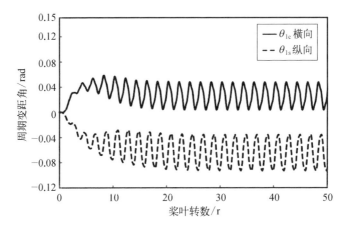

图 7.24　周期变距操纵随桨叶转数变化 ($\mu = 0.2$, $\tau_0 = 0.5$, $\tau_1 = 0.28$, $K_0 = 0.5$, $K_1 = 0.05$)

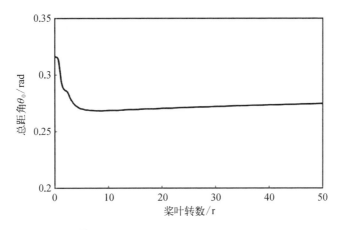

图 7.25　总距操纵随桨叶转数变化 ($\mu = 0.2$, $\tau_0 = 0.5$, $\tau_1 = 0.28$, $K_0 = 0.125$, $K_1 = 0.0025$)

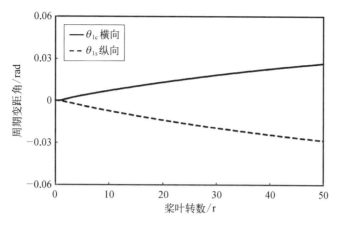

图 7.26　周期变距操纵随桨叶转数变化 ($\mu = 0.2$，$\tau_0 = 0.5$，$\tau_1 = 0.28$，$K_0 = 0.125$，$K_1 = 0.002\ 5$)

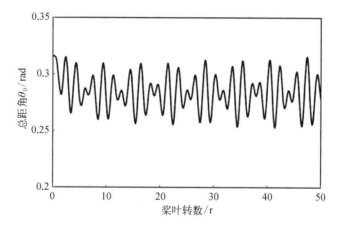

图 7.27　总距操纵随桨叶转数变化 ($\mu = 0.2$，$\tau_0 = 0.5$，$\tau_1 = 0.28$，$K_0 = 0.125$，$K_1 = 0.5$)

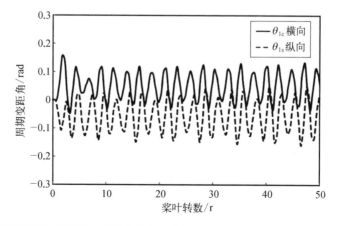

图 7.28　周期变距操纵随桨叶转数变化 ($\mu = 0.2$，$\tau_0 = 0.5$，$\tau_1 = 0.28$，$K_0 = 0.125$，$K_1 = 0.5$)

### 7.3.4 旋翼桨叶气弹响应飞行实测数据验证

本节采用本章建立的旋翼桨叶气弹建模与分析方法,计算 SA349/2 直升机的旋翼在如表 7.2 所列的 3 种前飞状态下的气弹响应,并将本章计算结果与 SA349/2 的飞行实测数据及 He 等(He et al., 1993)的计算结果进行对比,以验证本章的气弹建模与气弹响应分析方法。对于前飞状态 1 和前飞状态 2,旋翼桨叶的桨尖挥舞响应和不同径向位置升力系数随方位角的变化分别如图 7.29 至图 7.36 所示。由图 7.29 和图 7.33 可见,本章计算的桨尖挥舞响应随方位角的变化规律与飞行实测数据高度一致。由式(7.20)和式(7.21),桨尖挥舞响应的一阶余弦和正弦谐波分量,即桨尖平面倾斜方向,是本章 Auto - Pilot 配平算法的配平目标。桨尖挥舞响应计算结果与实测数据高度吻合,表明本章配平算法达到了期望的配平效果。由图 7.30 至图 7.32 和图 7.34 至图 7.36 可见,在 $\bar{r} = 0.75$、$\bar{r} = 0.88$、$\bar{r} = 0.97$ 径向位置处,本章计算的升力系数随方位角的变化也与飞行实测数据基本一致。升力系数计算结果和相应的飞行实测数据都体现了前行侧升力系数降低、后行侧升力系数增大的变化趋势。3 种前飞状态下,旋翼桨叶 $\bar{r} = 0.8$ 径向位置处挥舞方向弯矩随方位角的变化如图 7.37 至图 7.39 所示。由图 7.37 至图 7.39 可见,本章计算的 $\bar{r} = 0.8$ 径向位置处挥舞方向弯矩基本反映了实测数据在一个周期内的变化趋势。$\bar{r} = 0.8$ 径向位置处挥舞方向弯矩平均值的计算结果与实测数据的差别很小。值得指出的是,本章气弹建模方法可直接求解得到桨叶剖面的载荷,如挥舞方向弯矩。对于传统气弹建模方法,桨叶剖面的载荷需经计算才能获得。此外,如图 7.29 至图 7.32 所示,本章的气弹响应计算结果与 He 等的计算结果也几乎相同。He 等采用的气动模型与本章的气动模型相同,但其结构模型基于中等变形梁理论,且只适用于各向同性桨叶的气弹分析。本章结构模型对于复合材料旋翼桨叶的大变形及横

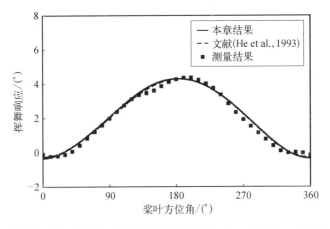

图 7.29　桨尖挥舞响应随方位角的变化($C_T/\sigma = 0.067$, $\mu = 0.14$)

向剪切变形、剖面翘曲及弹性耦合等非经典效应的预测能力,已在文献(Shang et al., 2019)和文献(Shang et al., 2018)中得到了充分验证。以上两部分验证充分表明本章气弹建模与分析方法可用于复合材料旋翼前飞状态下的气弹响应分析,尤其可用于对于复合材料旋翼来说极其重要的横向剪切变形、剖面翘曲及弹性耦合等非经典效应的研究。

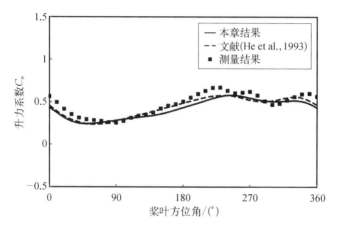

图 7.30　径向位置 $\bar{r}=0.75$ 处升力系数随方位角的变化
($C_T/\sigma=0.067$, $\mu=0.14$)

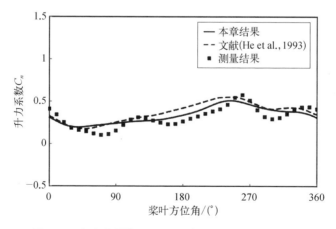

图 7.31　径向位置 $\bar{r}=0.88$ 处升力系数随方位角的变化
($C_T/\sigma=0.067$, $\mu=0.14$)

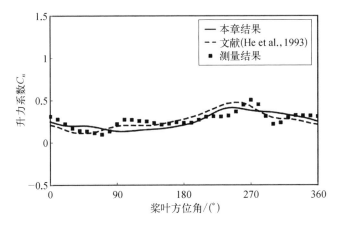

**图 7.32** 径向位置 $\bar{r}=0.97$ 处升力系数随方位角的变化（$C_T/\sigma=0.067$，$\mu=0.14$）

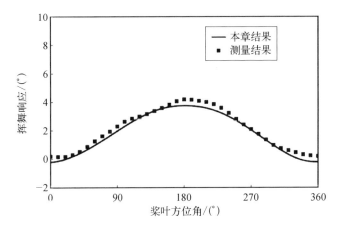

**图 7.33** 桨尖挥舞响应随方位角的变化（$C_T/\sigma=0.062$，$\mu=0.198$）

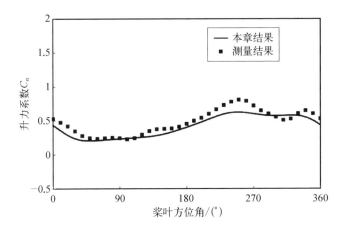

**图 7.34** 径向位置 $\bar{r}=0.75$ 处升力系数随方位角的变化（$C_T/\sigma=0.062$，$\mu=0.198$）

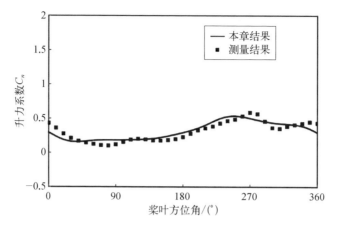

图 7.35 径向位置$\bar{r}=0.88$ 处升力系数随方位角的变化（$C_T/\sigma=0.062$，$\mu=0.198$）

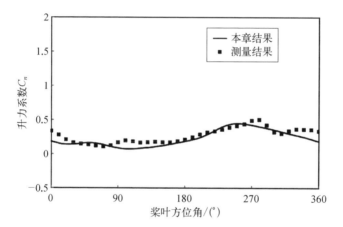

图 7.36 径向位置$\bar{r}=0.97$ 处升力系数随方位角的变化（$C_T/\sigma=0.062$，$\mu=0.198$）

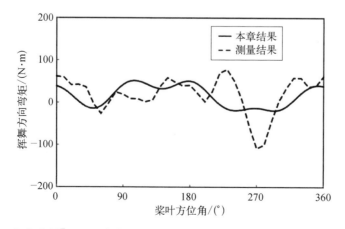

图 7.37 径向位置$\bar{r}=0.8$ 处挥舞方向弯矩随方位角的变化（$C_T/\sigma=0.067$，$\mu=0.14$）

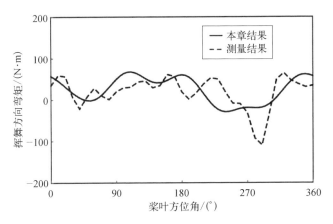

**图 7.38**  径向位置 $\bar{r} = 0.8$ 处挥舞方向弯矩随方位角的变化（$C_T/\sigma = 0.062$，$\mu = 0.198$）

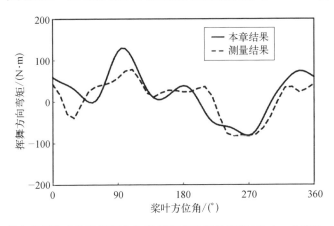

**图 7.39**  径向位置 $\bar{r} = 0.8$ 处挥舞方向弯矩随方位角的变化（$C_T/\sigma = 0.066$，$\mu = 0.344$）

## 7.4  前飞状态下桨叶非经典效应对几何精确气弹响应的影响

### 7.4.1  弹性耦合效应对桨叶几何精确气弹响应的影响

1. 对铰接式复合材料旋翼桨叶的影响

本节采用本章的复合材料旋翼桨叶气弹建模与分析方法，计算 Bao 等研制的带不同弹性耦合的铰接式复合材料旋翼桨叶在如表 7.3 所示的 5 种前飞状态下的气弹响应；通过对带不同弹性耦合的复合材料旋翼桨叶在相同前飞状态下气弹响应计算结果的对比分析，研究挥舞/扭转弹性耦合对铰接式复合材料旋翼桨叶气弹响应的影响。$\mu = 0.35$ 时，各弹性耦合桨叶的桨尖挥舞、摆振和扭转响应随方位角的变化分别如图 7.40 至图 7.42 所示。摆振响应受挥舞/扭转弹性耦合的影响较小，仅幅值上稍有改变；挥舞响应受挥舞/扭转弹性耦合的影响也较小，但对于 FBT－P 桨叶，前行侧的挥舞响应的幅值发生了明显改变；扭转响应受挥舞/扭转弹性耦合的影响较大,响应的幅值和随方位角的变化规律都发生了显著变化;FBT-N/P 耦合和 FBT-N/0/P 耦合与 FBT-N 耦合对桨尖响应的影响趋势类似,仅影响程度上存在差异。$\mu=0.35$ 时,各弹性耦合桨叶的桨根力随方位角的变化如图 7.43 至图 7.45 所示。由图可见,挥舞/扭转弹性耦合对桨叶的挥舞剪力和拉力几乎没有影响;对桨叶前行侧的摆振剪力稍有影响。$\mu=0.35$ 时,各弹性耦合桨叶的变距操纵如图 7.46 所示。挥舞/扭转弹性耦合对桨叶的总距操纵几乎没有影响;桨叶的横向周期变距操纵和纵向周期变距操纵受挥舞/扭转弹性耦合的影响发生了显著变化。例如,FBT-N 桨叶与 FBT-0 桨叶相比,横向周期变距操纵和纵向周期变距操纵分别减小了 20% 和 16%。$\mu=0.35$ 时,各弹性耦合桨叶的 4/r 桨毂振动载荷幅值如图 7.47 和图 7.48 所示。与 FBT-0 桨叶相比,FBT-N 桨叶的桨毂侧向力 $Y$ 和桨毂俯仰力矩 $M_y$ 减少了 15% 左右,桨毂滚转力矩 $M_x$ 减少了 9%,桨毂垂向力 $T$ 和桨毂后向力 $H$ 分别增加了 27% 和 10%,桨毂偏航力矩 $Q$ 基本保持不变;FBT-P 桨叶的桨毂垂向力 $T$ 减少了 20%,桨毂滚转力矩 $M_x$、桨毂后向力 $H$、桨毂偏航力矩 $Q$ 和桨毂俯仰力矩 $M_y$ 减少了 10% 左右,桨毂侧向力 $Y$ 增加了 5%;FBT-N/P 桨叶的桨毂俯仰力矩 $M_y$、桨毂侧向力 $Y$ 和桨毂滚转力矩 $M_x$ 减少了 12% 左右,桨毂后向力 $H$ 减少了 3%,桨毂垂向力 $T$ 增加了 21%,桨毂偏航力矩 $Q$ 基本保持不变;FBT-N/0/P 桨叶的桨毂俯仰力矩 $M_y$、桨毂后向力 $H$、桨毂滚转力矩 $M_x$ 和桨毂侧向力 $Y$ 减少了 5% 左右,桨毂垂向力 $T$ 和桨毂偏航力矩 $Q$ 分别增加了 20% 和 3%。其他前进比时,挥舞/扭转弹性耦合表现出类似的影响规律。综上所述,挥舞/扭转弹性耦合显著影响铰接式复合材料旋翼的气弹响应:引入挥舞/扭转弹性耦合,桨叶扭转响应的幅值和随方位角的变化规律都发生了显著改变。这种变化,一方面引起桨叶周期变距操纵的改变,另一方面引起各 4/r 桨毂振动载荷的变化。其中,FBT-P 耦合使得大部分的桨毂振动载荷明显降低,起到了减振的作用。

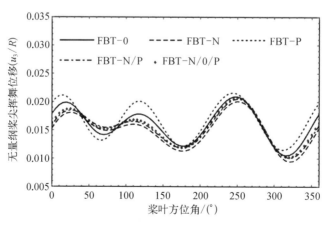

**图 7.40　铰接式旋翼桨尖挥舞响应随方位角变化**

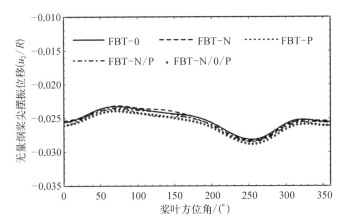

**图 7.41** 铰接式旋翼桨尖摆振响应随方位角变化

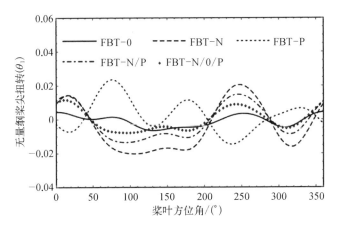

**图 7.42** 铰接式旋翼桨尖扭转响应随方位角变化

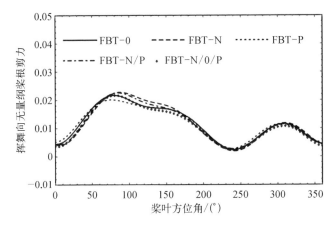

**图 7.43** 铰接式旋翼桨根挥舞向剪力随方位角变化

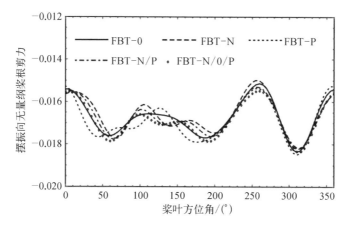

图 7.44　铰接式旋翼桨根摆振向剪力随方位角变化

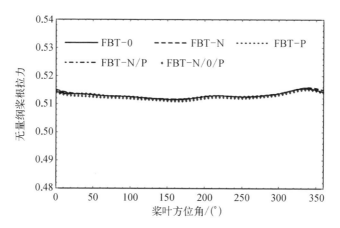

图 7.45　铰接式旋翼桨根拉力随方位角变化

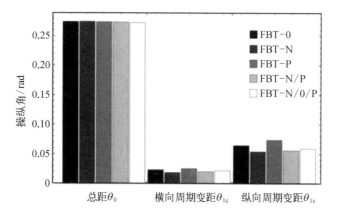

图 7.46　铰接式旋翼桨叶变距操纵随弹性耦合效应的变化

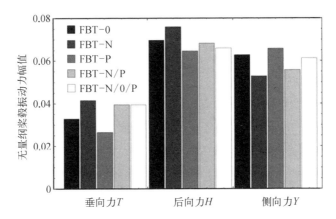

图 7.47 铰接式旋翼桨毂力幅值($4/r$)随弹性耦合效应的变化

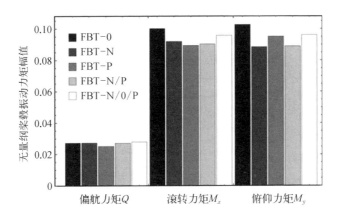

图 7.48 铰接式旋翼桨毂力矩幅值($4/r$)随弹性耦合效应的变化

2. 对无铰式复合材料旋翼桨叶的影响

为了研究弹性耦合对无铰式复合材料旋翼桨叶的影响,将 Bao 等研制的带不同弹性耦合桨叶的铰接式复合材料旋翼的桨毂改为无铰式,其他参数均保持不变,研究挥舞/扭转弹性耦合对无铰式复合材料旋翼气弹响应的影响。计算带不同弹性耦合的无铰式复合材料旋翼桨叶在如表 7.3 所示的 5 种前飞状态下的气弹响应。$\mu = 0.35$ 时,各弹性耦合桨叶的桨尖挥舞、摆振、扭转响应随方位角的变化分别如图 7.49 至图 7.51 所示。受挥舞/扭转弹性耦合的影响,各响应均发生了明显改变;挥舞和摆振响应仅幅值有变化;扭转响应的幅值和随方位角的变化规律都发生了显著改变。$\mu = 0.35$ 时,各弹性耦合桨叶的桨根力随方位角的变化如图 7.52 至图 7.54 所示。由图可见,挥舞/扭转弹性耦合对桨叶的挥舞剪力几乎没有影响;受挥舞/扭转弹性耦合影响,摆振剪力和拉力的幅值稍有改变。

$\mu = 0.35$ 时,各弹性耦合桨叶的桨根力矩随方位角的变化如图 7.55 和图 7.56 所示。挥舞/扭转弹性耦合对桨叶的挥舞力矩和摆振力矩的影响都很小。$\mu = 0.35$ 时,各弹性耦合桨叶的变距操纵如图 7.57 所示。挥舞/扭转弹性耦合对桨叶总距操纵的影响很小,变化不超过 2%;桨叶的横向周期变距操纵和纵向周期变距操纵受挥舞/扭转弹性耦合影响相对较大。例如,FBT-N 桨叶与 FBT-0 桨叶相比,横向周期变距操纵和纵向周期变距操纵分别减小了 8% 和 6%。$\mu = 0.35$ 时,各弹性耦合桨叶的 4/r 桨毂振动载荷幅值如图 7.58 和图 7.59 所示。与 FBT-0 桨叶相比:FBT-N 桨叶的桨毂滚转力矩 $M_x$ 和桨毂俯仰力矩 $M_y$ 减少了 10% 左右,桨毂偏航力矩 $Q$ 增加了 15%,桨毂垂向力 $T$ 和桨毂后向力 $H$ 增加了 10% 左右,桨毂侧向力 $Y$ 增加了 3%;FBT-P 桨叶的桨毂垂向力 $T$、桨毂滚转力矩 $M_x$、桨毂俯仰力矩 $M_y$ 和桨毂偏航力矩 $Q$ 减少了 25% 左右,桨毂后向力 $H$ 减少了 10%,桨毂侧向力 $Y$ 减少了 4%;FBT-N/P 桨叶的桨毂滚转力矩 $M_x$ 和桨毂俯仰力矩 $M_y$ 减少了 11% 左右,桨毂垂向力 $T$ 和桨毂偏航力矩 $Q$ 增加了 9% 左右,桨毂后向力 $H$ 增加了 5%,桨毂侧向力 $Y$ 基本保持不变;FBT-N/0/P 桨叶的桨毂滚转力矩 $M_x$ 和桨毂俯仰力矩 $M_y$ 减少了 10% 左右,其他桨毂振动载荷的变化均小于 3%。其他前进比时,挥舞/扭转弹性耦合表现出类似的影响规律。综上所述,挥舞/扭转弹性耦合显著影响无铰式复合材料旋翼的气弹响应:引入挥舞/扭转弹性耦合,桨叶挥舞、摆振、扭转响应都发生了明显变化,这种变化直接引起各 4/r 桨毂振动载荷的变化。其中,FBT-P 耦合使得所有桨毂振动载荷均明显降低,大部分桨毂振动载荷减小了 25% 左右,有效地起到了减振的作用。

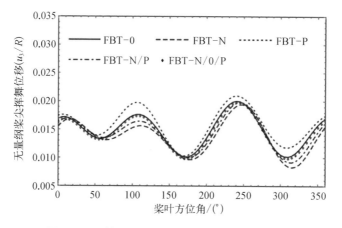

**图 7.49　无铰式旋翼桨尖挥舞位移随方位角变化**

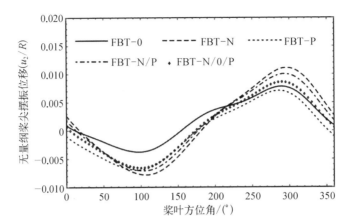

图 7.50　无铰式旋翼桨尖摆振位移随方位角变化

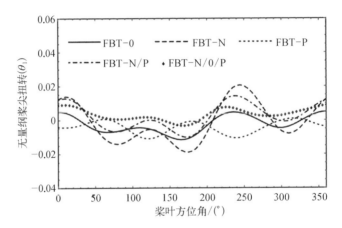

图 7.51　无铰式旋翼桨尖扭转位移随方位角变化

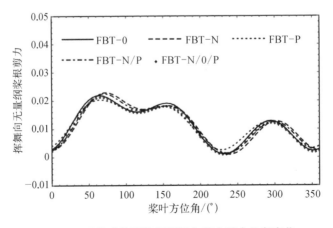

图 7.52　无铰式旋翼桨根挥舞向剪力随方位角变化

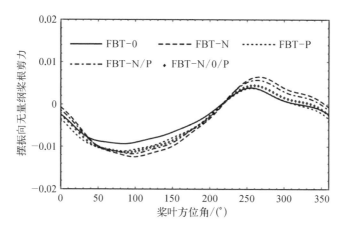

**图 7.53　无铰式旋翼桨根摆振向剪力随方位角变化**

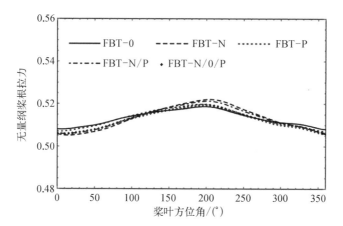

**图 7.54　无铰式旋翼桨根拉力随方位角变化**

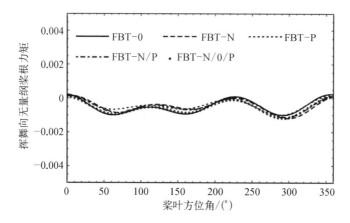

**图 7.55　无铰式旋翼桨根挥舞向力矩随方位角变化**

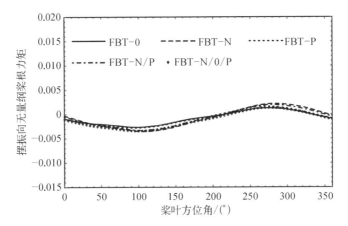

图 7.56    无铰式旋翼桨根摆振向力矩随方位角变化

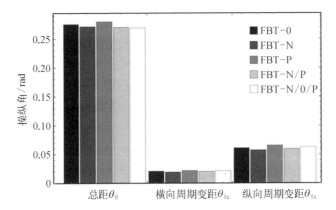

图 7.57    无铰式旋翼桨叶变距操纵随弹性耦合效应的变化

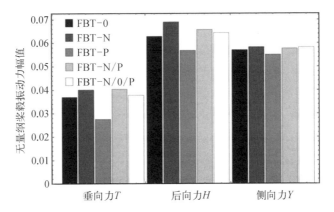

图 7.58    无铰式旋翼桨毂力(4/r)随弹性耦合效应的变化

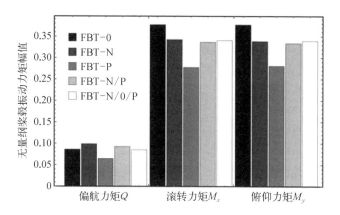

图 7.59　无铰式旋翼桨毂力矩(4/r)随弹性耦合效应的变化

### 7.4.2　横向剪切变形对桨叶几何精确气弹响应的影响

复合材料桨叶变形时会产生因材料各向异性引起的横向剪切变形。本节以 Bao 等研制的不同弹性耦合的铰接式复合材料旋翼桨叶为研究对象,研究前飞状态下横向剪切变形对铰接式复合材料旋翼桨叶气弹响应的影响。研究表明,横向剪切变形对铰接式复合材料旋翼桨叶的气弹响应影响很小,可忽略不计。对于铰接式复合材料旋翼桨叶,桨叶的运动更接近于刚体运动,可引起横向剪切变形的弹性变形很小,因此横向剪切变形也很小。

将 Bao 等研制的不同弹性耦合桨叶的铰接式复合材料旋翼桨叶的桨毂改为无铰式,其他参数均保持不变,研究横向剪切变形对无铰式复合材料旋翼桨叶气弹响应的影响。分析的飞行状态同样包括表 7.3 所示的 5 种前飞状态。$\mu = 0.35$ 时,横向剪切变形对不同弹性耦合桨叶的无铰式复合材料旋翼 4/r 桨毂振动力幅值和桨毂振动力矩幅值的影响分别如图 7.60 至图 7.69 所示。与包括横向剪切变形相比,忽略横向剪切变形时:FBT-0 桨叶的桨毂垂向力 $T$ 减小了 10%,桨毂滚转力矩 $M_x$ 和桨毂俯仰力矩 $M_y$ 增加了 5% 左右,桨毂后向力 $H$、桨毂侧向力 $Y$ 和桨毂偏航力矩 $Q$ 减小了 3% 左右;FBT-P 桨叶的桨毂垂向力 $T$ 减小了 10%,桨毂偏航力矩 $Q$ 减小了 7%,桨毂滚转力矩 $M_x$ 和桨毂俯仰力矩 $M_y$ 增加了 5% 左右,桨毂后向力 $H$ 和桨毂侧向力 $Y$ 减小了 5% 左右;FBT-N 桨叶、FBT-N/P 桨叶和 FBT-N/0/P 桨叶的桨毂垂向力 $T$ 减小了 6% 左右,桨毂滚转力矩 $M_x$ 和桨毂俯仰力矩 $M_y$ 增加了 5% 左右,其他桨毂振动载荷的变化均小于 3%。其他前进比时,横向剪切变形表现出类似的影响规律。与铰接式复合材料旋翼桨叶相比,无铰式复合材料旋翼桨叶产生更大的弹性变形,从而引起更大的横向剪切变形。因此,横向剪切变形对无铰式复合材料旋翼桨叶气弹响应的影响也更大。

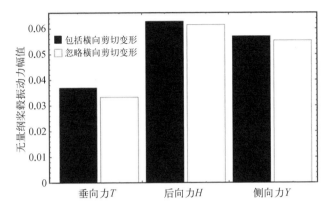

**图 7.60　FBT－0 耦合时横向剪切变形对无铰式旋翼桨毂振动力的影响**

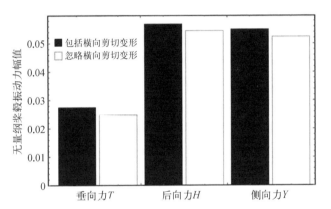

**图 7.61　FBT－P 耦合时横向剪切变形对无铰式旋翼桨毂振动力的影响**

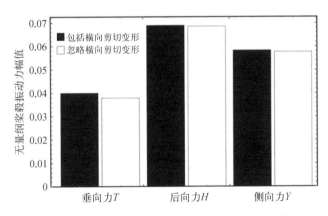

**图 7.62　FBT－N 耦合时横向剪切变形对无铰式旋翼桨毂振动力的影响**

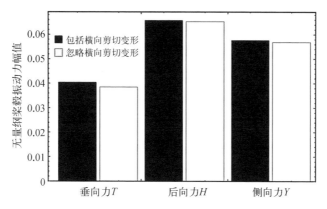

图 7.63　**FBT-N/P 耦合时横向剪切变形对无铰式旋翼桨毂振动力的影响**

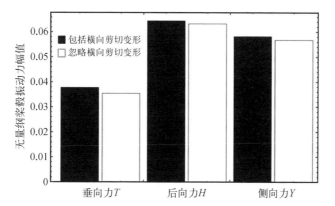

图 7.64　**FBT-N/0/P 耦合时横向剪切变形对无铰式旋翼桨毂振动力的影响**

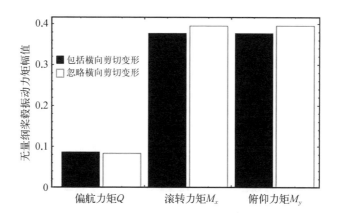

图 7.65　**FBT-0 耦合时横向剪切变形对无铰式旋翼桨毂振动力矩的影响**

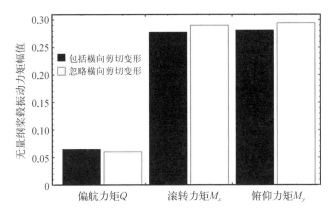

**图 7.66 FBT－P 耦合时横向剪切变形对无铰式
旋翼桨毂振动力矩的影响**

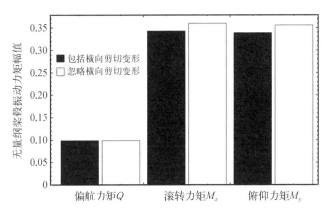

**图 7.67 FBT－N 耦合时横向剪切变形对无铰式
旋翼桨毂振动力矩的影响**

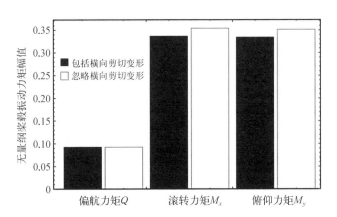

**图 7.68 FBT－N/P 耦合时横向剪切变形对无铰式
旋翼桨毂振动力矩的影响**

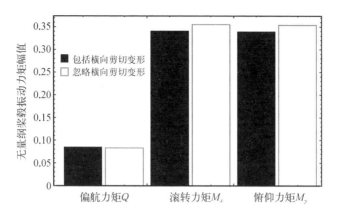

图 7.69　VFBT - N/0/P 耦合时横向剪切变形对无铰式
旋翼桨毂振动力矩的影响

## 7.5　前飞状态下桨叶几何精确气弹稳定性

### 7.5.1　前飞状态下桨叶几何精确气弹稳定性求解

　　为计入非线性对复合材料桨叶前飞状态下气弹稳定性的影响,本章与 6.6.1
节相同,采用时间域瞬态扰动法计算旋翼后退型一阶摆振模态阻尼。采用 7.2
节和 7.3 节的几何精确气弹建模与气弹响应求解方法,计算复合材料桨叶在特
定前飞状态下的稳态响应。以此稳态响应为初始状态,对第 $i$ 片桨叶施加如下
总距激励:

$$\theta_0^i = 0.025\theta_0 \sin\left[\omega_\xi t + \frac{2\pi}{Q}(i-1)\right] \tag{7.39}$$

式中, $\omega_\xi$ 为桨叶一阶摆振模态的频率, $Q$ 为旋翼的桨叶片数。对式(7.25)和式
(7.31)进行时间域步进积分,同时计算各片桨叶在不同相位总距激励下的瞬态
响应。激励一段时间后,撤去激励,计算各片桨叶激励撤离后的瞬态响应。对各
片桨叶的摆振瞬态响应进行多桨叶坐标变换,确定后退型一阶摆振模态的瞬态
响应。

　　采用移动矩形窗法(Bousman et al., 1981)对计算得到的瞬态响应进行分析,
识别出后退型一阶摆振模态的阻尼。识别过程中与 6.6.1 节相同,矩形窗的宽度为
后退型一阶摆振模态周期的三倍,并施加汉宁窗以保证阻尼识别的精度。

### 7.5.2　前飞状态下桨叶几何精确气弹稳定性验证

　　本节采用本章建立的复合材料旋翼几何精确气弹稳定性求解方法,计算 Maier

等(Maier et al., 1999)研究的旋翼桨叶前飞状态下的摆振阻尼,并将本节计算结果与 Subramanian 等(Subramanian et al., 2000)的计算结果进行对比,验证本章方法的准确性。计算时选取的 Maier 等研究的旋翼桨叶包括常规旋翼桨叶和带预锥角 $\beta_{pc}$ 的旋翼桨叶两种构型,其中对带预锥角的旋翼桨叶的分析对比,可验证本章方法对具有复杂展向外形旋翼桨叶气弹稳定性计算的精度。Maier 等研究的旋翼桨叶的模型参数见 6.6.2 节。本章选取的旋翼 5 种计算状态如表 7.4 所列。

表 7.4　前飞状态下旋翼的 5 种计算状态

| 状　态 | $\theta_0 /(°)$ | $\alpha_s /(°)$ | $\beta_{pc} /(°)$ | $\mu$ |
|---|---|---|---|---|
| 1 | 3 | 0 | 2 | 0.0~0.31 |
| 2 | 3 | −3 | 2 | 0.0~0.31 |
| 3 | 3 | −6 | 2 | 0.0~0.31 |
| 4 | 5.9 | −6 | 2 | 0.0~0.36 |
| 5 | 3 | 0 | 0 | 0.0~0.19 |

前飞状态下,Maier 等研究的旋翼的配平计算采用类似风洞配平的方法。桨叶总距角和旋翼轴前倾角设定为指定值,通过调节桨叶的横向和纵向周期变距角进行旋翼配平,使得 12%半径处的 1/r 的挥舞弯矩最小。表 7.4 所示 5 种旋翼计算状态桨叶摆振阻尼随前进比的变化如图 7.70 至图 7.74 所示。由图可见,本节计算结果与 Subramanian 等的计算结果高度一致。需要特别指出的是,表 7.4 所示前 3 种旋翼计算状态的总距角和预锥角相同,仅旋翼轴前倾角不同。由图 7.70 至图 7.72 摆振阻尼随前进比的变化趋势可见,相同前进比时,旋翼轴前倾角越大,摆振阻尼越小。

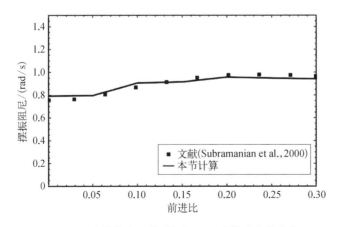

图 7.70　计算状态 1 桨叶摆振阻尼随前进比的变化

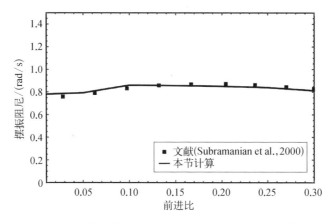

图 7.71　计算状态 2 桨叶摆振阻尼随前进比的变化

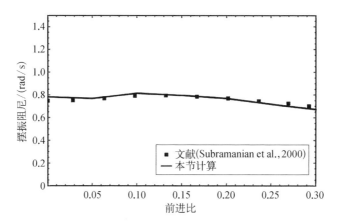

图 7.72　计算状态 3 桨叶摆振阻尼随前进比的变化

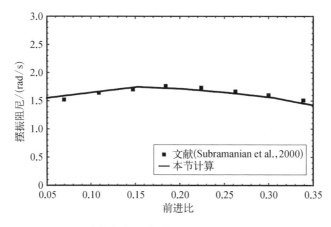

图 7.73　计算状态 4 桨叶摆振阻尼随前进比的变化

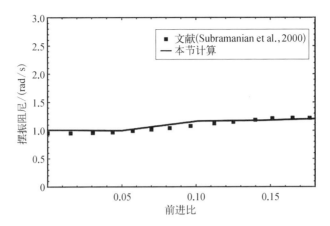

图 7.74　计算状态 5 桨叶摆振阻尼随前进比的变化

## 7.6　桨叶横向剪切变形和预弯曲对几何精确气弹稳定性的影响

### 7.6.1　桨叶横向剪切变形对几何精确气弹稳定性的影响

本节以 Bao 等(Bao et al.,2008,2006)研制的 5 种不同弹性耦合桨叶的无铰式复合材料旋翼为研究对象,研究横向剪切变形对前飞状态下无铰式复合材料旋翼气弹稳定性的影响。无铰式复合材料旋翼的模型参数参见 5.2 节和 6.3 节。

对各无铰式复合材料旋翼,4 种前飞状态下,忽略横向剪切变形引起的摆振阻尼误差如表 7.5 所示。表中的误差计算公式是 $(S_{ns} - S_s)/S_s \times 100\%$,其中 $S_{ns}$ 和 $S_s$ 分别是忽略和包括横向剪切变形时的摆振阻尼。由表 7.5 可见,在各前飞状态下,忽略横向剪切变形使各无铰式复合材料旋翼的摆振阻尼均增加,且前进比较大时,忽略横向剪切变形引起的摆振阻尼误差也较大,最大误差可达到 13%。因此,横向剪切变形对无铰式复合材料旋翼前飞状态下摆振阻尼的影响不可忽略,必须考虑。此外,比较表 7.5 中相同前进比下,不同弹性耦合复合材料桨叶的摆振阻尼误差可见,横向剪切变形的影响与弹性耦合有关。

表 7.5　各无铰式复合材料旋翼桨叶 4 种前飞状态下忽略横向剪切
变形引起的摆振阻尼误差(单位: %)

| $\mu$ | FBT $-$ 0 | FBT $-$ P | FBT $-$ N | FBT $-$ N/P | FBT $-$ N/0/P |
|---|---|---|---|---|---|
| 0.1 | 3.6 | 1.5 | 5.5 | 4.6 | 4.1 |
| 0.2 | 1.1 | 4.7 | 4.4 | 4.4 | 3.4 |
| 0.3 | 8.3 | 11.1 | 11.4 | 9.7 | 6.6 |
| 0.38 | 9.2 | 13.0 | 10.0 | 9.3 | 5.2 |

### 7.6.2　桨叶预弯曲对几何精确气弹稳定性的影响

本节以 Bao 等(Bao et al., 2008, 2006)研制的 5 种不同弹性耦合桨叶的无铰式复合材料旋翼为研究对象,研究桨叶预弯曲对前飞状态下无铰式复合材料旋翼气弹稳定性的影响。桨叶预弯曲时,与预弯曲相关的转换矩阵、位置向量和桨叶长度的计算方法与 6.6.4 节相同。

1. 桨叶面内预弯曲的影响

当 $k_3 = 0/\text{m}$, $k_3 = \pm 0.05/\text{m}$, $k_3 = \pm 0.1/\text{m}$, $k_3 = \pm 0.15/\text{m}$ 时,本节计算在四种前进比 $\mu$ 下带 FBT-0、FBT-P、FBT-N 耦合的无铰式复合材料旋翼桨叶的一阶摆振阻尼,如图 7.75 至图 7.77 所示。带 FBT-N/P 和 FBT-N/0/P 耦合的无铰式复合材料旋翼桨叶的一阶摆振阻尼随 $k_3$ 的变化与带 FBT-N 耦合的无铰式复合材料旋翼桨叶的变化相似,因此未给出。由计算结果可见,对各无铰式复合材料旋翼桨叶,与桨叶无面内预弯曲的情况相比,$k_3 < 0/\text{m}$ 时,桨叶一阶摆振阻尼增加,且 $k_3$ 越小,一阶摆振阻尼增加得越多;$k_3 > 0/\text{m}$ 时,桨叶一阶摆振阻尼降低,且 $k_3$ 越大,一阶摆振阻尼降低得越多。与悬停状态相同,$k_3 \neq 0/\text{m}$ 时,桨叶具有向前弯曲或向后弯曲的外形,这种外形的改变一方面使得桨叶弯曲和扭转模态的惯量发生改变,另一方面会引起桨叶挥舞和扭转模态之间的附加耦合。这些都会对桨叶一阶摆振阻尼产生一定的影响。比较图 7.75 至图 7.77 中 $k_3 = 0/\text{m}$ 的计算结果可见,对于所研究的无铰式复合材料旋翼桨叶,挥舞/扭转正耦合使一阶摆振阻尼增加,挥舞/扭转负耦合使一阶摆振阻尼降低。因此,桨叶向前弯曲会产生挥舞和扭转模态之间的附加负耦合,桨叶向后弯曲会产生挥舞和扭转模态之间的附加正耦合。

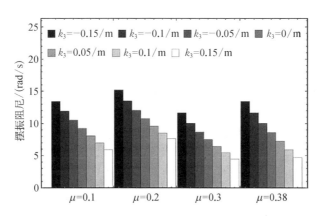

图 7.75　四种前进比 $\mu$ 下面内预弯曲对 FBT-0 无铰式桨叶
一阶摆振阻尼的影响

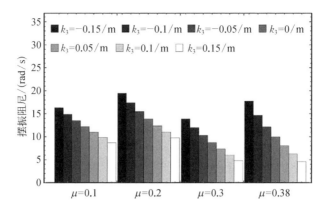

图 7.76 四种前进比 $\mu$ 下面内预弯曲对 **FBT－P** 无铰式桨叶一阶摆振阻尼的影响

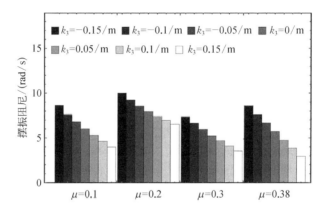

图 7.77 四种前进比 $\mu$ 下面内预弯曲对 **FBT－N** 无铰式桨叶一阶摆振阻尼的影响

2. 桨叶面外预弯曲的影响

当 $k_2 = 0/\mathrm{m}$，$k_2 = \pm 0.05/\mathrm{m}$，$k_2 = \pm 0.1/\mathrm{m}$，$k_2 = \pm 0.15/\mathrm{m}$ 时，本节计算在四种前进比 $\mu$ 下带 FBT－O、FBT－P、FBT－N 耦合的无铰式复合材料旋翼桨叶的一阶摆振阻尼，如图 7.78 至图 7.80 所示。带 FBT－N/P 和 FBT－N/O/P 耦合的无铰式复合材料旋翼桨叶一阶摆振阻尼随 $k_2$ 的变化与带 FBT－N 耦合的无铰式复合材料旋翼桨叶的变化相似，因此未给出。由计算结果可见，对各无铰式复合材料旋翼桨叶，与桨叶无面外预弯曲的情况相比，$k_2 < 0/\mathrm{m}$ 时，桨叶一阶摆振阻尼增加，且 $k_2$ 越小，一阶摆振阻尼增加得越多；$k_2 > 0/\mathrm{m}$ 时，桨叶一阶摆振阻尼降低，且 $k_2$ 越大，一阶摆振阻尼降低得越多。与悬停状态相同，$k_2 \neq 0/\mathrm{m}$ 时，桨叶具有上弯曲或下弯曲的外形，这种外形的改变一方面使得桨叶弯曲和扭转模态的惯量发生改变，另一方面会引起摆振和扭转模态之间的附加耦合。这些都会对桨叶一阶摆振阻尼产

生一定的影响。由图 7.78 至图 7.80 可见,面外预弯曲对 FBT－0 桨叶和 FBT－N
桨叶一阶摆振阻尼的影响趋势相似,对 FBT－P 桨叶的影响更显著。由图 7.79 可
见,面外预弯曲对 FBT－P 桨叶一阶摆振阻尼在不同前进比下的影响程度不同。
因此,面外预弯曲对桨叶一阶摆振阻尼的影响不仅与桨叶的弹性耦合有关,还与桨
叶的前飞状态有关。在采用面外预弯曲对桨叶进行增稳设计时,应考虑弹性耦合、
前飞状态和面外预弯曲等因素进行综合优化。

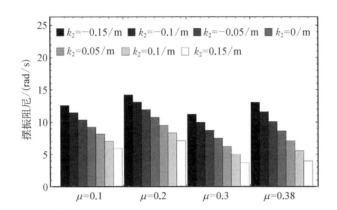

**图 7.78**　四种前进比 $\mu$ 下面外预弯曲对 **FBT－0 无铰式桨叶**
一阶摆振阻尼的影响

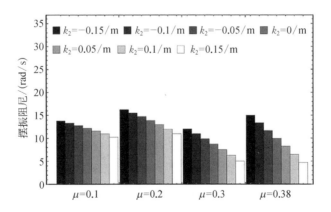

**图 7.79**　四种前进比 $\mu$ 下面外预弯曲对 **FBT－P 无铰式桨叶**
一阶摆振阻尼的影响

3. 桨叶面内面外组合预弯曲的影响

桨叶面内面外组合预弯曲对带 FBT－0、FBT－P、FBT－N 耦合的无铰式复合
材料旋翼桨叶一阶摆振阻尼的影响如图 7.81 至图 7.83 所示。带 FBT－N/P 和
FBT－N/0/P 耦合的无铰式复合材料旋翼桨叶一阶摆振阻尼随 $k_2$ 和 $k_3$ 的变化与

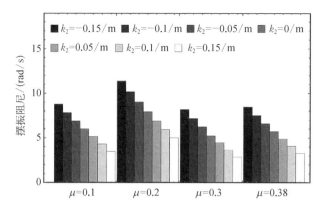

图 7.80 四种前进比 $\mu$ 下面外预弯曲对 FBT‑N 无铰式桨叶
一阶摆振阻尼的影响

带 FBT‑N 耦合的无铰式复合材料旋翼桨叶的变化相似,因此未给出。计算时,前进比 $\mu=0.3$,面外预弯曲 $-0.10/\mathrm{m} \leqslant k_2 \leqslant 0.10/\mathrm{m}$,面内预弯曲 $-0.10/\mathrm{m} \leqslant k_3 \leqslant 0.10/\mathrm{m}$。由计算结果可见,对各无铰式复合材料旋翼桨叶,$k_2 = -0.10/\mathrm{m}$、$k_3 = -0.10/\mathrm{m}$ 时(桨叶既向上弯曲又向后弯曲),桨叶的一阶摆振阻尼最大;$k_2 = 0.10/\mathrm{m}$、$k_3 = 0.10/\mathrm{m}$ 时(桨叶既向下弯曲又向前弯曲),桨叶的一阶摆振阻尼最小。因此,不同面内面外预弯曲的组合对各无铰式复合材料旋翼桨叶的一阶摆振阻尼影响显著,通过调节桨叶面内面外预弯曲来改变桨叶外形,可增加桨叶的一阶摆振阻尼,提高桨叶的气弹稳定性。

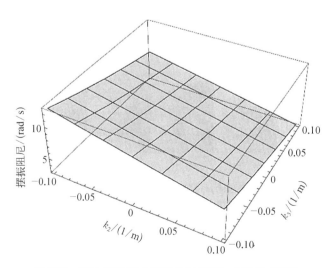

图 7.81 面内面外组合预弯曲对 FBT‑0 无铰式桨叶
一阶摆振阻尼的影响

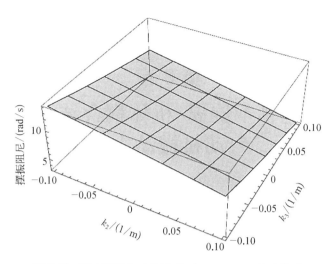

图 7.82　面内面外组合预弯曲对 **FBT－P** 无铰式桨叶
一阶摆振阻尼的影响

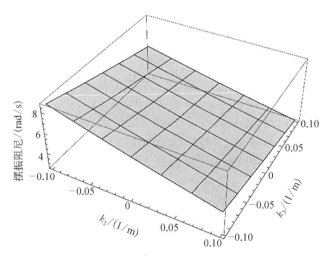

图 7.83　面内面外组合预弯曲对 **FBT－N** 无铰式桨叶
一阶摆振阻尼的影响

# 第 8 章

# 无轴承旋翼/机体耦合结构
# 气动机械动力学

## 8.1　引言

为了研究无轴承旋翼直升机旋翼/机体耦合结构的气动机械稳定性,建立的无轴承旋翼/机体耦合结构的气动机械动力学模型不仅要准确反映无轴承旋翼系统的构型特点,而且要准确反映无轴承旋翼和机体之间的耦合作用。在以往关于旋翼/机体耦合结构气动机械稳定性的研究中(薛海峰等,2005;胡国才等,2004;Ormiston,1991),忽略了桨叶的弹性,采用刚体模型对桨叶进行建模。虽然采用刚体桨叶模型具有较好的计算速度,并能对旋翼/机体耦合结构气动机械稳定性的机理进行阐述,但是刚体桨叶模型并不适用于无轴承旋翼这类由多个弹性梁构成的具有弹性变形的旋翼系统。

在基于 Hamilton 原理建立旋翼/机体耦合结构的气动机械动力学方程时,采用中等变形梁理论(Hodges et al.,1974)对无轴承旋翼系统的桨叶、柔性梁和袖套建模,考虑挥舞、摆振、扭转和拉伸各方向运动之间的耦合。本章阐述了无轴承旋翼/机体耦合结构气动机械动力学建模的整个过程:首先,建立合适的坐标系,考虑桨叶和机体运动之间的耦合;在基于 Hamilton 原理得到旋翼/机体耦合结构的气动机械动力学微分方程后,采用有限元方法对微分方程进行离散,确定无轴承旋翼桨叶的单元矩阵;随后,依据无轴承旋翼桨叶的边界条件,对无轴承旋翼桨叶、柔性梁和袖套的单元矩阵进行组集,建立无轴承旋翼/机体耦合结构气动机械稳定性有限元方程;最后,进行旋翼耦合配平计算和时间域瞬态扰动分析,建立旋翼/机体耦合结构气动机械稳定性瞬态求解方法,并进行验证。本章还研究了无轴承旋翼气弹动力学建模时需要考虑的一些特殊问题。

## 8.2　坐标系

为了描述无轴承旋翼/机体耦合结构中桨叶上任意一点的运动,共需建立 6 个坐标系,分别是惯性坐标系 $(X_I, Y_I, Z_I)$,机体坐标系 $(X_F, Y_F, Z_F)$,桨毂坐标系

$(X_H, Y_H, Z_H)$，桨叶旋转坐标系 $(X_B, Y_B, Z_B)$，桨叶变形前坐标系 $(X_b, Y_b, Z_b)$ 和桨叶变形后坐标系 $(x, y, z)$，如图 8.1 所示。各坐标系的描述以及坐标系之间的转换关系如下：

（1）惯性坐标系 $(X_I, Y_I, Z_I)$，单位矢量 $(\mathbf{i}_I, \mathbf{j}_I, \mathbf{k}_I)$：坐标原点位于机体重心 $G$，坐标轴 $X_I$ 与前飞方向相反，坐标轴 $Z_I$ 垂直于地面。

（2）机体坐标系 $(X_F, Y_F, Z_F)$，单位矢量 $(\mathbf{i}_F, \mathbf{j}_F, \mathbf{k}_F)$：坐标原点位于机体重心 $G$，坐标轴 $Z_I$ 与旋翼轴方向相同。机体坐标系由惯性坐标系绕坐标轴 $Y_I$ 转动 $\alpha_s$，再绕坐标轴 $X_I$ 转动 $\phi_s$ 后得到，其中 $\alpha_s$ 和 $\phi_s$ 即为机体俯仰角和滚转角。对机体俯仰角 $\alpha_s$ 和滚转角 $\phi_s$ 采用小角度假设，则惯性坐标系和机体坐标系之间存在如下转换关系：

$$
\begin{Bmatrix} \mathbf{i}_F \\ \mathbf{j}_F \\ \mathbf{k}_F \end{Bmatrix} = \mathbf{T}_{FI} \begin{Bmatrix} \mathbf{i}_I \\ \mathbf{j}_I \\ \mathbf{k}_I \end{Bmatrix} = \begin{bmatrix} 1 & 0 & \alpha_s \\ 0 & 1 & -\phi_s \\ -\alpha_s & \phi_s & 1 \end{bmatrix} \begin{Bmatrix} \mathbf{i}_I \\ \mathbf{j}_I \\ \mathbf{k}_I \end{Bmatrix} \tag{8.1}
$$

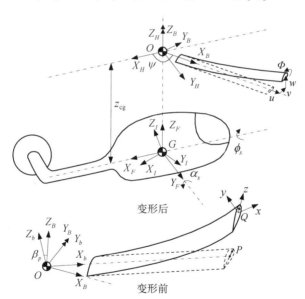

**图 8.1　旋翼/机体耦合结构坐标系示意图**

（3）桨毂坐标系 $(X_H, Y_H, Z_H)$，单位矢量 $(\mathbf{i}_H, \mathbf{j}_H, \mathbf{k}_H)$：坐标原点位于桨毂中心 $O$，坐标轴方向与机体坐标系的坐标轴方向一致。桨毂坐标系 $(X_H, Y_H, Z_H)$ 由机体坐标系 $(X_F, Y_F, Z_F)$ 沿坐标轴 $Z_F$ 平移 $z_{cg}$ 后得到，其中 $z_{cg}$ 是桨毂中心 $O$ 距机体重心 $G$ 的高度。

（4）桨叶旋转坐标系 $(X_B, Y_B, Z_B)$，单位矢量 $(\mathbf{i}_B, \mathbf{j}_B, \mathbf{k}_B)$：坐标原点位于桨毂中心 $O$。桨叶旋转坐标系 $(X_B, Y_B, Z_B)$ 由桨毂坐标系 $(X_H, Y_H, Z_H)$ 绕坐标轴

$Z_H$ 转动 $\psi$ 后得到，$\psi$ 是桨叶方位角。桨毂坐标系和桨叶旋转坐标系之间存在如下转换关系：

$$\begin{Bmatrix} \boldsymbol{i}_B \\ \boldsymbol{j}_B \\ \boldsymbol{k}_B \end{Bmatrix} = \boldsymbol{T}_{BH} \begin{Bmatrix} \boldsymbol{i}_H \\ \boldsymbol{j}_H \\ \boldsymbol{k}_H \end{Bmatrix} = \begin{bmatrix} \cos\psi & \sin\psi & 0 \\ -\sin\psi & \cos\psi & 0 \\ 0 & 0 & 1 \end{bmatrix} \begin{Bmatrix} \boldsymbol{i}_H \\ \boldsymbol{j}_H \\ \boldsymbol{k}_H \end{Bmatrix} \tag{8.2}$$

（5）桨叶变形前坐标系 $(X_b, Y_b, Z_b)$，单位矢量 $(\boldsymbol{i}_b, \boldsymbol{j}_b, \boldsymbol{k}_b)$：坐标原点位于桨毂中心，坐标轴 $X_b$ 沿桨叶展向与桨叶弹性轴重合。桨叶变形前坐标系 $(X_b, Y_b, Z_b)$ 由桨叶旋转坐标系 $(X_B, Y_B, Z_B)$ 绕坐标轴 $Y_B$ 转动 $\beta_p$ 后得到，$\beta_p$ 是桨叶预锥角。桨叶变形前坐标系和桨叶旋转坐标系之间存在如下转换关系：

$$\begin{Bmatrix} \boldsymbol{i}_b \\ \boldsymbol{j}_b \\ \boldsymbol{k}_b \end{Bmatrix} = \boldsymbol{T}_{bB} \begin{Bmatrix} \boldsymbol{i}_B \\ \boldsymbol{j}_B \\ \boldsymbol{k}_B \end{Bmatrix} = \begin{bmatrix} \cos\beta_p & 0 & \sin\beta_p \\ 0 & 1 & 0 \\ -\sin\beta_p & 0 & \cos\beta_p \end{bmatrix} \begin{Bmatrix} \boldsymbol{i}_B \\ \boldsymbol{j}_B \\ \boldsymbol{k}_B \end{Bmatrix} \tag{8.3}$$

（6）桨叶变形后坐标系 $(x, y, z)$，单位矢量 $(\boldsymbol{i}, \boldsymbol{j}, \boldsymbol{k})$：坐标原点位于桨叶剖面弹性中心，坐标轴 $y$ 和坐标轴 $z$ 与剖面弹性主轴方向一致。桨叶变形后坐标系和桨叶变形前坐标系之间存在如下转换关系：

$$\begin{Bmatrix} \boldsymbol{i} \\ \boldsymbol{j} \\ \boldsymbol{k} \end{Bmatrix} = \boldsymbol{T}_{db} \begin{Bmatrix} \boldsymbol{i}_b \\ \boldsymbol{j}_b \\ \boldsymbol{k}_b \end{Bmatrix}$$

$$= \begin{bmatrix} 1 - \dfrac{v'^2}{2} - \dfrac{w'^2}{2} & v' & w' \\ -v'\cos\theta_1 - w'\sin\theta_1 & \left(1 - \dfrac{v'^2}{2}\right)\cos\theta_1 - v'w'\sin\theta_1 & \left(1 - \dfrac{w'^2}{2}\right)\sin\theta_1 \\ v'\sin\theta_1 - w'\cos\theta_1 & -\left(1 - \dfrac{v'^2}{2}\right)\sin\theta_1 - v'w'\cos\theta_1 & \left(1 - \dfrac{w'^2}{2}\right)\cos\theta_1 \end{bmatrix} \begin{Bmatrix} \boldsymbol{i}_b \\ \boldsymbol{j}_b \\ \boldsymbol{k}_b \end{Bmatrix} \tag{8.4}$$

式中，$v'$ 和 $w'$ 是摆振位移 $v$ 和挥舞位移 $w$ 关于桨叶展向的偏导，即变形后桨叶剖面摆振和挥舞方向的转角；$\theta_1$ 是桨叶剖面的总扭转角，它由两部分构成，刚性变距角 $\theta_0$ 与弹性扭转角 $\Phi$，即 $\theta_1 = \theta_0 + \Phi$。刚性变距角 $\theta_0$ 为

$$\theta_0 = \theta_{tw}\left(\frac{x}{R} - 0.75\right) + \theta_{75} + \theta_{1c}\cos\psi + \theta_{1s}\sin\psi \tag{8.5}$$

式中，$\theta_{tw}$ 是桨叶线性扭转角，$\theta_{75}$ 是总距角，$\theta_{1s}$ 和 $\theta_{1c}$ 是纵、横向周期变距角。弹性

扭转角 $\varPhi$ 是绕变形后弹性轴的扭转角,绕变形前弹性轴的扭转角 $\phi$ 可以表示为

$$\phi = \varPhi + \int_0^x w'v''\mathrm{d}x \tag{8.6}$$

在中等变形梁理论中,剖面的轴向变形 $u$ 由两部分组成,一部分是弹性轴向变形 $u_e$,另一部分是桨叶弯曲变形引起的轴向收缩变形 $u_\mathrm{F}$,即

$$u = u_e + u_\mathrm{F} = u_e - \frac{1}{2}\int_0^x (v'^2 + w'^2)\,\mathrm{d}x \tag{8.7}$$

## 8.3　旋翼／机体耦合结构气动机械动力学方程

在旋翼／机体耦合结构中,旋翼和机体在桨毂中心处相连,旋翼运动与机体运动相互作用,会产生旋翼运动或机体运动的发散,导致旋翼／机体耦合结构气动机械动不稳定性,即直升机"地面共振"和"空中共振"。在推导旋翼／机体耦合结构的气动机械动力学方程时,需要充分考虑机体运动对桨叶运动惯性和气动载荷的影响。机体可假设为刚体,考虑机体俯仰和滚转方向的运动。这是由于机体的俯仰和滚转运动使桨毂中心位置在水平面内发生变化,对旋翼／机体耦合结构的气动机械稳定性产生重要影响。机体偏航运动不会使桨毂中心的位置在水平面内发生变化,可忽略机体偏航运动对旋翼／机体耦合结构气动机械稳定性的影响。在考虑机体俯仰和滚转运动的前提下,可忽略机体三个方向的平动自由度对旋翼／机体耦合结构气动机械稳定性的影响（Wang et al.,1990）。

基于如下 Hamilton 原理推导旋翼／机体耦合结构的气动机械动力学方程:

$$\delta\varPi = \int_{t_1}^{t_2} (\delta U - \delta T - \delta W)\,\mathrm{d}t = 0 \tag{8.8}$$

对于旋翼／机体耦合结构,虚位能 $\delta U$、虚动能 $\delta T$ 和外力虚功 $\delta W$ 可以表示为

$$\delta U = \Big(\sum_{b=1}^{N_b} \delta U_b\Big) + \delta U_\mathrm{F} \tag{8.9}$$

$$\delta T = \Big(\sum_{b=1}^{N_b} \delta T_b\Big) + \delta T_\mathrm{F} \tag{8.10}$$

$$\delta W = \Big(\sum_{b=1}^{N_b} \delta W_b\Big) + \delta W_\mathrm{F} \tag{8.11}$$

式中,$N_b$ 是桨叶片数,下标 $b$ 表示第 $b$ 片桨叶,下标 F 表示机体。下面分别对虚位能项、虚动能项和外力虚功项进行推导。

### 8.3.1 耦合结构虚位能

无轴承旋翼的桨叶、柔性梁和袖套假设为各向同性的细长梁,有 $\sigma_{yy} = \sigma_{yz} = \sigma_{zz} = 0$,应力和应变之间存在如下关系:

$$\sigma_{xx} = E\varepsilon_{xx}, \ \sigma_{xy} = G\varepsilon_{xy}, \ \sigma_{xz} = G\varepsilon_{xz} \tag{8.12}$$

式中,$\sigma_{xx}$ 和 $\varepsilon_{xx}$ 是拉伸方向的应力和应变,$\sigma_{xy}$、$\sigma_{xz}$、$\varepsilon_{xy}$ 和 $\varepsilon_{xz}$ 分别是剪切方向的应力和应变。第 $b$ 片桨叶的应变能可以表示如下:

$$U_b = \frac{1}{2} \int_0^R \Big[ \iint_A (\sigma_{xx}\varepsilon_{xx} + \sigma_{xy}\varepsilon_{xy} + \sigma_{xz}\varepsilon_{xz}) \, \mathrm{d}y\mathrm{d}z \Big] \mathrm{d}x \tag{8.13}$$

式中,$R$ 和 $A$ 分别是桨叶的长度和截面积。

将式(8.12)代入式(8.13)后可得

$$\delta U_b = \int_0^R \Big[ \iint_A (E\varepsilon_{xx}\delta\varepsilon_{xx} + G\varepsilon_{xy}\delta\varepsilon_{xy} + G\varepsilon_{xz}\delta\varepsilon_{xz}) \, \mathrm{d}y\mathrm{d}z \Big] \mathrm{d}x \tag{8.14}$$

桨叶应变不直接与机体运动有关,只与桨叶剖面位移有关,所以在虚位能项的推导中,不存在桨叶与机体之间的耦合。桨叶应变与桨叶位移之间存在如下关系:

$$\begin{cases} \varepsilon_{xx} = u' + \dfrac{v'^2}{2} + \dfrac{w'^2}{2} - \lambda_T\phi'' + (y^2 + z^2)\Big(\theta_0'\phi' + \dfrac{\phi'^2}{2}\Big) \\ \qquad - v''[\,y\cos(\theta_0 + \Phi) - z\sin(\theta_0 + \Phi)\,] \\ \qquad - w''[\,y\sin(\theta_0 + \Phi) + z\cos(\theta_0 + \Phi)\,] \\ \varepsilon_{xy} = -\Big(z + \dfrac{\partial\lambda_T}{\partial y}\Big)\phi' = -\hat{z}\phi' \\ \varepsilon_{xz} = \Big(y - \dfrac{\partial\lambda_T}{\partial z}\Big)\phi' = \hat{y}\phi' \end{cases} \tag{8.15}$$

式中,$\lambda_T$ 为剖面的翘曲函数。另外,由式(8.6)可知

$$\begin{cases} \Phi' = \phi' - w'v'' \\ \delta\Phi' = \delta\phi' - w'\delta v'' - v''\delta w' \end{cases} \tag{8.16}$$

对式(8.15)求变分有

$$\begin{cases} \delta\varepsilon_{xx} = \delta u' + v'\delta v' + w'\delta w' - \lambda_T\delta\phi'' + (y^2 + z^2)(\theta_0' + \phi')\delta\phi' \\ \qquad - [\,y\cos(\theta_0 + \Phi) - z\sin(\theta_0 + \Phi)\,](\delta v'' + w''\delta\Phi) \\ \qquad - [\,y\sin(\theta_0 + \Phi) + z\cos(\theta_0 + \Phi)\,](\delta w'' - v''\delta\Phi) \\ \delta\varepsilon_{xy} = -\hat{z}\delta\phi' \\ \delta\varepsilon_{xz} = \hat{y}\delta\phi' \end{cases} \tag{8.17}$$

将式(8.15)、式(8.16)和式(8.17)代入式(8.14)，经过整理后可以得到如下公式：

$$\delta U_b = \int_0^R ( U_{u'_e} \delta u'_e + U_{v'} \delta v' + U_{w'} \delta w' + U_{v''} \delta v'' + U_{w''} \delta w''$$
$$+ U_\Phi \delta \Phi + U_{\Phi'} \delta \Phi' + U_{\Phi''} \delta \Phi'' ) \, dx \tag{8.18}$$

式中，各项为

$$U_{u'_e} = EA \left[ u'_e + k_A^2 \theta'_0 ( \Phi' + w'v'' ) + \frac{1}{2} k_A^2 \Phi'^2 \right]$$
$$- EAe_A \left[ ( \cos\theta_0 - \Phi\sin\theta_0 ) v'' - ( \sin\theta_0 + \Phi\cos\theta_0 ) w'' \right]$$

$$U_{w''} = w'' ( EI_y \cos^2\theta_0 + EI_z \sin^2\theta_0 ) + v'' ( EI_z - EI_y ) \cos\theta_0 \sin\theta_0$$
$$- EAe_A u'_e ( \sin\theta_0 + \Phi\cos\theta_0 ) - \Phi' EB_2 \theta'_0 \sin\theta_0$$
$$+ w'' \Phi ( EI_z - EI_y ) \sin 2\theta_0 + v'' \Phi ( EI_z - EI_y ) \cos 2\theta_0$$

$$U_{w'} = ( GJ + EB_1 \theta'^2_0 ) \Phi' v'' + EAk_A^2 u'_e \theta'_0 v''$$

$$U_{v''} = v'' ( EI_z \cos^2\theta_0 + EI_y \sin^2\theta_0 ) + w'' ( EI_z - EI_y ) \cos\theta_0 \sin\theta_0$$
$$- EAe_A u'_e ( \cos\theta_0 - \Phi\sin\theta_0 ) - \Phi' EB_2 \theta'_0 \cos\theta_0$$
$$+ w'' \Phi ( EI_z - EI_y ) \cos 2\theta_0 - v'' \Phi ( EI_z - EI_y ) \sin 2\theta_0$$
$$+ ( GJ + EB_1 \theta'^2_0 ) \Phi' w' + EAk_A^2 \theta'_0 w' u'_e$$

$$U_{v'} = 0$$

$$U_\Phi = ( v''^2 - w''^2 ) ( EI_y - EI_z ) \cos\theta_0 \sin\theta_0 + v'' w'' ( EI_z - EI_y ) \cos 2\theta_0$$

$$U_{\Phi'} = ( \Phi' u'_e + \theta'_0 u'_e ) ( EI_y + EI_z ) + ( v'' w' + \Phi' ) GJ$$
$$+ EB_1 \theta'^2_0 \Phi' + EB_2 \theta'_0 ( v'' \cos\theta_0 + w'' \sin\theta_0 )$$

$$U_{\Phi''} = EC_1 \Phi'' + EC_2 ( w'' \cos\theta_0 - v'' \sin\theta_0 )$$

式中，桨叶剖面的各弹性积分参数定义如下：

$$EA = \iint_A E \, dy dz$$

$$EAe_A = \iint_A E y \, dy dz$$

$$EI_y = \iint_A E z^2 \, dy dz$$

$$EI_z = \iint_A E y^2 \, dy dz$$

$$GJ = \iint_A G ( \hat{y}^2 + \hat{z}^2 ) \, dy dz \tag{8.19}$$

$$EAk_A^2 = \iint_A E(y^2 + z^2)\,\mathrm{d}y\mathrm{d}z$$

$$EB_1 = \iint_A E(y^2 + z^2)^2\,\mathrm{d}y\mathrm{d}z$$

$$EB_2 = \iint_A Ey(y^2 + z^2)\,\mathrm{d}y\mathrm{d}z$$

$$EC_1 = \iint_A E\lambda_T^2\,\mathrm{d}y\mathrm{d}z$$

$$EC_2 = \iint_A E\lambda_T z\,\mathrm{d}y\mathrm{d}z$$

式中,$EA$ 是桨叶剖面轴向刚度,$e_A$ 是剖面拉心距剖面弹性中心的距离,$EI_y$、$EI_z$ 和 $GJ$ 是桨叶剖面挥舞、摆振和扭转刚度,$Ak_A^2$ 是桨叶剖面的极惯性矩,$EB_1$ 和 $EB_2$ 是桨叶剖面由于变距引起的常数,$EC_1$ 和 $EC_2$ 是与桨叶剖面翘曲有关的常数。

对于旋翼/机体耦合结构,机体位能项 $U_F$ 由起落架提供,在本章中只考虑机体俯仰和滚转方向的运动,机体位能可表示如下:

$$U_F = \frac{1}{2}K_{\alpha F}\alpha_s^2 + \frac{1}{2}K_{\phi F}\phi_s^2 \tag{8.20}$$

式中,$K_{\alpha F}$ 和 $K_{\phi F}$ 是起落架提供的俯仰和滚转方向的弹簧刚度,对式(8.20)求变分,可以确定机体虚位能项 $\delta U_F$ 为

$$\delta U_F = K_{\alpha F}\alpha_s\delta\alpha_s + K_{\phi F}\phi_s\delta\phi_s \tag{8.21}$$

### 8.3.2    耦合结构虚动能

桨叶动能由桨叶上任意质量微元处的速度决定,对于旋翼/机体耦合结构,桨叶上任意一点处的速度不仅取决于桨叶自身的运动,还受到机体运动的影响,所以在推导桨叶动能项时,会存在桨叶运动和机体运动之间的耦合。桨叶上任意一点变形后的位置矢量 $r$ 由两部分组成,机体重心到桨毂中心的位置矢量 $r_1$,桨毂中心到桨叶上任意一点变形后的位置矢量 $r_2$,即

$$r = r_1 + r_2 = z_{cg}k_F + (x_1 i_b + y_1 j_b + z_1 k_b) \tag{8.22}$$

式中,

$$\begin{cases} x_1 = x + u - \lambda_T\phi' - v'(y\cos\theta_1 - z\sin\theta_1) - w'(y\sin\theta_1 + z\cos\theta_1) \\ y_1 = v + (y\cos\theta_1 - z\sin\theta_1) \\ z_1 = w + (y\sin\theta_1 + z\cos\theta_1) \end{cases} \tag{8.23}$$

对式(8.22)关于时间求导可确定桨叶上任意一点的速度如下:

$$\boldsymbol{V} = \dot{\boldsymbol{r}} = \dot{\boldsymbol{r}}_1 + \dot{\boldsymbol{r}}_2 = z_{cg}\dot{\boldsymbol{k}}_F + (\dot{x}_1\boldsymbol{i}_b + \dot{y}_1\boldsymbol{j}_b + \dot{z}_1\boldsymbol{k}_b) + (x_1\dot{\boldsymbol{i}}_b + y_1\dot{\boldsymbol{j}}_b + z_1\dot{\boldsymbol{k}}_b) \tag{8.24}$$

式中,

$$\begin{cases} \dot{x}_1 = \dot{u} - \lambda_T\dot{\phi}' - (\dot{v}' + w'\dot{\theta}_1)(y\cos\theta_1 - z\sin\theta_1) \\ \qquad - (\dot{w}' - v'\dot{\theta}_1)(y\sin\theta_1 + z\cos\theta_1) \\ \dot{y}_1 = \dot{v} - (y\sin\theta_1 + z\cos\theta_1)\dot{\theta}_1 \\ \dot{z}_1 = \dot{w} + (y\cos\theta_1 - z\sin\theta_1)\dot{\theta}_1 \end{cases} \tag{8.25}$$

将式(8.23)和式(8.25)代入式(8.24)并将其变换到惯性坐标系 $(X_I, Y_I, Z_I)$ 下,可得到桨叶上任意一点的速度为

$$\boldsymbol{V} = V_x\boldsymbol{i}_I + V_y\boldsymbol{j}_I + V_z\boldsymbol{k}_I \tag{8.26}$$

式中,

$$\begin{cases} V_x = -\dot{\alpha}_s z_{cg} - \alpha_s\dot{z}_1 + \alpha_s\phi_s x_1\cos\psi + \dot{x}_1\cos\psi - \dot{y}_1\sin\psi \\ \qquad - \beta_p\dot{z}_1\cos\psi - x_1\sin\psi - y_1\cos\psi + \beta_p z_1\sin\psi \\ V_y = \dot{\phi}_s z_{cg} + \phi_s\dot{z}_1 + \dot{x}_1\sin\psi + \dot{y}_1\cos\psi - \beta_p\dot{z}_1\sin\psi \\ \qquad + x_1\cos\psi - y_1\sin\psi - \beta_p z_1\cos\psi \\ V_z = \dot{z}_1 + \dot{\alpha}_s x_1\cos\psi - \phi_s x_1\cos\psi - \alpha_s y_1\cos\psi - \phi_s\dot{y}_1\cos\psi \\ \qquad - \alpha_s x_1\sin\psi - \dot{\phi}_s x_1\sin\psi + \phi_s y_1\sin\psi - \alpha_s\dot{y}_1\sin\psi \end{cases} \tag{8.27}$$

将式(8.26)代入桨叶虚动能的如下表达式:

$$\delta T_b = \int_0^R \iint_A \rho_s \boldsymbol{V} \cdot \delta\boldsymbol{V}\mathrm{d}y\mathrm{d}z\mathrm{d}x \tag{8.28}$$

经过整理,可以得到虚动能是如下形式:

$$\delta T_b = \int_0^R m(T_u\delta u + T_v\delta v + T_w\delta w + T_{v'}\delta v' + T_{w'}\delta w' \\ + T_\Phi\delta\Phi + T_{\alpha_s}\delta\alpha_s + T_{\phi_s}\delta\phi_s)\mathrm{d}x \tag{8.29}$$

式中,

$$T_u = x + 2\dot{v} - \ddot{u} + z_{cg}\ddot{\alpha}_s\cos\psi - z_{cg}\ddot{\phi}_s\sin\psi$$

$$T_v = v - \ddot{v} + e_g\cos\theta_0 + 2(\beta_p\dot{w} - \dot{u}) + 2e_g(\dot{v}'\cos\theta_0 + \dot{w}'\sin\theta_0) \\ + e_g(\ddot{\Phi} + \ddot{\theta}_0)\sin\theta_0 - z_{cg}\ddot{\alpha}_s\sin\psi - z_{cg}\ddot{\phi}_s\cos\psi$$

$$T_w = -\beta_p(x + 2\dot{v}) - \ddot{w} - e_g(\ddot{\Phi} + \ddot{\theta}_0)\cos\theta_0 - x\ddot{\alpha}_s\cos\psi \\ + x\ddot{\phi}_s\sin\psi + 2x\dot{\alpha}_s\sin\psi + 2x\dot{\phi}_s\cos\psi$$

$$T_{v'} = -e_g x \Phi \sin\theta_0 + e_g \cos\theta_0(-x - 2\dot{v} - z_{cg}\ddot{\alpha}_s \cos\psi + z_{cg}\ddot{\phi}_s \sin\psi) + F_A v'$$

$$T_{w'} = -e_g x \Phi \cos\theta_0 - e_g \sin\theta_0(x + 2\dot{v} + z_{cg}\ddot{\alpha}_s \cos\psi - z_{cg}\ddot{\phi}_s \sin\psi) + F_A w'$$

$$\begin{aligned}
T_\Phi = {}& -k_m^2(\ddot{\Phi} + \ddot{\theta}_0) - (k_{m2}^2 - k_{m1}^2)\cos\theta_0 \sin\theta_0 + \Phi(k_{m2}^2 - k_{m1}^2)\cos\theta_0 \sin\theta_0 \\
& + e_g x(v'\sin\theta_0 - w'\cos\theta_0) + e_g(\ddot{v}\sin\theta_0 - \ddot{w}\cos\theta_0 - v\sin\theta_0) - e_g \beta_p x\cos\theta_0 \\
& + e_g(-x\cos\psi \cos\theta_0 + z_{cg}\sin\psi \sin\theta_0)\ddot{\alpha}_s + e_g(x\sin\psi \cos\theta_0 \\
& + z_{cg}\cos\psi \sin\theta_0)\ddot{\phi}_s
\end{aligned}$$

$$\begin{aligned}
T_{\alpha_s} = {}& -x\cos\psi(z_{cg} + x\beta_p) + \ddot{u}z_{cg}\cos\psi - 2\dot{u}z_{cg}\sin\psi - 2\dot{v}z_{cg}\cos\psi \\
& - (\ddot{v} - v)z_{cg}\sin\psi - (\ddot{w} + w)x\cos\psi - \ddot{\alpha}_s(z_{cg}^2 + x^2\cos^2\psi) \\
& + \dot{\alpha}_s x^2 \sin 2\psi + \ddot{\phi}_s x^2 \cos\psi \sin\psi + 2\dot{\phi}_s x^2 \cos^2\psi
\end{aligned}$$

$$\begin{aligned}
T_{\phi_s} = {}& x\sin\psi(z_{cg} + x\beta_p) - \ddot{u}z_{cg}\sin\psi - 2\dot{u}z_{cg}\cos\psi + 2\dot{v}z_{cg}\sin\psi \\
& - (\ddot{v} - v)z_{cg}\cos\psi + (\ddot{w} + w)x\sin\psi + \ddot{\alpha}_s x^2 \cos\psi \sin\psi \\
& - 2\dot{\alpha}_s x^2 \sin^2\psi - \ddot{\phi}_s(z_{cg}^2 + x^2\sin^2\psi) - \dot{\phi}_s x^2 \sin 2\psi
\end{aligned}$$

式中，$F_A$ 是桨叶任意剖面外侧桨叶产生的离心力之和，即 $F_A = \int_x^1 mx\,\mathrm{d}\xi$。桨叶剖面的各惯性积分参数定义如下：

$$(8.30)\quad\begin{cases}
m = \iint_A \rho_s \,\mathrm{d}y\,\mathrm{d}z \\[4pt]
me_g = \iint_A \rho_s y\,\mathrm{d}y\,\mathrm{d}z \\[4pt]
mk_{m1}^2 = \iint_A \rho_s z^2\,\mathrm{d}y\,\mathrm{d}z \\[4pt]
mk_{m2}^2 = \iint_A \rho_s y^2\,\mathrm{d}y\,\mathrm{d}z \\[4pt]
mk_m^2 = mk_{m1}^2 + mk_{m2}^2
\end{cases}$$

式中，$m$ 是桨叶质量的线密度，$e_g$ 是桨叶剖面重心距剖面弹性中心的弦向距离，$k_{m1}^2$ 和 $k_{m2}^2$ 分别是桨叶剖面挥舞和摆振方向的惯性矩，$k_m^2$ 是桨叶剖面的极惯性矩。

对于旋翼/机体耦合结构，机体动能项 $T_F$ 可以表示如下：

$$T_F = \frac{1}{2}I_\alpha \dot{\alpha}_s^2 + \frac{1}{2}I_\phi \dot{\phi}_s^2 \tag{8.31}$$

式中，$I_\alpha$ 和 $I_\phi$ 是机体俯仰和滚转方向的惯量。对式(8.31)求变分并分部积分，可以确定机体虚动能项 $\delta T_F$ 为

$$\delta T_F = -I_\alpha \ddot{\alpha}_s \delta \alpha_s - I_\phi \ddot{\phi}_s \delta \phi_s \tag{8.32}$$

### 8.3.3　耦合结构外力虚功

推导桨叶外力虚功项,即气动力虚功项时,需要确定桨叶上的气动载荷,采用准定常气动模型对桨叶各剖面的气动载荷进行模拟,忽略桨叶非定常、非线性气动效应的影响。随后针对非定常、非线性气动效应对直升机气弹稳定性的影响进行进一步的研究。利用准定常气动模型计算桨叶上的气动载荷,首先需要确定桨叶各剖面 3/4 弦线处的来流速度,对于旋翼／机体耦合结构,桨叶各剖面的来流速度不仅取决于直升机前飞速度、桨盘入流和桨叶运动,还取决于机体运动。因此,桨叶各剖面的来流速度 $V_s$ 由三部分组成:前飞和桨盘入流造成的风速 $V_w$、桨叶运动产生的来流速度 $V_b$ 和机体运动产生的来流速度 $V_f$,即

$$V_s = - V_w + V_b + V_f \tag{8.33}$$

前飞和桨盘入流造成的风速 $V_w$ 可以表示为

$$V_w = \mu \Omega R i_H - \lambda \Omega R k_H \tag{8.34}$$

式中, $\lambda$ 是桨盘入流,本章采用线性入流模型计算旋翼诱导速度。桨叶运动产生的来流速度 $V_b$ 是由桨叶变形和绕旋翼轴旋转引起的,可以表示为

$$V_b = \dot{r}_2 + \Omega \times r_2 \tag{8.35}$$

式中, $\Omega = \Omega k_H$。 $r_2$ 和 $\dot{r}_2$ 在 8.3.2 节中由式(8.22)和式(8.24)给出,且令 $y = y_r$, $z = 0$, $y_r$ 是剖面 3/4 弦线距剖面弹性中心的距离。机体运动产生的来流速度 $V_f$ 由机体的俯仰和滚转运动在桨叶上产生如下:

$$V_f = \omega_f \times r_F \tag{8.36}$$

式中,

$$\omega_f = - \dot{\phi}_s i_I - \dot{\alpha}_s j_I \tag{8.37}$$

$$r_F = z_{cg} k_F + (x + u) i_b + v j_b + w k_b + y_r j \tag{8.38}$$

将式(8.34)至式(8.38)代入式(8.33),并将其转换到桨叶变形后坐标系,可以整理为如下形式:

$$V_s = V_R i + V_T j + V_P k \tag{8.39}$$

为了方便由计算机语言实现,分别将 $V_R$、$V_T$ 和 $V_P$ 中的各项分为关于桨叶运动和机体运动的常系数项、线性项和非线性项,即

$$\begin{cases} V_R = V_R^C + V_R^{LB} + V_R^{LF} + V_R^{NL} \\ V_T = V_T^C + V_T^{LB} + V_T^{LF} + V_T^{NL} \\ V_P = V_P^C + V_P^{LB} + V_P^{LF} + V_P^{NL} \end{cases} \tag{8.40}$$

式中,上标 C、LB、LF 和 NL 分别代表常系数项、桨叶线性项、机体线性项和非线性项。在准定常气动模型中,桨叶剖面的气动升力、阻力和力矩分别为

$$\begin{cases} L_c = \dfrac{1}{2}\rho_a V_s^2 c C_l \\[2mm] D_c = \dfrac{1}{2}\rho_a V_s^2 c C_d \\[2mm] M_{ac} = \dfrac{1}{2}\rho_a V_s^2 c^2 C_m \end{cases} \tag{8.41}$$

式中,$\rho_a$ 是空气密度,$c$ 是桨叶弦长,翼型的气动升力系数 $C_l$、阻力系数 $C_d$ 和力矩系数 $C_m$ 存在如下关系:

$$\begin{cases} C_l = c_0 + c_1\alpha \\ C_d = d_0 + d_1 \mid \alpha \mid + d_2\alpha^2 \\ C_m = f_0 + f_1\alpha \end{cases} \tag{8.42}$$

桨叶剖面的气流速度和气动载荷的示意图如图 8.2 所示,气动中心 ac 处的升力 $L_c$、阻力 $D_c$ 和力矩 $M_{ac}$ 可以转换到剖面弹性中心 ec 处,得到桨叶变形后坐标系下的气动载荷:

$$\begin{cases} L_w = L_c\cos\alpha + D_c\sin\alpha \\ L_v = L_c\sin\alpha - D_c\cos\alpha \\ M_\Phi = M_{ac} \quad e_d L_w \end{cases} \tag{8.43}$$

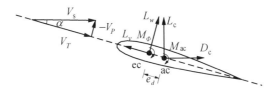

**图 8.2 桨叶剖面气动载荷示意图**

式中,$\alpha$ 是翼型迎角,$e_d$ 是剖面气动中心距弹性中心的距离,计算气动载荷所需的参数可以取如下近似:

$$\sin\alpha \approx \alpha,\ \cos\alpha \approx 1,\ V_s \approx V_T,\ \alpha \approx -\frac{V_P}{V_T} \tag{8.44}$$

将式(8.41)、式(8.42)和式(8.44)代入式(8.43),并进行无量纲化,整理后可得到桨叶变形后坐标系下的气动载荷为

$$\begin{cases} \overline{L}_w = \dfrac{\gamma}{6c_1}\big[ c_0 V_T^2 - (c_1 + d_0) V_T V_P + d_1 \mid V_P \mid V_P \big] \\[2mm] \overline{L}_v = \dfrac{\gamma}{6c_1}\big[ - d_0 V_T^2 - (c_0 V_P - d_1 \mid V_P \mid) V_T + (c_1 - d_2) V_P^2 \big] \\[2mm] \overline{M}_\Phi = \dfrac{\gamma c}{6c_1 R}\big[ f_0 (V_T^2 + V_P^2) - f_1 V_T V_P \big] - e_d \overline{L}_w \end{cases} \tag{8.45}$$

式中，$\gamma = \rho_a c_1 c R^4 / I_\beta$ 是洛克数，利用式(8.4)给出的坐标变换关系，可以得到桨叶变形前坐标系下的气动载荷如下：

$$\begin{Bmatrix} L_u^A \\ L_v^A \\ L_w^A \end{Bmatrix} = \boldsymbol{T}_{db}^{\mathrm{T}} \begin{Bmatrix} 0 \\ \overline{L}_v \\ \overline{L}_w \end{Bmatrix}, \quad M_\Phi^A \approx \overline{M}_\Phi \tag{8.46}$$

得到桨叶变形前坐标系下的气动载荷后，即可确定第 $b$ 片桨叶上的气动力虚功 $\delta W_b$ 为

$$\delta W_b = \int_0^R (L_u^A \delta u + L_v^A \delta v + L_w^A \delta w + M_\Phi^A \delta \Phi)\, \mathrm{d}x \tag{8.47}$$

对于机体上的外力虚功 $\delta W_F$，包含气动力虚功 $\delta W_F^a$ 和起落架阻尼提供的阻尼力虚功 $\delta W_F^c$ 两部分。其中气动力虚功 $\delta W_F^a$ 只考虑桨叶上的气动力传递到机体上产生的部分。桨叶上的气动力传递到机体重心处产生的俯仰和滚转方向的气动力矩分别是 $M_{\alpha_s}^A$ 和 $M_{\phi_s}^A$，则

$$M_{\phi_s}^A \boldsymbol{i}_H + M_{\alpha_s}^A \boldsymbol{j}_H = M_\Phi^A \boldsymbol{i} + \boldsymbol{r}_f \times (L_u^A \boldsymbol{i}_b + L_v^A \boldsymbol{j}_b + L_w^A \boldsymbol{k}_b) \tag{8.48}$$

式中，$\boldsymbol{r}_f$ 是机体重心到桨叶变形前坐标系下剖面弹性中心的位置矢量，表达式如下：

$$\boldsymbol{r}_f = z_{cg} \boldsymbol{k}_F + (x + u) \boldsymbol{i}_b + v \boldsymbol{j}_b + w \boldsymbol{k}_b \tag{8.49}$$

将式(8.49)代入式(8.48)，并利用坐标变换矩阵，经过整理可以得到：

$$\begin{Bmatrix} M_{\alpha_s}^A \\ M_{\phi_s}^A \end{Bmatrix} = \boldsymbol{T}_{FL} \begin{Bmatrix} L_u^A \\ L_v^A \\ L_w^A \\ M_\Phi^A \end{Bmatrix} \tag{8.50}$$

式中，变换矩阵 $\boldsymbol{T}_{FL}$ 为

$$T_{FL} = \begin{bmatrix} e_1\cos\psi + e_2\sin\psi & -e_1\sin\psi - e_3\sin\psi & -e_4\cos\psi + v\sin\psi & e_5\sin\psi + v'\cos\psi \\ -e_1\sin\psi + e_2\cos\psi & -e_1\cos\psi - e_3\cos\psi & e_4\sin\psi + v\cos\psi & e_5\cos\psi - v'\sin\psi \end{bmatrix}$$

$$(8.51)$$

式中，$e_1 = z_{cg} + w$，$e_2 = v\beta_p$，$e_3 = (x + u)\beta_p$，$e_4 = x + z_{cg}\beta_p + u$，$e_5 = 1 - w'\beta_p$。

得到 $M_{\alpha_s}^A$ 和 $M_{\phi_s}^A$ 后，即可确定机体上的气动力虚功 $\delta W_F^a$ 如下：

$$\delta W_F^a = \int_0^R (M_\alpha^A \delta\alpha_s + M_\phi^A \delta\phi_s)\,\mathrm{d}x \qquad (8.52)$$

机体上的阻尼力虚功 $\delta W_F^s$ 是

$$\delta W_F^s = -C_{\alpha F}\dot{\alpha}_s\delta\alpha_s - C_{\phi F}\dot{\phi}_s\delta\phi_s \qquad (8.53)$$

式中，$C_{\alpha F}$ 和 $C_{\phi F}$ 是起落架提供的俯仰和滚转方向的阻尼大小。机体外力虚功 $\delta W_F$ 是

$$\delta W_F = \delta W_F^a + \delta W_F^s \qquad (8.54)$$

旋翼/机体耦合结构中的虚位能、虚动能和外力虚功推导出后，将它们代入式(8.8)，采用分部积分，按照桨叶和机体自由度的变分（$\delta u$，$\delta v$，$\delta w$，$\delta\Phi$，$\delta\alpha_s$，$\delta\phi_s$）进行整理，将线性项放在方程左侧，常系数项和非线性项放在方程右侧，可得到旋翼/机体耦合结构的气动机械动力学微分方程如下：

桨叶挥舞方向的微分方程为

$$m\ddot{w} + me_g\ddot{\Phi}\cos\theta_0 + 2m\beta_p\dot{v} - 2me_g(\dot{v}\sin\theta_0)' - me_g(x\Phi\cos\theta_0)'$$
$$+ [w''(EI_y\cos^2\theta_0 + EI_z\sin^2\theta_0)]'' + [v''(EI_z - EI_y)\cos\theta_0\sin\theta_0]''$$
$$+ m\ddot{\alpha}_s(x - e_g z_{cg}\theta_0'\cos\theta_0)\cos\psi - m\ddot{\phi}_s(x - e_g z_{cg}\theta_0'\cos\theta_0)\sin\psi$$
$$\underline{- 2mx(\dot{\alpha}_s\sin\psi + \dot{\phi}_s\cos\psi) - EAe_A(u_e'\sin\theta_0)''}$$
$$= me_g(x\sin\theta_0)' - me_g\ddot{\theta}_0\cos\theta_0 - m\beta_p x \underline{+ EAe_A(u_e'\Phi\cos\theta_0)''}$$
$$+ [(GJ + EB_1\theta_0'^2)\Phi'v'' + EAk_A^2\theta_0'u_e'v'']' + EB_2(\Phi'\theta_0'\sin\theta_0)''$$
$$\underline{\underline{- (EI_z - EI_y)(w''\Phi\sin2\theta_0 + v''\Phi\cos2\theta_0)'' + L_w^A}} \qquad (8.55)$$

桨叶摆振方向的微分方程为

$$m\ddot{v} - 2m(\beta_p\dot{w} - \dot{u}) - 2me_g(\dot{w}'\sin\theta_0 + 2\dot{v}'\cos\theta_0) - 2me_g\theta_0'\dot{v}\sin\theta_0$$
$$- me_g\ddot{\Phi}\sin\theta_0 - me_g(x\Phi\sin\theta_0)' - EAe_A(u_e'\cos\theta_0)'' - EB_2(\Phi'\theta_0'\cos\theta_0)''$$
$$+ [v''(EI_z\cos^2\theta_0 + EI_y\sin^2\theta_0) + w''(EI_z - EI_y)\cos\theta_0\sin\theta_0]'' - mv$$
$$+ mz_{cg}\ddot{\alpha}_s(\sin\psi + e_g\theta_0'\sin\theta_0\cos\psi) + mz_{cg}\ddot{\phi}_s(\cos\psi - e_g\theta_0'\sin\theta_0\sin\psi)$$
$$= me_g\ddot{\theta}_0\sin\theta_0 + 2me_g\cos\theta_0 + me_g\theta_0'x\sin\theta_0 \underline{- EAe_A(u_e'\Phi\sin\theta_0)''}$$
$$\underline{- [(GJ + EB_1\theta_0'^2)\Phi'w']'' - (EI_z - EI_y)(w''\Phi\cos2\theta_0 - v''\Phi\sin2\theta_0)''}$$
$$\underline{\underline{- EAk_A^2(\theta_0'w'u_e')'' + L_v^A}} \qquad (8.56)$$

桨叶扭转方向的微分方程为

$$mk_m^2(\ddot{\Phi} + \ddot{\theta}_0) - me_g(\ddot{v}\sin\theta_0 - \ddot{w}\cos\theta_0 - v\sin\theta_0) - m(k_{m2}^2 - k_{m1}^2)\Phi\cos\theta_0\sin\theta_0$$
$$- me_gx(v'\sin\theta_0 - w'\cos\theta_0) - EB_1(\theta_0'^2\Phi')' - EB_2[\theta_0'(v''\cos\theta_0 + w''\sin\theta_0)]'$$
$$+ EC_1\Phi'''' + EC_2(w''\cos\theta_0 - v''\sin\theta_0)'' - (EI_y + EI_z)(\theta_0'u_e')' - GJ\Phi''$$
$$+ \underline{me_gx\cos\theta_0(\ddot{\alpha}_s\cos\psi - \ddot{\phi}_s\sin\psi) - me_gz_{cg}\sin\theta_0(\ddot{\alpha}_s\sin\psi + \ddot{\phi}_s\cos\psi)}$$
$$= -(k_{m2}^2 - k_{m1}^2)\cos\theta_0\sin\theta_0 - e_g\beta_px\cos\theta_0 \underline{\underline{-(v''^2 - w''^2)(EI_y - EI_z)\cos\theta_0\sin\theta_0}}$$
$$\underline{\underline{- v''w''(EI_z - EI_y)\cos 2\theta_0 + (EI_y + EI_z)(\Phi'u_e')' + GJ(v''w')'}} + M_\Phi^A \tag{8.57}$$

桨叶拉伸方向的微分方程为

$$m\ddot{u} - 2m\dot{v} - EA(u_e'' + k_A^2\theta_0'\Phi'') - EAe_A(v''\sin\theta_0 + w''\cos\theta_0)'$$
$$\underline{- mz_{cg}\ddot{\alpha}_s\cos\psi + mz_{cg}\ddot{\phi}_s\sin\psi}$$
$$= mx + \underline{\underline{EAk_A^2\theta_0'(w'v')' + EAe_A[\Phi(v''\sin\theta_0 + w''\cos\theta_0)]'}}$$
$$\underline{\underline{+ EAk_A^2\Phi'\Phi''}} + L_u^A \tag{8.58}$$

机体俯仰方向的微分方程为

$$\int_0^R m[-\ddot{u}z_{cg}\cos\psi + 2\dot{u}z_{cg}\sin\psi + 2\dot{v}z_{cg}\cos\psi + (\ddot{v} - v)z_{cg}\sin\psi + (\ddot{w} + w)x\cos\psi]dx$$
$$+ \int_0^R m[\ddot{\alpha}_s(z_{cg}^2 + x^2\cos^2\psi) - \dot{\alpha}_sx^2\sin 2\psi - \ddot{\phi}_sx^2\cos\psi\sin\psi - 2\dot{\phi}_sx^2\cos^2\psi]dx$$
$$\underline{+ I_\alpha\ddot{\alpha}_s + C_{\alpha F}\dot{\alpha}_s + K_{\alpha F}\alpha_s}$$
$$= \int_0^R [-mx\cos\psi(z_{cg} + x\beta_p) + M_\alpha^A]dx \tag{8.59}$$

机体滚转方向的微分方程为

$$\int_0^R m[\ddot{u}z_{cg}\sin\psi + 2\dot{u}z_{cg}\cos\psi - 2\dot{v}z_{cg}\sin\psi + (\ddot{v} - v)z_{cg}\cos\psi - (\ddot{w} + w)x\sin\psi]dx$$
$$+ \int_0^R [-\ddot{\alpha}_sx^2\cos\psi\sin\psi + 2\dot{\alpha}_sx^2\sin^2\psi + \ddot{\phi}_s(z_{cg}^2 + x^2\sin^2\psi) + \dot{\phi}_sx^2\sin 2\psi]dx$$
$$\underline{+ I_\phi\ddot{\phi}_s + C_{\phi F}\dot{\phi}_s + K_{\phi F}\phi_s}$$
$$= \int_0^R [mx\sin\psi(z_{cg} + x\beta_p) + M_\phi^A]dx \tag{8.60}$$

式(8.55)至式(8.60)中,单下划线项是机体项,双下划线项是非线性项。

## 8.4　旋翼／机体耦合结构动力学方程有限元离散

本节采用有限元方法求解旋翼／机体耦合结构的气动机械动力学微分方程,通过把桨叶划分为 $N_e$ 个梁单元实现对微分方程的有限元离散,式(8.8)可以改写为

$$\delta \Pi = \int_{t_1}^{t_2} \Big[ \sum_{i=1}^{N_e} ( \delta U_i - \delta T_i - \delta W_i ) \Big] \, \mathrm{d}t = 0 \tag{8.61}$$

$$\sum_{i=1}^{N_e} ( \delta U_i - \delta T_i - \delta W_i ) = 0 \tag{8.62}$$

### 8.4.1　无轴承旋翼桨叶单元离散

在使用梁单元离散微分方程时,需要选择特定的单元,将原有微分方程中桨叶的运动自由度用单元节点上的自由度来插值表示。在本节研究中,采用 15 自由度梁单元(Chopra,1985)来离散桨叶微分方程。梁单元的 15 自由度示意图如图 8.3 所示,每一个单元内有 5 个单元节点,其中两端节点各包含 3 个平动自由度($u$,$v$,$w$)和 3 个转动自由度 ($v'$,$w'$,$\Phi$),单元中心的节点包含一个扭转自由度,另外两个节点各包含一个拉伸自由度。

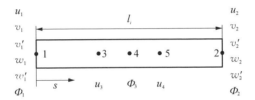

**图 8.3　梁单元的 15 自由度示意图**

梁单元内部任意一点处的变形可以通过插值函数对单元节点位移进行插值来确定。对于拉伸方向的变形,15 自由度梁单元采用如下位移连续的拉格朗日插值函数:

$$u = \boldsymbol{H}_u \begin{Bmatrix} u_1 \\ u_2 \\ u_3 \\ u_4 \end{Bmatrix} = \begin{Bmatrix} -4.5s^3 + 9s^2 - 5.5s + 1 \\ 4.5s^3 - 4.5s^2 + s \\ 13.5s^3 - 22.5s^2 + 9s \\ -13.5s^3 + 18s^2 - 4.5s \end{Bmatrix}^{\mathrm{T}} \begin{Bmatrix} u_1 \\ u_2 \\ u_3 \\ u_4 \end{Bmatrix} \tag{8.63}$$

挥舞和摆振方向的弯曲变形采用如下位移和转角连续的埃尔米特插值函数:

$$v = \boldsymbol{H}_b \begin{Bmatrix} v_1 \\ v_1' \\ v_2 \\ v_2' \end{Bmatrix} = \begin{Bmatrix} 2s^3 - 3s^2 + 1 \\ l_i(s^3 - 2s^2 + s) \\ -2s^3 + 3s^2 \\ l_i(s^3 - s^2) \end{Bmatrix}^{\mathrm{T}} \begin{Bmatrix} v_1 \\ v_1' \\ v_2 \\ v_2' \end{Bmatrix} \tag{8.64}$$

扭转方向的变形采用如下位移连续的拉格朗日插值函数:

$$\Phi = H_\Phi \begin{Bmatrix} \Phi_1 \\ \Phi_2 \\ \Phi_3 \end{Bmatrix} = \begin{Bmatrix} -2s^2 - 3s + 1 \\ 2s^2 - s \\ -4s^2 + 4s \end{Bmatrix}^{\mathrm{T}} \begin{Bmatrix} \Phi_1 \\ \Phi_2 \\ \Phi_3 \end{Bmatrix} \tag{8.65}$$

式(8.63)至式(8.65)中，$s = x_i / l_i$，$l_i$ 是单元长度，$x_i$ 是单元局部坐标。梁单元形函数矩阵 $H_s$ 为

$$\boldsymbol{u} = \begin{Bmatrix} u(s) \\ v(s) \\ w(s) \\ \Phi(s) \end{Bmatrix} = \boldsymbol{H}_s \boldsymbol{q}_i = \begin{bmatrix} \boldsymbol{H}_u & 0 & 0 & 0 \\ 0 & \boldsymbol{H}_b & 0 & 0 \\ 0 & 0 & \boldsymbol{H}_b & 0 \\ 0 & 0 & 0 & \boldsymbol{H}_\Phi \end{bmatrix} \boldsymbol{q}_i \tag{8.66}$$

式中，单元节点的位移向量 $\boldsymbol{q}_i$ 为

$$\boldsymbol{q}_i = \{ u_1, u_2, u_3, u_4, v_1, v_1', v_2, v_2', w_1, w_1', w_2, w_2', \Phi_1, \Phi_2, \Phi_3 \}^{\mathrm{T}} \tag{8.67}$$

进一步可以确定桨叶运动的速度项 $\dot{\boldsymbol{u}}$、加速度项 $\ddot{\boldsymbol{u}}$、位移项关于桨叶轴向的一阶偏分 $\boldsymbol{u}'$ 和二阶偏分 $\boldsymbol{u}''$、速度项的一阶偏分 $\dot{\boldsymbol{u}}'$ 以及位移项的变分 $\delta\boldsymbol{u}$ 分别为

$$\dot{\boldsymbol{u}} = \boldsymbol{H}_s \dot{\boldsymbol{q}}_i,\ \ddot{\boldsymbol{u}} = \boldsymbol{H}_s \ddot{\boldsymbol{q}}_i,\ \boldsymbol{u}' = \boldsymbol{H}_s' \boldsymbol{q}_i,\ \boldsymbol{u}'' = \boldsymbol{H}_s'' \boldsymbol{q}_i,\ \dot{\boldsymbol{u}}' = \boldsymbol{H}_s' \dot{\boldsymbol{q}}_i,\ \delta\boldsymbol{u} = \boldsymbol{H}_s \delta\boldsymbol{q}_i \tag{8.68}$$

将式(8.66)和式(8.68)代入式(8.62)，经过整理可得如下有限元离散后的旋翼／机体耦合结构的气动机械动力学微分方程：

$$\{\delta\boldsymbol{u}^{\mathrm{T}},\ \delta\boldsymbol{x}_{\mathrm{F}}^{\mathrm{T}}\} \left[ \begin{bmatrix} \boldsymbol{M}_{\mathrm{BB}}^i & \boldsymbol{M}_{\mathrm{BF}}^i \\ \boldsymbol{M}_{\mathrm{FB}}^i & \boldsymbol{M}_{\mathrm{FF}}^i \end{bmatrix} \begin{Bmatrix} \ddot{\boldsymbol{q}}_i \\ \ddot{\boldsymbol{x}}_{\mathrm{F}} \end{Bmatrix} + \begin{bmatrix} \boldsymbol{C}_{\mathrm{BB}}^i & \boldsymbol{C}_{\mathrm{BF}}^i \\ \boldsymbol{C}_{\mathrm{FB}}^i & \boldsymbol{C}_{\mathrm{FF}}^i \end{bmatrix} \begin{Bmatrix} \dot{\boldsymbol{q}}_i \\ \dot{\boldsymbol{x}}_{\mathrm{F}} \end{Bmatrix} + \begin{bmatrix} \boldsymbol{K}_{\mathrm{BB}}^i & \boldsymbol{K}_{\mathrm{BF}}^i \\ \boldsymbol{K}_{\mathrm{FB}}^i & \boldsymbol{K}_{\mathrm{FF}}^i \end{bmatrix} \begin{Bmatrix} \boldsymbol{q}_i \\ \boldsymbol{x}_{\mathrm{F}} \end{Bmatrix} - \begin{Bmatrix} \boldsymbol{F}_{\mathrm{B}}^i \\ \boldsymbol{F}_{\mathrm{F}}^i \end{Bmatrix} \right] = 0$$
$$\tag{8.69}$$

即

$$\begin{bmatrix} \boldsymbol{M}_{\mathrm{BB}}^i & \boldsymbol{M}_{\mathrm{BF}}^i \\ \boldsymbol{M}_{\mathrm{FB}}^i & \boldsymbol{M}_{\mathrm{FF}}^i \end{bmatrix} \begin{Bmatrix} \ddot{\boldsymbol{q}}_i \\ \ddot{\boldsymbol{x}}_{\mathrm{F}} \end{Bmatrix} + \begin{bmatrix} \boldsymbol{C}_{\mathrm{BB}}^i & \boldsymbol{C}_{\mathrm{BF}}^i \\ \boldsymbol{C}_{\mathrm{FB}}^i & \boldsymbol{C}_{\mathrm{FF}}^i \end{bmatrix} \begin{Bmatrix} \dot{\boldsymbol{q}}_i \\ \dot{\boldsymbol{x}}_{\mathrm{F}} \end{Bmatrix} + \begin{bmatrix} \boldsymbol{K}_{\mathrm{BB}}^i & \boldsymbol{K}_{\mathrm{BF}}^i \\ \boldsymbol{K}_{\mathrm{FB}}^i & \boldsymbol{K}_{\mathrm{FF}}^i \end{bmatrix} \begin{Bmatrix} \boldsymbol{q}_i \\ \boldsymbol{x}_{\mathrm{F}} \end{Bmatrix} = \begin{Bmatrix} \boldsymbol{F}_{\mathrm{B}}^i \\ \boldsymbol{F}_{\mathrm{F}}^i \end{Bmatrix} \tag{8.70}$$

式中，$\boldsymbol{x}_{\mathrm{F}} = \{\alpha_s,\ \phi_s\}^{\mathrm{T}}$，$\boldsymbol{M}_{\mathrm{BB}}^i$、$\boldsymbol{C}_{\mathrm{BB}}^i$ 和 $\boldsymbol{K}_{\mathrm{BB}}^i$ 分别是第 $i$ 个桨叶单元的桨叶质量、阻尼和刚度阵，$\boldsymbol{M}_{\mathrm{BF}}^i$、$\boldsymbol{C}_{\mathrm{BF}}^i$ 和 $\boldsymbol{K}_{\mathrm{BF}}^i$ 分别是第 $i$ 个桨叶单元的桨叶／机体耦合质量、阻尼和刚度阵，$\boldsymbol{M}_{\mathrm{FB}}^i$、$\boldsymbol{C}_{\mathrm{FB}}^i$ 和 $\boldsymbol{K}_{\mathrm{FB}}^i$ 分别是第 $i$ 个桨叶单元的机体／桨叶耦合质量、阻尼和刚度阵，$\boldsymbol{M}_{\mathrm{FF}}^i$、$\boldsymbol{C}_{\mathrm{FF}}^i$ 和 $\boldsymbol{K}_{\mathrm{FF}}^i$ 分别是第 $i$ 个桨叶单元的机体质量、阻尼和刚度阵。$\boldsymbol{F}_{\mathrm{B}}^i$ 和 $\boldsymbol{F}_{\mathrm{F}}^i$ 分别是第 $i$ 个桨叶单元的桨叶外载列阵和机体外载列阵，内部包含常数项和非线性项。

在采用式(8.70)确定了旋翼／机体耦合结构有限元动力学方程的单元矩阵后，需要依据由旋翼系统结构特点决定的边界条件，对单元矩阵进行组集，确定旋翼／

机体耦合结构有限元动力学方程的整体矩阵。

　　不同于铰接式旋翼和无铰式旋翼依靠转动铰实现桨叶的运动,无轴承旋翼依靠柔性梁的变形实现桨叶的挥舞、摆振与扭转运动。无轴承旋翼的结构示意图如图 8.4 所示,无轴承旋翼的桨叶通过柔性梁与桨毂中心件相连,柔性梁外部是扭转刚硬的袖套,变距拉杆的操纵可以通过袖套传递到桨叶上。布置在袖套内侧根部与柔性梁之间的黏弹减摆器可以提高桨叶摆振方向的频率与阻尼。连接袖套与桨毂中心件之间的摆振销可以产生负的摆振/扭转耦合,提高桨叶摆振方向的阻尼,增强旋翼系统的气弹稳定性。

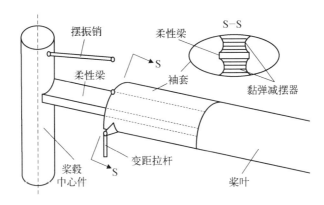

**图 8.4　无轴承旋翼系统结构示意图**

　　采用有限元方法对无轴承旋翼系统进行离散,无轴承旋翼桨叶有限元模型示意图如图 8.5 所示,本章将无轴承旋翼桨叶用 10 个 15 自由度梁单元进行离散,其中单元①至⑤是桨叶单元,单元⑥至⑧是柔性梁单元,单元⑨和⑩是袖套单元。

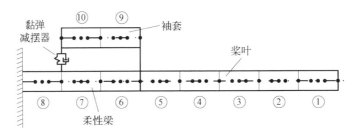

**图 8.5　无轴承旋翼桨叶有限元模型示意图**

## 8.4.2　无轴承旋翼桨叶边界条件

　　本章对无轴承旋翼桨叶进行有限元建模时,首先分别将桨叶、柔性梁和袖套三部分单独建模,将它们建模成两端自由的弹性梁,依据单元之间节点处的位移协调条件,建立不施加边界约束的桨叶、柔性梁和袖套的部件矩阵。再依据各部件之间以及柔性梁和袖套内侧根部的约束条件建立约束处理矩阵。最后利用约束处理矩阵,通过矩阵变换,形成最终的无轴承旋翼系统的总体矩阵。

无轴承旋翼系统中,需要对三个位置建立边界约束条件,分别是柔性梁内侧根部连接桨毂中心件的位置,柔性梁、袖套和桨叶连接的位置,以及袖套内侧连接摆振销和变距拉杆的位置。

在柔性梁内侧根部连接桨毂中心件的位置,单元节点的 6 自由度均被约束,此处的单元节点位移均为零。

在柔性梁、袖套和桨叶连接的位置,各部件的单元节点位移存在如下关系:

$$\begin{cases} u_{\mathrm{cf}} + \eta_{\mathrm{cf}} v'_{\mathrm{cf}} = u_{\mathrm{fb}} + \eta_{\mathrm{fb}} v'_{b} = u_{b} \\ v_{\mathrm{cf}} = v_{\mathrm{fb}} = v_{b} \\ v'_{\mathrm{cf}} = v'_{\mathrm{fb}} = v'_{b} \\ w_{\mathrm{cf}} - \eta_{\mathrm{cf}} \Phi_{\mathrm{cf}} = w_{\mathrm{fb}} - \eta_{\mathrm{fb}} \Phi_{\mathrm{fb}} = w_{b} \\ w'_{\mathrm{cf}} = w'_{\mathrm{fb}} = w'_{b} \\ \Phi_{\mathrm{cf}} = \Phi_{\mathrm{fb}} = \Phi_{b} \end{cases} \tag{8.71}$$

式中,下标 cf、fb 和 b 分别代表袖套、柔性梁和第 b 片桨叶,$\eta_{\mathrm{cf}}$ 和 $\eta_{\mathrm{fb}}$ 分别是袖套和柔性梁的弹性轴相对于桨叶弹性轴的偏移量。依据式(8.71),可以得到该连接点处,袖套与柔性梁的节点位移相对于桨叶的节点位移存在如下坐标转换关系:

$$\begin{Bmatrix} u_{\mathrm{cf}} \\ v_{\mathrm{cf}} \\ v'_{\mathrm{cf}} \\ w_{\mathrm{cf}} \\ w'_{\mathrm{cf}} \\ \Phi_{\mathrm{cf}} \end{Bmatrix} = \begin{bmatrix} 1 & 0 & -\eta_{\mathrm{cf}} & 0 & 0 & 0 \\ 0 & 1 & 0 & 0 & 0 & 0 \\ 0 & 0 & 1 & 0 & 0 & 0 \\ 0 & 0 & 0 & 1 & 0 & \eta_{\mathrm{cf}} \\ 0 & 0 & 0 & 0 & 1 & 0 \\ 0 & 0 & 0 & 0 & 0 & 1 \end{bmatrix} \begin{Bmatrix} u_{b} \\ v_{b} \\ v'_{b} \\ w_{b} \\ w'_{b} \\ \Phi_{b} \end{Bmatrix} = A_{1} \begin{Bmatrix} u_{b} \\ v_{b} \\ v'_{b} \\ w_{b} \\ w'_{b} \\ \Phi_{b} \end{Bmatrix} \tag{8.72}$$

$$\begin{Bmatrix} u_{\mathrm{fb}} \\ v_{\mathrm{fb}} \\ v'_{\mathrm{fb}} \\ w_{\mathrm{fb}} \\ w'_{\mathrm{fb}} \\ \Phi_{\mathrm{fb}} \end{Bmatrix} = \begin{bmatrix} 1 & 0 & -\eta_{\mathrm{fb}} & 0 & 0 & 0 \\ 0 & 1 & 0 & 0 & 0 & 0 \\ 0 & 0 & 1 & 0 & 0 & 0 \\ 0 & 0 & 0 & 1 & 0 & \eta_{\mathrm{fb}} \\ 0 & 0 & 0 & 0 & 1 & 0 \\ 0 & 0 & 0 & 0 & 0 & 1 \end{bmatrix} \begin{Bmatrix} u_{b} \\ v_{b} \\ v'_{b} \\ w_{b} \\ w'_{b} \\ \Phi_{b} \end{Bmatrix} = A_{2} \begin{Bmatrix} u_{b} \\ v_{b} \\ v'_{b} \\ w_{b} \\ w'_{b} \\ \Phi_{b} \end{Bmatrix} \tag{8.73}$$

在袖套内侧连接摆振销和变距拉杆的位置,摆振销的存在对袖套内侧根部单元节点处的自由度产生了如下约束:

$$\begin{cases} w_{cf} = x_0 w'_{cf} \\ v_{cf} = x_0 v'_{cf} + z_0 \boldsymbol{\Phi}_{cf} \end{cases} \tag{8.74}$$

即

$$\begin{cases} w'_{cf} = \dfrac{1}{x_0} w_{cf} \\ v'_{cf} = \dfrac{1}{x_0} v'_{cf} - \dfrac{z_0}{x_0} \boldsymbol{\Phi}_{cf} \end{cases} \tag{8.75}$$

式中, $x_0$ 和 $z_0$ 分别是摆振销在袖套上的连接点距桨毂中心件上的连接点在拉伸和挥舞方向的距离,如图 8.6 所示。

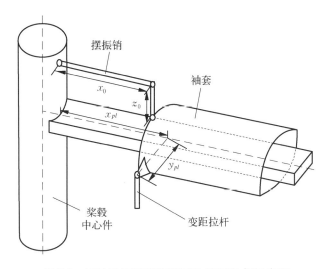

**图 8.6　无轴承旋翼系统摆振销、变距拉杆示意图**

可以得到该连接点处,袖套单元节点位移的坐标转换关系为

$$\begin{Bmatrix} u_{cf} \\ v_{cf} \\ v'_{cf} \\ w_{cf} \\ w'_{cf} \\ \boldsymbol{\Phi}_{cf} \end{Bmatrix} = \begin{bmatrix} 1 & 0 & 0 & 0 \\ 0 & 1 & 0 & 0 \\ 0 & \dfrac{1}{x_0} & 0 & -\dfrac{z_0}{x_0} \\ 0 & 0 & 1 & 0 \\ 0 & 0 & \dfrac{1}{x_0} & 0 \\ 0 & 0 & 0 & 1 \end{bmatrix} \begin{Bmatrix} u_{cf} \\ v_{cf} \\ w_{cf} \\ \boldsymbol{\Phi}_{cf} \end{Bmatrix} = \boldsymbol{A}_3 \begin{Bmatrix} u_{cf} \\ v_{cf} \\ w_{cf} \\ \boldsymbol{\Phi}_{cf} \end{Bmatrix} \tag{8.76}$$

最后,可以得到将无约束部件位移列向量转换到整体列向量的约束处理矩阵如下:

$$
\begin{Bmatrix} \boldsymbol{q}_b \\ \boldsymbol{q}_{\mathrm{fb}} \\ \boldsymbol{q}_{\mathrm{cf}} \end{Bmatrix} = \begin{bmatrix} \boldsymbol{I}_1 & 0 & 0 & 0 & 0 \\ 0 & \boldsymbol{I}_2 & 0 & 0 & 0 \\ 0 & \boldsymbol{A}_1 & 0 & 0 & 0 \\ 0 & 0 & \boldsymbol{I}_3 & 0 & 0 \\ 0 & 0 & 0 & \boldsymbol{O}_1 & 0 \\ 0 & \boldsymbol{A}_2 & 0 & 0 & 0 \\ 0 & 0 & 0 & \boldsymbol{I}_4 & 0 \\ 0 & 0 & 0 & 0 & \boldsymbol{A}_3 \end{bmatrix} \boldsymbol{q}_T = \boldsymbol{A}_T \boldsymbol{q}_T \tag{8.77}
$$

式中,$\boldsymbol{q}_b$、$\boldsymbol{q}_{\mathrm{fb}}$ 与 $\boldsymbol{q}_{\mathrm{cf}}$ 分别是无约束情况下,桨叶、柔性梁与袖套的部件位移列向量,维数分别为 $N_{\mathrm{e}}^b \times 9 + 6$、$N_{\mathrm{e}}^{\mathrm{fb}} \times 9 + 6$ 和 $N_{\mathrm{e}}^{\mathrm{cf}} \times 9 + 6$。$\boldsymbol{A}_T$ 中各方阵的维数如下:$\boldsymbol{I}_1$、$\boldsymbol{I}_2$、$\boldsymbol{I}_3$ 和 $\boldsymbol{I}_4$ 为单位矩阵,矩阵维数分别为 $N_{\mathrm{e}}^b \times 9$、$6$、$N_{\mathrm{e}}^{\mathrm{fb}} \times 9 - 6$ 和 $N_{\mathrm{e}}^{\mathrm{cf}} \times 9 - 6$;零阵 $\boldsymbol{O}_1$ 的维数是 $6$。易知矩阵 $\boldsymbol{A}_T$ 的行数是 $(N_{\mathrm{e}}^b + N_{\mathrm{e}}^{\mathrm{fb}} + N_{\mathrm{e}}^{\mathrm{cf}}) \times 9 + 18$,列数是 $(N_{\mathrm{e}}^b + N_{\mathrm{e}}^{\mathrm{fb}} + N_{\mathrm{e}}^{\mathrm{cf}}) \times 9 - 2$。

### 8.4.3　无轴承旋翼／机体耦合结构有限元矩阵组集

确定了约束处理矩阵 $\boldsymbol{A}_T$ 后,通过矩阵变换可以得到无轴承旋翼桨叶的有限元整体矩阵。为了分析无轴承旋翼／机体耦合结构的气动机械稳定性,需要将各片桨叶的有限元整体矩阵同机体矩阵组集在一起,构成整个系统的矩阵。

需要指出的是,有限元矩阵组集还与采用的气动机械稳定性分析方法有关。在采用特征值方法分析旋翼／机体耦合结构的气动机械稳定性时,在计算特征值之前需要对系统的矩阵进行多桨叶坐标变换,将桨叶运动转换到固定坐标系下。本章为了研究模型的非线性动力学特性对气动机械稳定性的影响,采用了瞬态扰动法分析旋翼／机体耦合结构气动机械稳定性。不同于特征值方法,瞬态扰动法不需要对系统的矩阵进行多桨叶坐标变换,而是直接求解各片桨叶的瞬态响应,通过对各片桨叶的瞬态响应进行多桨叶坐标变换,确定桨叶后退型摆振模态的瞬态响应。所以,采用瞬态扰动法分析旋翼／机体耦合结构气动机械稳定性时,有限元矩阵组集后的旋翼／机体耦合结构有限元方程为

$$
\begin{bmatrix} \boldsymbol{M}_{\mathrm{RR}}^1 & 0 & 0 & \boldsymbol{M}_{\mathrm{RF}}^1 \\ 0 & \ddots & 0 & \vdots \\ 0 & 0 & \boldsymbol{M}_{\mathrm{RR}}^{N_b} & \boldsymbol{M}_{\mathrm{RF}}^{N_b} \\ \boldsymbol{M}_{\mathrm{FR}}^1 & \cdots & \boldsymbol{M}_{\mathrm{FR}}^{N_b} & \sum_{i=1}^{N_b} \boldsymbol{M}_{\mathrm{FF}}^i \end{bmatrix} \begin{Bmatrix} \ddot{\boldsymbol{q}}_T^1 \\ \vdots \\ \ddot{\boldsymbol{q}}_T^{N_b} \\ \ddot{\boldsymbol{x}}_{\mathrm{F}} \end{Bmatrix} + \begin{bmatrix} \boldsymbol{C}_{\mathrm{RR}}^1 & 0 & 0 & \boldsymbol{C}_{\mathrm{RF}}^1 \\ 0 & \ddots & 0 & \vdots \\ 0 & 0 & \boldsymbol{C}_{\mathrm{RR}}^{N_b} & \boldsymbol{C}_{\mathrm{RF}}^{N_b} \\ \boldsymbol{C}_{\mathrm{FR}}^1 & \cdots & \boldsymbol{C}_{\mathrm{FR}}^{N_b} & \sum_{i=1}^{N_b} \boldsymbol{C}_{\mathrm{FF}}^i \end{bmatrix} \begin{Bmatrix} \dot{\boldsymbol{q}}_T^1 \\ \vdots \\ \dot{\boldsymbol{q}}_T^{N_b} \\ \dot{\boldsymbol{x}}_{\mathrm{F}} \end{Bmatrix}
$$

$$+ \begin{bmatrix} \boldsymbol{K}_{\mathrm{RR}}^1 & 0 & 0 & \boldsymbol{K}_{\mathrm{RF}}^1 \\ 0 & \ddots & 0 & \vdots \\ 0 & 0 & \boldsymbol{K}_{\mathrm{RR}}^{N_b} & \boldsymbol{K}_{\mathrm{RF}}^{N_b} \\ \boldsymbol{K}_{\mathrm{FR}}^1 & \cdots & \boldsymbol{K}_{\mathrm{FR}}^{N_b} & \displaystyle\sum_{i=1}^{N_b} \boldsymbol{K}_{\mathrm{FF}}^i \end{bmatrix} \begin{Bmatrix} \boldsymbol{q}_T^1 \\ \vdots \\ \boldsymbol{q}_T^{N_b} \\ \boldsymbol{x}_{\mathrm{F}} \end{Bmatrix} = \begin{Bmatrix} \boldsymbol{F}_{\mathrm{R}}^1 \\ \vdots \\ \boldsymbol{F}_{\mathrm{R}}^{N_b} \\ \displaystyle\sum_{i=1}^{N_b} \boldsymbol{F}_{\mathrm{F}}^i \end{Bmatrix} \qquad (8.78)$$

式中,为区别式(8.70)中的桨叶单元矩阵,约束处理后无轴承旋翼桨叶的有限元整体矩阵用下标 RR 表示。

## 8.5 无轴承旋翼/机体耦合结构气动机械稳定性瞬态求解

旋翼/机体耦合结构气动机械稳定性瞬态求解由三部分构成：① 无轴承旋翼桨叶模态分析；② 旋翼耦合配平计算；③ 时间域瞬态扰动分析。

### 8.5.1 无轴承旋翼桨叶模态分析

采用有限元方法对无轴承旋翼桨叶建模后,所得桨叶动力学矩阵维数较大,严重影响计算效率。直升机旋翼/机体耦合结构气动机械稳定性问题中,旋翼后退型一阶摆振模态和一阶挥舞模态会在旋翼工作转速范围内与机体的俯仰和滚转模态频率相重合,各模态间的耦合影响明显。本节首先对无轴承旋翼桨叶进行固有特性分析,确定前 5 阶模态的固有振型,然后采用该固有振型对无轴承旋翼/机体耦合动力学方程进行模态减缩,以便在保证计算精度的同时提高计算效率。

为了计算桨叶的固有振型和固有频率,对于式(8.78)的无轴承旋翼/机体耦合结构的有限元方程,忽略阻尼矩阵 $\boldsymbol{C}_{\mathrm{RR}}$ 和外载列阵 $\boldsymbol{F}_{\mathrm{R}}$,仅保留桨叶质量矩阵 $\boldsymbol{M}_{\mathrm{RR}}$ 和刚度矩阵 $\boldsymbol{K}_{\mathrm{RR}}$ 的微分方程为

$$\boldsymbol{M}_{\mathrm{RR}} \ddot{\boldsymbol{q}}_T + \boldsymbol{K}_{\mathrm{RR}} \boldsymbol{q}_T = 0 \qquad (8.79)$$

对于自由振动问题,微分方程(8.79)的解是 $\boldsymbol{q}_T = \boldsymbol{q}_{T0} \mathrm{e}^{\mathrm{i}\omega\psi}$,将其代入式(8.79)可得

$$\omega^2 \boldsymbol{q}_{T0} = (\boldsymbol{M}_{\mathrm{RR}})^{-1} \boldsymbol{K}_{\mathrm{RR}} \boldsymbol{q}_{T0} \qquad (8.80)$$

对 $(\boldsymbol{M}_{\mathrm{RR}})^{-1}\boldsymbol{K}_{\mathrm{RR}}$ 进行特征值分析,可确定前 $m$ 阶模态的特征值 $\omega_i^2 (i = 1, 2, \cdots, m)$ 和归一化后的前 $m$ 阶特征向量组成的矩阵 $\boldsymbol{\Phi}_0$。进一步可将物理坐标 $\boldsymbol{q}_T$ 由模态坐标 $\boldsymbol{q}_m$ 代替,得到:

$$\begin{cases} \boldsymbol{q}_T = \boldsymbol{\Phi}_0 \boldsymbol{q}_m \\ \delta\boldsymbol{q}_T = \boldsymbol{\Phi}_0 \delta\boldsymbol{q}_m \end{cases} \qquad (8.81)$$

将式(8.81)代入式(8.78),可实现旋翼/机体耦合结构有限元方程的模态缩聚,模态缩聚后的动力学微分方程为

$$
\begin{bmatrix}
\boldsymbol{\Phi}_0^{\mathrm{T}}\boldsymbol{M}_{\mathrm{RR}}^1\boldsymbol{\Phi}_0 & 0 & 0 & \boldsymbol{\Phi}_0^{\mathrm{T}}\boldsymbol{M}_{\mathrm{RF}}^1 \\
0 & \ddots & 0 & \vdots \\
0 & 0 & \boldsymbol{\Phi}_0^{\mathrm{T}}\boldsymbol{M}_{\mathrm{RR}}^{N_b}\boldsymbol{\Phi}_0 & \boldsymbol{\Phi}_0^{\mathrm{T}}\boldsymbol{M}_{\mathrm{RF}}^{N_b} \\
\boldsymbol{M}_{\mathrm{FR}}^1\boldsymbol{\Phi}_0 & \cdots & \boldsymbol{M}_{\mathrm{FR}}^{N_b}\boldsymbol{\Phi}_0 & \displaystyle\sum_{i=1}^{N_b}\boldsymbol{M}_{\mathrm{FF}}^i
\end{bmatrix}
\begin{Bmatrix}
\ddot{\boldsymbol{q}}_m^1 \\ \vdots \\ \ddot{\boldsymbol{q}}_m^{N_b} \\ \ddot{\boldsymbol{x}}_{\mathrm{F}}
\end{Bmatrix}
$$

$$
+
\begin{bmatrix}
\boldsymbol{\Phi}_0^{\mathrm{T}}\boldsymbol{C}_{\mathrm{RR}}^1\boldsymbol{\Phi}_0 & 0 & 0 & \boldsymbol{\Phi}_0^{\mathrm{T}}\boldsymbol{C}_{\mathrm{RF}}^1 \\
0 & \ddots & 0 & \vdots \\
0 & 0 & \boldsymbol{\Phi}_0^{\mathrm{T}}\boldsymbol{C}_{\mathrm{RR}}^{N_b}\boldsymbol{\Phi}_0 & \boldsymbol{\Phi}_0^{\mathrm{T}}\boldsymbol{C}_{\mathrm{RF}}^{N_b} \\
\boldsymbol{C}_{\mathrm{FR}}^1\boldsymbol{\Phi}_0 & \cdots & \boldsymbol{C}_{\mathrm{FR}}^{N_b}\boldsymbol{\Phi}_0 & \displaystyle\sum_{i=1}^{N_b}\boldsymbol{C}_{\mathrm{FF}}^i
\end{bmatrix}
\begin{Bmatrix}
\dot{\boldsymbol{q}}_m^1 \\ \vdots \\ \dot{\boldsymbol{q}}_m^{N_b} \\ \dot{\boldsymbol{x}}_{\mathrm{F}}
\end{Bmatrix}
$$

$$
+
\begin{bmatrix}
\boldsymbol{\Phi}_0^{\mathrm{T}}\boldsymbol{K}_{\mathrm{RR}}^1\boldsymbol{\Phi}_0 & 0 & 0 & \boldsymbol{\Phi}_0^{\mathrm{T}}\boldsymbol{K}_{\mathrm{RF}}^1 \\
0 & \ddots & 0 & \vdots \\
0 & 0 & \boldsymbol{\Phi}_0^{\mathrm{T}}\boldsymbol{K}_{\mathrm{RR}}^{N_b}\boldsymbol{\Phi}_0 & \boldsymbol{\Phi}_0^{\mathrm{T}}\boldsymbol{K}_{\mathrm{RF}}^{N_b} \\
\boldsymbol{K}_{\mathrm{FR}}^1\boldsymbol{\Phi}_0 & \cdots & \boldsymbol{K}_{\mathrm{FR}}^{N_b}\boldsymbol{\Phi}_0 & \displaystyle\sum_{i=1}^{N_b}\boldsymbol{K}_{\mathrm{FF}}^i
\end{bmatrix}
\begin{Bmatrix}
\boldsymbol{q}_m^1 \\ \vdots \\ \boldsymbol{q}_m^{N_b} \\ \boldsymbol{x}_{\mathrm{F}}
\end{Bmatrix}
=
\begin{Bmatrix}
\boldsymbol{\Phi}_0^{\mathrm{T}}\boldsymbol{F}_{\mathrm{R}}^1 \\ \vdots \\ \boldsymbol{\Phi}_0^{\mathrm{T}}\boldsymbol{F}_{\mathrm{R}}^{N_b} \\ \displaystyle\sum_{i=1}^{N_b}\boldsymbol{F}_{\mathrm{F}}^i
\end{Bmatrix}
\tag{8.82}
$$

### 8.5.2　旋翼耦合配平计算

在分析无轴承旋翼/机体耦合结构的气动机械稳定性之前,还需要进行旋翼耦合配平计算,确定在不同旋翼转速和前进比下旋翼桨叶的稳态响应与旋翼操纵量。

根据配平方式的不同,可将配平方法大致分为推进配平和风洞配平。推进配平假设任意飞行状态,直升机发动机所能提供的功率能够满足直升机需用功率的要求,所要配平的操纵量是旋翼总距 $\theta_{75}$、横向和纵向周期变距 $\theta_{1c}$ 和 $\theta_{1s}$、机体俯仰角 $\alpha_s$ 和滚转角 $\phi_s$ 以及尾桨总距 $\theta_{tr}$;风洞配平则模拟风洞试验,在给定机体俯仰姿态角 $\alpha_s$ 和前进比 $\mu$ 下,通过配平旋翼总距 $\theta_{75}$,横向和纵向周期变距 $\theta_{1c}$ 和 $\theta_{1s}$,使得旋翼拉力系数 $C_T$ 与所需拉力系数 $C_T^*$ 一致,而桨毂滚转力矩系数 $C_{mx}$ 和俯仰力矩系数 $C_{my}$ 最小。

在进行悬停状态风洞配平时,旋翼横向和纵向周期变距都是零,只需对旋翼总距 $\theta_{75}$ 进行配平使计算得到的拉力系数 $C_T$ 与所需拉力系数 $C_T^*$ 一致即可。而在某些时候进行悬停状态风洞配平时,需要对旋翼拉力系数 $C_T$ 进行配平,使得在某总距角下计算得到的拉力系数与计算旋翼入流所用到的拉力系数一致。

本节采用 Newton - Raphson 算法对旋翼操纵量进行迭代配平,对于前飞状态下的风洞配平,按下式对第 $i$ 迭代步的旋翼操纵量进行更新:

$$
\begin{Bmatrix} \Delta\theta_{75} \\ \Delta\theta_{1c} \\ \Delta\theta_{1s} \end{Bmatrix} = \begin{bmatrix} \dfrac{\partial C_T}{\partial \theta_{75}} & \dfrac{\partial C_T}{\partial \theta_{1c}} & \dfrac{\partial C_T}{\partial \theta_{1s}} \\ \dfrac{\partial C_{mx}}{\partial \theta_{75}} & \dfrac{\partial C_{mx}}{\partial \theta_{1c}} & \dfrac{\partial C_{mx}}{\partial \theta_{1s}} \\ \dfrac{\partial C_{my}}{\partial \theta_{75}} & \dfrac{\partial C_{my}}{\partial \theta_{1c}} & \dfrac{\partial C_{my}}{\partial \theta_{1s}} \end{bmatrix}^{-1} \begin{Bmatrix} C_T^* - C_T \\ - C_{mx} \\ - C_{my} \end{Bmatrix} = \boldsymbol{J}_c^{-1} \begin{Bmatrix} C_T^* - C_T \\ - C_{mx} \\ - C_{my} \end{Bmatrix} \quad (8.83)
$$

$$
\begin{Bmatrix} \theta_{75} \\ \theta_{1c} \\ \theta_{1s} \end{Bmatrix}_{i+1} = \begin{Bmatrix} \theta_{75} \\ \theta_{1c} \\ \theta_{1s} \end{Bmatrix}_i + \eta_{\text{trim}} \begin{Bmatrix} \Delta\theta_{75} \\ \Delta\theta_{1c} \\ \Delta\theta_{1s} \end{Bmatrix} \quad (8.84)
$$

式中, $\boldsymbol{J}_c$ 是雅可比矩阵, $\eta_{\text{trim}}$ 是为了提高算法收敛速度设置的数值阻尼。迭代终止的条件如下:

$$
\varepsilon_{\text{trim}} = \sqrt{(C_T^* - C_T)^2 + C_{mx}^2 + C_{my}^2} < \varepsilon_0 \quad (8.85)
$$

式中, $\varepsilon_0$ 是一个给定的小量。在给定旋翼操纵的情况下,为了确定对应的旋翼拉力系数和桨毂俯仰、滚转力矩系数,本节先采用时间有限元方法计算桨叶的稳态响应,再采用力积分法根据桨叶的稳态响应计算旋翼拉力系数和桨毂俯仰、滚转力矩系数。

在时间有限元方法中,将旋翼旋转一圈的方位角离散为多个单元,单元内桨叶的气弹响应通过对单元节点处的气弹响应进行插值确定,将桨叶运动微分方程离散为代数方程,并对方位角在 0° 和 360° 处施加周期性边界条件。随后通过不断迭代确定桨叶的稳态响应。时间有限元法的具体计算过程可参考相关文献(Panda et al., 1987)。

在确定了桨叶的稳态响应后,便可采用力积分法(Chopra et al., 1992)计算旋翼拉力系数 $C_T$、桨毂俯仰力矩系数 $C_{my}$ 和滚转力矩系数 $C_{mx}$。首先,将桨叶各剖面处的惯性载荷和气动载荷向桨叶根部积分,确定各片桨叶根部的力和力矩。然后,采用坐标变换,确定桨毂中心的力和力矩。最后,按如下公式确定桨毂的旋翼拉力系数和桨毂俯仰、滚转力矩系数:

$$
\begin{cases} C_T = \dfrac{T}{\rho_a \pi R^2 (\Omega R)^2} = \dfrac{T}{m_0 (\Omega R)^2} \dfrac{m_0}{\rho_a \pi R^2} = \bar{T} \dfrac{3c_l \bar{c}}{\pi \gamma} \\[4mm] C_{mx} = \bar{F}_{mx} \dfrac{3c_l \bar{c}}{\pi \gamma} \\[4mm] C_{my} = \bar{F}_{my} \dfrac{3c_l \bar{c}}{\pi \gamma} \end{cases} \quad (8.86)
$$

式中，$\bar{T}$、$\bar{F}_{mx}$ 和 $\bar{F}_{my}$ 分别是桨毂中心处归一化后的旋翼拉力、滚转力矩和俯仰力矩，$\bar{c}$ 是归一化后的桨叶弦长。

### 8.5.3　时间域瞬态扰动分析

对于直升机旋翼／机体耦合结构的气动机械稳定性问题，相比于其他模态，旋翼和机体运动之间的耦合更容易使旋翼后退型摆振模态的阻尼不足，使耦合系统失稳。采用时间域瞬态扰动法分析旋翼／机体耦合结构的旋翼后退型摆振模态的稳定性时，需要对各片桨叶施加外激励，激起旋翼后退型摆振模态，然后撤去激励，通过对旋翼摆振模态的自由响应进行阻尼识别，确定旋翼后退型摆振模态的阻尼。为了激起旋翼后退型摆振模态，各片桨叶需同时激励。激励方式有两种，一种是通过周期性地改变桨叶变距，利用桨叶各运动之间的耦合，激起旋翼后退型摆振模态；另一种是直接在桨叶摆振方向或对桨叶摆振模态方程施加外激励，激起旋翼后退型摆振模态。与第二种方法相比，第一种方法在激起旋翼后退型摆振模态的同时，会产生较大的挥舞方向的气弹响应，影响旋翼后退型摆振模态阻尼的识别精度（Yeo et al., 2010）。本节采用第二种方法激起旋翼后退型摆振模态。作用于第 $i$ 片桨叶摆振模态运动方程的外激励载荷为如下形式：

$$F_{\text{excite}}^i = F_0 \cos\left[\omega_\xi t + \frac{2\pi}{N_b}(i-1)\right] \tag{8.87}$$

式中，$F_0$ 是外激励载荷的幅值，$\omega_\xi$ 是桨叶一阶摆振模态的频率。本节采用 Newmark - Newton - Raphson 算法求解系统的瞬态响应，确定桨叶各模态与机体模态的响应。模态空间内无轴承旋翼／机体耦合结构在 $t_{n+1}$ 时刻的动力学方程式（8.82）可以写为

$$\boldsymbol{M}_{n+1}\,\ddot{\boldsymbol{a}}_{n+1} + \boldsymbol{C}_{n+1}\,\dot{\boldsymbol{a}}_{n+1} + \boldsymbol{K}_{n+1}\boldsymbol{a}_{n+1} = \boldsymbol{F}_{n+1} \tag{8.88}$$

式中，外载列阵 $\boldsymbol{F}_{n+1}$ 包含了位移 $\boldsymbol{a}_{n+1}$、速度 $\dot{\boldsymbol{a}}_{n+1}$ 和加速度 $\ddot{\boldsymbol{a}}_{n+1}$ 的非线性项，质量、阻尼和刚度矩阵均随时间变化。假设 $t_{n+1}$ 时刻的速度和加速度如下：

$$\begin{cases} \dot{\boldsymbol{a}}_{n+1} = c_1\boldsymbol{a}_{n+1} - c_1\boldsymbol{a}_n - c_4\,\dot{\boldsymbol{a}}_n - c_5\,\ddot{\boldsymbol{a}}_n \\ \ddot{\boldsymbol{a}}_{n+1} = c_0\boldsymbol{a}_{n+1} - c_0\boldsymbol{a}_n - c_2\,\dot{\boldsymbol{a}}_n - c_3\,\ddot{\boldsymbol{a}}_n \end{cases} \tag{8.89}$$

式中，$c_0 = \dfrac{1}{\beta_N\Delta t^2}$，$c_1 = \dfrac{\gamma}{\beta_N\Delta t}$，$c_2 = \dfrac{1}{\beta_N\Delta t}$，$c_3 = \dfrac{1}{2\beta_N} - 1$，$c_4 = \dfrac{\gamma_N}{\beta_N} - 1$，$c_5 = \dfrac{\gamma_N\Delta t}{2\beta_N} - \Delta t$。$n$ 指 $t_n$ 时刻，$\Delta t = t_{n+1} - t_n$，$\beta_N$ 和 $\gamma_N$ 是 Newmark 系数。将式（8.89）代入式（8.88）可得

$$\bar{K}_{n+1}a_{n+1} = F_{n+1} + Q_{n+1} \qquad (8.90)$$

式中，$\bar{K}_{n+1} = c_0 M_{n+1} + c_1 C_{n+1} + K_{n+1}$，$Q_{n+1} = M_{n+1}(c_0 a_n + c_2 \dot{a}_n + c_3 \ddot{a}_n) + C_{n+1}(c_1 a_n + c_4 \dot{a}_n + c_5 \ddot{a}_n)$。由于 $F_{n+1}$ 中包含 $a_{n+1}$ 的非线性项，在此采用 Newton‑Raphson 算法求解式(8.90)。对式(8.90)关于 $a_{n+1}$ 进行一阶泰勒级数展开，可得

$$\bar{K}_{n+1}a_{n+1} - F_{n+1} - Q_{n+1} + \left[\bar{K}_{n+1} - \left(\frac{\partial F}{\partial a}\right)_{n+1}\right]\Delta a_{n+1} = 0 \qquad (8.91)$$

对于第 $j$ 迭代步，可由式(8.91)确定 $\Delta a_{n+1}^{j}$ 为

$$\Delta a_{n+1}^{j} = -\left[\bar{K}_{n+1} - \left(\frac{\partial F}{\partial a}\right)_{n+1}^{j}\right]^{-1}(\bar{K}_{n+1}a_{n+1}^{j} - F_{n+1}^{j} - Q_{n+1}) \qquad (8.92)$$

式中，$\left(\dfrac{\partial F}{\partial a}\right)_{n+1}^{j} = \left(\dfrac{\partial F}{\partial a_{n+1}} + \dfrac{\partial F}{\partial \dot{a}_{n+1}}\dfrac{\partial \dot{a}_{n+1}}{\partial a_{n+1}} + \dfrac{\partial F}{\partial \ddot{a}_{n+1}}\dfrac{\partial \ddot{a}_{n+1}}{\partial a_{n+1}}\right)^{j} = \left(\dfrac{\partial F}{\partial a} + c_1\dfrac{\partial F}{\partial \dot{a}} + c_0\dfrac{\partial F}{\partial \ddot{a}}\right)_{n+1}^{j}$，$\dfrac{\partial F}{\partial a}$、$\dfrac{\partial F}{\partial \dot{a}}$ 和 $\dfrac{\partial F}{\partial \ddot{a}}$ 是雅可比矩阵。对于第 $j+1$ 迭代步，对 $a_{n+1}^{j+1}$ 进行迭代更新如下：

$$a_{n+1}^{j+1} = a_{n+1}^{j} + \Delta a_{n+1}^{j} \qquad (8.93)$$

当 $\Delta a_{n+1}^{j}$ 和 $a_{n+1}^{j}$ 欧式范数的比值小于给定的小量 $\varepsilon_{\text{tol}}$ 时，迭代停止，即

$$\frac{\|\Delta a_{n+1}^{j}\|_2}{\|a_{n+1}^{j}\|_2} \leqslant \varepsilon_{\text{tol}} \qquad (8.94)$$

在确定 $a_{n+1}$ 后，采用式(8.89)计算 $\dot{a}_{n+1}$ 和 $\ddot{a}_{n+1}$，并步进到下一时刻。当计算得到了桨叶在不同时刻的气弹响应后，通过对各片桨叶摆振模态的响应 $\xi^i$ 进行多桨叶坐标变换可以确定旋翼后退型摆振模态的响应 $\xi_{1c}$ 如下：

$$\xi_{1c} = \frac{2}{N_b}\sum_{i=1}^{N_b}\xi^i\cos\psi^i \qquad (8.95)$$

当旋翼后退型摆振模态的响应在外激励载荷作用下达到稳态时，撤去外激励载荷，计算旋翼后退型摆振模态的自由响应。然后利用基于傅里叶级数的移动矩形窗方法(Smith et al., 1999)从自由响应中识别旋翼后退型摆振模态的阻尼。

采用瞬态分析法分析旋翼/机体耦合结构气动机械稳定性的整个分析的流程图如图8.7所示。

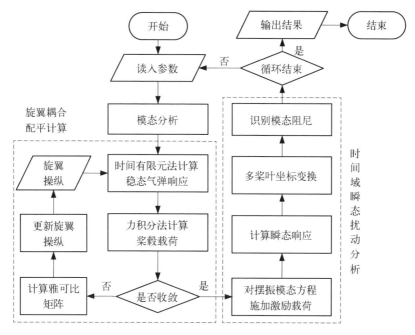

图 8.7　旋翼／机体耦合结构气动机械稳定性分析的瞬态求解流程图

## 8.6　无轴承旋翼／机体耦合结构气动机械稳定性验证

本节采用文献中 ITR 无轴承旋翼直升机模型（Jang et al.，1988）验证所建无轴承旋翼／机体耦合结构气动机械动力学模型和本章瞬态求解法的准确性。ITR 无轴承旋翼是 Boeing 公司设计研发的试验旋翼，如图 8.8 所示，在 ITR 无轴承旋翼中，袖套与柔性梁之间没有布置黏弹减摆器，袖套内侧根部通过摆振销与桨毂中心相连。马里兰大学 Chopra 教授课题组对 ITR 无轴承旋翼进行了大量的理论计算和风洞试验研究（Wang，1991；Jang et al.，1988），并在相关文献中给出了详细的

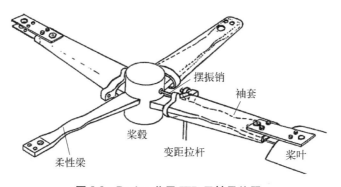

图 8.8　Boeing 公司 ITR 无轴承旋翼

模型参数和试验结果,所以本节采用该直升机模型进行验证。ITR 无轴承旋翼直升机模型的主要参数如表 8.1 所示。本节中,除了给出单位的参数,其余参数与计算结果均无量纲。需要指出的是,在进行风洞试验时,为模拟悬停和前飞状态,机体模型重心处的万向铰用具有较小刚度的弹簧进行约束,地面工作状态时则用具有较大刚度的弹簧进行约束。

表 8.1　ITR 无轴承旋翼直升机模型参数

| 参　　数 | 数　值 | 参　　数 | 数　值 |
|---|---|---|---|
| 桨叶片数/片 | 4 | 机体滚转惯性矩/m⁴ | 1.762 |
| 旋翼转速/(r/min) | 817 | 机体俯仰模态频率/Hz | 7.25（地面）、0.38(空中) |
| 旋翼半径/m | 0.914 | | |
| 柔性梁长度/m | 0.167 | 机体滚转模态频率/Hz | 2.71(地面)、0.95(空中) |
| 桨叶弦长/m | 0.085 | | |
| 桨毂距机体重心高度/m | 0.297 | 机体俯仰模态阻尼比 | 1.8% |
| 机体俯仰惯性矩/m⁴ | 10.271 | 机体滚转模态阻尼比 | 1.2% |

### 8.6.1　无轴承旋翼桨叶动力学模型验证

本节对 ITR 无轴承旋翼桨叶进行固有特性分析,验证所建动力学模型的准确性。旋翼工作转速下,无轴承旋翼桨叶前五阶模态固有频率的本节计算值与文献(Chopra et al., 1992)提供的试验值如表 8.2 所示,可以看出计算结果与试验值具有较好的一致性,相对误差在 5%以内。

表 8.2　无轴承旋翼桨叶固有频率及误差

| 桨叶模态 | 本节计算值 | 文献试验值 | 相对误差 |
|---|---|---|---|
| 摆振 1 阶 | 0.719 | 0.702 | 2.42% |
| 挥舞 1 阶 | 1.066 | 1.070 | 0.37% |
| 挥舞 2 阶 | 2.966 | 2.905 | 1.02% |
| 扭转 1 阶 | 4.655 | 4.832 | 3.66% |
| 挥舞 3 阶 | 5.722 | 5.746 | 0.42% |

旋翼工作转速下无轴承旋翼桨叶前五阶模态固有振型如图 8.9 至图 8.11 所示,图中 B 指桨叶段,FB 指柔性梁段,CF 指袖套段。可以看出,由于袖套内侧根部非固支,所以该处所对应的振型值均不为零;柔性梁内侧根部固支,所以柔性梁内侧根部对应的振型值均为零。

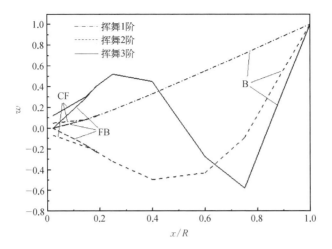

图 8.9　无轴承旋翼桨叶挥舞模态固有振型图

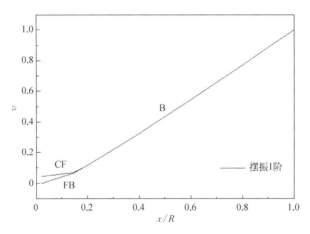

图 8.10　无轴承旋翼桨叶摆振模态固有振型图

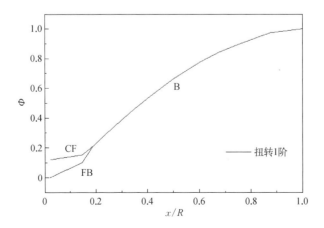

图 8.11　无轴承旋翼桨叶扭转模态固有振型图

　　计算不同转速下无轴承旋翼桨叶前五阶模态的固有频率,将其与桨叶旋转频率的整数倍绘制在同一图上即可得到无轴承旋翼桨叶的共振图,如图 8.12 所示。图中,1F、2F 和 3F 代表前三阶挥舞模态,1L 代表摆振 1 阶模态,1T 代表扭转 1 阶模态。可以看出,本节计算得到的前五阶模态的固有频率与文献中(Jang et al.,1988)的计算值一致性较好,说明本书所建动力学模型能够准确反映无轴承旋翼桨叶的动力学特性。另外,从图 8.12 还可以看出,旋翼转速为工作转速 817 r/min时,挥舞 1 阶模态频率与旋翼旋转频率接近,其余各模态的固有频率均远离桨叶旋转频率的整数倍,而旋翼挥舞方向气动阻尼很大,所以旋翼转速达到工作转速时,ITR 模型旋翼不会出现桨叶共振。

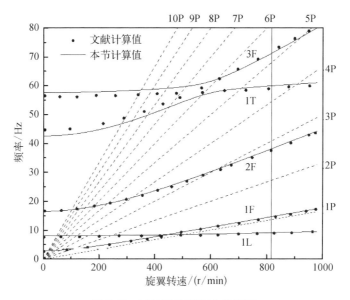

**图 8.12　无轴承旋翼桨叶共振图**

### 8.6.2　无轴承旋翼耦合配平算法验证

　　本节通过对 ITR 无轴承旋翼进行前飞状态下耦合配平计算,将计算值与试验值比较,验证本章所采用的无轴承旋翼耦合配平计算方法的准确性。本节根据文献(Jang,1988)给出的旋翼拉力系数 $C_T$ 和不同前进比下的机体俯仰角 $\alpha_s$ 进行风洞配平,确定所需的旋翼总距操纵 $\theta_{75}$ 与旋翼周期变距操纵 $\theta_{1c}$ 和 $\theta_{1s}$。计算得到的旋翼操纵 $\theta_{75}$、$\theta_{1c}$ 和 $\theta_{1s}$ 以及机体俯仰角 $\alpha_s$ 随前进比变化如图 8.13 所示。从图8.13可以看出,本节计算值与文献试验值的一致性较好,验证了本章所采用的无轴承旋翼耦合配平计算方法的准确性。可以看出,总距角 $\theta_{75}$ 随前进比的增大,先减小后增大,呈马鞍形,与旋翼需用功率随前进比的变化相类似。机体俯仰角 $\alpha_s$ 则随前进比的增大而增大,这主要是随着前进比的增加,为了克服不断增加的阻力,需使桨盘平面前倾以保证平衡。横向周期变距 $\theta_{1c}$ 随前进比的增大而先增大后减小再增大,纵向周期变距 $-\theta_{1s}$ 则随前进比的增大先增大后略有减小。

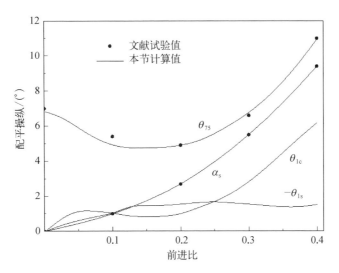

图 8.13　旋翼操纵和机体俯仰角随前进比变化

### 8.6.3　耦合结构气动机械稳定性验证

为了验证采用时间域瞬态扰动法计算旋翼/机体耦合结构气动机械稳定性的准确性,本节计算了在地面工作、悬停和前飞状态下 ITR 无轴承旋翼/机体耦合结构的气动机械稳定性,计算结果如图 8.14 至图 8.18 所示,图中除了采用时间域瞬态扰动法的计算结果和试验值(Jang,1988)外,还给出了采用特征值方法计算得到的结果。

图 8.14 和图 8.16 给出了不同旋翼转速下 ITR 无轴承旋翼/机体耦合结构各模态的频率,图中 LP 和 LR 分别指旋翼前进型和后退型摆振模态,FP 和 FR 分别指旋翼前进型和后退型挥舞模态,Roll 和 Pitch 分别指机体滚转和俯仰模态。图 8.15 和图 8.17 给出了不同旋翼转速下旋翼后退型摆振模态的阻尼。图 8.18 给出了前飞状态不同前进比下旋翼后退型摆振模态的阻尼。从图 8.14 至图 8.18 可以看出,本节采用时间域瞬态扰动法计算得到的在地面、悬停和前飞状态下无轴承旋翼/机体耦合结构气动机械稳定性的结果与采用特征值法的计算结果以及试验结果均能较好地吻合,从而验证了本章所建分析模型与计算方法的准确性。

在地面工作时,旋翼总距角为 0°。从图 8.14 可以看出,当旋翼转速等于 340 r/min 和 670 r/min 时,旋翼后退型摆振模态的频率等于机体俯仰模态的频率;当旋翼转速等于 900 r/min 时,旋翼后退型摆振模态的频率等于机体滚转模态的频率。在这些转速下,旋翼和机体之间的耦合影响增加,会使旋翼后退型摆振模态的阻尼发生变化,有可能发生无轴承旋翼/机体耦合结构的气动机械动不稳定性,即"地面共振"。从图 8.15 可以看出,当旋翼转速大于 892 r/min 时,由于旋翼后退型摆振模态与机体滚转模态之间的耦合,旋翼后退型摆振模态阻尼-s 小于 0,将发生无轴承旋翼/机体耦合结构的气动机械动不稳定性,即发生"地面共振"。

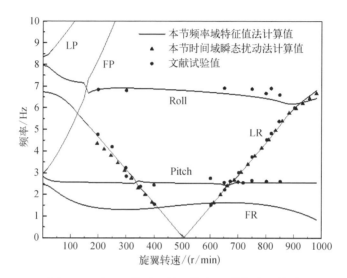

图 8.14 地面工作时无轴承旋翼/机体耦合结构的各模态频率随旋翼转速变化

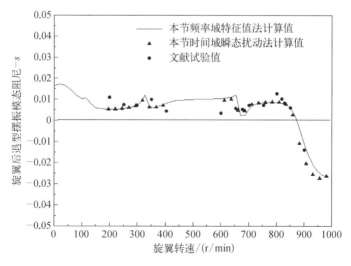

图 8.15 地面工作时无轴承旋翼/机体耦合结构的旋翼后退型摆振模态阻尼随旋翼转速变化

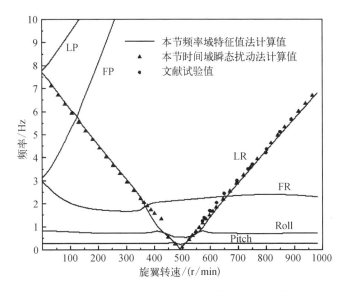

**图 8.16**　悬停状态下无轴承旋翼/机体耦合结构的
各模态频率随旋翼转速变化

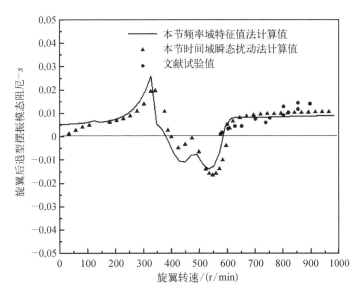

**图 8.17**　悬停状态下无轴承旋翼/机体耦合结构的旋翼后退型
摆振模态阻尼随旋翼转速变化

　　在悬停状态下,旋翼总距为 8°。从图 8.16 可以看出,当旋翼转速等于 430 r/min
和 540 r/min 时,旋翼后退型摆振模态的频率等于机体滚转模态的频率;当旋翼转速
等于 470 r/min 和 510 r/min 时,旋翼后退型摆振模态的频率等于机体俯仰模态的
频率。在这些转速下,旋翼和机体之间的耦合影响增加,会使旋翼后退型摆振模态

的阻尼发生变化,有可能发生悬停状态下无轴承旋翼/机体耦合结构的气动机械动不稳定性,即悬停状态下的"空中共振"。从图 8.17 可以看出,当旋翼转速大于 380 r/min 小于 590 r/min 时,由于旋翼后退型摆振模态与机体滚转模态之间的耦合,旋翼后退型摆振模态阻尼$-s$ 小于 0,将发生无轴承旋翼/机体耦合结构的气动机械动不稳定性,此转速区为旋翼转速不稳定区。当旋翼转速达到 330 r/min 时,旋翼后退型摆振模态与旋翼后退型挥舞模态之间的耦合会使旋翼后退型摆振模态的阻尼大幅增加。

根据图 8.13 给出的配平结果对旋翼施加操纵,分析前飞状态下无轴承直升机旋翼/机体耦合结构的气动机械稳定性。从图 8.18 可以看出,旋翼后退型摆振模态阻尼$-s$ 随前进比小幅变化,在任何前进比下,$-s$ 均大于 0,耦合系统稳定,不会发生无轴承旋翼/机体耦合结构的气动机械动不稳定性,即"空中共振"。

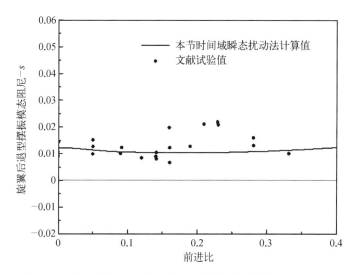

图 8.18　前飞状态下无轴承旋翼/机体耦合结构的旋翼后退型摆振模态阻尼随前进比变化

# 第9章

# 不同桨尖形状无轴承旋翼/机体耦合结构
# 气动机械动力学

## 9.1 引言

改变旋翼桨尖形状可以使桨盘附近区域的旋翼流场发生变化,从而改变旋翼的气动性能和噪声水平。但是,改变桨尖形状会使桨尖部分的气动力也随之改变,从而增加了桨叶弯曲与扭转方向运动之间的耦合,并对旋翼的气弹动力学性能产生重要影响。

现有的不同桨尖形状旋翼气弹动力学研究多集中于孤立旋翼系统气弹响应和旋翼振动载荷(Kim et al., 1992; Yuan et al., 1992a, 1992b; Celi, 1987),不同桨尖形状旋翼/机体耦合结构气动机械稳定性的研究(Bir et al., 1994)十分有限。直升机的旋翼运动和机体运动相互影响,具有十分明显的旋翼/机体耦合运动效应,桨尖形状的改变必然会对旋翼/机体耦合结构的气动机械稳定性产生重要影响。分析桨尖形状对旋翼/机体耦合结构气动机械稳定性的影响,不仅能发现桨尖形状与稳定性之间的联系,而且能为桨尖形状的优化设计提供重要依据,保证具有优良气动性能的桨尖形状不会降低旋翼/机体耦合结构的气动机械稳定性。

本章系统研究了不同桨尖形状(单折桨尖和双折桨尖)无轴承旋翼/机体耦合结构的气动机械稳定性。首先,基于中等变形梁理论构建了不同桨尖无轴承旋翼/机体耦合结构的气动机械动力学有限元模型,在桨尖单元与桨叶单元组集时,考虑了桨尖形状引入的非线性位移协调条件。然后,采用ITR无轴承旋翼模型,分析了在地面工作、悬停和前飞状态下单折桨尖(前掠、后掠、上反、下反、组合变形和尖削)对无轴承旋翼/机体耦合结构气动机械稳定性的影响。最后分析了在地面工作、悬停和前飞状态下双折桨尖(外侧后折桨尖下反角、外侧后折桨尖后掠角、内侧前折桨尖前掠角、内侧前折桨尖起始位置、外侧后折桨尖起始位置)对无轴承旋翼/机体耦合结构气动机械稳定性的影响。

## 9.2 不同桨尖形状的耦合结构气动机械动力学建模

为了分析桨尖形状对无轴承旋翼/机体耦合结构气动机械稳定性的影响,需要建立不同桨尖形状无轴承旋翼/机体耦合结构的气动机械动力学模型,考虑桨尖形状改变对无轴承旋翼/机体耦合结构气动机械动力学方程的影响。本章在桨尖部分进行动力学建模时,首先对桨尖部分建立坐标系;然后推导桨尖部分的虚动能和外力虚功项,采用 Hamilton 原理得到桨尖部分的动力学方程;最后对桨尖部分的动力学方程进行有限元离散得到桨尖的单元矩阵,并利用桨尖单元与桨叶单元连接节点处位移的非线性变换,将桨尖单元组集到无轴承旋翼桨叶上,得到不同桨尖形状无轴承旋翼/机体耦合结构的气动机械动力学有限元方程。

### 9.2.1    桨尖坐标系

本章研究的桨尖形状包括单折桨尖和双折桨尖,其中单折桨尖包括前掠、后掠、上反、下反和尖削,双折桨尖包括内侧前折桨尖前掠、外侧后折桨尖后掠、外侧后折桨尖下反。为描述桨尖部分任意一点变形前后的位置,需要对桨尖部分定义坐标系,在8.2 节定义的坐标系的基础上,定义桨尖内侧前折段变形前坐标系 $(X_{tip1}, Y_{tip1}, Z_{tip1})$、桨尖内侧前折段变形后坐标系 $(x_{tip1}, y_{tip1}, z_{tip1})$、桨尖外侧后折段变形前坐标系 $(X_{tip2}, Y_{tip2}, Z_{tip2})$ 和桨尖外侧后折段变形后坐标系 $(x_{tip2}, y_{tip2}, z_{tip2})$,如图 9.1 所示。

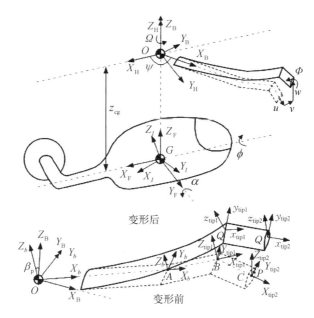

**图 9.1    含不同桨尖形状的旋翼/机体耦合结构坐标系示意图**

(1)桨尖内侧前折段变形前坐标系 $(X_{tip1}, Y_{tip1}, Z_{tip1})$,单位矢量 $(\boldsymbol{i}_{tip1}, \boldsymbol{j}_{tip1}, \boldsymbol{k}_{tip1})$:坐标原点位于变形前桨尖内侧前折段剖面的弹性中心,坐标轴 $Y_{tip1}$ 和坐标轴 $Z_{tip1}$ 与剖面弹性主轴方向一致。桨尖内侧前折段变形前坐标系 $(X_{tip1}, Y_{tip1},$

$Z_{\text{tip1}}$）由桨叶变形前坐标系（$X_b$，$Y_b$，$Z_b$）经过前掠变换后得到,两坐标系之间存在如下转换关系:

$$\begin{Bmatrix} \boldsymbol{i}_{\text{tip1}} \\ \boldsymbol{j}_{\text{tip1}} \\ \boldsymbol{k}_{\text{tip1}} \end{Bmatrix} = \boldsymbol{T}_{A1} \begin{Bmatrix} \boldsymbol{i}_b \\ \boldsymbol{j}_b \\ \boldsymbol{k}_b \end{Bmatrix} \tag{9.1}$$

式中,$\boldsymbol{T}_{A1} = \begin{bmatrix} \cos \varLambda_{\text{s1}} & -\sin \varLambda_{\text{s1}} & 0 \\ \sin \varLambda_{\text{s1}} & \cos \varLambda_{\text{s1}} & 0 \\ 0 & 0 & 1 \end{bmatrix}$,$\varLambda_{\text{s1}}$ 是桨尖内侧前折段的后掠角,前掠角取负值。

（2）桨尖内侧前折段变形后坐标系（$x_{\text{tip1}}$，$y_{\text{tip1}}$，$z_{\text{tip1}}$）,单位矢量（$\boldsymbol{i}_{\text{tip1}}$，$\boldsymbol{j}_{\text{tip1}}$，$\boldsymbol{k}_{\text{tip1}}$）:坐标原点位于变形后桨尖内侧前折段剖面的弹性中心,坐标轴 $y_{\text{tip1}}$ 和坐标轴 $z_{\text{tip1}}$ 与剖面弹性主轴方向一致。桨尖内侧前折段变形后坐标系和桨尖变形前坐标系之间存在如下转换关系:

$$\begin{Bmatrix} \boldsymbol{i}_{\text{tip1}} \\ \boldsymbol{j}_{\text{tip1}} \\ \boldsymbol{k}_{\text{tip1}} \end{Bmatrix} = \boldsymbol{T}_{db} \begin{Bmatrix} \boldsymbol{i}_{\text{tip1}} \\ \boldsymbol{j}_{\text{tip1}} \\ \boldsymbol{k}_{\text{tip1}} \end{Bmatrix} \tag{9.2}$$

式中,坐标系转换矩阵 $\boldsymbol{T}_{db}$ 已在式(8.4)中给出。

（3）桨尖外侧后折段变形前坐标系（$X_{\text{tip2}}$，$Y_{\text{tip2}}$，$Z_{\text{tip2}}$）,单位矢量（$\boldsymbol{i}_{\text{tip2}}$，$\boldsymbol{j}_{\text{tip2}}$，$\boldsymbol{k}_{\text{tip2}}$）:坐标原点位于变形前桨尖外侧后折段剖面的弹性中心。桨尖外侧后折段变形前坐标系（$X_{\text{tip2}}$，$Y_{\text{tip2}}$，$Z_{\text{tip2}}$）由桨叶变形前坐标系（$X_b$，$Y_b$，$Z_b$）经过后掠和下反变换后得到,两坐标系之间存在如下转换关系:

$$\begin{Bmatrix} \boldsymbol{i}_{\text{tip2}} \\ \boldsymbol{j}_{\text{tip2}} \\ \boldsymbol{k}_{\text{tip2}} \end{Bmatrix} = \boldsymbol{T}_{A2} \begin{Bmatrix} \boldsymbol{i}_b \\ \boldsymbol{j}_b \\ \boldsymbol{k}_b \end{Bmatrix} \tag{9.3}$$

式中,$\boldsymbol{T}_{A2} = \begin{bmatrix} \cos \varLambda_{\text{d2}} & 0 & -\sin \varLambda_{\text{d2}} \\ 0 & 1 & 0 \\ \sin \varLambda_{\text{d2}} & 0 & \cos \varLambda_{\text{d2}} \end{bmatrix} \begin{bmatrix} \cos \varLambda_{\text{s2}} & -\sin \varLambda_{\text{s2}} & 0 \\ \sin \varLambda_{\text{s2}} & \cos \varLambda_{\text{s2}} & 0 \\ 0 & 0 & 1 \end{bmatrix}$,$\varLambda_{\text{s2}}$ 和 $\varLambda_{\text{d2}}$ 分别是桨尖外侧后折段的后掠角和下反角,前掠角和上反角取负值。

（4）桨尖外侧后折段变形后坐标系（$x_{\text{tip2}}$，$y_{\text{tip2}}$，$z_{\text{tip2}}$）,单位矢量（$\boldsymbol{i}_{\text{tip2}}$，$\boldsymbol{j}_{\text{tip2}}$，$\boldsymbol{k}_{\text{tip2}}$）:坐标原点位于变形后桨尖外侧后折段剖面的弹性中心,坐标轴 $y_{\text{tip2}}$ 和坐标轴 $z_{\text{tip2}}$ 与剖面弹性主轴方向一致。桨尖外侧后折段变形后坐标系和桨尖变形前坐标系之间存在如下转换关系:

$$\begin{Bmatrix} \boldsymbol{i}_{\text{tip2}} \\ \boldsymbol{j}_{\text{tip2}} \\ \boldsymbol{k}_{\text{tip2}} \end{Bmatrix} = \boldsymbol{T}_{db} \begin{Bmatrix} \boldsymbol{i}_{\text{tip2}} \\ \boldsymbol{j}_{\text{tip2}} \\ \boldsymbol{k}_{\text{tip2}} \end{Bmatrix} \tag{9.4}$$

式中,坐标系转换矩阵 $\boldsymbol{T}_{db}$ 已在式(8.4)中给出。

### 9.2.2　桨尖动力学方程

桨尖不同形状会对桨叶的虚动能和外力虚功产生影响,下面分别对双折桨尖外侧后折部分和内侧前折部分的虚动能和外力虚功进行推导。

如图 9.1 所示, $A$ 是桨尖内侧前折段起始剖面的弹性中心, $B$ 是桨尖外侧后折段起始剖面的弹性中心, $P$ 是桨尖部分任意剖面上的一点变形前的位置, $Q$ 是 $P$ 点变形后的位置。桨尖外侧后折部分任一剖面上的一点 $P$ 变形前、变形后相对机体重心的位置矢量分别为

$$\begin{aligned} \boldsymbol{R}_{\text{tip2}} &= \overrightarrow{GO} + \overrightarrow{OA} + \overrightarrow{AB} + \overrightarrow{BC} + \overrightarrow{CP} \\ &= z_{\text{cg}}\boldsymbol{k}_{\text{F}} + R_{\text{tip1}}\boldsymbol{i}_b + (R_{\text{tip2}} - R_{\text{tip1}})\boldsymbol{i}_{\text{tip1}} + x\boldsymbol{i}_{\text{tip2}} + (\eta\boldsymbol{j}_{\text{tip2}} + \zeta\boldsymbol{k}_{\text{tip2}}) \end{aligned} \tag{9.5}$$

$$\begin{aligned} \boldsymbol{r}_{\text{tip2}} &= \boldsymbol{R}_{\text{tip2}} + \overrightarrow{PQ} \\ &= z_{\text{cg}}\boldsymbol{k}_{\text{F}} + R_{\text{tip1}}\boldsymbol{i}_b + (R_{\text{tip2}} - R_{\text{tip1}})\boldsymbol{i}_{\text{tip1}} + x\boldsymbol{i}_{\text{tip2}} + x_t\boldsymbol{i}_{\text{tip2}} + y_t\boldsymbol{j}_{\text{tip2}} + z_t\boldsymbol{k}_{\text{tip2}} \end{aligned} \tag{9.6}$$

式中,

$$\begin{cases} x_t = u - v'(y\cos\theta_1 - z\sin\theta_1) - w'(y\sin\theta_1 + z\cos\theta_1) \\ y_t = v + y\cos\theta_1 - z\sin\theta_1 \\ z_t = w + y\sin\theta_1 + z\cos\theta_1 \end{cases} \tag{9.7}$$

$\boldsymbol{R}_{\text{tip1}}$ 是桨尖内侧前折段起始点 $A$ 的桨叶展向位置矢量, $\boldsymbol{R}_{\text{tip2}}$ 是桨尖外侧后折段起始点 $B$ 的桨叶展向位置矢量, $x$ 是桨尖外侧后折段任意一点 $P$ 所在剖面到点 $B$ 的距离。$\theta_1$ 是桨尖剖面扭转角,包含旋翼操纵和桨叶扭转变形 $\varPhi$ 两部分。

桨尖内侧前折部分任意剖面上的一点 $P$ 变形前、变形后相对机体重心的位置矢量分别为

$$\boldsymbol{R}_{\text{tip1}} = \overrightarrow{GO} + \overrightarrow{OA} + \overrightarrow{AC} + \overrightarrow{CP} = z_{\text{cg}}\boldsymbol{k}_{\text{F}} + R_{\text{tip1}}\boldsymbol{i}_b + x\boldsymbol{i}_{\text{tip1}} + (\eta\boldsymbol{j}_{\text{tip1}} + \zeta\boldsymbol{k}_{\text{tip1}}) \tag{9.8}$$

$$\boldsymbol{r}_{\text{tip1}} = \boldsymbol{R}_{\text{tip1}} + \overrightarrow{PQ} = z_{\text{cg}}\boldsymbol{k}_{\text{F}} + R_{\text{tip1}}\boldsymbol{i}_b + x\boldsymbol{i}_{\text{tip1}} + x_t\boldsymbol{i}_{\text{tip1}} + y_t\boldsymbol{j}_{\text{tip1}} + z_t\boldsymbol{k}_{\text{tip1}} \tag{9.9}$$

式中, $x$ 是桨尖内侧前折段任意一点 $P$ 所在剖面到点 $A$ 的距离。

通过对式(9.6)关于时间求偏导确定桨尖外侧后折段上任意一点的速度矢量为

$$\begin{aligned} \boldsymbol{V}_{\text{tip2}} &= z_{\text{cg}}\dot{\boldsymbol{k}}_{\text{F}} + R_{\text{tip1}}\dot{\boldsymbol{i}}_b + (R_{\text{tip2}} - R_{\text{tip1}})\dot{\boldsymbol{i}}_{\text{tip1}} \\ &+ x\dot{\boldsymbol{i}}_{\text{tip2}} + \dot{x}_t\boldsymbol{i}_{\text{tip2}} + \dot{y}_t\boldsymbol{j}_{\text{tip2}} + \dot{z}_t\boldsymbol{k}_{\text{tip2}} + x_t\dot{\boldsymbol{i}}_{\text{tip2}} + y_t\dot{\boldsymbol{j}}_{\text{tip2}} + z_t\dot{\boldsymbol{k}}_{\text{tip2}} \end{aligned} \tag{9.10}$$

式中,

$$\begin{cases} \dot{x}_t = \dot{u} - (v' + w'\dot\theta_1)(y\cos\theta_1 - z\sin\theta_1) - (\dot{w}' - v'\dot\theta_1)(y\sin\theta_1 + z\cos\theta_1) \\ \dot{y}_t = \dot{v} - (y\sin\theta_1 + z\cos\theta_1)\dot\theta_1 \\ \dot{z}_t = \dot{w} + (y\cos\theta_1 - z\sin\theta_1)\dot\theta_1 \end{cases} \tag{9.11}$$

将式(9.7)和式(9.11)代入式(9.10)并将其变换到惯性坐标系 $(X_I, Y_I, Z_I)$ 下,便可得到桨尖外侧后折段上任意一点的速度矢量为

$$\boldsymbol{V}_{\text{tip2}} = V_{x\text{tip2}}\boldsymbol{i}_I + V_{y\text{tip2}}\boldsymbol{j}_I + V_{z\text{tip2}}\boldsymbol{k}_I \tag{9.12}$$

式中,

$$\begin{cases} V_{x\text{tip2}} = -\dot\alpha_s(z_{cg} - x_1\sin\Lambda_{a2}) + \alpha_s(\dot{x}_1\sin\Lambda_{a2} - \dot{z}_1\cos\Lambda_{a2}) - R_{\text{tip1}}\sin\psi \\ \qquad + x_t a_{x1} + y_t a_{y1} + z_t a_{z1} + \dot{x}_t a_{x2} + \dot{y}_t a_{y2} + \dot{z}_t a_{z2} + (R_{\text{tip2}} - R_{\text{tip1}})b_{y1} \\ V_{y\text{tip2}} = \dot\phi_s(z_{cg} - x_1\sin\Lambda_{a2}) - \phi_s(\dot{x}_1\sin\Lambda_{a2} - \dot{z}_1\cos\Lambda_{a2}) + R_{\text{tip1}}\cos\psi \\ \qquad - \dot{x}_t a_{x1} - \dot{y}_t a_{y1} - \dot{z}_t a_{z1} + x_t a_{x2} + y_t a_{y2} + z_t a_{z2} + (R_{\text{tip2}} - R_{\text{tip1}})b_{y2} \\ V_{z\text{tip2}} = \dot{x}_t(-\sin\Lambda_{a2} + \beta_p\cos\Lambda_{s2}\cos\Lambda_{a2}) + \dot{y}_t\beta_p\sin\Lambda_{s2} + x_t(\alpha_s a_{x1} - \phi_s a_{x2}) \\ \qquad + \dot{z}_t(\cos\Lambda_{a2} + \beta_p\cos\Lambda_{s2}\sin\Lambda_{a2}) + (\phi_s\dot{x}_t + \dot\phi_s x_t)b_{x1} + (\alpha_s\dot{x}_t + \dot\alpha_s x_t)b_{x2} \\ \qquad + (\alpha_s y_t + \phi_s\dot{y}_t)a_{y1} + (\alpha_s\dot{y}_t - \phi_s y_t)a_{y2} + (\alpha_s z_t + \phi_s\dot{z}_t)b_{z1} \\ \qquad + (\alpha_s\dot{z}_t - \phi_s z_t)b_{z2} + R_{\text{tip1}}(\dot\alpha_s\cos\psi - \dot\phi_s\sin\psi) + (R_{\text{tip2}} - R_{\text{tip1}})[(\dot\alpha_s - \phi_s)b_{y2} \\ \qquad + (\alpha_s + \dot\phi_s)b_{y1}] + R_{\text{tip1}}[(\dot\alpha_s - \phi_s)\cos\psi - (\alpha_s + \dot\phi_s)\sin\psi] \end{cases} \tag{9.13}$$

式中,各系数分别为

$$\begin{cases} a_{x1} = b_{x1} - \beta_p\sin\psi\sin\Lambda_{a2} \\ a_{x2} = b_{x2} + \beta_p\cos\psi\sin\Lambda_{a2} \\ a_{y1} = -\cos\psi\cos\Lambda_{s2} - \sin\psi\sin\Lambda_{s2} \\ a_{y2} = \cos\psi\sin\Lambda_{s2} - \sin\psi\cos\Lambda_{s2} \\ a_{z1} = b_{z1} + \beta_p\sin\psi\cos\Lambda_{a2} \\ a_{z2} = b_{z2} - \beta_p\cos\psi\cos\Lambda_{a2} \\ b_{x1} = \cos\psi\cos\Lambda_{a2}\sin\Lambda_{s2} - \sin\psi\cos\Lambda_{a2}\cos\Lambda_{s2} \\ b_{x2} = \cos\psi\cos\Lambda_{a2}\cos\Lambda_{s2} + \sin\psi\cos\Lambda_{a2}\sin\Lambda_{s2} \\ b_{y1} = \cos\psi\sin\Lambda_{s1} - \sin\psi\cos\Lambda_{s1} \\ b_{y2} = \cos\psi\cos\Lambda_{s1} + \sin\psi\sin\Lambda_{s1} \\ b_{z1} = \cos\psi\sin\Lambda_{a2}\sin\Lambda_{s2} - \sin\psi\sin\Lambda_{a2}\cos\Lambda_{s2} \\ b_{z2} = \cos\psi\sin\Lambda_{a2}\cos\Lambda_{s2} + \sin\psi\sin\Lambda_{a2}\sin\Lambda_{s2} \end{cases} \tag{9.14}$$

将式(9.12)至式(9.14)代入虚动能表达式,经过整理可得到桨尖外侧后折段的虚动能如下:

$$\delta T_{tip2} = \int_{R_{tip2}}^{R} m \left( T_{u_e}^{t2} \delta u_e + T_v^{t2} \delta v + T_w^{t2} \delta w + T_{v'}^{t2} \delta v' + T_{w'}^{t2} \delta w' \right.$$
$$\left. + T_\Phi^{t2} \delta \Phi + T_{\alpha_s}^{t2} \delta \alpha_s + T_{\phi_s}^{t2} \delta \phi_s \right) dx \tag{9.15}$$

式中,

$$T_{u_e}^{t2} = x\cos^2 \Lambda_{a2} + (R_{tip2} - R_{tip1})\cos \Lambda_{a2} \cos(\Lambda_{s1} - \Lambda_{s2}) + R_{tip1}\cos \Lambda_{a2} \cos \Lambda_{s2}$$
$$+ 2\dot{v}\cos \Lambda_{a2} - \ddot{u} + z_{cg}\cos \Lambda_{a2}[\ddot{\alpha}_s \cos(\Lambda_{s2} - \psi) + \ddot{\phi}_s \sin(\Lambda_{s2} - \psi)]$$
$$+ R_{tip1}(\ddot{\alpha}_s \cos \psi - \ddot{\phi}_s \sin \psi)\sin \Lambda_{a2} + (R_{tip2} - R_{tip1})[\ddot{\alpha}_s \cos(\Lambda_{s1} - \psi)$$
$$+ \ddot{\phi}_s \sin(\Lambda_{s1} - \psi)]\sin \Lambda_{a2}$$

$$T_v^{t2} = 2(\beta_p \dot{w}\cos \Lambda_{s2} - \dot{u})\cos \Lambda_{a2} + 2e_g(\dot{v}'\cos \theta_0 + \dot{w}'\sin \theta_0)\cos \Lambda_{a2} + e_g \cos \theta$$
$$+ \ddot{\alpha}_s(z_{cg} - x\sin \Lambda_{a2})\sin(\Lambda_{s2} - \psi) - \ddot{\phi}_s(z_{cg} - x\sin \Lambda_{a2})\cos(\Lambda_{s2} - \psi)_0 + v$$
$$- (R_{tip2} - R_{tip1})\sin(\Lambda_{s1} - \Lambda_{s2}) + R_{tip1}\sin \Lambda_{s2} + e_g(\ddot{\Phi} + \ddot{\theta}_0)\sin \theta_0 - \ddot{v}$$

$$T_w^{t2} = -2\dot{v}\beta_p \cos \Lambda_{s2}\cos \Lambda_{a2} + (x + R_{tip1})\sin \Lambda_{a2}\cos \Lambda_{a2} + \ddot{w} + e_g(\ddot{\Phi} + \ddot{\theta}_0)\cos \theta_0$$
$$- R_{tip1}\beta_p \cos \Lambda_{a2} + (R_{tip2} - R_{tip1})[\cos(\Lambda_{s1} - \Lambda_{s2})\sin \Lambda_{a2} - \beta_p \cos \Lambda_{s1}\cos \Lambda_{a2}]$$
$$+ [\ddot{\alpha}_s \cos(\Lambda_{s2} - \psi) + \ddot{\phi}_s \sin(\Lambda_{s2} - \psi)][z_{cg}\sin \Lambda_{a2} - x - (R_{tip2} - R_{tip1})\cos \Lambda_{a2}]$$
$$+ 2(\dot{\alpha}_s \sin \psi + \dot{\phi}_s \cos \psi)[R_{tip1} + x\cos \Lambda_{s2} - (R_{tip1} - R_{tip2})\cos \Lambda_{s1}]\cos \Lambda_{a2}$$
$$- R_{tip1}\cos \Lambda_{a2}(\ddot{\alpha}_s \cos \psi - \ddot{\phi}_s \sin \psi) - x\beta_p \cos \Lambda_{s2}\cos 2\Lambda_{a2}$$

$$T_{v'}^{t2} = -e_g(\cos \theta_0 - \Phi\sin \theta_0)\cos \Lambda_{a2}[x\cos \Lambda_{a2} + (R_{tip2} - R_{tip1})\cos(\Lambda_{s1} - \Lambda_{s2})$$
$$+ R_{tip1}\cos \Lambda_{s2}] + e_g\{2\dot{v}\cos \theta_0 \cos \Lambda_{a2} \quad R_{tip}\cos \theta_0 \sin \Lambda_a(\ddot{\alpha}_s \cos \psi + \ddot{\phi}_s \sin \psi)$$
$$- z_{cg}\cos \theta_0 \cos \Lambda_a[\ddot{\alpha}_s \cos(\Lambda_s - \psi) + \ddot{\phi}_s \sin(\Lambda_s - \psi)]\}$$

$$T_{w'}^{t2} = e_g\{(\Phi\cos \theta_0 + \sin \theta_0)\cos \Lambda_{a2}[(R_{tip1} - R_{tip2})\cos(\Lambda_{s1} - \Lambda_{s2}) - R_{tip1}\cos \Lambda_{s2}]$$
$$- x(\Phi\cos \theta_0 + \sin \theta_0)\cos^2 \Lambda_{a2} - R_{tip1}\sin \theta_0 \sin \Lambda_{a2}(\ddot{\alpha}_s \cos \psi - \ddot{\phi}_s \sin \psi)$$
$$+ [\ddot{\alpha}_s \cos(\Lambda_{s1} - \psi) + \ddot{\phi}_s \sin(\Lambda_{s1} - \psi)](R_{tip1} - R_{tip2})\sin \theta_0 \sin \Lambda_{a2}$$
$$+ 2\dot{v}\sin \theta_0 \cos \Lambda_{a2} - z_{cg}\sin \theta_0[\ddot{\alpha}_s \cos \Lambda_{a2}\cos(\Lambda_{s2} - \psi) + \ddot{\phi}_s \cos \Lambda_{a2}\sin(\Lambda_{s2} - \psi)]\}$$

$$T_\Phi^{t2} = (k_{m2}^2 - k_{m1}^2)\cos \theta_0 \sin \theta_0 \cos^2 \Lambda_{a2} + k_m^2(\ddot{\Phi} + \ddot{\theta}_0) - e_g(v\sin \theta_0 - \ddot{v}\sin \theta_0 + \ddot{w}\cos \theta_0)$$
$$+ e_g(w'\cos \theta_0 - v'\sin \theta_0)\cos \Lambda_{a2}[R_{tip1}\cos \Lambda_{s2} + x\cos \Lambda_{a2}$$
$$+ (R_{tip2} - R_{tip1})\cos(\Lambda_{s1} - \Lambda_{s2})] + e_g(R_{tip2} - R_{tip1})[\sin \Lambda_{a2}\cos \theta_0 \cos(\Lambda_{s1} - \Lambda_{s2})$$
$$+ \sin \theta_0 \sin(\Lambda_{s1} - \Lambda_{s2}) - \beta_p \cos \Lambda_{a2}\cos \Lambda_{s1}\cos \theta_0]$$
$$+ e_g x_0(\cos \Lambda_{a2}\sin \Lambda_{a2}\cos \theta_0 - \beta_p \cos \theta_0 \cos 2\Lambda_{a2}\cos \Lambda_{s2} - \beta_p \sin \theta_0 \sin \Lambda_{a2}\sin \Lambda_{s2})$$
$$+ e_g R_{tip1}(\cos \theta_0 \sin \Lambda_{a2}\cos \Lambda_{s2} - \sin \theta_0 \sin \Lambda_{s2} - \beta_p \cos \theta_0 \cos \Lambda_{a2})$$
$$+ \Phi(k_{m2}^2 - k_{m1}^2)\cos \theta_0 \sin \theta_0$$
$$- [\ddot{\alpha}_s \cos(\Lambda_{s1} - \psi) + \ddot{\phi}_s \sin(\Lambda_{s1} - \psi)]e_g(R_{tip2} - R_{tip1})\cos \theta_0 \cos \Lambda_{a2}$$

$$- \ddot{\alpha}_s e_g z_{cg} \left[ \sin\theta_0 \sin(\Lambda_{s2} - \psi) - \cos\theta_0 \sin\Lambda_{a2} \cos(\Lambda_{s2} - \psi) \right]$$

$$+ \ddot{\phi}_s e_g z_{cg} \left[ \sin\theta_0 \cos(\Lambda_{s2} - \psi) + \cos\theta_0 \sin\Lambda_{a2} \sin(\Lambda_{s2} - \psi) \right]$$

$$- \ddot{\alpha}_s e_g x \left[ \cos\theta_0 \cos(\Lambda_{s2} - \psi) - \sin\theta_0 \sin\Lambda_{a2} \sin(\Lambda_{s2} - \psi) \right]$$

$$- \ddot{\phi}_s e_g x \left[ \cos\theta_0 \sin(\Lambda_{s2} - \psi) + \sin\theta_0 \sin\Lambda_{a2} \cos(\Lambda_{s2} - \psi) \right]$$

$$- (\ddot{\alpha}_s \cos\psi - \ddot{\phi}_s \sin\psi) e_g R_{tip1} \cos\theta_0 \cos\Lambda_{a2}$$

对式(9.9)关于时间求偏导可得到桨尖内侧前折段上任意一点的速度矢量如下：

$$\boldsymbol{V}_{tip1} = z_{cg} \dot{\boldsymbol{k}}_F + R_{tip1} \dot{\boldsymbol{i}}_b + x \dot{\boldsymbol{i}}_{tip1} + \dot{x}_t \boldsymbol{i}_{tip1} + \dot{y}_t \boldsymbol{j}_{tip1} + \dot{z}_t \boldsymbol{k}_{tip1} + x_t \dot{\boldsymbol{i}}_{tip1} + y_t \dot{\boldsymbol{j}}_{tip1} + z_t \dot{\boldsymbol{k}}_{tip1}$$

$$(9.16)$$

将式(9.7)和式(9.11)代入式(9.16)并将其变换到惯性坐标系 $(X_I, Y_I, Z_I)$ 下，可得到桨尖内侧前折段上任意一点的速度矢量为

$$\boldsymbol{V}_{tip1} = V_{xtip1} \boldsymbol{i}_I + V_{ytip1} \boldsymbol{j}_I + V_{ztip1} \boldsymbol{k}_I \tag{9.17}$$

式中，

$$\begin{cases} V_{xtip1} = -\dot{\alpha}_s z_{cg} - \alpha_s \dot{z}_1 + \alpha_s \phi_s x_1 \cos\psi - R_{tip1} \sin\psi + (x_1 + \dot{y}_1) c_{x1} \\ \qquad + (\dot{x}_1 - y_1) c_{x2} + z_1 c_{y1} + \dot{z}_1 c_{y2} \\ V_{ytip1} = \dot{\phi}_s z_{cg} + \phi_s \dot{z}_1 + R_{tip1} \cos\psi - (\dot{x}_1 - y_1) c_{x1} + (\dot{y}_1 + x_1) c_{x2} - \dot{z}_1 c_{y1} + z_1 c_{y2} \\ V_{ztip1} = \dot{z}_1 + R_{tip1} \left[ (\dot{\alpha}_s - \phi_s) \cos\psi - (\alpha_s + \dot{\phi}_s) \sin\psi \right] \\ \qquad + (\alpha_s x_1 + \phi_s \dot{x}_1 + \dot{\phi}_s x_1 + \alpha_s \dot{y}_1 - \dot{\phi}_s y_1) c_{x1} \\ \qquad + (\alpha_s \dot{x}_1 - \phi_s x_1 - \dot{\alpha}_s x_1 - \alpha_s y_1 - \phi_s \dot{y}_1) c_{x2} \end{cases}$$

$$(9.18)$$

式中，各系数分别是

$$\begin{cases} c_{x1} = \cos\psi \sin\Lambda_{s1} - \sin\psi \cos\Lambda_{s1} \\ c_{x2} = \cos\psi \cos\Lambda_{s1} + \sin\psi \sin\Lambda_{s1} \\ c_{y1} = \beta_p \sin\psi \\ c_{y2} = -\beta_p \cos\psi \end{cases} \tag{9.19}$$

将式(9.17)至式(9.19)代入虚动能表达式，经过整理可以得到桨尖内侧前折段的虚动能如下：

$$\delta T_{tip1} = \int_{R_{tip}}^{R} m \left( T_{u_e}^{t1} \delta u_e + T_v^{t1} \delta v + T_w^{t1} \delta w + T_{v'}^{t1} \delta v' + T_{w'}^{t1} \delta w' \right.$$
$$\left. + T_\Phi^{t1} \delta\Phi + T_{\alpha_s}^{t1} \delta\alpha_s + T_{\phi_s}^{t1} \delta\phi_s \right) dx \tag{9.20}$$

式中，

$$T_{u_e}^{t1} = x + R_{\text{tip1}}\cos\Lambda_{s1} + 2\dot{v} - \ddot{u} + z_{cg}\ddot{\alpha}_s\cos(\Lambda_{s1} - \psi) + z_{cg}\ddot{\phi}_s\sin(\Lambda_{s1} - \psi)$$

$$
\begin{aligned}
T_v^{t1} = {}& R_{\text{tip1}}\sin\Lambda_{s1} + 2(\beta_p\dot{w}\cos\Lambda_{s1} - \dot{u}) + 2e_g(\dot{v}'\cos\theta_0 + \dot{w}'\sin\theta_0) + e_g\cos\theta_0 \\
& + \ddot{\alpha}_s z_{cg}\sin(\Lambda_{s1} - \psi) - \ddot{\phi}_s z_{cg}\cos(\Lambda_{s1} - \psi) + e_g(\ddot{\Phi} + \ddot{\theta}_0)\sin\theta_0 + v - \ddot{v}
\end{aligned}
$$

$$
\begin{aligned}
T_w^{t1} = {}& -(2\dot{v} + x)\beta_p\cos\Lambda_{s1} + x + \ddot{w} + e_g(\ddot{\Phi} + \ddot{\theta}_0)\sin\theta_0 - R_{\text{tip1}}\beta_p \\
& + \ddot{\alpha}_s[-x\cos(\Lambda_{s1} - \psi) - R_{\text{tip1}}\cos\psi] + \ddot{\phi}_s[-x\sin(\Lambda_{s1} - \psi) + R_{\text{tip1}}\sin\psi] \\
& + 2(\dot{\alpha}_s\sin\psi + \dot{\phi}_s\cos\psi)(R_{\text{tip1}} + x\cos\Lambda_{s1})
\end{aligned}
$$

$$
\begin{aligned}
T_{v'}^{t1} = {}& e_g\{x(\Phi\sin\theta_0 - \cos\theta_0) - R_{\text{tip1}}\cos\Lambda_{s1}(\cos\theta_0 - \Phi\sin\theta_0) - 2\dot{v}\cos\theta_0 \\
& - z_{cg}\cos\theta_0[\ddot{\alpha}_s\cos(\Lambda_{s1} - \psi) + \ddot{\phi}_s\sin(\Lambda_{s1} - \psi)]\}
\end{aligned}
$$

$$
\begin{aligned}
T_{w'}^{t1} = {}& e_g\{-x(\Phi\cos\theta_0 + \sin\theta_0) - R_{\text{tip1}}\cos\Lambda_{s1}(\sin\theta_0 + \Phi\cos\theta_0) \\
& - 2\dot{v}\sin\theta_0 - z_{cg}\sin\theta_0[\ddot{\alpha}_s\cos(\Lambda_{s1} - \psi) + \ddot{\phi}_s\sin(\Lambda_{s1} - \psi)]\}
\end{aligned}
$$

$$
\begin{aligned}
T_{\Phi}^{t1} = {}& (k_{m2}^2 - k_{m1}^2)\cos\theta_0\sin\theta_0 - e_g\beta_p\cos\theta_0(R_{\text{tip1}} + x\cos\Lambda_{s1}) \\
& + k_m^2(\ddot{\Phi} + \ddot{\theta}_0) + e_g(w'\cos\theta_0 - v'\sin\theta_0)(R_{\text{tip1}}\cos\Lambda_{s1} + x) \\
& + \Phi(k_{m2}^2 - k_{m1}^2)\cos\theta_0\sin\theta_0 + e_g(v\sin\theta_0 - \ddot{v}\sin\theta_0 + \ddot{w}\cos\theta_0) \\
& - \ddot{\alpha}_s e_g[z_{cg}\sin\theta_0\sin(\Lambda_{s1} - \psi) + x\cos\theta_0\cos(\Lambda_{s1} - \psi)] \\
& + \ddot{\phi}_s e_g[z_{cg}\sin\theta_0\cos(\Lambda_{s1} - \psi) - x\cos\theta_0\sin(\Lambda_{s1} - \psi)] \\
& - (\ddot{\alpha}_s\cos\psi - \ddot{\phi}_s\sin\psi)e_g R_{\text{tip1}}\cos\theta_0
\end{aligned}
$$

$$
\begin{aligned}
T_{\alpha_s}^{t1} = {}& z_{cg}[\ddot{u}\cos(\Lambda_{s1} - \psi) + 2\dot{u}\sin(\Lambda_{s1} - \psi)] - 2\dot{v}z_{cg}\cos(\Lambda_{s1} - \psi) \\
& + (\ddot{v} - v)z_{cg}\sin(\Lambda_{s1} - \psi) - (\ddot{w} + w)R_{\text{tip1}}\cos\psi - z_{cg}R_{\text{tip1}}\cos\psi \\
& - x(R_{\text{tip1}}\beta_p + z_{cg})\cos(\Lambda_{s1} - \psi) - (\ddot{w} + w)x\cos(\Lambda_{s1} - \psi) \\
& - \ddot{\alpha}_s[z_{cg}^2 + R_{\text{tip1}}^2\cos^2\psi + x^2\cos^2(\Lambda_{s1} - \psi)] - \beta_p R_{\text{tip1}}^2\cos\psi \\
& + \dot{\alpha}_s[R_{\text{tip1}}^2\sin 2\psi - x^2\sin 2(\Lambda_{s1} - \psi)] \\
& + \ddot{\phi}_s[R_{\text{tip1}}^2\cos\psi\sin\psi - x^2\sin 2(\Lambda_{s1} - \psi)] \\
& + 2\dot{\phi}_s[R_{\text{tip1}}^2\cos^2\psi + x^2\cos^2(\Lambda_{s1} - \psi)]
\end{aligned}
$$

$$
\begin{aligned}
T_{\phi_s}^{t1} = {}& z_{cg}[\ddot{u}\sin(\Lambda_{s1} - \psi) - 2\dot{u}\cos(\Lambda_{s1} - \psi)] - 2\dot{v}z_{cg}\sin(\Lambda_{s1} - \psi) \\
& - (\ddot{v} - v)z_{cg}\cos(\Lambda_{s1} - \psi) + (\ddot{w} + w)R_{\text{tip1}}\sin\psi + z_{cg}R_{\text{tip1}}\sin\psi \\
& - x(R_{\text{tip1}}\beta_p + z_{cg})\sin(\Lambda_{s1} - \psi) - (\ddot{w} + w)x\sin(\Lambda_{s1} - \psi) \\
& + \ddot{\alpha}_s[R_{\text{tip1}}^2\cos\psi\sin\psi - x^2\sin(\Lambda_{s1} - \psi)\cos(\Lambda_{s1} - \psi)] \\
& - 2\dot{\alpha}_s[R_{\text{tip1}}^2\sin^2\psi + x^2\sin^2(\Lambda_{s1} - \psi)] + \beta_p R_{\text{tip1}}^2\sin\psi \\
& - \ddot{\phi}_s[R_{\text{tip1}}^2\sin^2\psi + z_{cg}^2 + x^2\sin^2(\Lambda_{s1} - \psi)] \\
& - \dot{\phi}_s[R_{\text{tip1}}^2\sin 2\psi - x^2\sin 2(\Lambda_{s1} - \psi)]
\end{aligned}
$$

需要指出的是,如果令式(9.20)中的 $\Lambda_{s1} = 0°$、$x = 0$、$R_{\text{tip1}} = x$,可以得到普通直桨叶虚动能的表达式,与第 8 章中式(8.29)给出的表达式一致。

以上得到了双折桨尖内侧前折段和外侧后折段的虚动能表达式,当令双折桨尖内侧前折段前掠角 $\Lambda_{s1}$ 为 $0°$,且令内侧前折段长度为 $0$,即令 $R_{tip1} = R_{tip2}$,此时式 $(9.15)$ 便可转换为单折桨尖的虚动能表达式。

对于桨尖部分的气动力虚功项,需要首先推导桨尖上各剖面的来流速度。桨尖各剖面的来流速度 $V_s^t$ 由三部分组成: 前飞和桨盘入流造成的风速 $V_w$、桨尖处由于桨叶运动产生的来流速度 $V_b^t$ 和机体运动产生的来流速度 $V_f^t$,即

$$V_s^t = - V_w + V_b^t + V_f^t \tag{9.21}$$

前飞和桨盘入流造成的风速 $V_w$ 已由式 $(8.34)$ 给出。双折桨尖内侧前折段由于桨叶运动产生的来流速度 $V_b^{tip1}$ 是由桨叶变形和绕旋翼轴旋转引起的,可以表示为

$$V_b^{tip1} = \dot{r}_{tip1} + \Omega \times r_{tip1} \tag{9.22}$$

式中,

$$\begin{cases} r_{tip1} = R_{tip1} i_b + x i_{tip1} + x_t i_{tip1} + y_t j_{tip1} + z_t k_{tip1} \\ \dot{r}_{tip1} = R_{tip1} \dot{i}_b + x \dot{i}_{tip1} + \dot{x}_t i_{tip1} + \dot{y}_t j_{tip1} + \dot{z}_t k_{tip1} + x_t \dot{i}_{tip1} + y_t \dot{j}_{tip1} + z_t \dot{k}_{tip1} \end{cases} \tag{9.23}$$

将式 $(9.7)$、式 $(9.11)$ 和式 $(9.23)$ 代入式 $(9.22)$ 便可得到 $V_b^{tip1}$ 的具体表达式。

双折桨尖外侧后折段由于桨叶运动产生的来流速度 $V_b^{tip2}$ 是由桨叶变形和绕旋翼轴旋转引起的,可以表示为

$$V_b^{tip2} = \dot{r}_{tip2} + \Omega \times r_{tip2} \tag{9.24}$$

式中,

$$\begin{cases} r_{tip2} = R_{tip1} i_b + (R_{tip2} - R_{tip1}) i_{tip1} + x i_{tip2} + x_t i_{tip2} + y_t j_{tip2} + z_t k_{tip2} \\ \dot{r}_{tip2} = R_{tip2} \dot{i}_b + (R_{tip2} - R_{tip1}) \dot{i}_{tip1} + x \dot{i}_{tip2} + \dot{x}_t i_{tip2} + \dot{y}_t j_{tip2} \\ \qquad + \dot{z}_t k_{tip2} + x_t \dot{i}_{tip2} + y_t \dot{j}_{tip2} + z_t \dot{k}_{tip2} \end{cases} \tag{9.25}$$

将式 $(9.7)$、式 $(9.11)$ 和式 $(9.25)$ 代入式 $(9.24)$ 便可得到 $V_b^{tip2}$ 的具体表达式。

机体运动产生的来流速度 $V_f^t$ 是由机体的俯仰和滚转运动在桨叶上产生的,可以表示为

$$V_f^t = \omega_f \times r_F^t \tag{9.26}$$

式中,

$$\omega_f = - \dot{\phi}_s i_l - \dot{\alpha}_s j_l \tag{9.27}$$

双折桨尖内侧前折段变形为

$$\boldsymbol{r}_{\mathrm{F}}^{\mathrm{tip1}} = z_{\mathrm{cg}}\boldsymbol{k}_{\mathrm{F}} + R_{\mathrm{tip1}}\boldsymbol{i}_b + (x + u)\boldsymbol{i}_{\mathrm{tip1}} + v\boldsymbol{j}_{\mathrm{tip1}} + w\boldsymbol{k}_{\mathrm{tip1}} + y_r\boldsymbol{j}_{\mathrm{tip1}} \qquad (9.28)$$

双折桨尖外侧后折段变形为

$$\boldsymbol{r}_{\mathrm{F}}^{\mathrm{tip2}} = z_{\mathrm{cg}}\boldsymbol{k}_{\mathrm{F}} + R_{\mathrm{tip1}}\boldsymbol{i}_b + (R_{\mathrm{tip2}} - R_{\mathrm{tip1}})\boldsymbol{i}_{\mathrm{tip1}} + (x + u)\boldsymbol{i}_{\mathrm{tip2}} + v\boldsymbol{j}_{\mathrm{tip2}} + w\boldsymbol{k}_{\mathrm{tip2}} + y_r\boldsymbol{j}_{\mathrm{tip2}}$$
$$(9.29)$$

将双折桨尖内侧前折段和外侧后折段的各表达式代入式(9.21),并将其分别转换到桨尖内侧前折段变形后的坐标系和桨尖外侧后折段变形后的坐标系,可以分别整理为如下形式:

$$\boldsymbol{V}_{\mathrm{s}}^{\mathrm{tip1}} = V_{\mathrm{R}}^{\mathrm{tip1}}\boldsymbol{i}_{\mathrm{tip1}} + V_{\mathrm{T}}^{\mathrm{tip1}}\boldsymbol{j}_{\mathrm{tip1}} + V_{\mathrm{P}}^{\mathrm{tip1}}\boldsymbol{k}_{\mathrm{tip1}} \qquad (9.30)$$

$$\boldsymbol{V}_{\mathrm{s}}^{\mathrm{tip2}} = V_{\mathrm{R}}^{\mathrm{tip2}}\boldsymbol{i}_{\mathrm{tip2}} + V_{\mathrm{T}}^{\mathrm{tip2}}\boldsymbol{j}_{\mathrm{tip2}} + V_{\mathrm{P}}^{\mathrm{tip2}}\boldsymbol{k}_{\mathrm{tip2}} \qquad (9.31)$$

确定双折桨尖任一剖面的来流速度后,采用式(8.45)便可以确定桨尖任一剖面的气动载荷,再转换到变形前坐标系下,可由如下计算公式得到桨尖部分的气动力虚功:

$$\delta W_{\mathrm{tip}} = \int_{R_{\mathrm{tip}}}^{R} (L_u^A \delta u + L_v^A \delta v + L_w^A \delta w + M_\Phi^A \delta \Phi)\,\mathrm{d}x \qquad (9.32)$$

单折桨尖的气动力虚功与推导其虚动能所采用的方法相似,可以令双折桨尖内侧前折段的前掠角 $\Lambda_{s1}$ 为 $0°$,且令内侧前折段的长度为 $0$,即令 $R_{\mathrm{tip1}} = R_{\mathrm{tip2}}$,此时式(9.31)便可转化单折桨尖部分的各剖面来流速度,式(9.32)便可转换为单折桨尖的气动力虚功表达式。

### 9.2.3　桨尖有限元方程

得到不同桨尖形状旋翼/机体耦合结构的动力学方程后,首先需要通过有限元离散确定桨尖的单元矩阵,具体的离散过程与桨叶单元的离散过程相同,已在8.4.1节给出。然后需要根据桨尖与相邻桨叶单元在连接点处的位移协调条件,将桨尖单元矩阵与无轴承旋翼桨叶整体组集。对于桨尖单元,由于存在后掠角与下反角,使得连接点处桨尖单元的角位移与桨叶单元的角位移之间存在非线性位移协调关系,这增加了桨尖单元与桨叶单元组集的复杂性。下面分别针对双折桨尖旋翼桨叶中,直桨叶与桨尖内侧前折段的连接点以及桨尖内侧前折段与桨尖外侧后折段的连接点的单元组集方法进行介绍。

对于直桨叶与桨尖内侧前折段连接点处,相邻单元的线位移存在以下线性关系:

$$\begin{Bmatrix} u^{\mathrm{t1}} \\ v^{\mathrm{t1}} \\ w^{\mathrm{t1}} \end{Bmatrix} = \boldsymbol{T}_{A1} \begin{Bmatrix} u^{\mathrm{b}} \\ v^{\mathrm{b}} \\ w^{\mathrm{b}} \end{Bmatrix} \qquad (9.33)$$

式中，$T_{A1}$ 已由式(9.1)给出。$u^{\mathrm{tl}}$、$v^{\mathrm{tl}}$、$w^{\mathrm{tl}}$ 和 $u^{\mathrm{b}}$、$v^{\mathrm{b}}$、$w^{\mathrm{b}}$ 分别是桨尖内侧前折段单元和直桨叶单元在连接点处的拉伸、摆振和挥舞方向的位移。两个单元的角位移存在如下非线性关系(Kim et al., 1992)：

$$\begin{Bmatrix} \boldsymbol{\Phi}^{\mathrm{tl}} \\ w^{\mathrm{tl}\prime} \\ v^{\mathrm{tl}\prime} \end{Bmatrix} = (\boldsymbol{T}_{A1}^{*} + \boldsymbol{T}^{K1}) \begin{Bmatrix} \boldsymbol{\Phi}^{\mathrm{b}} \\ w^{\mathrm{b}\prime} \\ v^{\mathrm{b}\prime} \end{Bmatrix} \tag{9.34}$$

式中，$\boldsymbol{T}_{A1}^{*} = \begin{bmatrix} T_{11} & -T_{12} & T_{13} \\ -T_{21} & T_{22} & -T_{23} \\ T_{31} & -T_{32} & T_{33} \end{bmatrix}$，$\boldsymbol{T}^{K1}$ 是非线性变换矩阵，矩阵中各元素为

$$\begin{cases} T_{i1}^{K1} = -a_{i1}\boldsymbol{\Phi}^{\mathrm{b}}/2 + b_{i1}v^{\mathrm{b}\prime} \\ T_{i2}^{K1} = -a_{i2}w^{\mathrm{b}\prime}/2 + b_{i2}\boldsymbol{\Phi}^{\mathrm{b}} \qquad (i = 1, 2, 3) \\ T_{i3}^{K1} = -a_{i3}v^{\mathrm{b}\prime}/2 + b_{i3}w^{\mathrm{b}\prime} \end{cases} \tag{9.35}$$

式中，$a_{ij}$ 和 $b_{ij}$ 分别是矩阵 $\boldsymbol{A}_{\mathrm{tip}}$ 和 $\boldsymbol{B}_{\mathrm{tip}}$ 第 $i$ 行第 $j$ 列的元素，矩阵 $\boldsymbol{A}_{\mathrm{tip}}$ 和 $\boldsymbol{B}_{\mathrm{tip}}$ 分别为

$$\boldsymbol{A}_{\mathrm{tip}} = \begin{bmatrix} T_{22}T_{32} + T_{23}T_{33} & T_{21}T_{31} + T_{23}T_{33} & T_{21}T_{31} + T_{22}T_{32} \\ T_{12}T_{32} + T_{13}T_{33} & T_{11}T_{31} + T_{13}T_{33} & T_{11}T_{31} + T_{12}T_{32} \\ T_{12}T_{22} + T_{13}T_{23} & T_{11}T_{21} + T_{13}T_{23} & T_{11}T_{21} + T_{12}T_{22} \end{bmatrix} \tag{9.36}$$

$$\boldsymbol{B}_{\mathrm{tip}} = \begin{bmatrix} T_{23}T_{31} & -T_{22}T_{31} & -T_{23}T_{32} \\ T_{13}T_{31} & -T_{12}T_{31} & -T_{13}T_{32} \\ T_{13}T_{21} & -T_{12}T_{21} & -T_{13}T_{22} \end{bmatrix} \tag{9.37}$$

式中，$T_{ij}$ 是矩阵 $\boldsymbol{T}_{A1}$ 第 $i$ 行第 $j$ 列的元素。

连接点处，两个单元的线速度和线加速度的关系式如下：

$$\begin{Bmatrix} \dot{u}^{\mathrm{tl}} \\ \dot{v}^{\mathrm{tl}} \\ \dot{w}^{\mathrm{tl}} \end{Bmatrix} = \boldsymbol{T}_{A1} \begin{Bmatrix} \dot{u}^{\mathrm{b}} \\ \dot{v}^{\mathrm{b}} \\ \dot{w}^{\mathrm{b}} \end{Bmatrix} \tag{9.38}$$

$$\begin{Bmatrix} \ddot{u}^{\mathrm{tl}} \\ \ddot{v}^{\mathrm{tl}} \\ \ddot{w}^{\mathrm{tl}} \end{Bmatrix} = \boldsymbol{T}_{A1} \begin{Bmatrix} \ddot{u}^{\mathrm{b}} \\ \ddot{v}^{\mathrm{b}} \\ \ddot{w}^{\mathrm{b}} \end{Bmatrix} \tag{9.39}$$

连接点处，两个单元的角速度和角加速度之间的关系则需要通过对式(9.34)关于时间求导来确定，得到如下关系：

$$\begin{Bmatrix} \dot{\boldsymbol{\Phi}}^{\mathrm{tl}} \\ \dot{w}^{\mathrm{tl}\prime} \\ \dot{v}^{\mathrm{tl}\prime} \end{Bmatrix} = (\boldsymbol{T}_{A1}^{*} + \boldsymbol{T}^{C1}) \begin{Bmatrix} \dot{\boldsymbol{\Phi}}^{\mathrm{b}} \\ \dot{w}^{\mathrm{b}\prime} \\ \dot{v}^{\mathrm{b}\prime} \end{Bmatrix} \tag{9.40}$$

$$\left\{\begin{matrix} \ddot{\Phi}^{t1} \\ \ddot{w}^{t1\,\prime} \\ \ddot{v}^{t1\,\prime} \end{matrix}\right\} = (\boldsymbol{T}_{\varLambda 1}^{*} + \boldsymbol{T}^{C1}) \left\{\begin{matrix} \ddot{\Phi}^{b} \\ \ddot{w}^{b\,\prime} \\ \ddot{v}^{b\,\prime} \end{matrix}\right\} + \boldsymbol{T}^{M1} \left\{\begin{matrix} \dot{\Phi}^{b} \\ \dot{w}^{b\,\prime} \\ \dot{v}^{b\,\prime} \end{matrix}\right\} \tag{9.41}$$

式中,矩阵 $\boldsymbol{T}^{C1}$ 和 $\boldsymbol{T}^{M1}$ 的各元素为

$$\begin{cases} T_{i1}^{C1} = -a_{i1}\Phi^{b} + b_{i1}v^{b\,\prime} + b_{i2}w^{b\,\prime} \\ T_{i2}^{C1} = -a_{i2}w^{b\,\prime} + b_{i2}\Phi^{b} + b_{i3}v^{b\,\prime} \\ T_{i3}^{C1} = -a_{i3}v^{b\,\prime} + b_{i3}w^{b\,\prime} + b_{i1}\Phi^{b} \end{cases}$$

$$T_{ij}^{M1} = \dot{T}_{ij}^{C1} \tag{9.42}$$

桨尖内侧前折段单元和直桨叶单元在连接点处的位移列向量 $\boldsymbol{p}^{t1}$ 和 $\boldsymbol{p}^{b}$ 分别为

$$\begin{cases} \boldsymbol{p}^{t1} = \{u^{t1},\ v^{t1},\ w^{t1},\ \Phi^{t1},\ w^{t1\,\prime},\ v^{t1\,\prime}\}^{\mathrm{T}} \\ \boldsymbol{p}^{b} = \{u^{b},\ v^{b},\ w^{b},\ \Phi^{b},\ w^{b\,\prime},\ v^{b\,\prime}\}^{\mathrm{T}} \end{cases} \tag{9.43}$$

采用式(9.33)和式(9.34)可知, $\boldsymbol{p}^{t1}$ 和 $\boldsymbol{p}^{b}$ 之间存在如下转换关系:

$$\boldsymbol{p}^{t1} = \left[ \begin{bmatrix} \boldsymbol{T}_{\varLambda 1} & 0 \\ 0 & \boldsymbol{T}_{\varLambda 1}^{*} \end{bmatrix} + \begin{bmatrix} 0 & 0 \\ 0 & \boldsymbol{T}^{K1} \end{bmatrix} \right] \boldsymbol{p}^{b} = (\boldsymbol{T}_{\mathrm{L1}} + \boldsymbol{T}_{\mathrm{NL}}^{K1}) \boldsymbol{p}^{b} \tag{9.44}$$

采用式(9.40)和式(9.41)可知,桨尖内侧前折段单元和直桨叶单元在连接点处的速度、加速度和变分列向量存在如下关系:

$$\dot{\boldsymbol{p}}^{t1} = \left[ \begin{bmatrix} \boldsymbol{T}_{\varLambda 1} & 0 \\ 0 & \boldsymbol{T}_{\varLambda 1}^{*} \end{bmatrix} + \begin{bmatrix} 0 & 0 \\ 0 & \boldsymbol{T}^{C1} \end{bmatrix} \right] \dot{\boldsymbol{p}}^{b} = (\boldsymbol{T}_{\mathrm{L1}} + \boldsymbol{T}_{\mathrm{NL}}^{C1}) \dot{\boldsymbol{p}}^{b} \tag{9.45}$$

$$\ddot{\boldsymbol{p}}^{t1} = (\boldsymbol{T}_{\mathrm{L1}} + \boldsymbol{T}_{\mathrm{NL}}^{C1}) \ddot{\boldsymbol{p}}^{b} + \begin{bmatrix} 0 & 0 \\ 0 & \boldsymbol{T}^{M1} \end{bmatrix} \dot{\boldsymbol{p}}^{b} = (\boldsymbol{T}_{\mathrm{L1}} + \boldsymbol{T}_{\mathrm{NL}}^{C1}) \ddot{\boldsymbol{p}}^{b} + \boldsymbol{T}_{\mathrm{NL}}^{M1} \dot{\boldsymbol{p}}^{b} \tag{9.46}$$

$$\delta\boldsymbol{p}^{t1} = (\boldsymbol{T}_{\mathrm{L1}} + \boldsymbol{T}_{\mathrm{NL}}^{C1})\delta\boldsymbol{p}^{b} \tag{9.47}$$

将式(9.44)至式(9.47)代入桨尖内侧前折段和直桨叶单元连接点处的旋翼/机体耦合有限元方程可得

$$\{(\delta\boldsymbol{p}^{t1})^{\mathrm{T}},\ \delta\boldsymbol{x}_{\mathrm{F}}^{\mathrm{T}}\} \left[ \begin{bmatrix} \boldsymbol{M}_{\mathrm{BB}}^{t1} & \boldsymbol{M}_{\mathrm{BF}}^{t1} \\ \boldsymbol{M}_{\mathrm{FB}}^{t1} & \boldsymbol{M}_{\mathrm{FF}}^{t1} \end{bmatrix} \left\{\begin{matrix} \ddot{\boldsymbol{p}}^{t1} \\ \ddot{\boldsymbol{x}}_{\mathrm{F}} \end{matrix}\right\} + \begin{bmatrix} \boldsymbol{C}_{\mathrm{BB}}^{t1} & \boldsymbol{C}_{\mathrm{BF}}^{t1} \\ \boldsymbol{C}_{\mathrm{FB}}^{t1} & \boldsymbol{C}_{\mathrm{FF}}^{t1} \end{bmatrix} \left\{\begin{matrix} \dot{\boldsymbol{p}}^{t1} \\ \dot{\boldsymbol{x}}_{\mathrm{F}} \end{matrix}\right\} + \begin{bmatrix} \boldsymbol{K}_{\mathrm{BB}}^{t1} & \boldsymbol{K}_{\mathrm{BF}}^{t1} \\ \boldsymbol{K}_{\mathrm{FB}}^{t1} & \boldsymbol{K}_{\mathrm{FF}}^{t1} \end{bmatrix} \left\{\begin{matrix} \boldsymbol{p}^{t1} \\ \boldsymbol{x}_{\mathrm{F}} \end{matrix}\right\} - \left\{\begin{matrix} \boldsymbol{F}_{\mathrm{B}}^{t1} \\ \boldsymbol{F}_{\mathrm{F}}^{t1} \end{matrix}\right\} \right] = 0 \tag{9.48}$$

将非线性项移到方程右侧,可以得到桨叶变形前坐标下桨尖内侧前折段和直

桨叶单元连接点处的旋翼／机体耦合结构的有限元方程为如下形式：

$$\begin{bmatrix} \overline{\boldsymbol{M}}_{\mathrm{BB}}^{\mathrm{t1}} & \overline{\boldsymbol{M}}_{\mathrm{BF}}^{\mathrm{t1}} \\ \overline{\boldsymbol{M}}_{\mathrm{FB}}^{\mathrm{t1}} & \boldsymbol{M}_{\mathrm{FF}}^{\mathrm{t1}} \end{bmatrix} \begin{Bmatrix} \ddot{\boldsymbol{p}}^{\mathrm{b}} \\ \ddot{\boldsymbol{x}}_{\mathrm{F}} \end{Bmatrix} + \begin{bmatrix} \overline{\boldsymbol{C}}_{\mathrm{BB}}^{\mathrm{t1}} & \overline{\boldsymbol{C}}_{\mathrm{BF}}^{\mathrm{t1}} \\ \overline{\boldsymbol{C}}_{\mathrm{FB}}^{\mathrm{t1}} & \boldsymbol{C}_{\mathrm{FF}}^{\mathrm{t1}} \end{bmatrix} \begin{Bmatrix} \dot{\boldsymbol{p}}^{\mathrm{b}} \\ \dot{\boldsymbol{x}}_{\mathrm{F}} \end{Bmatrix} + \begin{bmatrix} \overline{\boldsymbol{K}}_{\mathrm{BB}}^{\mathrm{t1}} & \overline{\boldsymbol{K}}_{\mathrm{BF}}^{\mathrm{t1}} \\ \overline{\boldsymbol{K}}_{\mathrm{FB}}^{\mathrm{t1}} & \boldsymbol{K}_{\mathrm{FF}}^{\mathrm{t1}} \end{bmatrix} \begin{Bmatrix} \boldsymbol{p}^{\mathrm{b}} \\ \boldsymbol{x}_{\mathrm{F}} \end{Bmatrix} = \begin{Bmatrix} \overline{\boldsymbol{F}}_{\mathrm{B}}^{\mathrm{t1}} \\ \overline{\boldsymbol{F}}_{\mathrm{F}}^{\mathrm{t1}} \end{Bmatrix} \quad (9.49)$$

式中，机体的质量、阻尼和刚度主矩阵不变，其余的线性矩阵项为

$$\begin{cases} \overline{\boldsymbol{M}}_{\mathrm{BB}}^{\mathrm{t1}} = \boldsymbol{T}_{\mathrm{L1}}^{\mathrm{T}} \boldsymbol{M}_{\mathrm{BB}}^{\mathrm{t1}} \boldsymbol{T}_{\mathrm{L1}}, & \overline{\boldsymbol{M}}_{\mathrm{BF}}^{\mathrm{t1}} = \boldsymbol{T}_{\mathrm{L1}}^{\mathrm{T}} \boldsymbol{M}_{\mathrm{BF}}^{\mathrm{t1}}, & \overline{\boldsymbol{M}}_{\mathrm{FB}}^{\mathrm{t1}} = \boldsymbol{M}_{\mathrm{FB}}^{\mathrm{t1}} \boldsymbol{T}_{\mathrm{L1}} \\ \overline{\boldsymbol{C}}_{\mathrm{BB}}^{\mathrm{t1}} = \boldsymbol{T}_{\mathrm{L1}}^{\mathrm{T}} \boldsymbol{C}_{\mathrm{BB}}^{\mathrm{t1}} \boldsymbol{T}_{\mathrm{L1}}, & \overline{\boldsymbol{C}}_{\mathrm{BF}}^{\mathrm{t1}} = \boldsymbol{T}_{\mathrm{L1}}^{\mathrm{T}} \boldsymbol{C}_{\mathrm{BF}}^{\mathrm{t1}}, & \overline{\boldsymbol{C}}_{\mathrm{FB}}^{\mathrm{t1}} = \boldsymbol{C}_{\mathrm{FB}}^{\mathrm{t1}} \boldsymbol{T}_{\mathrm{L1}} \\ \overline{\boldsymbol{K}}_{\mathrm{BB}}^{\mathrm{t1}} = \boldsymbol{T}_{\mathrm{L1}}^{\mathrm{T}} \boldsymbol{K}_{\mathrm{BB}}^{\mathrm{t1}} \boldsymbol{T}_{\mathrm{L1}}, & \overline{\boldsymbol{K}}_{\mathrm{BF}}^{\mathrm{t1}} = \boldsymbol{T}_{\mathrm{L1}}^{\mathrm{T}} \boldsymbol{K}_{\mathrm{BF}}^{\mathrm{t1}}, & \overline{\boldsymbol{K}}_{\mathrm{FB}}^{\mathrm{t1}} = \boldsymbol{K}_{\mathrm{FB}}^{\mathrm{t1}} \boldsymbol{T}_{\mathrm{L1}} \end{cases} \quad (9.50)$$

非线性矩阵项为

$$\begin{aligned} \overline{\boldsymbol{F}}_{\mathrm{B}}^{\mathrm{t1}} = {} & (\boldsymbol{T}_{\mathrm{L1}} + \boldsymbol{T}_{\mathrm{NL}}^{C1})^{\mathrm{T}} \boldsymbol{F}_{\mathrm{B}}^{\mathrm{t1}} - (\boldsymbol{T}_{\mathrm{NL}}^{C1})^{\mathrm{T}} (\boldsymbol{M}_{\mathrm{BF}}^{\mathrm{t1}} \ddot{\boldsymbol{x}}_{\mathrm{F}} + \boldsymbol{C}_{\mathrm{BF}}^{\mathrm{t1}} \dot{\boldsymbol{x}}_{\mathrm{F}} + \boldsymbol{K}_{\mathrm{BF}}^{\mathrm{t1}} \boldsymbol{x}_{\mathrm{F}}) \\ & - [ (\boldsymbol{T}_{\mathrm{NL}}^{C1})^{\mathrm{T}} \boldsymbol{M}_{\mathrm{BB}}^{\mathrm{t1}} \boldsymbol{T}_{\mathrm{L}} + \boldsymbol{T}_{\mathrm{L1}}^{\mathrm{T}} \boldsymbol{M}_{\mathrm{BB}}^{\mathrm{t1}} \boldsymbol{T}_{\mathrm{NL}}^{C1} ] \ddot{\boldsymbol{p}}^{\mathrm{b}} - [ (\boldsymbol{T}_{\mathrm{NL}}^{C1})^{\mathrm{T}} \boldsymbol{K}_{\mathrm{BB}}^{\mathrm{t1}} \boldsymbol{T}_{\mathrm{L1}} + \boldsymbol{T}_{\mathrm{L1}}^{\mathrm{T}} \boldsymbol{K}_{\mathrm{BB}}^{\mathrm{t1}} \boldsymbol{T}_{\mathrm{NL}}^{K1} ] \boldsymbol{p}^{\mathrm{b}} \\ & - [ (\boldsymbol{T}_{\mathrm{NL}}^{C1})^{\mathrm{T}} \boldsymbol{C}_{\mathrm{BB}}^{\mathrm{t1}} \boldsymbol{T}_{\mathrm{L1}} + \boldsymbol{T}_{\mathrm{L1}}^{\mathrm{T}} \boldsymbol{M}_{\mathrm{BB}}^{\mathrm{t1}} \boldsymbol{T}_{\mathrm{NL}}^{M1} + \boldsymbol{T}_{\mathrm{L1}}^{\mathrm{T}} \boldsymbol{C}_{\mathrm{BB}}^{\mathrm{t1}} \boldsymbol{T}_{\mathrm{NL}}^{C1} ] \dot{\boldsymbol{p}}^{\mathrm{b}} \end{aligned} \quad (9.51)$$

$$\overline{\boldsymbol{F}}_{\mathrm{F}}^{\mathrm{t1}} = \boldsymbol{F}_{\mathrm{F}}^{\mathrm{t1}} - [ \boldsymbol{M}_{\mathrm{FB}}^{\mathrm{t1}} \boldsymbol{T}_{\mathrm{NL}}^{C} \ddot{\boldsymbol{p}}^{\mathrm{b}} + (\boldsymbol{M}_{\mathrm{FB}}^{\mathrm{t1}} \boldsymbol{T}_{\mathrm{NL}}^{M} + \boldsymbol{C}_{\mathrm{FB}}^{\mathrm{t1}} \boldsymbol{T}_{\mathrm{NL}}^{C}) \dot{\boldsymbol{p}}^{\mathrm{b}} + \boldsymbol{K}_{\mathrm{FB}}^{\mathrm{t1}} \boldsymbol{T}_{\mathrm{NL}}^{K1} \boldsymbol{p}^{\mathrm{b}} ] \quad (9.52)$$

将桨尖内侧前折段单元在连接点处的动力学方程转换到桨叶单元所处坐标系后，便可将桨尖内侧前折段单元与桨叶组集。

对于桨尖内侧前折段与桨尖外侧后折段连接点处，相邻单元的线位移存在如下线性关系：

$$\begin{Bmatrix} u^{\mathrm{t2}} \\ v^{\mathrm{t2}} \\ w^{\mathrm{t2}} \end{Bmatrix} = \boldsymbol{T}_{A2} \boldsymbol{T}_{A1}^{\mathrm{T}} \begin{Bmatrix} u^{\mathrm{t1}} \\ v^{\mathrm{t1}} \\ w^{\mathrm{t1}} \end{Bmatrix} \quad (9.53)$$

式中，$\boldsymbol{T}_{A1}$ 和 $\boldsymbol{T}_{A2}$ 已由式（9.1）和式（9.3）给出。$u^{\mathrm{t2}}$、$v^{\mathrm{t2}}$、$w^{\mathrm{t2}}$ 和 $u^{\mathrm{t1}}$、$v^{\mathrm{t1}}$、$w^{\mathrm{t1}}$ 分别是桨尖外侧后折段单元和桨尖内侧前折段单元在连接点处的拉伸、摆振和挥舞方向的位移。两个单元的角位移则存在如下非线性关系：

$$\begin{Bmatrix} \varPhi^{\mathrm{t2}} \\ w^{\mathrm{t2}\prime} \\ v^{\mathrm{t2}\prime} \end{Bmatrix} = (\boldsymbol{T}_{A2}^{*} + \boldsymbol{T}^{K2}) \begin{Bmatrix} \varPhi^{\mathrm{t1}} \\ w^{\mathrm{t1}\prime} \\ v^{\mathrm{t1}\prime} \end{Bmatrix} \quad (9.54)$$

式中，$\boldsymbol{T}_{A2}^{*} = \begin{bmatrix} T_{11}^{*} & -T_{12}^{*} & T_{13}^{*} \\ -T_{21}^{*} & T_{22}^{*} & -T_{23}^{*} \\ T_{31}^{*} & -T_{32}^{*} & T_{33}^{*} \end{bmatrix}$，$\boldsymbol{T}^{K2}$ 是非线性变换矩阵，矩阵中各元素为

$$\begin{cases} T_{i1}^{K2} = -a_{i1}^* \Phi^{t1}/2 + b_{i1}^* v^{t1\prime} \\ T_{i2}^{K2} = -a_{i2}^* w^{t1\prime}/2 + b_{i2}^* \Phi^{t1} \quad (i = 1, 2, 3) \\ T_{i3}^{K2} = -a_{i3}^* v^{t1\prime}/2 + b_{i3}^* w^{t1\prime} \end{cases} \tag{9.55}$$

式中，$a_{ij}^*$ 和 $b_{ij}^*$ 分别是矩阵 $\boldsymbol{A}_{\text{tip2}}$ 和 $\boldsymbol{B}_{\text{tip2}}$ 第 $i$ 行第 $j$ 列的元素。矩阵 $\boldsymbol{A}_{\text{tip2}}$ 和 $\boldsymbol{B}_{\text{tip2}}$ 分别为

$$\boldsymbol{A}_{\text{tip2}} = \begin{bmatrix} T_{22}^* T_{32}^* + T_{23}^* T_{33}^* & T_{21}^* T_{31}^* + T_{23}^* T_{33}^* & T_{21}^* T_{31}^* + T_{22}^* T_{32}^* \\ T_{12}^* T_{32}^* + T_{13}^* T_{33}^* & T_{11}^* T_{31}^* + T_{13}^* T_{33}^* & T_{11}^* T_{31}^* + T_{12}^* T_{32}^* \\ T_{12}^* T_{22}^* + T_{13}^* T_{23}^* & T_{11}^* T_{21}^* + T_{13}^* T_{23}^* & T_{11}^* T_{21}^* + T_{12}^* T_{22}^* \end{bmatrix} \tag{9.56}$$

$$\boldsymbol{B}_{\text{tip2}} = \begin{bmatrix} T_{23}^* T_{31}^* & -T_{22}^* T_{31}^* & -T_{23}^* T_{32}^* \\ T_{13}^* T_{31}^* & -T_{12}^* T_{31}^* & -T_{13}^* T_{32}^* \\ T_{13}^* T_{21}^* & -T_{12}^* T_{21}^* & -T_{13}^* T_{22}^* \end{bmatrix} \tag{9.57}$$

式中，$T_{ij}^*$ 是矩阵 $\boldsymbol{T}_{A2}\boldsymbol{T}_{A1}^{\text{T}}$ 第 $i$ 行第 $j$ 列的元素。

连接点处，两个单元的线速度和线加速度的关系式如下：

$$\begin{Bmatrix} \dot{u}^{t1} \\ \dot{v}^{t1} \\ \dot{w}^{t1} \end{Bmatrix} = \boldsymbol{T}_{A2}\boldsymbol{T}_{A1}^{\text{T}} \begin{Bmatrix} \dot{u}^{b} \\ \dot{v}^{b} \\ \dot{w}^{b} \end{Bmatrix} \tag{9.58}$$

$$\begin{Bmatrix} \ddot{u}^{t1} \\ \ddot{v}^{t1} \\ \ddot{w}^{t1} \end{Bmatrix} = \boldsymbol{T}_{A2}\boldsymbol{T}_{A1}^{\text{T}} \begin{Bmatrix} \ddot{u}^{b} \\ \ddot{v}^{b} \\ \ddot{w}^{b} \end{Bmatrix} \tag{9.59}$$

连接点处，两个单元的角速度和角加速度之间的关系则需要通过对式（9.54）关于时间求导来确定，得到以下关系：

$$\begin{Bmatrix} \dot{\Phi}^{t2} \\ \dot{w}^{t2\prime} \\ \dot{v}^{t2\prime} \end{Bmatrix} = (\boldsymbol{T}_{A2}^* + \boldsymbol{T}^{C2}) \begin{Bmatrix} \dot{\Phi}^{t1} \\ \dot{w}^{t1\prime} \\ \dot{v}^{t1\prime} \end{Bmatrix} \tag{9.60}$$

$$\begin{Bmatrix} \ddot{\Phi}^{t2} \\ \ddot{w}^{t2\prime} \\ \ddot{v}^{t2\prime} \end{Bmatrix} = (\boldsymbol{T}_{A2}^* + \boldsymbol{T}^{C2}) \begin{Bmatrix} \ddot{\Phi}^{t1} \\ \ddot{w}^{t1\prime} \\ \ddot{v}^{t1\prime} \end{Bmatrix} + \boldsymbol{T}^{M2} \begin{Bmatrix} \dot{\Phi}^{t1} \\ \dot{w}^{t1\prime} \\ \dot{v}^{t1\prime} \end{Bmatrix} \tag{9.61}$$

式中，矩阵 $\boldsymbol{T}^{C2}$ 和 $\boldsymbol{T}^{M2}$ 的各元素为

$$\begin{cases} T_{i1}^{C2} = -a_{i1} \Phi^{t1} + b_{i1} v^{t1\prime} + b_{i2} w^{t1\prime} \\ T_{i2}^{C2} = -a_{i2} w^{t1\prime} + b_{i2} \Phi^{t1} + b_{i3} v^{t1\prime} \\ T_{i3}^{C2} = -a_{i3} v^{t1\prime} + b_{i3} w^{t1\prime} + b_{i1} \Phi^{t1} \end{cases} \tag{9.62}$$

$$T_{ij}^{M2} = \dot{T}_{ij}^{C2}$$

桨尖内侧前折段单元和桨尖外侧后折段单元在连接点处的位移列向量 $\boldsymbol{p}^{t1}$ 和 $\boldsymbol{p}^{t2}$ 分别为

$$\begin{cases} \boldsymbol{p}^{t1} = \{ u^{t1}, v^{t1}, w^{t1}, \varPhi^{t1}, w^{t1\prime}, v^{t1\prime} \}^{\mathrm{T}} \\ \boldsymbol{p}^{t2} = \{ u^{t2}, v^{t2}, w^{t2}, \varPhi^{t2}, w^{t2\prime}, v^{t2\prime} \}^{\mathrm{T}} \end{cases} \tag{9.63}$$

采用式(9.53)和式(9.54)可知，$\boldsymbol{p}^{t1}$ 和 $\boldsymbol{p}^{t2}$ 之间存在如下转换关系：

$$\boldsymbol{p}^{t2} = \left[ \begin{bmatrix} \boldsymbol{T}_{A2}\boldsymbol{T}_{A1}^{\mathrm{T}} & 0 \\ 0 & \boldsymbol{T}_{A2}^{*} \end{bmatrix} + \begin{bmatrix} 0 & 0 \\ 0 & \boldsymbol{T}^{K2} \end{bmatrix} \right] \boldsymbol{p}^{t1} = ( \boldsymbol{T}_{L2} + \boldsymbol{T}_{NL}^{K2} ) \boldsymbol{p}^{t1} \tag{9.64}$$

采用式(9.60)和式(9.61)可知，桨尖外侧后折段单元和桨尖内侧前折段单元在连接点处的速度、加速度和变分列向量存在如下关系：

$$\dot{\boldsymbol{p}}^{t2} = \left[ \begin{bmatrix} \boldsymbol{T}_{A2} & 0 \\ 0 & \boldsymbol{T}_{A2}^{*} \end{bmatrix} + \begin{bmatrix} 0 & 0 \\ 0 & \boldsymbol{T}^{C2} \end{bmatrix} \right] \dot{\boldsymbol{p}}^{t1} = ( \boldsymbol{T}_{L2} + \boldsymbol{T}_{NL}^{C2} ) \dot{\boldsymbol{p}}^{t1} \tag{9.65}$$

$$\ddot{\boldsymbol{p}}^{t2} = ( \boldsymbol{T}_{L2} + \boldsymbol{T}_{NL}^{C2} ) \ddot{\boldsymbol{p}}^{t1} + \begin{bmatrix} 0 & 0 \\ 0 & \boldsymbol{T}^{M2} \end{bmatrix} \dot{\boldsymbol{p}}^{t1} = ( \boldsymbol{T}_{L2} + \boldsymbol{T}_{NL}^{C2} ) \ddot{\boldsymbol{p}}^{t1} + \boldsymbol{T}_{NL}^{M2} \dot{\boldsymbol{p}}^{t1} \tag{9.66}$$

$$\delta\boldsymbol{p}^{t2} = ( \boldsymbol{T}_{L2} + \boldsymbol{T}_{NL}^{C2} ) \delta\boldsymbol{p}^{t1} \tag{9.67}$$

将式(9.64)至式(9.67)代入桨尖外侧后折段单元和桨尖内侧前折段单元连接点处的旋翼/机体耦合结构的有限元方程可得

$$\{ (\delta\boldsymbol{p}^{t2})^{\mathrm{T}}, \delta\boldsymbol{x}_{\mathrm{F}}^{\mathrm{T}} \} \left[ \begin{bmatrix} \boldsymbol{M}_{\mathrm{BB}}^{t2} & \boldsymbol{M}_{\mathrm{BF}}^{t2} \\ \boldsymbol{M}_{\mathrm{FB}}^{t2} & \boldsymbol{M}_{\mathrm{FF}}^{t2} \end{bmatrix} \begin{Bmatrix} \ddot{\boldsymbol{p}}^{t2} \\ \ddot{\boldsymbol{x}}_{\mathrm{F}} \end{Bmatrix} + \begin{bmatrix} \boldsymbol{C}_{\mathrm{BB}}^{t2} & \boldsymbol{C}_{\mathrm{BF}}^{t2} \\ \boldsymbol{C}_{\mathrm{FB}}^{t2} & \boldsymbol{C}_{\mathrm{FF}}^{t2} \end{bmatrix} \begin{Bmatrix} \dot{\boldsymbol{p}}^{t2} \\ \dot{\boldsymbol{x}}_{\mathrm{F}} \end{Bmatrix} + \begin{bmatrix} \boldsymbol{K}_{\mathrm{BB}}^{t2} & \boldsymbol{K}_{\mathrm{BF}}^{t2} \\ \boldsymbol{K}_{\mathrm{FB}}^{t2} & \boldsymbol{K}_{\mathrm{FF}}^{t2} \end{bmatrix} \begin{Bmatrix} \boldsymbol{p}^{t2} \\ \boldsymbol{x}_{\mathrm{F}} \end{Bmatrix} - \begin{Bmatrix} \boldsymbol{F}_{\mathrm{B}}^{t2} \\ \boldsymbol{F}_{\mathrm{F}}^{t2} \end{Bmatrix} \right] = 0 \tag{9.68}$$

将非线性项移到方程右侧，可以得到桨尖内侧前折段变形前坐标下桨尖外侧后折段单元和桨尖内侧前折段单元连接点处的旋翼/机体耦合结构的有限元方程如下：

$$\begin{bmatrix} \bar{\boldsymbol{M}}_{\mathrm{BB}}^{t2} & \bar{\boldsymbol{M}}_{\mathrm{BF}}^{t2} \\ \bar{\boldsymbol{M}}_{\mathrm{FB}}^{t2} & \boldsymbol{M}_{\mathrm{FF}}^{t2} \end{bmatrix} \begin{Bmatrix} \ddot{\boldsymbol{p}}^{t1} \\ \ddot{\boldsymbol{x}}_{\mathrm{F}} \end{Bmatrix} + \begin{bmatrix} \bar{\boldsymbol{C}}_{\mathrm{BB}}^{t2} & \bar{\boldsymbol{C}}_{\mathrm{BF}}^{t2} \\ \bar{\boldsymbol{C}}_{\mathrm{FB}}^{t2} & \boldsymbol{C}_{\mathrm{FF}}^{t2} \end{bmatrix} \begin{Bmatrix} \dot{\boldsymbol{p}}^{t1} \\ \dot{\boldsymbol{x}}_{\mathrm{F}} \end{Bmatrix} + \begin{bmatrix} \bar{\boldsymbol{K}}_{\mathrm{BB}}^{t2} & \bar{\boldsymbol{K}}_{\mathrm{BF}}^{t2} \\ \bar{\boldsymbol{K}}_{\mathrm{FB}}^{t2} & \boldsymbol{K}_{\mathrm{FF}}^{t2} \end{bmatrix} \begin{Bmatrix} \boldsymbol{p}^{t1} \\ \boldsymbol{x}_{\mathrm{F}} \end{Bmatrix} = \begin{bmatrix} \bar{\boldsymbol{F}}_{\mathrm{B}}^{t2} \\ \bar{\boldsymbol{F}}_{\mathrm{F}}^{t2} \end{bmatrix} \tag{9.69}$$

式中,机体的质量、阻尼和刚度主矩阵不变,其余的线性矩阵项为

$$
\begin{cases}
\bar{\boldsymbol{M}}_{BB}^{t2} = \boldsymbol{T}_{L2}^{\mathrm{T}} \boldsymbol{M}_{BB}^{t2} \boldsymbol{T}_{L2}, & \bar{\boldsymbol{M}}_{BF}^{t2} = \boldsymbol{T}_{L2}^{\mathrm{T}} \boldsymbol{M}_{BF}^{t2}, & \bar{\boldsymbol{M}}_{FB}^{t2} = \boldsymbol{M}_{FB}^{t2} \boldsymbol{T}_{L2} \\
\bar{\boldsymbol{C}}_{BB}^{t2} = \boldsymbol{T}_{L2}^{\mathrm{T}} \boldsymbol{C}_{BB}^{t2} \boldsymbol{T}_{L2}, & \bar{\boldsymbol{C}}_{BF}^{t2} = \boldsymbol{T}_{L2}^{\mathrm{T}} \boldsymbol{C}_{BF}^{t2}, & \bar{\boldsymbol{C}}_{FB}^{t2} = \boldsymbol{C}_{FB}^{t2} \boldsymbol{T}_{L2} \\
\bar{\boldsymbol{K}}_{BB}^{t2} = \boldsymbol{T}_{L2}^{\mathrm{T}} \boldsymbol{K}_{BB}^{t2} \boldsymbol{T}_{L2}, & \bar{\boldsymbol{K}}_{BF}^{t2} = \boldsymbol{T}_{L2}^{\mathrm{T}} \boldsymbol{K}_{BF}^{t2}, & \bar{\boldsymbol{K}}_{FB}^{t2} = \boldsymbol{K}_{FB}^{t2} \boldsymbol{T}_{L2}
\end{cases}
\tag{9.70}
$$

非线性矩阵项为

$$
\begin{aligned}
\bar{\boldsymbol{F}}_{B}^{t2} = {} & (\boldsymbol{T}_{L2} + \boldsymbol{T}_{NL}^{C2})^{\mathrm{T}} \boldsymbol{F}_{B}^{t2} - (\boldsymbol{T}_{NL}^{C2})^{\mathrm{T}} (\boldsymbol{M}_{BF}^{t2} \ddot{\boldsymbol{x}}_{F} + \boldsymbol{C}_{BF}^{t2} \dot{\boldsymbol{x}}_{F} + \boldsymbol{K}_{BF}^{t2} \boldsymbol{x}_{F}) \\
& - \left[ (\boldsymbol{T}_{NL}^{C2})^{\mathrm{T}} \boldsymbol{M}_{BB}^{t2} \boldsymbol{T}_{L} + \boldsymbol{T}_{L1}^{\mathrm{T}} \boldsymbol{M}_{BB}^{t2} \boldsymbol{T}_{NL}^{C2} \right] \ddot{\boldsymbol{p}}^{t1} - \left[ (\boldsymbol{T}_{NL}^{C2})^{\mathrm{T}} \boldsymbol{K}_{BB}^{t2} \boldsymbol{T}_{L2} + \boldsymbol{T}_{L2}^{\mathrm{T}} \boldsymbol{K}_{BB}^{t2} \boldsymbol{T}_{NL}^{K2} \right] \boldsymbol{p}^{t1} \\
& - \left[ (\boldsymbol{T}_{NL}^{C2})^{\mathrm{T}} \boldsymbol{C}_{BB}^{t2} \boldsymbol{T}_{L2} + \boldsymbol{T}_{L2}^{\mathrm{T}} \boldsymbol{M}_{BB}^{t2} \boldsymbol{T}_{NL}^{M2} + \boldsymbol{T}_{L2}^{\mathrm{T}} \boldsymbol{C}_{BB}^{t2} \boldsymbol{T}_{NL}^{C2} \right] \dot{\boldsymbol{p}}^{t1}
\end{aligned}
\tag{9.71}
$$

$$
\bar{\boldsymbol{F}}_{F}^{t2} = \boldsymbol{F}_{F}^{t2} - \left[ \boldsymbol{M}_{FB}^{t2} \boldsymbol{T}_{NL}^{C2} \ddot{\boldsymbol{p}}^{t1} + (\boldsymbol{M}_{FB}^{t2} \boldsymbol{T}_{NL}^{M2} + \boldsymbol{C}_{FB}^{t2} \boldsymbol{T}_{NL}^{C2}) \dot{\boldsymbol{p}}^{t1} + \boldsymbol{K}_{FB}^{t2} \boldsymbol{T}_{NL}^{K2} \boldsymbol{p}^{t1} \right]
\tag{9.72}
$$

将桨尖外侧后折段单元在连接点处的动力学方程转换到桨尖内侧前折段单元所处坐标系后,便可将桨尖外侧后折段单元与桨尖内侧前折段组集。

对于单折桨尖,与9.2.2节中的方法相似,令双折桨尖内侧前折段前掠角 $\Lambda_{s1}$ 为 $0°$,且令内侧前折段长度为0,即令 $R_{tip1} = R_{tip2}$,此时式(9.69)便可转换为单折桨尖与直桨叶组集所需采用的公式。

## 9.3 单折桨尖无轴承旋翼/机体耦合结构气动机械稳定性

为研究单折桨尖对无轴承旋翼/机体耦合结构气动机械稳定性的影响,本节采用特征值方法分析在地面工作、悬停和前飞状态下不同单折桨尖形状(前掠、后掠、上反、下反、组合变形和尖削)无轴承旋翼/机体耦合结构的气动机械稳定性。所采用的算例以 ITR 无轴承旋翼(Jang et al., 1988)为基准,桨尖起始位置为 0.85R 处,桨尖变化角度分别是 10°、20° 和 30°。

### 9.3.1 桨尖前掠和后掠对耦合结构气动机械稳定性的影响

在地面工作、悬停和前飞状态下,桨尖前掠和后掠无轴承旋翼/机体耦合结构的旋翼后退型摆振模态阻尼 $-s$ 的计算结果分别如图9.2至图9.4所示。从图9.2和图9.3可以看出,与矩形直桨尖相比,桨尖前掠或者后掠均能使旋翼转速的不稳定区向高转速区移动,使得地面工作状态下旋翼转速不稳定区远离旋翼工作转速,使得悬停状态下的旋翼转速不稳定区靠近旋翼工作转速,表明桨叶摆振模态频率增加。从图9.4可以看出,前飞状态下,增加桨尖前掠或者后掠均能增加无轴承旋翼/机体耦合结构的旋翼后退型摆振模态阻尼。

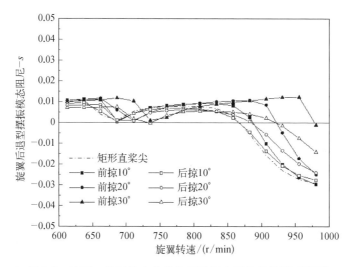

图 9.2　地面工作时桨尖前掠和后掠耦合结构的旋翼后退型
摆振模态阻尼随旋翼转速变化

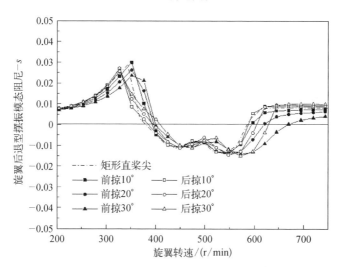

图 9.3　悬停状态下桨尖前掠和后掠耦合结构的旋翼后退型
摆振模态阻尼随旋翼转速变化

## 9.3.2　桨尖上反和下反对耦合结构气动机械稳定性的影响

本节分析在地面工作、悬停和前飞状态下桨尖上反和下反无轴承旋翼/机体耦合结构的气动机械稳定性。无轴承旋翼/机体耦合结构的旋翼后退型摆振模态阻尼计算结果分别如图 9.5 至图 9.7 所示。从图 9.5 和图 9.6 可以看出,桨尖上反可以有效增加旋翼转速不稳定区内后退型摆振模态的阻尼。在地面工作状态下,桨尖上反会减小旋翼转速稳定区内的后退型摆振模态的阻尼。桨尖下反能够大幅提

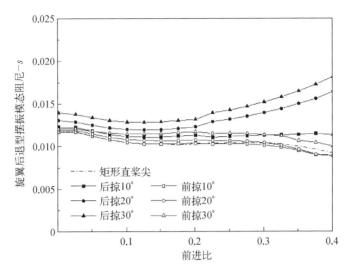

**图 9.4　前飞状态下桨尖前掠和后掠耦合结构的旋翼后退型
摆振模态阻尼随前进比变化**

高旋翼转速稳定区内的后退型摆振模态的阻尼,但会降低桨叶的摆振模态频率,从
而使旋翼转速的不稳定区向低转速区移动,使地面工作状态下的旋翼转速不稳定
区靠近旋翼工作转速,悬停时的旋翼转速不稳定区远离旋翼工作转速。从图 9.7
可以看出,前飞状态下桨尖上反和下反会大幅增加旋翼后退型摆振模态的阻尼。
与图 9.4 比较可知,桨尖上反和下反比桨尖前掠和后掠更能有效地增加前飞状态
下无轴承旋翼/机体耦合结构的旋翼后退型摆振模态阻尼。

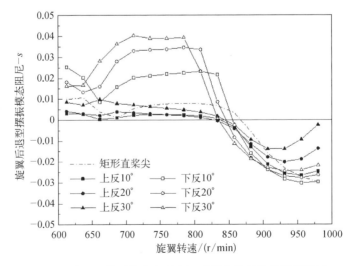

**图 9.5　地面工作时桨尖上反和下反耦合结构的旋翼后退型
摆振模态阻尼随旋翼转速变化**

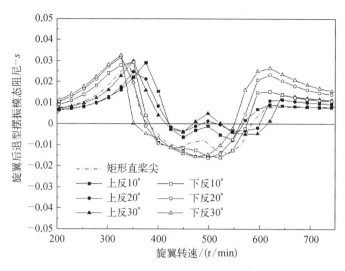

**图 9.6** 悬停状态下桨尖上反和下反耦合结构的旋翼后退型摆振模态阻尼随旋翼转速变化

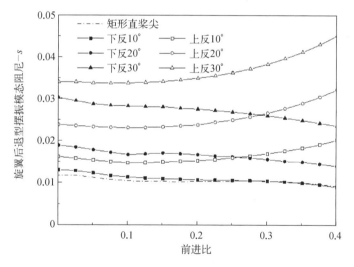

**图 9.7** 前飞状态下桨尖上反和下反耦合结构的旋翼后退型摆振模态阻尼随前进比变化

### 9.3.3 桨尖形状组合对耦合结构气动机械稳定性的影响

本节分析在地面工作、悬停和前飞状态下桨尖上反、下反与前掠、后掠组合无轴承旋翼/机体耦合结构的气动机械稳定性。无轴承旋翼/机体耦合结构的旋翼后退型摆振模态阻尼计算结果分别如图 9.8 至图 9.10 所示。桨尖变化的角度为 20°，即后掠下反桨尖的后掠角和下反角均为 20°。从图 9.8 可以看出，当桨尖下反与前掠、后掠组合时,不同旋翼转速下无轴承旋翼/机体耦合结构的旋翼后退型摆振模态阻尼均有所增加,旋翼转速的不稳定区会远离旋翼工作转速,向高转速区移动,可避免地面工作时桨尖下反旋翼转速不稳定区会靠近旋翼工作转速的缺点。桨尖上反与前掠、后掠组合同样会使得旋翼转速不稳定区远离旋翼工作转速,向高转速区移动。从图 9.9 可以看出,桨尖上反与前掠组合时,旋翼转速不稳定区内的后退型摆振模态的阻尼会大幅增加,并且缩小了旋翼转速不

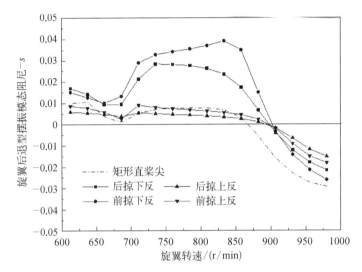

图 9.8　地面工作时桨尖组合变形耦合结构的旋翼后退型
摆振模态阻尼随旋翼转速变化

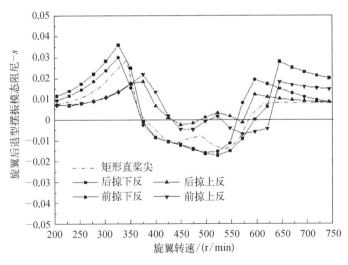

图 9.9　悬停状态下桨尖组合变形耦合结构的旋翼后退型
摆振模态阻尼随旋翼转速变化

稳定区的范围。桨尖下反与前掠、后掠组合会使旋翼转速不稳定区远离旋翼工作转速,向低转速区移动,并且会增加旋翼转速稳定区内的后退型摆振模态的阻尼。从图 9.10 可以看出,桨尖组合变形均能有效增加前飞状态下无轴承旋翼／机体耦合结构的旋翼后退型摆振模态阻尼,其中桨尖前掠上反的作用最大,桨尖前掠下反的作用最小。

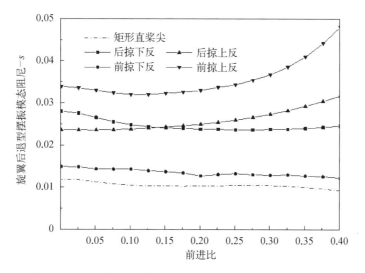

图 **9.10**　前飞状态下桨尖组合变形耦合结构的旋翼后退型
摆振模态阻尼随前进比变化

### 9.3.4　桨尖尖削对耦合结构气动机械稳定性的影响

本节分析在地面工作、悬停和前飞状态下桨尖变化角度 30°、桨尖尖削比 0.5 时无轴承旋翼／机体耦合结构的气动机械稳定性。无轴承旋翼／机体耦合结构的旋翼后退型摆振模态阻尼的计算结果分别如图 9.11 至图 9.14 所示。从图 9.11 至图 9.13 可以看出,由于桨尖尖削增加了桨叶摆振模态的频率,会使得旋翼转速不稳定区向高转速移动,使得地面工作状态下的旋翼转速不稳定区远离旋翼工作转速,悬停时的旋翼转速不稳定区靠近旋翼工作转速。地面工作状态下,当桨尖上反或下反 30°时,桨尖尖削会使旋翼转速稳定区内的旋翼后退型摆振模态的阻尼大幅下降。从图 9.14 可以看出,前飞状态下,当桨尖前掠或后掠时,桨尖尖削对旋翼后退型摆振模态阻尼的影响较小,会使旋翼后退型摆振模态的阻尼略有增加。桨尖上反或下反时,桨尖尖削对旋翼后退型摆振模态阻尼的影响较大,会使旋翼后退型摆振模态的阻尼大幅减少。

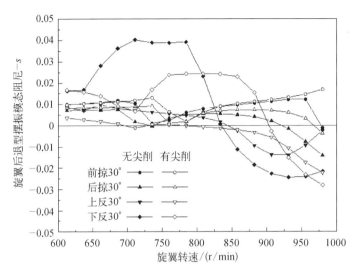

图 9.11　地面工作时桨尖前后掠、上下反、尖削耦合结构的旋翼后退型
摆振模态阻尼随旋翼转速变化

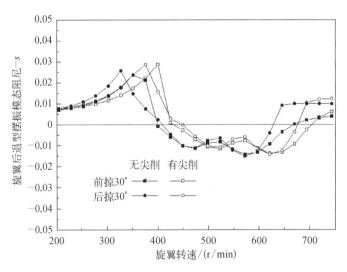

图 9.12　悬停状态下桨尖前后掠、尖削耦合结构的旋翼后退型
摆振模态阻尼随旋翼转速变化

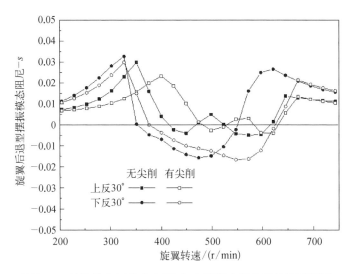

图 9.13　悬停状态下桨尖上下反、尖削耦合结构的旋翼后退型
摆振模态阻尼随旋翼转速变化

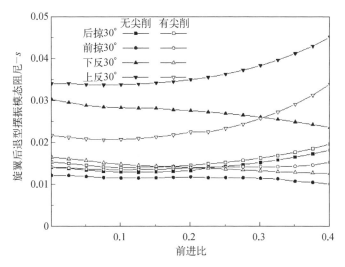

图 9.14　前飞状态下桨尖前后掠、上下反、尖削耦合结构的
旋翼后退型摆振模态阻尼随前进比变化

## 9.4　双折桨尖无轴承旋翼／机体耦合结构气动机械稳定性

　　本节以 ITR 无轴承模型旋翼为基准来研究双折桨尖对无轴承旋翼／机体耦合结构气动机械稳定性的影响。双折桨尖的几何参数与 ERATO 模型旋翼( van der Wall et al., 2016)的桨叶参数相同,如表 9.1 所示。为了比较桨尖双折的影响,表

9.1 中给出了工作转速下无量纲化的无轴承旋翼双折桨叶和直桨叶的 1 阶挥舞模态、1 阶摆振模态和 1 阶扭转模态的固有频率。可以看出,桨尖双折使桨叶 1 阶摆振模态和 1 阶扭转模态的固有频率有所增加,使桨叶 1 阶挥舞模态的固有频率有所降低。

表 9.1　双折桨叶与直桨叶的参数

| 参　　数 | 双折桨叶 | 直桨叶 |
|---|---|---|
| $\Lambda_{s1}$ /(°) | −3.5 | 0 |
| $\Lambda_{s2}$ /(°) | 22 | 0 |
| $\Lambda_{d2}$ /(°) | 0 | 0 |
| $R_{tip1}$ | 0.5 | 0.5 |
| $R_{tip2}$ | 0.8 | 0.8 |
| 桨叶 1 阶挥舞频率 | 1.058 | 1.074 |
| 桨叶 1 阶摆振频率 | 0.691 | 0.665 |
| 桨叶 1 阶扭转频率 | 4.515 | 4.398 |

### 9.4.1　双折桨尖对耦合结构气动机械稳定性的影响

本节首先分析双折桨尖无轴承旋翼/机体耦合结构的气动机械稳定性。图 9.15 给出了地面工作状态下直桨叶和双折桨叶无轴承旋翼/机体耦合结构的旋翼后退型

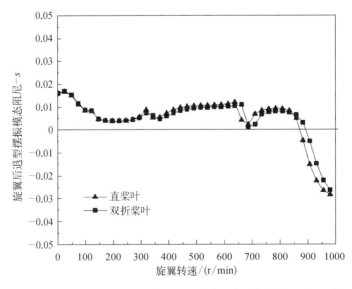

图 9.15　地面工作时直桨叶和双折桨叶耦合结构的旋翼后退型摆振模态阻尼随旋翼转速变化

摆振模态阻尼随旋翼转速变化。可以看出，相比于直桨叶，双折桨叶使得旋翼后退型摆振模态阻尼略有增加，阻尼曲线向高转速移动，使得临界失稳转速从 870 r/min提高 2.5%到 892 r/min。图 9.16 给出了前飞状态下直桨叶和双折桨叶无轴承旋翼／机体耦合结构的旋翼后退型摆振模态阻尼随前进比变化。可以看出，双折桨叶会提升前飞状态下无轴承旋翼／机体耦合结构的旋翼后退型摆振阻尼。这主要有两个原因：① 前飞状态下双折桨叶的气动载荷扮演了更重要的角色，桨叶双折会引入有利于稳定性的气弹耦合效应；② 前飞状态下机体模态频率下降会改变旋翼和机体之间的耦合运动效应，使得桨叶双折有利于提升无轴承旋翼／机体耦合结构的旋翼后退型摆振模态阻尼。

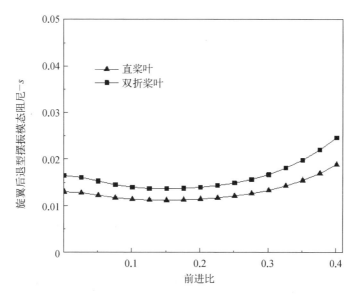

图 9.16　前飞状态下直桨叶和双折桨叶耦合结构的
旋翼后退型摆振模态阻尼随前进比变化

## 9.4.2　外侧后折桨尖下反角对耦合结构气动机械稳定性的影响

由于桨尖的下反角 $\Lambda_{d2}$ 或上反角会对旋翼气弹动力学性能产生重要影响，本节首先分析外侧后折桨尖下反角 $\Lambda_{d2}$ 分别是−10°、0° 和 10°时双折桨尖无轴承旋翼／机体耦合结构的气动机械稳定性。桨尖下反部分的起始位置与外侧后折桨尖的起始位置重合。图 9.17 给出了地面工作状态下外侧后折桨尖下反无轴承旋翼／机体耦合结构的旋翼后退型摆振模态阻尼。可以看出，相比于桨尖上反，桨尖下反（$\Lambda_{d2} = 10°$）对地面工作状态下无轴承旋翼／机体耦合结构的旋翼后退型摆振模态阻尼的影响更大，可以更有效地提升旋翼后退型摆振模态的阻尼。桨尖上反会降低地面工作状态下无轴承旋翼／机体耦合结构的旋翼后退型摆振模态阻尼。

外侧后折桨尖的下反角 $\varLambda_{d2}$ 会使得旋翼转速位于区间 $[390, 640]$ r/min 和区间 $[710, 860]$ r/min 时的旋翼后退型摆振模态阻尼有明显增加。这是由于桨尖下反或者上反会增加桨叶挥舞与扭转方向的质量惯矩,从而改变桨叶各方向运动间的气弹耦合效应,引起地面工作状态下无轴承旋翼/机体耦合结构的旋翼后退型摆振模态阻尼的变化。

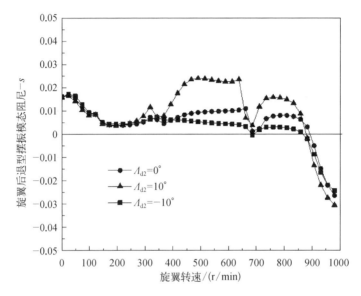

**图 9.17　地面工作时外侧后折桨尖下反耦合结构的
旋翼后退型摆振模态阻尼随旋翼转速变化**

　　相比于地面工作状态,前飞状态下桨叶气动载荷扮演着更为重要的角色,机体模态频率的下降会引起无轴承旋翼/机体耦合效应的显著变化。图 9.18 给出了前飞状态下外侧后折桨尖下反无轴承旋翼/机体耦合结构的旋翼后退型摆振模态阻尼。与地面工作状态时相似,外侧后折桨尖下反会提高前飞状态下无轴承旋翼/机体耦合结构的旋翼后退型摆振模态阻尼,外侧后折桨尖上反会降低前飞状态下无轴承旋翼/机体耦合结构的旋翼后退型摆振模态阻尼。这是由于前飞状态下外侧后折桨尖上反或下反会改变作用于剖面气动中心的气动升力的大小和方向,从而引入桨叶扭转/摆振方向运动的耦合效应。正如复合材料桨叶气动机械稳定性的研究结果(Han et al., 2003; Smith et al., 1993a, 1993b):负的扭转/摆振运动耦合效应可以提高稳定性,相反,正的扭转/摆振运动耦合效应会降低稳定性。从而可以得出结论,外侧后折桨尖下反会引入负的扭转/摆振耦合效应,从而提高无轴承旋翼/机体耦合结构的气动机械稳定性;反之,外侧后折桨尖上反会引入正的扭转/摆振耦合效应,不利于无轴承旋翼/机体耦合结构的气动机械稳定性。

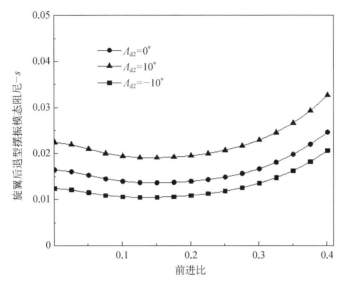

图 9.18　前飞状态下外侧后折桨尖下反耦合结构的
旋翼后退型摆振模态阻尼随前进比变化

### 9.4.3　外侧后折桨尖后掠角对耦合结构气动机械稳定性的影响

外侧后折桨尖的后掠角 $\Lambda_{s2}$ 是直接产生桨叶弯曲/扭转耦合运动的另一个重要参数。地面工作状态下,在外侧后折桨尖下反角 $\Lambda_{d2}$ 分别是 $0°$ 和 $10°$ 时,外侧后折桨尖后掠无轴承旋翼／机体耦合结构的旋翼后退型摆振模态阻尼的计算结果如图 9.19 所示。可以看出,当外侧后折桨尖下反角 $\Lambda_{d2}$ 是 $10°$ 时,外侧后折桨尖后掠角 $\Lambda_{s2}$ 对旋翼后退型摆振模态阻尼的影响会更明显。增加外侧后折桨尖的后掠角 $\Lambda_{s2}$,可以降低旋翼后退型摆振模态与机体模态频率不接近区域内旋翼后退型摆振模态的阻尼。旋翼转速较低时,可忽略外侧后折桨尖的后掠角 $\Lambda_{s2}$ 和下反角 $\Lambda_{d2}$ 对地面工作状态下无轴承旋翼／机体耦合结构气动机械稳定性的影响。旋翼转速较高时,桨尖后掠会增加桨叶 1 阶摆振模态的频率,从而使得增加外侧后折桨尖后掠角 $\Lambda_{s2}$ 时的旋翼后退型摆振模态阻尼曲线向右移动,提高临界失稳转速。

前飞状态下,在外侧后折桨尖下反角 $\Lambda_{d2}$ 分别是 $0°$ 和 $10°$ 时,外侧后折桨尖后掠无轴承旋翼／机体耦合结构的旋翼后退型摆振模态阻尼的计算结果如图 9.20 所示。可以看出,外侧后折桨尖的后掠角 $\Lambda_{s2}$ 越大,旋翼／机体耦合结构的旋翼后退型摆振模态阻尼值 $-s$ 越大,表明气动机械稳定性越稳定。结合图 9.19 和图 9.20,可以得出结论:双折桨尖无轴承旋翼／机体耦合结构的旋翼后退型摆振模态阻尼会随着外侧后折桨尖后掠角 $\Lambda_{s2}$ 的增加而增加。这是由于增加外侧后折桨尖的后掠角 $\Lambda_{s2}$ 可以使桨叶后掠部分的剖面气动中心和弦向重心远离直桨叶部分的变距轴线,从而增加桨叶扭转方向的气动力矩和质量惯矩,通过引入更明显的扭转/摆振运动耦合效应对旋翼/机体耦合结构的旋翼后退型摆振模态阻尼产生更大的影响。

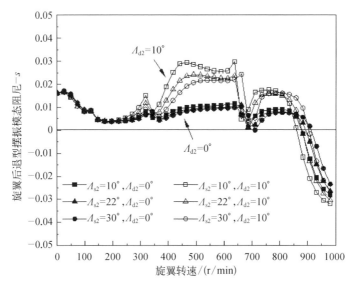

**图 9.19　地面工作时外侧后折桨尖后掠耦合结构的旋翼后退型摆振模态阻尼随旋翼转速变化**

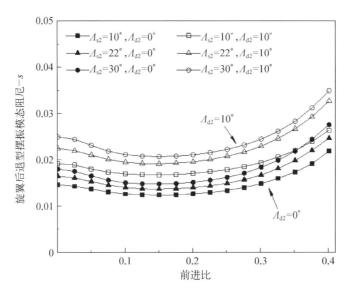

**图 9.20　前飞状态下外侧后折桨尖后掠耦合结构的旋翼后退型摆振模态阻尼随前比变化**

### 9.4.4　内侧前折桨尖前掠角对耦合结构气动机械稳定性的影响

　　地面工作状态下,在外侧后折桨尖下反角 $\Lambda_{d2}$ 分别是 $0°$ 和 $10°$ 时,内侧前折桨尖前掠无轴承旋翼／机体耦合结构的旋翼后退型摆振模态阻尼的计算结果如图 9.21 所示。可以看出,增加内侧前折桨尖的前掠角 $\Lambda_{s1}$ 可以使得旋翼后退型摆振模态阻尼曲线向旋翼高转速区移动,从而提高地面工作状态下的临界失稳转速。但是,即使外侧后折桨尖下反角 $\Lambda_{d2}$ 是 $10°$,内侧前折桨尖的前掠角 $\Lambda_{s1}$ 在稳定转速区内对地面工作状态下无轴承旋翼／机体耦合结构的旋翼后退型摆振模态阻尼的影响也十分有限。与图 9.19 相比较,可以得出结论:相比于内侧前折桨尖的前掠角 $\Lambda_{s1}$,外侧后折桨尖的后掠角 $\Lambda_{s2}$ 对地面工作状态下无轴承旋翼／机体耦合结构的旋翼后退型摆振模态阻尼的影响更重要。

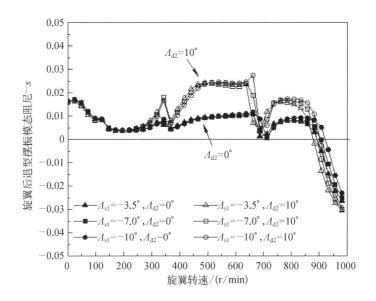

**图 9.21　地面工作时内侧前折桨尖前掠耦合结构的**
**旋翼后退型摆振模态阻尼随旋翼转速变化**

　　前飞状态下,在外侧后折桨尖后掠角 $\Lambda_{s2}$ 分别是 $0°$ 和 $10°$ 时,内侧前折桨尖前掠无轴承旋翼／机体耦合结构的旋翼后退型摆振模态阻尼的计算结果如图 9.22 所示。可以看出,内侧前折桨尖前掠角 $\Lambda_{s1}$ 对前飞状态下无轴承旋翼／机体耦合结构的旋翼后退型摆振模态阻尼的影响较小。结合图 9.19 和图 9.20 可以确定,外侧后折桨尖后掠角 $\Lambda_{s2}$ 对无轴承旋翼／机体耦合结构的旋翼后退型摆振模态阻尼的影响要远大于内侧前折桨尖前掠角 $\Lambda_{s1}$ 的影响。

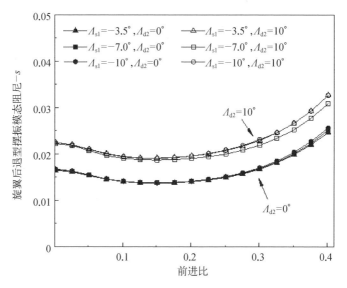

图 9.22 前飞状态下内侧前折桨尖前掠耦合结构的
旋翼后退型摆振模态阻尼随前进比变化

### 9.4.5 内侧前折桨尖起始位置对耦合结构气动机械稳定性的影响

地面工作状态和前飞状态下不同内侧前折桨尖起始位置的无轴承旋翼/机体耦合结构的旋翼后退型摆振模态阻尼的计算结果分别如图 9.23 和图 9.24 所示。

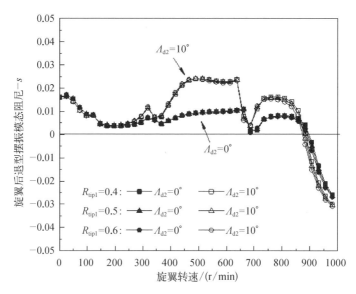

图 9.23 地面工作时不同内侧前折桨尖起始位置的耦合结构的
旋翼后退型摆振模态阻尼随旋翼转速变化

从图 9.23 中可以看出,地面工作状态下,不管外侧后折桨尖是否有下反,内侧前折桨尖的起始位置对旋翼后退型摆振模态阻尼的影响均不明显。这是由两个原因造成的:① 外侧后折桨尖的运动速度大于内侧前折桨尖,导致内侧前折桨尖的惯性载荷要小于外侧后折桨尖部分,从而降低了桨叶惯性载荷对旋翼后退型摆振模态阻尼的影响;② 内侧前折桨尖部分没有下反角,外侧后折桨尖下反对内侧前折桨尖部分的影响十分有限,从而使得内侧前折桨尖无法对旋翼后退型摆振模态阻尼产生明显影响。从图 9.24 中可以看出,前飞状态下的旋翼后退型摆振模态阻尼与地面工作状态下的情况相似,内侧前折桨尖起始位置的影响同样十分有限。

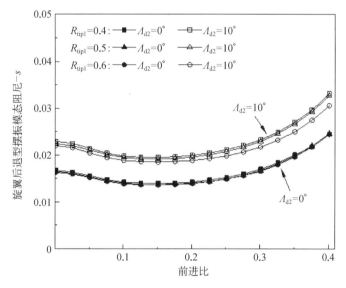

图 9.24　前飞状态下不同内侧前折桨尖起始位置的耦合结构的
旋翼后退型摆振模态阻尼随前进比变化

### 9.4.6　外侧后折桨尖起始位置对耦合结构气动机械稳定性的影响

地面工作状态和前飞状态下不同外侧后折桨尖起始位置的无轴承旋翼／机体耦合结构的旋翼后退型摆振模态阻尼的计算结果分别如图 9.25 和图 9.26 所示。从图 9.25 和图 9.26 可以看出,相比于内侧前折桨尖起始位置,外侧后折桨尖起始位置对旋翼后退型摆振模态阻尼的影响更明显。如图 9.25 所示,地面工作状态下,当外侧后折桨尖的下反角 $\varLambda_{d2}$ 是 0° 时,提高外侧后折桨尖的起始位置会使得旋翼后退型摆振模态与机体模态频率不接近的旋翼转速区域内的旋翼后退型摆振模态阻尼略有增加。而当外侧后折桨尖的下反角 $\varLambda_{d2}$ 是 10° 时,提高外侧后折桨尖的起始位置会使旋翼后退型摆振模态与机体模态频率不接近的旋翼转速区域内的旋翼后退型摆振模态阻尼明显下降。换言之,地面工作状态下,双折桨尖和外侧后折桨尖下反对旋翼后退型摆振模态阻尼的影响会随着外侧后折桨尖起始位置的减小而增强。如图 9.26 所示,前飞状态下,外侧后折桨尖起始位置越大,无轴承旋翼/机体耦合结构的旋翼后退型摆振模态阻尼值−$s$ 越小,气动机械稳定性越差。这主要是由于增加外侧后折桨尖起始位置,即减小外侧后折桨尖的长度,会降低双折桨尖对无轴承旋翼/机体耦合结构的旋翼后退型摆振模态阻尼的影响。

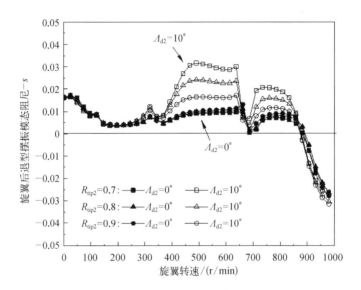

图 9.25　地面工作时不同外侧后折桨尖起始位置的耦合结构的旋翼后退型摆振模态阻尼随旋翼转速变化

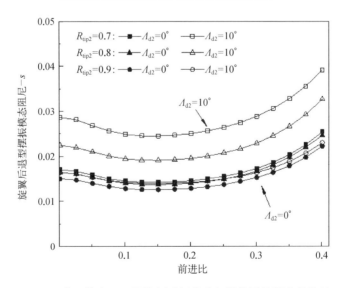

图 9.26　前飞状态下不同外侧后折桨尖起始位置的耦合结构的旋翼后退型摆振模态阻尼随前进比变化

# 第 10 章

# 有黏弹减摆器的无轴承旋翼/机体耦合结构气动机械动力学

## 10.1 引言

在无轴承旋翼系统中,通过在袖套与柔性梁之间布置黏弹减摆器以提高旋翼气弹稳定性和旋翼/机体耦合结构的气动机械稳定性,但是黏弹减摆器具有较强的非线性动力学特性,所提供的刚度和阻尼随激励频率和激励幅值的改变而发生变化,黏弹减摆器的应力-应变关系存在迟滞特性。为了准确分析含黏弹减摆器的无轴承旋翼/机体耦合结构的气动机械稳定性,必须对黏弹减摆器的非线性动力学特性进行准确的建模,使其能够准确反映黏弹减摆器的复刚度特性和迟滞特性。ADF 模型(Smith et al., 1996)能够准确模拟黏弹减摆器的非线性动力学特性,而且易于嵌入无轴承旋翼/机体耦合动力学模型中,本章采用 ADF 模型对黏弹减摆器进行建模。

建立黏弹减摆器的非线性动力学模型后,需要利用优化算法从试验数据中准确高效地识别模型参数,采用优化算法对非线性迟滞动力学模型的参数进行识别,比如最小二乘法(Yar et al., 1987)、遗传算法(Petrone et al., 2004)和帝国竞争算法(Talatahari et al., 2015)等。粒子群算法(Kennedy et al., 1995)由于具有原理简单、易实现和收敛快速的特点而被广泛应用于多目标优化(Parsopoulos et al., 2002)、模式识别(Liu et al., 2008)、信号处理(Lei et al., 2015)和损伤识别(Wang et al., 2015)等领域。在粒子群算法中,通过不断迭代更新具有记忆和分享功能的粒子的位置获取最终的最优解。但是,粒子群算法易于陷入局部极值,发生"早熟"收敛,导致无法获得真正的最优解。将粒子群算法同其他智能算法结合(Raouf et al., 2015; Guan et al., 2014),在标准粒子群算法中引入特殊机制(Prawin et al., 2016; Zheng et al., 2016; Sun et al., 2013)或者通过改变惯性系数(Taherkhani et al., 2016)可提高粒子群算法的性能。

本章提出了识别非线性迟滞动力学模型参数的改进粒子群算法(Zhang et al., 2017b),通过定义特殊的适应度函数,提高算法在迭代初期的全局搜索能力和迭代后期的局部寻优能力,并将改进粒子群算法成功地应用于具有非线性迟滞特性的黏弹减摆器 ADF 模型的参数识别中,验证了算法识别非线性迟滞模型参数的有效性。通过比较改进粒子群算法和标准粒子群算法识别参数的适应度收敛曲线,证明了所提出改进措施能够提高标准粒子群算法的收敛速度。

黏弹减摆器的刚度和阻尼随着所受激励的幅值和频率而改变,这对无轴承旋翼/机体耦合结构的气动机械稳定性产生重要影响,在某些情况下,由于黏弹减摆器阻尼降低,会导致无轴承旋翼/机体耦合结构失稳,发生耦合系统的气动机械不稳定性,即"地面共振"或"空中共振"。所以在分析有黏弹减摆器的无轴承旋翼/机体耦合结构的气动机械稳定性时,必须充分考虑黏弹减摆器的非线性动力学特性,采用准确的非线性动力学模型模拟黏弹减摆器,并依据无轴承旋翼的构型特点将黏弹减摆器的非线性动力学模型集成到旋翼系统中,准确分析有黏弹减摆器的无轴承旋翼/机体耦合结构的气动机械稳定性。

将黏弹减摆器集成到旋翼系统中的方法可以分为两种:一种是将黏弹减摆器作为力直接加到旋翼/机体耦合结构的动力学方程中(Panda et al.,1997),在这种方法中需要调用外部程序,依据黏弹减摆器连接点之间的相对位移和相对速度计算黏弹减摆器所产生的力。由于黏弹减摆器连接点处的运动同样受到黏弹减摆器产生的力的影响,所以该方法需要通过迭代计算获得收敛的解,这增加了计算的难度和复杂性。另一种方法是将黏弹减摆器的动力学方程集成到无轴承旋翼/机体耦合结构的动力学方程中形成无轴承旋翼/黏弹减摆器/机体耦合动力学方程(Gandhi et al.,1996a,1996b;Smith et al.,1996),通过直接分析该动力学方程,确定耦合系统的瞬态响应和气动机械稳定性。本章采用第二种方法将黏弹减摆器ADF模型集成到无轴承旋翼/机体耦合结构中。

本章阐述了黏弹减摆器ADF模型的集成方法,推导了ADF模型的有限元方程,并依据ADF模型与无轴承旋翼系统的连接方式,将ADF模型的有限元方程集成到无轴承旋翼/机体耦合结构动力学方程中。分析计算了地面工作、悬停和前飞状态下,有黏弹减摆器的无轴承旋翼/机体耦合结构的气动机械稳定性,计算了黏弹减摆器的非线性动力学特性对无轴承旋翼/机体耦合结构气动机械稳定性的影响,并对不同状态下旋翼后退型摆振模态、桨叶摆振模态和机体滚转模态的瞬态响应进行了分析,还研究了黏弹减摆器的结构参数对气动机械稳定性的影响。

## 10.2    黏弹减摆器非线性 ADF 模型

黏弹减摆器依靠黏弹橡胶材料为结构提供刚度与阻尼,根据所受激励的频率与幅值的不同,黏弹减摆器具有不同的动力学特性,表现出非线性特征。Smith 等(Smith et al.,1996)为模拟黏弹减摆器的非线性动力学特性,将非线性滞弹位移场 $d$ 与非线性弹簧 $K_a$ 并联后再串联一个非线性弹簧 $K_u$ 以建立黏弹减摆器 ADF 模型,如图 10.1 所示。

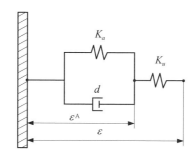

**图 10.1　黏弹减摆器 ADF 模型示意图**

图 10.1 中,各力学元件的模型参数为

$$
\begin{cases}
K_u = K_{u1} + K_{u2}\varepsilon^2 + K_{u3}\varepsilon^4 + K_{u4}(\varepsilon - \varepsilon^{\rm A})^2 \\
K_a = (K_{a1} - 1)K_u \\
d = K_{a1}K_{u1}/K_{d1}
\end{cases}
\tag{10.1}
$$

模型本构关系为

$$
\begin{cases}
\sigma = K_u(\varepsilon - \varepsilon^{\rm A}) \\
\sigma^{\rm A} = K_u(\varepsilon - K_{a1}\varepsilon^{\rm A}) \\
\dot{\varepsilon}^{\rm A} = \sigma^{\rm A}/d + K_{d2}(\sigma^{\rm A})^3
\end{cases}
\tag{10.2}
$$

式(10.1)和式(10.2)中, $\sigma$ 和 $\varepsilon$ 是黏弹减摆器的应力与应变, $\sigma^{\rm A}$ 和 $\varepsilon^{\rm A}$ 是滞弹位移场所产生的应力与应变。$K_{d1}$ 是外部激励的圆频率, $K_{u1}$、$K_{u2}$、$K_{u3}$、$K_{u4}$、$K_{a1}$ 和 $K_{d2}$ 是需要通过试验得到的应力-应变迟滞曲线识别的 6 个参数。利用式(10.2)中的模型本构关系,采用直接积分法进行时间步进计算,可以确定周期应变激励下,黏弹减摆器的应力-应变迟滞曲线。图 10.2 中给出了应变激励幅值是 1.0 时,采用线性与非线性 ADF 模型计算得到的应力-应变迟滞曲线。从图 10.2 中可以看出,采用线性模型,即 $K_{u2}$、$K_{u3}$、$K_{u4}$ 和 $K_{d2}$ 均是零时,迟滞曲线按顺时针呈椭圆形;采用非线性模型时,黏弹减摆器刚度下降,迟滞曲线发生明显畸变,形状类似平行四边形。

### 10.2.1　非线性迟滞模型参数识别的改进粒子群算法

粒子群算法作为一种新兴的进化算法,起源于对鸟群觅食过程的模拟,原理简单,算法易于实现。针对一个 $N$ 维参数优化识别问题,粒子群算法在搜索域内随机布置 $D$ 个 $N$ 维粒子。每一个粒子的坐标对应一组参数,利用坐标即能得到一个适应度值,用以表征该组参数的优劣。

每一个粒子均具有信息记忆功能,依据适应度值的大小,能保存该粒子所经历过的最优坐标,即 $\boldsymbol{p}_d^j = (p_{d1}^j, p_{d2}^j, \cdots, p_{dN}^j)$, 同时每个粒子具有信息共享功能,能获

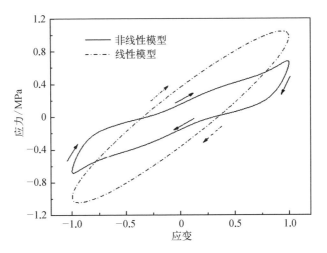

**图 10.2　黏弹减摆器应力-应变迟滞曲线**

知所有粒子中的最优坐标,即 $\boldsymbol{q}^{j} = (q_1^{j},\ q_2^{j},\ \cdots,\ q_N^{j})$。 对第 $d$ 个粒子在第 $j$ 迭代步的第 $n$ 维坐标 $c_{dn}^{j}$,利用式(10.3)和式(10.4)进行迭代更新如下:

$$c_{dn}^{j+1} = c_{dn}^{j} + wv_{dn}^{j+1} \tag{10.3}$$

$$v_{dn}^{j+1} = v_{dn}^{j} + a_1 r_1(p_{dn}^{j} - c_{dn}^{j}) + a_2 r_2(q_n^{j} - c_{dn}^{j}) \tag{10.4}$$

式中,$n = 1,\ 2,\ \cdots,\ N$,$d = 1,\ 2,\ \cdots,\ D$,$a_1$ 与 $a_2$ 是加速度常数,一般取值是 0~2,$r_1$ 与 $r_2$ 是大于 0 小于 1 的随机数,$w$ 是惯性系数。经过一定的迭代步数,各粒子均收敛于一个坐标,该坐标即是所需的最优解。为了提高算法前期的全局搜索能力以及后期的局部寻优能力,令惯性系数 $w$ 随着迭代步数 $j$ 线性递减如下:

$$w = w_{\max} - (w_{\max} - w_{\min})\frac{j-1}{J-1} \tag{10.5}$$

式中,$w_{\max}$ 是最大惯性系数,$w_{\min}$ 是最小惯性系数,$J$ 是最大迭代步数。

　　在第 $j$ 迭代步,利用识别的参数和试验数据可以计算得到对应的适应度值。对于非线性迟滞模型的参数识别问题,计算得到的迟滞曲线与试验所得迟滞曲线之间的误差越小,曲线越接近,说明识别的结果越好。因此,常把迟滞曲线试验值和计算值之间的误差 $e_j$ 定义为适应度如下:

$$e_j = \frac{1}{M}\sum_{i=1}^{M}\omega_i(y_i^{cj} - y_i^{t})^2 \tag{10.6}$$

式中,$M$ 是试验值的个数,$y_i^{t}$ 是第 $i$ 个试验值的纵坐标,$y_i^{cj}$ 是第 $i$ 个试验值横坐标处对应的计算值的纵坐标,$\omega_i$ 是权系数。从式(10.6)中可以看出迟滞曲线之间的误差随着纵坐标而改变。$e_j$ 越小,说明试验值与计算值之间的一致性越好。经过 $J$ 步的迭代后,可以得到适应度的最小值,该适应度值所对应的粒子坐标即是整个粒子群的最优坐标。

非线性模型的各个参数对迟滞曲线的影响不一致,迟滞曲线的形状对有些参数的敏感度较弱,通过加权可以增加迟滞曲线误差 $e_j$ 对这些参数的敏感度,提高对这些参数识别的准确性。如果直接将迟滞曲线误差作为适应度值,会使各粒子快速收敛于算法前期的最优粒子,降低了算法的全局搜索能力,引起“早熟”现象,使得计算得到的最优位置可能并非真正的最优位置,识别得到的参数也可能并非真正的最优参数。为避免这一问题,本书将适应度值定义为

$$fit_j = \frac{1}{a + be_j} \tag{10.7}$$

式中,$a$ 是平移因子,$b$ 是缩放因子,$e_j$ 由式(10.6)给出。通过选取合适的平移因子和缩放因子,本书所定义的适应度能够降低算法前期各粒子之间适应度的差异,在保证算法全局搜索能力的同时,使各粒子逐渐趋向最优粒子。从式(10.7)可以看出,适应度 $fit_j$ 越大,试验值与计算值的一致性越好。在 $J$ 迭代步后,可以确定适应度值最大的粒子,对应的坐标即为整个粒子群的最优坐标。

需要指出的是,标准粒子群算法具有以下缺点:在迭代初期,各粒子适应度之间的差距较大,使得各粒子快速收敛于最优解,导致算法的“早熟”;在迭代后期,各粒子适应度之间的差距较小,使得各粒子容易陷入局部极值。如果一个函数可以缩小迭代初期各粒子适应度间的差距,放大迭代后期各粒子适应度间的差距,就可以克服标准粒子群算法的这些缺点。

式(10.7)定义的适应度函数是基于函数 $y = 1/x$,如图 10.3 所示。可以看出,当 $x$ 小于 1 时,改变 $x$ 会对 $y$ 产生较大影响;当 $x$ 大于 1 时,改变 $x$ 对 $y$ 的影响则非常小。如果 $x$ 对应的是迟滞曲线试验值和计算值之间的误差,那么利用平移因子和缩放因子可以将迟滞曲线试验值和计算值之间的误差安排在区间 $[x_1, x_2]$ 中,使得各粒子适应度之间的差距在前期迭代步得以缩小,在后期迭代步得以放大。

为了确定平移因子 $a$ 和缩放因子 $b$,需要首先采用标准粒子群算法计算一次,确定迟滞曲线计算值和试验值之间的误差 $e_j$ 随迭代步的变化。假设在第一迭代步和第 $J$ 迭代步,迟滞曲线计算值和试验值之间的误差分别是 $e_1$ 和 $e_J$。为了将区间 $[e_J, e_1]$ 变换到区间 $[x_1, x_2]$,如图 10.3 所示,缩放因子 $b$ 需要等于 $(x_2 - x_1)/(e_1 - e_J)$,平移因子 $a$ 需要等于 $x_1 - e_J(x_2 - x_1)/(e_1 - e_J)$。对于区间 $[x_1, x_2]$,$x_1$ 的值不能太靠近 0,$x_2$ 的值不能太靠近 1,否则改进的粒子群算法需要消耗过多的迭代步才能收敛,在本书中,区间 $[x_1, x_2]$ 的取值为 $[0.2, 3]$。

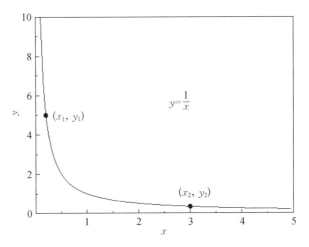

图 10.3 函数 $y = 1/x$ 的示意图

另外需要指出的是,粒子群算法在搜索域内随机布置粒子,算法本身具有一定的随机性,这使得利用粒子群算法在 $J$ 迭代步计算得到的最优坐标可能并非真正的最优,最优坐标对应的识别结果也可能并非真正的最优解。因此,为了减小算法随机性的影响,得到整个粒子群真正的最优坐标,需要利用 PSO 算法重复多次识别,识别参数真正的最优解是所有重复识别中适应度的最小值所对应的坐标。

非线性迟滞模型的一般表达式可以写为

$$y = F(x, c_1, c_2, \cdots, c_N) \tag{10.8}$$

式中,$c_1, c_2, \cdots, c_N$ 是模型待识别的参数,$N$ 是参数总数。利用试验值和初始参数计算得到的模型迟滞曲线如图 10.4 所示。

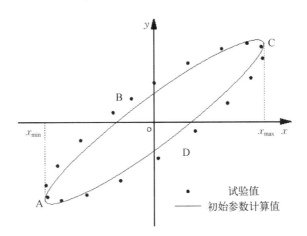

图 10.4 迟滞曲线示意图

图 10.4 中试验值和计算值的坐标分别是 $(x_i^t, y_i^t)(i = 1, 2, \cdots, M)$ 和 $(x_k^c, y_k^c)(k = 1, 2, \cdots, K)$。其中 $M$ 是试验值的个数，$K$ 是计算值的个数。可以看出，试验值与初始计算值之间存在明显的差距。

开始对非线性迟滞模型进行参数识别时，输入参数包括试验状态参数与迟滞曲线的试验值。迟滞曲线试验值的读取从 $x$ 轴最小坐标开始沿顺时针方向读取到 $x$ 轴最大坐标，再沿顺时针方向读取到 $x$ 轴最小坐标，即按图 10.4 中 A – B – C – D – A 的顺序读取试验值。

将 $D$ 个粒子随机布置在搜索域内，对于第 $d$ 个粒子，$c_{dn}^1$ 是第 $n$ 个模型参数随机生成的初始值。利用第 $d$ 个粒子的参数初始值 $c_{dn}^1(n = 1, 2, \cdots, N)$ 和式（10.8）可以得到对应的迟滞曲线 $(x_k^c, y_k^c)(k = 1, 2, \cdots, K)$。需要指出的是，利用初始模型参数计算得到的迟滞曲线与试验值的 $x$ 轴坐标和 $y$ 轴坐标均不同。为了计算适应度值，需要利用与迟滞曲线试验值的 $x$ 轴坐标 $x_i^t(i = 1, 2, \cdots, M)$ 相邻的计算值，插值确定该 $x$ 轴坐标处迟滞曲线计算值的 $y$ 轴坐标 $\bar{y}_i^c(i = 1, 2, \cdots, M)$。随后采用如下公式计算第 $d$ 个粒子的适应度值 $fit_d$：

$$e_d = \frac{1}{M} \sum_{i=1}^{M} \omega_i (\bar{y}_i^c - y_i^t)^2 \tag{10.9}$$

$$fit_d = \frac{1}{a + be_d} \tag{10.10}$$

当计算得到每个粒子的迟滞曲线和适应度值后，通过比较适应度值可以对每个粒子的最优坐标和整个粒子群的最优坐标进行更新。然后利用式（10.3）至式（10.5）对每个粒子的参数 $c_{dn}^j(d = 1, 2, \cdots, D; n = 1, 2, \cdots, N)$ 进行迭代更新，直至迭代步数 $j$ 达到最大迭代步 $J$，此时，所有的粒子均收敛于整个粒子群的最优坐标，最优坐标所对应的模型参数就是如下最终的识别结果：

$$c_n = c_n^J \quad (n = 1, 2, \cdots, N) \tag{10.11}$$

为了减小算法随机性的影响，需要对上面所述的识别过程进行多次重复计算。

## 10.2.2　ADF 模型参数识别

本节利用文献中（Smith et al., 1996）黏弹减摆器在频率 4Hz 不同幅值激励下应力-应变迟滞曲线的试验数据，对黏弹减摆器 ADF 模型的参数进行识别，结果如表 10.1 所示。

计算得到应变激励幅值分别是 1.0、0.5 和 0.1 时，黏弹减摆器的应力-应变迟滞曲线如图 10.5 所示。可以看出，计算结果与试验结果有较好的一致性，激励幅值较小时，黏弹减摆器非线性动力学特性较弱，激励幅值较大时，黏弹减摆器非线性动力学特性较强。不同激励幅值下,黏弹减摆器的复刚度特性如图 10.6 所示。可以看出,计算得到的复刚度与试验值之间的一致性较好,黏弹减摆器的储能模量与耗能模量随着激励幅值的增加而减小。因此,本书提出的 PSO 方法能够有效地识别黏弹减摆器 ADF 模型的非线性参数,识别的结果能准确反映黏弹减摆器的应力-应变迟滞特性与复刚度特性。

表 10.1    黏弹减摆器 ADF 模型参数识别结果

| 参　　数 | 数　　值 | 参　　数 | 数　　值 |
|---|---|---|---|
| $K_{u1}$ /MPa | 1.33 | $K_{u4}$ /MPa | 3.11 |
| $K_{u2}$ /MPa | 2.39 | $K_{a1}$ /MPa | 1.875 |
| $K_{u3}$ /MPa | 1.46 | $K_{d2}$ /($MPa^{-3} \cdot s^{-1}$) | 489.2 |

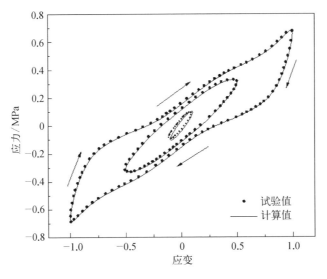

图 10.5    黏弹减摆器应力-应变迟滞特性曲线

取粒子个数 $D = 10$,最大迭代步数 $J = 100$,进行 50 次参数识别后,最优识别结果已在表 10.1 中列出。在 50 次参数识别中,收敛后的适应度值最大的曲线即是最优曲线,收敛后的适应度值最小的曲线即是最差曲线。收敛曲线中的均值曲线、最优曲线和最差曲线如图 10.7 所示。从图 10.7 可以看出,经过一定的迭代步数后,各条曲线各自收敛于一个定值,而最优曲线和最差曲线之间存在一定差距。表 10.2 列出了最优曲线和最差曲线所对应 ADF 模型参数的识别结果。可以看出,最优曲线和最差曲线识别参数之间的误差均在 7%以内。

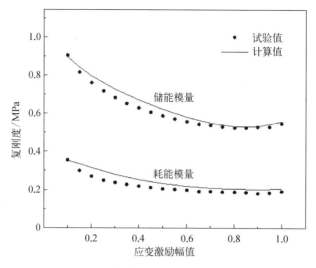

图 10.6　黏弹减摆器复刚度特性曲线

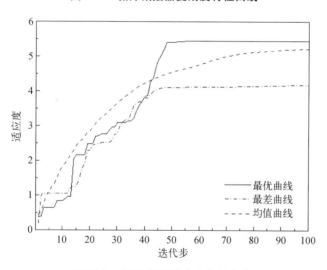

图 10.7　ADF 模型适应度收敛曲线

表 10.2　ADF 模型参数识别的最优结果和最差结果

| 参　数 | 最　优 | 最　差 | 误　差 |
|---|---|---|---|
| $K_{u1}$/MPa | 1.33 | 1.42 | 6.77% |
| $K_{u2}$/MPa | 2.39 | 2.47 | 3.35% |
| $K_{u3}$/MPa | 1.46 | 1.56 | 6.85% |
| $K_{u4}$/MPa | 3.11 | 3.08 | −0.96% |
| $K_{a1}$/MPa | 1.875 | 1.880 | 0.27% |
| $K_{d2}$/(MPa$^{-3}$·s$^{-1}$) | 489.2 | 480.4 | −1.80% |

为了验证本书所提出的改进粒子群算法,将利用改进粒子群算法计算得到的适应度均值收敛曲线同利用标准粒子群算法计算得到的曲线进行了比较,如图 10.8 所示。需要指出的是,为了可以比较利用改进粒子群算法和标准粒子群算法计算得到的适应度值,利用标准粒子群算法计算得到的适应度均值曲线需要利用公式进行转换。可以看出,本书提出的改进粒子群算法比标准粒子群算法的收敛速度更快,说明使用本书提出的适应度函数能够提高粒子群算法的计算效率。

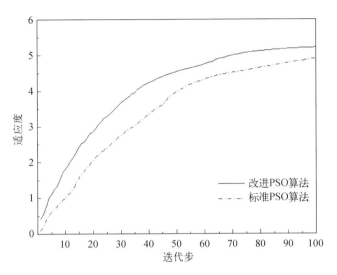

**图 10.8　ADF 模型适应度均值收敛曲线**

## 10.3　黏弹减摆器非线性 ADF 模型集成

为了将黏弹减摆器非线性 ADF 模型应用于结构动力学分析,首先建立非线性 ADF 模型的有限元动力学方程。本节基于如下 Hamilton 原理推导 ADF 模型的有限元动力学方程:

$$\delta \Pi_d = \int_{t_1}^{t_2} (\delta U_d - \delta T_d - \delta W_d) \, dt = 0 \tag{10.12}$$

ADF 模型中的弹性势能 $U_d$ 来自弹簧 $K_u$ 和 $K_a$,即

$$U_d = \frac{1}{2} \int_0^{L_d} \iint_{A_d} \left[ K_u (\varepsilon - \varepsilon^A)^2 + K_a (\varepsilon^A)^2 \right] dy dz dx \tag{10.13}$$

式中,$L_d$ 是黏弹减摆器厚度,$A_d$ 是黏弹减摆器接触面积。如果黏弹减摆器是介质

均匀的柱体,将式(10.1)代入式(10.13),则弹性势能可以写为

$$U_{\mathrm{d}} = \frac{1}{2}L_{\mathrm{d}}A_{\mathrm{d}}K_u\left[\,\varepsilon^2 - 2\varepsilon\varepsilon^{\mathrm{A}} + K_{a1}(\varepsilon^{\mathrm{A}})^2\,\right] \tag{10.14}$$

ADF 模型中的虚位能为

$$\delta U_{\mathrm{d}} = L_{\mathrm{d}}A_{\mathrm{d}}K_u\left[\,(\varepsilon - \varepsilon^{\mathrm{A}})\delta\varepsilon - (\varepsilon - K_{a1}\varepsilon^{\mathrm{A}})\delta\varepsilon^{\mathrm{A}}\,\right] \tag{10.15}$$

如果将虚位能用图 10.9 所示黏弹阻尼单元进行离散,即将阻尼器应变和滞弹应变用阻尼器两端的位移和滞弹位移表示如下:

$$\begin{cases} \varepsilon = (u_1 - u_2)/L_{\mathrm{d}} \\ \varepsilon^{\mathrm{A}} = (u_1^{\mathrm{A}} - u_2^{\mathrm{A}})/L_{\mathrm{d}} \end{cases} \tag{10.16}$$

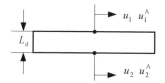

**图 10.9　黏弹阻尼单元示意图**

那么虚位能可以写为如下矩阵形式:

$$\delta U_{\mathrm{d}} = \delta \boldsymbol{v}_{\mathrm{d}}^{\mathrm{T}}\boldsymbol{K}_{\mathrm{D}}\boldsymbol{v}_{\mathrm{d}} \tag{10.17}$$

式中,$\boldsymbol{K}_{\mathrm{D}} = \begin{bmatrix} k & -k & -k & k \\ -k & k & k & -k \\ -k & k & Q & -Q \\ k & -k & -Q & Q \end{bmatrix}$, $\boldsymbol{v}_{\mathrm{d}} = \begin{Bmatrix} u_1 \\ u_2 \\ u_1^{\mathrm{A}} \\ u_2^{\mathrm{A}} \end{Bmatrix}$, $\delta\boldsymbol{v}_{\mathrm{d}} = \begin{Bmatrix} \delta u_1 \\ \delta u_2 \\ \delta u_1^{\mathrm{A}} \\ \delta u_2^{\mathrm{A}} \end{Bmatrix}$, $k = K_u A_{\mathrm{d}}/L_{\mathrm{d}}$,

$Q = K_{a1}k_{\circ}$

ADF 模型中的动能 $T_{\mathrm{d}}$ 由 ADF 本身的质量产生如下:

$$T_{\mathrm{d}} = \frac{1}{2}\int_0^{L_{\mathrm{d}}}\iint_{A_{\mathrm{d}}}\rho_{\mathrm{d}}\,\dot{u}_{\mathrm{d}}^2\mathrm{d}y\mathrm{d}z\mathrm{d}x \tag{10.18}$$

式中,$\rho_{\mathrm{d}}$ 是材料密度,$\dot{u}_{\mathrm{d}}$ 是黏弹减摆器内任意一点的速度。如果黏弹减摆器是介质均匀的柱体,则动能也可以写为

$$T_{\mathrm{d}} = \frac{1}{2}m_{\mathrm{d}}\,\dot{u}_{\mathrm{d}}^2 \tag{10.19}$$

式中,$m_{\mathrm{d}} = \rho_{\mathrm{d}}A_{\mathrm{d}}L_{\mathrm{d}}$。在此处,将 ADF 模型的质量矩阵用协调质量矩阵表示,则有

$$\delta T_d = - \delta \boldsymbol{v}_d^{\mathrm{T}} \boldsymbol{M}_D \ddot{\boldsymbol{v}}_d \qquad (10.20)$$

式中，$\boldsymbol{M}_D = \begin{bmatrix} m_d/3 & m_d/6 & 0 & 0 \\ m_d/6 & m_d/3 & 0 & 0 \\ 0 & 0 & 0 & 0 \\ 0 & 0 & 0 & 0 \end{bmatrix}$，$\ddot{\boldsymbol{v}}_d = \begin{Bmatrix} \ddot{u}_1 \\ \ddot{u}_2 \\ \ddot{u}_1^{\mathrm{A}} \\ \ddot{u}_2^{\mathrm{A}} \end{Bmatrix}$。

ADF 模型中的外力虚功由两部分构成，一部分由 ADF 模型中的滞弹位移场产生，另一部分由作用在黏弹减摆器两端的外力产生，即

$$\delta W_D = - \int_0^{L_d} \iint_{A_d} \sigma^{\mathrm{A}} \delta \varepsilon^{\mathrm{A}} \mathrm{d}y\mathrm{d}z\mathrm{d}x + f_1 \delta u_1 + f_2 \delta u_2 \qquad (10.21)$$

式中，$f_1$ 和 $f_2$ 是黏弹减摆器端部的外载。如果黏弹减摆器是介质均匀的柱体，则外力虚功可以写为

$$\delta W_D = - A_d L_d \sigma^{\mathrm{A}} \delta \varepsilon^{\mathrm{A}} + f_1 \delta u_1 + f_2 \delta u_2 \qquad (10.22)$$

由式（10.2）可知，$\sigma^{\mathrm{A}} = d\dot{\varepsilon}^{\mathrm{A}} - dK_{d2}(\sigma^{\mathrm{A}})^3$，将其代入式（10.22）可知：

$$\delta W_D = - A_d L_d d\dot{\varepsilon}^{\mathrm{A}} \delta \varepsilon^{\mathrm{A}} + A_d L_d dK_{d2}(\sigma^{\mathrm{A}})^3 \delta \varepsilon^{\mathrm{A}} + f_1 \delta u_1 + f_2 \delta u_2 \qquad (10.23)$$

如果将 $\dot{\varepsilon}^{\mathrm{A}}$ 用 ADF 两端滞弹位移的时间一阶导数表示，即 $\dot{\varepsilon}^{\mathrm{A}} = (\dot{u}_1^{\mathrm{A}} - \dot{u}_2^{\mathrm{A}})/L_d$，那么外力虚功可以用如下公式表示：

$$\delta W_D = \delta \boldsymbol{v}_d^{\mathrm{T}} (- \boldsymbol{C}_D \dot{\boldsymbol{v}}_d + \boldsymbol{F}_D) \qquad (10.24)$$

式中，$\boldsymbol{C}_D = \dfrac{dA_d}{L_d} \begin{bmatrix} 0 & 0 & 0 & 0 \\ 0 & 0 & 0 & 0 \\ 0 & 0 & 1 & -1 \\ 0 & 0 & -1 & 1 \end{bmatrix}$，$\boldsymbol{F}_D = \{f_1, f_2, F_1, F_2\}^{\mathrm{T}}$，$\dot{\boldsymbol{v}}_d = \{\dot{u}_1, \dot{u}_2, \dot{u}_1^{\mathrm{A}}, \dot{u}_2^{\mathrm{A}}\}^{\mathrm{T}}$，

$F_1 = dA_d K_{d2}(\sigma^{\mathrm{A}})^3$，$F_2 = - dA_d K_{d2}(\sigma^{\mathrm{A}})^3$。

将式（10.17）、式（10.20）和式（10.24）代入式（10.12）可以得到，ADF 单元的有限元动力学方程为

$$\boldsymbol{M}_D \ddot{\boldsymbol{v}}_d + \boldsymbol{C}_D \dot{\boldsymbol{v}}_d + \boldsymbol{K}_D \boldsymbol{v}_d = \boldsymbol{F}_D \qquad (10.25)$$

在该方程中，单元两端自由无约束，在将其引入旋翼系统时，需要根据阻尼器的连接方式，对式（10.25）进行约束处理。对于无轴承旋翼系统，黏弹减摆器两端分别连接在袖套和柔性梁上，黏弹减摆器利用在袖套和柔性梁上安装点的相对位移提供刚度和阻尼。通过观察式（10.25）中各矩阵可以发现，如果将非线性 ADF

模型直接引入到无轴承旋翼中,产生两个新的自由度 $u_1^A$ 和 $u_2^A$,会造成矩阵奇异。所以,本节对非线性 ADF 模型的动力学方程式(10.25)进行变换,得到:

$$\boldsymbol{M}_d \ddot{\boldsymbol{u}} + \boldsymbol{C}_d \dot{\boldsymbol{u}} + \boldsymbol{K}_d \boldsymbol{u} = \boldsymbol{F}_d \qquad (10.26)$$

式中,$\boldsymbol{M}_d = \begin{bmatrix} m/3 & m/6 & 0 \\ m/6 & m/3 & 0 \\ 0 & 0 & 0 \end{bmatrix}$,$\boldsymbol{C}_d = \dfrac{dA_d}{L_d} \begin{bmatrix} 0 & 0 & 0 \\ 0 & 0 & 0 \\ 0 & 0 & 1 \end{bmatrix}$,$\boldsymbol{K}_d = \begin{bmatrix} k & -k & -k \\ -k & k & k \\ -k & k & Q \end{bmatrix}$,$\boldsymbol{F}_d =$

$\begin{Bmatrix} f_1 \\ f_2 \\ F_1 \end{Bmatrix}$,$\boldsymbol{u} = \begin{Bmatrix} u_1 \\ u_2 \\ \Delta u^A \end{Bmatrix}$,$u_1$、$u_2$ 分别是袖套与柔性梁连接黏弹减摆器处的物理位移,

$\Delta u^A = u_1^A - u_2^A$ 是黏弹减摆器两端点滞弹位移差。利用两端点滞弹位移差而非两端点的滞弹位移作为黏弹减摆器的自由度,可以避免将黏弹减摆器的动力学方程引入无轴承旋翼／机体耦合结构动力学方程中所造成的矩阵奇异。

根据黏弹减摆器与袖套和柔性梁连接点处的变形协调条件,将 ADF 模型的动力学方程式(10.26)集成到无轴承旋翼／机体耦合动力学方程式(8.78),形成无轴承旋翼／黏弹减摆器／机体耦合动力学方程如下:

$$\begin{bmatrix} \overline{\boldsymbol{M}}_{RR}^1 & 0 & 0 & 0 & 0 & 0 & \boldsymbol{M}_{RF}^1 \\ 0 & \ddots & 0 & \vdots & \vdots & \vdots & \vdots \\ 0 & 0 & \overline{\boldsymbol{M}}_{RR}^{N_b} & 0 & 0 & 0 & \boldsymbol{M}_{RF}^{N_b} \\ 0 & 0 & 0 & 0 & 0 & 0 & 0 \\ \vdots & \vdots & \vdots & \vdots & \ddots & \vdots & \vdots \\ 0 & 0 & 0 & 0 & 0 & 0 & 0 \\ \boldsymbol{M}_{FR}^1 & \cdots & \boldsymbol{M}_{FR}^{N_b} & 0 & \cdots & 0 & \sum_{i=1}^{N_b} \boldsymbol{M}_{FF}^i \end{bmatrix} \begin{Bmatrix} \ddot{\boldsymbol{q}}_T^1 \\ \vdots \\ \ddot{\boldsymbol{q}}_T^{N_b} \\ \ddot{\boldsymbol{q}}_D^1 \\ \vdots \\ \ddot{\boldsymbol{q}}_D^{N_b} \\ \ddot{\boldsymbol{x}}_F \end{Bmatrix}$$

$$+ \begin{bmatrix} \overline{\boldsymbol{C}}_{RR}^1 & 0 & 0 & 0 & 0 & 0 & \boldsymbol{C}_{RF}^1 \\ 0 & \ddots & 0 & \vdots & \vdots & \vdots & \vdots \\ 0 & 0 & \overline{\boldsymbol{C}}_{RR}^{N_b} & 0 & 0 & 0 & \boldsymbol{C}_{RF}^{N_b} \\ 0 & 0 & 0 & C_{DD}^1 & 0 & 0 & 0 \\ \vdots & \vdots & \vdots & 0 & \ddots & 0 & \vdots \\ 0 & 0 & 0 & 0 & 0 & C_{DD}^{N_b} & 0 \\ \boldsymbol{C}_{FR}^1 & \cdots & \boldsymbol{C}_{FR}^{N_b} & 0 & \cdots & 0 & \sum_{i=1}^{N_b} \boldsymbol{C}_{FF}^i \end{bmatrix} \begin{Bmatrix} \dot{\boldsymbol{q}}_T^1 \\ \vdots \\ \dot{\boldsymbol{q}}_T^{N_b} \\ \dot{q}_D^1 \\ \vdots \\ \dot{q}_D^{N_b} \\ \dot{\boldsymbol{x}}_F \end{Bmatrix}$$

$$+\begin{bmatrix} \overline{\boldsymbol{K}}_{RR}^1 & 0 & 0 & \boldsymbol{K}_{RD}^1 & 0 & 0 & \boldsymbol{K}_{RF}^1 \\ 0 & \ddots & 0 & 0 & \ddots & 0 & \vdots \\ 0 & 0 & \overline{\boldsymbol{K}}_{RR}^{N_b} & 0 & 0 & \boldsymbol{K}_{RD}^{N_b} & \boldsymbol{K}_{RF}^{N_b} \\ \boldsymbol{K}_{DR}^1 & 0 & 0 & \boldsymbol{K}_{DD}^1 & 0 & 0 & 0 \\ 0 & \ddots & 0 & 0 & \ddots & 0 & \vdots \\ 0 & 0 & \boldsymbol{K}_{DR}^{N_b} & 0 & 0 & \boldsymbol{K}_{DD}^{N_b} & 0 \\ \boldsymbol{K}_{FR}^1 & \cdots & \boldsymbol{K}_{FR}^{N_b} & 0 & \cdots & 0 & \displaystyle\sum_{i=1}^{N_b}\boldsymbol{K}_{FF}^i \end{bmatrix} \begin{Bmatrix} \boldsymbol{q}_T^1 \\ \vdots \\ \boldsymbol{q}_T^{N_b} \\ \boldsymbol{q}_D^1 \\ \vdots \\ \boldsymbol{q}_D^{N_b} \\ \boldsymbol{x}_F \end{Bmatrix} = \begin{Bmatrix} \boldsymbol{F}_R^1 \\ \vdots \\ \boldsymbol{F}_R^{N_b} \\ \boldsymbol{F}_D^1 \\ \vdots \\ \boldsymbol{F}_D^{N_b} \\ \displaystyle\sum_{i=1}^{N_b}\boldsymbol{F}_F^i \end{Bmatrix} \quad (10.27)$$

式中,$\overline{\boldsymbol{M}}_{RR}^i$、$\overline{\boldsymbol{C}}_{RR}^i$ 和 $\overline{\boldsymbol{K}}_{RR}^i$ 分别是含黏弹减摆器的桨叶的质量、阻尼和刚度矩阵,$\boldsymbol{K}_{RD}^i$ 是桨叶/黏弹减摆器耦合刚度矩阵,$q_D^i$ 是第 $i$ 片桨叶黏弹减摆器的自由度,即式(10.26)中的 $\Delta u^A$,$\boldsymbol{K}_{DR}^i$ 是黏弹减摆器/桨叶耦合刚度阵,$C_{DD}^i$ 和 $K_{DD}^i$ 分别是第 $i$ 片桨叶的黏弹减摆器的阻尼和刚度,$F_D^i$ 是第 $i$ 片桨叶的黏弹减摆器的外载。

确定了无轴承旋翼/黏弹减摆器/机体耦合动力学方程后,便可计算含非线性黏弹减摆器的无轴承旋翼/机体耦合结构在不同工作状态的气弹稳定性。

## 10.4 有黏弹减摆器的耦合结构气动机械稳定性

为了充分考虑黏弹减摆器的非线性动力学特性,本节采用瞬态扰动方法分析在地面工作、悬停和前飞状态下有非线性黏弹减摆器的 ITR 无轴承旋翼/机体耦合结构气动机械稳定性。需要指出的是,在引入黏弹减摆器 ADF 模型时,需要对10.2.2节中识别的非线性 ADF 模型的参数进行适当调整,使得无量纲化的桨叶一阶摆振频率 $\omega_\xi$ 增加,但要小于 1。本节中加入黏弹减摆器后,$\omega_\xi$ 由 0.666 增加到0.774;系统激励过程中,黏弹减摆器应变应始终小于 1。本节所采用的黏弹减摆器ADF 模型的参数如表 10.3 所示。

表 10.3 黏弹减摆器 ADF 模型参数

| 参 数 | 数 值 | 参 数 | 数 值 |
|---|---|---|---|
| $K_{u1}$ /MPa | 41.5 | $K_{a1}$ /MPa | 1.4 |
| $K_{u2}$ /MPa | $-39.7$ | $K_{d2}$ /(MPa$^{-3}\cdot$s$^{-1}$) | 0.001 3 |
| $K_{u3}$ /MPa | 198.1 | $A_d$ | 0.005 |
| $K_{u4}$ /MPa | 597.9 | $L_d$ | 0.020 |

本节除分析了黏弹减摆器的非线性动力学特性对无轴承旋翼／机体耦合结构气动机械稳定性的影响,还为观察在地面和空中状态下无轴承旋翼／机体耦合结构气动机械稳定性的运动图像,计算了在不同工作状态下无轴承旋翼／机体耦合结构的旋翼后退型摆振模态、桨叶摆振模态和机体滚转模态的瞬态响应,并且分析了黏弹减摆器的结构参数对无轴承旋翼／机体耦合结构气动机械稳定性的影响。

### 10.4.1　地面工作时有黏弹减摆器耦合结构气动机械稳定性

本节分析地面工作状态下有无非线性黏弹减摆器的无轴承旋翼／机体耦合结构气动机械稳定性,得到不同旋翼转速下无轴承旋翼／机体耦合结构的各阶模态频率和旋翼后退型摆振模态阻尼分别如图 10.10 和图 10.11 所示。从图 10.10 中可以看出,黏弹减摆器使得旋翼后退型摆振模态的频率曲线右移,旋翼后退型摆振模态与机体俯仰模态和滚转模态频率重合时的旋翼转速增加。当旋翼转速是 370 r/min 和 730 r/min 时,旋翼后退型摆振模态与机体俯仰模态的频率重合。当旋翼转速是 1 000 r/min 时,旋翼后退型摆振模态与机体滚转模态的频率重合。从图 10.11 中可以看出,黏弹减摆器使得不同旋翼转速下无轴承旋翼后退型摆振模态阻尼都有所增加。当旋翼转速大于 960 r/min 时,旋翼后退型摆振模态阻尼值 $-s$ 小于 0,无轴承旋翼／机体耦合结构不稳定,该旋翼转速大于不含黏弹减摆器时气动机械稳定性的失稳转速 892 r/min,无轴承旋翼／机体耦合结构的气动机械稳定性裕度增加。

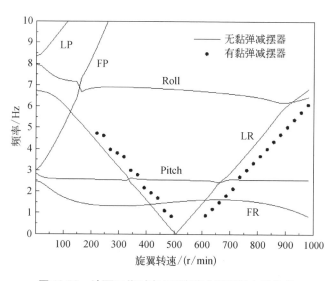

**图 10.10**　地面工作时有／无黏弹减摆器耦合结构的
各模态频率随旋翼转速变化

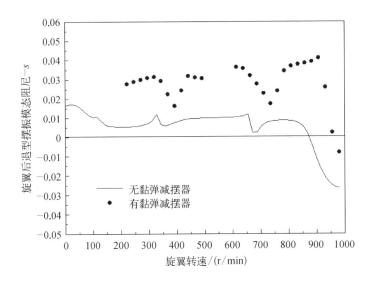

图 10.11 地面工作时有/无黏弹减摆器耦合结构的
旋翼后退型摆振模态阻尼随旋翼转速变化

下面计算地面工作状态下,不同旋翼转速时有黏弹减摆器的无轴承旋翼/机体耦合结构的旋翼后退型摆振模态、桨叶摆振模态和机体滚转模态的瞬态响应。在旋翼转速稳定区内,即旋翼转速小于 960 r/min 区内,旋翼转速是 817 r/min 时,对系统进行激励,在达到一定的稳态响应后,撤去激励,旋翼后退型摆振模态、桨叶摆振模态和机体滚转模态在保持激励和撤去激励后的位移响应分别如图 10.12 至图 10.14 所示。从图 10.12 至图 10.14 可以看出,旋翼转速是 817 r/min 时,处于稳定转速范围内,保持激励时,旋翼后退型摆振模态、桨叶摆振模态和机体滚转模态的位移响应保持等幅振动;撤去激励后,旋翼后退型摆振模态、桨叶摆振模态和机体滚转模态的位移响应迅速衰减,表明此时系统的稳定性较强。旋翼转速是 956 r/min 时,对系统进行激励,在达到一定的稳态响应后,撤去激励,旋翼后退型摆振模态、桨叶摆振模态和机体滚转模态在保持激励和撤去激励后的位移响应分别如图 10.15 至图 10.17 所示。从图 10.15 至图 10.17 可以看出,旋翼转速是 956 r/min 时,接近失稳转速 960 r/min,但无轴承旋翼/机体耦合结构仍然稳定。保持激励时,旋翼后退型摆振模态、桨叶摆振模态和机体滚转模态的位移响应逐渐增加;撤去激励后,旋翼后退型摆振模态、桨叶摆振模态和机体滚转模态位移响应逐渐衰减,但衰减速度较慢,表明此时无轴承旋翼/机体耦合结构的稳定性较弱。

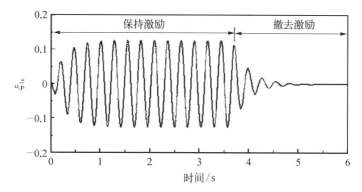

图 10.12　地面工作时有黏弹减摆器耦合结构的旋翼后退型
摆振模态位移响应(817 r/min)

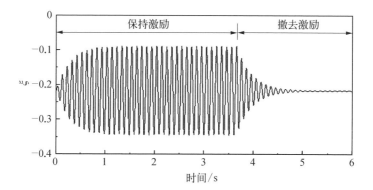

图 10.13　地面工作时有黏弹减摆器耦合结构的
桨叶摆振模态位移响应(817 r/min)

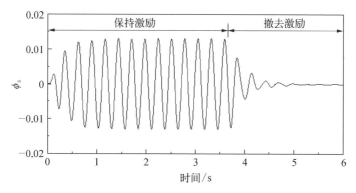

图 10.14　地面工作时有黏弹减摆器耦合结构的
机体滚转模态位移响应(817 r/min)

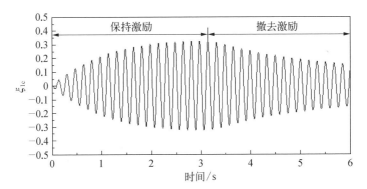

图 10.15　地面工作时有黏弹减摆器耦合结构的旋翼后退型
摆振模态位移响应(956 r/min)

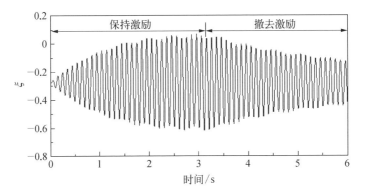

图 10.16　地面工作时有黏弹减摆器耦合结构的桨叶
摆振模态位移响应(956 r/min)

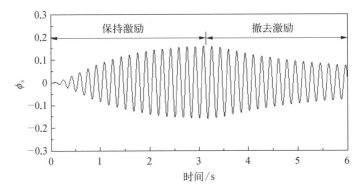

图 10.17　地面工作时有黏弹减摆器耦合结构的
机体滚转模态位移响应(956 r/min)

当旋翼转速是 980 r/min 时,已超过了失稳转速 960 r/min,有黏弹减摆器的无轴承旋翼／机体耦合结构气动机械不稳定。对系统进行小幅值激励,在达到一定的稳态响应后,撤去激励,旋翼后退型摆振模态、桨叶摆振模态和机体滚转模态在保持激励和撤去激励后的位移响应如图 10.18 至图 10.20 所示。对系统进行大幅值激励,在达到一定的响应后,撤去激励,旋翼后退型摆振模态、桨叶摆振模态和机体滚转模态在保持激励和撤去激励后的位移响应如图 10.21 至图 10.23 所示。从图 10.18 至图 10.20 可以看出,当激励幅值较小时,撤去激励后,旋翼后退型摆振模态、桨叶摆振模态和机体滚转模态的位移响应先发散,随后进行极限环振荡。从图 10.21 至图 10.23 可以看出,当激励幅值较大时,撤去激励后,旋翼后退型摆振模态、桨叶摆振模态和机体滚转模态的位移响应先衰减,随后进行极限环振荡。因此,当旋翼转速位于失稳转速区时,在黏弹减摆器非线性动力学特性的作用下,无轴承旋翼／机体耦合结构的气动机械动不稳定性运动将维持在一定的幅值进行极限环振荡,而不是像普通的线性阻尼器下发生周期的发散运动。

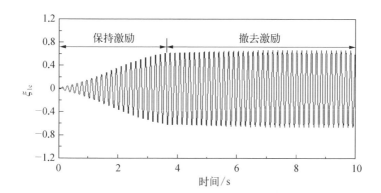

图 10.18　地面工作时有黏弹减摆器耦合结构在小幅值激励下的旋翼后退型摆振模态位移响应(980 r/min)

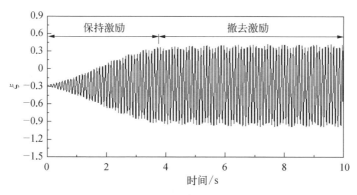

图 10.19　地面工作时有黏弹减摆器耦合结构在小幅值激励下的桨叶摆振模态位移响应(980 r/min)

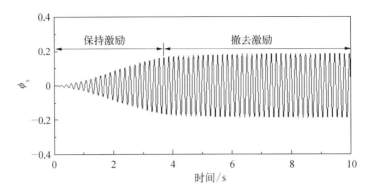

图 10.20 地面工作时有黏弹减摆器耦合结构在小幅值激励下的
机体滚转模态位移响应(980 r/min)

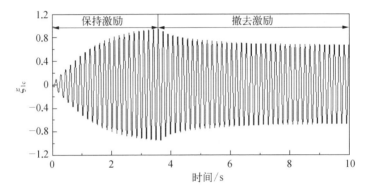

图 10.21 地面工作时有黏弹减摆器耦合结构在大幅值激励下的
旋翼后退型摆振模态位移响应(980 r/min)

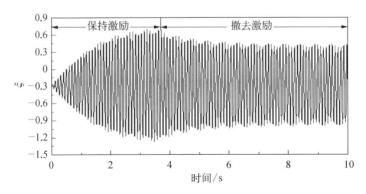

图 10.22 地面工作时有黏弹减摆器耦合结构在大幅值激励下的
桨叶摆振模态位移响应(980 r/min)

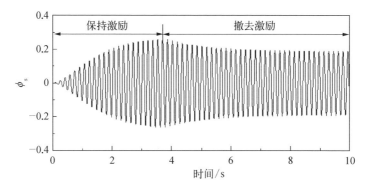

**图 10.23**　地面工作时有黏弹减摆器耦合结构在大幅值激励下的机体滚转模态位移响应(980 r/min)

需要指出的是,采用瞬态扰动分析方法能够计算出非线性黏弹减摆器导致的极限环振荡现象,而特征值分析方法由于进行了小扰动线化,无法计算出这一极限环振荡现象。因此,可以得到以下结论,由于黏弹减摆器的非线性动力学特性,在地面工作状态下,如果旋翼转速位于失稳区间,则对不同幅值激励后含黏弹减摆器的无轴承旋翼／机体耦合结构的衰减信号进行阻尼识别时,采用不同的识别方法必然会得到不同的结果,造成识别结果的不一致。为保证识别结果的准确性,采用特征值方法进行含黏弹减摆器的无轴承旋翼／机体耦合结构的气动机械稳定性分析时,应在小幅值激励下进行,以弱化耦合系统的非线性动力学特性;采用瞬态扰动方法进行含黏弹减摆器的无轴承旋翼／机体耦合结构的气动机械稳定性分析时,可在大幅值激励下进行,采用瞬态扰动方法能保证得到的系统衰减信号的阻尼识别结果的准确性。

为了分析黏弹减摆器结构参数对含黏弹减摆器的无轴承旋翼／机体耦合结构气动机械稳定性的影响,本节定义含黏弹减摆器的无轴承旋翼／机体耦合结构气动机械稳定性的旋翼转速稳定裕度 $h_s(\%) = (\Omega_c - \Omega_0)/\Omega_0$,式中 $\Omega_0$ 是旋翼工作转速,$\Omega_c$ 是旋翼后退型摆振模态阻尼等于 0 时的旋翼失稳转速。图 10.24 和图 10.25 分别显示了黏弹减摆器的厚度 $L_d$ 和接触面积 $A_d$ 对无轴承旋翼／机体耦合结构气动机械稳定性的旋翼转速稳定裕度和桨叶一阶摆振模态频率的影响。

从图 10.24 和图 10.25 可以看出,黏弹减摆器使无轴承旋翼／机体耦合结构气动机械稳定性的旋翼转速稳定裕度以及桨叶一阶摆振模态频率均有较大增加。随着黏弹减摆器厚度的增加,旋翼转速稳定裕度和桨叶一阶摆振模态频率均减小;随着黏弹减摆器接触面积的增加,旋翼转速稳定裕度和桨叶一阶摆振模态频率均增加。通过减小黏弹减摆器厚度,增加黏弹减摆器接触面积,可以明显增加无轴承旋翼／机体耦合结构气动机械稳定性的旋翼转速稳定裕度,但也会使得桨叶一阶摆振模态频率增加,导致桨叶应力的增加,因而不能为了提高无轴承旋翼／机体耦合结构气动机械稳定性的旋翼稳定裕度而一味地减小黏弹减摆器厚度和增加黏弹减摆器接触面积。

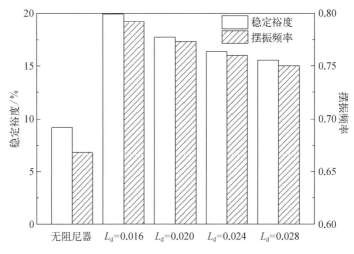

**图 10.24** 黏弹减摆器厚度 $L_d$ 对转速稳定裕度和桨叶一阶摆振模态频率的影响

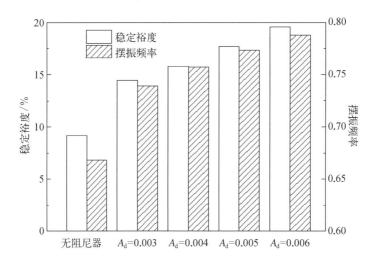

**图 10.25** 黏弹减摆器接触面积 $A_d$ 对转速稳定裕度和桨叶一阶摆振模态频率的影响

### 10.4.2 悬停状态下有黏弹减摆器耦合结构气动机械稳定性

与地面工作状态相比,悬停状态下机体的模态频率和阻尼会大幅下降。悬停状态下,采用黏弹减摆器后无轴承旋翼/机体耦合结构的各模态频率和旋翼后退型摆振模态阻尼的计算结果如图 10.26 和图 10.27 所示。从图 10.26 可以看出,悬停状态下黏弹减摆器同样会使旋翼后退型摆振模态的频率曲线右移,提高旋翼后退型摆振模态与旋翼后退型挥舞模态、机体俯仰模态和滚转模态频率重合时的旋翼转速。当旋翼转速是 550 r/min 和 640 r/min 时,旋翼后退型摆振模态与机体滚转模态的频率重合。当旋翼转速是 450 r/min 和 750 r/min 时,旋翼后退型摆振模态与旋翼后退型挥舞模态的频率重合。从图 10.27 可以看出,旋翼转速大于 585 r/min 小于 688 r/min 时,旋翼后退型摆振模态阻尼 $-s$ 小于 0,无轴承旋翼／机体耦合结构不稳定,相比于无黏弹减摆器时的失稳转速区 400 r/min 至 602 r/min,无轴承旋翼／机体耦合结构失稳转速区减小。在稳定转速区,黏弹减摆器使旋翼后退型摆振模态阻尼大幅提升。

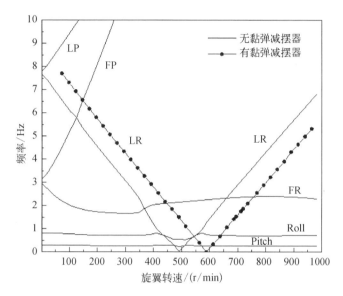

图 10.26　悬停状态下有/无黏弹减摆器耦合结构的
各模态频率随旋翼转速变化

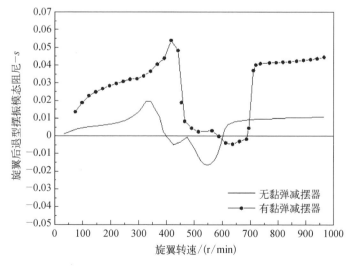

图 10.27　悬停状态下有/无黏弹减摆器耦合结构的旋翼后退型
摆振模态阻尼随旋翼转速变化

　　为了观察悬停状态下无轴承旋翼/机体耦合结构气动机械稳定性的运动图像,计算了悬停状态下无轴承旋翼/机体耦合结构在稳定和不稳定状态下旋翼后退型摆振模态、桨叶摆振模态和机体滚转模态的位移响应。旋翼转速是 817 r/min 时,有、无黏弹减摆器的无轴承旋翼/机体耦合结构都稳定。无黏弹减摆器时,旋翼后退型摆振模态、桨叶摆振模态和机体滚转模态在保持激励和撤去激励后的位移响应分别如图10.28 至图 10.30 所示。从图 10.28 至图 10.30 可以看出,无黏弹减摆器时,撤去激励后旋翼后退型摆振模态和桨叶摆振模态的位移响应以及机体滚转模态位移响应中由于激励引起的部分逐渐衰减,但衰减较慢,表明无轴承旋翼/机体耦合结构的气动机械稳定性较弱。有黏弹减摆器时,旋翼后退型摆振模态、桨叶摆振模态和机体滚转模态在保持激励和撤去激励后的位移响应分别如图 10.31 至图 10.33 所示。从图10.31 至图 10.33 可以看出,有黏弹减摆器时,撤去激励后旋翼后退型摆振模态和桨叶摆振模态的位移响应以及机体滚转模态位移响应中由于激励引起的部分迅速衰减,表明黏弹减摆器使无轴承旋翼/机体耦合结构的气动机械稳定性增强。

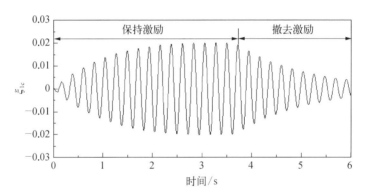

**图 10.28**　悬停状态下无黏弹减摆器耦合结构的旋翼后退型
摆振模态位移响应( 817 r/min )

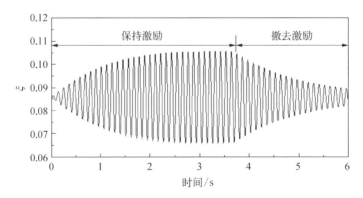

**图 10.29**　悬停状态下无黏弹减摆器耦合结构的
桨叶摆振模态位移响应( 817 r/min )

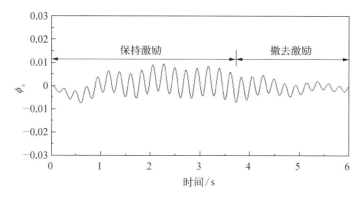

图 10.30　悬停状态下无黏弹减摆器耦合结构的
机体滚转模态位移响应(817 r/min)

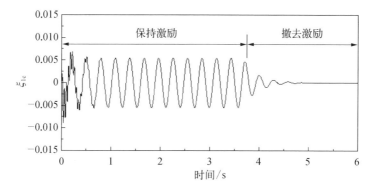

图 10.31　悬停状态下有黏弹减摆器耦合结构的旋翼后退型
摆振模态位移响应(817 r/min)

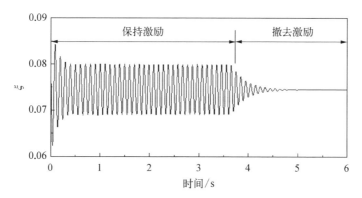

图 10.32　悬停状态下有黏弹减摆器耦合结构的桨叶
摆振模态位移响应(817 r/min)

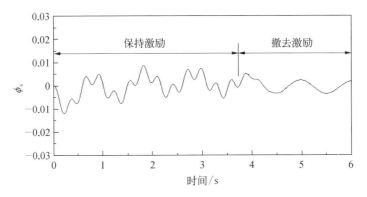

**图 10.33　悬停状态下有黏弹减摆器耦合结构的机体滚转模态位移响应（817 r/min）**

　　悬停状态下当旋翼转速是 645 r/min 时,位于失稳转速区,有黏弹减摆器的无轴承旋翼/机体耦合结构不稳定。有黏弹减摆器时,对桨叶进行小幅值激励,旋翼后退型摆振模态、桨叶摆振模态和机体滚转模态在保持激励和撤去激励后的位移响应分别如图 10.34 至图 10.36 所示。从图 10.34 至图 10.36 可以看出,当小幅值激励时,撤去激励后,旋翼后退型摆振模态、桨叶摆振模态和机体滚转模态的位移先缓慢发散,随后进行等幅振荡,表现出极限环振荡现象。有黏弹减摆器时,对桨叶进行大幅值激励,旋翼后退型摆振模态、桨叶摆振模态和机体滚转模态在保持激励和撤去激励后的位移响应分别如图 10.37 至图 10.39 所示。从图 10.37 至图 10.39 可以看出,当大幅值激励时,撤去激励后,旋翼后退型摆振模态、桨叶摆振模态和机体滚转模态的位移先衰减,随后进行极限环振荡。因此,当旋翼转速位于失稳转速区时,在黏弹减摆器的作用下,悬停状态下无轴承旋翼/机体耦合结构的气动机械不稳定性运动也将稳定在一定的幅值进行极限环振荡。

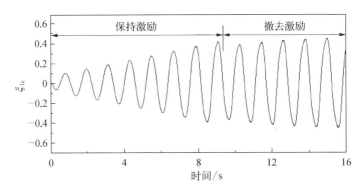

**图 10.34　悬停状态下小幅值激励时耦合结构不稳定时的旋翼后退型摆振模态位移响应（645 r/min）**

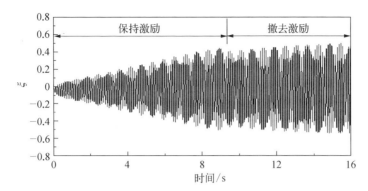

图 10.35　悬停状态下小幅值激励时耦合结构不稳定时的
桨叶摆振模态位移响应（645 r/min）

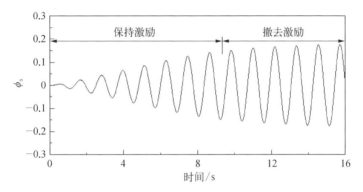

图 10.36　悬停状态下小幅值激励时耦合结构不稳定时的
机体滚转模态位移响应（645 r/min）

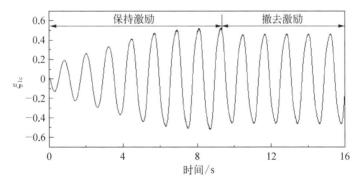

图 10.37　悬停状态下大幅值激励时耦合结构不稳定时的
旋翼后退型摆振模态位移响应（645 r/min）

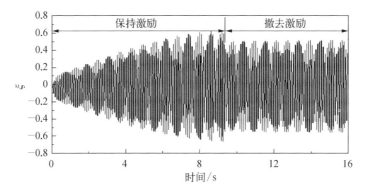

图 10.38 悬停状态下大幅值激励时耦合结构不稳定时的
桨叶摆振模态位移响应（645 r/min）

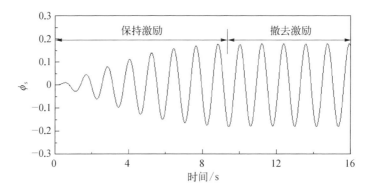

图 10.39 悬停状态下大幅值激励时耦合结构不稳定时的
机体滚转模态位移响应（645 r/min）

改变黏弹减摆器结构参数能使黏弹减摆器的动力学性能发生变化,影响悬停状态下无轴承旋翼/机体耦合结构的气动机械稳定性。不同黏弹减摆器厚度 $L_d$ 和不同黏弹减摆器接触面积 $A_d$ 的无轴承旋翼/机体耦合结构的旋翼后退型摆振模态阻尼分别如图 10.40 和图 10.41 所示。减小黏弹减摆器厚度 $L_d$ 和增加黏弹减摆器接触面积 $A_d$ 分别使得工作转速下桨叶的一阶摆振频率由 0.774 分别增加到 0.817 和 0.801。从图 10.40 和图 10.41 可以看出,减小黏弹减摆器厚度 $L_d$ 与增加接触面积 $A_d$ 均会使旋翼后退型摆振模态阻尼曲线右移,会增加旋翼转速非耦合区内旋翼后退型摆振模态的阻尼;旋翼转速耦合区内,旋翼后退型摆振模态的阻尼无明显变化。这是由于悬停状态下,黏弹减摆器结构参数的变化尚不足以影响由于旋翼后退型摆振模态与机体模态之间耦合造成的阻尼下降。

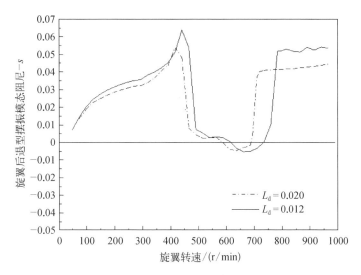

**图 10.40**　悬停状态下不同黏弹减摆器厚度 $L_d$ 的无轴承旋翼/机体
耦合结构的旋翼后退型摆振模态阻尼随旋翼转速变化

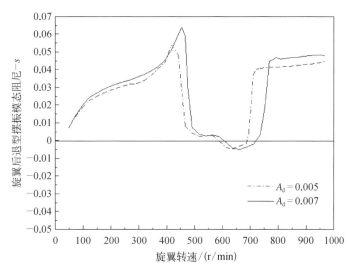

**图 10.41**　悬停状态下不同黏弹减摆器接触面积 $A_d$ 耦合结构的
旋翼后退型摆振模态阻尼随旋翼转速变化

### 10.4.3　前飞状态下有黏弹减摆器耦合结构气动机械稳定性

前飞状态下,黏弹减摆器的动力学特性受黏弹减摆器稳态响应的影响,在进行有黏弹减摆器的无轴承旋翼/机体耦合结构气动机械稳定性分析前,需进行旋翼配平/稳态响应耦合分析,在不同前进比和给定的旋翼拉力系数 $C_T$ 和旋翼轴前倾角 $\alpha_s$ 下,确定旋翼的总距 $\theta_{75}$、横向和纵向周期变距 $\theta_{1c}$ 和 $\theta_{1s}$ 以及桨叶的稳态响应。

本节依据文献中给定的旋翼拉力系数和旋翼轴前倾角,对无轴承旋翼/机体耦合结构进行了配平计算。有/无黏弹减摆器的无轴承旋翼的配平操纵和旋翼轴前倾角随前进比变化如图 10.42 所示。从图 10.42 可以看出,黏弹减摆器的引入使得旋翼总距 $\theta_{75}$ 有小幅下降,纵向周期变距 $\theta_{1s}$ 会在前进比大于 0.3 时略有增加。黏弹减摆器的稳态应变响应可以表示为 $\varepsilon_d^0 + \varepsilon_d^a \sin(\Omega t + \varphi_d)$,式中,$\varepsilon_d^0$ 是黏弹减摆器稳态应变响应的静偏置,$\varepsilon_d^a$ 是稳态应变响应的动幅值。静偏置与动幅值随前进比变化如图 10.43 所示。从图 10.43 可以看出,随着前进比的增加,黏弹减摆器稳态应变响应的静偏置变化较小。当前进比小于 0.3 时,黏弹减摆器稳态应变响应的动幅值变化也不大,当前进比大于 0.3 时,黏弹减摆器稳态应变响应的动幅值会大幅增加,这会导致黏弹减摆器的动力学特性发生较大变化,会使黏弹减摆器提供的刚度和阻尼大幅下降。

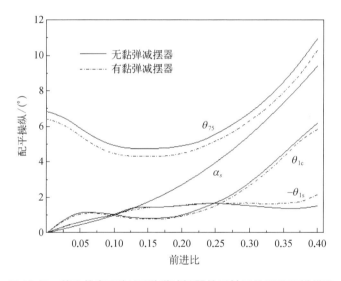

**图 10.42**    前飞状态下有/无黏弹减摆器的无轴承旋翼配平操纵和旋翼轴前倾角随前进比变化

在确定了旋翼操纵和桨叶稳态响应后,采用瞬态扰动法计算前飞状态下无轴承旋翼/机体耦合结构的气动机械稳定性。前飞状态下有/无黏弹减摆器的无轴承旋翼/机体耦合结构的旋翼后退型摆振模态阻尼的计算结果如图 10.44 所示。从图 10.44 可以看出,在无轴承旋翼/机体耦合结构中加入黏弹减摆器后,当前进比小于 0.3 时,旋翼后退型摆振模态的阻尼会大幅增加,提高了前飞状态下无轴承旋翼/机体耦合结构的气动机械稳定性。当前进比大于 0.3 时,阻尼器的动幅值大幅增加,所能提供的阻尼减小,使得旋翼后退型摆振模态的阻尼大幅下降。

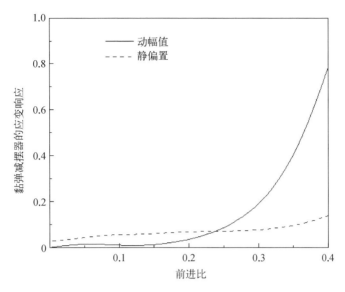

图 10.43　黏弹减摆器应变响应的动幅值与静偏置随前进比变化

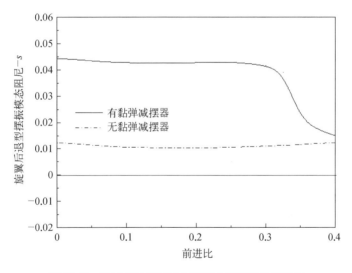

图 10.44　前飞状态下有/无黏弹减摆器耦合结构的
旋翼后退型摆振模态阻尼随前进比变化

当前进比是 0.4 时,有黏弹减摆器的无轴承旋翼/机体耦合结构的旋翼后退型摆振模态、桨叶摆振模态和机体滚转模态的位移响应分别如图 10.45 至图 10.47 所示。从图 10.45 和图 10.47 可以看出,撤去激励后,旋翼后退型摆振模态和机体滚转模态的响应逐渐衰减至常值。从图 10.46 可以看出,在扰动激励前,桨叶摆振模态的响应以旋翼旋转频率 $\Omega$ 做单频稳态振荡;在扰动激励作用下,桨叶摆振模态的响应以旋翼旋转频率 $\Omega$ 和扰动激励频率 $\omega_\xi$ 做双频稳态振荡；在撤去扰动激励后，桨叶摆振模态的响应中由扰动激励引起的响应部分逐渐衰减，最终仍然以旋翼旋转频率 $\Omega$ 做单频稳态振荡。

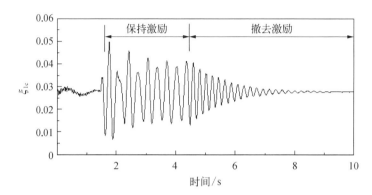

图 10.45　前进比 0.4 时耦合结构的旋翼后退型摆振模态位移响应

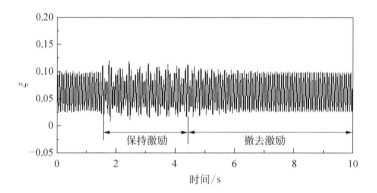

图 10.46　前进比 0.4 时耦合结构的桨叶摆振模态位移响应

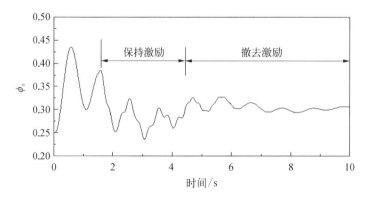

图 10.47　前进比 0.4 时耦合结构的机体滚转模态位移响应

前飞状态下,增加黏弹减摆器的接触面积 $A_d$ 和厚度 $L_d$ 对黏弹减摆器稳态应变响应的动幅值和静偏置的影响分别如图 10.48 和图 10.49 所示。改变黏弹减摆器结构参数会改变无轴承旋翼/机体耦合结构旋翼一阶摆振模态的频率 $\omega_\xi$,当阻尼器接触面积是 $1.4A_d$ 时,$\omega_\xi = 0.801$;当阻尼器厚度是 $1.4L_d$ 时,$\omega_\xi = 0.749$。从图 10.48 可以看出,增加黏弹减摆器接触面积 $A_d$ 对黏弹减摆器的稳态应变响应影响较小。从图 10.49 可以看出,增加黏弹减摆器厚度 $L_d$ 会使黏弹减摆器稳态应变响应的动幅值在前进比大于 0.3 时的增加幅度有明显下降,这会使黏弹减摆器提供的阻尼大幅增加,影响前飞状态下无轴承旋翼/机体耦合结构的气动机械稳定性。

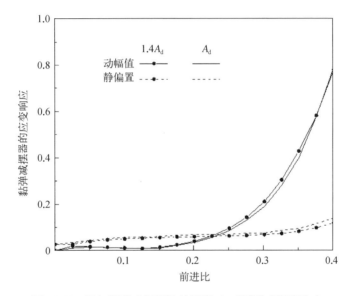

**图 10.48**　增加黏弹减摆器接触面积 $A_d$ 对黏弹减摆器稳态
应变响应动幅值和静偏置的影响

增加黏弹减摆器的接触面积 $A_d$ 和厚度 $L_d$ 后,前飞状态下无轴承旋翼/机体耦合结构的旋翼后退型摆振模态阻尼的计算结果分别如图 10.50 和图 10.51 所示。从图 10.50 可以看出,增加黏弹减摆器的接触面积 $A_d$ 会使不同前进比下旋翼后退型摆振模态的阻尼均有明显的增加。但是当前进比大于 0.3 时,旋翼后退型摆振模态的阻尼依然会有大幅下降。从图 10.51 可以看出,当前进比小于 0.3 时,增加黏弹减摆器厚度 $L_d$ 会降低旋翼后退型摆振模态的阻尼。但是当前进比大于 0.3 时,增加黏弹减摆器厚度 $L_d$ 会提高旋翼后退型摆振模态的阻尼,即旋翼后退型摆振模态的阻尼随前进比下降的幅度会有所减少,这说明增加厚度 $L_d$ 会降低黏弹减摆器的非线性动力学特性对无轴承旋翼/机体耦合结构的气动机械稳定性的影响。

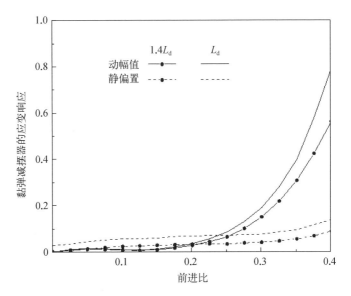

图 10.49 增加黏弹减摆器厚度 $L_d$ 对黏弹减摆器稳态
应变响应动幅值和静偏置的影响

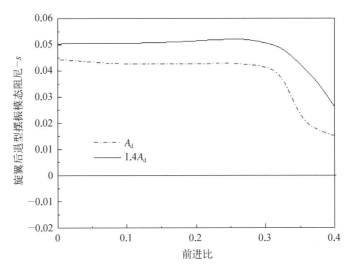

图 10.50 前飞状态下黏弹减摆器接触面积 $A_d$ 对耦合结构
旋翼后退型摆振模态阻尼的影响

在分析无轴承旋翼/机体耦合结构的气动机械稳定性时,机体阻尼会影响旋翼转速耦合区(即机体模态与旋翼后退型摆振模态频率重合时的旋翼转速附近)内旋翼后退型摆振模态阻尼的大小,即旋翼/机体耦合结构的气动机械稳定性。在前飞状态下,旋翼与机体之间的耦合使得机体阻尼的改变会影响旋翼与机体模态的

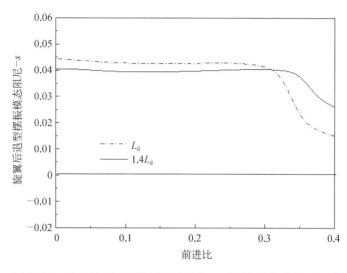

**图 10.51　前飞状态下黏弹减摆器厚度 $L_d$ 对耦合结构旋翼后退型**
**摆振模态阻尼的影响**

响应。本节计算了前进比是 0.4 和 0.25 时,改变机体滚转模态阻尼比 $c_\phi$ 对旋翼后退型摆振模态响应 $\xi_{1c}$ 和机体滚转模态响应 $\phi_s$ 的影响。图 10.52 和图 10.53 分别给出了前进比是 0.4、机体滚转模态阻尼比 $c_\phi$ 是 1.2% 时的旋翼后退型摆振模态响应 $\xi_{1c}$ 和机体滚转模态响应 $\phi_s$,图 10.54 和图 10.55 分别给出了前进比是 0.4、机体滚转模态阻尼比 $c_\phi$ 是 0.48% 时的旋翼后退型摆振模态响应 $\xi_{1c}$ 和机体滚转模态响应 $\phi_s$。从图 10.52 和图 10.53 可以看出,滚转模态阻尼比保持不变时,撤去扰动激励后,旋翼后退型摆振模态响应和机体滚转模态响应快速衰减至常值。从图 10.54 和图 10.55 可以看出,滚转模态阻尼比减小至 0.48% 时,撤去激励后,旋翼后退型摆振模态响应中由激励引起的响应部分快速衰减,但是由于机体滚转模态阻尼不足,机体滚转模态响应逐渐发散,并作用于旋翼系统,使得旋翼后退型摆振模态的响应无法衰减,发生无轴承旋翼／机体耦合结构的气动机械不稳定性现象。

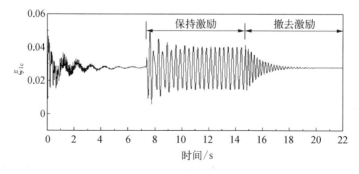

**图 10.52　前进比 0.4 和 $c_\phi$＝1.2% 时耦合结构的旋翼后退型摆振模态响应**

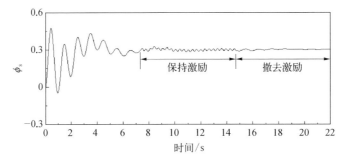

图 10.53 前进比 0.4 和 $c_\phi$ = 1.2%时耦合结构的机体滚转模态响应

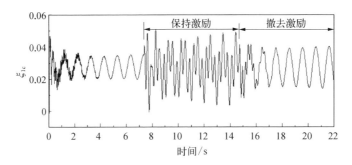

图 10.54 前进比 0.4 和 $c_\phi$ = 0.48%时耦合结构的旋翼后退型摆振模态响应

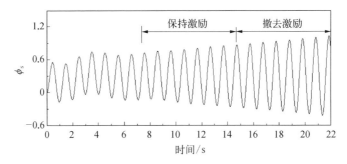

图 10.55 前进比 0.4 和 $c_\phi$ = 0.48%时耦合结构的机体滚转模态响应

当前进比是 0.25 时,黏弹减摆器的阻尼尚未随前进比的增加而减小,机体滚转阻尼比是 1.2%时旋翼后退型摆振模态和机体滚转模态的响应分别如图 10.56 和图 10.57 所示。机体滚转阻尼比是 0.48%时旋翼后退型摆振模态和机体滚转模态的响应分别如图 10.58 和图 10.59 所示。从图 10.56 和图 10.57 可以看出,滚转模态阻尼比是 1.2%时,撤去扰动激励后,旋翼后退型摆振模态和机体滚转模态的响应快速衰减至定值。从图 10.58 和图 10.59 可以看出,不同于前进比是 0.4 时的情况,前进比是 0.25 时,机体滚转模态阻尼比减小至 0.48%,不对旋翼后退型摆振模态的响应产生影响,撤去激励后机体滚转模态的响应逐渐衰减,不发生无轴承旋翼/机体耦合结构的气动机械不稳定性。

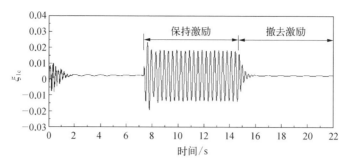

图 10.56　前进比 0.25 和 $c_\phi = 1.2\%$ 时耦合结构的旋翼后退型摆振模态响应

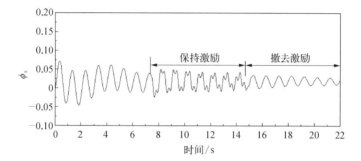

图 10.57　前进比 0.25 和 $c_\phi = 1.2\%$ 时耦合结构的机体滚转模态响应

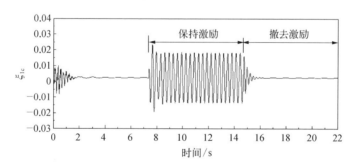

图 10.58　前进比 0.25 和 $c_\phi = 0.48\%$ 时耦合结构的旋翼后退型摆振模态响应

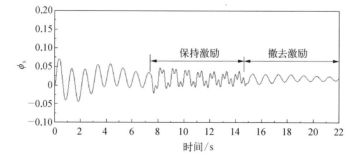

图 10.59　前进比 0.25 和 $c_\phi = 0.48\%$ 时耦合结构的机体滚转模态响应

# 第 11 章
# 倾转旋翼直升机气弹动力学

## 11.1　引言

　　倾转旋翼直升机由旋翼、短舱、机翼和机体等部件组成,各部件之间存在复杂的惯性耦合和刚柔耦合,研究由这些部件组成的耦合结构的气弹稳定性问题,首先必须建立准确的结构动力学模型。本章基于广义 Hamilton 原理,采用中等变形梁假设,对弹性桨叶和机翼进行有限元动力学建模,建立倾转旋翼直升机转换飞行模式下的半展结构动力学模型;加入机体刚体运动自由度,考虑旋翼/短舱/机翼/机体各部件之间的惯性耦合及刚柔耦合,建立螺旋桨飞机飞行模式下倾转旋翼直升机的全展耦合结构动力学模型。

　　倾转旋翼直升机在不同的飞行模式下,旋翼所处的气动环境和入流环境是不断变化的。在转换飞行模式下,旋翼处于非定常气动力环境中,旋翼尾迹会发生动态弯曲,旋翼在倾转过程中的气弹动力学问题十分复杂;在螺旋桨飞机飞行模式下,旋翼处于轴流飞行状态,入流对旋翼气动力特性影响很小。准确的入流模型和气动力模型,决定经过桨盘平面的诱导速度计算是否准确,进而影响桨叶叶素当地气动迎角计算的准确程度,是解决倾转旋翼直升机气弹动力学问题的关键。本章采用本书建立的转换飞行时旋翼尾迹动态弯曲入流模型(岳海龙等,2009;Krothapalli et al., 2001)和 ONERA 非定常气动力模型(Bertin et al., 1998;Saffman, 1992),并对桨叶气动力模型进行压缩性和失速修正,与倾转旋翼直升机结构动力学方程结合进行气弹动力学建模并进行求解。

## 11.2　模型假设与参数无因次化

### 11.2.1　模型假设

　　本章在倾转旋翼直升机转换飞行模式的动力学模型中考虑了非定常诱导入流,在前飞稳定性分析模型中考虑了机体与左侧机翼/旋翼耦合结构自由度。过多的自由度会增加公式的推导量以及模型计算时间,因此,需要合理地预估各自由度或各子模块对模型气弹耦合特性的影响。在本章建模中,结合相关的参考文献,做出如下模型假设：

（1）桨叶弹性,翼型气动力系数二维,忽略桨叶的气动三维效应。

（2）桨叶预扭沿展向线性变化,桨叶的每个离散弹性单元的刚度和质量分布是变化的。

（3）桨叶的挥舞角和摆振角是小量,采用小角度处理。

（4）旋翼在不同飞行模式下的转速相同。

（5）机翼视为含集中质量(短舱)的欧拉弹性梁,并忽略机翼的上反角、前后掠角。

（6）机体视为刚体,只考虑六个刚体运动自由度,不考虑其气动外形,建模中不考虑机体产生的气动力。

### 11.2.2　模型参数无因次化

为方便对不同几何尺寸及工作条件的旋翼和机翼等部件的结构特性和气动力特性进行比较,需要对各参数进行无因次化处理。以旋翼半径 $R$ 作为长度的基准,以桨叶质量 $m_B$ 作为质量的基准,以桨叶挥舞惯量 $I_B$ 作为惯性的基准,以 $\Omega R$ 作为飞行速度的基准,结合文献(Johnson, 1974)的处理,对模型参数进行如表 11.1 所示的无因次化处理。

表 11.1　模型参数无因次化处理

| 模　型　参　数 | 参数符号 | 无因次化基准 |
| --- | --- | --- |
| 桨叶、短舱、机翼、机体的质量 | $m_B$、$m_P$、$m_W$、$m_F$ | $m_B$ |
| 前飞速度、入流速度 | $V$、$\lambda$ | $\Omega R$ |
| 桨叶、机体俯仰、滚转、偏航的惯量 | $I_B$、$I_{\alpha_r}$、$I_{\phi_r}$、$I_{\psi_r}$ | $I_B$ |
| 旋转坐标系下桨叶挥舞、摆振气动力矩 | $M_\beta$、$M_\xi$ | $I_B\Omega^2$ |
| 固定坐标系下旋翼后向、垂向、侧向气动力 | $H$、$T$、$Y$ | $\dfrac{1}{2}N_B I_B \Omega^2$ |
| 固定坐标系下的旋翼垂向、纵向、侧向气动力矩 | $Q$、$M_x$、$M_y$ | $\dfrac{1}{2}N_B I_B \Omega^2 R$ |

将带量纲的参数以无因次化系数的形式表示,以旋转坐标系下的桨叶挥舞力矩 $M_\beta$ 和固定坐标系下的旋翼桨盘后向力 $H$ 为例进行参数的无因次化如下：

$$\frac{M_\beta}{I_B\Omega^2} = \frac{\rho\Omega^2 R^4}{I_B\Omega^2}M_\beta^* = \frac{\rho C_{l\alpha}cR^4}{I_B}\frac{M_\beta^*}{C_{l\alpha}c} = \gamma\frac{M_\beta^*}{C_{l\alpha}c} \tag{11.1}$$

$$\frac{H}{\frac{1}{2}N_B I_B\Omega^2} = \frac{\rho\Omega^2 R^4 \pi}{\frac{1}{2}N_B I_B\Omega^2}C_H = \frac{\rho C_{l\alpha}cR^4}{I_B}\frac{\pi}{N_B c C_{l\alpha}}2C_H = \gamma\frac{2C_H}{\sigma C_{l\alpha}} \tag{11.2}$$

式中，$\gamma = \dfrac{\rho C_{l\alpha} c R^4}{I_B}$ 是桨叶洛克数，$c$ 是桨叶弦长，$N_B$ 是桨叶片数，$\sigma = \dfrac{N_B c}{\pi}$ 是旋翼实度。式(11.1)中，$M_\beta^*$ 是桨叶挥舞力矩 $M_\beta$ 的无因次化系数。在动力学方程的推导中，为方便起见，无因次化系数的符号 $*$ 省略不写，但仍然表示参数的无因次化系数。式(11.2)中的 $C_H$ 是旋翼桨盘后向力 $H$ 的无因次化系数。

## 11.3　坐标系

倾转旋翼直升机全机模型及坐标系示意图如图 11.1 所示，旋翼安装在短舱处，短舱安装在弹性机翼端部并绕其端点进行倾转，弹性机翼安装在机体上。弹性桨叶部分的结构模型及坐标系示意图如图 11.2 所示。

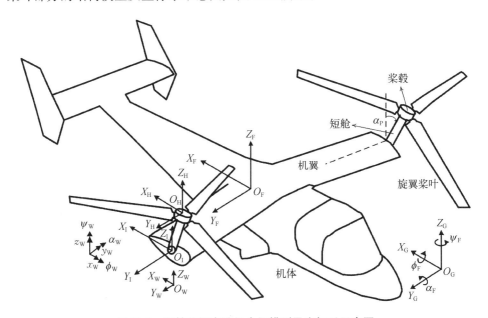

**图 11.1　倾转旋翼直升机全机模型及坐标系示意图**

为描述系统中各部件的空间位置及运动变形，以右侧旋翼系统为例，建立如下九个坐标系。

1）地面坐标系

规定惯性坐标系为地面坐标系 $(X_G, Y_G, Z_G)$，单位矢量 $(\boldsymbol{i}_G, \boldsymbol{j}_G, \boldsymbol{k}_G)$，该坐标系的原点 $O_G$ 固定在地面上。

2）机体坐标系

机体坐标系 $(X_F, Y_F, Z_F)$，单位矢量 $(\boldsymbol{i}_F, \boldsymbol{j}_F, \boldsymbol{k}_F)$，该坐标系的原点 $O_F$ 在机体重心处，$X_F$ 轴沿机体纵轴向后，$Y_F$ 轴沿机翼翼展指向机体右侧，$Z_F$ 轴由 $X_F$ 轴和 $Y_F$

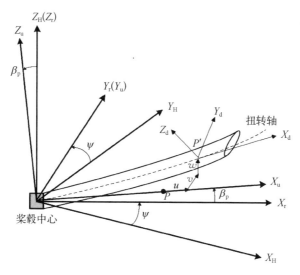

**图 11.2　弹性桨叶结构模型及坐标系示意图**

轴按右手螺旋法则指向机体上方,机体坐标系原点 $O_F$ 与地面坐标系原点 $O_G$ 的位置偏置为 $(x_F, y_F, z_F)$,机体绕地面坐标系的 $Y_G$ 轴、$X_G$ 轴和 $Z_G$ 轴分别做俯仰运动(俯仰角 $\alpha_F$)、滚转运动(滚转角 $\phi_F$)和偏航运动(偏航角 $\psi_F$),机体坐标系与地面坐标系之间的变换关系为

$$\begin{Bmatrix} \boldsymbol{i}_F \\ \boldsymbol{j}_F \\ \boldsymbol{k}_F \end{Bmatrix} = \boldsymbol{T}_{FG} \begin{Bmatrix} \boldsymbol{i}_G \\ \boldsymbol{j}_G \\ \boldsymbol{k}_G \end{Bmatrix} \tag{11.3}$$

式中,坐标变换矩阵 $\boldsymbol{T}_{FG}$ 为

$$\boldsymbol{T}_{FG} = \begin{bmatrix} 1 & 0 & 0 \\ 0 & \cos\phi_F & \sin\phi_F \\ 0 & -\sin\phi_F & \cos\phi_F \end{bmatrix} \begin{bmatrix} \cos\alpha_F & 0 & -\sin\alpha_F \\ 0 & 1 & 0 \\ \sin\alpha_F & 0 & \cos\alpha_F \end{bmatrix} \begin{bmatrix} \cos\psi_F & \sin\psi_F & 0 \\ -\sin\psi_F & \cos\psi_F & 0 \\ 0 & 0 & 1 \end{bmatrix}$$

$$\tag{11.4}$$

3)机翼未变形坐标系

机翼未变形坐标系 $(X_I, Y_I, Z_I)$,单位矢量 $(\boldsymbol{i}_I, \boldsymbol{j}_I, \boldsymbol{k}_I)$,该坐标系各轴正方向与机体坐标系相同,仅原点 $O_I$ 与机体坐标系原点 $O_F$ 存在 $(x_{tw}, y_{tw}, z_{tw})$ 的位置偏置。机翼未变形坐标系与机体坐标系之间的坐标变换矩阵是 $\boldsymbol{T}_{IF}$。

4)机翼变形坐标系

机翼变形坐标系 $(X_W, Y_W, Z_W)$,单位矢量 $(\boldsymbol{i}_W, \boldsymbol{j}_W, \boldsymbol{k}_W)$,该坐标系产生于机翼端部的三个线位移 $(x_W, y_W, z_W)$ 和三个角位移 $(\phi_W, \alpha_W, \psi_W)$,其方向如图

11.1 所示,机翼变形坐标系与机翼未变形坐标系之间的变换关系为

$$\begin{Bmatrix} \boldsymbol{i}_{\mathrm{W}} \\ \boldsymbol{j}_{\mathrm{W}} \\ \boldsymbol{k}_{\mathrm{W}} \end{Bmatrix} = \boldsymbol{T}_{\mathrm{WI}} \begin{Bmatrix} \boldsymbol{i}_{\mathrm{I}} \\ \boldsymbol{j}_{\mathrm{I}} \\ \boldsymbol{k}_{\mathrm{I}} \end{Bmatrix} \tag{11.5}$$

式中,坐标变换矩阵 $\boldsymbol{T}_{\mathrm{WI}}$ 为

$$\boldsymbol{T}_{\mathrm{WI}} = \begin{bmatrix} 1 & 0 & 0 \\ 0 & \cos\phi_{\mathrm{W}} & \sin\phi_{\mathrm{W}} \\ 0 & -\sin\phi_{\mathrm{W}} & \cos\phi_{\mathrm{W}} \end{bmatrix} \begin{bmatrix} \cos\alpha_{\mathrm{W}} & 0 & -\sin\alpha_{\mathrm{W}} \\ 0 & 1 & 0 \\ \sin\alpha_{\mathrm{W}} & 0 & \cos\alpha_{\mathrm{W}} \end{bmatrix} \begin{bmatrix} \cos\psi_{\mathrm{W}} & \sin\psi_{\mathrm{W}} & 0 \\ -\sin\psi_{\mathrm{W}} & \cos\psi_{\mathrm{W}} & 0 \\ 0 & 0 & 1 \end{bmatrix}$$

$$\tag{11.6}$$

5）短舱坐标系

短舱坐标系 $(X_{\mathrm{P}}, Y_{\mathrm{P}}, Z_{\mathrm{P}})$,单位矢量 $(\boldsymbol{i}_{\mathrm{P}}, \boldsymbol{j}_{\mathrm{P}}, \boldsymbol{k}_{\mathrm{P}})$,该坐标系的原点 $O_{\mathrm{P}}$ 在机翼端部,与机翼变形坐标系之间的夹角是短舱前倾角 $\alpha_{\mathrm{P}}$,当 $\alpha_{\mathrm{P}} = 0°$ 时,倾转旋翼直升机为直升机飞行模式;当 $\alpha_{\mathrm{P}} = 90°$ 时,倾转旋翼直升机为螺旋桨飞机飞行模式。机翼变形坐标系和短舱坐标系之间的变换关系为

$$\begin{Bmatrix} \boldsymbol{i}_{\mathrm{P}} \\ \boldsymbol{j}_{\mathrm{P}} \\ \boldsymbol{k}_{\mathrm{P}} \end{Bmatrix} = \boldsymbol{T}_{\mathrm{PW}} \begin{Bmatrix} \boldsymbol{i}_{\mathrm{W}} \\ \boldsymbol{j}_{\mathrm{W}} \\ \boldsymbol{k}_{\mathrm{W}} \end{Bmatrix} \tag{11.7}$$

式中,坐标变换矩阵 $\boldsymbol{T}_{\mathrm{PW}}$ 为

$$\boldsymbol{T}_{\mathrm{PW}} = \begin{bmatrix} \cos\alpha_{\mathrm{P}} & 0 & \sin\alpha_{\mathrm{P}} \\ 0 & 1 & 0 \\ -\sin\alpha_{\mathrm{P}} & 0 & \cos\alpha_{\mathrm{P}} \end{bmatrix} \tag{11.8}$$

6）旋翼桨毂坐标系

旋翼桨毂坐标系 $(X_{\mathrm{H}}, Y_{\mathrm{H}}, Z_{\mathrm{H}})$,单位矢量 $(\boldsymbol{i}_{\mathrm{H}}, \boldsymbol{j}_{\mathrm{H}}, \boldsymbol{k}_{\mathrm{H}})$,该坐标系各轴正方向与短舱坐标系相同,桨毂坐标系的原点 $O_{\mathrm{H}}$ 在桨毂中心,并与短舱坐标系的原点 $O_{\mathrm{P}}$ 存在 $(0, 0, h)$ 的位置偏置,$h$ 是短舱长度。

7）桨叶旋转坐标系

桨叶旋转坐标系 $(X_{\mathrm{r}}, Y_{\mathrm{r}}, Z_{\mathrm{r}})$,单位矢量 $(\boldsymbol{i}_{\mathrm{r}}, \boldsymbol{j}_{\mathrm{r}}, \boldsymbol{k}_{\mathrm{r}})$,该坐标系的原点 $O_{\mathrm{r}}$ 在桨毂中心,在旋转平面内,$X_{\mathrm{r}}$ 轴的正方向沿桨叶轴向外,$Y_{\mathrm{r}}$ 轴的正方向由 $X_{\mathrm{r}}$ 轴沿方位角 $\psi$ 方向旋转 $90°$ 而成,$Z_{\mathrm{r}}$ 轴由 $X_{\mathrm{r}}$ 轴和 $Y_{\mathrm{r}}$ 轴按右手螺旋法则而定,$Z_{\mathrm{r}}$ 轴与 $Z_{\mathrm{H}}$ 轴相重合。桨叶旋转坐标系和桨毂坐标系之间的变换关系为

$$\begin{Bmatrix} \boldsymbol{i}_r \\ \boldsymbol{j}_r \\ \boldsymbol{k}_r \end{Bmatrix} = \boldsymbol{T}_{rH} \begin{Bmatrix} \boldsymbol{i}_H \\ \boldsymbol{j}_H \\ \boldsymbol{k}_H \end{Bmatrix} \tag{11.9}$$

式中,坐标变换矩阵 $\boldsymbol{T}_{rH}$ 为

$$\boldsymbol{T}_{rH} = \begin{bmatrix} \cos\psi & \sin\psi & 0 \\ -\sin\psi & \cos\psi & 0 \\ 0 & 0 & 1 \end{bmatrix} \tag{11.10}$$

8）桨叶未变形坐标系

桨叶未变形坐标系 $(X_u, Y_u, Z_u)$,单位矢量 $(\boldsymbol{i}_u, \boldsymbol{j}_u, \boldsymbol{k}_u)$,该坐标系由桨叶旋转坐标系 $(X_r, Y_r, Z_r)$ 绕 $Y_r$ 轴旋转桨叶预锥角 $\beta_p$ 而成,因此, $X_u$ 轴与 $X_r$ 轴、 $Z_u$ 轴与 $Z_r$ 轴之间的夹角都是 $\beta_p$, $Y_r$ 轴与 $Y_u$ 轴重合。桨叶未变形坐标系和桨叶旋转系之间的变换关系为

$$\begin{Bmatrix} \boldsymbol{i}_u \\ \boldsymbol{j}_u \\ \boldsymbol{k}_u \end{Bmatrix} = \boldsymbol{T}_{ur} \begin{Bmatrix} \boldsymbol{i}_r \\ \boldsymbol{j}_r \\ \boldsymbol{k}_r \end{Bmatrix} \tag{11.11}$$

式中,坐标变换矩阵 $\boldsymbol{T}_{ur}$ 为

$$\boldsymbol{T}_{ur} = \begin{bmatrix} \cos\beta_p & 0 & \sin\beta_p \\ 0 & 1 & 0 \\ -\sin\beta_p & 0 & \cos\beta_p \end{bmatrix} \tag{11.12}$$

9）桨叶弹性变形坐标系

桨叶弹性变形坐标系 $(X_d, Y_d, Z_d)$,单位矢量 $(\boldsymbol{i}_d, \boldsymbol{j}_d, \boldsymbol{k}_d)$。根据中等变形梁假设(Bir et al., 1992),如图 11.2 所示,桨叶内某一点 $P$ 在挥舞预锥角坐标系经弹性变形后移至点 $P'$,该点所在截面绕弹性轴转角是 $\theta_1$,定义如下：

$$\theta_1 = \theta_0 + \hat{\phi} \tag{11.13}$$

式中, $\theta_0$ 是由桨叶预扭和变距操纵所引起的刚性扭转角,对于线性预扭,刚性扭转角表达式为

$$\theta_0 = \theta_{75} + \theta_{tw}\left(\frac{x}{R} - 0.75\right) + \theta_c\cos\psi + \theta_s\sin\psi \tag{11.14}$$

式中, $\theta_{75}$ 是桨叶径向 $0.75R$ 处的桨距, $\theta_{tw}$ 是线性负扭转, $\theta_c$ 和 $\theta_s$ 分别是横向和纵向周期变距操纵。

式(11.13)中,$\hat{\phi}$ 是桨叶弹性变形扭转角,来自桨叶的非线性变形,具体表达式可见参考文献(Bir et al.,1992)。桨叶弹性变形坐标系($X_d$,$Y_d$,$Z_d$)与桨叶未变形坐标系($X_u$,$Y_u$,$Z_u$)之间的变换关系为

$$\begin{Bmatrix} \boldsymbol{i}_d \\ \boldsymbol{j}_d \\ \boldsymbol{k}_d \end{Bmatrix} = \boldsymbol{T}_{du} \begin{Bmatrix} \boldsymbol{i}_u \\ \boldsymbol{j}_u \\ \boldsymbol{k}_u \end{Bmatrix} \tag{11.15}$$

式中,坐标变换矩阵 $\boldsymbol{T}_{du}$ 为

$$\boldsymbol{T}_{du} = \begin{bmatrix} 1 - \dfrac{v'^2}{2} - \dfrac{w'^2}{2} & v' & w' \\ - v'\cos\theta_1 - w'\sin\theta_1 & \left(1 - \dfrac{v'^2}{2}\right)\cos\theta_1 - v'w'\sin\theta_1 & \left(1 - \dfrac{w'^2}{2}\right)\sin\theta_1 \\ - v'\sin\theta_1 - w'\cos\theta_1 & -\left(1 - \dfrac{v'^2}{2}\right)\sin\theta_1 - v'w'\cos\theta_1 & \left(1 - \dfrac{w'^2}{2}\right)\cos\theta_1 \end{bmatrix} \tag{11.16}$$

## 11.4 倾转旋翼直升机各部件结构动力学建模

本节采用广义 Hamilton 原理推导倾转旋翼直升机的机体/机翼/短舱/旋翼的多体耦合系统动力学方程。非保守系统的广义 Hamilton 原理为

$$\delta\Pi = \int_{t_1}^{t_2} (\delta U - \delta T - \delta W)\,\mathrm{d}t = 0 \tag{11.17}$$

式中,$\delta U$、$\delta T$ 和 $\delta W$ 分别表示系统虚应变能、虚动能和外力虚功的变分,每一项能量包括了桨叶、机翼和机体的能量,其变分如下:

$$\delta U = \left(\sum_{b=1}^{N_B} \delta U_{Bb}\right) + \delta U_W + \delta U_F \tag{11.18}$$

$$\delta T = \left(\sum_{b=1}^{N_B} \delta T_{Bb}\right) + \delta T_W + \delta T_F \tag{11.19}$$

$$\delta W = \left(\sum_{b=1}^{N_B} \delta W_{Bb}\right) + \delta W_W + \delta W_F \tag{11.20}$$

式中,下标 B、W 和 F 分别表示桨叶、机翼和机体,$N_B$ 是桨叶片数。

在本节的推导中,将短舱视为机翼端部含倾转角的集中质量,即通过质量耦合的方式与机翼端部连接,短舱虚能量包含在机翼部分的虚能量中。

### 11.4.1　桨叶结构动力学建模

如图 11.1 和图 11.2 所示,根据坐标系及运动学的相关描述,桨叶某截面上的一点在惯性系下的位置矢量可表示为

$$
\begin{aligned}
\boldsymbol{R} = \big[ & \{x_F, y_F, z_F\}^T + \boldsymbol{T}_{GF}\{x_{tw}, y_{tw}, z_{tw}\}^T + \boldsymbol{T}_{GI}\{x_W, y_W, z_W\}^T \\
& + \boldsymbol{T}_{GI}\boldsymbol{T}_{IW}\boldsymbol{T}_{WP}\{0, 0, h\}^T + \boldsymbol{T}_{GI}\boldsymbol{T}_{IW}\boldsymbol{T}_{WP}\boldsymbol{T}_{Hr}\boldsymbol{T}_{ru}\{(x+u), v, w\}^T \\
& + \boldsymbol{T}_{GI}\boldsymbol{T}_{IW}\boldsymbol{T}_{WP}\boldsymbol{T}_{Hr}\boldsymbol{T}_{ru}\boldsymbol{T}_{ud}\{0, \eta, \zeta\}^T \big]\{\boldsymbol{i}_G, \boldsymbol{j}_G, \boldsymbol{k}_G\}
\end{aligned}
\tag{11.21}
$$

式中,$\{0, \eta, \zeta\}$ 是变形坐标系下桨叶横截面某点的坐标。

将式(11.21)对时间求导,得到该点的速度为

$$
\boldsymbol{V} = \frac{\partial \boldsymbol{R}}{\partial t} = \boldsymbol{V}_f + \boldsymbol{V}_h + \boldsymbol{V}_b = V_x \boldsymbol{i}_G + V_y \boldsymbol{j}_G + V_z \boldsymbol{k}_G
\tag{11.22}
$$

桨叶的虚动能的变分形式为

$$
\delta T_b = \int_0^R \iint_A \rho_s \boldsymbol{V} \cdot \delta \boldsymbol{V} \mathrm{d}\eta \mathrm{d}\zeta \mathrm{d}x
\tag{11.23}
$$

将速度表达式(11.22)及其变分代入桨叶的虚动能变分表达式(11.23),整理并无因次化后得到:

$$
\begin{aligned}
\frac{\delta T_B}{m_B \Omega^2 R^3} = \int_0^1 m_B ( & T_c + T_u \delta u + T_v \delta v + T_w \delta w + T_\phi \delta \phi + T_{v'} \delta v' + T_{w'} \delta w' \\
& + T_{x_W} \delta x_W + T_{y_W} \delta y_W + T_{z_W} \delta z_W + T_{\alpha_W} \delta \alpha_W + T_{\phi_W} \delta \phi_W + T_{\psi_W} \delta \psi_W \\
& + T_{x_F} \delta x_F + T_{y_F} \delta y_F + T_{z_F} \delta z_F + T_{\alpha_F} \delta \alpha_F + T_{\phi_F} \delta \phi_F ) \mathrm{d}r
\end{aligned}
\tag{11.24}
$$

式中,无量纲量 $r = x/R$,$T_c$ 是常数项,其余项是与自由度相关的动能系数项。

桨叶的弹性虚位能的表达式为

$$
\delta U_B = \int_0^R \iint_A (E_B \varepsilon_{xx} \delta \varepsilon_{xx} + G_B \varepsilon_{x\eta} \delta \varepsilon_{x\eta} + G_B \varepsilon_{x\zeta} \delta \varepsilon_{x\zeta}) \mathrm{d}\eta \mathrm{d}\zeta \mathrm{d}x
\tag{11.25}
$$

根据中等变形梁理论(Bir et al., 1992),式(11.25)中各应变项可表示为

$$
\begin{aligned}
\varepsilon_{xx} = {} & u' + \frac{v'^2}{2} + \frac{w'^2}{2} + (\eta^2 + \zeta^2)\left(\theta_0' \phi' + \frac{\phi'^2}{2}\right)\delta\phi' - \lambda_T \phi'' \\
& - [\eta\cos(\theta_0 + \phi) - \zeta\sin(\theta_0 + \phi)]v'' - [\eta\sin(\theta_0 + \phi) + \zeta\cos(\theta_0 + \phi)]w''
\end{aligned}
\tag{11.26}
$$

$$
\varepsilon_{x\eta} = -\zeta\phi'
\tag{11.27}
$$

$$
\varepsilon_{x\zeta} = \eta\phi'
\tag{11.28}
$$

将式(11.26)至式(11.28)中各应变项及其变分形式代入桨叶的虚位能表达式(11.25)中,整理并无因次化后得到桨叶的虚位能表达式为

$$\frac{\delta U_{\mathrm{B}}}{m_{\mathrm{B}} \Omega^2 R^3} = \int_0^1 ( U_{u_e'} \delta u_e' + U_{v'} \delta v' + U_{w'} \delta w' + U_{v''} \delta v'' + U_{w''} \delta w''$$
$$+ U_{\phi} \delta \phi + U_{\phi'} \delta \phi' + U_{\phi''} \delta \phi'' ) \mathrm{d} r \qquad (11.29)$$

### 11.4.2　机翼/短舱耦合结构动力学建模

倾转旋翼直升机的机翼通常由盒形大梁和蒙皮组成,为提高前飞性能,采用了结构弯扭耦合。因此,要精确建立机翼的结构动力学模型,需要考虑材料的各向异性和各部件的本构关系。本章重点在于旋翼/机翼/短舱各部件的耦合,机翼采用伯努利-欧拉梁的假设,将机翼/短舱耦合结构视为端部带集中质量的弹性梁,刚性短舱通过质量耦合的方式与机翼连接,并在推导机翼动力学方程时考虑了机体刚性运动自由度的影响。根据坐标系和运动学的相关描述,距离机翼根部 $x$ 处的机翼截面上某点在惯性坐标系下的三个速度分量为

$$V_{\mathrm{W}x} = -\dot{v} + \zeta_{\mathrm{W}} \cos \theta_1 \dot{\theta}_1 + \eta_{\mathrm{W}} \sin \theta_1 \dot{\theta}_1 + \dot{x}_{\mathrm{F}} + z_{\mathrm{tw}} \dot{\alpha}_{\mathrm{F}} - x \dot{\psi}_{\mathrm{F}} \qquad (11.30)$$

$$V_{\mathrm{W}y} = \dot{u} + \dot{y}_{\mathrm{F}} - z_{\mathrm{tw}} \dot{\phi}_{\mathrm{F}} + x_{\mathrm{tw}} \dot{\psi}_{\mathrm{F}} \qquad (11.31)$$

$$V_{\mathrm{W}z} = \dot{w} + \eta_{\mathrm{W}} \cos \theta_1 \dot{\theta}_1 - \zeta_{\mathrm{W}} \sin \theta_1 \dot{\theta}_1 + \dot{z}_{\mathrm{F}} + x \dot{\phi}_{\mathrm{F}} - x_{\mathrm{tw}} \dot{\alpha}_{\mathrm{F}} \qquad (11.32)$$

式中,下标 W 表示机翼,下标 F 表示机体, $\zeta_{\mathrm{W}}$ 和 $\eta_{\mathrm{W}}$ 是该机翼截面某一点与截面未变形重心的距离。

机翼的虚动能表达式为

$$\delta T_{\mathrm{W}} = \int_0^{y_{\mathrm{tw}}} \iint_A \rho_{\mathrm{W}} \boldsymbol{V}_{\mathrm{W}} \cdot \delta \boldsymbol{V}_{\mathrm{W}} \mathrm{d} \eta_{\mathrm{W}} \mathrm{d} \zeta_{\mathrm{W}} \mathrm{d} x + m_{\mathrm{P}} \boldsymbol{V}_{\mathrm{W}} \cdot \delta \boldsymbol{V}_{\mathrm{W}} \qquad (11.33)$$

式中, $\rho_{\mathrm{W}}$ 是机翼线密度, $m_{\mathrm{P}}$ 是短舱质量。

将式(11.30)至式(11.32)中各速度分量及其变分代入式(11.33)中,整理和无因次化后得到:

$$\frac{\delta T_{\mathrm{W}}}{m_{\mathrm{B}} \Omega^2 R^3} = \int_0^1 m_{\mathrm{W}} ( T_{\mathrm{W}c} + T_{\mathrm{W}u} \delta u + T_{\mathrm{W}v} \delta v + T_{\mathrm{W}\phi} \delta \phi + T_{\mathrm{W}v'} \delta v' + T_{\mathrm{W}w'} \delta w'$$
$$+ T_{\mathrm{W}x_F} \delta x_F + T_{\mathrm{W}y_F} \delta y_F + T_{\mathrm{W}z_F} \delta z_F + T_{\mathrm{W}\alpha_F} \delta \alpha_F + T_{\mathrm{W}\phi_F} \delta \phi_F + T_{\mathrm{W}\psi_F} \delta \psi_F ) \mathrm{d} r$$
$$(11.34)$$

由于机翼与桨叶均是基于中等变形梁假设,机翼的虚位能与桨叶的虚位能表达式相似。

类似地,机翼的弹性虚位能表达式为

$$\delta U_{\mathrm{W}} = \int_0^{y_{\mathrm{tw}}} \iint_{A_{\mathrm{w}}} (E_{\mathrm{W}} \varepsilon_{\mathrm{W}xx} \delta \varepsilon_{\mathrm{W}xx} + G_{\mathrm{W}} \varepsilon_{\mathrm{W}x\eta} \delta \varepsilon_{\mathrm{W}x\eta} + G_{\mathrm{W}} \varepsilon_{\mathrm{W}x\zeta} \delta \varepsilon_{\mathrm{W}x\zeta}) \mathrm{d}\eta_{\mathrm{W}} \mathrm{d}\zeta_{\mathrm{W}} \mathrm{d}x$$

(11.35)

式中,$E_{\mathrm{W}}$ 和 $G_{\mathrm{W}}$ 分别是机翼的弹性模量和剪切模量,$\varepsilon_{\mathrm{W}xx}$、$\varepsilon_{\mathrm{W}x\eta}$ 和 $\varepsilon_{\mathrm{W}x\zeta}$ 是机翼各方向的应变。

### 11.4.3 机体结构动力学建模

根据刚体运动学,刚体机体的虚动能及其变分分别为

$$T_{\mathrm{F}} = \frac{1}{2} (m_{\mathrm{F}} \dot{x}_{\mathrm{F}}^2 + m_{\mathrm{F}} \dot{y}_{\mathrm{F}}^2 + m_{\mathrm{F}} \dot{z}_{\mathrm{F}}^2 + I_{\alpha_{\mathrm{F}}} \dot{\alpha}_{\mathrm{F}}^2 + I_{\phi_{\mathrm{F}}} \dot{\phi}_{\mathrm{F}}^2 + I_{\psi_{\mathrm{F}}} \dot{\psi}_{\mathrm{F}}^2) \qquad (11.36)$$

$$\delta T_{\mathrm{F}} = m_{\mathrm{F}} \ddot{x}_{\mathrm{F}} \delta x_{\mathrm{F}} + m_{\mathrm{F}} \ddot{y}_{\mathrm{F}} \delta y_{\mathrm{F}} + m_{\mathrm{F}} \ddot{z}_{\mathrm{F}} \delta z_{\mathrm{F}} + I_{\alpha_{\mathrm{F}}} \ddot{\alpha}_{\mathrm{F}} \delta \alpha_{\mathrm{F}} + I_{\phi_{\mathrm{F}}} \ddot{\phi}_{\mathrm{F}} \delta \phi_{\mathrm{F}} + I_{\psi_{\mathrm{F}}} \ddot{\psi}_{\mathrm{F}} \delta \psi_{\mathrm{F}}$$

(11.37)

式中,$m_{\mathrm{F}}$ 是机体质量,$I_{\alpha_{\mathrm{F}}}$、$I_{\phi_{\mathrm{F}}}$ 和 $I_{\psi_{\mathrm{F}}}$ 分别是机体在俯仰、滚转和偏航方向的转动惯量。

机体的虚位能及其变分分别为

$$U_{\mathrm{F}} = \frac{1}{2} (K_{x_{\mathrm{F}}} x_{\mathrm{F}}^2 + K_{y_{\mathrm{F}}} y_{\mathrm{F}}^2 + K_{z_{\mathrm{F}}} z_{\mathrm{F}}^2 + K_{\alpha_{\mathrm{F}}} \alpha_{\mathrm{F}}^2 + K_{\phi_{\mathrm{F}}} \phi_{\mathrm{F}}^2 + K_{\psi_{\mathrm{F}}} \psi_{\mathrm{F}}^2) \qquad (11.38)$$

$$\delta U_{\mathrm{F}} = K_{x_{\mathrm{F}}} x_{\mathrm{F}} \delta x_{\mathrm{F}} + K_{y_{\mathrm{F}}} y_{\mathrm{F}} \delta y_{\mathrm{F}} + K_{z_{\mathrm{F}}} z_{\mathrm{F}} \delta z_{\mathrm{F}} + K_{\alpha_{\mathrm{F}}} \alpha_{\mathrm{F}} \delta \alpha_{\mathrm{F}} + K_{\phi_{\mathrm{F}}} \phi_{\mathrm{F}} \delta \phi_{\mathrm{F}} + K_{\psi_{\mathrm{F}}} \psi_{\mathrm{F}} \delta \psi_{\mathrm{F}}$$

(11.39)

式中,$K_{x_{\mathrm{F}}}$、$K_{y_{\mathrm{F}}}$ 和 $K_{z_{\mathrm{F}}}$ 分别是机体沿 $x$、$y$ 和 $z$ 轴的刚度系数,$K_{\alpha_{\mathrm{F}}}$、$K_{\phi_{\mathrm{F}}}$ 和 $K_{\psi_{\mathrm{F}}}$ 分别是机体在俯仰、滚转和偏航方向的刚度系数,机体的刚度系数与起落架相关,在空中飞行时,各刚度系数均为 0。

### 11.4.4 桨叶与机翼的空间有限元离散

将推导出的各部分能量变分表达式代入到广义 Hamilton 原理表达式(11.17)中,其中气动力所做虚功将在后面章节中阐述,整理后得到:

$$\int_{t_1}^{t_2} (\delta U - \delta T) \mathrm{d}t = \int_{t_1}^{t_2} \big[ \delta \boldsymbol{q}_{\mathrm{B}}^{\mathrm{T}} (\boldsymbol{M}_{\mathrm{B}} \ddot{\boldsymbol{q}}_{\mathrm{B}} + \boldsymbol{C}_{\mathrm{B}} \dot{\boldsymbol{q}}_{\mathrm{B}} + \boldsymbol{K}_{\mathrm{B}} \boldsymbol{q}_{\mathrm{B}}) + \delta \boldsymbol{q}_{\mathrm{H}}^{\mathrm{T}} (\boldsymbol{M}_{\mathrm{H}} \ddot{\boldsymbol{q}}_{\mathrm{H}} + \boldsymbol{C}_{\mathrm{H}} \dot{\boldsymbol{q}}_{\mathrm{H}} + \boldsymbol{K}_{\mathrm{H}} \boldsymbol{q}_{\mathrm{H}})$$

$$+ \delta \boldsymbol{q}_{\mathrm{W}}^{\mathrm{T}} (\boldsymbol{M}_{\mathrm{W}} \ddot{\boldsymbol{q}}_{\mathrm{W}} + \boldsymbol{C}_{\mathrm{W}} \dot{\boldsymbol{q}}_{\mathrm{W}} + \boldsymbol{K}_{\mathrm{W}} \boldsymbol{q}_{\mathrm{W}})$$

$$+ \delta \boldsymbol{q}_{\mathrm{F}}^{\mathrm{T}} (\boldsymbol{M}_{\mathrm{F}} \ddot{\boldsymbol{q}}_{\mathrm{F}} + \boldsymbol{C}_{\mathrm{F}} \dot{\boldsymbol{q}}_{\mathrm{F}} + \boldsymbol{K}_{\mathrm{F}} \boldsymbol{q}_{\mathrm{F}}) \big] \mathrm{d}t = 0$$

(11.40)

式中，$\boldsymbol{q}_B = \{u_B, v_B, w_B, \phi_B\}^T$ 是桨叶自由度，$\boldsymbol{q}_H = \{x_H, y_H, z_H, \alpha_H, \phi_H, \psi_H\}^T$ 是桨毂自由度，$\boldsymbol{q}_W = \{u_W, v_W, w_W, \phi_W\}^T$ 是机翼自由度，$\boldsymbol{q}_F = \{x_F, y_F, z_F, \alpha_F, \phi_F, \psi_F\}^T$ 是机体自由度。

　　为建立倾转旋翼直升机多体耦合结构动力学模型，需要对代表桨叶和机翼的各弹性梁分别进行有限元离散，本节将每段弹性梁分别离散成五个单元进行处理。以桨叶为例，每个梁单元具有自由度 $\boldsymbol{q} = \{u_1, w_1, v_1, \phi_1, v_1', w_1', u_2, w_2, v_2, \phi_2, v_2', w_2'\}^T$，每个节点有 6 个自由度，经离散后的桨叶自由度是 $\boldsymbol{q}_B = \boldsymbol{H}_s \boldsymbol{q}$，式中 $\boldsymbol{H}_s$ 是形函数矩阵，定义为

$$\boldsymbol{H}_s = \begin{bmatrix} \boldsymbol{H}_u & 0 & 0 & 0 \\ 0 & \boldsymbol{H}_b & 0 & 0 \\ 0 & 0 & \boldsymbol{H}_b & 0 \\ 0 & 0 & 0 & \boldsymbol{H}_\phi \end{bmatrix} \tag{11.41}$$

式中，$\boldsymbol{H}_u$、$\boldsymbol{H}_b$ 和 $\boldsymbol{H}_\phi$ 分别是弹性梁在拉伸、弯曲和扭转方向的形函数向量，具体表达式见 8.4.1 节。

　　暂不考虑桨叶气动力所做虚功，桨叶能量变分表达式（11.17）可以离散成如下形式：

$$\delta \Pi_B = \int_{\psi_1}^{\psi_F} \Big[ \sum_{i=1}^{N} ( \delta U_{Bi} - \delta T_{Bi} ) \Big] \mathrm{d}\psi = 0 \tag{11.42}$$

式中，$N$ 表示弹性梁的有限元单元数，对表达式（11.42）在弹性梁节点处进行组集，可得到桨叶的结构动力学方程。类似地，可得到离散后的弹性机翼结构动力学方程。

### 11.4.5　多桨叶坐标系变换

　　经离散后的桨叶动力学方程（11.42）是在单片桨叶旋转坐标系下建立的，要得到在惯性坐标系下的旋翼整体运动模态，需要将方程（11.42）转换到惯性坐标系下，具体转换步骤可参见文献（Bir et al., 1992）。经过坐标系转换后的旋翼动力学方程为

$$\boldsymbol{M}_R \ddot{\boldsymbol{q}}_R + \boldsymbol{C}_R \dot{\boldsymbol{q}}_R + \boldsymbol{K}_R \boldsymbol{q}_R = \boldsymbol{F}_R \tag{11.43}$$

式中，$\boldsymbol{q}_R = \{\beta_{10}, \beta_{1c}, \beta_{1s}, \beta_{20}, \beta_{2c}, \beta_{2s}, \cdots, \xi_{10}, \xi_{1c}, \xi_{1s}, \xi_{20}, \xi_{2c}, \zeta_{2s}, \cdots, \phi_{10}, \phi_{1c}, \phi_{1s}, \phi_{20}, \phi_{2c}, \phi_{2s}, \cdots\}^T$，下标 R 表示旋翼，下标 1、2、3…表示旋翼弹性模态的阶数，下标 0、c、s 表示某模态对应的旋翼整体模态。以三片桨叶为例，单片桨叶自由度经坐标系转换后的模态包括：旋翼旋转面外各阶弹性挥舞集合模态、整

体纵向挥舞模态和横向挥舞模态;旋翼旋转面内各阶弹性摆振集合模态、整体纵向摆振模态和横向摆振模态;旋翼各阶整体扭转集合模态、整体纵向扭转模态和横向扭转模态。

## 11.5　倾转旋翼直升机的旋翼气动力模型

在转换飞行模式下,倾转旋翼直升机翼型气动力与迎角之间不再是明确的静态关系,而是一个复杂的动态变化过程,桨叶各剖面处于非定常气动力环境中,进而对旋翼诱导入流和桨叶气动特性有较大影响,因此必须考虑翼型的非定常气动力特性。常用的非定常气动力模型包括: Leishman – Beddoes 动态失速模型(Leishman et al., 1989)、ONERA 非定常气动力模型(Petot, 1989)和 Johnson 模型(Johnson, 1998),其中 Johnson 模型根据旋翼实验数据建模,对于多体系统并不完全适用。Leishman – Beddoes 动态失速模型可以准确地模拟出翼型在动态失速时的气动载荷,虽然涉及的经验参数较少,但是需要更多的迭代才能求解。为兼顾计算效率与精度,同时避免其他两种模型的重复递推和迭代,本节采用 ONERA 非定常气动力模型计算桨叶微段的气动力,进而对倾转旋翼直升机旋翼部分进行气动力建模。

### 11.5.1　基于 ONERA 非定常气动力模型的倾转旋翼气动力模型

根据 ONERA 非定常气动力模型,桨叶翼型上的气动力示意图如图 11.3 所示。图 11.3 中,$V$ 是无因次化来流速度,$\alpha$ 是翼型迎角,$V$ 可分解为翼型弦向分量 $u = \cos V$ 和法向分量 $v = \sin V$;$L_y$ 和 $L_z$ 分别是翼型非定常弦向气动力和法向气动力,$M_x$ 是翼型俯仰力矩,翼型弦长是 $c$。

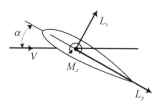

**图 11.3　翼型气动力示意图**

根据 ONERA 气动力模型,翼型上的非定常气动力包括环量载荷、非环量载荷、型阻和动态失速载荷。根据经典薄翼型理论,环量载荷可得如下:

$$L_{yc} = -\frac{1}{2}\rho c(2\pi)(w_{b0} - \lambda_{w0})^2 \tag{11.44}$$

$$L_{zc} = \frac{1}{2}\rho c (2\pi) v \left( w_{b0} - \lambda_{w0} + \frac{1}{2} w_{b1} \right) \tag{11.45}$$

$$M_{xc} = \frac{1}{8}\rho c^2 (2\pi) v \left( w_{b0} - \lambda_{w0} - \frac{1}{2} w_{b2} \right) \tag{11.46}$$

式中,下标 c 表示环量,$w_{bn}(n = 0, 1, 2)$ 是翼型相对来流速度的 Glauert 扩展系数,$\lambda_{w0}$ 是翼型半弦长处的入流速度。翼型入流速度垂向分量由如下三部分组成:

(1) 桨叶挥舞运动 $\beta$ 引起的垂向速度 $\dot{h} = r\dot{\beta}_i$,式中 $r$ 是桨叶翼型的无量纲径向位置。

(2) 桨叶变距运动 $\theta$ 引起的垂向速度 $\left( \frac{1}{2}b + y \right) \dot{\theta}$,式中 $b$ 是半弦长。

(3) 短舱倾转运动和旋翼整体旋转角速度引起的垂向速度 $w_0$。

翼型入流垂向速度分量为上述 3 个垂向速度之和如下:

$$w_b = w_0 + \dot{h} + \left( \frac{1}{2}b + y \right) \dot{\theta} = w + y\dot{\theta} \tag{11.47}$$

式中,$w$ 是翼型弦长中点处的相对速度,Glauert 扩展系数定义为

$$\begin{cases} w_{b0} = w - (vg_0 + \dot{z}_{c0}) \\ w_{b1} = \frac{1}{2}c\dot{\theta} - (vg_1 + \dot{z}_{c1}) \\ w_{b2} = 0 \end{cases} \tag{11.48}$$

在高速或转换飞行模式下,需考虑翼型中弧线形状对垂向气流的影响,Glauert 扩展系数修正为

$$\begin{cases} w_{b0} = w - vg_0 \\ w_{b1} = \frac{1}{2}c\dot{\theta} - vg_1 \\ w_{b2} = -vg_2 \end{cases} \tag{11.49}$$

式中,$g_n(n = 0, 1, 2)$ 是中弧线斜率的扩展系数,定义为

$$\begin{cases} g_0 = \frac{1}{\pi} \int_0^\pi \frac{\mathrm{d}Z_c}{\mathrm{d}y} \mathrm{d}\theta_\xi \\ g_n = \frac{2}{\pi} \int_0^\pi \frac{\mathrm{d}Z_c}{\mathrm{d}y} \cos n\theta_\xi \mathrm{d}\theta_\xi \quad (n = 1, 2) \end{cases} \tag{11.50}$$

如不考虑中弧线影响,对于对称翼型,翼型上的环量力矩载荷可以简化为

$$M_{xc} = \frac{1}{8}\rho c^2 (2\pi) v (w_{b0} - \lambda_{w0}) \tag{11.51}$$

为了计入当地马赫数和偏流等影响,需要做如下修正:

(1) 有效合速度修正为

$$v_{2de} = \sqrt{v^2 + w_{e3qc}^2} \tag{11.52}$$

(2) 3/4 弦长位置处垂向速度修正为

$$w_{e3qc} = w_{b0} - \lambda_{w0} + \frac{1}{2}w_{b1} \tag{11.53}$$

(3) 有效迎角修正为

$$\alpha_e = \theta - \tan^{-1}\left(\frac{w_{e3qc}}{v_{2de}}\right) \tag{11.54}$$

(4) 动压修正为

$$q = \frac{1}{2}\rho v_{2de}^2 \tag{11.55}$$

式中,$\theta$ 表示翼型的变距角,在非定常情况下,定义为

$$\theta = \theta_{75} + \theta_{1c}\cos\psi + \theta_{1s}\sin\psi - K_{pr}\beta + \bar{r}\theta_{tw} \tag{11.56}$$

式中,$\theta_{75}$、$\theta_{1c}$ 和 $\theta_{1s}$ 分别是旋翼总距、横向周期变距和纵向周期变距,$K_{pr}$ 是挥舞调节系数,$\theta_{tw}$ 是桨叶负扭转率。

修正后,各环量载荷表达式如下:

$$L_{yc} = -qc\frac{w_{b0} - \lambda_{w0}}{v_{2de}}\left[(C_{l\alpha}\sin\alpha_e) - \frac{C_{l\alpha}w_{b1}}{2v_{2de}}\right] \tag{11.57}$$

$$L_{zc} = qc\frac{v}{v_{2de}}(C_{l\alpha}\sin\alpha_e) \tag{11.58}$$

$$M_{xc} = M_{xcqc} + \frac{1}{4}cL_{zc} \tag{11.59}$$

式中,$w_{bi}(i = 1, 2, 3\cdots)$ 是由桨叶运动引起的垂向速度,$\lambda_{w0}$ 是由广义动态入流理论求得的诱导入流 $\lambda_w$ 垂直于桨盘的分量,$C_{l\alpha}$ 是翼型升力线斜率,取代理想情况下的 $2\pi$。

翼型的非环量载荷在翼型振荡频率接近 10 Hz 时作用较为明显,该载荷来源于翼型周围空气对振动翼型的反作用,在转换飞行模式下不可忽略,可表示如下:

$$L_{znc} = \frac{1}{4}\rho ac^2 \pi \left( \dot{w}_{b0} - \frac{1}{2}\dot{w}_{b2} \right) \tag{11.60}$$

$$M_{xnc} = -\frac{1}{64}\rho c^3 \pi \left( \dot{w}_{b1} - \frac{1}{2}\dot{w}_{b3} \right) \tag{11.61}$$

式中,下标 nc 表示非环量项。

翼型的型阻力可表示为

$$L_{xd} = \frac{1}{2}\rho c C_d u v_{3d} \tag{11.62}$$

$$L_{yd} = \frac{1}{2}\rho c C_d v v_{3d} \tag{11.63}$$

$$L_{zd} = \frac{1}{2}\rho c C_d w v_{3d} \tag{11.64}$$

式中,下标 d 表示型阻,$v_{3d}$ 是当地翼型合速度,即 $v_{3d} = \sqrt{u^2 + v^2 + w^2}$,$C_d$ 是翼型阻力系数。

将上述各方向的环量载荷、非环量载荷和型阻载荷相加,得到各方向翼型微段气动力,桨盘平面处无因次化气动力和气动力矩可通过如下表达式得到:

$$\frac{M_F}{C_{l\alpha}c} = \int_0^1 r \frac{L_z}{C_{l\alpha}c}\mathrm{d}r \tag{11.65}$$

$$\frac{M_L}{C_{l\alpha}c} = \int_0^1 r \frac{L_y}{C_{l\alpha}c}\mathrm{d}r \tag{11.66}$$

$$\frac{C_T}{C_{l\alpha}\sigma} = \frac{1}{N_B} \sum_{i=1}^{N_B} \int_0^1 \frac{L_z(\psi_i)}{C_{l\alpha}c}\mathrm{d}r \tag{11.67}$$

$$\frac{C_Q}{C_{l\alpha}\sigma} = -\frac{1}{N_B} \sum_{i=1}^{N_B} \int_0^1 r \frac{L_y(\psi_i)}{C_{l\alpha}c}\mathrm{d}r \tag{11.68}$$

$$\frac{C_H}{C_{l\alpha}\sigma} = \frac{1}{N_B} \sum_{i=1}^{N_B} \int_0^1 \left( \frac{L_y(\psi_i)}{C_{l\alpha}c}\sin\psi_i + \frac{L_x(\psi_i)}{C_{l\alpha}c}\cos\psi_i \right) \mathrm{d}r \tag{11.69}$$

$$\frac{C_Y}{C_{l\alpha}\sigma} = \frac{1}{N_B} \sum_{i=1}^{N_B} \int_0^1 \left( -\frac{L_y(\psi_i)}{C_{l\alpha}c}\cos\psi_i + \frac{L_x(\psi_i)}{C_{l\alpha}c}\sin\psi_i \right) \mathrm{d}r \tag{11.70}$$

$$\frac{M_x}{C_{l\alpha}c} = \frac{1}{N_B} \sum_{i=1}^{N_B} \int_0^1 r \frac{L_z(\psi_i)\sin\psi_i}{C_{l\alpha}c}\mathrm{d}r \tag{11.71}$$

$$\frac{M_y}{C_{l\alpha}c} = -\frac{1}{N_B}\sum_{i=1}^{N_B}\int_0^1 r\frac{L_z(\psi_i)\cos\psi_i}{C_{l\alpha}c}\mathrm{d}r \qquad (11.72)$$

式中，$M_F$ 和 $M_L$ 分别是桨叶挥舞和摆振方向的气动力矩，$C_T$、$C_H$ 和 $C_Y$ 分别是垂直于桨盘平面的拉力、平行于桨盘平面的后向力和侧向力，$C_Q$、$M_x$ 和 $M_y$ 分别是旋翼的气动扭矩、$x$ 和 $y$ 轴方向由挥舞引起的桨毂力矩。

旋翼气动力传递到机翼端部的气动力和气动力矩可通过如下关系得到：

$$
\begin{bmatrix} F_x^W \\ F_y^W \\ F_z^W \\ M_x^W \\ M_y^W \\ M_z^W \end{bmatrix} =
\begin{bmatrix}
\cos\alpha_P & 0 & \sin\alpha_P & 0 & 0 & 0 \\
0 & 1 & 0 & 0 & 0 & 0 \\
-\sin\alpha_P & 0 & \cos\alpha_P & 0 & 0 & 0 \\
0 & -h\cos\alpha_P & 0 & \cos\alpha_P & 0 & -\sin\alpha_P \\
h & 0 & 0 & 0 & 1 & 0 \\
0 & -h\sin\alpha_P & 0 & \sin\alpha_P & 0 & \cos\alpha_P
\end{bmatrix}
\begin{bmatrix} C_H \\ C_Y \\ C_T \\ M_x \\ M_y \\ C_Q \end{bmatrix}
$$

$$(11.73)$$

式中，上标 W 表示机翼端部。

旋翼气动力传递到机体的气动力和气动力矩通过如下关系得到：

$$
\begin{bmatrix} F_x^F \\ F_y^F \\ F_z^F \\ M_x^F \\ M_y^F \\ M_z^F \end{bmatrix} =
\begin{bmatrix}
1 & 0 & 0 & 0 & 0 & 0 \\
0 & 1 & 0 & 0 & 0 & 0 \\
0 & 0 & 1 & 0 & 0 & 0 \\
0 & -z_{tw} & y_{tw} & 1 & 0 & 0 \\
z_{tw} & 0 & -x_{tw} & 0 & 1 & 0 \\
-y_{tw} & x_{tw} & 0 & 0 & 0 & 1
\end{bmatrix}
\begin{bmatrix} F_x^W \\ F_y^W \\ F_z^W \\ M_x^W \\ M_y^W \\ M_z^W \end{bmatrix}
$$

$$(11.74)$$

旋翼气动力对每个广义自由度所做的外力虚功为

$$
\begin{aligned}
\delta W_R = {}& F_x^W\delta x_W + F_y^W\delta y_W + F_z^W\delta z_W + M_x^W\delta\alpha_W + M_y^W\delta\phi_W + M_z^W\delta\psi_W + M_F\delta\beta + M_L\delta\zeta \\
& + F_x^F\delta x_F + F_y^F\delta y_F + F_z^F\delta z_F + M_x^F\delta\alpha_F + M_y^F\delta\phi_F + M_z^F\delta\psi_F
\end{aligned}
\qquad (11.75)
$$

式中，桨叶挥舞力矩 $M_F$ 和摆振力矩 $M_L$ 定义在旋转坐标系下，同样需要经过傅里叶变换得到桨毂坐标系下的各力矩分量。

本章不考虑机体外形所产生的气动力和气动力矩。机翼气动力对系统所做虚功 $\delta W_W$ 见 11.6 节。

### 11.5.2　气动力模型修正

由于倾转旋翼直升机可进行高速飞行，因此需要考虑后行桨叶失速和压缩性的影响。对所建气动力模型进行失速和压缩性修正,需选取正确的翼型升力系数和阻力系数(Johnson,1974)。

当桨叶迎角小于12°时,升力系数和阻力系数为

$$\begin{cases} C_l = C_{l\alpha}\alpha \\ C_d = 0.006\,5 - 0.021\alpha + \alpha^2 \end{cases} \tag{11.76}$$

当桨叶迎角大于12°小于临界失速迎角时,升力系数和阻力系数为

$$\begin{cases} C_l = \mathrm{sgn}(\alpha) \\ C_d = 2(\sin\alpha)^2 \end{cases} \tag{11.77}$$

当桨叶迎角大于临界失速迎角时,升力系数和阻力系数为

$$\begin{cases} C_l = 0 \\ C_d = 2(\sin\alpha)^2 \end{cases} \tag{11.78}$$

式(11.76)中,$C_{l\alpha}$ 是翼型升力线斜率,根据 Prandtl - Glauert 修正,当翼型的当地马赫数小于临界马赫数时,升力线斜率为

$$C_{l\alpha} = C_{l\alpha s}(1 - M^2)^{-0.5} \tag{11.79}$$

式中,$C_{l\alpha s}$ 是静态二维升力线斜率。

当翼型的当地马赫数接近临界马赫数时,翼型升力急剧减小,同时翼型阻力和扭矩急剧增加,本章选取临界马赫数为1。根据倾转旋翼直升机的真实飞行情况,在飞行中桨尖最高马赫数通常出现在桨叶方位角90°处,并且不会远大于临界马赫数。将修正后的升力和阻力系数应用到各气动载荷表达式中,可对所建气动力模型进行修正。

## 11.6 倾转旋翼直升机的机翼气动力模型

相对于旋翼所处的复杂的非定常气动力和非定常动态入流环境,倾转旋翼直升机机翼所处的气动环境相对简单。当倾转旋翼直升机在直升机和转换飞行模式时,旋翼的下洗流会对机翼产生额外的向下载荷,机翼和旋翼之间会产生气动耦合,对机翼和旋翼的气动力造成影响。根据研究(Felker et al.,1986a,1986b),悬停时,旋翼与机翼气动耦合对机翼产生的向下载荷约占旋翼总拉力的10%至16%;当旋翼倾转时,旋翼下洗流与机翼之间的夹角逐渐减小,气动耦合逐渐减弱,对机翼产生的向下载荷逐渐减小,当倾转角是90°时向下载荷趋近于0;在直升机飞行

模式下,当倾转旋翼直升机的无因次化前飞速度 $V/\Omega R > 0.1$ 时,对机翼产生的向下载荷小于旋翼总拉力的 5%,并且随前飞速度的增大和短舱的前倾而减小。要准确计算倾转旋翼直升机的机翼与旋翼之间的气动耦合,需要借助复杂的自由尾迹方法或者 CFD 方法,会耗费大量运算资源。本章的研究重点不在机翼的气动力,因此当短舱进行倾转时,本章采用准定常薄翼型理论,对倾转旋翼直升机机翼进行气动力建模,机翼翼型的有效迎角 $\alpha_{We}$ 可表示为

$$\alpha_{We} = \alpha_{W0} + \phi_W - \tan^{-1}\frac{\dot{w}_W}{V} \qquad (11.80)$$

式中,$\alpha_{W0}$ 是机翼初始安装角,$\phi_W$ 是机翼沿翼展方向的弹性扭转角,$\dot{w}_W$ 是机翼垂向弯曲扰动速度,该速度不仅包括机翼的弹性运动,还包括机体运动,可以通过式(11.30)至式(11.32)确定。

根据薄翼型理论,机翼部分的气动力可沿翼展积分得到如下:

$$L_W = \int_0^{y_{tw}} \frac{1}{2}\rho V^2 c_W C_{l\alpha} \alpha_{We} \mathrm{d}x \qquad (11.81)$$

式中,$c_W$ 是机翼弦长。在本章计算中,假设机翼和旋翼桨叶采用同样的气动力修正,机翼气动力与各机翼自由度的变分相乘可以得到机翼气动力所做的气动虚功 $\delta W_W$,进而可将其代入到广义 Hamilton 能量表达式(11.17)中进一步整理。

## 11.7　倾转旋翼直升机气弹动力学方程组集与求解

### 11.7.1　旋翼/短舱/机翼半展耦合结构动力学方程组集

将上述推导出的各部件的虚动能、虚位能和外力虚功表达式代入到广义 Hamilton 原理表达式(11.17)中,合并相同变量项并整理成矩阵形式如下:

$$M_1\ddot{q} + C_1\dot{q} + K_1 q = F_1 \qquad (11.82)$$

式中,$q$ 是旋翼、机翼、机体和入流变量所组成的列向量如下:

$$\begin{aligned}
q = \{ & \beta_0, \beta_{1c}, \beta_{1s}, \beta_{20}, \beta_{2c}, \beta_{2s}, \cdots, \zeta_0, \zeta_{1c}, \zeta_{1s}, \zeta_{20}, \zeta_{2c}, \zeta_{2s}, \cdots, \\
& u_W^1, w_W^1, v_W^1, \phi_W^1, v_W'^1, w_W'^1, \cdots, u_W^n, w_W^n, v_W^n, \phi_W'^n, v_W'^n, \\
& w_W'^n, x_W, y_W, z_W, \alpha_W, \phi_W, \psi_W, x_F, y_F, z_F, \alpha_F, \phi_F, \psi_F, \alpha_j^k, \beta_j^k \}^T
\end{aligned}$$

如图 11.1 所示,旋翼/短舱/机翼耦合结构通过旋翼桨毂与短舱连接处的 6 个自由度进行耦合,短舱与机翼端部连接处的自由度为机翼端点的 6 个自由度,不考虑机翼的前掠角,它们之间的自由度关系如下:

$$\begin{Bmatrix} x_{\mathrm{H}} \\ y_{\mathrm{H}} \\ z_{\mathrm{H}} \\ \alpha_{\mathrm{H}} \\ \phi_{\mathrm{H}} \\ \psi_{\mathrm{H}} \end{Bmatrix} = \begin{bmatrix} \cos\alpha_{\mathrm{P}} & 0 & -\sin\alpha_{\mathrm{P}} & 0 & 0 & 0 \\ 0 & 1 & 0 & 0 & 0 & 0 \\ \sin\alpha_{\mathrm{P}} & 0 & \cos\alpha_{\mathrm{P}} & 0 & 0 & 0 \\ 0 & 0 & 0 & \cos\alpha_{\mathrm{P}} & 0 & -\sin\alpha_{\mathrm{P}} \\ 0 & 0 & 0 & 0 & 1 & 0 \\ 0 & 0 & 0 & \sin\alpha_{\mathrm{P}} & 0 & \cos\alpha_{\mathrm{P}} \end{bmatrix} \begin{bmatrix} 0 & 1 & 0 & h & 0 & 0 \\ 1 & 0 & 0 & 0 & -h & 0 \\ 0 & 0 & 1 & 0 & 0 & 0 \\ 0 & 0 & 0 & 0 & 1 & 0 \\ 0 & 0 & 0 & 1 & 0 & 0 \\ 0 & 0 & 0 & 0 & 0 & 1 \end{bmatrix} \begin{Bmatrix} u_{\mathrm{tip}} \\ w_{\mathrm{tip}} \\ v_{\mathrm{tip}} \\ \phi_{\mathrm{tip}} \\ v'_{\mathrm{tip}} \\ w'_{\mathrm{tip}} \end{Bmatrix}$$

$$\tag{11.83}$$

式中,下标 H 表示桨毂,下标 tip 表示机翼端部。

通过式(11.83),将方程(11.82)中桨毂自由度替换成机翼端部自由度,并结合包含尾迹弯曲效应的有限状态动态入流模型的矩阵方程(2.150),可组集得到倾转旋翼直升机的旋翼/短舱/机翼半展耦合结构的运动微分方程如下:

$$M\ddot{x} + C(\psi)\dot{x} + K(\psi)x = F \tag{11.84}$$

式中,$M$、$C$ 和 $K$ 分别是旋翼/短舱/机翼半展耦合结构的质量矩阵、阻尼矩阵和刚度矩阵,其中阻尼矩阵和刚度矩阵是随桨叶方位角 $\psi$ 变化的矩阵。$F$ 包括外力项、非线性项和常数项。$x$ 是耦合结构各模态组成的列向量。本章选择 3 片桨叶的铰接式旋翼,弹性机翼离散成 6 个有限元节点,选取 2 阶谐波入流($k = 2$),每阶谐波选取 3 个形函数($j = 3$),并选取对系统稳定性影响较大的旋翼和机翼一阶模态,则 $x = \{x_{\mathrm{R}},\, x_{\mathrm{W}},\, x_{\mathrm{F}},\, x_{\lambda}\}^{\mathrm{T}}$,其中,$x_{\mathrm{R}} = \{\beta_0,\, \beta_{1c},\, \beta_{1s},\, \xi_0,\, \xi_{1c},\, \xi_{1s}\}^{\mathrm{T}}$ 是旋翼自由度向量;$x_{\mathrm{W}} = \{q_1,\, q_2,\, p\}^{\mathrm{T}}$ 是机翼自由度向量,分别是机翼的垂向、弦向和扭转变形模态;$x_{\mathrm{F}} = \{x_{\mathrm{f}},\, y_{\mathrm{f}},\, z_{\mathrm{f}},\, \alpha_{\mathrm{f}},\, \phi_{\mathrm{f}},\, \psi_{\mathrm{f}}\}^{\mathrm{T}}$ 是机体自由度向量;$x_{\lambda} = \{\alpha_1^0,\, \alpha_3^0,\, \alpha_5^0,\, \alpha_2^1,\, \alpha_4^1,\, \alpha_6^1,\, \alpha_3^2,\, \alpha_5^2,\, \alpha_7^2,\, \beta_2^1,\, \beta_4^1,\, \beta_6^1,\, \beta_3^2,\, \beta_5^2,\, \beta_7^2\}^{\mathrm{T}}$ 是动态入流自由度向量。

本章在研究倾转旋翼直升机气弹稳定性和气弹响应时,为兼顾计算效率并突出关键因素对耦合结构稳定性的影响,选取方程(11.84)中不同的向量进行计算分析。在转换飞行模式下,侧重研究非定常尾迹弯曲动态入流和非定常气动力对结构稳定性和响应的影响,因此,在方程(11.84)中选取 $x = \{x_{\mathrm{R}},\, x_{\mathrm{W}},\, x_{\lambda}\}^{\mathrm{T}}$;在螺旋桨飞机飞行模式下,旋翼处于轴流飞行状态,非定常诱导入流可忽略不计,侧重研究倾转旋翼直升机各部件以及左右半展耦合结构稳定性,因此,在方程(11.84)中选取 $x = \{x_{\mathrm{R}},\, x_{\mathrm{W}},\, x_{\mathrm{F}}\}^{\mathrm{T}}$,同时忽略方程右端 $F$ 中的非线性项。

### 11.7.2 旋翼/短舱/机翼/机体全展耦合结构动力学方程组集

倾转旋翼直升机前飞时旋翼处于轴流状态,不考虑非定常尾迹弯曲动态入流的影响,采用准定常气动力模型和全展结构模型,因此,需要建立倾转旋翼直升机左侧系统模型。本章采用左手螺旋坐标系建立倾转旋翼直升机的旋翼/短舱/左侧机翼耦合结构模型。基于左手系（Howard，2001）所建立的各坐标系之间的转换矩阵与基于右手系所建立的对应坐标系之间的变换矩阵相同。当对左、右两侧结构动力学方程与机体方程进行动力学方程组集时，由于地面坐标系为右手系，机体位置在右手系中的坐标和姿态角与左手系对应的坐标和姿态角之间的转换关系为

$$
\begin{Bmatrix} x_\mathrm{F}^\mathrm{L} \\ y_\mathrm{F}^\mathrm{L} \\ z_\mathrm{F}^\mathrm{L} \\ \alpha_\mathrm{F}^\mathrm{L} \\ \phi_\mathrm{F}^\mathrm{L} \\ \psi_\mathrm{F}^\mathrm{L} \end{Bmatrix} = \begin{bmatrix} 1 & 0 & 0 & 0 & 0 & 0 \\ 0 & -1 & 0 & 0 & 0 & 0 \\ 0 & 0 & 1 & 0 & 0 & 0 \\ 0 & 0 & 0 & 1 & 0 & 0 \\ 0 & 0 & 0 & 0 & -1 & 0 \\ 0 & 0 & 0 & 0 & 0 & -1 \end{bmatrix} \begin{Bmatrix} x_\mathrm{F} \\ y_\mathrm{F} \\ z_\mathrm{F} \\ \alpha_\mathrm{F} \\ \phi_\mathrm{F} \\ \psi_\mathrm{F} \end{Bmatrix} \tag{11.85}
$$

式中，上标 L 表示左手系下的机体自由度，根据上述转换关系，可以将机体和左、右半展结构的模型在惯性坐标系下进行矩阵组集，组集示意图如图 11.4 所示。图 11.4 中，自由度向量 $\{x\}$ 中的上标 L 和 R 分别表示左侧和右侧半展结构，下标 R、W 和 F 分别表示旋翼、机翼和机体；矩阵 $M$ 中的上标 L 和 R 分别表示左侧和右侧半展结构，下标 R、W 和 F 及其两两组合分别表示旋翼、机翼和机体的各自由度及其相互耦合的自由度。

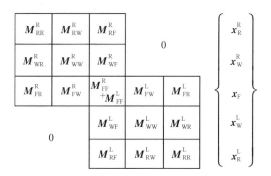

图 11.4　倾转旋翼直升机的左右半展矩阵组集示意图

根据图 11.4 分别对所推导的各质量、阻尼和刚度矩阵进行组集，可得到倾转旋翼直升机的全展结构气动机械动力学方程如下：

$$
M_\mathrm{Q}\ddot{q}_\mathrm{Q} + C_\mathrm{Q}\dot{q}_\mathrm{Q} + K_\mathrm{Q}q_\mathrm{Q} = F_\mathrm{Q} \tag{11.86}
$$

式中，$q_\mathrm{Q} = \{x_\mathrm{R}^\mathrm{R}, x_\mathrm{W}^\mathrm{R}, x_\mathrm{F}, x_\mathrm{W}^\mathrm{L}, x_\mathrm{R}^\mathrm{L}\}^\mathrm{T}$ 是倾转旋翼直升机的全展旋翼/机翼/机身自由度向量，上标 L 和 R 表示左侧和右侧结构。

方程（11.86）所对应的空间自由度示意图如图 11.5 所示。本章倾转旋翼直升

机弹性桨叶和机翼被离散成 48 个有限元节点,每个节点包含 6 个自由度,括号表示不同节点的自由度在该点处进行叠加。

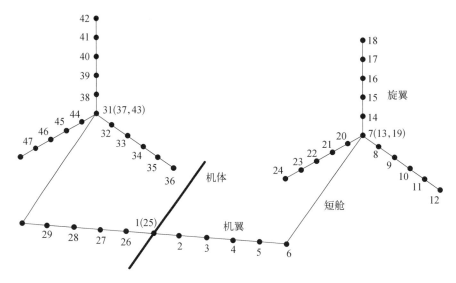

图 11.5 全机空间自由度示意图

### 11.7.3 倾转旋翼直升机气弹动力学方程求解方法

1. 模型配平计算方法

配平计算在旋翼飞行器动力学计算分析中十分重要,不仅用于计算耦合结构各模态的动态响应,而且需要配平值对非线性动力学方程进行线化。常用的旋翼飞行器配平方式主要有两种:自由飞行配平和风洞配平(Peters et al., 2012)。前者根据旋翼飞行器的定常飞行状态,将整架飞行器当作一个质点系来考虑,根据作用在飞行器上各力和力矩的平衡,列出平衡方程并对平衡方程求解,确定飞行器实现稳定飞行所需的驾驶员操纵和直升机姿态;后者主要应用于风洞中的旋翼模型试验,给定目标升力和旋翼挥舞运动姿态,可快速地确定旋翼桨叶挥舞运动、动态入流和气动力三者之间的动态平衡。由于本章需要实时计算倾转旋翼直升机半展结构模型在转换飞行时的操纵输入,并研究非定常动态入流对操纵输入、响应和稳定性的影响,因此,不考虑机体的飞行姿态,通过风洞配平方法计算转换飞行模式下倾转旋翼直升机的配平。首先给定短舱倾转角和前飞速度,确定某个飞行状态,并通过计算指定桨盘升力系数下各变距量随时间响应确定配平操纵量。将方程(11.84)中关于配平操纵 $\theta_0$、$\theta_c$ 和 $\theta_s$ 的系数项移至方程左端,并引入配平控制方程如下:

$$
\begin{bmatrix} \tau_0 & 0 & 0 \\ 0 & \tau_1 & 0 \\ 0 & 0 & \tau_1 \end{bmatrix} \begin{Bmatrix} \ddot{\theta}_0 \\ \ddot{\theta}_s \\ \ddot{\theta}_c \end{Bmatrix} + \begin{Bmatrix} \dot{\theta}_0 \\ \dot{\theta}_s \\ \dot{\theta}_c \end{Bmatrix}
$$

$$
= \begin{bmatrix} K_0 & 0 & 0 \\ 0 & K_1 & 0 \\ 0 & 0 & K_1 \end{bmatrix} \begin{bmatrix} \dfrac{6}{C_{l\alpha}} & 0 & 0 \\ 0 & \dfrac{8(v_\beta^2 - 1)}{\gamma} & -1 \\ 0 & 1 & \dfrac{8(v_\beta^2 - 1)}{\gamma} \end{bmatrix} \begin{Bmatrix} \overline{C}_T - C_T \\ \overline{\beta}_s - \beta_s \\ \overline{\beta}_c - \beta_c \end{Bmatrix} \tag{11.87}
$$

式中，$\tau_0$、$\tau_1$、$K_0$ 和 $K_1$ 是控制配平计算收敛的参数，$\overline{C}_T$、$\overline{\beta}_s$ 和 $\overline{\beta}_c$ 是目标配平参数。结合方程(11.84)和方程(11.87)构建配平方程：

$$
\boldsymbol{M}_c \ddot{\boldsymbol{x}}_c + \boldsymbol{C}_c \dot{\boldsymbol{x}}_c + \boldsymbol{K}_c \boldsymbol{x}_c = \boldsymbol{F}_c \tag{11.88}
$$

式中，$\boldsymbol{x}_c = \{\boldsymbol{x}_R, \boldsymbol{x}_W, \boldsymbol{x}_\lambda, \boldsymbol{x}_\theta\}^T$，$\boldsymbol{x}_\theta = \{\theta_0, \theta_c, \theta_s\}^T$ 是旋翼操纵组成的列向量。通过计算方程(11.88)在零初始条件下随时间响应以确定旋翼配平所需要的操纵量，并代入到方程(11.84)中计算某飞行状态下各模态随时间的响应。

2. 非线性动力学方程线化处理方法

由于在转换飞行模式下的方程(11.84)右端存在非线性项，需要对其进行线化处理。转换飞行模式下，旋翼非定常气动力来自翼型在平衡位置的振动，本章采用小扰动假设方法，将每个模态看成在平衡位置的稳态值和扰动值之和，即

$$
\begin{cases} \boldsymbol{x}_R = \boldsymbol{x}_{R0} + \Delta\boldsymbol{x}_R \\ \boldsymbol{x}_W = \boldsymbol{x}_{W0} + \Delta\boldsymbol{x}_W \\ \boldsymbol{x}_\lambda = \boldsymbol{x}_{\lambda 0} + \Delta\boldsymbol{x}_\lambda \end{cases} \tag{11.89}
$$

将式(11.89)代入到方程(11.84)，展开后消去高阶扰动项，可得到倾转旋翼直升机气弹稳定性分析的扰动方程如下：

$$
\boldsymbol{M}\Delta\ddot{\boldsymbol{x}} + \boldsymbol{C}_0(\psi)\Delta\dot{\boldsymbol{x}} + \boldsymbol{K}_0(\psi)\Delta\boldsymbol{x} = 0 \tag{11.90}
$$

式中，$\boldsymbol{C}_0$ 和 $\boldsymbol{K}_0$ 是线化之后的阻尼和刚度矩阵。

3. 倾转旋翼直升机气弹稳定性求解方法

方程(11.90)中阻尼和刚度系数矩阵随桨叶方位角周期变化，并且满足如下关系：

$$
\begin{cases} \boldsymbol{C}_0(\psi_0) = \boldsymbol{C}_0(\psi_0 + 2\pi) \\ \boldsymbol{K}_0(\psi_0) = \boldsymbol{K}_0(\psi_0 + 2\pi) \end{cases} \tag{11.91}
$$

采用 Floquet 理论对含周期系数的动力学方程进行稳定性计算分析(Peters et al., 2009),首先将方程(11.90)转化成状态空间下的一阶微分方程如下:

$$\dot{Y} = A(\psi)Y \tag{11.92}$$

式中,$Y = \{\Delta x_R, \Delta x_W, \Delta \dot{x}_R, \Delta \dot{x}_W, \Delta x_\lambda\}^T$,$A(\psi)$ 是周期函数组成的状态矩阵。根据 Floquet 理论,本章采用四阶龙格-库塔法计算方程(11.92)在一个周期内的响应,得到状态转移矩阵 $\Phi(t, t_0)$。求出 $\Phi(t, t_0)$ 在一个周期端点($t = t_0 + 2\pi$)处的全部特征值和特征向量,特征值的实部表示模态阻尼比。当其中任一模态阻尼比大于 0,则耦合结构不稳定。

对于螺旋桨飞机飞行模式下倾转旋翼直升机的气弹稳定性分析,方程(11.92)中状态矩阵 $A$ 是不随桨叶方位角变化的系数矩阵,直接对 $A$ 求特征值 $\lambda$,耦合结构各模态频率 $\omega_i$ 和模态阻尼比 $\zeta_i$ 由下式得出:

$$\begin{cases} \omega_i = \mathrm{Im}(\lambda_i) \\ \zeta_i = \mathrm{Re}(\lambda_i) / |\lambda_i| \end{cases} \tag{11.93}$$

若耦合结构的某一模态阻尼比 $\zeta_i$ 大于 0,则表示该模态进入不稳定状态,耦合结构发散。当耦合结构首次出现某一模态阻尼比 $\zeta_i$ 等于 0 时,所对应的前飞速度定义为倾转旋翼直升机前飞时的失稳临界速度。

# 第 12 章
# 动态倾转旋翼气弹分析

## 12.1　引言

　　倾转旋翼直升机在转换飞行模式下,倾转旋翼处于复杂的非定常气动力和非定常入流环境中,随着旋翼轴的连续动态前倾,旋翼配平所需要的操纵总距和周期变距也不断变化,导致旋翼气动力以及诱导入流产生非常复杂的动态变化。在研究转换飞行模式下旋翼/机翼耦合系统的整体气弹动力学问题前,本章研究转换飞行时动态倾转旋翼气弹动力学,计算不同倾转角和前飞速度下非定常尾迹动态弯曲入流对配平操纵、各模态响应和旋翼桨盘各气动力与气动力矩的影响,分析非定常尾迹动态弯曲入流对旋翼气弹稳定性的影响。

## 12.2　动态倾转旋翼配平操纵

　　转换飞行时动态倾转旋翼动力学的模型如图 12.1 所示,图中 $\omega_P$ 是短舱(旋翼轴)的倾转角速度,$T$、$H$ 和 $Y$ 分别表示旋翼的拉力、后向力和侧向力。本章选择旋翼运动的一阶挥舞模态 $\beta_0$、$\beta_c$、$\beta_s$ 以及非定常尾迹弯曲动态入流模型和操纵系数所对应的系数矩阵组成的动力学方程,研究转换飞行时动态倾转的旋翼动力学问

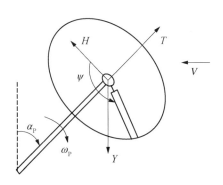

图 12.1　转换飞行时动态倾转旋翼动力学模型

题。本章的算例数据采用Bell倾转旋翼直升机试验模型参数(Johnson,1974),旋翼主要参数见表12.1。

**表12.1 旋翼主要参数**

| 参 数 | 数 值 | 参 数 | 数 值 |
|---|---|---|---|
| 旋翼半径/m | 3.82 | 桨叶静矩/(kg·m) | 146.97 |
| 桨叶片数/片 | 3 | 桨叶质量/kg | 90.39 |
| 旋翼转速/(r/min) | 458 | 旋翼实度 | 0.089 |
| 桨叶翼型 | NACA23012 | 桨叶线性负扭转/(°) | −41 |
| 桨叶洛克数 $\gamma$ | 3.83 | 静态升力线斜率 | 5.7 |
| 桨叶挥舞频率/(1/r) | 1.12 | 短舱倾转角速度/(°/s) | 18 |
| 桨叶挥舞惯量/(kg·m²) | 142 | | |

在本章算例中,短舱的倾转角随时间变化如图12.2所示,旋翼在第1秒内直升机飞行模式下进行配平,随后短舱以每秒18°的角速度匀速倾转,到第6秒结束时短舱倾转到90°,进入飞机飞行模式。根据表12.1的Bell倾转旋翼直升机的旋翼相关数据,分别计算无因次化前飞速度 $V/\Omega R$ 等于0.1、0.3和0.5时,短舱连续倾转时,在目标升力值和桨盘挥舞角下,旋翼配平所需要的操纵总距 $\theta_0$ 和周期变距 $\theta_s$、$\theta_c$ 随时间的瞬态响应,如图12.3至图12.5所示,图中还给出了采用均匀入流模型所需的配平操纵量以供对比分析。从图12.3至图12.5中可以看出,由直升机飞行模式逐渐向螺旋桨飞机飞行模式过渡的短舱倾转过程中,随着短舱的前倾,由于前飞速度沿短舱方向分量增大,导致桨叶剖面来流角增大,为保持旋翼升力,需要增加操纵总距以保证桨叶的气动迎角;在短舱动态前倾的过程中,旋翼桨盘平面入流从直升机飞行模式下的不对称分布状态逐渐向飞机飞行模式下的对称轴流状态转换,因此,周期变距在飞机飞行模式下最终都是0;非定常尾迹动态弯曲入流和

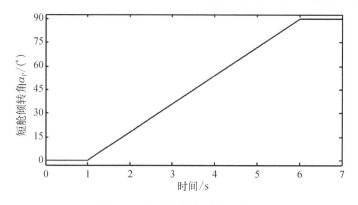

**图12.2 短舱倾转角随时间变化**

均匀入流在操纵上的差异主要体现在横向操纵 $\theta_c$ 中,如图 12.5 所示,在短舱动态倾转过程中,非定常尾迹动态弯曲入流主要是通过横向操纵进行配平。同时,随着前飞速度的增大和短舱的前倾,前飞速度沿短舱方向分量逐渐变大,最终在量级上远大于非定常诱导入流,非定常尾迹动态弯曲入流对各操纵变距的影响逐渐减小。

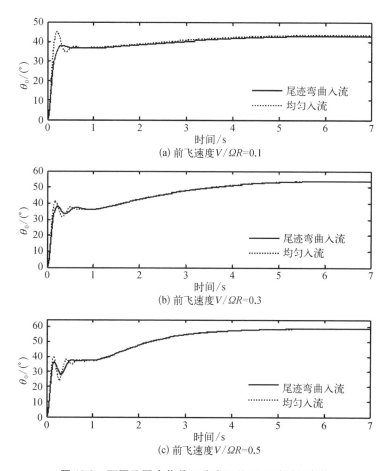

图 12.3　不同无因次化前飞速度下总距 $\theta_0$ 随时间变化

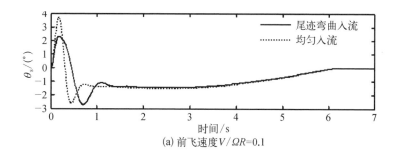

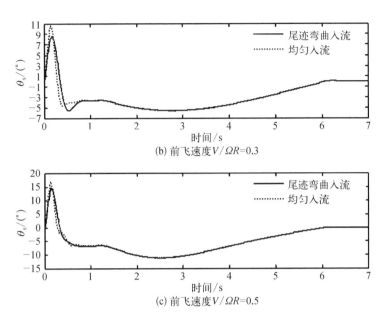

(b) 前飞速度$V/\Omega R$=0.3

(c) 前飞速度$V/\Omega R$=0.5

**图 12.4** 不同无因次化前飞速度下纵向周期变距 $\theta_s$ 随时间变化

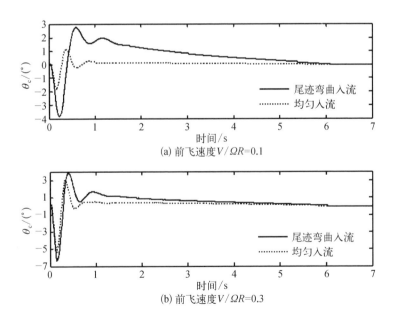

(a) 前飞速度$V/\Omega R$=0.1

(b) 前飞速度$V/\Omega R$=0.3

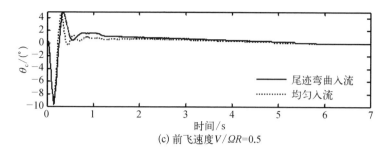

(c) 前飞速度$V/\Omega R$=0.5

**图 12.5　不同无因次化前飞速度下横向周期变距 $\theta_{\mathrm{c}}$ 随时间变化**

## 12.3　动态倾转旋翼气弹响应

在不同无因次化前飞速度下,各整体挥舞模态随时间响应如图 12.6 至图 12.8

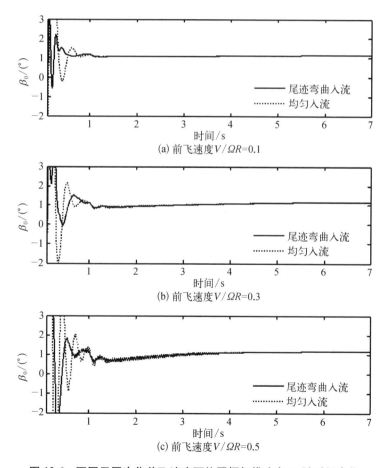

(a) 前飞速度$V/\Omega R$=0.1

(b) 前飞速度$V/\Omega R$=0.3

(c) 前飞速度$V/\Omega R$=0.5

**图 12.6　不同无因次化前飞速度下旋翼挥舞锥度角 $\beta_{0}$ 随时间变化**

所示,可以看出,非定常尾迹动态弯曲入流对各整体挥舞模态的影响主要体现在直升机飞行模式的配平中。同时,本章采用风洞配平方法进行配平计算,各操纵输入量随时间不断变化,以保证各整体挥舞模态保持在目标值,由于短舱在倾转开始(第1秒末)和倾转结束(第6秒末)时,倾转角速度和角度会发生突然变化,导致这两个时刻各模态响应会出现轻微的突变现象;在计算开始阶段(约0.3秒)由于配平方程造成了较大幅度的振荡响应。由图12.6可知,随着短舱前倾,需要更多的操纵总距来维持目标升力值,导致$\beta_0$模态响应随短舱前倾有轻微增加;由图12.7和图12.8可知,随着前飞速度的增加,周期型挥舞模态在短舱倾转过程中的振荡情况更加强烈,说明在转换飞行模式下,桨盘平面的气动力环境随前飞速度增加而变得更为复杂,当短舱倾转角是90°时,旋翼进入轴流飞行状态,旋翼入流的不对称现象逐渐消失,$\beta_s$和$\beta_c$模态响应最终趋近于0,桨叶稳定在挥舞角锥度的位置。

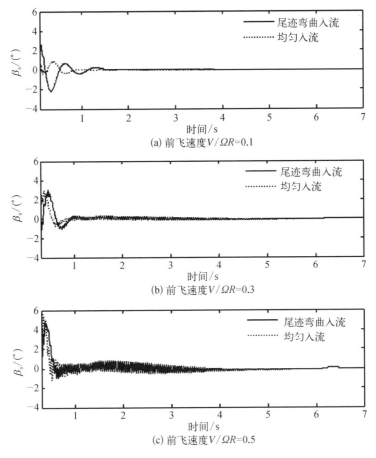

图12.7　不同无因次化前飞速度下旋翼横向周期挥舞$\beta_s$随时间变化

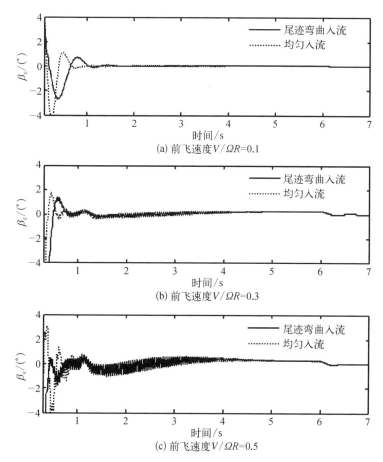

**图 12.8** 不同无因次化前飞速度下旋翼纵向周期挥舞角 $\beta_c$ 随时间变化

## 12.4 动态倾转旋翼气动载荷

为研究转换飞行模式下,旋翼桨盘各力和力矩随旋翼轴倾转角变化的关系,本节将输入操纵总距设定为常值 $\theta_0 = 45°$,同时不加入周期变距,计算当无因次化前飞速度 $V/\Omega R$ 分别等于 0.1、0.3 和 0.5 时,旋翼拉力系数 $C_T$、旋翼扭矩系数 $C_Q$、旋翼后向力系数 $C_H$、旋翼侧向力系数 $C_Y$、旋翼滚转力矩系数 $C_{Mx}$ 和旋翼俯仰力矩系数 $C_{My}$ 随短舱前倾角的变化曲线,并与采用均匀入流模型的计算值进行对比,如图 12.9 至图 12.14 所示。当短舱倾转角是 0° 时,倾转旋翼直升机处于直升机飞行模式,翼型的弦向速度随无因次化前飞速度的增加而增大,在总距不变的情况下,来流角减小,桨叶迎角增大,旋翼拉力系数 $C_T$ 增加;当短舱倾转角是 90° 时,倾转旋翼

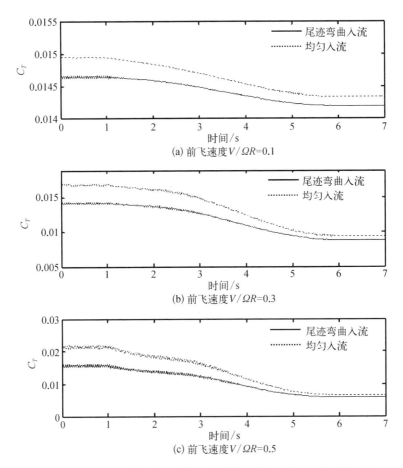

图 12.9　不同无因次化前飞速度下旋翼桨盘拉力系数 $C_T$ 随时间变化

直升机处于螺旋桨飞机飞行模式,随着无因次化前飞速度的增加,桨盘平面的垂直入流增加,降低桨叶剖面迎角,同时,旋翼拉力系数 $C_T$ 随前飞速度的增大而减小。转换飞行模式下,来流角的增大,在减小翼型剖面升力的同时,增加升力在桨盘平面的分量,而旋翼扭矩系数 $C_Q$ 是由来流角和翼型剖面升力共同决定的。当无因次前飞速度等于 0.1 和 0.3 时,$C_T$ 随短舱前倾的减小量并不明显,导致 $C_Q$ 随短舱前倾而增加,当无因次化前飞速度等于 0.5、短舱前倾角较大时,尽管来流角随短舱前倾而增大,但翼型剖面升力的减小更为显著,$C_Q$ 随短舱前倾出现先增大后减小的趋势;在相同短舱倾转角下,$C_Q$ 随着无因次化前飞速度的增加而增加。随着短舱前倾至 90°,旋翼入流的不对称分布现象逐渐消失,$C_H$、$C_Y$、$C_{Mx}$ 和 $C_{My}$ 逐渐变为 0,同时各力和力矩在短舱倾转时的振荡情况随前飞速度的增加而加剧,表明旋翼所处气动力环境随前飞速度增加而变得更加复杂。与均匀入流假设相比,当考虑旋翼非定常诱导入流时,$C_T$ 和 $C_Q$ 有明显减小,表明当考虑非定常尾迹动态弯曲入流时,旋翼各模态的挥舞气动阻尼减小;同时随着短舱前倾和前飞速度增加,桨盘轴向入流逐渐远大于诱导入流,非定常诱导入流对 $C_T$ 和 $C_Q$ 的影响逐渐减小。结合前节分析,桨盘平面的非定常诱导入流的左右桨盘不对称比前后不对称更明显,因此对 $C_H$ 和 $C_{My}$ 的影响不明显,对 $C_Y$ 和 $C_{Mx}$ 的影响较明显。

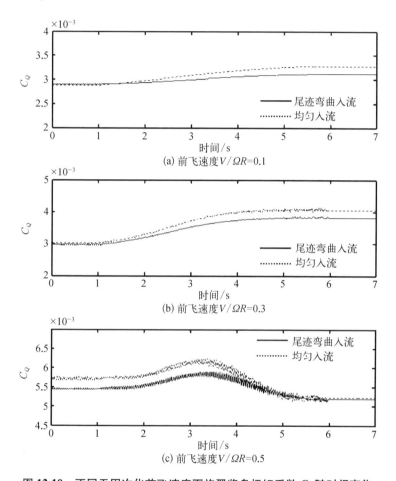

(a) 前飞速度 $V/\Omega R = 0.1$

(b) 前飞速度 $V/\Omega R = 0.3$

(c) 前飞速度 $V/\Omega R = 0.5$

**图 12.10**　不同无因次化前飞速度下旋翼桨盘扭矩系数 $C_Q$ 随时间变化

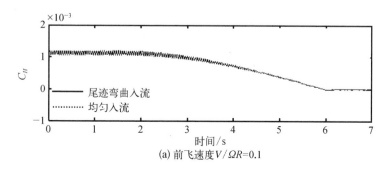

(a) 前飞速度 $V/\Omega R = 0.1$

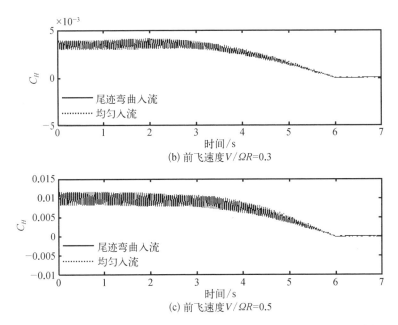

(b) 前飞速度 $V/\Omega R$=0.3

(c) 前飞速度 $V/\Omega R$=0.5

**图 12.11  不同无因次化前飞速度下旋翼桨盘后向力系数 $C_H$ 随时间变化**

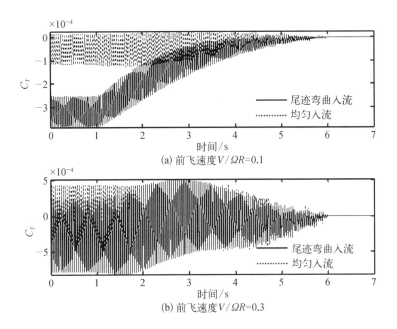

(a) 前飞速度 $V/\Omega R$=0.1

(b) 前飞速度 $V/\Omega R$=0.3

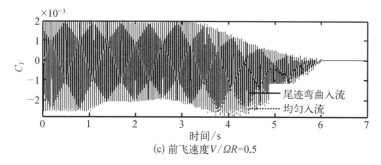

(c) 前飞速度 $V/\Omega R=0.5$

**图 12.12　不同无因次化前飞速度下旋翼桨盘侧向力系数 $C_Y$ 随时间变化**

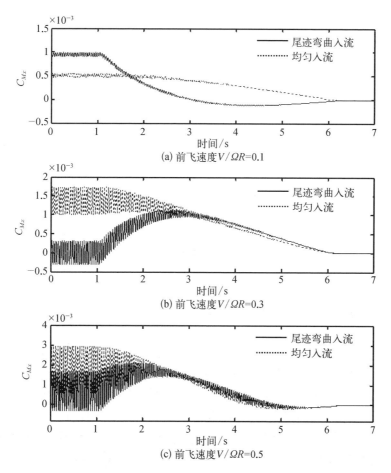

**图 12.13　不同无因次化前飞速度下旋翼桨盘滚转力矩系数 $C_{Mx}$ 随时间变化**

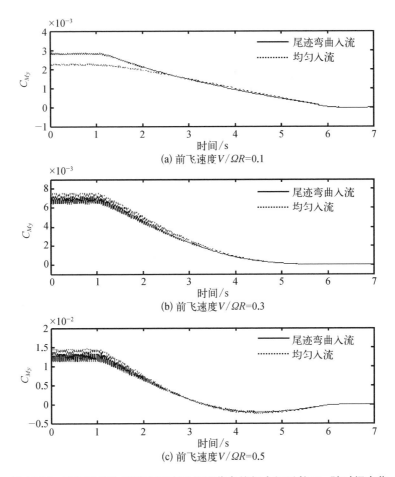

图 12.14　不同无因次化前飞速度下旋翼桨盘俯仰力矩系数 $C_{My}$ 随时间变化

## 12.5　动态倾转旋翼气弹稳定性

　　本节通过各模态在配平操纵下的稳态响应,对非线性动力学方程进行线化,计算不同短舱倾转角 $\alpha_P$ 下各整体挥舞模态阻尼比 $\zeta$ 随前飞速度的变化,并与采用均匀入流模型的计算结果进行对比,如图 12.15 至图 12.21 所示。根据 Bell 倾转旋翼直升机实际飞行情况,旋翼桨尖马赫数通常不会远大于声速,因此在本节的计算中,前飞速度变化范围是从 0 到桨尖最大合速度接近声速。在不同短舱倾转角 $\alpha_P$ 下分别计算桨尖最大马赫数并标明临界马赫数($M_{tip} = 1$)所对应的前飞速度。由图 12.15 至图 12.21 可知,采用均匀入流模型时,各挥舞模态阻尼比相同;在低速阶段($V/\Omega R < 0.2$),非定常尾迹动态弯曲入流对 $\beta_s$ 模态阻尼比产生明显影响。由图 12.15 可知,在直升机飞行模式下,非定常尾迹动态弯曲入流会降低各模态阻尼

比；当前飞速度约是 0.6 时，由于 $\beta_c$ 模态特征值虚部是 0，其模态特征值不再是共轭复数的形式，而是一对互异实根，此时模态是过阻尼振动，对应模态阻尼比变化曲线出现分岔现象，这与文献（Wang et al., 1996）的分析一致。随着短舱倾转角 $\alpha_P$ 和前飞速度的增大，非定常尾迹动态弯曲入流对系统各模态阻尼比影响逐渐变小。当短舱倾转角大于 45° 时，模态阻尼比曲线上的分岔现象逐渐消失。在高速阶段，由于前飞速度沿旋翼轴向分量远远大于非定常入流，因此非定常尾迹动态弯曲入流对各模态阻尼比的影响变得不明显。因此，在螺旋桨飞机飞行模式下，非定常尾迹动态弯曲入流只能在低速飞行阶段对系统各模态造成较为明显的影响。

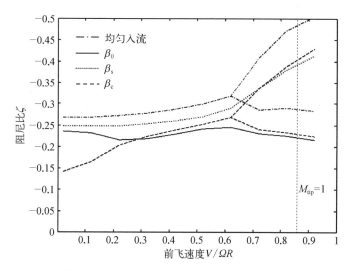

**图 12.15　倾转角 $\alpha_P = 0°$ 时各挥舞模态阻尼比随无因次化前飞速度变化**

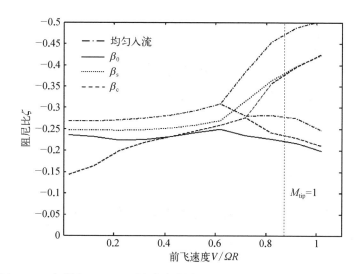

**图 12.16　倾转角 $\alpha_P = 15°$ 时各挥舞模态阻尼比随无因次化前飞速度变化**

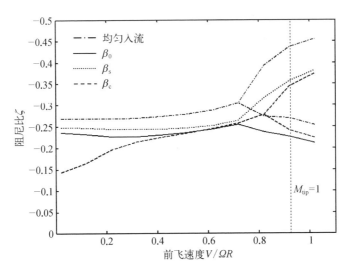

图 12.17    倾转角 $\alpha_P = 30°$ 时各挥舞模态阻尼比随无因次化前飞速度变化

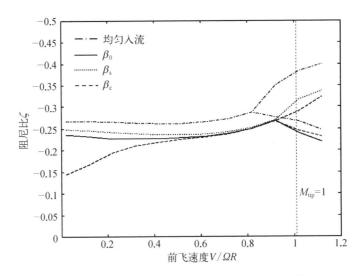

图 12.18    倾转角 $\alpha_P = 45°$ 时各挥舞模态阻尼比随无因次化前飞速度变化

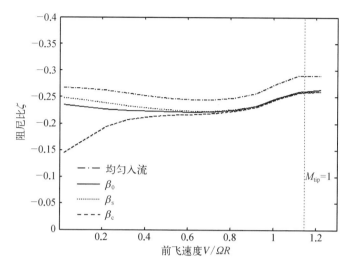

**图 12.19**　倾转角 $\alpha_P = 60°$ 时各挥舞模态阻尼比随无因次化前飞速度变化

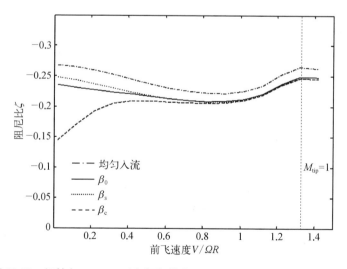

**图 12.20**　倾转角 $\alpha_P = 75°$ 时各挥舞模态阻尼比随无因次化前飞速度变化

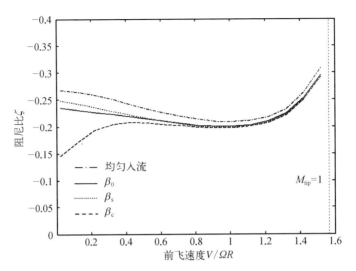

图 12.21　倾转角 $\alpha_P = 90°$ 时各挥舞模态阻尼比随无因次化前飞速度变化

倾转旋翼直升机在转换飞行时,非定常尾迹动态弯曲入流在前飞速度较小时会对系统稳定性造成较大影响。根据文献(Wernicke,1977),倾转旋翼直升机通常在无因次化前飞速度等于 0.3 至 0.5(约等于 198 km/h 至 330 km/h)时进行短舱倾转,因此,本节计算无因次化前飞速度分别等于 0.3、0.4 和 0.5 时各挥舞模态阻尼比随短舱倾转角 $\alpha_P$ 变化,研究在低速阶段非定常尾迹动态弯曲入流对系统稳定性的影响,如图 12.22 至图 12.24 所示。由图 12.22 至图 12.24 可知,当不考虑非定常尾迹动态弯曲入流时,随着短舱前倾,轴向入流增加,增大了桨叶来流角,当操纵

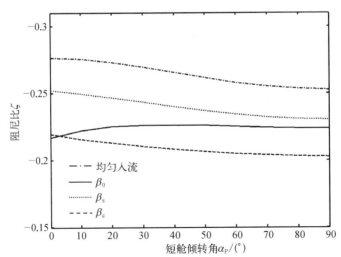

图 12.22　无因次化前飞速度 $V/\Omega R = 0.3$ 时各挥舞模态
阻尼比随短舱倾转角 $\alpha_P$ 变化

不变时,等效地减小了旋翼升力,挥舞模态阻尼比降低。当前飞速度是 0.3 时,$\beta_0$ 模态阻尼比受短舱倾转角影响不大,$\beta_c$ 和 $\beta_s$ 模态阻尼比随短舱前倾而变小;当前飞速度等于 0.4 和 0.5 时,各挥舞模态阻尼比随短舱前倾而变小,同时小于均匀入流时的挥舞模态阻尼比,表明非定常尾迹动态弯曲入流对系统稳定性造成不利影响。

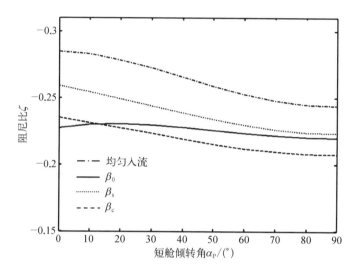

**图 12.23** 无因次化前飞速度 $V/\Omega R = 0.4$ 时各挥舞模态阻尼比随短舱倾转角 $\alpha_P$ 变化

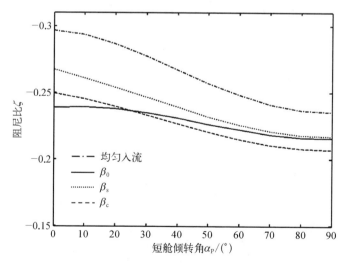

**图 12.24** 无因次化前飞速度 $V/\Omega R = 0.5$ 时各挥舞模态阻尼比随短舱倾转角 $\alpha_P$ 变化

# 第 13 章
# 转换飞行时倾转旋翼直升机气弹分析

## 13.1　引言

倾转旋翼直升机在转换飞行时,旋翼轴或短舱的倾转除了导致非定常尾迹发生动态弯曲,旋翼处于非定常气动力环境中,同时系统惯量和耦合特性在短舱连续动态倾转过程中也会发生变化。机翼的弹性运动所导致的旋翼/短舱/机翼之间的刚柔耦合和气弹耦合问题,加剧了转换飞行时倾转旋翼直升机气弹动力学分析的复杂性。本章在第 12 章孤立倾转旋翼分析的基础上,加入旋翼的摆振运动和机翼的变形运动,研究模型拓展为倾转旋翼直升机半展模型,采用旋翼尾迹动态弯曲入流模型和非定常气动力模型,考虑旋翼/短舱/机翼之间的耦合,研究非定常尾迹动态弯曲入流对倾转旋翼直升机操纵配平、各模态响应以及旋翼和机翼气动力与气动力矩的影响,并对转换飞行时倾转旋翼直升机气弹动力学问题进行分析。

## 13.2　转换飞行时倾转旋翼直升机配平操纵

图 13.1 是转换飞行时倾转旋翼直升机的半展结构动力学模型示意图,刚体短

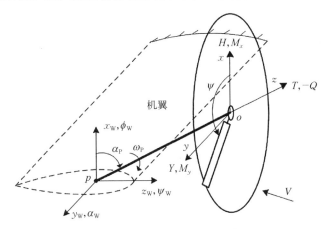

**图 13.1　转换飞行时倾转旋翼直升机半展结构动力学模型**

舱一端连接铰接式旋翼系统,另一端安装在弹性机翼端部 $p$ 点处,安装点 $p$ 与桨毂中心 $o$ 之间的距离是短舱长度 $h$。 短舱倾转角 $\alpha_P$ 以角速度 $\omega_P$ 倾转。本章根据第 11 章所建立的动力学方程,选择旋翼的一阶挥舞和摆振模态、机翼的一阶模态、非定常入流模态和操纵系数所对应的系数矩阵组成动力学方程,对转换飞行时倾转旋翼直升机动力学问题进行研究。本章算例计算数据采用 Bell 倾转旋翼直升机试验模型参数(Johnson,1974),其中机翼和短舱部分的参数见表 13.1,旋翼部分的参数见表 12.1。

表 13.1　机翼和短舱主要参数

| 参　数 | 数　值 | 参　数 | 数　值 |
| --- | --- | --- | --- |
| 机翼展长/m | 5.09 | 机翼扭转阻尼系数 $C_p$ /(N·m/rad/s) | 955 |
| 机翼弦长/m | 1.573 | 短舱长度 $h$ /m | 1.31 |
| 机翼垂向刚度 $K_{q1}$ /(N/m) | $9.2 \times 10^6$ | 短舱绕 $p$ 点转动惯量 $m_P$ /(kg·m²) | 16 380 |
| 机翼弦向刚度 $K_{q2}$ /(N/m) | $2.5 \times 10^7$ | 短舱俯仰支撑刚度/(N/m) | $1.35 \times 10^7$ |
| 机翼扭转刚度 $K_p$ /(N·m/rad) | $1.8 \times 10^6$ | 短舱摆动支撑刚度/(N/m) | $1.35 \times 10^7$ |
| 机翼垂向阻尼系数 $C_{q1}$ /(N/m/s) | 9 030 | 短舱俯仰支撑阻尼系数/(N/m/s) | 13 650 |
| 机翼弦向阻尼系数 $C_{q2}$ /(N/m/s) | 27 300 | 短舱摆动支撑阻尼系数/(N/m/s) | 13 650 |

与孤立倾转旋翼相比,本章考虑了旋翼摆振自由度和机翼变形自由度后,多个自由度运动的叠加导致配平时间的增加。在本章算例中,短舱倾转角 $\alpha_P$ (度)随时间 $t$ (秒)的变化关系是 $\alpha_P = 18t - 36$ ($2 \leqslant t \leqslant 7$),变化曲线如图 13.2 所示。总飞行时间设定为 8 秒,旋翼在前两秒内以直升机飞行模式进行配平,从第 2 秒开始短舱以 $\omega_P = 18°/s$ 的角速度匀速倾转,到第 7 秒结束时倾转至 90°,进入螺旋桨飞机飞行模式。本章根据表 13.1 的 Bell 倾转旋翼直升机的相关数据,分别计算了无因次化前飞速度 $V/\Omega R$ 等于 0.1、0.3 和 0.5 时短舱连续倾转过程中系统配平所需要的操纵总距 $\theta_0$、纵向周期变距 $\theta_s$ 和横向周期变距 $\theta_c$ 随时间或短舱倾转角变化的曲线,分别采用旋翼尾迹动态弯曲入流模型和均匀入流模型计算所需的配平操纵量进行对比,如图 13.3 至图 13.5 所示。由计算结果可知,当倾转旋翼直升机由直升机飞行模式逐渐向飞机飞行模式倾转的过程中,与孤立旋翼情况类似,随着短舱前倾,操纵总距逐渐增大。非定常尾迹动态弯曲入流和均匀入流在操纵上的差异主要体现在横向操纵 $\theta_c$,表明在短舱倾转过程中,非定常尾迹动态弯曲入流主要是通过横向操纵进行配平。非定常尾迹动态弯曲入流对各操纵变距的影响随着短舱前倾而逐渐减小。

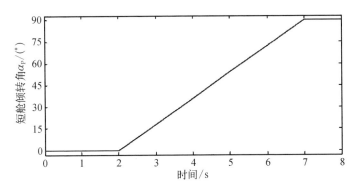

图 13.2 短舱倾转角 $\alpha_P$ 随时间变化

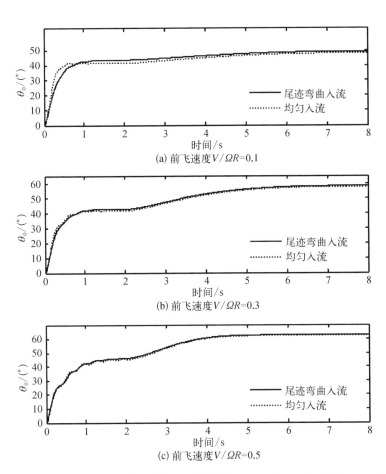

(a) 前飞速度 $V/\varOmega R=0.1$

(b) 前飞速度 $V/\varOmega R=0.3$

(c) 前飞速度 $V/\varOmega R=0.5$

图 13.3 不同无因次化前飞速度下旋翼总距 $\theta_0$ 随时间(或短舱倾转角)变化

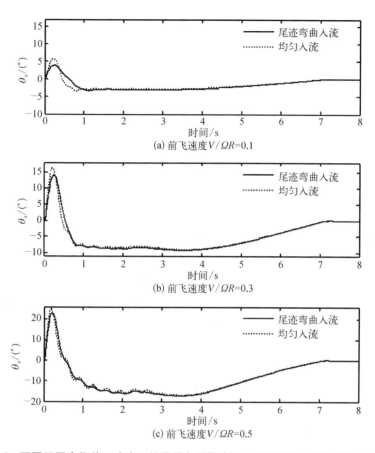

(a) 前飞速度 $V/\Omega R=0.1$

(b) 前飞速度 $V/\Omega R=0.3$

(c) 前飞速度 $V/\Omega R=0.5$

**图 13.4　不同无因次化前飞速度下旋翼纵向周期变距 $\theta_s$ 随时间(或短舱倾转角)变化**

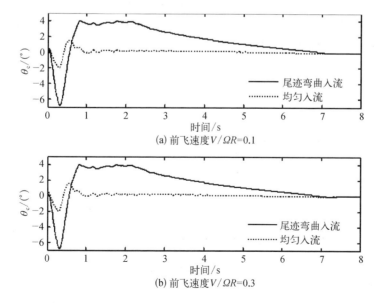

(a) 前飞速度 $V/\Omega R=0.1$

(b) 前飞速度 $V/\Omega R=0.3$

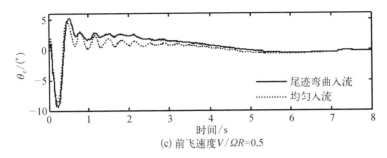

(c) 前飞速度 $V/\Omega R=0.5$

图 13.5　不同无因次化前飞速度下旋翼横向周期变距 $\theta_c$ 随时间(或短舱倾转角)变化

## 13.3　转换飞行时倾转旋翼直升机气弹响应

本章建立的转换飞行时倾转旋翼直升机的半展气弹动力学模型,可计算在给定输入操纵下各模态随时间的气弹响应,也可以引入配平方程,计算目标升力值下的各操纵配平值以及各模态随短舱倾转变化的响应。在旋翼/短舱/机翼耦合结构模型的风洞实验中(岳海龙,2010),采用 3 片无扭转木质桨叶、碳纤维的矩形截面盒形大梁和玻璃钢蒙皮机翼,通过测量机翼端部的变形验证了所建立模型的准确性。本章采用与文献(岳海龙,2010)相同的非定常气动力模型和尾迹动态弯曲入流模型,计算在不同前飞速度下各旋翼模态和机翼模态随时间的气弹响应,分别采用旋翼尾迹动态弯曲入流模型和均匀入流模型计算各模态响应并进行对比,无因次化前飞速度分别等于 0.1、0.3 和 0.5 时的计算结果如图 13.6 至图 13.14 所示,从图中看出,配平开始时由配平方程产生了短时的较大幅度振荡。

图 13.6 至图 13.8 是无因次化前飞速度分别等于 0.1、0.3 和 0.5 时,旋翼各挥舞模态随时间或短舱倾转角变化的响应。与孤立旋翼情况类似,随着短舱前倾和前飞速度的增加,总距增加,导致集合型挥舞模态 $\beta_0$ 小幅增加;各挥舞模态在短舱倾转过程中的振动情况随前飞速度增加变得强烈,表明桨盘的气动力环境变得更加复杂。

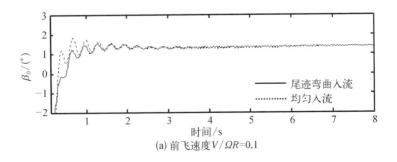

(a) 前飞速度 $V/\Omega R=0.1$

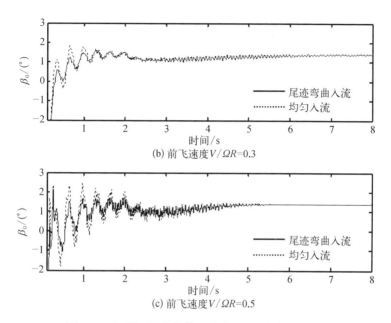

(b) 前飞速度 $V/\Omega R=0.3$

(c) 前飞速度 $V/\Omega R=0.5$

**图 13.6　不同无因次化前飞速度下旋翼挥舞锥度角**
**$\beta_0$ 随时间(或短舱倾转角)变化**

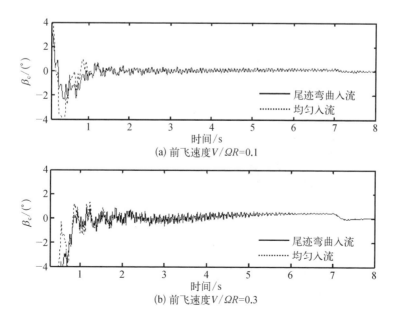

(a) 前飞速度 $V/\Omega R=0.1$

(b) 前飞速度 $V/\Omega R=0.3$

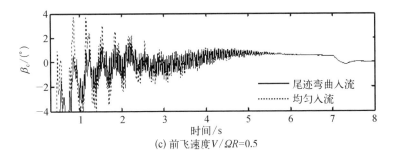

(c) 前飞速度$V/\Omega R=0.5$

**图 13.7** 不同无因次化前飞速度下旋翼纵向周期挥舞角
$\beta_c$随时间(或短舱倾转角)变化

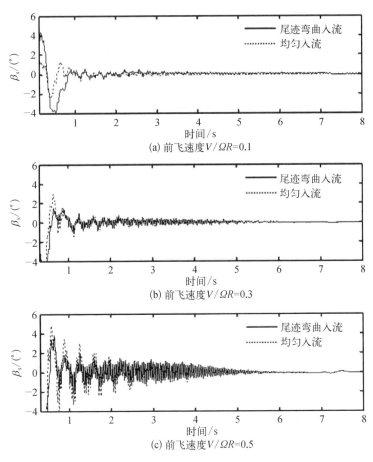

(a) 前飞速度$V/\Omega R=0.1$

(b) 前飞速度$V/\Omega R=0.3$

(c) 前飞速度$V/\Omega R=0.5$

**图 13.8** 不同无因次化前飞速度下旋翼横向周期挥舞角
$\beta_s$随时间(或短舱倾转角)变化

图 13.9 至图 13.11 是无因次化前飞速度分别等于 0.1、0.3 和 0.5 时,旋翼各摆振模态随时间或短舱倾转角变化的响应,可以看出,非定常尾迹动态弯曲入流对旋翼摆振模态响应影响较小。随着短舱前倾和前飞速度增大,需要克服的桨盘平面扭矩增加,导致集合型摆振模态 $\xi_0$ 增加。同时,随着短舱前倾,桨盘平面的入流不对称逐渐消失,各周期型摆振模态的响应最终变为 0。

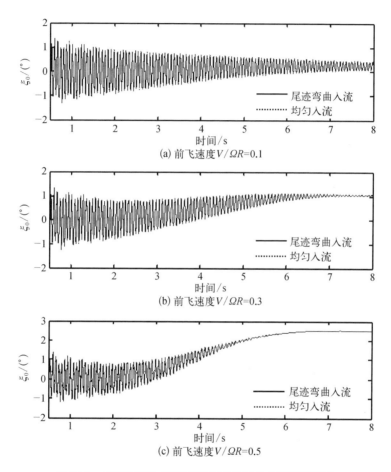

**图 13.9**　不同无因次化前飞速度下旋翼集合型摆振模态
$\xi_0$ 随时间(或短舱倾转角)变化曲线

图 13.12 至图 13.14 是无因次化前飞速度 $V$ 分别等于 0.1、0.3 和 0.5 时,机翼端部各模态随时间或短舱倾转角变化的响应。图中规定机翼垂向弯曲模态 $q_1$ 垂直向上变形为正、弦向弯曲模态 $q_2$ 前进方向变形为正、扭转模态 $p$ 机翼端部抬头扭转变形为正。机翼变形主要来自旋翼气动力、旋翼气动力矩和机翼气动力的共同作用。当前飞速度较小时,机翼升力较小,随着短舱前倾,旋翼拉力由垂直向上向

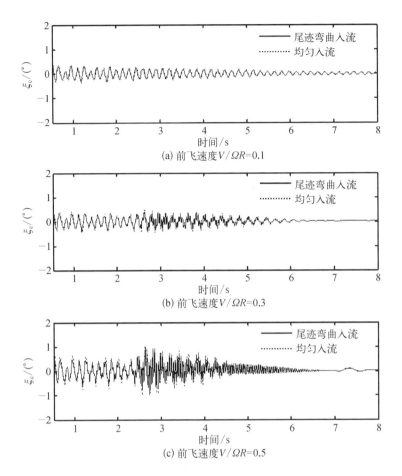

图 13.10　不同无因次化前飞速度下旋翼纵向周期型摆振模态
$\xi_c$ 随时间(或短舱倾转角)变化

前倾转,导致 $q_2$ 模态响应随短舱前倾而变大, $q_1$ 模态响应随短舱前倾而减小;当前飞速度增加时,机翼升力变大,而旋翼气动力受前飞速度影响较小,同时随着短舱前倾,旋翼产生的气动力矩会增加机翼的垂向正变形,该变形随旋翼力矩的增加而增加,因此,当无因次化前飞速度等于 0.5 时, $q_1$ 模态变形随短舱前倾而不再减小。
$p$ 模态变形由各气动力和力矩的平衡所决定,随着短舱前倾,机翼端部的扭转变形首先是前倾方向的扭转变形,该变形随着前飞速度的增加而变大,当短舱倾转角是 90° 时, $p$ 模态变形逐渐变为 0。非定常尾迹动态弯曲入流对机翼各模态响应作用明显,这是由于尾迹动态弯曲加剧桨盘平面入流不对称,进而对旋翼拉力产生影响。

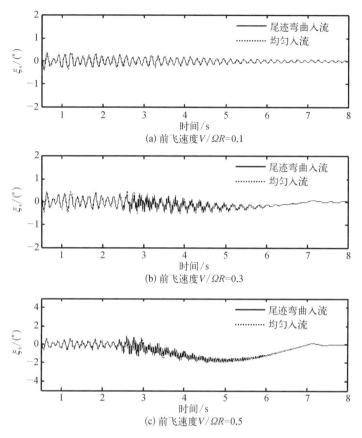

**图 13.11**　不同无因次化前飞速度下旋翼横向周期型摆振模态 $\xi_s$ 随时间（或短舱倾转角）变化

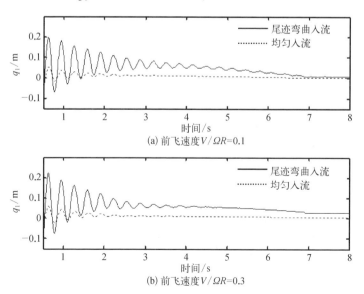

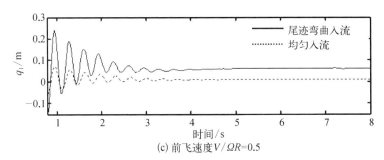

图 13.12　不同无因次化前飞速度下机翼端部垂向变形
$q_1$ 随时间（或短舱倾转角）变化

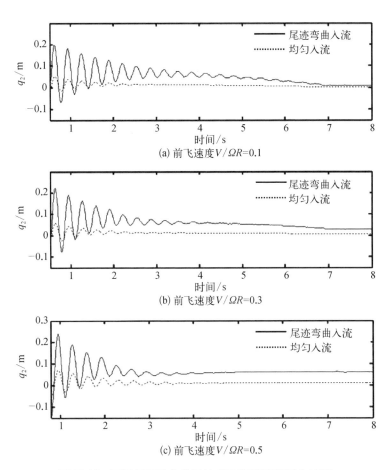

图 13.13　不同无因次化前飞速度下机翼端部弦向变形
$q_2$ 随时间（或短舱倾转角）变化

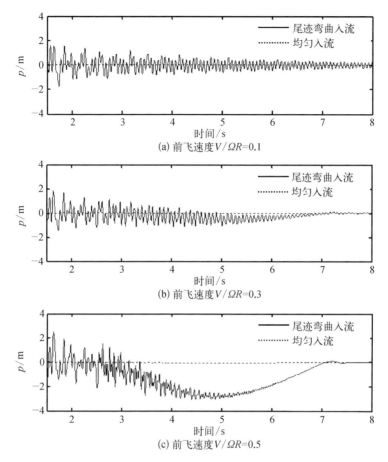

**图 13.14** 不同无因次化前飞速度下机翼端部扭转变形 $p$ 随时间(或短舱倾转角)变化

## 13.4 转换飞行时倾转旋翼直升机气动载荷

为研究转换飞行时,旋翼桨盘和机翼各气动力和力矩随短舱倾转角的变化,本节将输入操纵总距设定为恒定值 $\theta_0 = 45°$,同时不加入周期变距,计算无因次化前飞速度分别等于 0.1、0.3 和 0.5 时的旋翼拉力系数 $C_T$、旋翼扭矩系数 $C_Q$、旋翼后向力系数 $C_H$、旋翼侧向力系数 $C_Y$、旋翼滚转力矩系数 $C_{Mx}$ 和旋翼俯仰力矩系数 $C_{My}$,采用尾迹动态弯曲入流模型和均匀入流模型计算进行对比,如图 13.15 至图 13.20 所示。与孤立旋翼情况类似,当短舱倾转角是 0°时,倾转旋翼直升机处于直升机飞行模式,旋翼拉力系数 $C_T$ 随前飞速度的增加而增大;当短舱倾转角是 90°时,倾转旋翼直升机处于螺旋桨飞机飞行模式,随着前飞速度增加,桨盘平面垂直

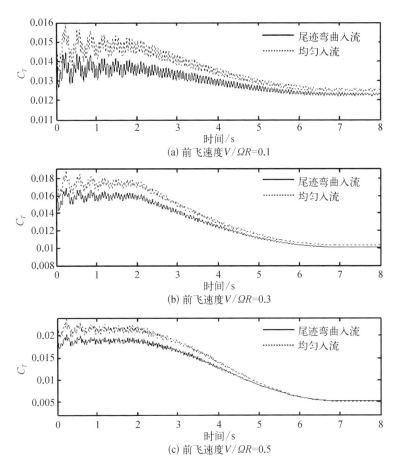

(a) 前飞速度$V/\Omega R$=0.1

(b) 前飞速度$V/\Omega R$=0.3

(c) 前飞速度$V/\Omega R$=0.5

**图 13.15　不同无因次化前飞速度下旋翼拉力系数$C_T$随时间(或短舱倾转角)变化**

入流增大,降低桨叶剖面迎角, $C_T$随前飞速度的增大而减小;在相同前飞速度下, $C_T$随短舱的前倾而逐渐减小。由于本章考虑了桨叶的摆振运动,当短舱倾转角相同时,前飞速度的增大会增加桨叶的弦向气动力,进而导致旋翼扭矩系数$C_Q$随前飞速度的增加而变大。随着短舱前倾至90°,旋翼入流的不对称分布现象逐渐消失,旋翼后向力系数$C_H$、旋翼侧向力系数$C_Y$、旋翼滚转力矩系数$C_{Mx}$和旋翼俯仰力矩系数$C_{My}$逐渐变为0,同时各力和力矩在短舱倾转时的振荡随前飞速度的增加而加剧,表明气动力环境随前飞速度增加而变得更加复杂。与孤立旋翼后向力系数$C_H$和侧向力系数$C_Y$相比,由于考虑了机翼的变形运动,在相同飞行状态下,半展结构模型的$C_H$和$C_Y$的量级比孤立旋翼的更大。与采用均匀入流模型相比,非定常诱导入流降低了旋翼拉力系数$C_T$和扭矩系数$C_Q$,同时随着短舱的前倾和前飞速度增加,桨盘轴向入流逐渐变大并远大于诱导入流,非定常诱导入流对$C_T$和$C_Q$的影响逐渐减小。尽管桨盘平面的气动力和气动力矩受非定常诱导入流的左右不对称性影响,但机翼运动消除了非定常尾迹动态弯曲入流对 $C_H$ 和 $C_Y$ 的影响。而 $C_{Mx}$ 和 $C_{My}$ 主要受旋翼拉力的影响,因此在低速情况下,非定常尾迹动态弯曲入流所产生的影响比较明显。

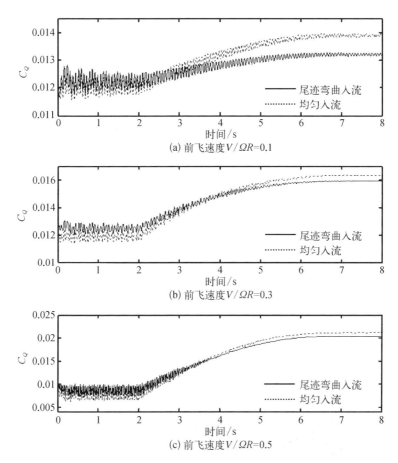

图 13.16　不同无因次化前飞速度下旋翼扭矩系数 $C_Q$ 随时间(或短舱倾转角)变化

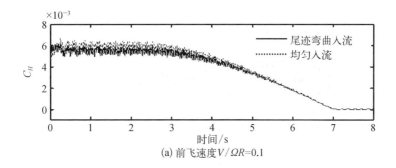

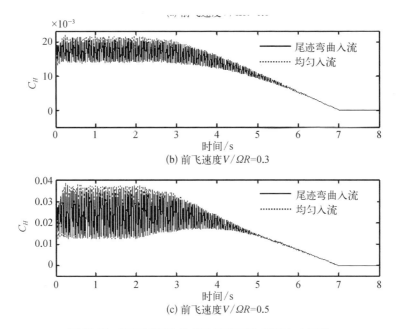

(b) 前飞速度 $V/\Omega R=0.3$

(c) 前飞速度 $V/\Omega R=0.5$

**图 13.17 不同无因次化前飞速度下旋翼后向力系数 $C_H$ 随时间(或短舱倾转角)变化**

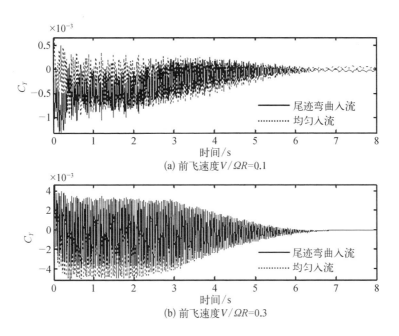

(a) 前飞速度 $V/\Omega R=0.1$

(b) 前飞速度 $V/\Omega R=0.3$

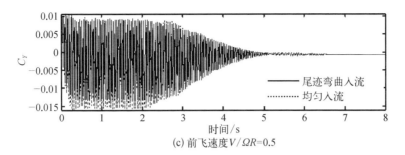

(c) 前飞速度 $V/\Omega R=0.5$

**图 13.18**　不同无因次化前飞速度下旋翼侧向力系数
$C_Y$ 随时间（或短舱倾转角）变化

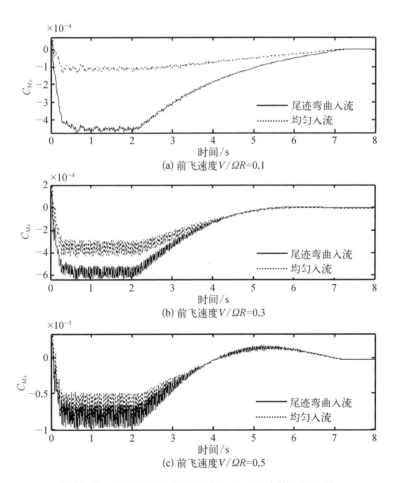

(a) 前飞速度 $V/\Omega R=0.1$

(b) 前飞速度 $V/\Omega R=0.3$

(c) 前飞速度 $V/\Omega R=0.5$

**图 13.19**　不同无因次化前飞速度下旋翼滚转力矩系数
$C_{Mx}$ 随时间（或短舱倾转角）变化

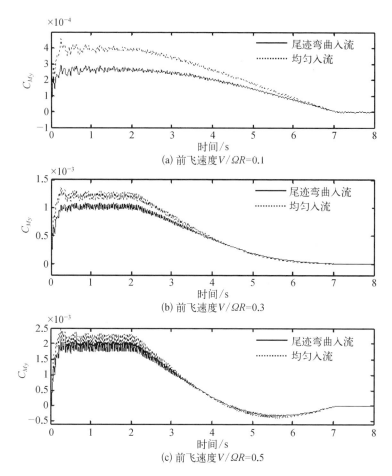

图 13.20    不同无因次化前飞速度下旋翼俯仰力矩系数
$C_{My}$ 随时间（或短舱倾转角）变化

## 13.5    转换飞行时倾转旋翼直升机气弹稳定性

根据各模态在配平操纵下的稳态响应，对非线性动力学方程进行线化，分析转换飞行时不同飞行速度下倾转旋翼直升机的气弹稳定性。根据 XV‐15 倾转旋翼直升机研究（Wernicke，1977），倾转旋翼直升机通常在无因次化前飞速度 $V/\Omega R$ 等于 0.3 至 0.5 时进入转换飞行模式。因此，取无因次化前飞速度分别等于 0.3、0.4 和 0.5，计算旋翼和机翼各模态频率和阻尼比 $\zeta$ 随短舱倾转角的变化，研究倾转旋翼直升机在转换飞行时的气弹稳定性，如图 13.21 至图 13.29 所示。由图 13.21、图 13.24 和图 13.27 可知，桨叶摆振频率随短舱前倾而减小，桨叶挥舞频率随短舱前倾略有增加。这是由于短舱在前倾过程中，需要更大的总距操纵量进行配平，总距角的增大加剧了桨叶挥舞与摆振方向的结构耦合,随着前飞速度的增加,桨叶挥舞和摆振模态频率随前倾角的变化更为明显。非定常尾迹动态弯曲入流对各挥舞模态频率产生影响,对桨叶摆振和机翼各模态频率影响不大。由图 13.22、图 13.25和图 13.28 可以看出,桨叶 $\beta_0$ 模态阻尼比随短舱前倾减小,同时考虑非定常尾迹动态弯曲入流后各挥舞模态阻尼比明显减小,表明非定常尾迹动态弯曲入流和短舱倾转角的变化对旋翼升力影响明显。

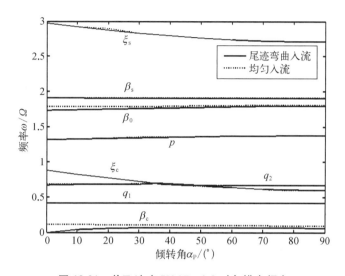

图 13.21　前飞速度 $V/\Omega R = 0.3$ 时各模态频率
随短舱倾转角变化

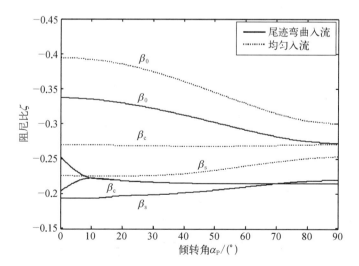

图 13.22　前飞速度 $V/\Omega R = 0.3$ 时桨叶挥舞模态
阻尼比随短舱倾转角变化

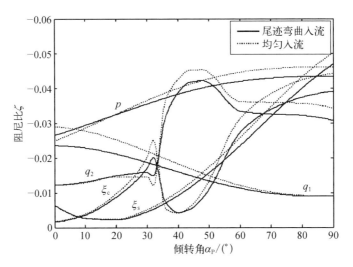

图 13.23 前飞速度 $V/\Omega R = 0.3$ 时桨叶摆振与机翼模态
阻尼比随短舱倾转角变化

由图 13.23、图 13.26 和图 13.29 可以看出，随着短舱前倾，旋翼拉力方向由垂直向上倾转到水平向前，因此机翼 $q_1$ 模态阻尼随短舱前倾而减小，$q_2$ 模态阻尼随短舱前倾而增加。当 $\xi_c$ 模态频率和 $q_2$ 模态频率相近时，对应的模态阻尼出现突然变化。当无因次化前飞速度等于 0.4、短舱倾转角约等于 28° 和无因次化前飞速度等于 0.5、短舱倾转角约等于 23° 时，出现短暂的失稳现象。这是由于随着前飞速度增大，旋翼和机翼气动力变大，各模态之间的耦合更容易导致失稳。失稳区域发生在倾转过程的初期，表明倾转旋翼直升机的转换飞行不能在较大前飞速度下进行。

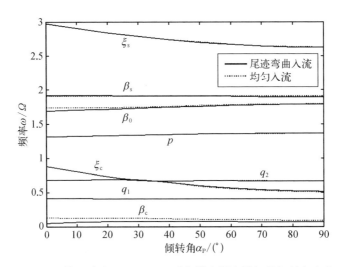

图 13.24 前飞速度 $V/\Omega R = 0.4$ 时各模态频率随短舱倾转角变化

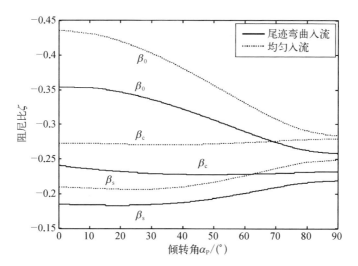

图 13.25　前飞速度 $V/\Omega R = 0.4$ 时桨叶挥舞模态
阻尼比随短舱倾转角变化

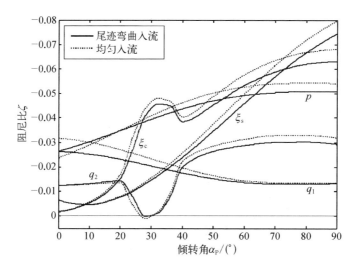

图 13.26　前飞速度 $V/\Omega R = 0.4$ 时桨叶摆振和机翼模态
阻尼比随短舱倾转角变化

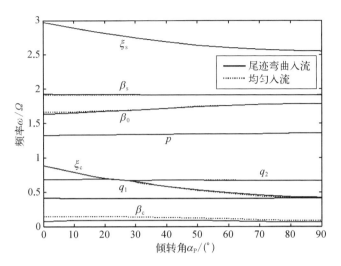

图 13.27　前飞速度 $V/\Omega R = 0.5$ 时各模态
频率随短舱倾转角变化

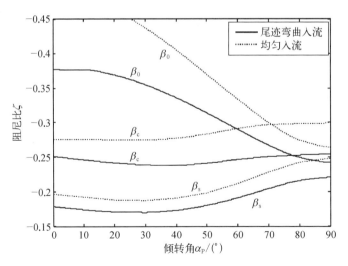

图 13.28　前飞速度 $V/\Omega R = 0.5$ 时桨叶挥舞模态
阻尼比随短舱倾转角变化

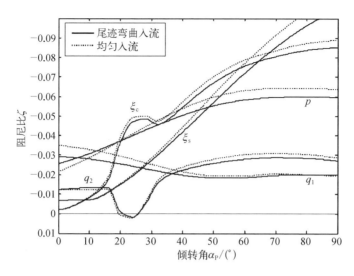

图 13.29　前飞速度 $V/\Omega R = 0.5$ 时桨叶摆振和机翼模态
阻尼比随短舱倾转角变化

由上述分析可知,系统不稳定主要是由摆振模态与机翼各模态之间的耦合产生。在此分析倾转旋翼直升机在不同倾转角下的气弹稳定性,计算不同短舱倾转角下各周期型摆振模态和机翼模态的频率 $\omega/\Omega$ 及阻尼比 $\zeta$ 随前飞速度的变化,并与采用均匀入流模型的计算结果进行对比,如图 13.30 至图 13.43 所示。根据 Bell 倾转旋翼直升机实际飞行情况,旋翼桨尖马赫数通常不会远大于声速,因此本章计算中,前飞速度的变化范围从 0 到桨尖最大合速度接近声速。各图中在不同短舱

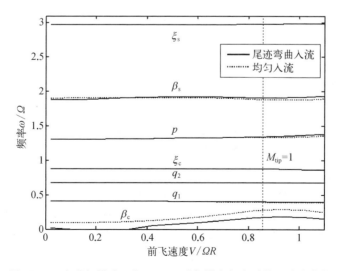

图 13.30　直升机模式飞行 $\alpha_p = 0°$ 时各模态频率随前飞速度变化

倾转角下分别计算桨尖最大马赫数并标明临界马赫数（$M_{tip}=1$）所对应的前飞速度。如图 13.30 所示，当短舱倾转角是 0°时，倾转旋翼直升机处于直升机模式飞行，由于存在挥舞调节系数，在大速度情况下，$\beta_c$模态频率会逐渐增大，其余模态频率随前飞速度变化较小。由图 13.31 可以看出，当桨尖马赫数接近临界马赫数时，翼型产生较大阻力，导致桨叶摆振模态阻尼比快速增加；随着前飞速度增大，桨盘平面各方向气动力变大，其中桨盘拉力和机翼气动力的增大导致 $q_1$ 模态阻尼比增加，同时平行于桨盘平面的气动力对短舱倾转轴的力矩增加，导致 $p$ 模态阻尼比减小，最终出现失稳；根据上述分析，非定常尾迹动态弯曲入流减小桨盘平面各气动力，表现为非定常尾迹动态弯曲入流减小 $q_1$ 模态阻尼比，同时增加 $p$ 模态的临界失稳速度。

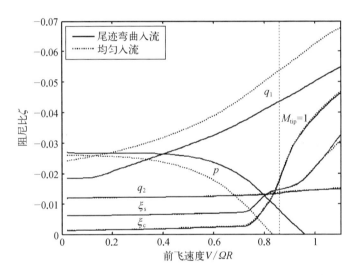

**图 13.31　直升机模式飞行 $\alpha_P=0°$ 时各机翼和桨叶摆振阻尼比随前飞速度变化**

图 13.32 至图 13.41 是转换飞行时，当短舱倾转角分别等于 15°、30°、45°、60° 和 75°时各模态频率 $\omega/\Omega$ 和阻尼比 $\zeta$ 随前飞速度的变化。短舱前倾增加了操纵总距的输入，造成了桨叶挥舞和摆振方向的结构耦合，导致各周期型摆振模态频率随前飞速度增大而减小，当与机翼模态频率相近时，各模态之间产生耦合，造成对应阻尼的突然变化。由图 13.33 和图 13.35 可以看出，当短舱倾转角等于 15°、前飞速度约等于 0.7 时，$q_2$ 模态出现失稳现象；当倾转角等于 30°、前飞速度约等于 0.41 时，$q_2$ 模态阻尼接近于 0；随着短舱继续前倾，当 $\xi_c$ 模态频率与 $q_2$ 模态频率接近时，两者模态阻尼出现突然变化，$q_2$ 模态阻尼迅速减小，但不再发生失稳，表明前飞速度越大，$q_2$ 模态发生失稳时所对应短舱倾转角越小，这与上述分析一致。由图

13.39 和图 13.41 看出,当短舱倾转角等于 60°、前飞速度约等于 1.3 和短舱倾转角等于 75°、前飞速度约等于 1.19 时, $q_1$ 模态阻尼小于 0,系统出现失稳,同时由于前飞垂向来流远大于非定常诱导入流,当前飞速度较大时,非定常尾迹动态弯曲入流对系统稳定性的影响并不明显。

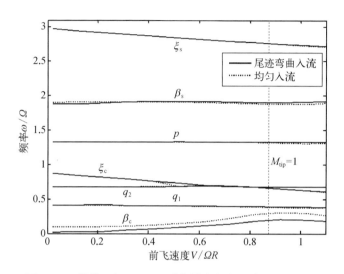

图 13.32 转换飞行 $\alpha_P = 15°$ 时各模态频率随前飞速度变化

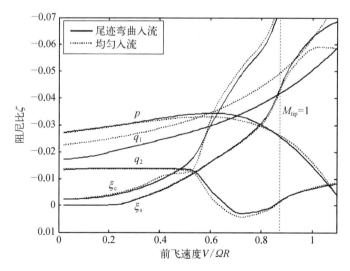

图 13.33 转换飞行 $\alpha_P = 15°$ 时机翼和桨叶摆振模态阻尼比随前飞速度变化

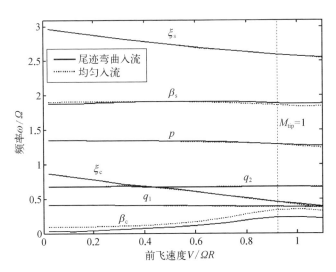

**图 13.34　转换飞行 $\alpha_P = 30°$ 时各模态频率随前飞速度变化**

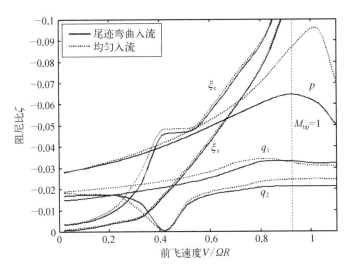

**图 13.35　转换飞行 $\alpha_P = 30°$ 时机翼和桨叶摆振模态
阻尼比随前飞速度变化**

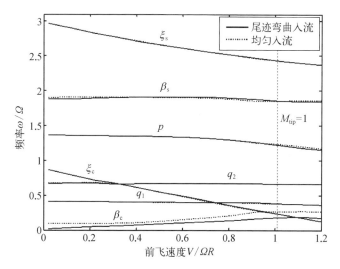

图 13.36　转换飞行 $\alpha_P = 45°$ 时各模态频率随前飞速度变化

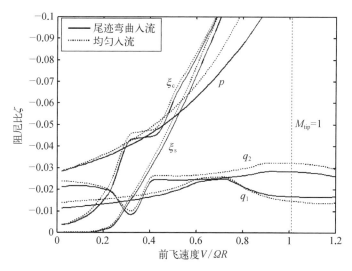

图 13.37　转换飞行 $\alpha_P = 45°$ 时机翼和桨叶摆振模态
　　　　　阻尼比随前飞速度变化

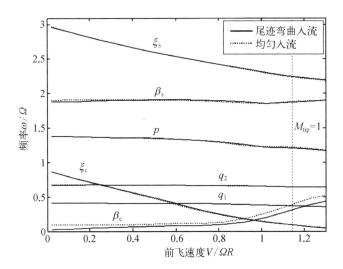

**图 13.38　转换飞行 $\alpha_P = 60°$ 时各模态频率随前飞速度变化**

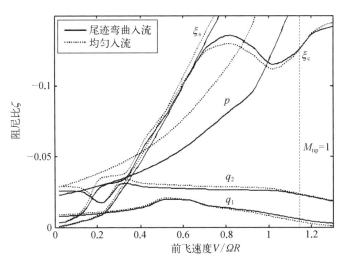

**图 13.39　转换飞行 $\alpha_P = 60°$ 时机翼和桨叶摆振模态
阻尼比随前飞速度变化**

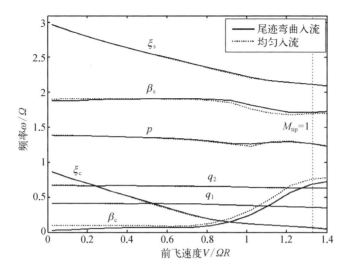

**图 13.40　转换飞行 $\alpha_P = 75°$ 时各模态频率随前飞速度变化**

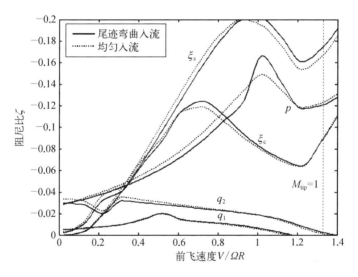

**图 13.41　转换飞行 $\alpha_P = 75°$ 时机翼和桨叶摆振模态
阻尼比随前飞速度变化**

当短舱倾转角是 90° 时，倾转旋翼直升机处于螺旋桨飞机模式飞行，各模态频率 $\omega/\Omega$ 和阻尼比 $\zeta$ 随前飞速度的变化如图 13.42 和图 13.43 所示。由图 13.43 可以看出，当 $\xi_c$ 模态频率曲线和 $q_1$ 模态频率曲线相交时，$q_1$ 模态阻尼出现突然变化；前飞速度沿短舱分量在量级上远大于非定常入流，因此非定常入流对各模态阻尼的影响变得不明显；当无量纲前飞速度约等于 1.12 时，$q_1$ 模态阻尼小于 0，耦合结构进入前飞不稳定状态,失稳形式是机翼垂向运动失稳,这与文献(Nixon,1992)前飞稳定性分析一致。通过上述分析可以得出,当短舱倾转时,倾转旋翼直升机经历直升机模式飞行时较大的气动扭矩导致的机翼扭转 $p$ 模态失稳,转换飞行时 $q_2$ 模态与摆振模态耦合的失稳,以及螺旋桨飞机模式飞行时 $q_1$ 模态的不稳定。

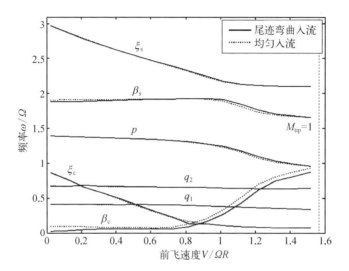

图 13.42　螺旋桨飞机模式飞行 $\alpha_P = 90°$ 时
各模态频率随前飞速度变化

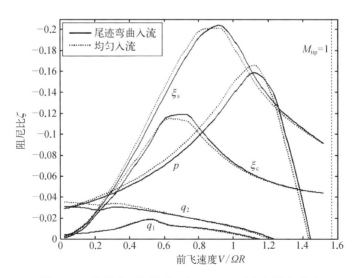

图 13.43　螺旋桨飞机模式飞行 $\alpha_P = 90°$ 时各机翼和桨叶
摆振模态阻尼比随前飞速度变化

# 第 14 章

# 螺旋桨飞机模式前飞时倾转旋翼
# 直升机气弹动力学

## 14.1　引言

螺旋桨飞机模式前飞时的倾转旋翼直升机气弹动力学问题主要包括机体/机翼/短舱/旋翼耦合结构的气弹稳定性问题和旋翼/短舱耦合结构的回转颤振问题。回转颤振发生时,旋翼桨毂中心会偏离平衡点产生发散的旋转运动,使旋翼桨毂中心产生强烈的旋转振动,限制了倾转旋翼直升机前飞速度的提高。因此,分析倾转旋翼直升机的机体/机翼/短舱/旋翼等部件之间的结构耦合和运动耦合、倾转旋翼直升机的气弹稳定性裕度、倾转旋翼直升机的前飞临界发散速度等,是螺旋桨飞机模式前飞时倾转旋翼直升机气弹动力学研究的重点。

倾转旋翼直升机以螺旋桨飞机模式前飞时,旋翼气流处于轴流状态,因此,与常规直升机悬停状态和常规螺旋桨飞机前飞状态相类似,此时,倾转旋翼直升机气弹动力学建模一般采用准定常气动力模型。本章首先研究准定常气动力下倾转旋翼直升机的前飞稳定性问题和回转颤振问题,通过绘制桨毂中心运动图像,直观地展现倾转旋翼直升机前飞失稳发生时桨毂中心的运动形态;其次根据第 11 章建立的全展倾转旋翼直升机气弹动力学模型,分析结构参数对螺旋桨飞机模式前飞时倾转旋翼直升机气弹稳定性的影响;最后考虑非定常气动力的影响,研究非定常气动力下倾转旋翼直升机的前飞稳定性问题。

## 14.2　前飞时半展耦合结构准定常气弹动力学

### 14.2.1　半展耦合结构准定常气弹动力学建模

回转颤振最初发生在螺旋桨飞机上,由于螺旋桨弹性地安装在机翼上,当达到一定前飞速度时,桨毂中心会发生偏离平衡点、旋转方向与螺旋桨旋转方向相反的发散转动,即回转颤振;当倾转旋翼直升机达到一定前飞速度时,弹性机翼还会发生颤振。因此,本节建立用于研究倾转旋翼直升机前飞稳定性的半展耦合结构气弹动力学模型。如图 14.1 所示,该模型包括了弹性机翼、刚性短舱和铰接式旋翼,机翼根部固支,短舱与机翼端部之间为弹性连接。刚体短舱的一端连接旋翼系统,另一端通过安装点弹性支撑在弹性机翼上,桨毂中心的旋转运动同时包含了短舱的运动和机翼端部的弹性变形,因此,本章定义当前飞不稳定发生时,如果首先失稳的是短舱运动模态,则系统失稳形式是类似螺旋桨飞机的回转颤振,如果首先失稳的是机翼运动模态,则系统失稳是机翼的颤振发散运动。

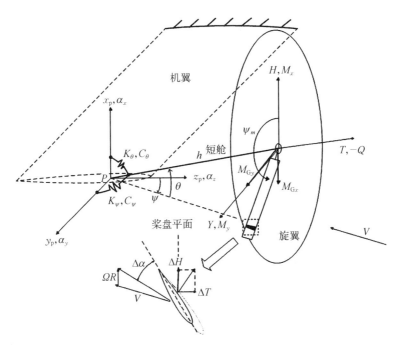

**图 14.1    前飞时倾转旋翼直升机半展结构气弹动力学模型**

由图 14.1 可知,机翼端部运动包括 6 个自由度,分别是 3 个平动自由度 ($x_p$,$y_p$,$z_p$) 和 3 个转动自由度 ($\alpha_x$,$\alpha_y$,$\alpha_z$),短舱支点和桨毂中心间的距离是短舱长度 $h$。短舱绕支点 $P$ 做上下俯仰运动 $\theta$ 和左右摆动运动 $\psi$,短舱在这两个方向的支撑刚度系数是 $K_\theta$ 和 $K_\psi$,支撑阻尼系数是 $C_\theta$ 和 $C_\psi$。在固定坐标系中,定义的旋翼气动力与气动力矩方向如图 14.1 所示。造成前飞失稳的主要激励力有两个,分别是桨盘平面的气动力和旋翼转动与短舱转动的耦合运动所产生的陀螺力矩。如图 14.1 截取某方位角桨叶剖面进行分析,旋翼产生向上气动分力 $H$,由于较大的前飞速度导致更大的桨叶迎角 $\Delta\alpha$,产生更大的气动分力 $\Delta H$,同时由于短舱长度 $h$,使得该分力对机翼产生较大的力矩。与此同时,短舱的上下俯仰和左右摆动与旋翼旋转产生如图 14.1 所示方向的陀螺力矩 $M_{Gx}$ 和 $M_{Gy}$。随着前飞速度的增加,上述激励力和力矩逐渐变大,当超过临界速度时,系统会出现气弹不稳定性问题。

本章所建立的前飞时倾转旋翼直升机半展耦合结构动力学模型包括旋翼运动

的 6 个自由度、机翼运动的 3 个自由度和短舱运动的 2 个自由度。旋翼运动自由度包括旋翼的整体挥舞和摆振运动，桨叶视为铰接，只考虑其一阶挥舞模态（$\beta_0$，$\beta_c$，$\beta_s$）和一阶摆振模态（$\xi_0$，$\xi_c$，$\xi_s$）。机翼视为在端部有集中质量的悬臂梁，由于机翼刚度较大，质量相对短舱较轻，故只考虑机翼的一阶弹性振动模态，包括垂向、弦向弹性弯曲和绕弹性轴的弹性扭转模态（$q_1$，$q_2$，$p$）。短舱与机翼端部之间视为弹性连接，短舱自由度包括俯仰运动 $\theta$ 和摆动运动 $\psi$。旋翼、短舱和机翼通过结构耦合和运动耦合组成耦合结构动力学系统。

旋翼模型在 Johnson 9 自由度旋翼模型（Johnson，1974）的基础上，增加了短舱与机翼端部的弹性连接，考虑短舱运动产生的惯性力和科氏力的影响。在旋转坐标系下，旋翼桨叶运动方程为

$$I_\beta^* (\ddot{\beta} + \omega_\beta^2 \beta) + I_{\beta\alpha}^* \big[ -(\ddot{\alpha}_y + \ddot{\theta} - 2\dot{\alpha}_x + 2\dot{\psi}) \cos \psi_m$$
$$+ (\ddot{\alpha}_x - \ddot{\psi} + 2\dot{\alpha}_y + 2\dot{\theta}) \sin \psi_m \big] + S_\beta^* = \gamma \frac{M_\beta}{C_{l\alpha} c} \tag{14.1}$$

$$I_\xi^* (\ddot{\xi} + \omega_\xi^2 \xi) + S_\xi^* \big[ (\ddot{x}_p + h\ddot{\alpha}_y + h\ddot{\theta}) \sin \psi_m - (\ddot{y}_p - h\ddot{\alpha}_x + h\ddot{\psi}) \cos \psi_m \big]$$
$$- I_{\xi\alpha}^* \ddot{\alpha}_z = \gamma \frac{M_\xi}{C_{l\alpha} c} \tag{14.2}$$

式中，$\gamma$、$C_{l\alpha}$ 和 $c$ 分别是桨叶的洛克数、升力线斜率和弦长；$\omega_\beta$ 和 $\omega_\xi$ 分别是桨叶的挥舞频率和摆振频率；$I_\beta^*$ 和 $I_\xi^*$ 分别是采用 $I_b$ 无因次化的桨叶挥舞惯性矩和摆振惯性矩，$I_\beta^* = I_\beta / I_b$，$I_\xi^* = I_\xi / I_b$；$M_\beta$ 和 $M_\xi$ 分别表示挥舞方向的气动力矩和摆振方向的气动力矩；$\psi_m$ 是桨叶方位角。对方程（14.1）和方程（14.2）进行傅里叶变换，可将方程转换为固定坐标系下的旋翼运动方程。

短舱的俯仰和摆动运动如图 14.1 所示，考虑短舱运动与旋翼转动所产生的陀螺力矩，对短舱根部在机翼安装点 $P$ 取力矩平衡得到短舱运动方程：

$$I_n \ddot{\theta} + C_\theta \dot{\theta} + K_\theta \theta + I_x \Omega (\dot{\psi} - \dot{\alpha}_x) = M_y + hH \tag{14.3}$$

$$I_n \ddot{\psi} + C_\psi \dot{\psi} + K_\psi \psi - I_x \Omega (\dot{\theta} + \dot{\alpha}_y) = M_x - hY \tag{14.4}$$

式中，$I_n$ 是短舱和旋翼绕 $P$ 点的惯性矩；$C_\theta$、$C_\psi$ 和 $K_\theta$、$K_\psi$ 分别是短舱俯仰和摆动方向的支撑阻尼系数和刚度系数；$I_x$ 是整个桨盘绕旋翼轴的转动惯量，即 $I_x = N_b I_b$；$M_x$ 和 $M_y$ 表示作用在短舱端部的桨毂力矩。陀螺力矩的方向由右手螺旋法则确定。对方程进行无因次化，可得到无因次化短舱运动方程，其中 $M_x$ 和 $M_y$ 的无因次化表达式为

$$\begin{Bmatrix} \dfrac{-2C_{My}}{\sigma a} \\[2mm] \dfrac{C_{Mx}}{\sigma a} \end{Bmatrix} = \frac{I_\beta^* (\omega_\beta^2 - 1)}{\gamma} \begin{Bmatrix} \beta_c \\ \beta_s \end{Bmatrix} \tag{14.5}$$

由于机翼端部有集中且远大于机翼本身质量的大质量短舱,故只考虑机翼最低阶模态,机翼端部的 3 个动力学方程为

$$
\begin{bmatrix} I_{qw}^* + m_{\mathrm{P}}^* & 0 & S_{\mathrm{w}}^* \\ 0 & I_{qw}^* + I_{px}^* \eta_{\mathrm{w}}'^2 + m_{\mathrm{P}}^* & 0 \\ S_{\mathrm{w}}^* & 0 & I_{pw}^* + I_{py}^* \end{bmatrix} \begin{Bmatrix} \ddot{q}_1 \\ \ddot{q}_2 \\ \ddot{p} \end{Bmatrix} + \begin{bmatrix} C_{q_1}^* & 0 & 0 \\ 0 & C_{q_2}^* & 0 \\ 0 & 0 & C_p^* \end{bmatrix} \begin{Bmatrix} \dot{q}_1 \\ \dot{q}_2 \\ \dot{p} \end{Bmatrix}
$$

$$
+ \begin{bmatrix} K_{q_1}^* & 0 & 0 \\ 0 & K_{q_2}^* & 0 \\ C_{pq}^* y_{\mathrm{Tw}}(\gamma 2C_T/\sigma a) & 0 & K_{\mathrm{P}}^* \end{bmatrix} \begin{Bmatrix} q_1 \\ q_2 \\ p \end{Bmatrix} = \begin{Bmatrix} M_{q_{1\mathrm{aero}}}^* \\ M_{q_{2\mathrm{aero}}}^* \\ M_{p_{\mathrm{aero}}}^* \end{Bmatrix} + \gamma \begin{bmatrix} 0 & 0 \\ 0 & -\Omega\eta_{\mathrm{w}}' \\ -1 & 0 \end{bmatrix} \begin{Bmatrix} \dfrac{-2C_{My}}{\sigma a} \\ \dfrac{2C_{Mx}}{\sigma a} \end{Bmatrix}
$$

$$
+ \gamma \begin{bmatrix} y_{\mathrm{Tw}} & 0 \\ 0 & -\Omega\eta_{\mathrm{w}}'h \\ h_{\mathrm{EA}} & 0 \end{bmatrix} \begin{Bmatrix} \dfrac{2C_H}{\sigma a} \\ \dfrac{-2C_Y}{\sigma a} \end{Bmatrix} + \gamma \begin{Bmatrix} 2\Omega\eta_{\mathrm{w}}' \\ -2\Omega\eta_{\mathrm{w}}' \\ 0 \end{Bmatrix} \dfrac{C_Q}{\sigma a} + \gamma \begin{Bmatrix} 0 \\ -2y_{\mathrm{Tw}} \\ 0 \end{Bmatrix} \dfrac{C_T}{\sigma a} \qquad (14.6)
$$

式中, $I_{qw}^*$ 和 $I_{pw}^*$ 分别是机翼弯曲和扭转广义质量; $I_{px}^*$ 和 $I_{py}^*$ 分别是短舱横向和纵向惯性矩; $m_{\mathrm{P}}^*$ 是短舱质量; $S_{\mathrm{w}}^*$ 是机翼弯扭耦合惯量; $C_{q_1}^*$ 、 $C_{q_2}^*$ 和 $C_p^*$ 分别是机翼垂向、弦向和扭转的结构阻尼系数; $K_{q_1}^*$ 、 $K_{q_2}^*$ 和 $K_{\mathrm{P}}^*$ 分别是机翼垂向、弦向和扭转的结构刚度系数; $C_T$ 是旋翼拉力系数; $\sigma$ 是旋翼实度;旋翼左旋时, $\Omega = -1$ ,旋翼右旋时, $\Omega = 1$ ; $y_{\mathrm{Tw}}$ 是机翼翼展长度; $\eta_{\mathrm{w}}'$ 是机翼弯曲模态; $M_{q_{1\mathrm{aero}}}^*$ 、 $M_{q_{2\mathrm{aero}}}^*$ 和 $M_{p_{\mathrm{aero}}}^*$ 分别是机翼垂向、弦向和扭转方向的气动力矩。考虑到旋翼处于轴流状态,方程(14.1)至方程(14.4)和方程(14.6)右端的各气动力项均按准定常气动力推导。

机翼与旋翼之间的力和力矩以及运动和变形通过短舱传递,在短舱安装处,机翼与旋翼的坐标转换关系如下:

$$
\begin{Bmatrix} \alpha_x \\ \alpha_y \\ \alpha_z \end{Bmatrix} = \begin{bmatrix} 0 & -\Omega\eta_{\mathrm{w}}' & 0 \\ 0 & 0 & 1 \\ -\Omega\eta_{\mathrm{w}}' & 0 & 0 \end{bmatrix} \begin{Bmatrix} q_1 \\ q_2 \\ p \end{Bmatrix} \qquad (14.7)
$$

$$
\begin{Bmatrix} x_p \\ y_p \\ z_p \end{Bmatrix} = \begin{bmatrix} y_{\mathrm{Tw}} & 0 & 0 \\ 0 & 0 & 0 \\ 0 & -y_{\mathrm{Tw}} & 0 \end{bmatrix} \begin{Bmatrix} q_1 \\ q_2 \\ p \end{Bmatrix} \qquad (14.8)
$$

通过上述坐标系变换,可以得到在飞机模式飞行时倾转旋翼直升机的 11 自由度运动方程如下:

$$
A_2\ddot{q} + A_1\dot{q} + A_0q = F \qquad (14.9)
$$

式中，$A_2$、$A_1$ 和 $A_0$ 分别是系统的质量矩阵、阻尼矩阵和刚度矩阵，$q$ 是系统各模态组成的列向量，$q = \{\beta_0, \beta_c, \beta_s, \xi_0, \xi_c, \xi_s, \theta, \psi, q_1, q_2, p\}^T$。

将方程(14.9)转换为由状态向量描述的一阶线性微分方程组，引入状态变量(Sinha, 2010) $\boldsymbol{\delta} = \{q, \dot{q}\}^T$，方程(14.9)可以写成如下形式：

$$A\dot{\boldsymbol{\delta}} + B\boldsymbol{\delta} = 0 \qquad (14.10)$$

式中，$A = \begin{bmatrix} A_1 & A_2 \\ A_2 & 0 \end{bmatrix}$，$B = \begin{bmatrix} A_0 & 0 \\ 0 & -A_2 \end{bmatrix}$。

方程(14.10)中各矩阵系数不随方位角变化，可以直接通过对方程(14.10)求解特征值和特征向量进行动力学分析，在得到方程(14.10)的特征值 $\lambda$ 后，耦合结构各模态频率 $\omega_i$ 和模态阻尼比 $\zeta_i$ 可由式(11.93)求出。如耦合结构某一模态阻尼比 $\zeta_i$ 大于 0，则表示该模态进入不稳定状态，耦合发散。当耦合结构首次出现某一模态阻尼比 $\zeta_i$ 大于 0 时所对应的前飞速度即是前飞时倾转旋翼直升机的临界失稳速度。对于结构参数、动力学参数和气动力参数已经确定的倾转旋翼，方程(14.10)中各矩阵元素仅与前飞速度 $V$ 有关，分别取不同前飞速度计算相应的特征值，就可以得到耦合结构各模态的阻尼比随前飞速度 $V$ 的变化，并确定前飞时倾转旋翼直升机耦合结构的临界失稳速度。

### 14.2.2 半展耦合结构动力学模型验证

算例验证数据采用 Bell 倾转旋翼直升机试验模型的参数，主要参数见表 12.1 和表 13.1。表中，倾转旋翼直升机半展耦合结构动力学模型的短舱上下俯仰和左右摆动方向的支撑刚度和支撑阻尼相等，表明短舱是对称支撑。为验证本书所建立的半展耦合结构动力学模型的正确性，将建立的 11 自由度模型计算结果与 Johnson 9 自由度模型计算结果进行对比。旋翼/短舱/机翼半展耦合结构各模态的频率 $\omega/\Omega$ 和阻尼比 $\zeta$ 随前飞速度变化如图 14.2 和图 14.3 所示。图中，$\beta_s$ 和 $\beta_c$ 分别表示旋转面外旋翼整体横向和纵向挥舞模态，$\xi_s$ 和 $\xi_c$ 分别表示旋转面内旋翼整体横向和纵向摆振模态，$p$、$q_1$ 和 $q_2$ 分别表示机翼扭转、垂向弯曲和弦向弯曲基阶模态。

由图 14.2 和图 14.3 看出，与 Johnson 9 自由度模型相比，本章考虑机翼与短舱之间的弹性连接后，旋翼各模态频率的变化较小，各模态阻尼有一定的变化。短舱的弹性运动对来流各速度分量产生新的扰动，改变了气动阻尼。短舱与机翼之间弹性连接对机翼各模态的影响主要体现在高速飞行阶段，因为机翼弦向刚度远大于垂向刚度和扭转刚度，所以短舱的俯仰运动对机翼扭转产生的影响更为明显。由于短舱/旋翼耦合结构的集中质量使得机翼垂向自由度和扭转自由度相耦合，同时短舱与机翼的弹性连接相当于等效地加剧了机翼的垂向运动，因此考虑机翼与

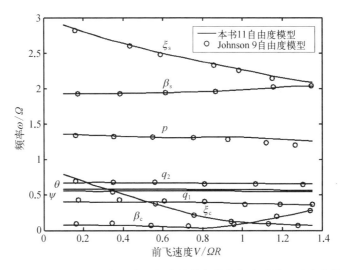

**图 14.2　旋翼/短舱/机翼半展耦合结构各模态频率随前飞速度变化**

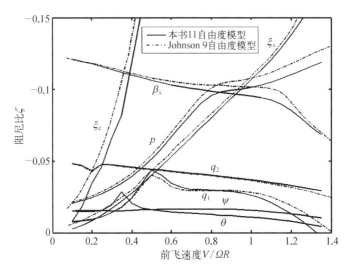

**图 14.3　旋翼/短舱/机翼半展耦合结构各模态阻尼比随前飞速度变化**

短舱之间的弹性连接会降低气弹稳定的临界速度。

由图 14.2 和图 14.3 可知,半展耦合结构稳定性较大的旋翼模态是 $\xi_c$ 和 $\beta_c$ 模态,$\xi_c$ 模态频率随前飞速度增加因受摆振整体频率影响而逐渐下降。由于旋翼变距/挥舞调节系数的存在,在大速度情况下,$\beta_c$ 频率最终会变得较大。旋翼模态的影响主要体现在当其频率曲线与机翼频率曲线相交时,旋翼各模态对机翼各模态阻尼比的影响。$\xi_c$ 模态频率与机翼的 $q_1$ 和 $q_2$ 模态频率相交时,$q_1$ 和 $q_2$ 阻尼比曲线出现拐点。随着前飞速度的增加,短舱的两个模态 $\theta$ 和 $\psi$ 的频率变化不大,$\theta$ 模态的阻尼比随着前飞速度的增加首先增大,到其模态频率与 $\xi_c$ 模态频率相交时达到峰值,之后逐渐减小。随着前飞速度的增加,短舱左右摆动方向的来流速度变化不大,因此 $\psi$ 模态的阻尼比随前飞速度增加基本保持不变。当倾转旋翼直升机的无因次化前飞速度达到约 1.32 时,机翼的垂向运动模态 $q_1$ 的阻尼比 $\zeta$ 开始大于 0,出现了失稳现象,此时半展耦合结构的失稳形式是机翼垂直方向的颤振发散振动。

采用 Bell 倾转旋翼直升机试验模型的相关参数,进一步验证半展耦合结构模型的准确性。将建立的半展耦合结构模型的计算结果与 Johnson 建立的刚性桨叶/悬臂梁机翼模型(Johnson,1974)、Nixon 建立的刚性桨叶/弹性梁机翼模型(Nixon,1992)和 NASA 半展全尺寸模型吹风试验数据(Johnson,1974)进行对比以验证模型的准确性。半展耦合结构各模态频率随前飞速度变化曲线如图 14.4 所示,机翼各模态阻尼比随前飞速度变化曲线如图 14.5 至图 14.7 所示。根据文献

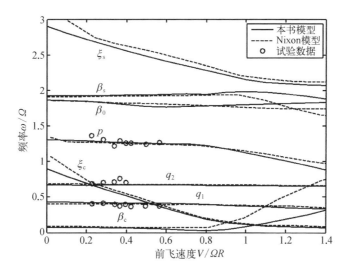

**图 14.4　半展耦合结构的各模态频率随前飞速度变化曲线**

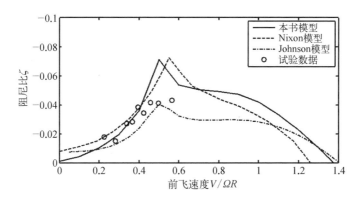

**图 14.5　半展耦合结构的机翼垂向模态 $q_1$ 阻尼比随前飞速度变化**

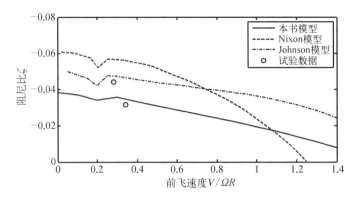

**图 14.6**　半展耦合结构的机翼弦向模态 $q_2$ 阻尼比随前飞速度变化

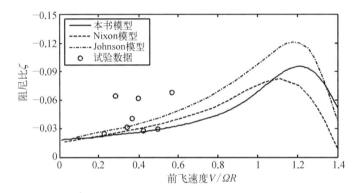

**图 14.7**　半展耦合结构的机翼扭转模态 $p$ 阻尼比随前飞速度变化

（Johnson，1974），试验主要测量机翼垂向模态的动力学特性，并通过测量机翼端部受激励后的运动衰减得到模态频率和阻尼比，测量值受限于风洞的最大吹风速度（前飞速度 $V/\Omega R \approx 0.6$），机翼弦向模态和扭转模态阻尼比的测量值分散性较大。

　　由图 14.4 可以看出，当倾转旋翼直升机的无因次化前飞速度大于 0.8 时，由于旋翼变距/挥舞调节系数对刚性桨叶的影响更为明显，导致弹性桨叶的旋翼各挥舞模态频率与刚性桨叶的旋翼各挥舞模态频率之间存在差异，而本章机翼各模态频率计算值与 Nixon 模型和试验数据吻合较好。由图 14.5 至图 14.7 可以看出，各模型机翼阻尼比的计算值与试验值均存在一定的差异，主要由两个原因造成：① 各理论模型均采用基于悬臂梁的简化机翼结构模型，不能完整地反映试验所使用的真实机翼的结构特性；② 各理论模型均采用准定常气动力模型建立旋翼和机翼的气动力模型，未考虑旋翼非定常气动力问题。图 14.5 至图 14.7 中，各理论模型的变化趋势基本一致，表明本书建立的模型可用于倾转旋翼直升机气弹动力学分析，但仍需要对模型进行改进，以减小与试验值之间的差异。

### 14.2.3　半展耦合结构回转颤振运动图像

根据本章所建立的倾转旋翼直升机半展耦合结构 11 自由度模型,以及表 12.1 和表 13.1 的参数,计算机翼端部的变形响应和短舱的运动响应,结合坐标关系式(14.7)和式(14.8),可以得到旋翼桨毂中心的位置坐标如下:

$$\begin{Bmatrix} x_{\mathrm{H}} \\ y_{\mathrm{H}} \\ z_{\mathrm{H}} \end{Bmatrix} = \begin{Bmatrix} x_p \\ y_p \\ z_p \end{Bmatrix} + \begin{Bmatrix} \alpha_x \\ \alpha_y \\ \alpha_z \end{Bmatrix} \times \begin{Bmatrix} 0 \\ 0 \\ h \end{Bmatrix} + \begin{Bmatrix} -\psi \\ \theta \\ 0 \end{Bmatrix} \times \begin{Bmatrix} 0 \\ 0 \\ h \end{Bmatrix} = \begin{bmatrix} y_{\mathrm{Tw}} & 0 & h \\ 0 & h\eta'_{\mathrm{Tw}} & 0 \\ 0 & -y_{\mathrm{Tw}} & 0 \end{bmatrix} \begin{Bmatrix} q_1 \\ q_2 \\ p \end{Bmatrix} + \begin{Bmatrix} h\theta \\ h\psi \\ 0 \end{Bmatrix}$$

$$(14.11)$$

式中,×表示向量的叉乘。如果去掉方程(14.9)中机翼的三个自由度,即机翼的扭转运动模态 $p$、垂向运动模态 $q_1$ 和弦向运动模态 $q_2$ 的变形恒为零,则机翼为刚性,耦合结构可视为螺旋桨飞机的机翼/螺旋桨耦合结构,此时该耦合结构的失稳形态是回转颤振。

#### 1. 机翼刚性时的回转颤振运动图像

机翼刚性时,短舱支撑点不运动。短舱绕支撑点做俯仰 $\theta$ 和摆动 $\psi$ 运动,使旋翼桨毂中心位置的运动轨迹复合成圆或椭圆。图 14.8 是发生回转颤振之前(无因次化前飞速度 $V/\Omega R = 0.7$)桨毂中心前 10 秒内的运动轨迹。为了清楚地观察运动轨迹,分别截取第 1 秒内和第 9 至 10 秒内的运动轨迹如图 14.9 和图 14.10 所示。可以看出,由于本章算例中短舱俯仰和摆振方向的支撑刚度系数和阻尼系数相同,因此系统在初始扰动作用下,桨毂中心做幅度越来越小、与旋翼旋转方向相反、向

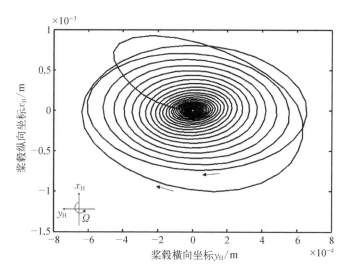

图 14.8　机翼刚性且前飞速度 $V/\Omega R = 0.7$ 时桨毂
中心前 10 秒内的收敛运动轨迹

原点靠近(收敛)的顺时针方向的圆形旋转运动。当回转颤振发生时,桨毂中心做离开原点(发散)的旋转运动,如图 14.11 至图 14.13 所示。如果短舱在俯仰和摆振方向的支撑刚度和阻尼系数不同,则桨毂中心的运动轨迹是椭圆形。

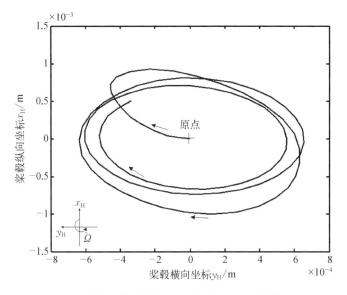

图 14.9　机翼刚性且前飞速度 $V/\Omega R = 0.7$ 时桨毂中心
第 1 秒内的收敛运动轨迹

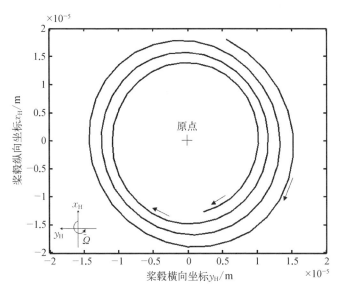

图 14.10　机翼刚性且前飞速度 $V/\Omega R = 0.7$ 时桨毂中心
第 9 至 10 秒内的收敛运动轨迹

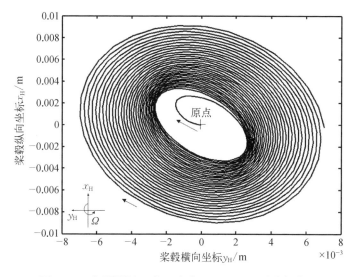

**图 14.11　机翼刚性且前飞速度 $V/\Omega R = 1.5$ 时桨毂中心前 10 秒内的发散运动轨迹**

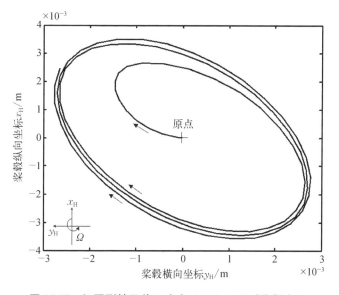

**图 14.12　机翼刚性且前飞速度 $V/\Omega R = 1.5$ 时桨毂中心第 1 秒内的发散运动轨迹**

**2. 机翼弹性时的回转颤振运动图像**

机翼弹性时,短舱支撑点随机翼的弹性变形而产生运动,将影响到短舱绕支撑点的俯仰 $\theta$ 和摆动 $\psi$ 运动,进而影响到旋翼桨毂中心位置的运动轨迹。此时,半展耦合结构所对应的失稳形态首先是机翼垂直方向的发散运动,在这个发散运动的基础上,旋翼桨毂中心位置做椭圆形的旋转运动。图 14.14 是处于稳定飞行

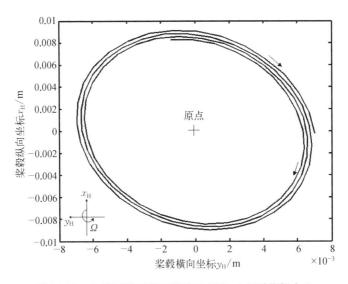

**图 14.13**    机翼刚性且前飞速度 $V/\Omega R = 1.5$ 时桨毂中心
第 9 至 10 秒内的发散运动轨迹

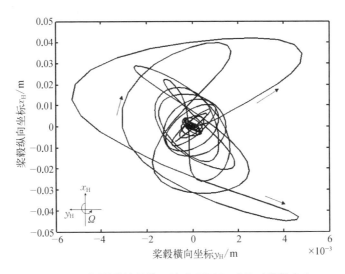

**图 14.14**    机翼弹性且前飞速度 $V/\Omega R = 0.7$ 时桨毂中心
前 10 秒内的收敛运动轨迹

($V/\Omega R = 0.7$) 时桨毂中心前 10 秒内的运动轨迹,分别截取第 1 秒和第 9 至 10 秒内的运动轨迹,如图 14.15 和图 14.16 所示。在机翼弹性变形和短舱运动的共同作用下,桨毂中心最初以"8"字形曲线运动,先按逆时针方向运动,再按顺时针方向运动,并且在每个运动周期内,后者的运动幅度略小于前者。随着时间增长,桨毂中心做幅度越来越小的靠近原点(收敛)的椭圆形回转运动。随着飞行速度的增加,半展耦合结构进入不稳定区域。前飞速度 $V/\Omega R = 1.5$ 时桨毂中心位置的运动轨迹如图14.17至图 14.19 所示。桨毂中心最初按顺时针方向的运动幅度略大于其按逆时针方向的运动幅度,最终由"8"字形的运动转为做与旋翼旋转方向相反、离开原点的椭圆形旋转运动,且椭圆形运动的幅值不断增大,形成发散的运动轨迹。由于半展耦合结构的失稳形态首先是机翼垂直方向的发散运动,所以桨毂中心的运动轨迹在垂直方向的位移远大于在水平方向的位移。

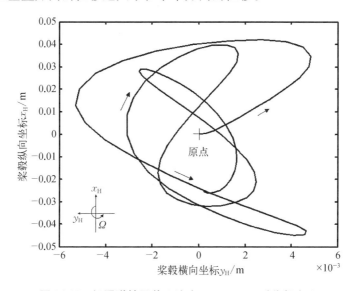

**图 14.15　机翼弹性且前飞速度 $V/\Omega R = 0.7$ 时桨毂中心
第 1 秒内的收敛运动轨迹**

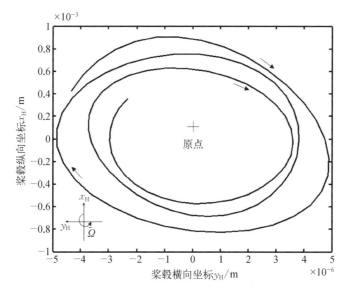

**图 14.16　机翼弹性且前飞速度 $V/\Omega R = 0.7$ 时桨毂中心
第 9 至 10 秒内的收敛运动轨迹**

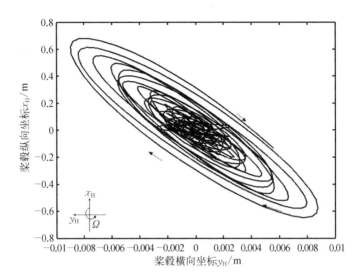

**图 14.17　机翼弹性且前飞速度 $V/\Omega R = 1.5$ 时桨毂中心
前 10 秒内的发散运动轨迹**

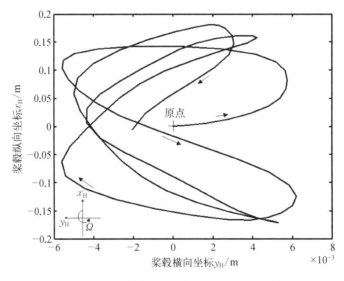

**图 14.18　机翼弹性且前飞速度 $V/\Omega R = 1.5$ 时桨毂中心
第 1 秒内的发散运动轨迹**

3. 短舱支撑刚度对回转颤振的影响

改变短舱与机翼之间的支撑刚度系数，可调节短舱运动的固有频率，以进一步研究半展耦合结构发生失稳的形态。图 14.20 是半展耦合结构的临界失稳速度 $V_f^*$ 随短舱支撑刚度 $K_\theta(K_\psi)$ 与机翼弦向刚度 $K_{q2}$ 比值的变化曲线，短舱支撑刚度系数的变化范围是 $0.1K_{q2}$ 至 $0.9K_{q2}$。从图 14.20 可以看出，当短舱支撑刚度较

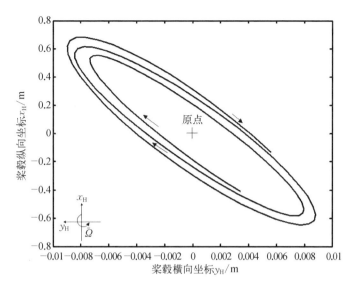

**图 14.19　机翼弹性且前飞速度 $V/\Omega R = 1.5$ 时桨毂中心第 9 至 10 秒内的发散运动轨迹**

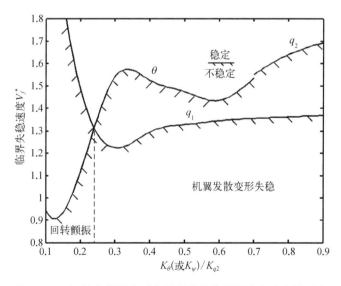

**图 14.20　短舱支撑刚度对半展耦合结构临界失稳速度的影响**

小时,较小的临界失稳速度来自短舱俯仰运动模态 $\theta$,因此,半展耦合结构首先失稳的模态是 $\theta$,失稳形态表现为回转颤振,回转颤振的临界速度随短舱支撑刚度与机翼弦向刚度比值的增加而迅速增大。随着短舱支撑刚度系数增加到短舱的俯仰运动模态 $\theta$ 频率与机翼的垂向变形模态 $q_1$ 频率相交之后,较低的临界失稳速度来自机翼的垂向变形模态 $q_1$,因此,半展耦合结构的失稳形态变为机翼

垂向变形模态 $q_1$ 的颤振发散运动,且临界失稳速度先减小后增大,在 $0.4K_{q2}$ 处达到稳定值,即此后随着短舱支撑刚度增大,半展耦合结构的临界失稳速度和失稳形式变化不大。因此可以看出,短舱的支撑刚度对倾转旋翼直升机前飞时的失稳形态有直接影响,支撑刚度较小时,失稳形态表现为旋翼/短舱耦合结构的回转颤振;支撑刚度较大时,失稳形态表现为机翼的垂向颤振发散运动。

### 14.2.4 含机体自由度的半展耦合结构气弹稳定性

为了更好地说明倾转旋翼直升机的机体刚性运动对半展耦合结构气弹稳定性的影响,本节在半展耦合结构基础上加入机体运动自由度,含机体刚性运动自由度的半展耦合结构各模态的频率 $\omega/\Omega$ 和阻尼比 $\zeta$ 随前飞速度的变化曲线如图 14.21 和图 14.22 所示。由图 14.21 和图 14.22 可以看出,机体自由度对旋翼的各模态频率没有明显影响。考虑机体自由度时,由于机体不再固定,机体与机翼之间的耦合导致机翼的各模态频率增加。研究表明,随着机体质量变大,机翼频率变小,当机体质量无穷大时,机翼频率与不含机体自由度的半展耦合结构模型的机翼频率一致。机体自由度所产生的来流对旋翼各模态阻尼并未产生明显影响。机翼模态频率的提高可等效地视为机翼变得更加刚硬,弹性变形变小,因此考虑机体运动自由度时机翼各模态阻尼比的降低较为明显。由图 14.22 可知,与不含机体自由度的半展耦合结构相比,考虑机体运动自由度后机翼垂向变形模态 $q_1$ 的前飞临界失稳速度降低至 1.28。

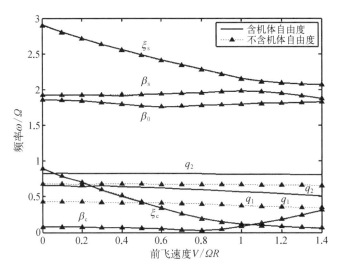

**图 14.21 含与不含机体自由度的半展耦合结构各模态频率随前飞速度变化**

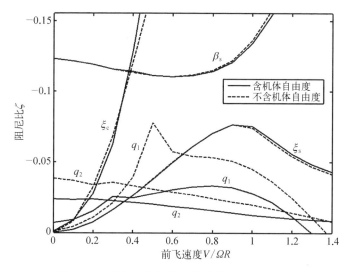

图 14.22　含与不含机体自由度的半展耦合结构
各模态阻尼比随前飞速度变化

### 14.2.5　机翼具有弯扭耦合的半展耦合结构气弹稳定性

倾转旋翼机气弹稳定性受多种因素影响,如受短舱安装刚度和阻尼的影响、旋翼系统设计参数的影响、机翼结构参数的影响等。利用复合材料机翼进行气动剪裁(Lawrence et al., 2000)可对倾转旋翼机气弹稳定性进行改善(Raymond et al., 2002)。本节针对机翼具有弹性弯扭耦合特性的倾转旋翼旋翼机半展耦合结构,以 Johnson 9 自由度模型为基础,建立前飞状态下机翼具有弹性弯扭耦合特性的倾转旋翼旋翼机半展耦合结构气弹稳定性分析模型,分析机翼弹性弯扭耦合特性对倾转旋翼机半展耦合结构气弹稳定性的影响。

1. 物理模型与模态坐标

倾转旋翼机半展耦合结构的气弹稳定性主要表现为机翼/短舱耦合结构的低阶模态与旋翼的低频模态在气动力作用下耦合振动的稳定性。如图 14.1 所示,机翼为弹性悬臂梁,短舱简化为刚体轴,短舱一端与机翼的自由端刚性连接,另一端与旋翼的桨毂中心连接。机翼/短舱耦合结构的位移包括机翼的垂向弯曲挠度 $u_w$、弦向弯曲挠度 $w_w$ 和扭转角 $\theta_{wy}$,机翼的展向位移较小可以忽略。由于短舱重心的偏移和机翼弹性弯扭耦合特性的存在,上述各方向的运动将产生耦合运动。

在机翼/短舱耦合结构的第 $k$ 阶模态中,机翼的位移函数可用向量 $\boldsymbol{\Phi}_{wk}(y_w)$ 表示如下:

$$\boldsymbol{\Phi}_{wk}(y_w) = \{u_{wk}(y_w), w_{wk}(y_w), \theta_{wk}(y_w)\}^T \tag{14.12}$$

式中，$u_{wk}(y_w)$、$w_{wk}(y_w)$ 和 $\theta_{wk}(y_w)$ 分别表示机翼/短舱耦合结构第 $k$ 阶模态中机翼的垂向（$x$ 方向）弯曲挠度、弦向（$z$ 方向）弯曲挠度和扭转角，是机翼展向坐标 $y_w$ 的函数。

对应于机翼/短舱耦合结构的第 $k$ 阶模态，机翼自由端 $P$ 处的位移和转角为

$$\begin{Bmatrix} x_{Pk} \\ y_{Pk} \\ z_{Pk} \end{Bmatrix} = \begin{Bmatrix} u_{wk}(y_{Tw}) \\ 0 \\ w_{wk}(y_{Tw}) \end{Bmatrix}, \quad \begin{Bmatrix} \alpha_{Pxk} \\ \alpha_{Pyk} \\ \alpha_{Pzk} \end{Bmatrix} = \begin{Bmatrix} w'_{wk}(y_{Tw}) \\ \theta_{wk}(y_{Tw}) \\ - u'_{wk}(y_{Tw}) \end{Bmatrix} \tag{14.13}$$

式中，$y_{Tw}$ 表示机翼/短舱耦合结构模态中机翼位移函数在自由端 $P$ 处的取值。

根据模态叠加法，机翼的弹性位移为

$$\begin{Bmatrix} u_w(y_w) \\ w_w(y_w) \\ \theta_w(y_w) \end{Bmatrix} = \sum_{k=1}^{N} \begin{Bmatrix} u_{wk}(y_w) \\ w_{wk}(y_w) \\ \theta_{wk}(y_w) \end{Bmatrix} q_k(t) \tag{14.14}$$

式中，$q_k(t)$ 是时间 $t$ 的函数，表示机翼/短舱耦合结构的第 $k$ 阶模态坐标，$N$ 是模态阶数。

机翼自由端 $P$ 处的位移和转角可表示为

$$\begin{Bmatrix} x_P \\ y_P \\ z_P \end{Bmatrix} = \sum_{k=1}^{N} \begin{Bmatrix} x_{Pk} \\ y_{Pk} \\ z_{Pk} \end{Bmatrix} q_k(t), \quad \begin{Bmatrix} \alpha_{Px} \\ \alpha_{Py} \\ \alpha_{Pz} \end{Bmatrix} = \sum_{k=1}^{N} \begin{Bmatrix} \alpha_{Pxk} \\ \alpha_{Pyk} \\ \alpha_{Pzk} \end{Bmatrix} q_k(t) \tag{14.15}$$

旋翼的运动可由桨叶的挥舞角、摆振角和变距角经傅里叶坐标变换得到的模态坐标表示。对于 3 片桨叶的旋翼，在不考虑桨叶高阶变形的情况下，其模态坐标可表示为

$$\begin{cases} \beta_0 = \dfrac{1}{3} \sum_{m}^{3} \beta_m, \ \zeta_0 = \dfrac{1}{3} \sum_{m}^{3} \zeta_m, \ \theta_0 = \dfrac{1}{3} \sum_{m}^{3} \theta_m \\[2mm] \beta_{1c} = \dfrac{2}{3} \sum_{m}^{3} \beta_m \cos \psi_m, \ \beta_{1s} = \dfrac{2}{3} \sum_{m}^{3} \beta_m \sin \psi_m \\[2mm] \zeta_{1c} = \dfrac{2}{3} \sum_{m}^{3} \zeta_m \cos \psi_m, \ \zeta_{1s} = \dfrac{2}{3} \sum_{m}^{3} \zeta_m \sin \psi_m \\[2mm] \theta_{1c} = \dfrac{2}{3} \sum_{m}^{3} \theta_m \cos \psi_m, \ \theta_{1s} = \dfrac{2}{3} \sum_{m}^{3} \theta_m \sin \psi_m \end{cases} \tag{14.16}$$

式中，$\beta_m$、$\zeta_m$、$\theta_m$ 和 $\psi_m$ 分别是第 $m$ 片桨叶的挥舞角、摆振角、变距角和方位角。

2.　机翼弹性弯扭耦合特性

机翼的弹性弯扭耦合特性可通过复合材料机翼大梁的不同铺层设计得到,图 14.23 是机翼内部具有弯扭耦合特性的复合材料薄壁盒形大梁示意图。图 14.23 中 a 所示盒形梁上下翼板的纤维铺设角相同,左右腹板为正交铺层,采用此铺层方式的机翼大梁沿 $x$ 方向弯曲会引起绕 $y$ 轴的扭转变形,绕 $y$ 轴扭转会引起 $x$ 方向的弯曲变形,沿 $z$ 方向弯曲不存在耦合特性。图 14.23 中 b 所示的左右腹板纤维铺设角相同,上下翼板为正交铺层的盒形梁,沿 $z$ 方向弯曲与绕 $y$ 轴扭转存在弹性耦合,沿 $x$ 方向弯曲则无耦合特性。

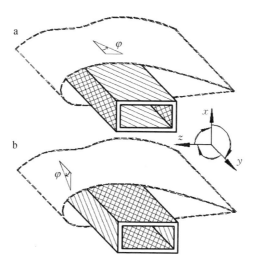

**图 14.23　机翼内复合材料薄壁盒形大梁示意图**

若综合采用图 14.23 中的两种铺层方式,机翼沿 $x$ 和 $z$ 方向则都存在弯扭耦合特性,其剖面的力矩与转角的弯扭耦合关系(Rand, 1997)可写为

$$\begin{Bmatrix} M_{wx} \\ M_{wy} \\ M_{wz} \end{Bmatrix} = \begin{bmatrix} K_{wxx} & K_{wxy} & 0 \\ K_{wxy} & K_{wyy} & K_{wzy} \\ 0 & K_{wzy} & K_{wzz} \end{bmatrix} \begin{Bmatrix} w''_w \\ \theta'_w \\ -u''_w \end{Bmatrix} \qquad (14.17)$$

式中,$K_{wxx}$ 和 $K_{wzz}$ 是剖面的弯曲刚度,$K_{wyy}$ 是扭转刚度,$K_{wxy}$ 和 $K_{wzy}$ 是弯扭耦合刚度。机翼剖面的弦向弯扭耦合系数 $\varepsilon_{wxy}$ 和垂向弯扭耦合系数 $\varepsilon_{wzy}$ 定义如下:

$$\begin{cases} \varepsilon_{wxy} = \dfrac{K_{wxy}}{\sqrt{K_{wxx}K_{wyy}}} \\[4mm] \varepsilon_{wzy} = \dfrac{K_{wzy}}{\sqrt{K_{wzz}K_{wyy}}} \end{cases} \qquad (14.18)$$

式中，$\varepsilon_{wxy}$ 取正值表示机翼沿 $z$ 轴向前弯曲引起使机翼前缘低头的扭矩，$\varepsilon_{wzy}$ 取正值表示机翼沿 $x$ 轴向上弯曲引起使机翼前缘抬头的扭矩。

　　3. 机翼/短舱耦合结构动力学方程

　　机翼/短舱耦合结构作用有沿机翼展向分布的气动力 $F_{wx}^a$、$F_{wz}^a$ 和力矩 $M_{wy}^a$，以及桨毂中心处旋翼的拉力 $T$、后向力 $H$、侧向力 $Y$ 和横向力矩 $M_x$、$M_y$、扭矩 $Q$。忽略高阶模态影响，机翼/短舱耦合结构的模态只考虑以下 3 个基阶模态：以垂向弯曲为主的耦合模态 $q_1$、以弦向弯曲为主的耦合模态 $q_2$ 和以扭转变形为主的耦合模态 $q_3$。

　　根据 Hamilton 原理，机翼/短舱耦合结构无量纲处理后的动力学方程可写为

$$\bar{M}_k \ddot{q}_k + \bar{C}_k \dot{q}_k + \bar{K}_k q_k = \bar{Q}_k^r + \bar{Q}_k^a \quad (k = 1,\ 2,\ 3) \tag{14.19}$$

式中，$\bar{M}_k$、$\bar{C}_k$ 和 $\bar{K}_k$ 分别是机翼/短舱耦合结构的第 $k$ 阶模态质量、模态阻尼和模态刚度，$\bar{Q}_k^r$ 和 $\bar{Q}_k^a$ 分别是旋翼桨毂力和机翼气动力的第 $k$ 阶模态广义力，上标 ¯ 表示各物理量的无量纲形式。根据模态振型的正交性，机翼/短舱耦合结构第 $k$ 阶模态质量和模态刚度可写为

$$
\left\{
\begin{aligned}
M_k &= \int_0^{y_{Tw}}
\begin{Bmatrix} u_{wk} \\ w_{wk} \\ \theta_{wk} \end{Bmatrix}^T
\begin{bmatrix} m_w & 0 & 0 \\ 0 & m_w & 0 \\ 0 & 0 & I_{w\theta} \end{bmatrix}
\begin{Bmatrix} u_{wk} \\ w_{wk} \\ \theta_{wk} \end{Bmatrix} dy_w
+ \begin{Bmatrix} x_{Pk} \\ y_{Pk} \\ z_{Pk} \end{Bmatrix}^T
\begin{bmatrix} m_P x_{Pk} + m_P z_{PEA}\alpha_{Pyk} \\ m_P y_{Pk} \\ m_P z_{Pk} \end{bmatrix} \\
&\quad + \begin{Bmatrix} \alpha_{Pxk} \\ \alpha_{Pyk} \\ \alpha_{Pzk} \end{Bmatrix}^T
\begin{bmatrix} I_{Px}\alpha_{Pxk} \\ I_{Py}\alpha_{Pyk} + m_P z_{PEA} x_{Pk} \\ I_{Pz}\alpha_{Pzk} \end{bmatrix} \\
K_k &= \int_0^{y_{Tw}}
\begin{Bmatrix} w_{wk}'' \\ \theta_{wk}' \\ -u_{wk}'' \end{Bmatrix}^T
\begin{bmatrix} K_{wxx} & K_{wxy} & 0 \\ K_{wxy} & K_{wyy} & K_{wzy} \\ 0 & K_{wzy} & K_{wzz} \end{bmatrix}
\begin{Bmatrix} w_{wk}'' \\ \theta_{wk}' \\ -u_{wk}'' \end{Bmatrix} dy_w
\end{aligned}
\right.
$$

$$\tag{14.20}$$

式中，$m_w$ 是机翼的质量分布函数，$I_{w\theta}$ 是机翼剖面绕弹性轴的转动惯量分布函数，$m_P$ 是短舱的质量，$I_{Px}$、$I_{Py}$ 和 $I_{Pz}$ 分别是短舱绕 $P$ 点的 3 个方向的转动惯量。旋翼桨毂力的第 $k$ 阶模态广义力可表示为

$$Q_k^r = \int_0^{y_{Tw}}
\begin{Bmatrix} w_{wk}'' \\ \theta_{wk}' \\ -u_{wk}'' \end{Bmatrix}^T
\begin{bmatrix} M_x - hY \\ M_y + hH \\ M_z \end{bmatrix} dy_w
+ \int_0^{y_{Tw}}
\begin{Bmatrix} w_{wk}'' \\ \theta_{wk}' \\ -u_{wk}'' \end{Bmatrix}^T
\begin{bmatrix} T(y_{Tw} - y_w) - Y(z_P - w_w) \\ H(z_P - w_w) - T(x_P - u_w) \\ Y(x_P - u_w) - H(y_{Tw} - y_w) \end{bmatrix} dy_w$$

$$\tag{14.21}$$

机翼气动力的第 $k$ 阶模态广义力为

$$Q_k^a = \int_0^{y_{\mathrm{Tw}}} \begin{Bmatrix} u_{wk} \\ w_{wk} \\ \theta_{wk} \end{Bmatrix}^{\mathrm{T}} \begin{bmatrix} F_{wx}^a \\ F_{wz}^a \\ M_{wy}^a \end{bmatrix} \mathrm{d}y_w \tag{14.22}$$

对于倾转旋翼机的气弹稳定性问题,机翼气动力的常数项和高阶项可忽略,只考虑与机翼自由度相关的部分,可近似表达为

$$\begin{cases} F_{wx}^a = \dfrac{1}{2}\rho V^2 b_w C_{L\alpha}\left(\theta_w - \dfrac{\dot{u}_w}{V}\right) \\[2mm] F_{wz}^a = \dfrac{1}{2}\rho V^2 b_w C_{D\alpha}\left(\theta_w - \dfrac{\dot{u}_w}{V}\right) \\[2mm] M_{wy}^a = \dfrac{1}{2}\rho V^2 b_w C_{M\alpha}\left(\theta_w - \dfrac{\dot{u}_w}{V}\right) \end{cases} \tag{14.23}$$

式中, $C_{L\alpha}$、$C_{D\alpha}$ 和 $C_{M\alpha}$ 分别是机翼剖面的升力系数、阻力系数和扭矩系数对迎角 $\alpha$ 的导数, $b_w$ 是机翼剖面的弦长。机翼/短舱耦合结构动力学方程式(14.19)中各参数的无量纲形式为

$$\begin{cases} \bar{M}_k = \dfrac{M_k}{(N_b/2)I_b} \\[3mm] \bar{C}_k = \dfrac{C_k}{(N_b/2)I_b\Omega} \\[3mm] \bar{K}_k = \dfrac{K_k}{(N_b/2)I_b\Omega^2} \\[3mm] \bar{Q}_k^a = \dfrac{Q_k^a}{\gamma(N_b/2)I_b} \end{cases} \tag{14.24}$$

式中, $N_b$ 是旋翼的桨叶片数, $I_b$ 是桨叶的惯性矩, $\Omega$ 是旋翼转速, $\gamma$ 是旋翼洛克数。

4. 旋翼动力学方程

由于旋翼桨叶变距运动的频率较其挥舞和摆阵运动的频率大得多,在分析倾转旋翼机的气弹稳定性时可将其作为计算旋翼气动力的变量,而不对它建立运动方程(Johnson, 1974)。文献(Johnson, 1974)给出的旋翼挥舞模态 $\beta$ 和摆振模态 $\zeta$ 的无量纲动力学方程如下:

$$
\begin{cases}
\bar{I}_{\beta_0}(\ddot{\beta}_0 + \nu_{\beta_0}^2\beta_0) + \bar{S}_{\beta_0}\ddot{z}_{\mathrm{P}} = \gamma\dfrac{M_{F0}}{ac} \\[2mm]
\bar{I}_\beta[\ddot{\beta}_{1c} + 2\dot{\beta}_{1s} + (\nu_\beta^2 - 1)\beta_{1c}] + \bar{I}_{\beta\alpha}(-\ddot{\alpha}_{\mathrm{Py}} + 2\dot{\alpha}_{\mathrm{Px}}) = \gamma\dfrac{M_{F1c}}{ac} \\[2mm]
\bar{I}_\beta[\ddot{\beta}_{1s} - 2\dot{\beta}_{1c} + (\nu_\beta^2 - 1)\beta_{1s}] + \bar{I}_{\beta\alpha}(\ddot{\alpha}_{\mathrm{Px}} + 2\dot{\alpha}_{\mathrm{Py}}) = \gamma\dfrac{M_{F1s}}{ac} \\[2mm]
\bar{I}_{\zeta_0}(\ddot{\zeta}_0 + \nu_{\zeta_0}^2\zeta_0) - \bar{I}_{\zeta_0\alpha}\ddot{\alpha}_{\mathrm{Pz}} = \gamma\dfrac{M_{L0}}{ac} \\[2mm]
\bar{I}_\zeta[\ddot{\zeta}_{1c} + 2\dot{\zeta}_{1s} + (\nu_\zeta^2 - 1)\zeta_{1c}] + \bar{S}_\zeta(-\ddot{y}_{\mathrm{P}} + h\ddot{\alpha}_{\mathrm{Px}}) = \gamma\dfrac{M_{L1c}}{ac} \\[2mm]
\bar{I}_\zeta[\ddot{\zeta}_{1s} + 2\dot{\zeta}_{1c} + (\nu_\zeta^2 - 1)\zeta_{1s}] + \bar{S}_\zeta(-\ddot{x}_{\mathrm{P}} + h\ddot{\alpha}_{\mathrm{Py}}) = \gamma\dfrac{M_{L1s}}{ac}
\end{cases}
\tag{14.25}
$$

式中,方程等式右端是旋翼气动力所产生的挥舞模态力矩和摆振模态力矩,可根据叶素理论和傅里叶坐标变换公式计算,其中挥舞模态力矩为

$$
\begin{cases}
\dfrac{M_{F0}}{ac} = M_0 + M_\zeta(\dot{\alpha}_{\mathrm{Pz}} - \dot{\zeta}_0) + M_{\dot{\beta}}\dot{\beta}_0 + M_\lambda\dot{z}_{\mathrm{P}} + M_\theta\theta_0 \\[2mm]
\dfrac{M_{F1c}}{ac} = M_\mu(-h\dot{\alpha}_{\mathrm{Px}} + V\alpha_{\mathrm{Px}} + \dot{y}_{\mathrm{P}}) + M_\zeta(-\dot{\zeta}_{1c} - \zeta_{1s}) \\[2mm]
\qquad\qquad + M_{\dot{\beta}}(\dot{\beta}_{1c} + \beta_{1s} - \dot{\alpha}_{\mathrm{Py}}) + M_\theta\theta_{1c} \\[2mm]
\dfrac{M_{F1s}}{ac} = M_\mu(-h\dot{\alpha}_{\mathrm{Py}} + V\alpha_{\mathrm{Py}} - \dot{x}_{\mathrm{P}}) + M_\zeta(-\dot{\zeta}_{1s} + \zeta_{1c}) \\[2mm]
\qquad\qquad + M_{\dot{\beta}}(\dot{\beta}_{1s} - \beta_{1c} + \dot{\alpha}_{\mathrm{Px}}) + M_\theta\theta_{1s}
\end{cases}
\tag{14.26}
$$

把式(14.26)等式右端中的气动力系数 $M$ 写成 $Q$ 可得到摆振模态力矩的表达式。旋翼的桨毂力可类似地表达成气动力系数和惯性系数与旋翼自由度的线性方程形式,如旋翼拉力的无量纲形式为

$$
\frac{C_T}{\sigma a} = T_0 + T_\zeta(\dot{\alpha}_{\mathrm{Pz}} - \dot{\zeta}_0) + T_{\dot{\beta}}\dot{\beta}_0 + T_\lambda\dot{z}_{\mathrm{P}} + T_\theta\theta_0 - \frac{1}{\gamma}\bar{S}_{\beta_0}\ddot{\beta}_0 - \frac{1}{\gamma}\bar{M}_b\ddot{z}_{\mathrm{P}}
\tag{14.27}
$$

式中, $M_b$ 是旋翼质量, $S_{\beta_0}$ 是桨叶静矩。式(14.26)和式(14.27)中的气动力系数与桨叶的气动力参数和前飞速度 $V$ 有关,具体表达式和推导过程以及旋翼其他桨毂力的表达式可参考文献(Johnson, 1974)。

5. 机翼/短舱/旋翼耦合结构动力学方程

由式(14.19)和式(14.25)联立,并将式(14.15)中的中间变量代入联立后的方

程,可得到如下形式的机翼/短舱/旋翼耦合结构动力学方程:

$$A_2\{\ddot{x}\} + A_1\{\dot{x}\} + A_0\{x\} = B\{v\} \qquad (14.28)$$

式中,机翼/短舱/旋翼耦合结构的自由度向量 $\{x\}$ 为

$$\{x\} = \{\beta_0, \beta_{1c}, \beta_{1s}, \zeta_0, \zeta_{1c}, \zeta_{1s}, q_1, q_2, q_3\}^T \qquad (14.29)$$

响应控制向量 $\{v\}$ 为

$$\{v\} = \{\theta_0, \theta_{1c}, \theta_{1s}\}^T \qquad (14.30)$$

系数矩阵 $A_2$、$A_1$、$A_0$ 和 $B$ 与倾转旋翼机耦合结构的结构参数、动力学参数、气动力参数和前飞速度 $V$ 有关。

6. 机翼/短舱/旋翼耦合结构气弹稳定性分析

在进行机翼/短舱/旋翼耦合结构气弹稳定性计算时,略去其动力学方程式(14.28)中右端的响应控制向量,并进行拉氏变换得到机翼/短舱/旋翼耦合结构的特征值矩阵如下:

$$A = A_2 s^2 + A_1 s + A_0 \qquad (14.31)$$

令特征值矩阵 $A$ 的行列式值为零可得到耦合结构 9 个振动模态的特征值 $\lambda_i (i = 1, 2, \cdots, 9)$。各模态的频率和阻尼比可由式(11.93)求得。当某一模态阻尼比 $\zeta_i$ 小于 0 时,对应的模态稳定;当阻尼比 $\zeta_i$ 大于 0 时,对应的模态不稳定;当 $\zeta_i$ 等于 0 时,对应的模态临界稳定。

对于结构参数、动力学参数和气动力参数已确定的倾转旋翼机耦合结构,其特征值矩阵 $A$ 中的各单元仅与前飞速度有关,分别取不同的前飞速度计算倾转旋翼机耦合结构相应的特征值,可得到耦合结构各模态的阻尼比随前飞速度的变化曲线并确定倾转旋翼机耦合结构的临界失稳速度。对机翼取不同的剖面弯扭耦合系数 $\varepsilon_{wxy}$ 和 $\varepsilon_{wzy}$,按式(14.18)计算其剖面的弯扭耦合刚度 $K_{wxy}$ 和 $K_{wzy}$,利用结构有限元方法确定机翼/短舱耦合结构的基阶模态振型,得到各机翼弹性弯扭耦合系数下耦合结构的特征矩阵。分别计算耦合结构各模态阻尼比随前飞速度 $V$ 的变化曲线,以分析机翼剖面的弹性弯扭耦合系数 $\varepsilon_{wxy}$ 和 $\varepsilon_{wzy}$ 对倾转旋翼机气弹稳定性的影响。

引用文献(Johnson, 1974)中 Boeing 倾转旋翼试验结构模型的参数进行机翼/短舱/旋翼耦合结构气弹稳定性的计算分析。为了计算机翼具有弯扭耦合特性下的机翼/短舱耦合结构的模态参数,机翼的质量、转动惯量和剖面刚度由文献(Johnson, 1974)中机翼的模态参数采用沿展向均匀分布假设计算得到,试验结构模型的主要参数见表 14.1,其他参数可见参考文献(Johnson, 1974)。

表 14.1 Boeing 倾转旋翼试验结构模型主要参数

| 旋翼参数 | 机翼参数 | 短舱参数 |
|---|---|---|
| 半径 $R = 3.97$ m | 展长 $y_{Tw} = 5.08$ m | 短舱质量 $m_P = 1\,306$ kg |
| 转速 $\Omega = 40.4$ rad/s | 质量 $m_w = 26.1$ kg/m | 短舱重心偏移 $z_{PEA} = 0.58$ m |
| 桨尖速度 $\Omega R = 160$ m/s | 转动惯量 $I_{w\theta} = 26.1$ kg·m | 短舱高度 $h = 1.40$ m |
| 惯性矩 $I_b = 203$ kg·m² | 剖面刚度 $K_{xx} = 4.11 \times 10^7$ kg·m²/s | |
| 洛克数 $\gamma = 4.04$ | 剖面刚度 $K_{yy} = 7.30 \times 10^6$ kg·m²/s | |
| 实度 $\sigma = 0.115$ | 剖面刚度 $K_{zz} = 1.51 \times 10^7$ kg·m²/s | |
| 升力线斜率 $a = 5.7$ | | |
| 桨叶挥舞频率 $\nu_\beta = 1.36\Omega$ | | |
| 桨叶摆振频率 $\nu_\zeta = 0.75\Omega$ | | |

为了便于描述,将机翼/短舱/旋翼耦合结构的 3 个基阶模态:以机翼垂向弯曲为主的模态 $q_1$、以机翼弦向弯曲为主的模态 $q_2$ 和以机翼扭转变形为主的模态 $q_3$ 分别简称为机翼的垂向模态、弦向模态和扭转模态。

机翼无弹性弯扭耦合特性下机翼/短舱/旋翼耦合结构各模态的阻尼比随无量纲前飞速度变化的曲线如图 14.24 所示。从图 14.24 可知,随着前飞速度增大,机翼的垂向模态 $q_1$ 和扭转模态 $q_3$ 的阻尼比变化趋势是先增加后减小,弦向模态 $q_2$ 的阻尼比逐渐减小。旋翼摆振模态 $\zeta_0$、$\zeta_{1c}$ 和 $\zeta_{1s}$ 的阻尼比随前飞速度增大迅速增加,在高速范围内均为稳定模态,挥舞模态 $\beta_0$、$\beta_{1c}$ 和 $\beta_{1s}$ 的阻尼比随前飞速度增大而减小,但在高速范围内减小得相对较为缓慢。当前飞速度 $V/\Omega R \approx 1.6$(约 576 km/h)时,机翼的弦向模态 $q_2$ 与垂向模态 $q_1$ 的阻尼比先后进入正值区域,出现失稳现象。

机翼不同弯扭耦合特性下机翼各模态阻尼比随前飞速度的变化曲线如图 14.25 所示。从图 14.25 可看出,机翼的垂向弯扭耦合特性对垂向模态 $q_1$ 和扭转模态 $q_3$ 阻尼比的影响较大,尤其在前飞速度较大的情况下更为明显。机翼的垂向弯扭耦合特性对弦向模态 $q_2$ 阻尼比的影响相对较小,其中机翼向上弯曲引起前缘低头的耦合特性($\varepsilon_{wzy}$ 取负值时)能显著提升垂向模态 $q_1$ 的临界失稳速度,但使扭转模态 $q_3$ 的阻尼比有所下降;机翼向上弯曲引起前缘抬头的耦合特性($\varepsilon_{wzy}$ 取正值时)会严重降低垂向模态 $q_1$ 的临界失稳速度。机翼的弦向弯扭耦合特性对机翼三个模态阻尼比均产生了一定的影响,其中机翼向前弯曲引起前缘低头的耦合特性($\varepsilon_{wxy}$ 取正值时)对提升弦向模态 $q_2$ 的临界失稳速度非常有利,但会略微降低垂向弯曲模态 $q_1$ 的临界失稳速度和扭转模态 $q_3$ 的阻尼比;机翼向前弯曲引起前缘抬头的耦合特性($\varepsilon_{wxy}$ 取负值时)对临界失稳速度的影响相对较小。

图 14.26 是在机翼不同弯扭耦合特性下旋翼各模态阻尼比随前飞速度的变化曲线。从图 14.26 可以看出,在前飞速度较大时,机翼的垂向弯扭耦合特性对旋翼

挥舞后退型模态 $\beta_{1c}$ 和摆振前进型模态 $\zeta_{1s}$ 阻尼比的影响较明显,对旋翼其他模态的阻尼比影响较小,机翼的弦向弯扭耦合特性对旋翼各模态的阻尼比均影响较小。

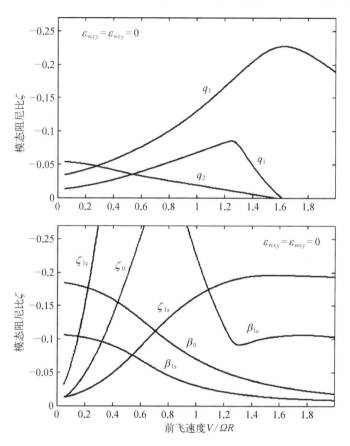

**图 14.24　机翼无弹性弯扭耦合特性下耦合结构各模态阻尼比随前飞速度变化**

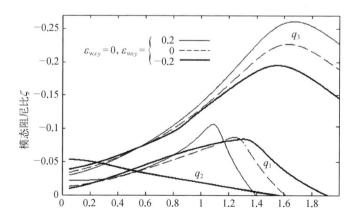

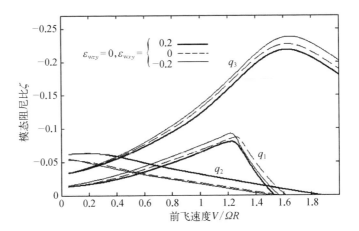

**图 14.25** 机翼不同弯扭耦合特性对机翼模态阻尼比的影响

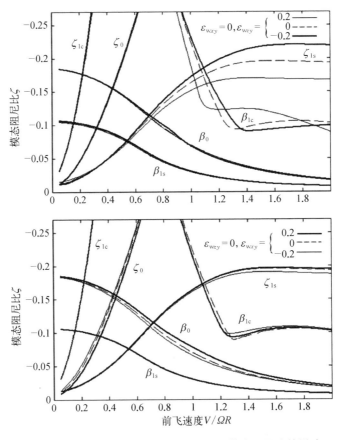

**图 14.26** 机翼不同弯扭耦合特性对旋翼模态阻尼比的影响

图 14.27 给出了在机翼同时具有垂向和弦向弯扭耦合特性下机翼垂向模态 $q_1$ 和弦向模态 $q_2$ 的临界失稳速度的提升。从图 14.27 可以看出,当机翼同时具有向上弯曲和向前弯曲均引起前缘低头的耦合特性且耦合系数都是 0.2 时,倾转旋翼机的机翼气弹失稳临界速度达到了 $1.8\Omega R$,即把机翼无弯扭耦合特性下的机翼气弹失稳临界速度 $1.6\Omega R$ 提高了 12.5%,约为 72 km/h。可见,机翼具有向上弯曲和向前弯曲均引起前缘低头变形的耦合特性能够很好地提升倾转旋翼机的气弹失稳临界飞行速度。

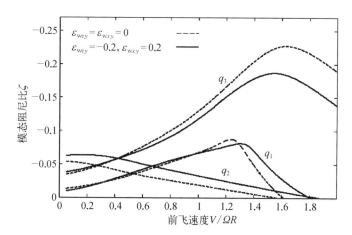

图 14.27　机翼同时具有垂向和弦向弯扭耦合特性下机翼模态阻尼比随前飞速度的变化

## 14.3　前飞时全展耦合结构准定常气弹稳定性

### 14.3.1　全展耦合结构气弹稳定性

由前述分析可知,只要短舱和机翼之间的连接刚度达到某一值时,耦合结构的失稳形态为机翼端部的发散运动,且临界失稳速度与短舱和机翼之间的连接刚度无关,因此在对前飞时的倾转旋翼直升机全展结构建模时,短舱和机翼之间设为刚性连接。本节算例采用第 11 章所建立的倾转旋翼直升机全展结构模型和准定常气动力模型,并采用第 12 章 Bell 倾转旋翼直升机试验模型的相关参数,对螺旋桨飞机模式飞行时倾转旋翼直升机的全展耦合结构气弹稳定性进行研究。

当考虑机体自由度时,倾转旋翼直升机两侧的旋翼/短舱/机翼耦合结构不再是两个独立的系统,倾转旋翼直升机全展耦合结构中每个旋翼与机翼整体模态均存在对称和反对称两种形式。图 14.28 和图 14.29 分别是倾转旋翼直升机全展耦合结构的各模态频率 $\omega/\Omega$ 和阻尼比 $\zeta$ 随前飞速度变化曲线。由图 14.28 和图14.29 可以看出,机翼的反对称模态与机体自由度耦合,受机体自由度影响,机翼的垂向

变形 $q_1$ 和弦向变形 $q_2$ 反对称模态频率高于对称模态频率,机翼扭转变形 $p$ 模态和旋翼模态的对称模态频率与反对称模态频率相近。由于机翼反对称模态与机体自由度的耦合,导致机翼反对称模态的频率和阻尼比更接近含机体自由度的半展耦合结构的机翼的频率和阻尼比,机翼对称模态的频率和阻尼比更接近不含机体自由度的半展耦合结构的机翼的频率和阻尼比。由图 14.29 可以看出,当倾转旋翼直升机的无因次化前飞速度约为 1.28 时,机翼垂向变形 $q_1$ 反对称模态的运动出现失稳。

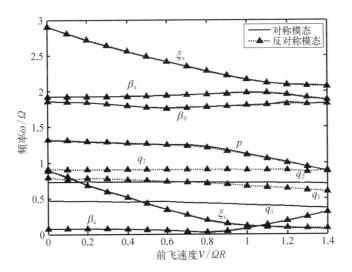

**图 14.28　全展耦合结构的各模态频率随前飞速度变化**

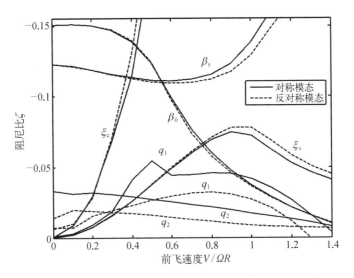

**图 14.29　全展耦合结构的各模态阻尼比随前飞速度变化**

改变倾转旋翼直升机全展耦合结构的结构参数,计算和分析各结构参数对倾转旋翼直升机前飞气弹稳定性的影响。图 14.30 和图 14.31 分别显示了当旋翼挥舞频率 $\omega_\beta$ 是初始挥舞频率 $\omega_{\beta 0}$ 的 1.1 倍时,全展耦合结构各模态频率和阻尼比随前飞速度的变化。结合图 14.28 至图 14.31 可以看出,当 $\xi_c$ 模态的频率曲线在 $q_1$ 模态和 $\beta_c$ 模态的频率曲线之间时,机翼 $q_1$ 模态的阻尼比变化不大;当 $\xi_c$ 模态频率曲线与 $\beta_c$ 模态频率曲线相交时,$q_1$ 模态阻尼比出现下降。由图 14.30 可以看出,旋翼挥舞 $\beta_c$ 频率增加,导致在更高前飞速度时 $\beta_c$ 与 $\xi_c$ 模态频率发生耦合,提高了倾转旋翼直升机的前飞临界失稳速度(约为 1.2)。Nixon(Nixon,1992)在关于半展

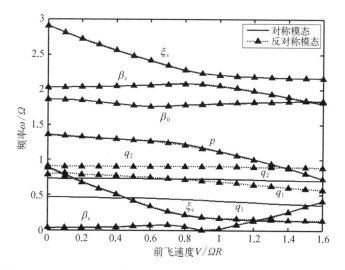

**图 14.30　$\omega_\beta = 1.1\omega_{\beta 0}$ 时全展耦合结构的各模态频率随前飞速度变化**

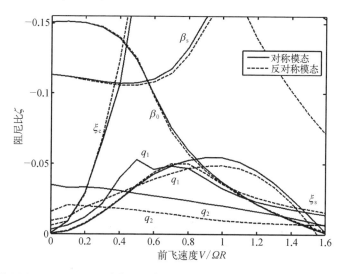

**图 14.31　$\omega_\beta = 1.1\omega_{\beta 0}$ 时全展耦合结构的各模态阻尼比随前飞速度变化**

模型的研究中指出,过高的挥舞频率会引起旋翼模态出现失稳现象,因此,可通过改变桨叶挥舞铰偏置量、桨叶结构刚度等参数,适当调高旋翼挥舞刚度,提升倾转旋翼直升机前飞的临界失稳速度边界。

当旋翼桨叶摆振固有频率大于 $1\Omega$ 时,旋翼是摆振刚硬;当旋翼桨叶摆振固有频率小于 $1\Omega$ 时,旋翼是摆振柔软。与摆振刚硬旋翼相比,摆振柔软旋翼的桨毂载荷更小,如采用摆振刚硬旋翼,需要在桨毂设计阶段对承力部件进行强化,这将导致桨毂结构变得复杂,增加桨毂重量。计算得到的摆振柔软旋翼($\omega_\xi = 0.7\Omega$)的全展耦合结构各模态频率和阻尼比随前飞速度的变化曲线如图 14.32 和图 14.33 所

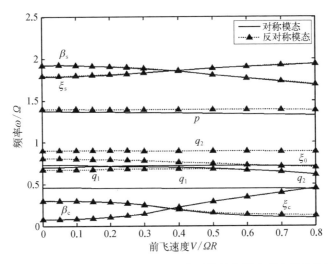

图 14.32　摆振柔软旋翼($\omega_\xi = 0.7\Omega$)全展耦合结构的各模态频率随前飞速度变化

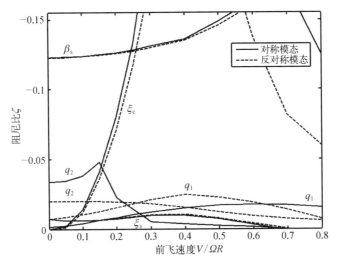

图 14.33　摆振柔软旋翼($\omega_\xi = 0.7\Omega$)全展耦合结构的各模态阻尼比随前飞速度变化

示。由于旋翼 $\xi_0$ 与机翼 $q_2$ 对称模态频率曲线在低速阶段（$V/\Omega R = 0.15$）相交，机翼 $q_2$ 对称模态阻尼迅速下降，导致该模态在前飞速度 $V/\Omega R = 0.7$ 时发生失稳。由图 14.33 可以看出，虽然摆振柔软旋翼具有桨毂载荷低的优点，但较低的摆振频率容易与机翼各模态频率发生耦合，导致耦合系统的气弹动力学问题更加复杂，同时，采用摆振柔软旋翼会大大降低倾转旋翼直升机的前飞临界失稳速度。

### 14.3.2　全展耦合结构气弹稳定性的结构参数影响

#### 1. 机翼刚度的影响

通过分别改变机翼的垂向刚度 $EI_b$、弦向刚度 $EI_c$ 和扭转刚度 $GJ$，研究倾转旋翼直升机的机翼刚度参数对前飞时全展耦合结构气弹稳定性的影响。图 14.34 是倾转旋翼直升机前飞无因次临界失稳速度 $V_{cr}/\Omega R$ 随机翼刚度的变化曲线，机翼各刚度的变化范围是初始刚度的 1/2 至 1.5 倍。当改变机翼某一方向刚度系数时，其余刚度系数保持不变。图中实线表示全展耦合结构最先失稳的模态是机翼垂向变形 $q_1$ 反对称模态，虚线表示最先失稳的模态是机翼弦向变形 $q_2$ 对称模态。由图 14.34 和图 14.28 可以看到，当机翼垂向刚度 $EI_b$ 增加时，机翼 $q_1$ 模态频率曲线与旋翼 $\xi_c$ 模态频率曲线在更低前飞速度时出现相交，机翼各模态阻尼峰值减小，前飞临界失稳速度减小；扭转刚度 $GJ$ 增加等效地增加短舱的俯仰刚度，使之承受更大的桨盘平面气动力，前飞临界失稳速度增大；由于机翼弦向运动与旋翼和机翼各模态运动之间耦合不明显，因此，机翼弦向刚度 $EI_c$ 对全展耦合结构稳定性的影响不大。

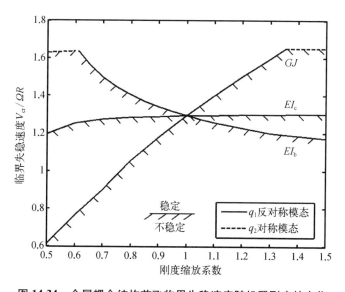

**图 14.34　全展耦合结构前飞临界失稳速度随机翼刚度的变化**

2. 桨毂安装中心纵向位置的影响

分别改变机翼根部安装点位置、短舱安装点 $P$ 位置和短舱长度等参数来改变桨毂中心与机体重心的相对位置,研究倾转旋翼直升机桨毂中心位置的变化对前飞时全展耦合结构气弹稳定性的影响。前飞时倾转旋翼直升机的各气动力示意图如图14.35 所示,短舱安装点 $P$ 与机体重心 $O_F$ 存在 $(x_{tw}, y_{tw}, z_{tw})$ 的偏置,导致前飞时倾转旋翼直升机不稳定性产生的根源是桨盘平面向上的分力 $F_x$ 所产生的俯仰力矩,其通过机翼扭转变形 $p$ 模态与垂向变形 $q_1$ 模态之间的耦合使机翼产生垂向变形(李治权等,2014),同时机翼段的气动力 $F_{q1}$ 对全展耦合结构有增稳作用,气动力 $F_{q2}$ 降低全展耦合结构的稳定性。前飞时倾转旋翼直升机不稳定主要发生在机翼模态,在此分别计算机翼 $q_1$ 对称模态和反对称模态、机翼 $q_2$ 对称模态在不同桨毂中心位置的临界失稳速度,研究全展耦合结构稳定性与桨毂中心位置之间的变化关系。

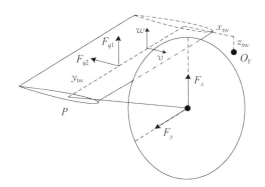

**图 14.35　前飞时倾转旋翼直升机的气动力示意图**

改变机翼根部安装点的纵向位置来改变桨毂中心的纵向位置,变化范围是重心位置前后 $0.5R$。图 14.36 是全展耦合结构的临界失稳速度随桨毂安装中心纵向位置 $x_{tw}$ 的变化。结合图 14.35 的分析可知,随着短舱安装点的后移,气动力 $F_x$ 对机体重心的俯仰力矩减小,$q_1$ 对称模态和反对称模态临界失稳速度逐渐变大;同时,$q_2$ 对称模态临界失稳速度先减小,当桨毂中心移至机体重心之后,气动力 $F_y$ 和 $F_{q2}$ 在机翼弦向的力矩方向相反,临界失稳速度随桨毂中心后移开始变大。

3. 桨毂安装中心横向位置的影响

图 14.37 是全展耦合结构临界失稳速度随桨毂安装中心横向位置 $y_{tw}$ 的变化,机翼长度 $y_{tw}$ 的变化范围是 $1R$ 至 $2R$,随着机翼长度的增加,机翼端部的桨毂安装中心横向位置增加,机翼段气动力 $F_{q1}$ 和 $F_{q2}$ 对机体重心的力矩增加,机翼垂向变形 $q_1$ 模态的临界失稳速度增加,机翼弦向变形 $q_2$ 模态的临界失稳速度减小。同时全展耦合结构失稳形态随着机翼长度的增加逐渐从 $q_1$ 反对称模态的发散运动转变为 $q_2$ 对称模态的发散运动。

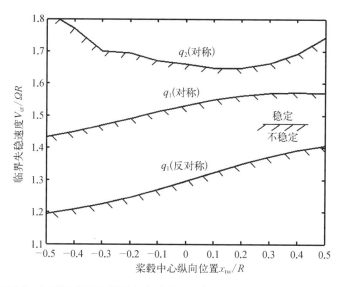

**图 14.36**　全展耦合结构临界失稳速度随桨毂安装中心纵向位置 $x_{tw}$ 的变化

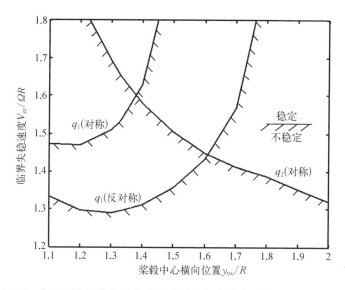

**图 14.37**　全展耦合结构临界失稳速度随桨毂安装中心横向位置 $y_{tw}$ 的变化

4. 桨毂安装中心垂向位置的影响

图 14.38 所示是全展耦合结构临界失稳速度随桨毂安装中心垂向位置 $z_{tw}$ 的变化。考虑倾转旋翼直升机的实际尺寸,短舱安装点垂向位置的变化范围是从桨毂安装中心位置下方 $0.5R$ 到中心位置上方 $0.2R$。由图 14.38 可知,安装点的上移对机翼垂向变形 $q_1$ 对称模态的影响较大,全展耦合结构失稳形态随着安装点上移,

从 $q_1$ 对称模态的发散运动转变为 $q_1$ 反对称模态的发散运动,全展耦合结构 $q_1$ 反对称模态的临界失稳速度基本保持不变。

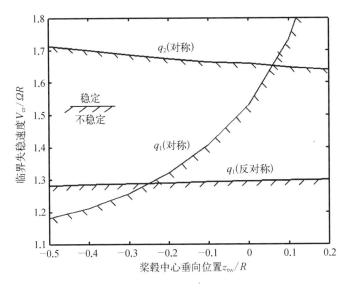

**图 14.38**　全展耦合结构临界失稳速度随桨毂安装中心垂向位置 $z_{tw}$ 的变化

5. 短舱长度的影响

图 14.39 是全展耦合结构临界失稳速度随短舱长度 $h$ 的变化,短舱长度 $h$ 的变化范围是 $0.1R$ 至 $1R$,短舱长度的增加不仅增加了各部件绕倾转轴与机体重心的

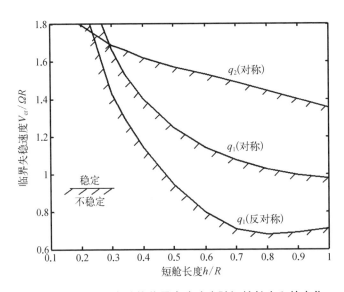

**图 14.39**　全展耦合结构临界失稳速度随短舱长度 $h$ 的变化

转动惯量,也增加了各气动力对机翼倾转点与机体重心的力矩,因此各模态临界失稳速度随着短舱长度的增加而降低,全展耦合结构的失稳形态主要是机翼垂向变形 $q_1$ 反对称模态的发散运动。

## 14.4　前飞时倾转旋翼直升机非定常气弹动力学

倾转旋翼直升机在前飞过程中,旋翼处在复杂的非定常气动力环境中,倾转旋翼直升机前飞气弹动力学建模采用准定常气动力模型,会导致倾转旋翼直升机气弹稳定性分析结果存在一定的误差。为准确研究倾转旋翼直升机前飞时的气弹动力学问题,采用 ONERA 非定常气动力模型进行旋翼气动力建模,并考虑翼型压缩性和动态失速的影响,建立前飞时倾转旋翼直升机的非定常气弹动力学模型,对前两节所建立的倾转旋翼直升机前飞气弹动力学模型进行改进,研究前飞时倾转旋翼直升机非定常气弹稳定性。

### 14.4.1　前飞时倾转旋翼直升机非定常气弹动力学建模

倾转旋翼直升机半展结构前飞气弹动力学模型如图 14.1 所示,该模型包括弹性机翼、刚性短舱和铰接式旋翼。模型不考虑短舱与机翼之间的弹性连接和机体的刚体运动自由度。短舱的一端与旋翼连接,另一端在点 $P$ 处刚性地安装在弹性机翼上。机翼的端部运动包括 6 个自由度,分别是 3 个平动自由度 $x_p$、$y_p$、$z_p$ 和 3 个转动自由度 $\alpha_x$、$\alpha_y$、$\alpha_z$,短舱支点 $P$ 和桨毂间的距离是短舱长度 $h$。根据 Johnson 9 自由度旋翼模型(Johnson,1974)的描述和本节假设,在旋转坐标系下,旋翼桨叶运动方程为

$$\begin{cases} I_\beta^*(\ddot{\beta} + \omega_\beta^2\beta) + I_{\beta\alpha}^*\left[-(\ddot{\alpha}_y - 2\dot{\alpha}_x)\cos\psi_m + (\ddot{\alpha}_x + 2\dot{\alpha}_y)\sin\psi_m\right] + S_\beta^*\,\ddot{z}_p = \gamma\dfrac{M_F}{C_{l\alpha}c} \\[4mm] I_\xi^*(\ddot{\xi} + \omega_\xi^2\xi) + S_\xi^*\left[(\ddot{x}_p + h\ddot{\alpha}_y)\sin\psi_m - (\ddot{y}_p - h\ddot{\alpha}_x)\cos\psi_m\right] - I_{\xi\alpha}^*\,\ddot{\alpha}_z = \gamma\dfrac{M_L}{C_{l\alpha}c} \end{cases}$$

$$(14.32)$$

对方程(14.32)进行傅里叶变换,可得到固定坐标系下的旋翼运动方程(Johnson,1980)。将端部带短舱的机翼视为端部带集中质量的弹性欧拉梁,刚性短舱通过质量耦合的方式与机翼连接,并采用有限元离散方法对弹性机翼进行结构动力学建模,具体建模过程可见本书第 11.4.2 节。

### 14.4.2　前飞时旋翼非定常气动力建模

倾转旋翼直升机前飞时的 ONERA 非定常气动力模型可参见本书第 2.2.2 节。

翼型上的非定常气动力包括环量载荷、非环量载荷和型阻载荷 3 个部分。倾转旋翼直升机在前飞过程中,旋翼处于轴流状态,诱导入流 $\lambda_{w0}$ 可以忽略。经过翼型压缩性和动态失速修正后,环量载荷表达式(11.44)至式(11.46)改写为

$$
\begin{cases}
L_{yc} = - qc \dfrac{w_{b0}}{v_{2de}} \left[ c_{l\alpha}\sin\alpha - \dfrac{c_{l\alpha}w_{b1}}{2v_{2de}} \right] \\[3mm]
L_{zc} = qc \dfrac{V}{v_{2de}} (c_{l\alpha}\sin\alpha) \\[3mm]
M_{xc} = \dfrac{1}{4}cL_{zc}
\end{cases}
\tag{14.33}
$$

翼型非环量气动力见表达式(11.60)和式(11.61),型阻力见表达式(11.62)至式(11.64)。将各方向经修正后的桨叶微段气动力沿桨叶径向积分,进行无因次化得到气动力矩。方程(14.32)右端的非定常气动力矩分别为

$$
\begin{cases}
\dfrac{M_F}{C_{l\alpha}c} = \displaystyle\int_0^1 r\,\dfrac{L_z}{C_{l\alpha}c}\mathrm{d}r \\[3mm]
\dfrac{M_L}{C_{l\alpha}c} = \displaystyle\int_0^1 r\,\dfrac{L_y}{C_{l\alpha}c}\mathrm{d}r
\end{cases}
\tag{14.34}
$$

式中,$L_z = L_{zc} + L_{znc} + L_{zd}$,$L_y = L_{yc} + L_{ync}$。将推导的非定常气动力表达式(14.34)代入方程(14.32)右端,经傅里叶变换后,可得到倾转旋翼直升机前飞时的如下运动微分方程:

$$
\boldsymbol{M}\ddot{\boldsymbol{x}} + \boldsymbol{C}(\psi)\,\dot{\boldsymbol{x}} + \boldsymbol{K}(\psi)\boldsymbol{x} = \boldsymbol{F}
\tag{14.35}
$$

式中,$\boldsymbol{M}$、$\boldsymbol{C}$ 和 $\boldsymbol{K}$ 分别是耦合结构的质量矩阵、阻尼矩阵和刚度矩阵,$\boldsymbol{x}$ 是耦合结构各模态组成的列向量,右端 $\boldsymbol{F}$ 包括外力项、非线性项和与变量无关的常数项。旋翼采用 3 片铰接式桨叶,弹性机翼离散成 6 个有限元节点,则 $\boldsymbol{x}$ 可表示为

$$
\begin{aligned}
\boldsymbol{x} &= \{\boldsymbol{x}_{\mathrm{R}},\ \boldsymbol{x}_{\mathrm{w}}\}^{\mathrm{T}} \\
&= \{\beta_0, \beta_{1c}, \beta_{1s}, \xi_0, \xi_{1c}, \xi_{1s}, u_{\mathrm{w}}^1, v_{\mathrm{w}}^1, \phi_{\mathrm{w}}^1, v_{\mathrm{w}}'^1, w_{\mathrm{w}}'^1, \cdots, u_{\mathrm{w}}^6, v_{\mathrm{w}}^6, \phi_{\mathrm{w}}^6, v_{\mathrm{w}}'^6, w_{\mathrm{w}}'^6\}^{\mathrm{T}}
\end{aligned}
\tag{14.36}
$$

方程(14.35)的右端存在非线性项,需要对其进行线化处理,具体过程参见本书第 11.7.3 节,线化后得到的倾转旋翼直升机前飞稳定性分析的扰动方程为

$$
\boldsymbol{M}\Delta\ddot{\boldsymbol{x}} + \boldsymbol{C}_0\Delta\dot{\boldsymbol{x}} + \boldsymbol{K}_0\Delta\boldsymbol{x} = 0
\tag{14.37}
$$

采用 Floquet 理论对含周期系数的动力学微分方程(14.17)进行计算分析,求解出特征值和特征向量,耦合结构的各模态频率和阻尼比由式(11.93)求出,根据

模态阻尼比判断耦合结构的稳定性。

### 14.4.3　前飞时倾转旋翼机非定常气弹稳定性

本节算例计算数据采用 Bell 倾转旋翼直升机试验模型参数（Johnson，1974），旋翼部分的参数参见表 12.1，机翼和短舱部分的参数参见表 13.1。本节计算得到的非定常气动力下耦合结构各模态频率和机翼各模态阻尼比随前飞速度的变化曲线如图 14.40 至图 14.42 所示。图 14.40 中，$p$、$q_1$ 和 $q_2$ 分别是机翼的扭转变形、垂向变形和弦向变形的基阶模态。将各模态频率和机翼各模态阻尼比的计算结果与现有的基于准定常气动力模型计算结果进行对比，其中 Johnson 模型是基于刚性桨叶和悬臂梁机翼的 9 自由度结构模型，Nixon 模型是基于刚性桨叶和弹性机翼的结构模型。图 14.40 至图 14.42 中还给出了 NASA 倾转旋翼直升机半展结构全尺寸风洞试验数据。根据文献（Johnson，1974）描述，该试验通过给机翼端部初始激励，根据机翼端部的瞬态衰减运动确定频率和阻尼比，试验数据受限于风洞最大吹风速度（约 400 km/h 或 $V/\Omega R = 0.6$）。

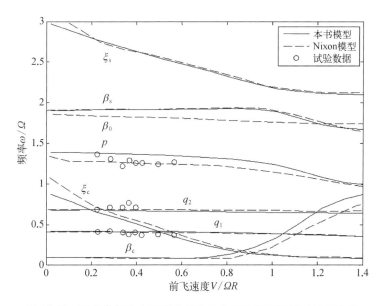

**图 14.40　非定常气动力下耦合结构的各模态频率随前飞速度变化**

由图 14.40 可以看出，各理论模型的各模态频率计算值之间的差异较小，机翼各模态频率计算值与试验数据吻合较好。试验中机翼扭转变形模态 $p$ 阻尼比由于测量误差较为分散，为方便比较，本书对各离散的扭转模态阻尼比值进行多项式曲线拟合，如图 14.42 所示。由图 14.41 和图 14.42 可以看出，各理论模型的机翼阻尼比计算值之间存在明显差异，主要是由于不同的结构模型和气动力模型影响桨盘

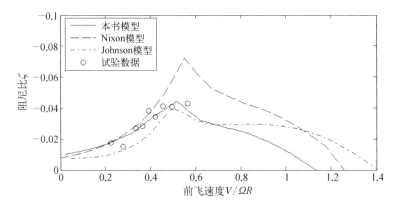

**图14.41** 非定常气动力下机翼垂向变形模态 $q_1$ 阻尼比随前飞速度变化

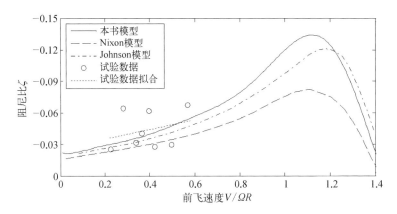

**图14.42** 非定常气动力下机翼扭转变形模态 $p$ 阻尼比随前飞速度变化

平面各气动力,进而对各模态阻尼比产生影响。基于准定常气动力模型的 Nixon 模型(Nixon,1992)和 Johnson 模型(Johnson,1974)的计算值与试验值相比差距都较大,而本书基于 ONERA 非定常气动力模型的机翼垂向和扭转模态阻尼比的计算值与试验值相比很接近,说明本书建立的非定常气弹模型更能准确地分析倾转旋翼直升机的前飞稳定性,且旋翼在前飞过程中所处的非定常气动力环境不可忽略。从图 14.41 可以看出,本节计算的倾转旋翼直升机前飞临界失稳速度 $V_{cr}/\Omega R =$ 1.12,小于其余理论模型计算的前飞临界失稳速度,说明旋翼的非定常气动力对倾转旋翼直升机的前飞稳定性造成不利影响,如不采用非定常气动力模型计算,会造成临界失稳速度计算值偏大,在设计阶段造成安全隐患。

# 参考文献

胡国才,向锦武,张晓谷,2004.前飞状态直升机旋翼/机体耦合动稳定性分析模型.航空学报,25(5):451-455.

李治权,2017.倾转旋翼机转换和飞机飞行模式下的气弹动力学研究.南京:南京航空航天大学.

李治权,夏品奇,2014.倾转旋翼机回转颤振及桨毂中心运动图像.中国科学:技术科学,44(3):286-294.

李治权,夏品奇,2018.一种改进的前飞时倾转旋翼机非定常气弹动力学模型.中国科学:技术科学,48(8):901-907.

薛海峰,向锦武,张晓谷,2005.直升机前飞空中共振稳定性和各自由度相互作用研究.航空学报,26(4):454-457.

杨朝敏,夏品奇,2011a.模态响应识别的粒子群优化方法在倾转旋翼机上的应用.振动工程学报,24(2):186-191.

杨朝敏,夏品奇,2011b.倾转旋翼机前飞时机翼/短舱/旋翼耦合系统气弹稳定性分析.中国科学:技术科学,41(10):1322-1328.

岳海龙,2010.倾转旋翼机倾转时旋翼/短舱/机翼耦合结构气弹响应研究.南京:南京航空航天大学.

岳海龙,夏品奇,2007.倾转旋翼机前飞动力学稳定性分析.航空动力学报,22(11):1863-1867.

岳海龙,夏品奇,2009.倾转旋翼机在转换飞行时的旋翼尾迹弯曲非定常动态入流模型.中国科学:技术科学,39(12):1992-2000.

Acree C W, Rutkowski M, 2001. Effects of rotor design variations on tiltrotor whirl-mode stability. Proceedings of the Tiltrotor/Runway Independent Aircraft Technology Conference, American Helicopter Society.

Ahaus L A, 2010. An airloads theory for morphing airfoils in dynamic stall with experimental correlation. City of Saint Louis: Washington University in Saint Louis.

Alexander H R, Maisel M D, Giulianetti D J, 1986. The development of advanced technology blades for tilt-rotor aircraft. Vertica, 10(3-4):315-339.

Andrade D, 1992. Application of finite-state inflow to flap-lag-torsion damping in hover. Atlanta: Georgia Institute of Technology.

Aviv R, 2004a. Approximate actuator disk model of a rotor in hover or axial flow based on vortex modeling. Journal of the American Helicopter Society, 49(1):66-79.

Aviv R, 2004b. Approximate actuator disk model of a rotor in hover or axial flow based on potential flow equations. Journal of the American Helicopter Society, 49(1):80-92.

Bagai A, Leishman G, 1995. Rotor free-wake modeling using a pseudo-implicit technique-including comparisons with experimental data. Journal of the American Helicopter Society, 40(3): 29 – 41.

Bagai A, 1995. Contributions to the mathematical modeling of rotor flow fields using a pseudo-implicit free-wake analysis. College Park: University of Maryland.

Bagai A, Leishman J G, Park J, 1999. Aerodynamic analysis of a helicopter in steady maneuvering flight using a free-vortex rotor wake model. Journal of the American Helicopter Society, 44(2): 109 – 120.

Bao J, 2004. Development of Mach scale rotors with composite tailored couplings for vibration reduction. College Park: University of Maryland.

Bao J, Nagaraj V T, Chopra I, 2003. Design and hover test of low vibration Mach scale rotor with twisted composite tailored blades. Proceedings of the 44th AIAA/ASME/ASCE/AHS/ASC Structures, Structural Dynamics and Materials Conference, Norfolk VA.

Bao J, Nagaraj V T, Chopra I, 2006. Development of Mach scale rotors with tailored composite coupling for vibration reduction. Journal of Aircraft, 43(4): 922 – 931.

Bao J, Nagaraj V T, Chopra I, 2008. Wind tunnel test of five sets of Mach scale composite tailored rotor with flap-bending/torsion couplings for vibration reduction. Journal of the American Helicopter Society, 53(3): 215 – 225.

Barkai S M, Rand O, 1998. The influence of composite induced couplings on tiltrotor whirl flutter stability. Journal of the American Helicopter Society, 43(2): 133 – 145.

Bauchau O A, Coffenberry B S, Rehfield L W, 1987. Composite box-beam analysis theory and experiments. Journal of Reinforced Plastics and Composite, 6(1): 25 – 35.

Bauchau O A, 1998. Computational schemes for flexible, nonlinear multi-body systems. Multibody System Dynamics, 2: 169 – 225.

Bauchau O A, 2006. DYMORE user's manual. Georgia Institute of Technology.

Beddoes T S, 1976. A synthesis of unsteady aerodynamic effects including stall hysteresis. Vertica, 1(2): 113 – 123.

Berdichevsky V L, Armanios E A, Badir A, 1992. Theory of anisotropic thin walled closed cross section beams. Composites Engineering, 2 (5 – 7): 411 – 432.

Bertin J J, Smith M L, 1998. Incompressible flow about wings of finite span//Bertin J J, Cummings R M. Aerodynamics for engineers. 3rd ed. Upper Saddle River: Prentice-Hall: 261 – 336.

Bhagwat M, Leishman J G, 2001. Stability, consistency and convergence of time-marching free-vortex rotor wake algorithms. Journal of the American Helicopter Society, 46(1): 59 – 71.

Bhagwat M J, Leishman J G, 2003. Rotor aerodynamics during maneuvering flight using a time-accurate free-vortex wake. Journal of the American Helicopter Society, 48(3): 143 – 158.

Bi N P, 1991. Contributions to the experimental investigation of rotor/body aerodynamic interactions. College Park: University of Maryland.

Bielawa R L, 1976. Aeroelasitc analysis for helicopter rotor blades with time-variable, nonlinear structural twist and multiple structural redundancy-mathematical derivation and program user's manual. NASA CR – 2638.

Bilger J M, Marr R L, Zahedi A, 1982. Results of structural dynamic testing of the XV – 15 tilt rotor research aircraft. Journal of the American Helicopter Society, 27(2): 58 – 65.

Bir G, Chopra I, 1994. Aeromechanical stability of rotorcraft with advanced geometry blades.

Mathematical and Computer Modeling, 19(3－4): 159－191.

Bir G, Chopra I, 1992. University of Maryland advanced rotorcraft code (UMARC) theory manual. UM-Aero Report, 1992－02.

Bir G S, 2005. Structural dynamics verification of rotorcraft comprehensive analysis system (RCAS). NREL/TP－500－35328.

Boggs P T, Tolle J W, 1996. Sequential quadratic programming. Acta Numerica, 4: 1－15.

Bousman W, Winkler D, 1981. Application of the moving-block analysis. Dynamics Specialists Conference, Atlanta.

Bramwell A R S, Done G, Balmford D, 2001. Bramwell's helicopter dynamics. 2nd ed. Oxford: Butterworth-Heinemann.

Burkam J E, Miao W, 1972. Exploration of aeroelastic stability boundaries with a soft-in-plane hingeless-rotor model. Journal of the American Helicopter Society, 17(4): 27－35.

Celi R, 1987. Aeroelasticity and structural optimization of helicopter rotor blades with swept tips. Los Angeles: University of California.

Cesnik C E S, Hodges D H, 1997. VABS: A new concept for composite rotor blade cross sectional modeling. Journal of the American Helicopter Society, 42(1): 27－38.

Cesnik C E S, 1994. Cross-sectional analysis of initially twisted and curved composite beams. Atlanta: Georgia Institute of Technology.

Chandra R, Chopra I, 1993. Analytical-experimental investigation of free-vibration characteristics of rotating composite I-beams. Journal of Aircraft, 30(6): 927－934.

Chandra R, Chopra I, 1991. Experimental and theoretical analysis of composite I-beams with elastic couplings. AIAA Journal, 29(12): 2197－2206.

Chandra R, Chopra I, 1992a. Experimental-theoretical investigation of the vibration characteristics of rotating composite box beams. Journal of Aircraft, 29(4): 657－664.

Chandra R, Chopra I, 1992b. Structural response of composite beams and blades with elastic couplings. Composites Engineering, 2(5): 347－374.

Chandra R, Stemple A D, Chopra I, 1990. Thin-walled composite beams under bending, torsional and extensional loads. Journal of Aircraft, 27(7): 619－626.

Chopra I, Bir G S, 1992. University of Maryland advanced rotorcraft code (UMARC) theory manual. College Park: University of Maryland.

Chopra I, 1985. Dynamic stability of a bearingless circulation control rotor blade in hover. Journal of the American Helicopter Society, 30(4): 40－47.

Chung J, Hulbert G M, 1993. A time integration algorithm for structural dynamics with improved numerical dissipation: The generalized-α-method. Journal of Applied Mechanics, 60(2): 371－375.

Coleman R P, Feingold A M, 1958. Theory of self-excited mechanical oscillations of helicopter rotors with hinged blades. NACA Report 1351.

Conner D A, Wellman J B, 1993. Hover acoustic characteristics of the XV－15 with advanced technology blades. Journal of Aircraft, 31(4): 737－744.

Danielson D A, Hodges D H, 1987. Nonlinear beam kinematics by decomposition of the rotation tensor. Journal of Applied Mechanics, 54(2): 258－262.

David P, David L, Parham J T, et al., 1995. Results of an aeroelastic tailoring study for a composite tiltrotor wing. Journal of the American Helicopter Society, 42(2): 126-136.

Delarm L, 1969. Whirl flutter and divergence aspects of tilt-wing and tilt-rotor aircraft. Air Force V/STOL Technology and Planning Conference, Denver.

Dixon P, Bishop H, 1980. The bearingless main rotor. Journal of the American Helicopter Society, 25(3): 15-21.

Edenborough H K, 1968. Investigation of tilt-rotor VTOL aircraft rotor-pylon stability. Journal of Aircraft, 5(2): 97-105.

Epps J, Chandra R, 1996. Natural frequencies of rotating composite beams with tip sweep. Journal of the American Helicopter Society, 41(1): 29-36.

Felker F F, Light J S, 1986a. Aerodynamic interactions between a rotor and wing in hover. Journal of the American Helicopter Society, 33(2): 53-61.

Felker F F, Maisel M D, Betzina M D, 1986b. Full-scale tilt-rotor hover performance. Journal of the American Helicopter Society, 31(2): 10-18.

Floros M W, Smith E C, 2000. Elastically tailored rotor blades for stall alleviation and vibration reduction. Proceedings of the American Helicopter Society Aeromechanics Specialists' Meeting, Germantown.

Floros M W, 2000. Elastically tailored composite rotor blades for stall alleviation and vibration reduction. State College: Pennsylvania State University.

Friedmann P P, Glaz B, Palacios P, 2008. A moderate deflection composite helicopter rotor blade model with an improved cross-sectional analysis. International Journal of Solids and Structures, 46(10): 2186-2200.

Friedmann P P, Yuan K A, Terlizzi M, 2002. An aeroelastic model for composite rotor blades with straight and swept tips, Part I: Aeroelastic stability in hover. International Journal of Nonlinear Mechanics, 37(4-5): 967-986.

Fulton M V, Hodges D H, 1993a. Aeroelastic stability of composite hingeless rotor blades in hover, Part I: Theory. Mathematical and Computer Modeling, 18(3-4): 1-17.

Fulton M V, Hodges D H, 1993b. Aeroelastic stability of composite hingeless rotor blades in hover, Part II: Results. Mathematical and Computer Modeling, 18(3-4): 19-35.

Fulton M V, Hodges D H, 1992. Application of composite rotor blade stability analysis to extension-twist coupled blades. Proceedings of the 33rd AIAA/ASME/ASCE/AHS/ASC Structures, Structural Dynamics and Materials Conference, Dallas.

Gaffey T M, 1969. The effect of positive pitch-flap coupling (negative δ3) on rotor blade motion stability and flapping. Journal of the American Helicopter Society, 14(2): 49-67.

Gandhi F, Chopra I, 1996a. A time-domain non-linear viscoelastic damper model. Smart Materials and Structures, 5(5): 517-528.

Gandhi F, Chopra I, 1996b. Analysis of bearingless main rotor aeroelasticity using an improved time domain nonlinear elastomeric damper model. Journal of the American Helicopter Society, 41(3): 267-277.

Ganguli R, Chopra I, 1995a. Aeroelastic optimization of a helicopter rotor with composite coupling. Journal of Aircraft, 32(6): 1326-1334.

Ganguli R, Chopra I, 1995b. Aeroelastic optimization of an advanced geometry composite helicopter rotor. Proceedings of the 51st Annual Forum of the American Helicopter Society, Grapevine.

Ganguli R, Chopra I, 1996a. Aeroelastic optimization of a helicopter rotor with two-cell composite blades. AIAA Journal, 34(4): 835 – 841.

Ganguli R, Chopra I, 1996b. Aeroelastic optimization of a helicopter rotor to reduce vibration and dynamic stresses. Journal of Aircraft, 33(4): 808 – 815.

Ganguli R, Chopra I, 1997. Aeroelastic tailoring of composite couplings and blade geometry of a helicopter rotor using optimization methods. Journal of the American Helicopter Society, 42(3): 218 – 228.

Ganguli R, Chopra I, 1994. Multi-objective optimization of a composite helicopter rotor. Proceedings of the 35th AIAA/ASME/ASCE/AHS/ASC Structures, Structural Dynamics and Materials Conference, Hilton Head Island.

Gaonkar G H, Peters D A, 1986a. Effectiveness of current dynamic-inflow models in hover and forward flight. Journal of the American Helicopter Society, 31(2): 47 – 57.

Gaonkar G H, Peters D A, 1986b. Review of dynamic inflow modeling for rotorcraft flight dynamics. 27th Structures, Structural Dynamics and Materials Conference, San Antonio.

Gaonkar G H, Peters D A, 1988. Review of dynamic inflow modeling for rotorcraft flight dynamics. Proceedings of the 27th AIAA/ASCE/AHS/ASC Structures, Structural Dynamics and Materials, Baltimore.

Ghiringhelli G L, Masarati P, Mantegazza P, 1999. Multi-body analysis of a tiltrotor configuration. Nonlinear Dynamics, 19(4): 333 – 357.

Glaz B, Friedmann P P, Liu L, 2009. The AVINOR aeroelastic simulation code and its application to reduced vibration composite rotor blade design. Proceedings of the 50th AIAA/ASME/ASCE/AHS/ASC Structures, Structural Dynamics and Materials Conference, Palm Springs.

Guan F, Dai L, Xia M, 2014. Pretension optimization and verification test of double-ring deployable cable net antenna based on improved PSO. Aerospace Science and Technology, 32(1): 19 – 25.

Han C H, Yun C Y, Kim S J, et al., 2003. Aeromechanical stability investigation of a composite hingeless rotor in hover. Journal of the American Helicopter Society, 48(3): 159 – 166.

Hariharan N, Leishman J G, 1996. Unsteady aerodynamics of a flapped airfoil in subsonic flow by indicial concepts. Journal of Aircraft, 33(5): 855 – 868.

Hathaway E, Gandhi F, 1998. Individual blade control for alleviation of helicopter ground resonance. Proceedings of the 39th AIAA/ASME/ASCE/AHS Structures, Structural Dynamics and Materials Conference, Long Beach.

He C, Peters D A, 1993. Finite state aeroelastic model for use in rotor design optimization. Journal of Aircraft, 30(5): 777 – 784.

He C, 1995. A study of rotor loads and response with dynamically cambered blades. The AHS 2nd International Aeromechanics Specialist's Conference, Washington, D.C..

He C, 1989. Development and application of a generalized dynamic wake theory for lifting rotors. Atlanta: Georgia Institute of Technology.

Heffernan R M, Gaubert M, 1986. Structural and aerodynamic loads and performance measurements of an SA349/2 helicopter with an advanced geometry rotor. NASA TM – 88370.

Ho J C, 2009. Modeling spanwise nonuniformity in the cross-sectional analysis of composite beams. Atlanta: Georgia Institute of Technology.

Ho J C, Yu W, Hodges D H, 2010. Energy transformation to generalized Timoshenko form by the variational asymptotic beam sectional analysis. Proceedings of the 51st AIAA/ASME/ASCE/AHS/ASC Structures, Structural Dynamics and Materials Conference, Orlando.

Hodges D H, Dowell E H, 1974. Nonlinear equations of motion for the elastic bending and torsion of twisted nonuniform blades. NASA TN - D - 7818.

Hodges D H, 1990. A mixed variational formulation based on exact intrinsic equations for dynamics of moving beams. International Journal of Solids and Structures, 26(11): 1253 - 1273.

Hodges D H, Hopkins A S, Kunz D L, et al., 1987. Introduction to GRASP general rotorcraft aeromechanical stability program: A modern approach to rotorcraft modeling. Journal of the American Helicopter Society, 32(2): 78 - 90.

Hodges D H, 2006. Nonlinear composite beam theory. Progress in Astronautics and Aeronautics, Reston.

Hodges D H, 2015. Unified approach for accurate and efficient modeling of composite rotor blade dynamics. Journal of the American Helicopter Society, 60(1): 1 - 28.

Hong C H, Chopra I, 1985. Aeroelastic stability analysis of a composite rotor blade. Journal of the American Helicopter Society, 30(2): 57 - 67.

Howard A T, 2001. The Aeromechanical stability of soft-inplane tiltrotors. State College: The Pennsylvania State University.

Huber H, Schick C, 1990. MBB's BO108 design and development. Proceedings of the 46th Annual Forum of the American Helicopter Society, Fairfax.

Jang J, Chopra I, 1988. Ground and air resonance of an advanced bearingless rotor in hover. Journal of the American Helicopter Society, 33(3): 20 - 29.

Jang J, 1988. Ground and air resonance of bearingless rotors in hover and forward flight. College Park: University of Maryland.

Johnson W, 1984. An assessment of the capability to calculate tilting prop-rotor aircraft performance, loads and stability. NASA TP - 2291.

Johnson W, 1975. Analytical modeling requirements for tilting prop-rotor aircraft dynamics. Rotorcraft Aerodynamics and Dynamics NASA Tm.

Johnson W, 1974. Dynamics of tilting proprotor aircraft in cruise flight. NASA TN - D - 7677.

Johnson W, 1980. Helicopter theory. New York: Dover Publication.

Johnson W, Lau B H, Bowles J V, et al., 1986. Calculated performance, stability, and maneuverability of high-speed tilting-prop-rotor aircraft. Vertica, 11(8): 317 - 339.

Johnson W, 1998. Rotorcraft aerodynamics models for comprehensive analysis. Proceedings of the 54th Annual Forum of the American Helicopter Society, Montreal.

Jung S N, Nagaraj V T, Chopra I, 2001. Refined structural dynamics model for composite rotor blades. AIAA Journal, 39(2): 339 - 348.

Jung S N, Nagaraj V T, Chopra I, 2002. Refined structural model for thin and thick-walled composite rotor blades. AIAA Journal, 40(1): 105 - 116.

Kampa K, Enenkl B, Polz G N, et al., 1999. Aeromechanic aspects in the design of the EC135.

Journal of the American Helicopter Society, 44(2): 83 – 93.

Kaza K R, 1973. Effect of steady state coning angle and damping on whirl flutter stability. Journal of Aircraft, 10(11): 664 – 669.

Keller J D, 1996. An investigation of helicopter dynamic coupling using an analytical model. Journal of the American Helicopter Society, 41(4): 322 – 330.

Kennedy J, Eberhart R, 1995. Particle swarm optimization. IEEE International Conference on Neural Networks, Perth.

Kim K, Chopra I, 1992. Aeroelastic analysis of swept, anhedral, and tapered tip rotor blades. Journal of the American Helicopter Society, 37(1): 15 – 30.

Kim T, Shin S J, Kim T, 2009. Analysis of tiltrotor whirl flutter in time and frequency domain. Journal of Mechanical Science & Technology, 23(12): 3281 – 3291.

Kocurek J D, Tangler J L, 1977. A prescribed wake lifting surface hover performance analysis. Journal of the American Helicopter Society, 22(1): 24 – 35.

Kovvali R K, 2015. A nonlinear theory of cosserat elastic plates using the variational-asymptotic method. Atlanta: Georgia Institute of Technology.

Krothapalli K R, Prasad J, Peters D A, 2001. Helicopter rotor dynamic inflow modeling for maneuvering flight. Journal of the American Helicopter Society, 46(2): 129 – 139.

Krzysiak A, Narkiewicz J, 2006. Aerodynamic loads on airfoil with trailing edge flap pitching with different frequencies. Journal of Aircraft, 43(2): 407 – 418.

Kuethe A M, Schetzer J D, 1959. Foundations of aerodynamics. New York: Wiley Press.

Lake R C, Izadpanah A P, Baucom R M, 1992. Dynamic testing and analysis of extension-twist coupled composite tubular spars. Proceedings of the 10th International Modal Analysis Conference, San Diego.

Lake R C, Izadpanah A P, Baucom R M, 1993. Experimental and analytical investigation of dynamic characteristics of extension-twist coupled composite tubular spars. NASA TP – 3225.

Landgrebe A J, 1972. The wake geometry of a hovering helicopter rotor and its influence on rotor performance. Journal of the American Helicopter Society, 17(4): 3 – 15.

Lawrence M C, David A P, Mark W N, 2000. Design analysis and test of a composite tailored tiltrotor wing. Journal of the American Helicopter Society, 51(3): 207 – 215.

Laxman V, Venkatesan C, 2007. Chaotic response of an airfoil due to aeroelastic coupling and dynamic stall. AIAA Journal, 45(1): 271 – 280.

Lei B, Zhou F, Tan E, 2015. Optimal and secure audio watermarking scheme based on self-adaptive particle swarm optimization and quaternion wavelet transform. Signal Processing, 113: 80 – 94.

Leishman G, Beddoes T S, 1986. A generalized model for unsteady airfoil behavior and dynamic stall using the indicial method. Proceedings of the 42nd Annual Forum of the American Helicopter Society, Washington, D.C..

Leishman G, Beddoes T S, 1989. A semi-empirical model for dynamic stall. Journal of the American Helicopter Society, 34(3): 3 – 17.

Leishman G, 2006. Principle of helicopter aerodynamics. Cambridge: Cambridge University Press.

Leishman J G, 1989. Modeling sweep effects on dynamic stall. Journal of the American Helicopter Society, 34(3): 18 – 29.

Li L, 2008. Structural design of composite rotor blades with consideration of manufacturability, durability, and manufacturing uncertainties. Atlanta: Georgia Institute of Technology.

Li L, Volovoi V V, Hodges D H, 2007. Cross-sectional design of composite rotor blades considering manufacturing constraints. Proceedings of the 63rd Annual Forum of the American Helicopter Society, Virginia Beach.

Li L, Volovoi V V, Hodges D H, 2008. Cross-sectional design of composite rotor blades. Journal of the American Helicopter Society, 53(3): 240 - 251.

Li Z, Xia P, 2018. Aeroelastic modelling and stability analysis of tiltrotor aircraft in conversion flight. The Aeronautical Journal, 122(1256): 1606 - 1629.

Li Z, Xia P, 2017. Aeroelastic stability of full-span tiltrotor aircraft model in forward flight. Chinese Journal of Aeronautics, 30(6): 1885 - 1894.

Liu L, Liu W, Cartes D, 2008. Particle swarm optimization-based parameter identification applied to permanent magnet synchronous motors. Engineering Applications of Artificial Intelligence, 21(7): 1092 - 1100.

Lytwyn R T, Miao W, Woitsch W, 1971. Airborne and ground resonance of hingeless rotors. Journal of the American Helicopter Society, 16(2): 2 - 9.

Maier T H, Sharpe D L, Abrego A I, 1999. Aeroelastic stability for straight and swept-tip rotor blades in hover and forward flight. Proceedings of the 55th Annual Forum of the American Helicopter Society, Montreal.

Maurice J B, King F A, Fichter W, et al., 2013. Helicopter rotor in-plane stability enhancement using trailing-edge flaps. Journal of Guidance, Control and Dynamics, 36(5): 1477 - 1489.

McCroskey W J, 1981. The phenomenon of dynamic stall. NASA - TM - 81264.

Mcnulty M, Jacklin S, Lau B, 1993. A full-scale test of the McDonnell Douglas advanced bearingless rotor in the NASA AMES 40- by 80-ft wind tunnel. Proceedings of the 49th Annual Forum of the American Helicopter Society, St. Louis.

Megson T H G, 1974. Linear analysis of thin-walled elastic structures. New York: John Wiley & Sons.

Miao W, 1974. Rotor aeroelastic stability coupled with helicopter body motion. Proceedings of AHS-NASA Ames Specialists Meeting on Rotorcraft Dynamics, Moffett Field.

Miller R, 1982. A simplified approach to the free wake analysis of a hovering rotor. Vertica, 6(2): 89 - 95.

Minguet P, Dugundji J, 1990. Experiments and analysis for composite blades under large deflections, Part I: Static behavior. AIAA Journal, 28(9): 1573 - 1580.

Minguet P, Dugundji J, 1990. Experiments and analysis for composite blades under large deflections, Part II: Dynamic behavior. AIAA Journal, 28(9): 1581 - 1588.

Mirick P H, 1983. A comparison of theory and flight test of the BO 105/BMR in hover and forward flight. Proceedings of Integrated Technology Rotor Methodology Assessment Workshop, Moffett Field.

Murugan S, Ganguli R, 2005. Aeroelastic stability enhancement and vibration suppression in a composite helicopter rotor. Journal of Aircraft, 42(4): 1013 - 1024.

Murugan S, Ganguli R, Harursampath D, 2008. Aeroelastic response of composite helicopter rotor with random material properties. Journal of Aircraft, 45(1): 306 - 322.

Murugan S, Ganguli R, Harursampath D, 2007. Effects of structural uncertainty on aeroelastic response of composite helicopter rotor. Proceedings of the 48th AIAA/ASME/ASCE /AHS/ASC Structures, Structural Dynamics and Materials Conference, Honolulu.

Murugan S, Ganguli R, Harursampath D, 2011. Stochastic aeroelastic analysis of composite helicopter rotor. Journal of the American Helicopter Society, 56(1): 1 – 13.

Nguyen K, Mcnulty M, Anand V, 1993. Aeroelastic stability of the McDonnell Douglas advanced bearingless rotor. Proceedings of the 49th Annual Forum of the American Helicopter Society, St. Louis.

Nixon M W, 1993. Aeroelastic response and stability of tiltrotors with elastically-coupled composite rotor blades. NASA Langley Technical Report.

Nixon M W, 1987. Extension-twist coupling of composite circular tubes with application to tilt rotor blade design. Proceedings of the 28th AIAA/ASME/ASCE/AHS Structures, Structural Dynamics, and Material Conference, Monterey.

Nixon M W, 1992. Parametric studies for tiltrotor aeroelastic stability in high-speed flight. Journal of the American Helicopter Society, 38(4): 71 – 79.

Nixon M W, Piatak D J, Corso L M, 2000. Aeroelastic tailoring for stability augmentation and performance enhancements of tiltrotor aircraft. Journal of the American Helicopter Society, 45 (4): 270 – 279.

Norman T R, Cooper C R, Fredrickson C A, et al., 1993. Full-scale wind tunnel evaluation of the Sikorsky five-bladed bearingless main rotor. Proceedings of the 49th Annual Forum of the American Helicopter Society, Fairfax.

Ormiston R A, 1977. Aeromechanical stability of soft inplane hingeless rotor helicopter. Proceedings of the 3rd European Rotorcraft and Powered Lift Aircraft Forum, France.

Ormiston R A, 1991. Rotor-fuselage dynamics of helicopter air and ground resonance. Journal of the American Helicopter Society, 36(2): 3 – 20.

Ormiston R A, Saberi H, Anastassiades T, 1995. Application of 2GCHAS to the investigation of aeromechanical stability of hingeless and bearingless rotor helicopters. Proceedings of the 51st Annual Forum of the American Helicopter Society, Fort Worth.

Palacios R, Cesnik C E S, 2008. A geometrically-nonlinear theory of composite beams with deformable cross sections. AIAA Journal, 46(2): 439 – 450.

Palacios R, Cesnik C E S, 2005. Cross-sectional analysis of non-homogeneous anisotropic active slender structures. AIAA Journal, 43(12): 2624 – 2638.

Panda B, Chopra I, 1987. Dynamics of composite rotor blades in forward flight. Vertica, 11(1 – 2): 187 – 209.

Panda B, Mychalowycz E, 1997. Aeroelastic stability wind tunnel testing with analytical correlation of the Comanche bearingless main rotor. Journal of the American Helicopter Society, 42 (3): 207 – 217.

Panda B, Mychalowycz E, Kothmann B, et al., 2004. Active controller for Comanche air resonance stability augmentation. Proceedings of the 60th Annual Forum of the American Helicopter Society, Baltimore.

Parsopoulos K, Vrahatis M, 2002. Particle swarm optimization method in multi-objective problems.

ACM Symposium on Applied Computing, Leganes.

Peters D A, Barwey D, 1995a. A general theory of rotorcraft trim. Proceedings of the 36th Structures, Structural Dynamics and Materials Conference, New Orleans.

Peters D A, Karunamoorthy S, Cao W, 1995b. Finite state induced flow models Part I: Two-dimensional thin airfoil. Journal of Aircraft, 32(2): 313 - 322.

Peters D A, Gaonkar G H, 1980. Theoretical flap-lag damping with various dynamic inflow models. Journal of the American Helicopter Society, 25(3): 29 - 36.

Peters D A, He C, 1987. A closed form unsteady aerodynamic theory for lifting rotor in hover and forward flight. Proceedings of the 43rd Annual Forum of the American Helicopter Society, St. Louis.

Peters D A, He C, 2015. Finite state induced flow models, II-three-dimensional rotor disk. Journal of Aircraft, 32(32): 323 - 333.

Peters D A, Lieb S M, 2009. Significance of Floquet eigenvalues and eigenvectors for the dynamics of time-varying systems. Proceedings of the 65th Annual Forum of the American Helicopter Society, Grapevine.

Peters D A, Boyd D D, He C, 1989. Finite-state induced-flow model for rotors in hover and forward flight. Journal of the American Helicopter Society, 34(4): 5 - 17.

Peters D A, Hsieh M A, Torrero A, 2007. A state-space airloads theory for flexible airfoils. Journal of the American Helicopter Society, 52(4): 329 - 342.

Peters D A, Kim B S, Chen H S, 2012. Calculation of trim settings for a helicopter rotor by an optimized automatic controller. Journal of Guidance Control & Dynamics, 7(1): 85 - 91.

Peters D A, Morillo J A, Nelson A M, 2003. New developments in dynamic wake modeling for dynamics applications. Journal of the American Helicopter Society, 48(2): 120 - 127.

Petot D, 1989. Differential equation modeling of dynamic stall. LA Recherche Aerospatiale (5): 59 - 72.

Petot D, 1983. Progress in the Semi-empirical prediction of the aerodynamic forces due to large amplitude oscillations of an airfoil in attached or detached flow. Palaiseau: ONERA, TP 1983 - 111.

Petrone F, Lacagnina M, Scionti M, 2004. Dynamic characterization of elastomers and identification with rheological models. Journal of Sound and Vibration, 271(1 - 2): 339 - 363.

Piatak D J, Kvaternik R G, Nixon M W, et al., 2001. A wind-tunnel parametric investigation of tiltrotor whirl-flutter stability boundaries. Proceedings of the 57th Annual Forum of the American Helicopter Society, Washington, D.C..

Pierce K, Hansen A C, 1995. Prediction of wind turbine rotor loads using the Beddoes-Leishman model for dynamic stall. Journal of Solar Energy Engineering, 117(3): 200 - 204.

Pitt D, Peters D, 1981. Theoretical prediction of dynamic-inflow derivatives. Vertica, 5(1): 24 - 31.

Popelka D, Sheffler M, Bilger J, 1987. Correlation of test and analysis for the 1/5-scale V - 22 aeroelastic model. Journal of the American Helicopter Society, 32(2): 21 - 33.

Prawin J, Rao A, Lakshmi K, 2016. Nonlinear parametric identification strategy combining reverse path and hybrid dynamic quantum particle swarm optimization. Nonlinear Dynamics, 84(2): 797 - 815.

Quigley H C, Koenig D G, 1961. A flight study of the dynamic stability of a tilting-rotor convertiplane. NASA TN − D − 778.

Rand O, 1997. Generalization of analytic solutions for solid and thin-walled composite beams. Proceedings of the 53rd Annual Forum of the American Helicopter Society, Virginia Beach.

Rand O, 1991. Experimental investigation of periodically excited rotating composite rotor blades. Journal of Aircraft, 28(12): 876 − 883.

Raouf N, Pourtakdoust S, 2015. Launch vehicle multi-objective reliability-redundancy optimization using a hybrid genetic algorithm-particle swarm optimization. Journal of Aerospace Engineering, 229(10): 1785 − 1797.

Rasmussen M L, Smith D E, 1999. Lifting-line theory for arbitrary shaped wing. Journal of Aircraft, 36 (2): 340 − 348.

Raymond G K, David J P, Mark W N, et al., 2002. An experimental evaluation of generalized predictive control for tiltrotor aeroelastic stability augmentation in airplane mode of flight. Journal of the American Helicopter Society, 51(3): 198 − 208.

Reed W, 1966. Propeller-rotor whirl flutter: A state-of-the-art review. Journal of Sound and Vibration, 4(3): 526 − 544.

Rehfield L W, Atilgan A R, 1987. A structural model for composite rotor blades and lifting surfaces. NASA N87 − 26989.

Rohl P J, Dorman P, Sutton M, 2012. A multidisciplinary design environment for composite rotor blades. Proceedings of the 53rd AIAA/ASME/ASCE/AHS/ASC Structures, Structural Dynamics and Materials Conference, Honolulu.

Saffman P G, 1992. Vortex force and bound vorticity. Cambridge: Cambridge University Press.

Settle T B, Kidd D L, 1992. Evolution and test history of the V-22 0.2-scale aeroelastic model. Journal of the American Helicopter Society, 37(1): 31 − 45.

Shang L, Xia P, Hodges D H, 2019. Aeroelastic response analysis of composite blades based on geometrically exact beam theory. Journal of the American Helicopter Society, 64(2): 1 − 14.

Shang L, Xia P, Hodges D H, 2018. Geometrically exact nonlinear analysis of pre-twisted composite rotor blades. Chinese Journal of Aeronautics, 31(2): 300 − 309.

Shang X, Hodges D H, 1996. Aeroelastic stability of composite hingeless rotors with advanced configurations. Proceedings of the 37th AIAA/ASME/ASCE/AHS/ASC Structures, Structural Dynamics and Materials Conference, Salt Lake City.

Shang X, Hodges D H, 1995. Aeroelastic stability of composite rotor blades in hover. Proceedings of the 36th AIAA/ASME/ASCE/AHS/ASC Structures, Structural Dynamics and Materials Conference, New Orleans.

Shang X, 1995. Aeroelastic stability of composite hingeless rotors with finite-state unsteady aerodynamics. Atlanta: Georgia Institute of Technology.

Shang X, Hodges D H, Peters D A, 1999. Aeroelastic stability of composite hingeless rotors in hover with finite-state unsteady aerodynamics. Journal of the American Helicopter Society, 44(3): 206 − 221.

Shao S, Zhu Q, Zhang C, et al., 2011. Airfoil aeroelastic flutter analysis based on modified Leishman-Beddoes model at low Mach number. Chinese Journal of Aeronautics, 24(5): 550 − 557.

Sharp D L, 1986. An experimental investigation of the Flap-Lag-Torsion aeroelastic stability of a small-scale hingeless helicopter rotor in hover. NASA TP - 2546.

Singh B, Chopra I, 2003. Whirl flutter stability of two-bladed proprotor/pylon systems in high speed flight. Journal of the American Helicopter Society, 48(2): 99 - 107.

Singh P, Friedmann P P, 2018. Application of vortex methods to coaxial rotor wake and load calculations in hover. Journal of Aircraft, 55(1): 373 - 381.

Sinha A, 2010. Vibration of mechanical systems. Cambridge: Cambridge University Press.

Slaby J, Smith E C, 2011. Aeroelastic stability of folding tiltrotor aircraft in cruise flight with composite wings. Proceedings of the 52nd AIAA/ASME/ASCE/AHS/ASC Structures, Structural Dynamics and Materials Conference, Denver.

Smith C, Wereley N M, 1999. Nonlinear damping identification from transient data. AIAA Journal, 37(12): 1625 - 1632.

Smith E C, Chopra I, 1993a. Aeroelastic response, loads and stability of a composite rotor in forward flight. AIAA Journal, 31(7): 1265 - 1274.

Smith E C, Chopra I, 1993b. Air and ground resonance of helicopters with elastically tailored composite rotor blades. Journal of the American Helicopter Society, 38(4): 50 - 61.

Smith E C, Chopra I, 1991. Formulation and evaluation of an analytical model for composite box-beams. Journal of the American Helicopter Society, 36(3): 23 - 35.

Smith E C, Govindswamy K, Beale M R, 1996. Formulation, validation, and application of a finite element model for elastomeric lag dampers. Journal of the American Helicopter Society, 41(3): 247 - 256.

Smith E C, 1994. Vibration and flutter of stiff-inplane elastically tailored composite rotor blades. Mathematical and Computer Modeling, 19(3 - 4): 27 - 45.

Sorensen J L, Silverthorn L J, Maier T H, 1988. Dynamic characteristics of advanced bearingless rotors at McDonnell Douglas Helicopter Company. Proceedings of the 44th Annual Forum of the American Helicopter Society, Fairfax.

Srinivas V, Chopra I, 1998a. Formulation of a comprehensive aeroelastic analysis for tilt-rotor aircraft. Journal of Aircraft, 43(2): 280 - 287.

Srinivas V, Chopra I, 1998b. Validation of a comprehensive aeroelastic analysis for tiltrotor aircraft. Journal of the American Helicopter Society, 43(4): 333 - 341.

Srinivas V, Chopra I, Nixon M W, 1998c. Aeroelastic analysis of advanced geometry tiltrotor aircraft. Journal of the American Helicopter Society, 43(3): 212 - 221.

Straub F, Warmbrodt W, 1985. The use of active controls to augment rotor/fuselage stability. Journal of the American Helicopter Society, 30(3): 13 - 22.

Subramanian S, Ma G, Gaonkar G H, et al., 2000. Correlation of several aerodynamic models and measurements of hingeless-rotor trim and stability. Journal of the American Helicopter Society, 45(2): 106 - 117.

Sun J, Liu X, 2013. A novel APSO-aided maximum likelihood identification method for Hammerstein systems. Nonlinear Dynamics, 73(1): 449 - 462.

Susan L A, Elliott J W, 1988. Inflow measurement made with a laser velocimeter on a helicopter model in forward flight, Vol. 5 tapered planform blades at an advance ratio of 0.23. NASA TM - 100545.

Taherkhani M, Safabakhsh R, 2016. A novel stability-based adaptive inertia weight for particle swarm optimization. Applied Soft Computing, 38: 281 – 295.

Takahashi M D, Friedmann P P, 1991. Helicopter air resonance modeling and suppression using active control. Journal of Guidance, Control and Dynamics, 14(6): 1294 – 1300.

Talatahari S, Rahbari N M, 2015. Enriched imperialist competitive algorithm for system identification of magneto-rheological dampers. Mechanical Systems and Signal Processing, 62: 506 – 516.

Tangler J, Bir G S, 2004. Evaluation of RCAS inflow models for wind turbine analysis. NREL/TP – 500 – 35109.

Tracy A, Chopra I, 1993. Aeromechanical stability of a bearingless composite rotor in forward flight. Proceedings of the 34th AIAA/ASME/ASCE/AHS Structures, Structural Dynamics and Materials Conference, Reston.

Tracy A L, Chopra I, 1995. Aeroelastic analysis of a composite bearingless rotor in forward flight using an improved warping model. Journal of the American Helicopter Society, 40(3): 80 – 91.

Tracy A L, Chopra I, 1998. Aeroelastic stability investigation of a composite hingeless rotor in hover. Journal of Aircraft, 35(5): 791 – 797.

Tracy A L, Chopra I, 1996. Aeroelastic stability testing and validation of a composite hingeless rotor in hover. Proceedings of the 33rd AIAA/ASME/ASCE/AHS Structures, Structural Dynamics and Materials Conference, Dallas.

van der Wall B, Kebler C, Pengel K, 2016. From ERATO basic research to the blue edge rotor blade. Proceedings of the 72nd Annual Forum of the American Helicopter Society, West Palm Beach.

Vinckenroy G V, Wilde W P, 1995. The use of Monte Carlo techniques in statistical finite element methods for the determination of the structural behavior of composite materials structural components. Composite Structures, 32(1): 247 – 253.

Wang D, Xiang W, Zeng P, 2015. Damage identification in shear-type structures using a proper orthogonal decomposition approach. Journal of Sound and Vibration, 355: 135 – 149.

Wang J M, Duh J, Fuh J, et al., 1993. Stability of the Sikorsky S – 76 bearingless main rotor. Proceedings of the 49th Annual forum of American Helicopter Society, St. Louis.

Wang J M, Jang J, Chopra I, 1990. Air resonance stability of hingeless rotors in forward flight. Vertica, 14(2): 123 – 136.

Wang J M, 1991. Theoretical and experimental research in aeroelastic stability of an advanced bearingless rotor for future helicopters. 29th Aerospace Sciences Meeting, Reno.

Wang Y R, Peters D A, 1996. The lifting rotor inflow mode shapes and blade flapping vibration system eigen-analysis. Computer Methods in Applied Mechanics and Engineering, 134 (s1 – 2): 91 – 105.

Warmbrodt W, Friedmann P P, 1979. Formulation of coupled rotor/fuselage equations of motion. Vertica, 3(3 – 4): 245 – 271.

Warmbrodt W, 1981. A full-scale wind tunnel investigation of a helicopter bearingless main rotor. NASA TM – 81321.

Weller W H, 1982. Correlating measured and predicted inplane stability characteristics for an advanced bearingless rotor. NASA CR – 166280.

Weller W H, 1996. Fuselage state feedback for aeromechanical stability augmentation of a bearingless main rotor. Journal of the American Helicopter Society, 41(2): 85 - 93.

Wernicke K G, 1977. Performance and safety aspects of the XV - 15 tilt rotor research aircraft. Proceedings of the 33rd Annual Forum of American Helicopter Society, Washington, D.C..

Yar M, Hammond J, 1987. Parameter estimation for hysteretic systems. Journal of Sound and Vibration, 117(1): 161 - 172.

Yeager W T, Hamouda M H, Mantay W R, 1983. Aeromechanical stability of a hingeless rotor in hover and forward flight: Analysis and wind tunnel tests. ADA134612.

Yeager W T, Hamouda M H, Mantay W R, 1987. An experimental investigation of the aeromechanical stability of a hingeless rotor in hover and forward flight. NASA TM - 89107.

Yeo H, Potsdam M, Ormiston R, 2010. Application of CFD/CSD to rotor aeroelastic stability in forward flight. Proceedings of the 66th Annual Forum of the American Helicopter Society, Phoenix.

Young M I, Lytwyn R T, 1967. The influence of blade flapping restraint on the dynamic stability of low disk loading propeller-rotors. Journal of the American Helicopter Society, 12(4): 38 - 54.

Yu W, Hodges D H, Ho J C, 2012. Variational asymptotic beam sectional analysis — An updated version. International Journal of Engineering Science, 59(10): 40 - 64.

Yu W, 2002. Variational asymptotic modeling of composite dimensionally reducible structures. Atlanta: Georgia Institute of Technology.

Yuan K A, Friedmann P P, 1995. Aeroelasticity and structural optimization of composite helicopter rotor blades with straight and swept tips. NASA CR - 4665.

Yuan K A, Friedmann P P, 1998. Structural optimization for vibratory loads reduction of composite helicopter rotor blades with advanced geometry tips. Journal of the American Helicopter Society, 43(3): 246 - 256.

Yuan K A, Friedmann P P, 1994a. Structural optimization of composite helicopter rotor blades with swept tips for vibration reduction in forward flight. Proceedings of the 5th Symposium on Multidisciplinary Analysis and Optimization, Panama City Beach.

Yuan K A, Friedmann P P, Venkatesan C, 1994b. Aeroelastic stability, response and loads of swept tip composite rotor blades in forward flight. Proceedings of the 35th AIAA/ASME/ASCE /AHS/ ASC Structures, Structural Dynamics and Materials Conference, Hilton Head.

Yuan K A, Friedmann P P, Venkatesan C, 1992a. A new aeroelastic model for composite rotor blades with straight and swept tips. Proceedings of the 33rd AIAA/AHS/ASME/ASCE/ASC Structures, Structural Dynamics and Materials Conference, Dallas.

Yuan K A, Friedmann P P, Venkatesan C, 1992b. Aeroelastic behavior of composite rotor blades with swept tips. Proceedings of the 48th Annual Forum of the American Helicopter Society, Washington, D.C..

Yue H, Xia P, 2009. A wake bending unsteady dynamic inflow model of tiltrotor in conversion flight of tiltrotor aircraft. Science in China -Technological Science, 52(11): 3188 - 3197.

Zhang J, Xia P, 2017a. Air resonance of bearingless rotor helicopter with elastomeric damper in forward flight. Journal of Aircraft, 54(6): 2392 - 2396.

Zhang J, Xia P, 2017b. An improved PSO algorithm for parameter identification of nonlinear dynamic hysteretic models. Journal of Sound and Vibration, 389: 153 - 167.

Zhang J, Xia P, Chopra I, 2021. Aeromechanical stability of a bearingless rotor helicopter with double-swept blades. Journal of Aircraft, 58(2): 244–252.

Zhang J, Smith E C, 2015. Advanced composite wings for whirl flutter augmentation: Wind tunnel model design. Proceedings of the 56th AIAA/ASCE/AHS/ASC Structures, Structural Dynamics and Materials Conference, Kissimmee.

Zhang J, Smith E C, 2013. Influence of aeroelastically tailored wing extensions and winglets on whirl flutter stability. Proceedings of the 2nd Asian/Australian Rotorcraft Forum and the 4th International Basic Research Conference on Rotorcraft Technology, Tianjin.

Zhang X, 1993. Investigation of helicopter air resonance in hover by complex coordinates and mutual excitation analysis. Journal of the American Helicopter Society, 38(2): 15–26.

Zheng Y, Liao Y, 2016. Parameter identification of nonlinear dynamic systems using an improved particle swarm optimization. Optik, 127(19): 7865–7874.